# Topografia

O GEN | Grupo Editorial Nacional – maior plataforma editorial brasileira no segmento científico, técnico e profissional – publica conteúdos nas áreas de ciências exatas, humanas, jurídicas, da saúde e sociais aplicadas, além de prover serviços direcionados à educação continuada e à preparação para concursos.

As editoras que integram o GEN, das mais respeitadas no mercado editorial, construíram catálogos inigualáveis, com obras decisivas para a formação acadêmica e o aperfeiçoamento de várias gerações de profissionais e estudantes, tendo se tornado sinônimo de qualidade e seriedade.

A missão do GEN e dos núcleos de conteúdo que o compõem é prover a melhor informação científica e distribuí-la de maneira flexível e conveniente, a preços justos, gerando benefícios e servindo a autores, docentes, livreiros, funcionários, colaboradores e acionistas.

Nosso comportamento ético incondicional e nossa responsabilidade social e ambiental são reforçados pela natureza educacional de nossa atividade e dão sustentabilidade ao crescimento contínuo e à rentabilidade do grupo.

# Topografia

Sexta Edição

**Jack McCormac**
*Clemson University*

**Wayne Sarasua**
*Clemson University*

**William Davis**
*The Citadel*

Tradução
**Daniel Carneiro da Silva**
Doutor em Ciências Geodésicas pela Universidade Federal do Paraná
Mestre em Ciências Geodésicas pela Universidade Federal do Paraná
Engenheiro Civil pela Escola Politécnica de Pernambuco

Revisão Técnica
**Ivanildo Barbosa**
Doutor em Informática pela Pontifícia Universidade Católica do Rio de Janeiro
Mestre em Engenharia Cartográfica pelo Instituto Militar de Engenharia
Engenheiro Cartográfico pelo Instituto Militar de Engenharia

Os autores e a editora empenharam-se para citar adequadamente e dar o devido crédito a todos os detentores dos direitos autorais de qualquer material utilizado neste livro, dispondo-se a possíveis acertos caso, inadvertidamente, a identificação de algum deles tenha sido omitida.

Não é responsabilidade da editora nem dos autores a ocorrência de eventuais perdas ou danos a pessoas ou bens que tenham origem no uso desta publicação.

Apesar dos melhores esforços dos autores, do tradutor, do editor e dos revisores, é inevitável que surjam erros no texto. Assim, são bem-vindas as comunicações de usuários sobre correções ou sugestões referentes ao conteúdo ou ao nível pedagógico que auxiliem o aprimoramento de edições futuras. Os comentários dos leitores podem ser encaminhados à **LTC — Livros Técnicos e Científicos Editora** pelo e-mail faleconosco@grupogen.com.br.

Translation of the SURVEYING, SIXTH EDITION
Copyright © 2013, 2004, 1999, 1995, 1991. John Wiley & Sons, Inc.
All Rights Reserved. This translation published under license with the original publisher John Wiley & Sons, Inc.
ISBN: 978-0-4704-9661-9

Portuguese edition copyright © 2016 by
LTC — Livros Técnicos e Científicos Editora Ltda.
All rights reserved.

Direitos exclusivos para a língua portuguesa
Copyright © 2016 by
**LTC — Livros Técnicos e Científicos Editora Ltda.**
**Uma editora integrante do GEN | Grupo Editorial Nacional**

Reservados todos os direitos. É proibida a duplicação ou reprodução deste volume, no todo ou em parte, sob quaisquer formas ou por quaisquer meios (eletrônico, mecânico, gravação, fotocópia, distribuição na internet ou outros), sem permissão expressa da editora.

Travessa do Ouvidor, 11
Rio de Janeiro, RJ – CEP 20040-040
Tels.: 21-3543-0770 / 11-5080-0770
Fax: 21-3543-0896
faleconosco@grupogen.com.br
www.grupogen.com.br

Design de capa: Joseph Goh
Ilustração de capa: Cortesia de Robert Bosch Tool Corporation
Editoração Eletrônica: Alsan Serviços de Editoração Ltda.

**CIP-BRASIL. CATALOGAÇÃO-NA-FONTE**
**SINDICATO NACIONAL DOS EDITORES DE LIVROS, RJ**

---

M429t
6. ed.

McCormac, Jack
Topografia / Jack McCormac, Wayne Sarasua , William Davis; tradução Daniel Carneiro da Silva. - 6. ed. - [Reimpr.]. - Rio de Janeiro: LTC, 2019.
il.; 28 cm.

Tradução de: Surveying
Inclui bibliografia e índice
ISBN 978-85-216-2788-3

1. Engenharia civil. I. Sarasua, Wayne. II. Davis, William. III. Título.

| | |
|---|---|
| 15-22312 | CDD: 624.0202 |
| | CDU: 624.0202 |

---

# Topografia

Sexta Edição

**Jack McCormac**
*Clemson University*

**Wayne Sarasua**
*Clemson University*

**William Davis**
*The Citadel*

**Tradução**
**Daniel Carneiro da Silva**
Doutor em Ciências Geodésicas pela Universidade Federal do Paraná
Mestre em Ciências Geodésicas pela Universidade Federal do Paraná
Engenheiro Civil pela Escola Politécnica de Pernambuco

**Revisão Técnica**
**Ivanildo Barbosa**
Doutor em Informática pela Pontifícia Universidade Católica do Rio de Janeiro
Mestre em Engenharia Cartográfica pelo Instituto Militar de Engenharia
Engenheiro Cartográfico pelo Instituto Militar de Engenharia

Os autores e a editora empenharam-se para citar adequadamente e dar o devido crédito a todos os detentores dos direitos autorais de qualquer material utilizado neste livro, dispondo-se a possíveis acertos caso, inadvertidamente, a identificação de algum deles tenha sido omitida.

Não é responsabilidade da editora nem dos autores a ocorrência de eventuais perdas ou danos a pessoas ou bens que tenham origem no uso desta publicação.

Apesar dos melhores esforços dos autores, do tradutor, do editor e dos revisores, é inevitável que surjam erros no texto. Assim, são bem-vindas as comunicações de usuários sobre correções ou sugestões referentes ao conteúdo ou ao nível pedagógico que auxiliem o aprimoramento de edições futuras. Os comentários dos leitores podem ser encaminhados à **LTC — Livros Técnicos e Científicos Editora** pelo e-mail faleconosco@grupogen.com.br.

Translation of the SURVEYING, SIXTH EDITION
Copyright © 2013, 2004, 1999, 1995, 1991. John Wiley & Sons, Inc.
All Rights Reserved. This translation published under license with the original publisher John Wiley & Sons, Inc.
ISBN: 978-0-4704-9661-9

Portuguese edition copyright © 2016 by
LTC — Livros Técnicos e Científicos Editora Ltda.
All rights reserved.

Direitos exclusivos para a língua portuguesa
Copyright © 2016 by
**LTC — Livros Técnicos e Científicos Editora Ltda.**
**Uma editora integrante do GEN | Grupo Editorial Nacional**

Reservados todos os direitos. É proibida a duplicação ou reprodução deste volume, no todo ou em parte, sob quaisquer formas ou por quaisquer meios (eletrônico, mecânico, gravação, fotocópia, distribuição na internet ou outros), sem permissão expressa da editora.

Travessa do Ouvidor, 11
Rio de Janeiro, RJ – CEP 20040-040
Tels.: 21-3543-0770 / 11-5080-0770
Fax: 21-3543-0896
faleconosco@grupogen.com.br
www.grupogen.com.br

Design de capa: Joseph Goh
Ilustração de capa: Cortesia de Robert Bosch Tool Corporation
Editoração Eletrônica: Alsan Serviços de Editoração Ltda.

**CIP-BRASIL. CATALOGAÇÃO-NA-FONTE**
**SINDICATO NACIONAL DOS EDITORES DE LIVROS, RJ**

M429t
6. ed.

McCormac, Jack
Topografia / Jack McCormac, Wayne Sarasua , William Davis; tradução Daniel Carneiro da Silva. - 6. ed. - [Reimpr.]. - Rio de Janeiro: LTC, 2019.
il.; 28 cm.

Tradução de: Surveying
Inclui bibliografia e índice
ISBN 978-85-216-2788-3

1. Engenharia civil. I. Sarasua, Wayne. II. Davis, William. III. Título.

| 15-22312 | CDD: 624.0202 |
|---|---|
| | CDU: 624.0202 |

*A nossas famílias, por seu constante apoio,*
*e aos muitos estudantes a quem tivemos a honra de ensinar.*

# Sumário

Prefácio    xi

## 1. Introdução    1

1.1    Topografia    1
1.2    Geomática    1
1.3    Topógrafos Famosos    2
1.4    História do Início da Topografia    2
1.5    Levantamentos Topográficos Planos    5
1.6    Levantamentos Geodésicos    6
1.7    Tipos de Levantamentos    6
1.8    Equipamentos Topográficos Modernos    8
1.9    Uso de Equipamentos Topográficos Antigos    10
1.10    Manutenção de Equipamentos    10
1.11    Importância da Topografia    10
1.12    Segurança    11
1.13    Seguro de Responsabilidade Civil    12
1.14    Oportunidades em Topografia    12
        Problemas    13

## 2. Introdução às Medições    14

2.1    Medições    14
2.2    Necessidades de Levantamentos Acurados    15
2.3    Exatidão e Precisão    15
2.4    Erros e Erros Grosseiros    16
2.5    Fontes de Erros    17
2.6    Erros Sistemáticos e Acidentais ou Aleatórios    17
2.7    Discussão sobre os Erros Aleatórios ou Acidentais    17
2.8    Ocorrência dos Erros Acidentais ou Aleatórios    18
2.9    Curva de Probabilidade    19
2.10    Propagação de Erros Aleatórios ou Acidentais    22
2.11    Algarismos Significativos    25
2.12    Anotações de Campo    26
2.13    Anotações Registradas Eletronicamente    28
2.14    Trabalho de Escritório e Computadores Digitais    29
2.15    Planejamento    29
        Problemas    31

## 3. Medição de Distâncias    33

3.1    Introdução    33
3.2    Medições a Passos    35
3.3    Hodômetros e Rodas de Medição    36
3.4    Taquimetria    36
3.5    Medições a Trena ou Corrente    39
3.6    Medição Eletrônica de Distâncias    40
3.7    Sistema de Posicionamento Global    41
3.8    Resumo dos Métodos de Medição    42
3.9    Equipamentos Exigidos para Medição com Trena    42

3.10    Medições a Trena sobre o Solo    46
3.11    Medição a Trena em Terrenos Inclinados ou sobre Vegetação    48
3.12    Breve Revisão de Trigonometria    53
        Problemas    57

## 4. Correções de Distâncias    59

4.1    Introdução    59
4.2    Tipos de Correções    59
4.3    Comprimento Incorreto da Trena ou Erros de Padronização    59
4.4    Variações de Temperatura    63
4.5    Correções de Inclinação    64
4.6    Correções de Tensão e Catenária    66
4.7    Correções Combinadas para Medições a Trena    68
4.8    Erros Grosseiros em Medições com Trena    68
4.9    Erros em Medições com Trena    69
4.10    Magnitude dos Erros    71
4.11    Sugestões para Boa Medição a Trena    72
4.12    Precisão da Medição a Trena    72
        Problemas    73

## 5. Instrumentos Medidores Eletrônicos de Distâncias (MEDs)    76

5.1    Introdução    76
5.2    Termos Básicos    77
5.3    Tipos de MEDs    78
5.4    MEDs a Diferenças de Fase    80
5.5    MEDs a Pulsos    81
5.6    Instalando, Nivelando e Centrando MEDs    81
5.7    Passos Necessários para Medições de Distâncias com MEDs    83
5.8    Erros nas Medições dos MEDs    84
5.9    Calibração do MED    85
5.10    Precisão dos MEDs    86
5.11    Cálculo de Distâncias Horizontais a Partir de Distâncias Inclinadas    88
5.12    Treinamento de Pessoal    89
5.13    Breves Comentários sobre os MEDs    90
        Problemas    91

## 6. Introdução ao Nivelamento    92

6.1    Importância do Nivelamento    92
6.2    Definições Básicas    92
6.3    Referências de Níveis    92
6.4    Levantamentos de Primeira, Segunda e Terceira Ordens    94
6.5    Métodos de Nivelamento    96
6.6    O Nível    97

**viii** Sumário

6.7 Tipos de Níveis 98
6.8 Miras 104
6.9 Instalação do Nível 107
6.10 Sensibilidade dos Níveis de Bolha 107
6.11 Cuidados com os Equipamentos 108
Problemas 110

## 7. Nivelamento Geométrico 111

7.1 Teoria do Nivelamento Geométrico 111
7.2 Definições 112
7.3 Descrição do Nivelamento 112
7.4 Curvatura da Terra e Refração Atmosférica 114
7.5 Verniers 116
7.6 Alvos de Mira 118
7.7 Erros Grosseiros Comuns no Nivelamento 119
7.8 Erros de Nivelamento 120
7.9 Sugestões para um Bom Nivelamento 124
7.10 Comentários sobre as Leituras com Luneta 124
7.11 Precisão do Nivelamento Diferencial 124
7.12 Sinais de Mão 125
Problemas 127

## 8. Nivelamento, Continuação 130

8.1 Ajustamento de Circuitos de Nivelamento 130
8.2 Nivelamento de Precisão 133
8.3 Nivelamento de Perfil 135
8.4 Perfis 137
8.5 Seções Transversais 138
8.6 Circuitos de Nivelamento Abertos 141
Problemas 142

## 9. Ângulos e Direções 144

9.1 Meridianos 144
9.2 Unidades de Medição de Ângulos 145
9.3 Azimutes 146
9.4 Rumos 146
9.5 A Bússola 147
9.6 Variações na Declinação Magnética 148
9.7 Convenções da Seta de Direção 149
9.8 Atração Local 149
9.9 Leituras de Direções com Bússola 149
9.10 Detectando Atrações Magnéticas Locais 152
9.11 Definições de Ângulos de Poligonais 152
9.12 Cálculo de Poligonais 153
9.13 Problemas de Declinação Magnética 156
Problemas 157

## 10. Medição de Ângulos e Direções com Estações Totais 161

10.1 Trânsitos e Teodolitos 161
10.2 Introdução às Estações Totais 162
10.3 Tipos de Estações Totais 163
10.4 Desvantagens das Estações Totais 167
10.5 Vantagens das Estações Totais 167

10.6 Partes das Estações Totais 168
10.7 Levantamentos com Estações Totais 169
10.8 Instalação da Estação Total 169
10.9 Visada com o Instrumento 170
10.10 Medição de Ângulos Horizontais 171
10.11 Giro do Horizonte 172
10.12 Medição de Ângulos por Repetição 172
10.13 Método das Direções para Medição de Ângulos Horizontais 174
10.14 Medição de Ângulos Zenitais 174
10.15 Uso de Coletores de Dados com as Estações Totais 176
10.16 Cuidados com os Instrumentos 177
Problemas 178

## 11. Várias Discussões sobre Ângulos 179

11.1 Erros Comuns na Medição de Ângulos 179
11.2 Erros Frequentes na Medição de Ângulos 181
11.3 Relações entre Ângulos e Distâncias 181
11.4 Poligonação 182
11.5 Métodos Antigos de Poligonação 183
11.6 Poligonação Moderna com Estações Totais 184
11.7 Interseção de Duas Linhas 187
11.8 Medição de Ângulo de Posições Inacessíveis 187
11.9 Visadas Conjugadas para Prolongamento de Linha Reta 188
11.10 Locação de Pontos Colineares entre Dois Pontos Dados 189
11.11 Limpeza dos Equipamentos de Levantamento 190
Problemas 191

## 12. Compensação de Poligonais e Cálculo de Áreas 192

12.1 Introdução 192
12.2 Cálculos 192
12.3 Métodos para Cálculo de Áreas 192
12.4 Generalidades da Compensação de Poligonais 193
12.5 Compensação de Ângulos 194
12.6 Latitudes e Longitudes 195
12.7 Erro de Fechamento 196
12.8 Compensação de Latitudes e Longitudes 198
12.9 Distâncias Meridianas Duplas 200
12.10 Distâncias Paralelas Duplas 201
12.11 Coordenadas Retangulares 202
12.12 Cálculo de Áreas por Coordenadas 204
12.13 Método de Coordenadas Alternativo 205
12.14 Áreas com Limites Irregulares 206
Problemas 212

## 13. Cálculos em Computador e Medições Omitidas 216

13.1 Computadores 216
13.2 Programas 216
13.3 Aplicações do Programa de Computador Survey 217

Sumário **ix**

13.4 Exemplo de Computação   217
13.5 Alerta: Perigos no Uso do Computador   219
13.6 Medições Omitidas   219
13.7 Comprimento e Rumo de um Lado Omitido   220
13.8 Uso do Programa Survey para Determinar Comprimento e Rumo de um Lado Omitido   221
13.9 Exemplo de Problema de Irradiamento   222
13.10 Solução por Computador para o Problema de Irradiamento   224
13.11 Resseção   224
Problemas   226

## 14. Levantamento Topográfico   228

14.1 Introdução   228
14.2 Curvas de Nível   229
14.3 Desenho de Mapas Topográficos   231
14.4 Resumo das Características das Curvas de Níveis   234
14.5 Convenções dos Mapas   236
14.6 Complementação do Mapa   236
14.7 Especificações para Mapas Topográficos   236
14.8 Métodos de Obtenção de Dados Topográficos   238
14.9 Método de Mapeamento com Taqueômetro Estadimétrico   240
14.10 Levantamentos com Prancheta e Alidade   243
14.11 Detalhes Topográficos Obtidos com Estações Totais   244
14.12 Seleção de Pontos para Mapeamento Topográfico   246
14.13 Perfis a Partir de Curvas de Nível   246
14.14 Lista de Verificação dos Itens a Serem Incluídos num Mapa Topográfico   246
Problemas   248

## 15. Sistema de Posicionamento Global (GPS)   249

15.1 Introdução   249
15.2 Estações de Monitoramento   250
15.3 Sistema Global de Navegação por Satélite   251
15.4 Usos do GPS   251
15.5 Teoria Básica   252
15.6 Como Pode Ser Medido o Tempo de Viagem do Sinal do Satélite?   254
15.7 Erros do Relógio   256
15.8 Erros do GPS   257
15.9 Minimização dos Erros por Correções Diferenciais   259
15.10 Receptores GPS   260
15.11 Rede de Referência de Alta Exatidão (HARN)   261
15.12 CORS   261
15.13 OPUS   261
15.14 WAAS   262
15.15 Sinais do GPS   262
Problemas   263

## 16. Aplicações de Campo de GPS   264

16.1 Geoide e Elipsoide   264
16.2 Aplicações de Campo   265
16.3 Levantamentos Estáticos com GPS   266
16.4 Levantamentos Cinemáticos   267
16.5 Levantamento Cinemático em Tempo Real   267
16.6 Estação de Referência Virtual   268
16.7 Diluição de Precisão (DOP)   268
16.8 Planejamento   270
16.9 Problema Exemplo   271
16.10 Diferenças entre Observações   274
16.11 Fase da Portadora GPS   276
Problemas   276

## 17. Introdução aos Sistemas de Informações Geográficas (SIG)   277

17.1 Introdução   277
17.2 O quê? Definição dos Sistemas de Informações Geográficas   277
17.3 Quem e Onde?   280
17.4 Por Que um SIG?   280
17.5 Quando? A Evolução do SIG   281
17.6 Níveis Temáticos   282
17.7 Níveis de Uso de um SIG   284
17.8 Usos dos Sistemas de Informações Geográficas   284
17.9 Objetivos de um SIG   285
17.10 Aplicações de um SIG   286
17.11 SIG na Internet (*World Wide Web*)   288
17.12 Exatidão em um SIG   288
17.13 Levantamentos de Controle   291
17.14 Questões Legais Envolvendo SIG   292
Problemas   293

## 18. SIG, Continuação   294

18.1 Elementos Essenciai de um SIG   294
18.2 Dados Selecionados por Posições Geográficas   294
18.3 *Software* SIG   298
18.4 *Hardware* de SIG   298
18.5 Fontes de Dados SIG   299
18.6 Inserindo Dados no Computador   300
18.7 Pré-processamento de Dados Existentes   301
18.8 Gerenciamento dos Dados e Consultas   302
18.9 Manipulação e Análise   303
18.10 Veisualização e Geração de Produtos   306
18.11 Coordenadas e Projeções Cartográficas   306
18.12 SIG Tipo Matricial   308
18.13 Conclusão das Discussões sobre SIG   309
Problemas   311

## 19. Levantamentos de Obras   312

19.1 Introdução   312
19.2 O Trabalho do Topógrafo de Obras   312

**x** Sumário

19.3 Sindicatos Trabalhistas 314
19.4 Levantamentos Preliminares 314
19.5 Piqueteamento de Greides 315
19.6 Pontos de Referência para Construção 315
19.7 Locação de Prédios 317
19.8 Linhas de Referência (Locação Realizada por Topógrafos) 318
19.9 Métodos de Estaqueamento Radial 320
19.10 Gabaritos 320
19.11 Locação da Obra: Método do Empreiteiro Subcontratado 322
19.12 Levantamento *As-Built* 323
Problemas 324

## 20. Cálculo de Volumes de Terra 325

20.1 Introdução 325
20.2 Inclinações e Estacas dos Taludes (ou de *OFFSETS*) 325
20.3 Empréstimos 327
20.4 Seções Transversais 329
20.5 Áreas de Seções Transversais 330
20.6 Cálculo do Volume do Movimento de Terra 332
20.7 Diagrama de Massas 336
20.8 Acréscimo do Fator de Contração e Empolamento 337
20.9 Volumes Usando Curvas de Nível 337
20.10 Fórmulas de Volume para Figuras Geométricas 337
Problemas 339

## 21. Levantamentos de Propriedades ou Levantamentos Cadastrais 342

21.1 Introdução 342
21.2 Transferência de Títulos e Registro das Terras 343
21.3 Lei Comum 343
21.4 Marcos 344
21.5 Marcação de Árvores 345
21.6 O Topógrafo Especialista em Cadastro 345
21.7 Marcos, Rumos, Distâncias e Áreas 346
21.8 Termos Diversos Relativos a Levantamentos Cadastrais 347
21.9 Aviventação 349
21.10 Medidas e Divisas 351
21.11 O Sistema de Levantamento de Terras Públicas dos Estados Unidos 352
21.12 Primórdios do Sistema 354
21.13 Resumo do Sistema 354
21.14 Linhas de Meandros 357
21.15 Marcos Testemunhos 358
21.16 Descrições de Terra em Escrituras 358
Problemas 358

## 22. Curvas Horizontais 359

22.1 Introdução 359
22.2 Grau e Raio de Curvatura 360
22.3 Equações das Curvas 362
22.4 Ângulos de Deflexão 364
22.5 Seleção de Estaqueamento das Curvas 365
22.6 Exemplo com Computador no Sistema Inglês de Unidades 367
22.7 Procedimentos de Campo para Estaqueamento de Curvas 367
22.8 Curvas Circulares Usando o Sistema SI 370
22.9 Curvas Horizontais Passando Através de Certos Pontos 371
22.10 Curvas Espirais 373
Problemas 377

## 23. Curvas Verticais 379

23.1 Introdução 379
23.2 Cálculos das Curvas Verticais 380
23.3 Diversos Itens Relativos às Curvas Verticais 383
23.4 Curvas Verticais com Parábolas Compostas 384
23.5 Curva Vertical Passando por Certo Ponto 386
23.6 Equação da Parábola 388
23.7 Exemplo pelo Computador 389
23.8 Abaulamento 389
23.9 Superelevação 390
Problemas 391

## 24. Topógrafo — A Profissão 393

24.1 Licenças de Topógrafo 393
24.2 Exigências para o Registro 393
24.3 Punição para a Prática de Levantamento sem Licença 394
24.4 Razões para Tornar-se Registrado 394
24.5 A Profissão 395
24.6 Código de Ética 395
24.7 Conclusão 397
Problemas 397

## Apêndice A    Alguns Endereços Úteis    398

## Apêndice B    Cursos de Graduação em Engenharia Cartográfica e Agrimensura    401

## Apêndice C    Algumas Fórmulas    405

Glossário 407

Índice 411

# Prefácio

Este livro fornece uma introdução à topografia e à profissão de topógrafo visando a prover o estudante com abordagens fundamentais úteis sobre métodos de coleta de dados, técnicas de campo e procedimentos analíticos. O material instrucional incluído neste livro está dimensionado para um semestre para cursos de graduação de faculdades ou universidades.

Esta edição incorpora mudanças extensas, seções adicionais e atualizações de capítulos a fim de fornecer as últimas informações sobre a evolução tecnológica nos equipamentos de topografia, na aquisição de dados e aplicações de softwares de geomática. Ênfase específica é dada nas inovações de impacto nos modernos equipamentos e nas possibilidades de armazenamento de dados na área de topografia. Novas fotos e ilustrações foram incorporadas ao longo do livro. Adicionalmente, a prática cotidiana da topografia está se tornando mais integrada com a recente utilização de dados coletados em campo em banco de dados relacionais, desenhos tridimensionais, e mapeamento digital por meio do uso do GPS (Global Positioning System) e SIG (Sistema de Informações Geográficas). Capítulos sobre ambos os tópicos receberam considerável revisão para refletir as rápidas mudanças em tecnologia e aplicações à topografia.

A maior parte dos problemas e exercícios de casa foi revisada, e outros novos foram adicionados. Professores que adotarem este livro para seus cursos podem obter um manual com as soluções para todos os problemas contidos em cada capítulo. Este material está disponível no GEN-IO, ambiente virtual de aprendizagem do GEN | Grupo Editorial Nacional, mediante cadastro.

O *software* desenvolvido para suplementar o aprendizado dos estudantes também está disponível no GEN-IO, ambiente virtual de aprendizagem do GEN | Grupo Editorial Nacional, mediante cadastro. Ele contém um conjunto de programas intitulado SURVEY. Esses programas, desenvolvidos para Windows®, habilitam o topógrafo a rapidamente lidar com diversos dos cálculos matemáticos, que de outra forma são tediosos e demorados, com que se depara quase diariamente. Estão incluídos programas para precisão, áreas de terra, medições omitidas, levantamentos por irradiação, e curvas verticais e horizontais.

Os autores são altamente agradecidos às seguintes pessoas que revisaram os manuscritos: Wade Goodridge, Utah State University; Rabi Mohtar, Purdue University; e Marlee Walton, Iowa State University.

Os autores estão em débito com Ronald K. Williams, da Minnesota State University Moorhead, que escreveu a versão anterior do *software* na qual estão baseadas a aparência e as funcionalidades da versão atual, e com Salman Siddiqui, da Clemson University, que contribuiu para a versão corrente do *software* SURVEY. Os autores também gostariam de agradecer a Joseph Robertson que criou muitos dos novos exercícios de casa e as soluções para esta edição.

Jack McCormac
*Clemson University*

Wayne Sarasua
*Clemson University*

William Davis
*The Citadel*

# Materiais Suplementares

Este livro conta com os seguintes materiais suplementares:

- ■ **Slides em PowerPoint:** Ilustrações da obra em formato de apresentação (acesso restrito a docentes);
- ■ **Solutions Manual:** Manual de soluções em inglês em (.pdf) e (.doc) (acesso restrito a docentes);
- ■ **Surveying Software:** Software para aplicação de conteúdo do livro-texto, em inglês (acesso livre).

O acesso ao material suplementar é gratuito. Basta que o leitor se cadastre em nosso *site* (www.grupogen.com.br), faça seu *login* e clique em GEN-IO, no menu superior do lado direito. É rápido e fácil.

Caso haja alguma mudança no sistema ou dificuldade de acesso, entre em contato conosco (gendigital@grupogen.com.br).

GEN-IO (GEN | Informação Online) é o ambiente virtual de aprendizagem do GEN | Grupo Editorial Nacional, maior conglomerado brasileiro de editoras do ramo científico-técnico-profissional, composto por Guanabara Koogan, Santos, Roca, AC Farmacêutica, Forense, Método, Atlas, LTC, E.P.U. e Forense Universitária. Os materiais suplementares ficam disponíveis para acesso durante a vigência das edições atuais dos livros a que eles correspondem.

# Capítulo 1

# Introdução

## 1.1 TOPOGRAFIA

A topografia está conosco há milhares de anos. Ela é a ciência que trata da determinação das dimensões e contornos (ou características tridimensionais) da superfície física da Terra, por meio da medição de distâncias, direções e altitudes. A topografia também inclui a locação de linhas e perfis necessários para a construção de prédios, estradas, barragens e outras estruturas. Além dessas medições de campo, a topografia compreende o cálculo de áreas, volumes e outras grandezas, assim como a preparação de mapas e diagramas necessários à atividade.

Nas últimas décadas, houve avanços quase inacreditáveis na tecnologia usada para medição, coleta, registro e visualização das informações referentes à superfície da Terra. Por exemplo, até recentemente os topógrafos faziam suas medições com fitas de aço, com aparelhos para medição de ângulos chamados de trânsitos e teodolitos, e determinavam altitudes com equipamentos denominados níveis de exatidão. Além do mais, as medições obtidas eram apresentadas por meio de tabelas e mapas preparados laboriosamente.

Atualmente, o topógrafo utiliza instrumentos eletrônicos para medir, visualizar e registrar distâncias e posições de pontos automaticamente. Os computadores são usados para processar os dados de medição e produzir os mapas e tabelas necessários, com velocidade espantosa.

Esses avanços têm contribuído para maior progresso em muitas outras áreas, incluindo Sistemas de Informações Geográficas (SIG), Sistemas de Informações Territoriais e Sistema de Posicionamento Global (ou GPS — *Global Positioning System*), Sensoriamento Remoto e outros. Como consequência muitas pessoas admitiram que o termo topografia* não era adequado para representar todas essas novas atividades atreladas ao trabalho tradicional do topógrafo.

## 1.2 GEOMÁTICA

Em 1988, a Canadian Association of Aerial Surveyors introduziu o termo *geomática* para abarcar as disciplinas de topografia, mapeamento, sensoriamento remoto e sistemas de informações geográficas. Topografia é considerada uma parte dessa nova disciplina.

Como é esperado, existem poucas definições no que tange à geomática, considerando-se que o termo seja relativamente novo. Entretanto, para cada uma dessas definições, existe um tema em comum que é "trabalhar com dados espaciais". O termo espacial refere-se ao espaço, e as palavras "dados espaciais", aos dados que podem ser ligados a uma localização específica no espaço geográfico. *Neste texto, geomática é definida como uma abordagem inter-relacionada com a medição, a análise, o gerenciamento, o armazenamento e a apresentação de descrições e localizações de dados espaciais.* O termo geomática está sendo aceito rapidamente na literatura técnica da área de mapeamento, principalmente em países de língua inglesa. Algumas instituições já oferecem cursos de graduação em geomática.

---

*As palavras em inglês *surveying* e *survey* podem ser traduzidas como levantamento, agrimensura e topografia. Ao longo desta tradução, dar-se-á preferência à última. (N.T.)

Embora este texto esteja relacionado com a topografia, o leitor necessita entender que topografia é parte do amplo, moderno e crescente campo da geomática. Como consequência, é dada muita ênfase aos modernos equipamentos de levantamento e aos métodos para coleta e processamento de dados.

## 1.3 TOPÓGRAFOS FAMOSOS

Muitas pessoas famosas estiveram engajadas na topografia em alguns períodos de suas vidas. Particularmente notáveis entre eles, estão diversos presidentes norte-americanos — Washington, Jefferson e Lincoln. Apesar de a prática da topografia não fornecer uma rota segura para a Casa Branca, muitos membros da profissão gostam de pensar que as características do topógrafo (honestidade, perseverança, autoconfiança etc.) contribuíram para o desenvolvimento desses líderes. Hoje, topografia é uma profissão dignificada e muito respeitada. O conhecimento de seus princípios e ética é útil para uma pessoa, qualquer que seja o empreendimento dela no futuro.[1]

Uma grande quantidade de topógrafos, não apenas presidentes, também serviu nosso país (Estados Unidos). São indivíduos como Andrew Ellicott (que levantou os limites de vários estados americanos e projetou as belas estradas de Washington D.C.), David Rittenhouse (um fazendeiro, topógrafo, relojoeiro, e um dos nossos primeiros fabricantes de instrumentos topográficos) e General Rufus Putman (um assistente do General Washington durante a Guerra da Independência e o primeiro Topógrafo Geral dos Estados Unidos). A topografia supriu Henry David Thoreau (do famoso Walden Pond) como meio de vida por mais de uma década.

A mais alta montanha do mundo tem o nome de um topógrafo, o Coronel Sir George Everest. Everest ficou famoso por seu trabalho como superintendente do Grande Levantamento Trigonométrico da Índia. Não é conhecido se Everest viu ou não a montanha que tem seu nome, mas sua rede de triangulação, parte do Grande Levantamento, foi estendida e usada para locar o cume por Andrew Waugh, sucessor de Everest como o Topógrafo Geral da Índia. A admiração de Waugh pelas conquistas de Everest levou ao batismo do "Pico XV" dos Himalaias.[2]

Muitos outros topógrafos famosos são mencionados ao longo deste livro.

## 1.4 HISTÓRIA DO INÍCIO DA TOPOGRAFIA

É impossível determinar quando a topografia foi usada pela primeira vez, mas em sua forma mais simples é certamente tão antiga quanto a história da civilização. Contanto que tenha existido o direito da propriedade, também existiu um modo de medição da propriedade ou de distinguir uma parcela de terra de uma pessoa da parcela da outra. Os babilônicos certamente já praticaram algum tipo de topografia em 2.500 a.C. porque arqueologistas encontraram mapas da Babilônia em tablets com essa idade estimada. Também foram encontradas evidências de registros históricos na Índia e China que mostram que a topografia foi praticada naqueles países no mesmo período.

O desenvolvimento inicial da topografia não pode ser separado dos desenvolvimentos da astronomia, astrologia ou matemática, porque essas disciplinas eram então completamente interligadas. De fato, o termo *geometria* é derivado de palavras gregas, significando medições de terra. O historiador grego Heródoto ("o pai da história") disse que a topografia foi usada no Egito por volta de 1400 a.C., quando aquele país foi dividido em parcelas de terra para fins de cobrança de impostos. Aparentemente, a geometria ou topografia foi particularmente necessária no Vale do Nilo para assentamento e controle dos marcos de propriedade. Quando as enchentes anuais do Nilo arrastavam muitos desses marcos, os topógrafos eram designados para recolocá-los. Esses topógrafos eram chamados de

---

[1]Por conveniência, no texto serão usados apenas termos como *porta-mira* ou *operador de instrumento* no masculino. Contudo, os autores, com isso, não querem minimizar a atuação feminina na profissão.

[2]Fonte: <http://www.surveyhistory.org/sir_george_everest1.htm>. Acesso em: jan. 2011.

**Figura 1-1** Antiga armação de nivelamento.

*harpedonapata*, ou "esticadores de cordas", porque eles usavam cordas (com marcadores ou nós, distribuídos em certos intervalos) para suas medições.[3]

Durante esse mesmo período, os topógrafos foram necessários para auxiliar no projeto e na construção de sistemas de irrigação, enormes pirâmides, prédios públicos e assim por diante. Seu trabalho parece que foi bastante satisfatório. Por exemplo, as dimensões da Grande Pirâmide de Gizé têm um erro de apenas cerca de 8″ (≈20 cm) para uma base de 750 pés (≈225 m). Supõe-se que os esticadores de cordas marcavam os lados das bases das pirâmides com suas cordas e checavam a quadratura medindo as diagonais. A fim de obter o nivelamento aproximado das fundações dessas grandes estruturas, os egípcios provavelmente despejavam água em compridas e estreitas calhas de barro (um método excelente), ou usavam armações triangulares com prumos ou outros pesos suspensos de seus pontos mais altos, como mostrado na Figura 1-1.[4]

Cada armação de nivelamento tinha uma marca na sua barra inferior que mostrava onde o fio de prumo deveria estar quando a barra estivesse na horizontal. Essas armações que, provavelmente, por muitos séculos foram usadas para nivelamento, podiam ser facilmente aferidas por meio de um ajustamento apropriado, com a inversão entre as extremidades. Se os fios de prumo retornavam para as mesmas marcas, os instrumentos estavam apropriadamente ajustados, e os topos das estacas de suporte (veja a Figura 1-1) estariam na mesma altitude.

Os romanos, com sua mente prática, introduziram muitos avanços na topografia, com uma série espantosa de projetos de engenharia construídos em todo o seu império. Eles idealizaram projetos como cidades, acampamentos militares e estradas, usando um sistema de coordenadas retangulares. Eles levantaram as principais rotas usadas para as operações militares no continente europeu, nas ilhas britânicas, na África setentrional e até em partes da Ásia.

Os três instrumentos utilizados pelos romanos foram o *odômetro*, ou roda de medição, a *groma* e o *coróbato*. A *groma*, da qual os topógrafos romanos receberam seus nomes de *gromatici*, foi usada para determinação de ângulos retos. Consistia em duas peças de madeira fixadas entre si em ângulo reto na forma de uma cruz horizontal, com prumos descendo de cada uma das quatro extremidades (veja a Figura 1-2). A *groma*, que podia ser girada por meio de uma haste vertical excêntrica, era nivelada e, então, tomadas as visadas ao longo de seus braços, alinhadas com os fios de prumo.

O *coróbato* (Figura 1-3) era uma régua de madeira e pernas de suporte e media aproximadamente 20 pés (6 m) de comprimento. Tinha um entalhe esculpido no seu topo para reter água, de tal modo que poderia ser usado como um nível.

Dos tempos romanos até a era moderna, houve poucos avanços na arte da topografia, mas nos últimos séculos foram introduzidos luneta, vernier, teodolito, medidor eletrônico de distância, computadores, sistemas de posicionamento global e muitos outros dispositivos excelentes. Esses desenvolvimentos serão mencionados nos capítulos seguintes. Para uma lista histórica detalhada do desen-

---

[3]C. M. Brown, W. G. Robillard e D. A. Wilson, *Evidence and Procedures for Boundary Location*, 2nd ed. (New York: John Wiley & Sons, Inc., 1981), p. 145.
[4]A. R. Legault, H. M. McMaster e R. R. Marlette, *Surveying* (Englewood Cliffs, NJ: Prentice-Hall, Inc., 1956), p. 5.

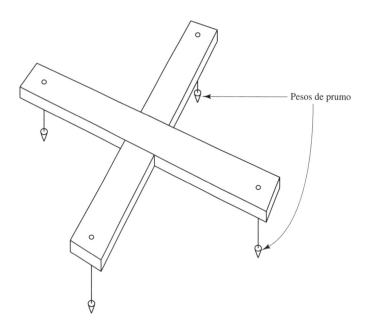

**Figura 1-2** Groma, um dispositivo topográfico romano usado para definição de ângulos retos.

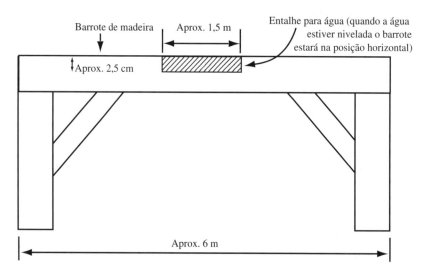

**Figura 1-3** Coróbato, outro dispositivo romano para levantamento.

volvimento dos instrumentos primitivos, o leitor pode se reportar à "Historical Notes upon Ancient and Modern Surveying and Surveying Instruments", de H. D. Hoskold.[5]

Como consequência da demanda de vários países por melhores mapas e informações relativas às suas divisas nacionais, muitos avanços foram conquistados nos séculos XVIII e XIX. Nos Estados Unidos, uma gama de trabalhos foi realizada no levantamento de vastas áreas de terras mantidas sob controle do governo federal. Esse trabalho resultou em muitos avanços no âmbito da triangulação e de levantamento envolvendo as características tridimensionais da superfície física

---

[5]*Transactions of the ASCE*, 1893, vol. 30, pp. 135-154.

da Terra. Uma organização em particular que muito contribuiu para esses avanços foi o Coast and Geodetic Survey dos Estados Unidos, criado em 1807. Esse grupo, hoje conhecido como National Geodetic Survey (NGS), é uma parte do National Oceanic and Atmospheric Administration (NOAA), do Departamento de Comércio dos Estados Unidos.

Durante a Primeira e a Segunda Guerras Mundiais e as guerras da Coreia e do Vietnã, no século XX, foram obtidos importantes avanços no desenvolvimento de equipamentos de topografia necessários para a preparação de mapas. Avanços similares foram obtidos em décadas recentes em relação ao desenvolvimento de mísseis e programas espaciais.

## 1.5 LEVANTAMENTOS TOPOGRÁFICOS PLANOS

Em projetos de mapeamento de grandes áreas, alguns ajustes são realizados devido à curvatura da Terra e ao fato de que as linhas norte-sul que passam por diferentes pontos sobre a superfície física da Terra convergem nos Polos Norte e Sul. Assim, essas linhas não são paralelas umas às outras exceto no equador (veja a Figura 1-4). Os levantamentos topográficos planos, entretanto, são realizados em áreas pequenas o bastante para que os efeitos daqueles fatores possam ser negligenciados. A superfície terrestre, nesse caso, é considerada plana e as linhas norte-sul, paralelas. Os cálculos para uma superfície plana são relativamente simples, desde que o topógrafo esteja capacitado a usar geometria e trigonometria planas.

Os levantamentos topográficos para fazendas, subdivisões, edificações, e, na verdade, para a maioria das obras construídas, são planos. Eles devem, contudo, ser limitados a uma área de poucos quilômetros quadrados. Portanto, não são considerados suficientemente acurados para determinar fronteiras nacionais e estaduais, que envolvem áreas muito grandes.

Pode ser demonstrado que um arco curvilíneo sobre a superfície física da Terra com cerca de 11,5 milhas (18,5 km) de comprimento é apenas aproximadamente 0,05 pé (1,5 cm) maior que a distância horizontal ou a corda entre as extremidades do arco. Assim, é provável que pareça ao leitor que tais discrepâncias são insignificantes. As discrepâncias nas direções devidas à convergência meridiana são, porém, muito mais significativas que aquelas apresentadas pelas distâncias.

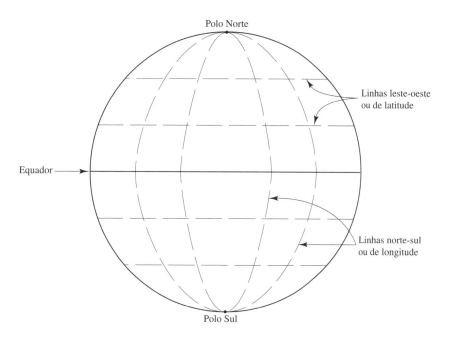

**Figura 1-4** Desenho mostrando as linhas norte-sul e leste-oeste da superfície da terra. Posteriormente elas são chamadas de linhas de longitude e latitude.

**6** Capítulo 1

## 1.6 LEVANTAMENTOS GEODÉSICOS

Levantamentos geodésicos são aqueles que consideram a curvatura da superfície física da Terra. (A Terra é um esferoide achatado nos polos cujo raio no equador é cerca de 22 km maior que o raio polar.) Ao considerar a curvatura da Terra, os levantamentos geodésicos podem ser aplicados tanto para áreas grandes como para áreas pequenas. O equipamento usado e os métodos de medição aplicados são praticamente os mesmos dos levantamentos topográficos. As altitudes são tratadas da mesma maneira tanto nos levantamentos topográficos quanto nos geodésicos. Eles são expressos em termos de distâncias verticais acima ou abaixo de uma superfície curva de referência da Terra, usualmente o nível médio dos mares (NMM).

A maioria dos levantamentos geodésicos é realizada por órgãos oficiais do governo, tais como o Coast and Geodetic Survey dos Estados Unidos e, no Brasil, o IBGE (Instituto Brasileiro de Geografia e Estatística) e a DSG (Diretoria de Serviço Geográfico, do Exército). *Uma lista de endereços postais e* websites *de várias organizações que são frequentemente contactadas por topógrafos consta do Apêndice A no final do livro.* Embora apenas um número relativamente pequeno de topógrafos tenha vínculo empregatício com o National Geodetic Survey (NGS),* seus trabalhos são extremamente importantes para todos os demais topógrafos. Eles estabeleceram uma rede de pontos de referência por todos os Estados Unidos, fornecendo informações precisas sobre posições horizontais e verticais. Todos os outros tipos de levantamentos (topográfico e geodésico) de menor precisão baseiam-se nessa rede.

## 1.7 TIPOS DE LEVANTAMENTOS

Esta seção se destina a uma breve descrição dos vários tipos de levantamentos. A maioria desses tipos de levantamentos emprega técnicas para superfícies planas ao invés de superfícies geodésicas.

*Levantamentos de terras* são os tipos mais antigos de levantamentos, realizados desde os primeiros tempos da história conhecida. Eles são normalmente levantamentos topográficos planos para locação de limites de propriedades, subdivisão de terras, cálculo de áreas e fornecimento de qualquer informação que envolva a transferência de terra de um proprietário para outro. Esses levantamentos são também chamados de *levantamentos de propriedade, levantamentos de limites* ou *levantamentos cadastrais.* Hoje, o termo *cadastral* é normalmente usado em relação ao levantamento de terras públicas.**

*Os levantamentos topográficos* são empregados na locação de objetos e na medição do relevo, rugosidade ou alterações tridimensionais da superfície da Terra. São obtidas informações detalhadas sobre as alturas, assim como sobre a locação de feições naturais e artificiais (prédio, estradas, rios etc.), e toda a informação é representada em mapas (chamados de mapas topográficos).

*O levantamento de rotas* envolve a determinação do relevo e a locação de objetos artificiais e naturais ao longo de uma rota proposta para uma rodovia, ferrovia, canal, duto, linha de transmissão ou outra finalidade. Eles podem ainda incluir a locação ou demarcação de instalações de obras e cálculo de volume.

*Levantamentos municipais ou de cidades* são realizados dentro de um município, com a finalidade de projetar ruas, planejar sistema de esgoto, preparar mapas e assim por diante. Quando o termo é usado, normalmente vem à mente levantamento topográfico na cidade, ou próximo dela, para fim de planejamento de expansões urbanas ou melhorias.

*Levantamentos de estruturas* são realizados com a finalidade de locar estruturas e obter as alturas dos pontos necessárias durante a execução da obra (veja a Figura 1-5). Eles são utilizados para

---

*O equivalente no Brasil é o Instituto Brasileiro de Geografia e Estatística (IBGE), por meio de sua Divisão de Geodésia. (N.T.)

**Isso nos Estados Unidos. Em outros países, os levantamentos cadastrais são para todo tipo de propriedade. (N.T.)

**Figura 1-5** Levantamento em um canteiro de obras. (Cortesia da Topcon Positioning Systems.)

controlar todo tipo de projeto de construção. Estima-se que 60% dos levantamentos topográficos realizados nos Estados Unidos sejam de estruturas.[6]

*Levantamentos hidrográficos** estão relacionados com lagos, rios e outros corpos d'água. São mapeadas linhas de costa, são determinados os contornos das áreas sob a superfície da água, é estimada a vazão dos rios e são obtidas outras informações relativas à navegação e ao controle de enchentes e sobre fontes de água. Nos Estados Unidos, esses levantamentos são normalmente feitos por órgãos do governo, por exemplo, o National Geodetic Survey, o Geological Survey ou o Corps of Engineers do exército norte-americano.**

*Levantamentos marinhos* são comparáveis aos levantamentos hidrográficos, mas são cogitados para cobrir áreas maiores. Eles incluem os levantamentos necessários para plataformas marítimas, estudos sobre as marés, e a preparação de mapas e cartas náuticos.

*Levantamentos de minas* são realizados para obter as posições e alturas de poços subterrâneos, formações geológicas, e assim por diante, assim como para determinar volumes, linhas e perfis para o trabalho a ser executado.

---

[6]R. C. Brinker e R. Minnick, eds., *The Surveying Handbook,* 2nd ed. (New York: Van Nostrand Reinhold Company, Inc., 1995), p. 578.
*Os levantamentos hidrográficos podem incluir, além da batimetria, o apoio de levantamentos geodésicos e topográficos. (N.T.)
**No Brasil, a maioria dos levantamentos hidrográficos e marinhos é realizada pela Diretoria de Hidrografia e Navegação da Marinha. (N.T.)

*Levantamentos geológicos e florestais* são provavelmente muito mais comuns que a maioria das pessoas imaginam. Silvicultores utilizam levantamentos para locação de limites, inventário florestal, topografia etc. Similarmente, os levantamentos têm aplicações na preparação de mapas geológicos.

*Levantamentos fotogramétricos* são aqueles em que são utilizadas fotografias (geralmente aéreas), conjuntamente com um levantamento de pontos de apoio no terreno visíveis na fotografia. A fotogrametria é extremamente valiosa devido à rapidez com que pode ser aplicada, à economia, ao uso em áreas de difícil acesso, à grande quantidade de dados obtidos etc. Suas aplicações estão se tornando cada vez mais extensas a cada ano, e hoje é usada em uma grande percentagem dos levantamentos que envolvem significativas áreas medidas em acres (grosseiramente mais de 20 a 40 acres, dependendo da cobertura do solo e do tipo de terreno).*

*Sensoriamento remoto* é outro tipo de levantamento aéreo. Ele faz uso de câmeras ou sensores transportados por aeronave ou por satélites artificiais.

*Levantamentos as-built* (ou "como construído"**) são realizados após o término de um projeto de construção, para fornecer as posições e dimensões das feições do projeto como elas foram realmente construídas. Tais levantamentos fornecem não somente um registro do que foi construído, mas também um meio de verificar se o trabalho foi realizado de acordo com o projeto.

O projeto de construção normal está sujeito a inúmeras mudanças do plano original devido tanto a mudanças do projeto quanto a problemas encontrados em campo, tais como: tubulações e condutores enterrados, condições inesperadas das fundações e outras situações. Como consequência, o levantamento *as-built* torna-se um documento muito importante, que deve ser preservado para reparos, expansões e modificações futuras. Por exemplo, apenas imagine como é importante conhecer a localização prévia das linhas de água e esgoto.

*Levantamentos de controle* são levantamentos de referência. Para um levantamento de controle particular, é estabelecida certa quantidade de pontos cujas posições horizontais e verticais são rigorosamente determinadas. Os pontos são estabelecidos de tal forma que outros trabalhos possam ser convenientemente orientados ou referenciados a eles.

Os controles horizontais e verticais formam uma rede sobre a área a ser levantada. Para um projeto particular, o controle horizontal é provavelmente ligado aos limites de propriedade, linhas de eixos de estradas e outras feições relevantes. O controle vertical consiste em um conjunto de pontos relativamente permanentes cujas alturas acima ou abaixo do nível do mar têm de ser cuidadosamente determinadas (todos esses pontos são chamados de *pontos de referência*).

Nas próximas décadas, indubitavelmente serão desenvolvidos outros tipos especiais de levantamentos. Topógrafos podem muito bem estabelecer limites sob o oceano, no Ártico e na Antártica, e até na Lua e outros planetas. Mais habilidade e discernimento serão exigidos dos profissionais de topografia para lidar com essas tarefas.

## 1.8 EQUIPAMENTOS TOPOGRÁFICOS MODERNOS

Durante as últimas décadas, tem ocorrido uma revolução após outra no desenvolvimento de equipamentos topográficos. Em cada revolução, pareceu que um pico ou zênite, foi atingido em termos de equipamentos – mas cada vez algo melhor veio em seguida. Diversos desses "zênites" são listados a seguir. Cada um deles será discutido em várias seções através do texto.

1. O primeiro apogeu foi alcançado nos anos de 1960, quando os equipamentos medidores eletrônicos de distância (MED) começaram a ser comumente usados. Certamente, era o melhor equipamento que poderia ser disponibilizado para os topógrafos.

---

*Acre é uma medida agrária no Reino Unido e nos Estados Unidos que vale cerca de 0,40468 ha. Assim, áreas entre 20 e 40 acres (8 a 16 ha) são consideradas pequenas para o uso da aerofotogrametria no Brasil. (N.T.)

**Para saber mais sobre o "como construído", ver a NBR 14645-1, da ABNT. (N.R.T.)

**Figura 1-6** Topografia em vias urbanas. (Cortesia da Nikon, Inc.)

2. O próximo apogeu foi alcançado quando equipamentos de medição de ângulos foram combinados com instrumentos MED para formar as tão conhecidas *estações totais* (Figura 1-6). Isso não era o último desenvolvimento?
3. Então, coletores de dados automáticos foram desenvolvidos para estações totais. Eles poderiam ser usados para armazenar medições, efetuar cálculos e transferir ou descarregar valores medidos para computadores ou *plotters*. Além do mais, informações poderiam ser transferidas do computador para os coletores de dados para uso no campo. Isso era o auge absoluto dos equipamentos topográficos?
4. Outro desenvolvimento quase inacreditável foi o GPS (Global Positioning System). Com o GPS, posições verticais e horizontais sobre a superfície física da Terra podem ser obtidas a partir de sinais emitidos de satélites artificiais. Seguramente, esse tem de ser o passo final.
5. Em 1990, Dandryd Sweden apresentou a primeira "estação total robótica" com rastreio automático e comunicação por rádio ao coletor de dados a partir do alvo no bastão com o refletor (prisma). Pela primeira vez o topógrafo não foi exigido no local do instrumento, apenas uma pessoa é necessária no bastão. Isso permite a redução do tamanho das equipes de campo.
6. Avanços recentes em estações totais robotizadas têm resultado em tecnologias sem refletores com escaneamento automático. Essa nova classe de estações totais pode automaticamente escanear uma área coletando muitos pontos por segundo.

Pode parecer, para o leitor, que todos os grandes avanços possíveis em equipamentos de topografia já foram alcançados. Não é o caso, entretanto, porque após cada grande desenvolvimento em tecnologia, no passado, houve uma maior reviravolta posteriormente. É interessante especular o que acontecerá a seguir. Será a completa robotização da topografia?

*Os equipamentos topográficos atuais são tão soberbos que alguns estudantes (particularmente aqueles que já trabalharam previamente com equipes de topografia) tendem a pensar que é uma perda de tempo estudar à "moda antiga" noções fundamentais de topografia tais como erros sistemáticos, erros grosseiros, medições a trena, cálculo de área e assim por diante, porque com*

10    Capítulo 1

*o equipamento moderno eles podem tratar de tais itens meramente pressionando alguns botões. Porém, como se verá, um entendimento básico desses tópicos é um embasamento essencial para o topógrafo bem-sucedido.*

## 1.9    USO DE EQUIPAMENTOS TOPOGRÁFICOS ANTIGOS

Quando adequadamente manutenidos, os antigos trânsitos (usados para medição de ângulos), níveis (usados para determinação de alturas), trenas e outros equipamentos suportarão toda a vida útil ou até mais. Como resultado, muitos dos equipamentos tradicionais ou mais antigos ainda estão funcionando e ainda são usados para trabalhos de levantamento (particularmente trabalhos de construção), apesar da disponibilidade e do uso habitual dos modernos equipamentos descritos na seção precedente. Entretanto, o topógrafo de hoje deve encarar a realidade que deve usar equipamentos atualizados para ser economicamente competitivo. Como consequência, neste livro será enfatizado o uso de equipamentos modernos, com pouca menção aos equipamentos mais antigos ao longo deste texto, apenas para fins de contextualização histórica.

## 1.10    MANUTENÇÃO DE EQUIPAMENTOS

Embora o equipamento de topografia seja fabricado com grande cuidado e precisão (e podem custar muitos milhares de dólares), eles devem ser checados com frequência e ser adequadamente manutenidos para permanecerem bem retificados. Uma boa regra a seguir é que *o topógrafo não deve apenas manter o seu equipamento bem retificado, mas deve também fazer as medições como se o equipamento não estivesse bem ajustado.* (Neste texto, serão apresentados métodos para medição de dados tais que os erros dos equipamentos não ajustados sejam reduzidos substancialmente.)

## 1.11    IMPORTÂNCIA DA TOPOGRAFIA

Conforme abordado na Seção 1.4, desde as civilizações mais antigas, tem sido necessário determinar limites de propriedades e dividir áreas de terras em partes menores. Através dos séculos, os usos da topografia têm-se expandido de tal forma que hoje é difícil imaginar qualquer tipo de projeto de construção que não inclua algum tipo de levantamento.

Todos os tipos de engenheiros, assim como arquitetos, silvicultores e geólogos, envolvem-se com a topografia como um recurso de planejamento e idealização de seus projetos. A topografia é necessária para subdivisões, construções, rodovias, ferrovias, canais, píeres, desembarcadouros, barragens, redes de drenagens e irrigação, entre muitos outros projetos. Além disso, a topografia é exigida para o correto posicionamento de equipamentos industriais, instalação de máquinas, controle das tolerâncias na fabricação de navios e aeronaves, elaboração de mapas florestais e geológicos, entre outras inúmeras aplicações.

*O estudo de topografia é uma parte importante do treinamento de um estudante técnico, mesmo considerando que este possa realmente nunca praticá-la. Ela o ajudará consideravelmente a aprender a pensar logicamente, a planejar, a ter satisfação em trabalhar com cuidado e acuradamente e a registrar o seu trabalho de forma limpa e ordenada. O estudante aprenderá muito a respeito da importância relativa de medições, desenvolverá certo senso de proporção, e do que é importante e o que não, adquirindo hábitos essenciais de checar cálculos numéricos e medições (uma necessidade para qualquer um na engenharia ou no campo científico). Além do mais, um indivíduo pode ser colocado em posição de tomada de decisões relativa à contratação de serviços de levantamentos topográficos, e sem entendimentos básicos sobre o assunto, não estará apto a lidar com a situação.*

## 1.12 SEGURANÇA

Uma reflexão sobre segurança para trabalhadores em topografia, para clientes e outros profissionais, é um tópico extremamente importante não apenas do ponto de vista do sofrimento físico, mas também das perdas econômicas. Ferimentos pessoais e doenças causam perda de eficiência para a empresa e maiores despesas na medida em que há menor produção e custos elevados de seguros contra acidentes. O leitor entende que quanto mais acidentes em certa firma, maiores serão os seus prêmios de seguros. Esses prêmios são hoje um item não desprezível dos custos de operação de uma empresa (mesmo aquela com um histórico de segurança esplêndido).

O Capítulo 2 cobrirá a importância do planejamento para se obterem bons levantamentos. Planejar também é de importância extraordinária quando nós pensamos em obter segurança. O topógrafo necessita realizar encontros periódicos sobre segurança e continuamente discutir com seus empregados os perigos que envolvem vários tipos de levantamentos. Muitos riscos podem ser encontrados quando se trabalha sobre ou próximo a rodovias, em projetos de construção, próximo a linhas de alta-tensão e em locais remotos com terrenos de características perigosas. É absolutamente essencial para as equipes de levantamento o uso de *kits* de primeiros socorros, bem como a disponibilidade de alguma pessoa treinada em procedimentos de emergência.

Os topógrafos devem usar roupas visíveis, tais como vestes alaranjadas com faixas refletivas, de modo que sejam facilmente vistos pelos motoristas, pelos colegas de trabalho e caçadores. Em áreas de projeto de construção, capacetes e botas de segurança são imprescindíveis. Em áreas infestadas por cobras, é necessário usar botas e/ou perneiras. Roupas amarelas atraem insetos, com riscos de ferroadas de marimbondos e abelhas. Por isso, os *kits* de primeiros socorros devem incluir antídotos para pessoas alérgicas a tais picadas.

Carrapatos parecem que moram em todos os lugares em que existem árvores, e suas picadas podem causar doenças com riscos de morte. Como consequência, topógrafos em áreas infestadas de carrapatos deveriam usar repelentes e usar camisas de mangas longas, bem como enfiar as calças em suas botas. Além do mais, é desejável que o pessoal use roupas com cores claras, de tal forma que os carrapatos possam ser facilmente vistos. Os empregados devem também checar uns aos outros quanto à presença dessas pestes.

Uma das mais perigosas situações para topógrafos é trabalhar ao longo das rodovias. Para tal trabalho, é absolutamente necessário fazer uso de sinais de advertência e homens sinalizadores. É claro que a melhor prevenção de todas é estar fora da estrada e trabalhar com afastamento, se possível. Quando é necessário trabalhar ao longo das rodovias, o trabalho deve ser realizado de acordo com as recomendações do *Manual de Dispositivos de Controle de Tráfego Uniformes*, publicado pela Administração Federal de Rodovias do Departamento de Transportes dos Estados Unidos.[7] Se essas recomendações forem seguidas, não apenas o trabalho será mais seguro, mas a responsabilidade civil do topógrafo será reduzida no caso de que ocorra um acidente.

A finalidade desta seção não é listar todas as possíveis precauções de segurança que podem ocorrer, mas ao invés disso, é fazer o topógrafo consciente de segurança e tentar fazer com que eles avaliem todo o trabalho a ser realizado e todos os riscos que possam existir. Seguem algumas das diversas precauções possíveis:

1. Não olhe para o sol através de lunetas, a menos que sejam usados filtros especiais; pode resultar em sérios e permanentes danos aos olhos.
2. Esteja atento aos perigos de insolação.
3. Use luvas quando trabalhar em vegetação espinhosa, heras venenosas ou carvalhos.
4. Quando cortar arbusto, esteja extremamente atento à presença de outras pessoas e fique atento às cobras.

---

[7]Washington, D.C.: Federal Highway Administration, 2009, Part 6. MUTCD 2009 também está disponível *online* em: <http://mutcd.fhwa.dot.gov/pdfs/2009/pdf_index.htm>.

**5.** Não use trena de metal próximo às linhas elétricas.

**6.** Não lance balizas a distância.

**7.** Não suba cercas carregando equipamento.

**8.** Obedeça às leis de segurança dos governos locais, estaduais e federais.

Nos Estados Unidos, o topógrafo deve também estar familiarizado com as exigências do Occupational Safety and Health Administration (OSHA) do Departamento de Trabalho. Essa organização desenvolveu padrões de segurança e instruções que se aplicam às várias condições e situações que podem ser encontradas em todo tipo de profissões, incluindo os topógrafos.

## 1.13 SEGURO DE RESPONSABILIDADE CIVIL

Todos nós estamos familiarizados com histórias quase inacreditáveis de decisões de tribunais que parecem ocorrer frequentemente em casos de danos pessoais. Decisões similares são tomadas frequentemente nos casos em que erros de levantamentos causam prejuízos financeiros aos clientes. Esses casos são mais comuns em projetos de construção que em levantamentos de terras rurais.

Para esta discussão, apenas imagine um topógrafo preparando um mapa topográfico que está 2 pés (0,6 m) deslocado em altura e que esse engano causa ao contratante ter que completar o aterro, um acre ou dois de terra, com 2 pés (0,6 m) a mais de solo. O que você acha que o contratante tentará fazer com a conta dessa despesa extra? Numa situação similar, imagine um topógrafo que cometa um erro na locação de um limite de propriedade e, como consequência, é construído um prédio que invade alguns metros a terra de alguém. Quem você imagina que é o primeiro candidato a pagar os prejuízos?

Das discussões precedentes, o leitor pode ver por que é tão comum hoje os clientes industriais exigirem das companhias de topografia a comprovação de que possuem cobertura de seguro de responsabilidade civil adequada. Infelizmente, esses seguros são bastante caros, as franquias são bastante altas e, como em outras situações de seguros de responsabilidade civil, reivindicações frequentes levam a prêmios muito maiores.

Em alguns estados norte-americanos, se algum topógrafo causa prejuízo financeiro a um cliente, ele pode perder sua licença, a menos que seja feita a restituição financeira satisfatória ao cliente. Um topógrafo que possua uma apólice de responsabilidade civil adequada certamente estará em posição de obter mais trabalhos industriais do que outro que não tenha tal seguro. (Em outras palavras, muitas pessoas e organizações podem decidir não empregar um topógrafo que não tenha seguro de responsabilidade civil.)

Esta discussão pode ter continuidade na cobertura de acidentes pessoais. O leitor pode entender que se um empregado de topografia (a compensação do trabalhador também pode ser envolvida aqui) ou se um terceiro é acidentado como consequência das atividades de levantamento, o topógrafo ou sua companhia de seguro serão responsabilizados para pagamento dos danos.

## 1.14 OPORTUNIDADES EM TOPOGRAFIA

Existem poucas profissões que necessitam tanto de pessoas qualificadas quanto a profissão de topógrafo. Nos Estados Unidos, desenvolvimentos econômicos materiais extraordinários (loteamentos, fábricas, barragens, linhas de transmissão, cidades etc.) criam uma demanda por topógrafo a uma taxa de crescimento maior do que suas escolas os estão formando. A construção, sua maior indústria, requer um constante suprimento de novos topógrafos.

Para uma pessoa com uma tendência para uma combinação de trabalhos internos e ao ar livre, a topografia oferece oportunidades atrativas (veja as Figuras 1-5, 1-6 e 2-1). Os trabalhos disponíveis em muitas disciplinas nos Estados Unidos estão concentrados em grandes cidades e em certas áreas específicas. Isso não se aplica à topografia, porque os topógrafos são necessários em todas as partes do país — rural e metropolitana.

Agora parece que os salários iniciais para topógrafos qualificados, que se mantiveram atrás dos salários da engenharia civil no passado, estão subindo rapidamente e talvez os ultrapassem nos próximos anos. Apesar desse fato, a maioria dos programas de graduação de topógrafos, nos Estados Unidos, está se deparando com decréscimo no número de matrículas. Por outro lado, as matrículas nos programas de pós-graduação estão crescendo. *Uma lista de escolas que oferecem o grau de bacharelado em topografia nos Estados Unidos consta do Apêndice B do livro.*

O Departamento de Trabalho Americano assegura que há uma demanda por aproximadamente 3 000 novos profissionais de topografia/geomática a cada ano.[8] Os programas acreditados em topografia promovidos pela ABET (Acredditation Board for Engineering and Technology) apenas formam uma pequena fração dessa demanda.[9]

Você pode estar interessado em saber onde encontrar topógrafos. A resposta é que eles são pessoas que podem ou não ter realizado um ou dois cursos em topografia e que se promoveram na profissão de porta-mira para porta-instrumento, para desenhista e assim por diante, eventualmente conquistando os exames de registro. Esse caminho está mais difícil para seguir e será provavelmente impossível em futuro próximo na maioria dos estados norte-americanos (se já não é o caso) devido às crescentes exigências educacionais para o registro.

É necessário, para uma pessoa prosseguir na prática privada, satisfazer às exigências de licenciamento de seu Estado. Essas exigências, que estão se tornando mais severas a cada ano, são discutidas em detalhes no Capítulo 24.

## PROBLEMAS

**1.1** Que era a groma?

**1.2** Defina o termo *topografia.*

**1.3** O que é geomática?

**1.4** Faça a distinção entre levantamento plano e geodésico.

**1.5** Relacione 10 tipos de levantamentos.

**1.6** O que é um levantamento topográfico?

**1.7** Diga os nomes e descreva dois tipos de levantamentos aéreos.

**1.8** Faça a distinção entre levantamentos hidrográfico e marinho.

**1.9** Por que é absolutamente necessário fazer levantamentos acurados para minas subterrâneas?

**1.10** Faça a distinção entre os levantamentos de apoio horizontal e vertical.

**1.11** Discuta a importância do seguro de responsabilidade civil para o topógrafo.

**1.12** Relacione cinco precauções de segurança que deveriam ser regularmente tomadas pelos topógrafos.

**1.13** Pesquise oportunidades de emprego em topografia ou geomática na sua região. Faça um resumo contendo os resultados obtidos.

---

[8]Fonte: Bureau of Labor Statistics. Disponível em: <www.bls.gov>. Acesso em: maio 2011.
[9]*Website* da American Congress of Surveying and Mapping (www.acsm.net). Acesso em: jan. 2011.

# Capítulo 2

# Introdução às Medições

## 2.1 MEDIÇÕES

Geralmente, a maioria de nós está mais acostumada a *contar* do que *medir*. Se é contada a quantidade de pessoas em uma sala, o resultado é um número exato, sem decimais, digamos, nove pessoas. Seria ridículo dizer que existem 9,23 pessoas em uma sala. De forma similar, uma pessoa pode contar a quantidade de dinheiro em seu bolso. Embora o resultado possa conter frações decimais, tal como R$ 5,65, o resultado ainda é um número exato.

A topografia lida com a medição de quantidades cujo valor exato ou verdadeiro não pode ser determinado, tais como distâncias, alturas, volumes, direções e pesos (Figura 2-1). Se uma pessoa medir o tamanho de sua mesa com uma régua graduada em décimos de milímetros, ela pode estimar o comprimento em centésimos de milímetros. Se usar uma régua graduada em centésimos de milímetros, ela poderia estimar o comprimento em milésimos de milímetros e assim por diante. Obviamente, quanto melhor for o equipamento, mais próximo do valor exato uma pessoa pode estimar um resultado, mas nunca será capaz de determinar esse valor absolutamente. Então, um princípio fundamental em topografia é que nenhuma medida é exata e que o valor verdadeiro da quantidade nunca é conhecido (valores exatos ou verdadeiros podem existir, mas eles nunca podem ser determinados). *Medição é o principal interesse de um topógrafo.*

**Figura 2-1** Levantamento no campo. (Cortesia da Topcon Positioning SystemNikon, Inc.)

Apesar de o valor exato de uma quantidade medida nunca ser conhecido, nós podemos conhecer exatamente qual é a soma que um grupo de medidas pode ter. Por exemplo, a soma dos três ângulos internos de um triângulo deve ser 180°; para um retângulo, a soma dos ângulos internos deve ser 360°, e assim por diante. Se os ângulos de um triângulo são medidos e o total soma aproximadamente 180°, nós aprenderemos a matematicamente ajustar ou revisar cada ângulo ligeiramente, de tal forma que eles totalizem 180°. De modo similar, nós aprenderemos a ajustar séries de medições horizontais ou verticais para algum total conhecido.

## 2.2 NECESSIDADE DE LEVANTAMENTOS ACURADOS

O topógrafo deve ter ainda a habilidade e o discernimento necessários para fazer medições acuradas. Esse fato é obvio quando alguém está pensando em termos de construções de pontes longas, túneis, prédios altos, bases de mísseis ou com a montagem de máquinas delicadas, mas deve ser igualmente tão importante no levantamento de terras.

Até poucas décadas, o preço de terras não era extremamente alto, com exceção em torno das grandes cidades. Se o topógrafo ganhou ou perdeu alguns poucos metros em um lote ou poucos hectares em uma fazenda, ele usualmente não considerava isso uma questão de grande importância. Os instrumentos comumente usados para levantamento antes desse século não eram tão bons comparados aos equipamentos de hoje, e era provavelmente impossível para o topógrafo atingir a qualidade do trabalho esperado para a qualidade de trabalho do topógrafo de hoje.

Hoje, o preço das terras na maioria das regiões é muito alto e evidentemente a ascensão está apenas começando. Em áreas de grande população e lugares frequentados por muitas pessoas, os terrenos são vendidos por milhares de reais por metro quadrado ou por centenas ou milhares de reais por metro de testada; portanto, o topógrafo deve ser capaz de realizar um trabalho excelente. Mesmo em áreas rurais, o custo de terra está frequentemente "nas nuvens".

## 2.3 EXATIDÃO E PRECISÃO*

Os termos *exatidão* (ou acurácia) e *precisão* são constantemente usados em topografia. Já seus corretos significados são um pouco difíceis de compreender.

*Exatidão* refere-se ao grau de perfeição obtida nas medições. Ela denota o quanto uma dada medida está próxima do valor verdadeiro da dimensão medida.

*Precisão* ou *acurácia aparente* é o grau de refinamento com que dada dimensão é medida. Em outras palavras, é a proximidade de uma medida para outra. Se uma quantidade é medida diversas vezes, e os valores obtidos são muito próximos entre si, a precisão é considerada alta.

Não se deduz necessariamente que melhor precisão significa melhor exatidão. Considere o caso em que um topógrafo mediu cuidadosamente uma distância três vezes com uma trena de aço de 30 m e obteve os valores: 300,14 m; 300,13 m e 300,15 m. Ele realizou um trabalho muito preciso e aparentemente também muito exato. Poderia, no entanto, ser descoberto que a trena mede realmente 30,02 m de comprimento em vez dos 30 m. Assim os valores obtidos não são exatos, apesar de serem precisos. (As medições podem ser exatas fazendo uma correção numérica de 0,02 m por comprimento da trena.) É possível para o topógrafo obter precisão e exatidão pela observação cuidadosa e paciente, bem como usando instrumentos e procedimentos adequados.

Na medição de distâncias, a precisão é definida como a razão entre o erro da medição e a própria distância medida e é reduzida para uma fração tendo como numerador a unidade. Se uma distância de 1200 m é medida e o erro é depois estimado como 0,2 m, a precisão da medição é 0,2/1200 = 1/6000. Isso significa que para cada 6000 m medidos, o erro deve ser de 1 m se o trabalho foi feito com o mesmo grau de precisão.

---

*No presente contexto, os termos exatidão, acurácia e acuracidade podem ser interpretados como sinônimo. (N.R.T.)

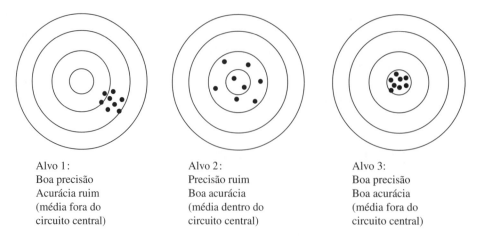

**Figura 2-2** Acurácia e precisão.

Um método frequentemente usado pelos professores de topografia para definir e distinguir entre precisão e exatidão é ilustrado na Figura 2-2. Considera-se que uma pessoa está praticando tiro ao alvo com seu rifle. Seu resultado no alvo 1 foi muito preciso porque seus furos de bala foram muito próximos uns aos outros. Eles, no entanto, não foram exatos, porque estão distribuídos a certa distância do centro do alvo. Os tiros do atirador no alvo 2 são considerados exatos porque os furos de bala estão posicionados relativamente próximos do centro do alvo. No entanto, não foram muito precisos, porque estão espalhados uns em relação aos outros. Finalmente, no alvo 3, os tiros foram precisos e exatos, porque eles estão colocados no centro do alvo e próximos uns dos outros. *O objetivo do topógrafo é fazer medições que sejam precisas e exatas.*

## 2.4 ERROS E ERROS GROSSEIROS

Não existe alguém cuja percepção seja perfeita o suficiente para medir qualquer quantidade exatamente e não existe instrumento perfeito que faça tal medição. O resultado é que todas as medições são imperfeitas. A maior preocupação em topografia é a precisão do trabalho. Esse objetivo será reforçado conforme nós discutimos cada fase do levantamento.

As diferenças sempre presentes entre as quantidades medidas e as magnitudes verdadeiras dessas quantidades são classificadas aqui como erros grosseiros e outros erros. Um erro grosseiro é uma diferença de um valor verdadeiro causado pela desatenção do topógrafo. Por exemplo, ele pode ler um número como 6 enquanto ele é realmente 9, pode registrar a quantidade errada na caderneta de campo ou pode acrescentar uma coluna de números incorretamente. O ponto importante aqui é que os erros grosseiros são causados pela falta de atenção do topógrafo, e a falta de cuidado *pode ser eliminada* por uma verificação cuidadosa. Todo topógrafo comete erros ocasionais, mas se eles aprenderem a aplicar cuidadosamente ao seu trabalho as verificações ou controles descritos nos capítulos subsequentes, esses erros grosseiros serão eliminados. *Qualquer profissional competente não estará satisfeito com o seu trabalho até ter certeza de que quaisquer erros foram detectados e eliminados.*

Um *erro, no sentido amplo da palavra,* é uma diferença de um valor verdadeiro causada pela imperfeição dos sentidos do operador, pela imperfeição do equipamento ou por efeitos das condições atmosféricas. Esses erros *não podem ser eliminados, mas minimizados* por trabalho cuidadoso combinado com a aplicação de certas correções numéricas.

## 2.5 FONTES DE ERROS

Existem três fontes de erros: o operador, os instrumentos e a natureza. Consequentemente, os erros nas medições são geralmente ditos como operacionais, instrumentais e naturais. Alguns erros, no entanto, não se ajustam claramente a uma dessas categorias e podem ocorrer devido a uma combinação de fatores.

*Erros operacionais* ocorrem porque nenhum topógrafo tem sentido perfeito de visão e tato. Por exemplo: ao estimar a parte fracionária de uma escala, o topógrafo não consegue lê-la perfeitamente e a estimativa será sempre um pouco maior ou um pouco menor.

*Erros instrumentais* ocorrem porque os instrumentos não podem ser fabricados perfeitamente e as diferentes partes dos instrumentos não podem ser ajustadas perfeitamente uma em relação à outra. Além do mais, com o tempo, o desgaste dos instrumentos causa erros adicionais. *Embora nas últimas décadas se tenha visto o desenvolvimento de equipamentos mais precisos, o objetivo da perfeição permanece uma ilusão.* A leitura de uma escala certamente contém os erros operacionais e instrumentais, pois o observador não pode ler a escala perfeitamente e nem o fabricante pode construir uma escala perfeita. Ainda que a maioria das leituras de distâncias sejam exibidas digitalmente em equipamentos modernos, eles ainda contêm erros instrumentais.

*Erros naturais* são causados por temperatura, vento, umidade, variações magnéticas etc. Em um dia de verão, uma trena de aço de 30 m pode aumentar em comprimento alguns centésimos de centímetro. Cada vez que essa trena é usada para medir 30 m haverá um erro de temperatura daqueles poucos centésimos de centímetro. O topógrafo não pode eliminar a causa desse tipo de erros, mas pode minimizar seus efeitos usando bom senso e fazendo as correções matemáticas apropriadas para o resultado. Apesar de essa discussão ser exemplificada com trenas, os erros naturais afetam medições feitas com todos os tipos de equipamentos de topografia.

## 2.6 ERROS SISTEMÁTICOS E ACIDENTAIS OU ALEATÓRIOS

Erros são ditos sistemáticos ou acidentais. Um *erro sistemático* ou *cumulativo* é o que, sob condições constantes, permanece o mesmo tanto em sinal como em magnitude. Por exemplo, se uma trena de aço é 0,03 m mais curta, cada vez que a trena é usada, o mesmo erro (devido àquele fator) é cometido. Se o comprimento completo da trena é usado 10 vezes, o erro se acumula e totaliza 10 vezes o erro de uma medição.

Um *erro acidental, compensável,* ou *aleatório* é aquele cuja magnitude e direção é desconhecida e fora do controle do topógrafo. Por exemplo, quando uma pessoa lê uma trena, não o faz perfeitamente. Uma vez lerá um valor que é maior e, na próxima vez, poderá ler um valor menor. Uma vez que esses erros são equivalentes em módulo e provavelmente possuem sinais contrários, eles tendem, em certo grau, a se cancelar ou compensar uns aos outros.

## 2.7 DISCUSSÃO SOBRE OS ERROS ALEATÓRIOS OU ACIDENTAIS

Muito frequentemente, topógrafos e estudantes de topografia que tiveram alguma experiência de campo dizem que não necessitam estudar os erros acidentais e suas acumulações ou propagações. Parecem pensar que o assunto é meramente acadêmico e que ninguém, na prática, necessita ou usa. *No entanto, como veremos, eles estão errados.*

A maioria dos estudantes pode ter uma pequena dificuldade, no início, em entender o material estatístico elementar apresentado nesta e nas próximas duas seções. Entretanto, à medida que o estudante progrida ao longo deste livro, provavelmente recorrerá por diversas ocasiões a este capítulo. Se isso ocorrer, haverá o entendimento gradativo desse material e sua importância na realização de medições.

A qualidade de uma medição pode ser expressa pela indicação de um erro relativo. Por exemplo, uma distância pode ser mostrada como 254,76 ± 0,02 m. Tal afirmação indica que a verdadeira distância medida provavelmente estará entre 254,74 m e 254,78 m e que seu valor mais provável é

254,76 m. O sinal ou direção do erro provável não é conhecido e, então, nenhuma correção pode ser feita. O erro provável pode ser para mais ou para menos entre os limites dentro do qual o erro provavelmente está. Note que essa forma não especifica a magnitude do erro atual, nem indica o erro mais provável a ocorrer.

O termo *erro de 50%* ou *erro provável* é usado algumas vezes em discussões sobre levantamentos. Se dizemos que certa distância medida tem um erro de 50% de ±0,03 m, nós queremos dizer que há 50% de chance de essa medida possuir um erro menor ou igual a 0,03 m e 50% de ter um erro maior.

Quantos clientes ficariam satisfeitos ao serem informados que uma distância medida para eles obteve um valor de 192,73 m e que há uma chance de 50% que o valor esteja correto dentro de ±0,03 m? A resposta é não muito. Na verdade, eles provavelmente diriam "eu quero uma medida 100%, isto é, uma para a qual o valor dado tem 0% de chance de não estar afastada daquele valor". *(Não se concebe um erro 100%, pois sempre há alguma chance de que uma medida contenha um erro maior que qualquer valor dado.)*

Continuando essa discussão, podemos nos referir a erros como de 60%, erros de 68,3%, erros de 90% etc. Se dissermos que dada medida é 192,73 m e que há um erro de 90% de ±0,03 m, estamos dizendo que há 90% de chance de que o erro seja ±0,03 m ou menos e 10% de que o erro seja maior. Se proporcionarmos a nosso cliente um erro de 90% ou 95% ou 99,7%, ele provavelmente estará um pouco mais satisfeito que com um de 50%.

## 2.8 OCORRÊNCIA DOS ERROS ACIDENTAIS OU ALEATÓRIOS

A maioria dos estudantes parece ter mais dificuldade em entender o material desta seção e das próximas duas (2.9 e 2.10) que qualquer outra parte do texto. Se esse for o caso, provavelmente deve-se à falta de um curso de estatística em seus estudos anteriores. Apesar disso, os estudantes gradualmente começarão a entender o material e sua importância à medida que virem sua aplicação em futuras situações neste texto. Quando tais situações ocorrerem, será proveitoso ao estudante voltar e reler essas seções.

Se uma moeda é jogada 100 vezes, a probabilidade é de que ocorrerão 50 caras e 50 coroas. Cada vez que uma moeda é jogada, há uma chance igual de ser cara ou coroa, e é evidente que quanto mais vezes a moeda for jogada, maior a probabilidade de o total de números de caras ser igual ao total de números de coroas.

Quando uma quantidade tal como distância está sendo medida, os erros aleatórios ocorrem devido às imperfeições dos sentidos do observador e do equipamento usado. O observador não é capaz de fazer leituras perfeitas. Cada vez que uma medida é feita, ela será ou maior ou menor.

Para essa discussão, considera-se que uma distância foi medida 28 vezes, com os resultados mostrados na Tabela 2-1. Na primeira coluna da tabela, os valores das medições estão ordenados por valores crescentes, enquanto o número de vezes que uma medida em particular foi obtida é dado na segunda coluna. Esses últimos valores são também referenciados como *frequência* das medições.

Os erros das medições não são conhecidos porque o valor verdadeiro da quantidade não é conhecido. Assume-se que o valor verdadeiro, portanto, seja igual à média aritmética dos valores medidos, considerada o *melhor valor* ou o *valor mais provável*. O erro de cada medição é, então, tomado como igual à diferença entre a medição e o valor médio. Esses não são realmente erros e são conhecidos como *resíduos* ou *desvios*. Para a medição que está sendo considerada aqui, os resíduos são mostrados na terceira coluna da Tabela 2-1

Para um conjunto particular de medições de uma mesma grandeza, é possível tomar os resíduos e representá-los na forma de um gráfico de barras, como mostrado na Figura 2-3. Essa figura, chamada de *histograma* ou *diagrama de distribuição de frequência*, tem a magnitude dos resíduos traçados ao longo do eixo horizontal. Os seus sinais, positivo ou negativo, são mostrados traçando-os à direita ou à esquerda da origem (O). O número ou frequência dos resíduos de cada tamanho são mostrados no eixo vertical.

**Tabela 2-1**

| Medição | Quantidade ou frequência de cada medição | Resíduos ou desvios |
|---|---|---|
| 96,90 | 1 | –0,04 |
| 96,91 | 2 | –0,03 |
| 96,92 | 3 | –0,02 |
| 96,93 | 5 | –0,01 |
| 96,94 | 6 | 0,00 |
| 96,95 | 5 | +0,01 |
| 96,96 | 3 | +0,02 |
| 96,97 | 2 | +0,03 |
| 96,98 | 1 | +0,04 |
| Média = 96,94 | 28 | |

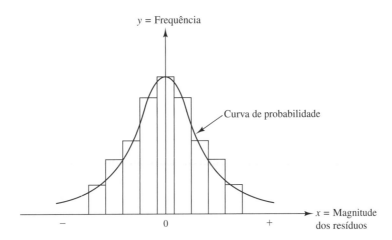

**Figura 2-3** Histograma ou diagrama de distribuição de frequência.

## 2.9 CURVA DE PROBABILIDADE

Se um número infinito de medições de certa grandeza puder ser tomado, os resíduos desses valores forem plotados como um histograma e se uma curva for desenhada através de seus valores, o resultado poderia teoricamente coincidir com uma curva suave na forma de sino chamada de *curva de probabilidade* (também chamada de *curva de Gauss* ou *curva de distribuição do erro normal*). Quase todas as medições em topografia se adaptam a tal curva. Essa curva mostra a relação entre o tamanho de um erro e a probabilidade de sua ocorrência.

A curva de probabilidade fornece o método mais adequado para se estudar a precisão de levantamentos e também nos fornece o melhor meio disponível para se estimar a precisão de futuros levantamentos. Ela pode ser representada por meio de uma equação matemática (dada no fim desta seção), mas que é raramente empregada em medições de levantamentos.

Teoricamente, a curva de probabilidade teria uma forma de sino perfeita se um número infinito de medições fosse tomado e representado. Quando um número suficiente de medições de uma grandeza particular for realizada, o histograma pode ser desenhado e a curva terá o aspecto mostrado na Figura 2-3. Tal curva se aproxima da curva teórica e pode ser usada para estimar o comportamento mais provável dos erros aleatórios. Há uma pequena aproximação envolvida, porque uma curva desenhada a partir de poucas medições, como cinco ou seis, é praticamente a mesma de uma curva teórica baseada em um número infinito de medições.

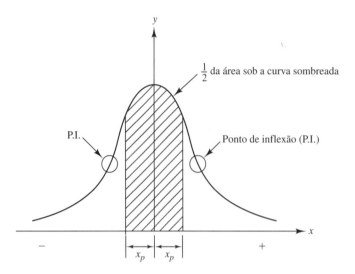

**Figura 2-4** Histograma que mostra o erro provável e os pontos de inflexão ou o desvio-padrão.

Cinquenta por cento da área abaixo da curva de probabilidade da Figura 2-4 é mostrada hachurada. Há uma chance de 50% de o erro de uma medição individual cair nessa região e uma chance de 50% de cair fora. O valor $x_p$ mostrado na figura é denominado *erro provável* ou erro de 50%. Uma medição particular terá a mesma chance de ter um erro menor do que $x_p$ como tem de ter maior que $x_p$.

Da estatística podemos provar que a média ou erro de 50% pode ser determinada multiplicando o valor constante 0,845 pelo valor numérico médio dos resíduos. O sinal (±) dos resíduos não está incluído na média. Considerando $v$ igual ao resíduo, o erro de 50% $E_{50}$ é o seguinte:

$$E_{50} = \pm 0{,}845 \, v_{\text{médio}}$$

O termo *erro provável* foi comumente usado no passado por topógrafos e engenheiros, mas hoje é raramente empregado. A maioria de nossas referências é agora feita para outro valor, chamado de erro-padrão ou desvio-padrão, um termo definido no próximo parágrafo.

Há diversos modos pelos quais os erros podem ser indicados, mas o mais comum deles é referir os erros ao *desvio-padrão* ($\sigma$), também chamado de *erro médio quadrático* ou *erro-padrão*. Esse valor fornece um meio prático de indicar a confiabilidade de um conjunto de medições repetidas. Se examinarmos as curvas das Figuras 2-4 e 2-5, veremos que existem pontos de inflexão (P.I.) em cada lado da curva, isto é, pontos em que a inclinação da curva muda de côncava para convexa, ou vice-versa. A área sob a curva de probabilidade entre esses pontos para uma curva teórica é igual a 68,3% da área total. Se determinada dimensão é medida 10 vezes, é esperado que 68,3% ou cerca de sete em cada 10 medidas cairão entre esses valores, e três, não. Os resíduos nos pontos de inflexão são chamados de *desvios-padrão* ou *erros-padrão*, e podem ser calculados pela seguinte equação, que é derivada no método dos mínimos quadrados.

$$\sigma = \pm \sqrt{\frac{\sum v^2}{n-1}}$$

em que $\Sigma v^2$ é a soma dos quadrados dos resíduos e $n$ é o número de observações realizadas.

Se o estudante examinar a literatura publicada pelos fabricantes de equipamentos topográficos, notará que eles normalmente fornecem o desvio-padrão associado ao uso do equipamento. Na prática, nem o desvio-padrão (ou 68,3%) nem o valor provável (ou 50%) são usados pelo topógrafo. Os valores mais comuns são 95,4% ou 99,7%.*

A probabilidade de erro em outras posições sobre a curva pode ser determinada pela seguinte equação:

$$E_p = C_p \sigma$$

em que $E_p$ é o erro percentual, $C_p$ é uma constante e $\sigma$ é o erro-padrão. Por exemplo: o erro 68,3% ocorre quando $C_p = 1,00$ e o erro 95,4% ocorre quando $C_p = 2,00$. É impossível estabelecer o erro máximo absoluto porque essa condição, teoricamente, ocorre no infinito. Muitas pessoas se referem ao erro máximo como 95,4% (que ocorre em $2,00\sigma$), enquanto outros se referem ao erro 99,9% (que ocorre em $3,29\sigma$) como o máximo. No último caso, vemos que 999 valores retirados de um conjunto com 1000 observações cairiam dentro desse intervalo. Diversas probabilidades de erro estão resumidas na Tabela 2-2 e representadas na Figura 2-5. Algumas vezes, os valores $2\sigma$ e $3\sigma$ (que correspondem a erros 95,4% e 99,7%, respectivamente) são indicados como dois desvios-padrão e três desvios-padrão respectivamente.

A equação geral da curva de probabilidade para um número infinito de ordenadas pode ser expressa como a seguir:

$$y = ke^{-h^2 x^2}$$

em que $y$ é a probabilidade de ocorrência de erros aleatórios de magnitude $x$, $e$ é a base neperiana dos logaritmos naturais igual a 2,718, e $k$ e $h$ são constantes que determinam a forma da curva.

**Tabela 2-2**  Probabilidade de Certos Intervalos de Erros

| Erro | Probabilidade | Probabilidade de que um erro seja maior |
|---|---|---|
| $0,50\sigma$ | 38,3 | 2 em 3 |
| $0,6745\sigma$ | 50,0 | 1 em 2 |
| $1,00\sigma$ | 68,3 | 1 em 3 |
| $1,6449\sigma$ | 90,0 | 1 em 10 |
| $1,9599\sigma$ | 95,0 | 1 em 20 |
| $2,00\sigma$ | 95,4 | 1 em 23 |
| $3,00\sigma$ | 99,7 | 1 em 333 |
| $3,29\sigma$ | 99,9 | 1 em 1000 |

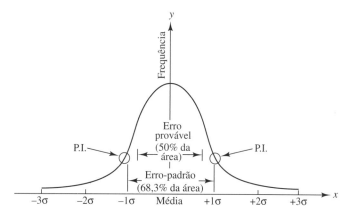

**Figura 2-5** Curva de probabilidade.

---

*As percentagens indicam as probabilidades de que os erros ocorram em certo intervalo — são também conhecidas como níveis de confiança. (N.T.)

**22** Capítulo 2

## 2.10 PROPAGAÇÃO DE ERROS ALEATÓRIOS OU ACIDENTAIS

Esta seção é destinada a apresentar um conjunto de exemplos de problemas que aplicam as discussões precedentes sobre erros aleatórios a problemas práticos de levantamentos. São incluídos cálculos para quantidades simples e para valores de observação em série. O acúmulo de erros aleatórios para cálculos sequenciados é denominado *propagação de erros aleatórios*. Desenvolver equações para qualquer propagação de erros aleatórios, mesmo os casos mais simples requer um substancial embasamento em cálculo. Considera-se nesta seção que o leitor deste livro não tenha necessariamente tal embasamento, assim as equações algébricas necessárias são dadas nos parágrafos que se seguem e se aplicam a casos numéricos simples.

### Medições de uma Dimensão Individual

Quando uma dimensão individual é medida diversas vezes, o erro provável ou erro de 50% de qualquer uma das medições pode ser determinado pela seguinte equação:

$$E_p = C_p \sqrt{\frac{\sum v^2}{n - 1}}$$

em que $C_p = C_{50} = 0,6745$. Para outros erros percentuais, os valores de $C_p$ variam como mostrado na Tabela 2-2. O Exemplo 2.1 ilustra a aplicação da equação para erros de diferentes percentagens.

---

**EXEMPLO 2.1**      Determine os erros de 50%, 90% e 95% para as medidas de distância mostradas na primeira coluna da seguinte tabela:

*SOLUÇÃO*

| Valor medido | Resíduo $v$ | $v^2$ |
|---|---|---|
| 152,93 | +0,02 | 0,0004 |
| 153,01 | +0,10 | 0,0100 |
| 152,87 | –0,04 | 0,0016 |
| 152,98 | +0,07 | 0,0049 |
| 152,78 | –0,13 | 0,0169 |
| 152,89 | –0,02 | 0,0004 |
| Média = 152,91 | $\sum v^2 = 0,0342$ | |

$$E_{50} = \pm 0,6745 \sqrt{\frac{0,0342}{6 - 1}} = \pm 0,056 \, \text{m}$$

$$E_{90} = \pm 1,6449 \sqrt{\frac{0,0342}{6 - 1}} = \pm 0,136 \, \text{m}$$

$$E_{95} = \pm 1,9599 \sqrt{\frac{0,0342}{6 - 1}} = \pm 0,162 \, \text{m}$$

Assim, existe uma chance de 50% de que a medida estará dentro dos limites de 0,056 m do real valor, uma chance de 90% de que ele esteja dentro de 0,136 m e uma chance de 95% de que esteja dentro de 0,162 m.

---

Nesse ponto, apresentamos algumas recomendações concernentes a medições que parecem estar completamente fora do padrão de ocorrência dos outros valores. Quando os resíduos são determinados para um conjunto de medições, eles devem ser comparados com o valor médio desses resíduos. Pode ocorrer que algum deles seja muito grande (digamos quatro, cinco ou mais vezes o valor médio). Nesse caso, provavelmente são erros grosseiros que, então, devem ser descartados e os cálculos refeitos com os remanescentes. O valor não deve ser eliminado apenas para melhorar o resultado. Para o valor ser eliminado, ele deve aparecer claramente separado dos outros valores e de forma que seja identificado realmente como um erro grosseiro.

## Séries de Medições Similares

Até esse ponto consideramos apenas as medições de quantidades simples. Normalmente, o topógrafo está envolvido com a medida de não só uma quantidade, mas de uma série de quantidades. Por exemplo, ele ou ela mede, pelo menos, vários ângulos, distâncias e elevações diferentes trabalhando em um projeto particular.

*Quando uma série de dimensões é medida, os erros aleatórios tendem a se acumular proporcionalmente em relação à raiz quadrada do número de medições.* A equação a seguir pode ser usada para estimar o erro aleatório total que ocorre em todas as medidas. O termo $n$ representa o número de medições.

$$E_{\text{série}} = \pm E \sqrt{n}$$

Obviamente, parte-se do princípio de que todas as medições são feitas com a mesma precisão, de modo que elas são igualmente confiáveis.

---

**EXEMPLO 2.2**

Uma série de 12 ângulos foi medida, cada uma delas com o erro estimado de ±20 segundos de arco. Qual o erro estimado total nos 12 ângulos?

*SOLUÇÃO*

$$E_{\text{total}} = \pm 20'' \sqrt{12} = \pm 69'' = \pm 1'09''$$

---

**EXEMPLO 2.3**

O erro na medição de uma distância com uma trena de 30 m é ±3 mm. Se uma distância de 480 m deve ser medida em medições parciais de 30 m, qual é o erro estimado para a distância total?

*SOLUÇÃO*

$$E_{\text{total}} = \pm 0,01' \sqrt{16} = \pm 04'$$

Note que o erro para um comprimento da trena é um erro aleatório. Se o erro for um erro sistemático (digamos +3 mm), então o erro total seria acumulativo e a resposta seria 16 × 3 mm totalizando 48 mm.

---

À medida que alguém avança no estudo da topografia, pode se deparar com a necessidade de medir uma distância, ou um conjunto de ângulos, com um erro total que não exceda certo limite. A mesma expressão usada nos parágrafos anteriores pode ser usada para resolver um problema tal como ilustrado no Exemplo 2.4.

**24** Capítulo 2

| | |
|---|---|
| **EXEMPLO 2.4** | Deseja-se medir com trena uma distância de 600 m com um erro total não maior que ±0,03 m. Com qual exatidão deve ser medido cada trecho de 30 m, de forma que o limite desejado não seja excedido? |
| *SOLUÇÃO* | $$E_{\text{série}} = E\sqrt{n}$$ $$\pm 0{,}03 = E\sqrt{20}$$ $$E = \pm\mathbf{0{,}007}\ \mathbf{m}$$ |

## Erros da Média de Medições Repetidas

Foi afirmado que o valor mais provável de um grupo de observações repetidas é a média. Dado que a média é igual à soma dividida pelo número de observações, o erro da média (também conhecido como o erro-padrão) será igual a:

$$E_{\text{médio}} = E_{\text{série}}/n$$

*Substituindo a equação por $E_{série}$, dá*

$$E_{\text{médio}} = \pm E\sqrt{n}/n = \pm E/\sqrt{n}$$

Exemplo: se uma distância é medida nove vezes com um erro aleatório provável de ±1 mm em cada medição, o erro provável da distância será igual ao erro total provável nas nove observações ($\pm 1\ \text{mm}\sqrt{9}$) dividido pelo número de observações:

$$E_{\text{médio}} = \pm 1\,\text{mm}\sqrt{9}/9 = \pm 1\,\text{mm}/\sqrt{9} = \pm 0{,}3\ \text{mm}$$

*Dessa discussão podemos ver que quanto mais vezes nós medimos um valor, menor se torna o erro estimado em nosso valor médio. Nós podemos ver que o erro da média varia inversamente com a raiz quadrada do número mínimo de medições.\* Dessa forma, para dobrar a precisão de uma quantidade medida em particular, deveriam ser medidas o quádruplo de vezes. Para triplicar a precisão, devem ser tomadas nove vezes a quantidade de observações iniciais.*

## Uma Séries de Medições Não Repetidas

Quando uma série de medições independentes é realizada com erros prováveis de $E_1$, $E_2$, $E_3$, ..., respectivamente, o erro total provável pode ser calculado pela seguinte equação:

$$E_{\text{total}} = \pm\sqrt{E_1^2 + E_2^2 + \ldots + E_n^2}$$

Não coincidentemente essa equação reduz para $E_{\text{total}} = \pm E\sqrt{n}$ quando $E_1 = E_2...E_n$. O Exemplo 2.5 ilustra a aplicação dessa equação.

| | |
|---|---|
| **EXEMPLO 2.5** | Os quatro lados aproximadamente iguais de uma área de terra foram medidos. Essas medições incluem os seguintes erros prováveis: ±0,090 m, ±0,013 m, ±0,180 m e ±0,400 m, respectivamente. Determine o erro provável do perímetro da área. |

---

\*Sendo o valor médio $E$, deduz-se facilmente que $E = E_{\text{total}}/\sqrt{n}$. (N.T.)

| SOLUÇÃO | $E_{total} = \pm\sqrt{(0,09)^2 + (0,013)^2 + (0,18)^2 + (0,40)^2}$ |
|---|---|
| | $= \pm\mathbf{0,45\ m}$ |

O leitor deve prestar atenção e notar que os resultados dos cálculos precedentes em que a incerteza da distância total medida (±0,45 m) não é muito diferente da incerteza dada para a medida do quarto lado sozinho (±0,40 m). *É óbvio que há pouca vantagem em fazer observações muito precisas para algumas grandezas de um grupo de medidas e não fazer para os demais.*

## 2.11 ALGARISMOS SIGNIFICATIVOS

Esta seção também pode ser intitulada "avaliação" ou "senso de proporção", e sua compreensão é uma parte muito importante do treinamento de quem executa ou usa quantidades medidas de algum tipo. Quando as medições são feitas, os resultados podem ser precisos apenas até o grau de precisão de medição do instrumento. Isso significa que os números que representam medições são todos valores aproximados. Por exemplo, uma distância pode ser medida com a trena de aço como 141 m, ou, mais precisamente, 141,3 m, ou, ainda com mais cuidado, 141,35 m, mas uma resposta exata nunca pode ser obtida. Esse valor sempre conterá algum erro.

O número de algarismos significativos que uma quantidade de medida tem não é (como frequentemente se pensa) o número de casas decimais. Em vez disso, é o número de dígitos certos mais um dígito que é estimado. Por exemplo, ao se ler uma trena de aço, um ponto pode estar entre 10,4 e 10,5 m (a escala está marcada a cada 1/10 m) e o valor é estimado como 10,43 m. A resposta tem quatro algarismos significativos. Outros exemplos de algarismos significativos são os seguintes:

36,00620 tem sete algarismos significativos.
10,0 tem três algarismos significativos.
0,003042 tem quatro algarismos significativos.

A resposta obtida ao solucionar um problema nunca pode ser mais precisa que os dados fornecidos. Se esse conceito não for completamente compreendido, os resultados serão de baixa qualidade. Observe que não é razoável adicionar 23,2 $m^3$ de concreto a 31 $m^3$ e obter 54,2 $m^3$. A soma não pode ser representada dessa forma, aproximada de um décimo de metro cúbico, porque uma das parcelas não possui essa precisão, de modo que o resultado correto deve ser 54 $m^3$.

Seguem algumas regras gerais sobre algarismos significativos.

1. Zeros entre outros algarismos significativos são algarismos significativos, por exemplo, nos seguintes números, cada um dos quais contém quatro algarismos significativos: 23,07 e 3008.
2. Para números menores que a unidade, os zeros imediatamente à direita da vírgula não são significativos. Eles apenas mostram a posição do decimal. O número 0,0034 tem dois algarismos significativos.
3. Zeros colocados ao fim dos números decimais, tais como 24,3200, são significativos.
4. Quando um número termina com um ou mais zeros à esquerda da vírgula, é necessário indicar o número exato de algarismos significativos. O número 352.000 poderia ter três, quatro, cinco ou seis algarismos significativos. Ele pode ser escrito como 352.000, que tem três algarismos significativos, ou como 352.00$\overline{0}$, que tem seis algarismos significativos. É possível, também, resolver o problema usando notação científica. O número 2,500 × 10³ tem quatro algarismos significativos, e o número 2,50 × 10³ tem três.
5. Quando os números são multiplicados, divididos ou ambos, a resposta não deve ter mais algarismos significativos que o fator que tenha o menor número de algarismos. Como ilustração, os seguintes cálculos devem resultar em uma resposta que tenha três algarismos significativos, quantidade existente no termo 3,25.

$$\frac{3,25 \times 4,6962}{8,1002 \times 6,152} = 0,306$$

É desejável executar os cálculos para uma ou mais posições extras durante os vários passos, mas no passo final a resposta é arredondada para o número correto de algarismos significativos.

6. Para adição ou subtração, o último algarismo significativo na resposta final deve corresponder à última coluna completa de algarismos significativos entre todos os números. Segue um exemplo adicional:

$$\begin{array}{r} 33,\boxed{8}42 \\ 361,\boxed{3} \\ 81,\boxed{2}4 \\ \hline 476,382 = 476,4 \end{array}$$

7. Quando as medições são registradas em um conjunto de unidades (tais como 23.664 m², que tem cinco algarismos significativos), ele pode ser convertido para outro conjunto de unidades com o mesmo número de algarismos significativos (tais como 5,8474 acres).

## 2.12 ANOTAÇÕES DE CAMPO

Talvez nenhuma outra fase do levantamento seja tão importante quanto o registro apropriado das medições de campo. Não importa o cuidado durante as medições se o esforço é perdido quando não se guarda um registro claro e legível do trabalho. Por essa razão usaremos algum tempo para enfatizar esse aspecto do levantamento.

Historicamente, as anotações de campo eram escritas à mão em cadernetas de campo especiais. Nas últimas décadas, no entanto, esse procedimento praticamente mudou com a disponibilidade de coletores de dados automáticos interligados com equipamentos de topografia modernos. Apesar disso, o uso de anotações manuscritas ainda é usual e provavelmente permanecerá por muitos anos. O uso de coletores de dados automáticos será discutido na próxima seção deste capítulo, enquanto as anotações manuscritas são aqui discutidas.

O custo de manter uma equipe de topografia em campo é apreciável. Incluindo alimentação e alojamento, podem-se despender R$ 1.000,00 ou mais por dia. Se as anotações estiverem erradas, incompletas ou confusas, muito tempo e dinheiro serão perdidos e o grupo inteiro pode ter que retornar ao campo para repetir parte ou todo o trabalho.

A documentação do trabalho de campo por meio de boas anotações é uma tarefa essencial no trabalho de levantamento. As notas podem ser feitas manual e/ou eletronicamente. Ambos os métodos são discutidos aqui. *A guarda dos registros é uma parte tão importante no levantamento que a pessoa mais importante do grupo, isto é, o chefe da equipe, normalmente executa a tarefa.*

As cadernetas de campo podem ser encadernadas ou de folhas soltas, mas as cadernetas encadernadas são as normalmente usadas. Apesar de parecer que o tipo de folhas soltas possui todas as vantagens (como a capacidade de ter suas páginas rearranjadas, arquivadas ou combinadas com outro conjunto de notas, alteradas para frente ou para trás, entre o campo e o escritório), as encadernadas são mais comumente usadas para se evitar a possibilidade de perder alguma das folhas soltas. As encadernadas capazes de resistir ao uso severo e às más de condições de tempo representam a escolha usual.

Existem diversos tipos de cadernetas de campo disponíveis, sendo as mais comuns no formato 12 cm × 18 cm, um tamanho que permite facilmente levá-la no bolso. Essa característica é bastante importante porque o topógrafo necessita de suas mãos para outras tarefas. Exemplos de registros em cadernetas de campo são mostradas neste texto, a primeira na Figura 3-1 do próximo capítulo. Uma regra geral é que as observações numéricas são mostradas nas páginas do lado esquerdo, e os croquis e anotações diversas são mostrados nas páginas do lado direito.

Ao realizar anotações, o topógrafo deve ter em mente que em muitos casos (particularmente em grandes organizações) pessoas não familiarizadas com a região do trabalho as utilizarão. Alguns detalhes podem parecer tão óbvios para ele que não são incluídos, mas podem não ser tão óbvios para profissionais que ficaram no escritório. Portanto, um esforço considerável deve ser feito para registrar todas as informações necessárias para outros entenderem o levantamento claramente. Com prática, as informações necessárias na anotação de campo serão aprendidas.

Uma consideração adicional é que as anotações de levantamento são frequentemente usadas para outras finalidades além daquelas para as quais originalmente foram desenvolvidas. Portanto, devem ser preservadas. Manter as anotações de campo em perfeito estado não é uma tarefa fácil. Estudantes ficam frequentemente atrapalhados em suas primeiras tentativas de fazer anotações limpas e exatas, mas, com a prática, a habilidade será desenvolvida. Os itens seguintes são absolutamente necessários para o registro bem-sucedido de informações de levantamentos:

1. O nome, endereço e número de telefone do topógrafo devem ser escritos à caneta no lado de dentro e de fora da caderneta de campo.
2. O título do trabalho, data, condições climáticas e localização devem ser registrados. Quando as anotações de topografia forem usadas no escritório, isso pode ser útil para conhecer as condições climáticas enquanto as medições foram realizadas. Essas informações serão frequentemente úteis para julgar a qualidade de um levantamento em particular. A temperatura era 43 °C ou –23 °C? Estava chovendo? Ocorriam pancadas de ventos fortes? O tempo estava com neblina, poeira ou nevando?
3. Os nomes dos membros da equipe e suas atribuições, como porta-instrumentos, porta-mira, anotador, devem ser registrados. No mínimo, o nome inicial e o último nome de cada pessoa devem ser registrados. Algumas vezes, casos judiciais requerem que essas pessoas prestem depoimento muitos anos após o levantamento ter sido feito.
4. As anotações de campo devem ser organizadas de acordo com o tipo de levantamento. Como outras pessoas poderão usar essas anotações, formas padronizadas são usadas para cada tipo de levantamento. Se cada topógrafo usar o seu modelo de caderneta individual para todos os levantamentos, pode haver confusão no escritório. Naturalmente, existem situações em que o anotador terá de improvisar algum estilo não padronizado das anotações.
5. Medições devem ser registradas no campo enquanto estão sendo executadas. Nunca acreditar na memória ou escrever em rascunhos para serem registradas mais tarde. Algumas vezes é necessário copiar informações de outras anotações de campo. Em tais casos, a palavra "CÓPIA" deve ser claramente marcada em cada página como observação, informando a fonte original.
6. Numerosos croquis são usados quando necessários para clareza, preferivelmente, desenhando linhas com uma régua. Como as cadernetas de campo são relativamente baratas, comparadas a outros custos do levantamento, abarrotar croquis com dados realmente não economizam dinheiro (os croquis não necessitam ser desenhados sempre em uma escala, visto que os croquis distorcidos podem ser melhores para esclarecer determinadas questões).
7. Anotações de campo não podem ser apagadas quando forem feitas anotações incorretas. Deve-se riscar o número incorreto sem destruir sua legibilidade, e o valor correto ser escrito acima ou abaixo do antigo. Rasuras causam suspeitas de que houve alguma alteração desonesta de valores, mas um número marcado com uma cruz aparece como uma admissão de um erro grosseiro. (Imagine o caso de uma propriedade que chegou a um tribunal para julgamento e uma caderneta de campo de levantamento contendo inúmeras rasuras apresentada como evidência.) Uma boa ideia é usar um lápis vermelho para complementar as anotações mais tarde no escritório distinguindo-as claramente dos valores obtidos no campo.
8. As anotações são escritas com um lápis apontado de dureza média (3H ou 4H), de tal forma que os registros serão relativamente permanentes, e não se apagarão. Cadernetas de campo são geralmente usadas em situações de umidade e sujeira, e o uso de lápis duros preservará as notas. Uma prancheta e uma folha de acetato podem minimizar os problemas em campo

devido ao tempo. A escrita usada nos croquis deve ser organizada de modo que as anotações sejam lidas da parte inferior da página ou do lado direito da mesma.

9. O tipo de instrumento e seu número de série devem ser registrados a cada dia de trabalho. Pode ser descoberto mais tarde que uma medição realizada com aquele instrumento contenha erros significativos que não poderiam ser detectados de outro modo. Com a identificação do instrumento, o topógrafo pode ser capaz de retornar ao instrumento e fazer correções devidas.

10. Algumas outras exigências incluem numeração de páginas, um índice, orientação nos croquis indicando as direções gerais do Norte e clara separação de cada dia de trabalho, começando cada dia sempre numa página limpa. Quando um levantamento particular se estender por diversos dias, referências cruzadas podem ser necessárias entre as várias páginas de um projeto. O sistema de numeração geralmente usado para as anotações de projetos prevê o registro do número da página no canto superior direito de cada lado direito de cada página direita. Um único número de página é usado tanto para o lado direito quanto para o esquerdo.

Finalmente, é essencial que as anotações sejam verificadas antes de se deixar o local do levantamento para se ter certeza de que todas as informações necessárias foram obtidas e registradas. Muitos topógrafos mantêm listas de controle em suas cadernetas de campo para diferentes tipos de levantamento. Antes de finalizarem um trabalho em particular, verificam a lista apropriada. Imagine o gasto de tempo e dinheiro para ter uma equipe de levantamento fazendo uma viagem extra ao local do serviço, a alguma distância, a fim de obter um ou dois detalhes que foram omitidos.

## 2.13  ANOTAÇÕES REGISTRADAS ELETRONICAMENTE

Nós discutimos em vários locais deste livro a disponibilidade e emprego de equipamentos modernos de topografia, tais como dispositivos de medição eletrônica de distância, estações totais e equipamentos similares. Estão disponíveis coletores eletrônicos de dados que, quando usados com esses outros instrumentos modernos, automaticamente mostram e registram várias distâncias e ângulos medidos ao toque de um botão (Figura 2-6). Além do mais, é frequentemente possível transferir os dados armazenados para computadores no campo ou no escritório.

Pode-se perceber que essa facilidade reduz os erros grosseiros que poderiam ocorrer no registro das informações e na transferência de dados para o escritório.

Dessa maneira parece que os coletores de dados tornam o trabalho do anotador mais fácil, pois este é capaz de dispor de mais tempo para preparar croquis, descrições e outras informações não numéricas. Eles podem não ter tanto tempo extra como você pode imaginar, porém, com esses equipamentos modernos, as medições são feitas mais rapidamente.

Quando os coletores automáticos de dados são usados, gasta-se menos tempo para processamento e apresentação dos trabalhos de campo. Eles são particularmente úteis quando uma grande quantidade de dados está sendo coletada. Uma desvantagem, no entanto, é que não permitem a geração e transferência de croquis para computadores.

Os coletores de dados são do tamanho aproximado das calculadoras de bolso. O topógrafo usa um teclado para entrada das informações usuais como data, hora, condições climáticas, números dos instrumentos, entre outras. Os coletores de dados usuais são programados de tal forma a permitir a seu usuário seguir certos passos na entrada das informações necessárias para um tipo particular de levantamento.

Existem alguns problemas potenciais com as anotações gravadas automaticamente em relação às situações legais. Por exemplo: não está claro se os tribunais, que prontamente aceitam as cadernetas de campo preparadas à mão, aceitarão arquivos digitais. Além do mais, existe uma alta probabilidade de alteração deliberada da do arquivo ou sua possível destruição inadvertida por descuidos humanos ou por outros equipamentos eletrônicos.

**Figura 2-6** Caderneta de campo eletrônica usada com uma estação total, a ser discutida no Capítulo 10. (Cortesia da Sokkia Corporation.)

## 2.14 TRABALHO DE ESCRITÓRIO E COMPUTADORES DIGITAIS

As medições de levantamento de campo fornecem a base para uma grande quantidade de trabalho de escritório. Esses trabalhos incluem cálculo de precisão, preparação das plantas de propriedades chamadas *plats*,* cálculos e desenhos de mapas topográficos e cálculo de volumes de movimento de terra. Uma grande percentagem desses itens é manipulada hoje com calculadoras digitais, então, pode ser necessário transferir anotações de campo ou arquivos de coletores de dados para computadores. Existem diversos softwares comerciais disponíveis para ajudar o topógrafo. Alguns softwares de topografia funcionam sozinhos enquanto outros são integrados em programas CAD (Computer Aided Design) como o AutoCAD ou Microstation. Eles automatizam todos os aspectos dos trabalhos de escritório, incluindo cálculos de áreas e volumes de terras, assim como a produção de plantas e mapas. A Figura 2-7 mostra uma planta de levantamento de propriedade produzida usando um programa de computador.

## 2.15 PLANEJAMENTO

Se pretendemos realizar levantamentos de alta qualidade, necessitamos de bons equipamentos, bons procedimentos e bom planejamento. Levantamentos de qualidade podem ser feitos com equipamentos antigos e talvez desatualizados, mas pode-se economizar tempo e dinheiro com o emprego de equi-

---

*O *plat* é um mapa simplificado comum nos Estados Unidos que contém apenas limites ou subdivisão de terra, usado para fins de garantia de direito de propriedade. (N.T.)

**30** Capítulo 2

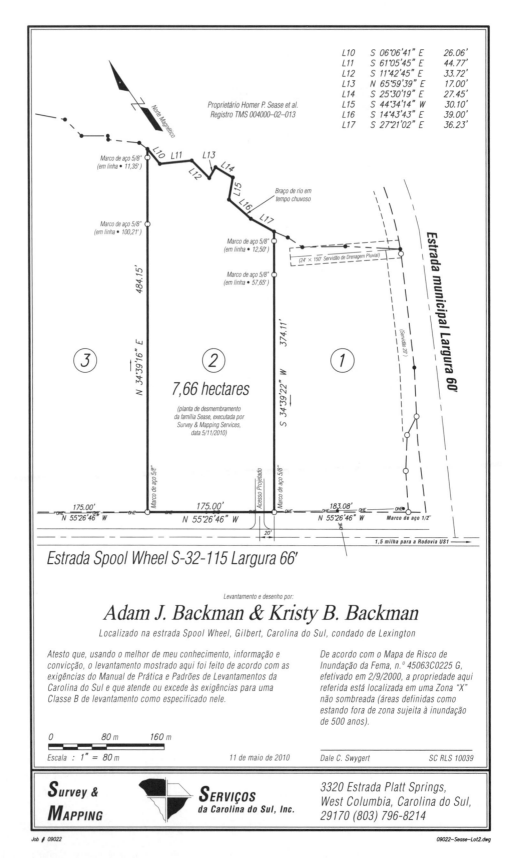

**Figura 2-7** Planta de levantamento de propriedade rural usando um programa de computador. (Cortesia de Dale C. Swygert, RLS.)

Introdução às Medições **31**

pamentos modernos. Bom planejamento é o item mais importante necessário para se obter economia e é também muito importante para obter precisão e exatidão.

Talvez nenhum tópico deste livro seja de maior importância que as breves palavras apresentadas neste capítulo sobre planejamento. Planejar inclui estabelecer objetivos e restrições de projeto, identificar elementos do trabalho, selecionar os procedimentos a serem empregados, e organizar equipes e pessoal para a realização do levantamento. Em outras palavras, se desejamos que um levantamento seja feito com a precisão de 1/30.000, quais os procedimentos e equipamentos que teremos que usar?

Uma grande parte deste livro é destinada aos termos *exatidão* e *precisão*. Um perfeito entendimento desses assuntos habilitará o topógrafo a melhorar o trabalho e a reduzir os custos envolvidos por meio de um planejamento cuidadoso.

O planejamento de um levantamento para um projeto em particular também inclui um reconhecimento da área para verificação de vértices e levantamentos preexistentes, seleção dos possíveis locais das estações para o levantamento, revisão de registros anteriores referentes à área a ser levantada, e assim por diante.

Quanto mais demorado for um projeto de construção, mais caro ele se torna. O dinheiro dos empreendedores fica comprometido por muito tempo, resultando em custos de juros e adiamento do prazo quando os negócios podem começar a produzir algum retorno do investimento.

A topografia, que é uma das muitas fases de um projeto de construção, necessita ser realizada tão rapidamente quanto possível pelas razões antes mencionadas. O custo de um levantamento de qualidade é frequentemente de 1% a 3% do orçamento de um projeto de construção, mas se ele é feito deficientemente, esses percentuais podem ser aumentados muitas vezes. Assim, o cuidado no levantamento não deve ser desprezado, mesmo considerando que a rapidez pode ser essencial.

Em geral, o topógrafo gostaria de obter precisão melhor que aquela especificada para um projeto particular. No entanto, limitações econômicas (isto é, o quanto o empregador está disposto a pagar) frequentemente limitam esses anseios.

## PROBLEMAS

**2.1** Os lados de uma figura fechada foram medidos e se encontrou um comprimento total de 1717,09 m. Se o erro total na medição é estimado como igual a 0,12 m, qual é a precisão do trabalho? (Resp.: 1/14.309)

**2.2** Repita o Problema 2-1 se a distância total é de 1259,93 m e o erro total estimado é 0,05 m. (Resp.: 1/25199)

**2.3** Qual é o erro provável ou de 50%?

**2.4** O que é a lei de compensação relativa a erros?

**2.5** Uma quantidade foi medida 10 vezes com os seguintes resultados: 3.751; 3.781; 3.755; 3.749; 3.750; 3.747; 3.748; 3.754; 3.746 e 3.745 m. Determine o seguinte:
  a. Valor mais provável para a quantidade medida.
  b. Erro provável de uma simples medição.
  c. Erro de 90%.
  d. Erro de 95%. (Resp.: 3,753; ±0,010; ±0,017 e ±0,021m)

**2.6** Aplique as mesmas questões para o Problema 2.5, mas para as seguintes doze quantidades medidas: 157,20; 157,12; 157,16; 157,22; 157,28; 157,24; 157,22; 157,21; 157,15; 157,18; 157,31 e 157,25 m)

**2.7** Uma distância de 256,74 m foi medida com um desvio-padrão estimado de 0,05 m. Determine os erros prováveis e a precisão provável estimada de $2\sigma$ e $3\sigma$.
(Resp.: ±0,03 m, ±0,10 m, 1/2632, 1/1755)

**2.8** As seguintes seis medições de comprimentos independentes foram feitas em metros para uma linha: 642,349; 642,396; 642,381; 642,376; 642,368 e 642,344. Determine:
  a. O valor mais provável.
  b. O desvio-padrão das medições.
  c. O erro a $3,29\sigma$.

Para os Problemas **2.9 a 2.11**, responda às mesmas questões como para o Problema 2.8.

## 32 Capítulo 2

| Problemas 2.9 | Problema 2.10 | Problema 2.11 |
|---|---|---|
| 201,658 | 155,35 | 613,27 |
| 201,642 | 155,42 | 613,24 |
| 201,660 | 155,30 | 613,34 |
| 201,732 | 155,58 | 613,29 |
| 201,649 | 155,47 | 613,43 |
| 201,661 | 155,32 | 613,22 |
| 201,730 | 155,61 | 613,39 |
| 201,680 | 155,44 | 613,40 |
| | | 613,40 |
| | | 613,26 |
| | | 613,21 |

(2-9 Resp.: 201,677, ±0,035, ±0,115)   (2-11 Resp.: 613,31, ±0,07, ±0,23)

**2.12**   Se um erro acidental é estimado como ±0,006 m para cada uma das 24 medições separadas, qual é o erro total estimado? (Resp.: ±0,029 m)

**2.13**   Um erro acidental aleatório de ±0,004 m é estimado para cada uma das 32 medidas de distância. Essas medidas serão todas adicionadas para obter a distância total.

    **a.**   Qual é o erro total estimado?

(Resp.: ±0,023 m)

    **b.**   Qual é o erro total estimado se o erro aleatório para o comprimento está estimado para ±0,007 m?

(Resp.: ±0,040 m)

**2.14**   Considera-se o erro aleatório provável em lance de trena de 30,0 m é ±0,006 m. Foram medidas duas distâncias com essa fita com os seguintes resultados: 431,69 m e 542,88 m.

Determine o erro total provável na medição de cada uma dessas linhas e, então, o erro total provável para os dois lados juntos.

**2.15**   Umas série de alturas foi determinada. O erro acidental na tomada de cada leitura foi estimado em 0,005 m. Qual é o erro total estimado se foram tomadas um total de 28 leituras? (Resp.: ±0,026 m)

**2.16**   Uma equipe de topografia é capaz de medir distâncias com trena com erro acidental provável estimado de ±0,003 m para cada 30 m de distância ou comprimento da trena. Qual o erro acidental provável total estimado que pode ser esperado se for medida uma distância total de 1500 m?

**2.17**   Foram medidos dois lados de um retângulo como 162,32 m ±0,03 m e 207,46 m ±0,04 m. Determine a área da figura e o erro provável da área. Considere o erro provável = $\sqrt{A^2 E_b^2 + B^2 E_a^2}$, em que $A$ e $B$ são os comprimentos dos lados da figura.  (Resp.: 33.674,91 m² ± 8,99 m²)

**2.18**   Deseja-se medir com trena a distância de 400 m com um erro-padrão total não maior que ±0,10 m.

**a.** Qual a precisão necessária para cada medida de 30 m para que o valor permitido não seja excedido?

**b.** Qual a precisão necessária para cada medida de 30 m para que o erro de 95% não possa exceder ±0,12 m numa distância total de 600 m?

**2.19**   Para uma figura fechada de nove lados, a soma dos ângulos internos é exatamente 1260°. Foi especificado para levantamento dessa figura que, se esses ângulos são medidos no campo, sua soma não pode se afastar de 1260° mais do que ±1′. Quanto acuradamente cada ângulo deveria ser medido? (Resp.: ±20″)

# Capítulo 3

# Medição de Distâncias

## 3.1 INTRODUÇÃO

Uma das operações mais básicas de um levantamento é a medição de distância. Em topografia, a distância entre dois pontos é entendida como uma distância horizontal. A razão para isso é que a maioria dos trabalhos de levantamentos é traçada como um desenho em algum tipo de mapa. Um mapa, naturalmente, é desenhado sobre uma superfície plana, e as distâncias são mostradas sobre ela como projeções horizontais. Áreas de terras são calculadas com base nas mesmas medições horizontais. Isso significa que se uma pessoa desejasse obter a maior quantidade de área real de superfície por cada acre de terra comprada, ela deveria ser comprada na encosta de uma montanha muito inclinada.

As primeiras medições eram feitas em termos de dimensões de partes do corpo humano, tais como cúbitos, braças e pés. O cúbito (a unidade que Noé usou para construir sua arca) era definido como a distância da ponta do dedo médio da mão de um homem até o seu cotovelo (cerca de 0,45 m); uma braça era a distância entre as pontas dos dedos médios das mãos de um homem com seus braços abertos (aproximadamente 1,83 m). Outras medidas eram o pé (a distância da ponta do dedão do pé de um homem até a parte de trás do seu calcanhar) e o *pole* ou *rod* ou *perch* (o comprimento de uma vara usada para guiar gado, depois definida como tendo 5,03 m). Na Inglaterra, a "*rood*" (*rod* ou *perch*) foi definida como igual à soma dos comprimentos dos pés esquerdos de 16 homens, quer eles fossem baixos ou altos, quando eles saíam da igreja numa manhã de domingo.[1]

Hoje, todos os países do mundo exceto Myanmar, Libéria e os Estados Unidos usam o sistema métrico para suas medições. Esse sistema foi desenvolvido na França nos anos 1790.[2]

O metro é supostamente igual a 1/10.000.000 da distância do equador ao polo Norte, medida sobre a superfície terrestre. Sua aplicação nos Estados Unidos no passado se limitou quase que inteiramente aos levantamentos geodésicos. Em 1866, o Congresso dos Estados Unidos legalizou o uso do sistema métrico, no qual o metro foi definido como igual a 3,280833 pés (ou 39,37 polegadas) e uma polegada igual a 2,540005 cm. Esses valores foram baseados no comprimento a 0 °C do Metro Protótipo Internacional, que consiste em uma barra constituída de 90% de platina e 10% de irídio, mantida em Sèvres, na França. De acordo com o tratado de 20 de maio de 1875, o Metro Protótipo Nacional número 27, idêntico ao Metro Protótipo Internacional, foi distribuído para vários países. Duas cópias são guardadas pelo Bureau de Padrões dos Estados Unidos em Gaithersburg, Maryland.

As referências à barra padrão foram encerradas em 1959, e o metro foi redefinido como igual a 1.650.763,73 comprimentos de onda do gás laranja-avermelhado do criptônio, igual a 3,280840 pés. Em 1983, a definição do metro mudou novamente para seu presente valor: a distância percorrida pela luz em 1/229.792.458 segundos. Supostamente, agora é possível definir o metro muito mais acuradamente. Além do mais, isso nos habilita a usar o tempo (nossa mais acurada medição básica) para definir comprimentos.[3]

---

[1]C. M. Brown, W. G. Robillard e D. A. Wilson, *Evidence and Procedures for Boundary Location*, 2nd ed. (New York: John Wiley & Sons, Inc., 1981), p. 268.

[2]Fonte: CIA World Factbook, Appendix G, 2009.

[3]R. C. Brinker e R. Minnick, eds., *The Surveying Handbook*, 2nd ed. (New York: Van Nostrand Reinhold Company, Inc., 1995), p. 43.

Baseado nesses valores, antes de 1959, um pé era igual a 1/3,280833 = 0,3048006 m, enquanto desde aquela data ele é igual a 1/3,280840 = 0,3048000 m. Essa ligeira diferença (cerca de 3 mm pé em 600 m) não tem significância para levantamentos planos, mas afeta os levantamentos geodésicos, os quais frequentemente se estendem por muitas milhas. Como uma grande quantidade de levantamentos geodésicos americanos foi realizada antes de 1959, o valor mais antigo (isto é, 1 m = 3,280833 pé) é usado para definir o *pé para levantamentos dos Estados Unidos.*

Para o topógrafo, as unidades métricas mais usadas para medições são o metro (m) para medições lineares, o metro quadrado ($m^2$) para áreas, o metro cúbico ($m^3$) para volumes e o radiano (rad) para ângulos planos. Em muitos países, a vírgula é usada para indicar um decimal, então, para evitar confusão no sistema métrico, são usados espaços em vez de vírgulas. Para um número que tem quatro ou mais dígitos, os dígitos são separados em grupos de três, contando tanto para a direita quanto para a esquerda do decimal. Por exemplo, 4,642,261 é escrito como 4 642 261, e 340,32165 é escrito como 340,321 65.

Não há atualmente nenhuma legislação federal ou estadual americana que exija que os levantamentos para projetos sejam conduzidos usando unidades métricas.* De 1988 a 1998, a Federal Highway Administration (FHWA) exigiu o uso de unidades métricas no seu programa federal de autoestradas; no entanto, o Transportation Equity Act de 1998 para o século XXI tornou o uso opcional, e todos os estados têm desde então preferido usar as unidades americanas em seus projetos de autoestradas.[4]

Mudar o levantamento para unidades métricas pode parecer bastante simples à primeira vista. Em certo sentido, é verdade: se o topógrafo pode medir distância com uma trena de 100 pés, ele pode também fazer a mesma coisa com uma trena de 30 m, usando os mesmos procedimentos. Além do mais, alguns dispositivos medidores eletrônicos de distância fornecem distâncias em pés (ft) ou em metros (m) conforme o desejado. Apesar disso, nos Estados Unidos existem centenas de anos de descrições de terras arquivadas no sistema inglês de unidades e guardadas nos vários tribunais e em outros arquivos. Suas gerações futuras de topógrafos nunca deixarão completamente de usar o sistema inglês de unidades. Como ilustração, os topógrafos de hoje ainda frequentemente encontram descrições antigas de terras feitas em termos das correntes (referências feitas às correntes de 66 pés, cerca de 20 m).

Existem diversos métodos que podem ser usados para medição de distância. Eles incluem medidas a passos, leituras de hodômetros, estádia, medidas a trena, dispositivos medidores eletrônicos de distância (MED) e sistema de posicionamento global (GPS). Os métodos mais comuns usados hoje para finalidades de levantamento são os MEDs, o GPS e as medições a trena. O método GPS está sendo usado mais e mais devido à sua acurácia e raio de ação. Existe outro método que poderia ser incluído nessa lista, que é a estimativa. É uma sábia atitude o topógrafo estimar distâncias em sua mente quando possível. Tal procedimento pode, frequentemente, detectar grandes erros nas medições ou nas anotações. Todos os métodos listados aqui são descritos nas seções subsequentes deste livro. O método a ser utilizado para um levantamento particular está vinculado aos propósitos do trabalho. Um topógrafo experiente é capaz de selecionar o melhor método a ser usado considerando os objetivos do levantamento e os custos envolvidos.

Ocasionalmente, outras unidades de comprimento são encontradas nos Estados Unidos. São elas:

1. O *furlong* é definido como o comprimento de um lado de um quadrado com área de 10 acres e é igual a cerca de 201 m.
2. A *vara* é uma unidade de origem espanhola. Na Espanha, ela é igual a 83,50 cm, na Califórnia é 82,23 cm, no Texas igual a 84,67 cm, e na Flórida é 83,80 cm.
3. O *arpent* é um termo que foi usado na concessão de terras pelos reis franceses. Ela era usada tanto para áreas medidas em acres como para distâncias. O arpent quadrado é igual a cerca

---

*É importante lembrar que o sistema adotado no Brasil é o métrico. (N.T.)
[4]Fonte: Section 1211(d)) de 1998 Transportation Equity Act for the 21st Century (TEA-21).

de 0,85 acre, enquanto o arpent linear é igual a um lado de um arpent quadrado. Ele equivale a cerca de 58,52 m em alguns estados (Alabama, Flórida, Mississippi e Louisiana), enquanto no Arkansas e Missouri ele equivale a 58,67 m.

## 3.2 MEDIÇÕES A PASSOS

A habilidade para medir distâncias a passos com razoável precisão é útil para quase todo mundo. O topógrafo, em particular, pode usar as medidas a passos para fazer medições aproximadas rapidamente ou para checar medições feitas por métodos mais precisos. Ao fazer isso, ele frequentemente será capaz de detectar grandes enganos.

Uma pessoa pode determinar o valor de seu passo médio contando o número de passos necessários para andar uma distância que foi previamente medida de modo mais acurado (por exemplo, com uma trena de aço). Aqui o autor define o passo como uma passada, enquanto, algumas vezes, é usado o termo *passo duplo*. Um passo duplo é considerado igual a duas passadas ou dois passos. Para a maioria das pessoas, a medida a passos é feita mais satisfatoriamente quando tomam passadas naturais. Outros desejam tentar executar os passos com certos comprimentos (por exemplo, 1 m), mas esse método é cansativo para longas distâncias e usualmente fornece resultados de menor precisão tanto para distâncias grandes quanto para pequenas. Quando distâncias horizontais são necessárias, devem ser feitos alguns ajustamentos quando as medidas a passos são realizadas em terrenos inclinados. Os passos tendem a ser mais curtos na subida de inclinações e maiores nas descidas. Assim, o topógrafo deve fazer a aferição dos seus passos em terrenos planos e inclinados.

Com uma pequena prática, uma pessoa pode medir distâncias a passos com uma precisão de 1/50 a 1/200, dependendo das condições do terreno (inclinações e vegetação). Para distâncias de mais de algumas centenas de metros, um contador mecânico ou um *podômetro* pode ser usado. Podômetros podem ser ajustados para o passo médio do usuário e automaticamente registrar a distância percorrida.

As anotações mostradas na Figura 3-1 são apresentadas como um exemplo de medição a passos por estudantes. Uma figura de cinco lados foi preparada em campo, e cada um de seus cantos foi

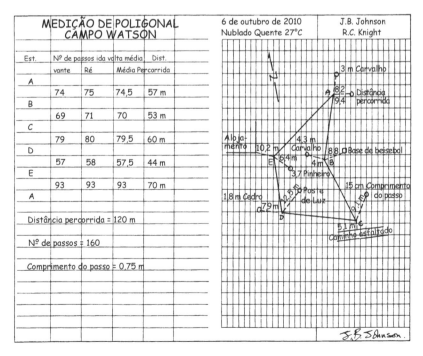

**Figura 3-1** Anotações de campo do levantamento de uma poligonal.

**36** Capítulo 3

marcado com um piquete fixado no solo. O passo médio do topógrafo foi aferido pelas medições a passos de uma distância conhecida de 120 m, como indicado na parte inferior da página esquerda da caderneta de campo. Então, os lados da figura foram percorridos a passos e seus comprimentos calculados. Essa mesma figura ou poligonal é usada em capítulos posteriores como exemplo para medição de distâncias com uma trena de aço, medição de ângulos com estação total, cálculo de precisões dessas últimas medições e cálculo da área fechada da figura.

Uma observação pode ser adicionada aqui a respeito da colocação de estacas. É uma boa prática para estudantes registrarem em suas cadernetas de campo informações sobre a localização das estacas. A posição de cada estaca deve ser determinada em relação a pelo menos dois objetos proeminentes tais como árvores, muros, calçadas, de forma que não haja dificuldades em localizá-las uma semana ou um mês mais tarde. Essa informação pode ser mostrada em um croqui como exemplificado na Figura 3-1.

Você notará que uma seta de norte é mostrada na figura. Todo desenho de propriedade deveria incluir tal seta de direção porque ela será útil para qualquer um que use o croqui (como para direções e posições).

## 3.3 HODÔMETROS E RODAS DE MEDIÇÃO

Distâncias podem ser medidas aproximadamente por uma roda girando ao longo de uma linha em questão e contando o número de rotações. Um *hodômetro* é um dispositivo atrelado a uma roda (similar ao registrador de distâncias usado em automóveis) que faz a contagem e converte o número de revoluções para uma distância usando a circunferência da roda. Tal dispositivo fornece precisão de aproximadamente 1/200 quando o terreno é suave ao longo de uma estrada, mas os resultados podem ser insatisfatórios quando a superfície é irregular.

O hodômetro pode ser útil para levantamentos preliminares, por exemplo, quando a medida de distâncias a passos se torna muito demorada. Ela é ocasionalmente usada para levantamentos iniciais de diretrizes e para rápidas checagens de outras medições. Um dispositivo similar é a *roda de medição*, ou seja, uma roda montada em uma haste. Seu usuário pode empurrar a roda ao longo de uma linha a ser medida. Ela é frequentemente usada para linhas curvas. Alguns hodômetros disponíveis podem ser anexados à parte de trás de um veículo motorizado e usados enquanto o veículo está se movendo a uma velocidade de muitos quilômetros por hora.

## 3.4 TAQUIMETRIA

O termo *taquimetria* ou *taqueometria*, que significa "medições rápidas", é derivado da palavra grega *takus*, que significa "rápido", e *metron*, que significa "medição". Na verdade, qualquer medição feita rapidamente pode ser dita taqueométrica, mas a prática aceita geralmente relaciona nessa categoria somente as medições feitas com miras horizontais ou por estádia. Assim, os extraordinariamente rápidos dispositivos medidores eletrônicos de distância não são relacionados nesta seção.

### Mira Horizontal (Obsoleta)

O método taqueométrico, que foi ocasionalmente usado até as últimas décadas para levantamentos de propriedades rurais, usa uma mira horizontal (Figura 3-2). Esse dispositivo obsoleto vem sendo substituído por dispositivos medidores eletrônicos de distância. Na Europa, onde o método foi mais comumente usado, uma barra horizontal com sinais marcados sobre ela, usualmente separados entre si à distância de 2 m, era montada sobre um tripé. O tripé era centrado sobre uma extremidade da linha a ser medida, e a barra nivelada de forma que ficasse aproximadamente perpendicular à linha.

Um teodolito (descrito no Apêndice D) era estacionado no outro extremo da linha e apontado para a mira horizontal. Ele era usado para colocar a barra precisamente na posição perpendicular à linha de visada pela observação de uma marca específica de sinalização na barra horizontal. Essa marca

**Figura 3-2** Mira horizontal. (Cortesia de Malcolm Stewart.)

só podia ser vista claramente quando a barra estava perpendicular à linha de visada. O ângulo entre as marcas na mira era cuidadosamente medido (preferencialmente com uma medição de teodolito aproximada para o segundo de arco), e a distância entre as extremidades da linha era calculada. A distância $D$, medida do teodolito à mira horizontal, era calculada pela seguinte expressão:

$$D = \frac{1}{2} S \cot \frac{\alpha}{2} \text{ ou } \cot \frac{\alpha}{2} \text{ desde que } S = 2\,\text{m}$$

em que $S$ é a distância entre as marcas de sinalização e $\alpha$ é o ângulo interno. Esses valores são mostrados na Figura 3-3.

Para distâncias razoavelmente curtas, digamos que menos de 150 m, os erros eram pequenos e normalmente era obtida uma precisão de 1/1000 a 1/5000. A mira horizontal era particularmente útil para medir distâncias cruzando rios, cânions, ruas movimentadas e outras áreas de difícil acesso. Ela tem a vantagem adicional de o ângulo interno ser independente da inclinação da linha de visada, assim a distância horizontal era obtida diretamente e não precisava ser feita nenhuma correção de declividade.

## Estádia

Apesar de a mira horizontal ter sido ocasionalmente usada nos Estados Unidos, o método estadimétrico foi muito mais comum. Seu desenvolvimento é geralmente creditado ao escocês James Watt em 1771.[5] A palavra *estádia*, da qual deriva estadimétrico, vem do plural da palavra grega *stadium*, nome dado para uma pista de corrida a pé de aproximadamente 183 m de comprimento.

As lunetas de muitos trânsitos, teodolitos (discutidos no Apêndice D) e níveis óticos são equipadas com três fios horizontais montados no anel de retículos. Os fios inferior e superior são chamados de fios estadimétricos. O topógrafo visa através da luneta e realiza leituras nas quais os fios estadimétricos interceptam a mira graduada. A diferença entre as duas leituras é chamada de *número gerador*. Os fios são espaçados de tal forma que, a uma distância de 30 m, o número gerador lido numa mira vertical seja 0,3 m; a 60 seja 0,6 m; e assim por diante, como ilustrado na Figura 3-4. Para determinar uma distância particular, a luneta é apontada sobre a mira, e a diferença entre os fios superior e inferior é multiplicada por 100. Quando se está trabalhando em terreno inclinado, é medido o ângulo

---

[5]A. R. Legault, H. M. McMaster e R. R. Marlette, *Surveying* (Englewood Cliffs, NJ.: Prentice-Hall, Inc. 1956), p. 39.

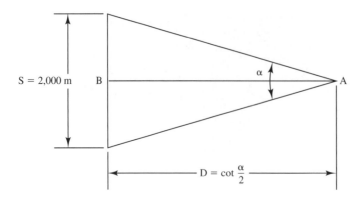

**Figura 3-3** Medição de distância com uma mira horizontal.

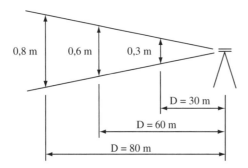

**Figura 3-4** Leituras de estadimétricas.

vertical usado para calcular a componente horizontal da distância inclinada. Essas medições também podem ser usadas para determinar a componente vertical da distância inclinada ou a diferença em altura entre os dois pontos (desnível).

Quando o método estadimétrico era usado na prática de levantamento, sua maior contribuição era na locação de detalhes para mapas. Algumas vezes ele foi também usado para fazer levantamentos aproximados ou para checar levantamentos mais precisos. Eram obtidas precisões da ordem 1/250 a 1/1000. Tais precisões não são satisfatórias para levantamentos de terras. *Apesar de o uso do método estadimétrico ser brevemente descrito no Capítulo 14, ele se tornou obsoleto com a criação das estações totais, como descrito nos Capítulos 10 e 14.*

O mesmo princípio pode ser usado para estimar as alturas de prédios, árvores ou outros objetos, como ilustrado na Figura 3-5. Uma régua é posicionada na vertical a uma dada distância, tal como

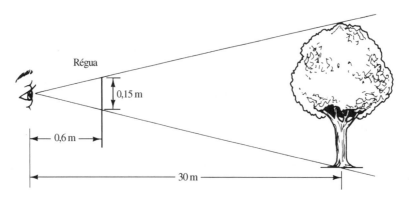

**Figura 3-5** Estimativa de altura de uma árvore.

o comprimento de um braço (cerca de 0,6 m para a maioria das pessoas), na frente do olho do observador, de tal forma que seu topo esteja alinhado com o topo da árvore. Então, o polegar é movido para baixo de modo a coincidir com o ponto em que a linha de visada cruza a régua, enquanto o observador olha a base da árvore. Finalmente, a distância para a base da árvore é medida por passos ou a trena. Assumindo as dimensões mostradas na Figura 3-5, a altura da árvore mostrada pode ser estimada como se segue:

$$\text{altura da árvore} = \left(\frac{30}{0,6}\right)(0,15 \text{ m}) = 7,5 \text{ m}$$

Estudantes de artilharia eram antigamente treinados de forma similar para estimar distâncias através da avaliação do tamanho de objetos quando eles eram vistos entre as articulações de suas mãos mantidas à distância de um braço.

## 3.5 MEDIÇÕES A TRENA OU CORRENTE

Por muitos séculos, topógrafos mediram distâncias com cordas, linhas ou cordões que eram tratados com cera e calibrados em cúbitos* ou outras unidades antigas. Esses dispositivos são hoje obsoletos apesar de arames calibrados ainda serem, algumas vezes, usados. Durante os primeiros dois terços do século XX, as fitas de aço eram o dispositivo mais comum para a medição de distâncias. Tais medições são frequentemente chamadas de *medidas a corrente*, um nome oriundo do tempo em que as correntes de Gunter foram introduzidas. O matemático inglês Edmund Gunter (1581-1626) inventou a corrente de agrimensor (Figura 3-6) no início do século XVII. Sua corrente, um grande melhoramento em relação às cordas e bastões usados até então, estava disponível em diversos comprimentos, incluindo as que tinham cerca de 10 m, 20 m e 30 m. O comprimento 66 pés (aproximadamente 20 m) foi o mais comum. (A Gunter também são creditadas a introdução das palavras *cosseno* e *cotangente* na trigonometria, a descoberta de variações magnéticas [contidas no Capítulo 9] e outras excepcionais realizações científicas.[6])

A corrente de 20 m,** algumas vezes chamada de corrente de quatro polos, consistia em 100 pesados elos de arame, cada um com cerca de 02 m de comprimento. Ao estudar antigas escrituras

**Figura 3-6** Antiga corrente de agrimensor de 66 pés.

---

*Cúbito: antiga medida de comprimento com cerca de 50 cm. (N.T.)
[6]Referência atualizada: "Edmund Gunter". *Encyclopaedia Britannica. Encyclopaedia Britannica Online*. Encyclopaedia Britannica, 2011. Disponível em: <http://www.britannica.com/EBchecked/topic/249527/Edmund-Gunter>. Acesso em: jan. 2011.
**Valor aproximado da corrente de 66 pés, adaptado ao SI. (N.T.)

40  Capítulo 3

e plantas, o topógrafo frequentemente encontra distâncias medidas com a corrente de 20 m. Pode-se encontrar uma distância expressa em 11 ch; 20,2 lks ou 11,202 ch [de *chain*]. A medida de área usual nos Estados Unidos é o acre, que equivale a 10 correntes quadradas. Isso corresponde a cerca de 20 m por 200 m, ou 4000 $m^2$.

Muitas das primeiras estradas de duas pistas nos Estados Unidos e Canadá foram projetadas com a largura de uma corrente, resultando em uma servidão de 20 m. Trenas de aço começaram a ser usadas no início do século XX. Elas eram disponíveis em comprimentos de alguns metros a cerca de 300 m. Para condições normais, podem ser obtidas precisões de 1/1000 a 1/5000, apesar de que um trabalho muito melhor pode ser feito usando os procedimentos a serem descritos mais adiante.

O público em geral, dirigindo em seus carros e vendo topógrafos medindo distâncias com uma trena de aço, pode pensar: "Qualquer um pode fazer aquilo. O que poderia ser mais simples?" A verdade é que, embora a medição de distâncias com trena de aço aparente ser simples em teoria, é provavelmente a parte mais difícil de um bom levantamento. O uso eficiente do soberbo equipamento de levantamento de hoje em dia, destinado a outras funções de levantamento tais como medições de ângulos, é rapidamente aprendido. Mas a medição de distância semelhantemente precisa com uma trena de aço requer raciocínio, atenção e experiência.

Em teoria ela é simples, mas na prática não é tão fácil. As Seções 3.9 a 3.11 são dedicadas a uma descrição detalhada de equipamentos de medição com trena e medições de campo feitas com trenas de aço.

## 3.6  MEDIÇÃO ELETRÔNICA DE DISTÂNCIAS

Ondas sonoras já são usadas há algum tempo para estimar distâncias. Quase todos nós já contamos o número de segundos entre o brilho de um relâmpago e a chegada do som do trovão e, então, multiplicamos o número de segundos pela velocidade do som. A velocidade do som é de 343,4 m/s a 20 °C e aumenta um pouco mais que 0,6 m/s para cada grau Celsius de aumento na temperatura. Apenas por essa razão, ondas sonoras não servem como um meio prático de medição de distância precisa, porque as temperaturas ao longo de uma linha a ser medida deveriam ser conhecidas com uma precisão próxima de 0,001 °C.

Da mesma forma, algumas distâncias para levantamentos hidrográficos eram antigamente estimadas disparando um projétil e, então, medindo o tempo gasto pelo som para viajar para outro navio e seu eco retornar para o ponto do disparo. Profundidades dos oceanos são determinadas com medidores de profundidade que usam o eco do som do fundo do oceano. Equipamentos sonar fazem uso de sinais supersônicos que ecoam dos cascos de submarinos para determinar distâncias sob a superfície da água.

Descobriu-se, durante as últimas décadas, que o uso de ondas de luz, ondas eletromagnéticas, radiação infravermelha ou mesmo do laser oferece métodos muito mais precisos de medição de distâncias. Apesar de ser verdade que algumas dessas ondas são afetadas por mudanças na temperatura, pressão e umidade, os efeitos são pequenos e podem ser acuradamente corrigidos. Sob condições normais, essas correções não totalizam mais que poucos centímetros em muitos quilômetros. Vários dispositivos eletrônicos portáteis que fazem uso desses fenômenos de ondas têm sido desenvolvidos e permitem a medição de distâncias com grande precisão.

Esses dispositivos não substituem completamente as medições a trena, mas eles são comumente usados por quase todos os topógrafos e contratantes. Seus custos são razoáveis para um topógrafo médio permanecer economicamente competitivo. Para aqueles que preferem alugar, podem ser feitos contratos com várias companhias.

Os equipamentos medidores eletrônicos de distância (MEDs) têm diversas vantagens importantes sobre outros métodos de medidas. Eles são muito úteis na medição de distâncias de difícil acesso, por exemplo, através de lagos e rios, estradas muito movimentadas, áreas agrícolas permanentes, cânions e assim por diante. Para grandes distâncias, o tempo necessário é em minutos, não horas, como poderia ser exigido por uma equipe típica de medição a trena. Duas pessoas facilmente treinadas

**Figura 3-7** Trenas eletrônicas a laser da Leica. (Cortesia da Leica Geosystems.)

podem fazer o trabalho melhor e mais rápido do que a convencional equipe de quatro pessoas para medição a trena. A maioria dos MEDs usados hoje em dia é de estações totais integradas, capazes de medir ângulos e distâncias. Trenas eletrônicas têm se tornado populares para algumas aplicações (Figura 3-7). Com MEDs, mede-se o tempo exigido para uma onda de luz ser enviada ao longo do caminho (ou uma micro-onda ser enviada ao longo do caminho e refletida de volta para o ponto de partida). A partir dessa informação, a distância pode ser determinada como descrito no Capítulo 5.

De preferência, topógrafos empregam trenas para distâncias menores que 30 m e MEDs para distâncias maiores. Apesar de a precisão obtida para distâncias pequenas (30 m ou menos) ser provavelmente melhor quando usadas trenas de aço, atualmente a maioria dos topógrafos com os MEDs raramente se preocupa em usá-las para qualquer distância, curta ou longa. O suposto erro que ocorre quando se usa um MED é da ordem de ±(1,5 mm + 2 ppm) com o erro fixo do instrumento de 65 mm sendo constante, independentemente se envolvida uma distância maior ou menor. O erro fixo do equipamento é normalmente maior devido ao fato de prismas e MED não serem posicionados exatamente sobre os pontos. Os erros fixos dos instrumentos são constantes; se uma distância longa ou curta está envolvida, então é possível obter precisões elevadas para distâncias mais longas.

A Tabela 5-1 no Capítulo 5 fornece um conjunto típico das precisões obtidas com MEDs para ambas as distâncias, curtas e longas.

O topógrafo de hoje e amanhã deve se tornar proficiente com a trena de aço, mesmo considerando que é altamente provável que termine por usar a trena somente uma pequena percentagem de vezes. Caso contrário, as chances de cometer erros grosseiros serão aumentadas quando usar a trena.

## 3.7 SISTEMA DE POSICIONAMENTO GLOBAL

Com o sistema de posicionamento global (discutido em detalhes nos Capítulos 15 e 16), as posições sobre a superfície da Terra podem ser rápida e acuradamente localizadas pela medição de distâncias a satélites em órbita. Isso é feito pela determinação do tempo necessário para um sinal de rádio transmitido pelo satélite viajar para os pontos em questão. Uma vez determinadas as posições de vários pontos (em coordenadas cartesianas ou em latitudes e longitudes), as distâncias entre eles podem ser facilmente calculadas com acurácias que podem se aproximar ou mesmo exceder 1/1.000.000.

**42** Capítulo 3

**Tabela 3-1**   Métodos para Medição de Distâncias

| Método | Precisão | Usos |
|---|---|---|
| Medições a passo | 1/50 a 1/200 | Reconhecimento e planejamento preliminar |
| Hodômetro | 1/200 | Reconhecimento e planejamento preliminar |
| Mira horizontal | 1/1000 a 1/5000 | Usada raramente nos Estados Unidos, apenas quando o uso da trena não é possível devido ao terreno e ainda quando os dispositivos medidores eletrônicos de distância não estão disponíveis |
| Estádia | 1/250 a 1/1000 | Antigamente usada para mapeamento levantamentos expeditos, e para checar trabalhos mais precisos |
| Medições ordinárias a trena | 1/1000 a 1/5000 | Levantamentos ordinários de terras e construção de prédios (ainda usado hoje para distâncias curtas) |
| Medições de precisão a trena | 1/10.000 a 1/30.000 | Levantamentos precisos de terras, trabalhos precisos de construção e levantamentos urbanos (hoje usado raramente) |
| Medições de bases a trena | 1/100.000 a 1/1.000.000 | Antigamente usado para trabalhos geodésicos precisos realizados pelo National Geodetic Survey |
| Medição eletrônica de distância | 1/20.000 a +1/300.000 | No passado foi usado principalmente para trabalhos geodésicos precisos do governo, mas hoje é comumente usado para todos os tipos de levantamentos, incluindo controle territorial, levantamento de terras e trabalhos de construção precisos |
| Sistema de posicionamento global (GPS) | até e > 1/1.000.000 | Estabelecido para permitir que aeronaves, navios e outros grupos militares rapidamente determinassem suas posições; está em crescente uso para localizar pontos de controle importantes e em muitas outras fases de levantamentos, incluindo construção |

## 3.8   RESUMO DOS MÉTODOS DE MEDIÇÃO

A Tabela 3-1 apresenta um breve resumo dos vários métodos de medição de distâncias. Há uma grande variação na precisão que pode ser obtida com esses diferentes métodos, e o topógrafo selecionará aquele mais apropriado para os propósitos de um levantamento em particular.

## 3.9   EQUIPAMENTOS EXIGIDOS PARA MEDIÇÃO COM TRENA

Uma breve discussão dos vários tipos de equipamentos normalmente usados para medição com trena é apresentada nesta seção, e as próximas duas seções são destinadas ao real uso prático das trenas. (Muitos topógrafos ainda se referem às trenas de aço como "correntes" e à trena de tecido, menos precisa, como trena.) Uma equipe de medição a trena deve ter ao menos uma trena de aço de 30 m, duas balizas, um conjunto de 11 fichas, uma trena de tecido de 15 m, dois prumos e um nível de mão. Esses itens são discutidos nos parágrafos seguintes.

### Trenas de Aço

Até recentemente, a maioria das medições de levantamentos que requeriam alta precisão era feita com trenas de aço. Embora o medidor eletrônico de distância seja agora preferido por sua acurácia e conveniência, as trenas de aço ainda são usadas para medições de distâncias curtas (por exemplo, poucas centenas de pés ou menos). As mais comuns são trenas leves de aço revestidas com náilon. Elas vêm em vários tamanhos, sendo mais comuns as de 100 pés. São graduadas em toda a sua extensão em pés e centésimos de pés. As trenas leves de aço no sistema métrico possuem tipicamente 30 m de comprimento, com graduações em metros e milímetros.

As trenas de aço pesadas de alta precisão (também conhecidas como trenas de estradas ou de arrasto) têm normalmente 30 m de comprimento, cerca de 8 mm de largura, de 0,4 mm de espessura e pesam de 900 g a 1,35 kg. Elas são enroladas sobre um carretel (Figura 3-8) ou enroladas em

**Figura 3-8** Trena de aço. (Cortesia de Robert Bosch Tool Corporation.)

voltas de 1,5 m para formar uma figura em forma de 8. Essas trenas são bastante fortes desde que sejam mantidas esticadas, mas se esticadas quando há curvas ou dobras elas se quebram facilmente. Se uma trena for molhada, ela deve ser esfregada com um pano seco e depois com um pano com óleo. Trenas de aço pesadas estão normalmente muito próximas do comprimento correto quando são continuamente apoiadas e submetidas a uma tensão de 10 a 12 libras, em temperatura de 20 °C.

As trenas de aço pesadas têm, às vezes, revestimento cromado com terminações em alças de bronze robustas que fornecem lugar para prender tiras de couro ou alças de tensão, o que permite ao usuário esticá-las ou tensioná-las firmemente. (Se a tira de couro quebrar ou não existir, e se não houver nenhuma alça de tensão disponível, uma das fichas pode ser inserida através do aro e usada como alça para esticar a trena.)

As trenas de aço pesadas não são graduadas continuamente com os menores intervalos. Em vez disso, são marcadas em intervalos de 1 pé de 0 a 100 pés. Trenas antigas têm 1 pé em cada extremidade dividida em décimos de pés, mas as mais novas têm um pé extra, além da marca do 0, que é subdividido. Trenas com pé extra são chamadas trenas *alongadas*, e aquelas sem o pé extra são chamadas trenas *cortadas* (ver Figura 3-12). Diversas variações são disponíveis, por exemplo, trenas divididas ao longo de todo o seu comprimento em pés, décimos e centésimos; trenas com as marcas de 0 e 100 pés a cerca de 1/2 pé de cada extremidade e assim por diante. Não é necessário dizer que o topógrafo deve estar familiarizado com as divisões da trena e suas marcas de 0 e 100 pés antes de fazer qualquer medição.

Trenas cortadas foram usadas por muitas décadas por um grande número de topógrafos, mas uma grande percentagem desses topógrafos não gostava delas porque seu uso frequentemente levava a erros aritméticos. Por exemplo, era bastante fácil adicionar a leitura final em vez de subtrair. Erros grosseiros parecem ser menos frequentes quando são usadas as trenas alongadas, e como consequência elas se tornaram o tipo mais fabricado.

Trenas podem ser obtidas em vários outros comprimentos além de 30 m. Comprimentos de 90 e 150 m são provavelmente os mais populares. As trenas maiores, que usualmente consistem em fitas de 6 mm de largura, são divididas somente em marcas de 1,50 m para reduzir os custos. Elas são bastante úteis para medições rápidas e precisas de distâncias longas sobre o solo. O uso de trenas longas permite uma considerável redução do tempo exigido para marcar os fins das trenas e também praticamente elimina os erros acidentais que ocorrem durante a marcação.

Para medições com trenas muito precisas, antigamente eram usadas trenas de Invar, feitas com 65% de níquel e 35% de aço. Embora esse tipo de trena tivesse um coeficiente muito baixo de expansão termal (talvez 1/30 ou menos do valor das trenas de aço padrão), era mais mole, facilmente quebrável e custava cerca de 10 vezes mais que uma trena de aço comum. As trenas de Invar eram usadas para trabalhos de levantamento geodésico e como padrão para checagem de comprimento das trenas de aço regulares. A trena de Lovar tem propriedades e custo intermediário entre as trenas de aço comuns e as trenas de Invar. Algumas trenas foram feitas com uma escala graduada de termômetro, que correspondia às expansões e contrações devidas à temperatura. Com diferentes temperaturas, o topógrafo poderia usar uma diferente marca terminal na trena e, assim, automaticamente corrigir a mudança de temperatura.

## Trenas de Fibra de Vidro

Em anos recentes, as trenas de fibra de vidro, feitas de milhares de fibras de vidro e unidas com cloreto de polivinil (PVC), foram introduzidas no mercado. Essas trenas mais duráveis e mais baratas são disponíveis em comprimentos de 10 m, 20 m e outros. Elas são fortes e flexíveis e não alteram apreciavelmente o comprimento com as mudanças na temperatura e umidade. Elas podem também ser usadas com pouco risco nas proximidades de equipamentos elétricos. Quando são aplicadas forças de tração de 2,25 kg ou menos, as correções de tensões provavelmente não são necessárias, mas para valores superiores a 2,25 kg as correções de comprimento são importantes.

## Balizas

Balizas são usadas para marcar pontos no terreno e para alinhar a medição à trena a fim de mantê-la na direção correta. Elas possuem usualmente de 2 a 3 m de comprimento e são pintadas com faixas alternadas de vermelho e branco para torná-las mais facilmente visíveis. Cada uma das faixas tem 0,30 m de comprimento, e as hastes podem, portanto, ser usadas para medições aproximadas de distâncias. Elas são fabricadas de madeira, fibra de vidro ou metais. O tipo tubular de aço desmontável é talvez o mais comum porque pode ser facilmente transportado de um trabalho para outro.

## Fichas

Fichas são hastes de ferro usadas para marcar os fins das medições ao longo das trenas ou pontos intermediários enquanto se efetua a medição. Elas são fáceis de perder e são geralmente pintadas com cores alternadas de vermelho e branco. Se a pintura se desgasta, elas podem ser repintadas em qualquer cor brilhante ou ter tiras de pano amarradas de modo que as tornem facilmente visíveis. As fichas são carregadas cm um aro de arame que pode ser convenientemente transportado pelo medidor, mantendo o aro em torno do seu cinto.

## Prumos

Um prumo é um peso com forma de pera ou globular, suspenso por um fio ou arame, usado para estabelecer uma linha vertical (Figura 3-9a). Os prumos para levantamentos eram antigamente fabricados de latão, para limitar possível interferência com a bússola, que era usada nos antigos equipamentos de levantamento (níveis de prumo de ferro ou aço poderiam causar erros na leitura das bússolas). Os prumos usualmente pesavam de 6 a 18 onças e tinham pontas agudas substituíveis e um dispositivo em cujo topo o fio era preso. Muito comumente os fios de prumo são atados a um carretel do tipo *gammon reel* (Figura 3-9b). Esse dispositivo facilita o ajuste para cima e para baixo do prumo, rápido recolhimento do fio de prumo e a pontaria ao alvo.

## Trenas de Tecido

As trenas de tecido (Figura 3-10) têm na maioria comumente 30,00 m de comprimento com marcas de graduações feitas em intervalos de 5 mm. Elas podem ser não metálicas ou metálicas. As trenas não metálicas são tecidas com fios sintéticos fortes e revestidas com uma camada de plástico impermeável. As trenas metálicas são feitas com um tecido repelente à água, dentro do qual são colocados fios finos de latão, bronze ou cobre na direção do comprimento. Esses fios fortalecem as trenas, dotando-as de considerável resistência à deformação. (Devido aos fios metálicos, elas não podem ser usadas próximo a unidades elétricas. Para tais situações, devem ser usadas trenas de fibra de vidro ou de tecido não metálico.) Apesar disso, uma vez que todas as trenas de tecido são sujeitas a alguma deformação ou encolhimento, elas não são adequadas a levantamentos pre-

Medição de Distâncias **45**

**Figura 3-9** (a) Prumo; (b) Carretel do tipo *gammon reel*. (Cortesia de Robert Bosch Tool Corporation.)

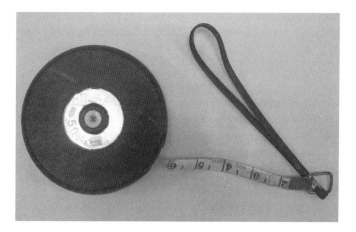

**Figura 3-10** Trena de tecido.

cisos. Apesar dessas desvantagens, as trenas de tecido são frequentemente úteis e devem ser parte do equipamento padrão de uma equipe de levantamento. Elas são comumente usadas para encontrar pontos existentes, localizar detalhes para mapas e medições em situações em que as trenas de aço podem facilmente ser quebradas, como ao longo de estradas, ou quando pequenos erros em distâncias não são tão importantes. Seus comprimentos devem ser checados periodicamente ou calibrados com trenas de aço.

**Figura 3-11** Níveis de mão. (Cortesia de SECO.)

### Níveis de Mão

O nível de mão é um dispositivo muito útil para o topógrafo para ajudá-lo a manter a trena horizontalmente enquanto realiza as medições. Eles também podem ser usados para aproximação grosseira de altura. Ele consiste em um tubo de metal de visada sobre o qual é montado um nível de bolha (Figura 3-11). Se o nível de bolha é centrado enquanto se faz a visada através do tubo, a linha de visada está horizontal. Na verdade, o tubo do nível de bolha está localizado no topo do instrumento e sua imagem é refletida por meio de um espelho de 45° ou um prisma dentro do tubo, de tal forma que o usuário pode ver o nível de bolha e o terreno ao mesmo tempo.

### Tensiômetro

Quando uma trena de aço é esticada, ela se deforma. O aumento resultante em comprimento pode ser determinado pela fórmula apresentada na Seção 4.6. Para a maioria das medições com trena, a tensão aplicada pode ser estimada o suficiente para se obter precisões desejadas, mas para medições a trena muito precisas são necessários *tensiômetros*. O tensiômetro usual pode fazer leitura de até 15 kg com incrementos de 1/4 kg. Se a trena é colocada acima do terreno, ela se arqueará, com um encurtamento da distância entre suas extremidades. Esse efeito pode ser combatido aumentando-se a tensão aplicada à trena. Esse tópico é também discutido na Seção 4.6.

### Braçadeira

Correias de couro são usualmente colocadas através das presilhas existentes nas terminações das trenas. Com essas correias ou com tensiômetros presos às mesmas presilhas, as trenas podem ser tensionadas até os valores desejados. Quando são usados somente comprimentos parciais das trenas, é de certa forma difícil puxar a trena fortemente. Para tais casos estão disponíveis as *braçadeiras de aperto*. Elas têm uma pinça tipo tesoura que permite manter a trena fortemente tensionada sem danificá-la.

## 3.10 MEDIÇÕES A TRENA SOBRE O SOLO

O ideal é que uma trena de aço seja apoiada em todo o seu comprimento, sobre o nível do terreno ou pavimento. Infelizmente, tais condições não são normalmente disponíveis porque o terreno que está sendo levantado pode ser inclinado e/ou coberto por vegetação. Se a medição a trena está sendo feita sobre terreno razoavelmente plano, nivelado, e onde há pouca vegetação, a trena pode ser apoiada sobre o solo. A equipe de medição a trena compreende o medidor de vante e o medidor de ré. O medidor de vante deixa uma ficha com o medidor de ré para finalidade de contagem e às vezes para marcar o ponto de partida. O medidor de vante fica com a extremidade 0 da trena e anda sobre o alinhamento na direção da outra extremidade.

Quando a extremidade 30 m da trena chega ao medidor de ré, ele dita em voz alta "trena" ou "corrente" para parar o medidor de vante. O medidor de ré segura a marca de 30 m sobre a marca de partida e alinha o medidor de vante (usando mão ou talvez sinal de voz) com a baliza colocada atrás

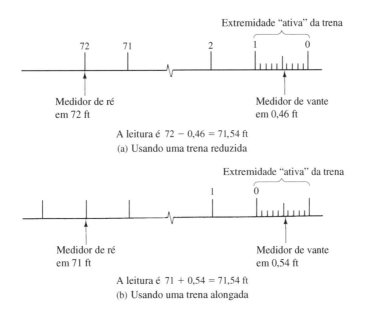

**Figura 3-12** Leituras em trenas cortadas e alongadas.

do ponto final. Normalmente, esse alinhamento "a olho" da trena é satisfatório, mas o uso de uma luneta é melhor e resultará em maior precisão. Algumas vezes, existem locais ao longo da linha da qual o medidor não pode ver o extremo oposto final, e em algumas posições o medidor não pode ver os sinais do topógrafo. Para tais casos é necessário colocar pontos alinhados intermediários, usando a luneta antes que a medição a trena possa começar.

É necessário puxar a trena firmemente (veja as Seções 4.6 e 4.7). Isso pode ser feito enrolando a tira de couro no final da trena em torno da mão, segurando uma ficha colocada na presilha no final da trena ou usando uma braçadeira. Quando o medidor de ré tem a marca de 30 m no ponto de início e está satisfatoriamente alinhado com o medidor de vante, ele sinaliza com "tudo certo" ou algum outro sinal. O medidor de vante puxa a trena fortemente e coloca uma ficha no solo perpendicular à trena e inclinada 20° a 30° em relação à vertical. Se a medida é feita sobre o pavimento, uma marca pode ser feita no ponto apropriado, uma ficha pode ser colocada deitada sobre o pavimento ou o ponto pode ser marcado com giz de cera colorido.

O medidor de ré apanha sua ficha, o medidor de vante puxa a trena sobre o alinhamento, e o processo é repetido para os próximos 30 m. Deve-se notar que o número de trenadas completas que foi medido a qualquer instante deve ser igual ao número de fichas que o medidor de ré tem em sua posse. Após terem sido medidos 300 m, o medidor de vante terá usado suas 11 fichas, gritando "marca" ou uma palavra equivalente, de forma que o medidor de ré devolverá as fichas e eles começam os próximos 300 m. Essa discussão de contar as fichas é de pouca significância porque a maioria das distâncias acima de 30 ou 60 m é hoje medida com um MED, assim como uma larga percentagem de 30 ou 60 m e até menos. Esse tópico é discutido no Capítulo 5.

Quando o fim de uma linha é alcançado, a distância da última ficha para o ponto final será normalmente uma parte fracionária da trena. Nos Estados Unidos, para as trenas mais antigas, o primeiro pé (entre as marcações 0 e 1 pé) é normalmente dividido em décimos, como mostrado na Figura 3-10. O medidor de vante segura essa parte da trena sobre o ponto final, enquanto o medidor de ré move a trena para trás ou para a frente até que uma marcação inteira de pé coincida com a ficha.*

---

*Com as trenas no Sistema SI não há necessidade dessa operação, porque todas elas, em toda a extensão, têm subdivisões de até 1 cm. Além disso, a extremidade 0 fica com o medidor de ré, e, assim, o medidor de vante faz a leitura direta. (N.T.)

O medidor de ré lê e dita em voz alta a leitura realizada, digamos 72 pés, e o medidor de vante lê na extremidade da trena o número de décimos e talvez estime com aproximação dos centésimos, digamos 0,46, e dita esse valor. Esse valor é subtraído de 72 pés, para dar 71,54 pés, e é adicionado o número de trenadas de pés medidos antes. Esses números e as subtrações devem ser ditados e repetidos de tal forma que a matemática possa ser checada por cada medidor.

Para a trena de aço com o pé extra dividido, o procedimento é quase idêntico, exceto pelo fato de que o medidor de ré poderia, para o exemplo já descrito, segurar a marca de 71 pés na ficha sobre o terreno. Ele ditaria 71, e o medidor de vante poderia ler e ditar mais 54 centésimos, dando o mesmo total de 71,54 pés.

Na revisão, o medidor de ré lê a marca de valor cheio, enquanto o medidor de vante lê o valor decimal. Então as duas leituras são combinadas para estabelecer a distância total.

Um comentário parece justificar-se aqui acerca dos números significativos e como eles se aplicam às medições com trena. Se uma medição ordinária está sendo feita e a distância total obtida para essa linha é 844,76 m, o 6 ao final é desnecessário e a distância deve ser registrada como 844,8 ou mesmo 845,0 m, porque o trabalho realmente não é feito tão precisamente.

## 3.11 MEDIÇÃO A TRENA EM TERRENOS INCLINADOS OU SOBRE VEGETAÇÃO

Em terrenos inclinados existem três métodos de medição a trena que podem ser usados. A trena (1) pode ser mantida horizontalmente com um ou ambos os medidores usando fios de prumo, como mostrado nas Figuras 3-13 e 3-14; ou (2) ela pode ser mantida inclinada, essa inclinação ser determinada e ser aplicada uma correção para obter a distância horizontal; ou (3) pode-se medir a distância inclinada e o ângulo vertical para cada inclinação, de modo que a distância horizontal possa ser calculada posteriormente. Esse último método é algumas vezes conhecido como medição dinâmica a trena. As descrições de cada um desses métodos de medição de distâncias inclinadas com a trena serão apresentadas a seguir.

### Mantendo a Trena Horizontalmente

O ideal é que a trena seja apoiada em toda a sua extensão sobre o terreno ou pavimento. Infelizmente, tais condições convenientes não são frequentemente disponíveis porque o terreno a ser medido pode ser irregular e coberto por vegetação. Para terrenos inclinados e irregulares ou para áreas com muita vegetação, a medição a trena é executada de uma forma similar à que se executa sobre terreno nivelado. A trena é mantida horizontalmente, mas um ou ambos os medidores devem usar um fio de prumo como mostrado na Figura 3-13.

Se a medição a trena está sendo feita encosta abaixo, o medidor de vante usará o prumo na sua extremidade, enquanto o medidor de ré deve manter sua extremidade da trena sobre o terreno [Figura 3-14(a)]. Se eles estão se movendo encosta acima, o medidor de vante deve ser capaz de manter sua extremidade sobre o terreno, enquanto o medidor de ré usa o prumo [Figura 3-14(b)]. O medidor de vante sempre segurará a chamada extremidade "ativa" ou dividida da trena. Normalmente essa é a terminação zero. Medições com trena descendo a encosta são mais fáceis que

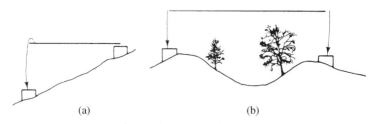

**Figura 3-13** Segurando a trena horizontalmente.

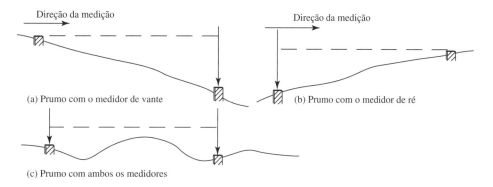

**Figura 3-14** Segurando a trena horizontalmente.

medições encosta acima porque o medidor de ré pode manter a extremidade da trena no terreno sobre o último ponto, em vez de ter que segurar o prumo sobre o ponto enquanto o medidor de vante está puxando do outro lado, como é o caso na medição a trena encosta acima. Se a medição é sobre terreno irregular ou com considerável vegetação, ambos os medidores podem ter que usar fios de prumo para manter suas respectivas extremidades de trena acima do terreno [Figura 3-14(c)].

Para ser capaz de medir a trena com precisão em regiões onduladas ou montanhosas uma pessoa deve ter prática considerável. Apesar de, para muitos levantamentos, o medidor poder estimar o que está horizontal pelo olho, é proveitoso usar um nível de mão para tal finalidade. Onde há inclinações íngremes, é difícil estimar por olho quando a trena está horizontal, porque a tendência comum é que a pessoa que está mais embaixo mantenha sua extremidade muito baixa, causando erros significativos. Se se deseja uma precisão melhor que aproximadamente 1/2500 ou 1/3000 em regiões onduladas, segurar a trena horizontalmente por estimativa não será suficiente.

Outro problema em manter a trena acima do terreno é o erro causado pela curvatura da trena (ver Seção 4.6). Note que ambos os erros (trena não horizontal e curvatura) levarão o topógrafo a obter uma distância maior. Em outras palavras, ou serão necessárias mais trenadas para cobrir certa distância ou o topógrafo se moverá menos de 30 m horizontalmente cada vez que usa a trena.

Se a inclinação é menor que aproximadamente 5% (uma altura acima do terreno na qual o medidor normal pode confortavelmente segurar a trena), o medidor pode executar a leitura de uma trenada completa de uma vez. Se ele está medindo a trena encosta abaixo, o medidor de vante segura o fio de prumo na extremidade 0 da trena com o prumo a poucos centímetros sobre o terreno. Quando o medidor de ré está pronto em sua extremidade, o medidor de vante está alinhado com o ponto distante, e quando a trena está horizontal e é puxada na tensão desejada, o medidor de vante coloca o prumo sobre o terreno e fixa uma ficha naquele ponto.

Na Figura 3-15, vemos vários métodos de uso do nível de mão. Nas partes (a) e (b) da figura, o medidor da esquerda com um nível de mão com a bolha centrada move sua cabeça para cima ou para baixo, até que a linha de visada através da luneta do nível de mão alcance o terreno aos pés do outro medidor. Essa é a altura em que ele precisa segurar sua extremidade da trena (a outra extremidade está sendo mantida sobre o terreno) para a trena ficar na horizontal.

Na parte (c), o medidor com o nível de mão se posiciona com postura normal e visa (nível com bolha centrada) o outro medidor com o nível de mão seguro. Da posição na qual a linha de visada atinge o outro medidor, ele pode saber a altura em que sua extremidade da trena deve ser mantida. Por exemplo, se a linha de visada atinge o joelho do outro medidor, e eles são aproximadamente da mesma altura, o medidor da esquerda está mais baixo que a distância do seu olho para seu joelho, ou seja, a diferença em altura mostrada na parte (c) da figura.

Para inclinações maiores que 5%, o medidor é capaz de manter horizontalmente somente parte da trena de cada vez. Manter a trena mais que 1,50 m sobre o terreno é difícil, e o vento pode complicar isso mais

**50** Capítulo 3

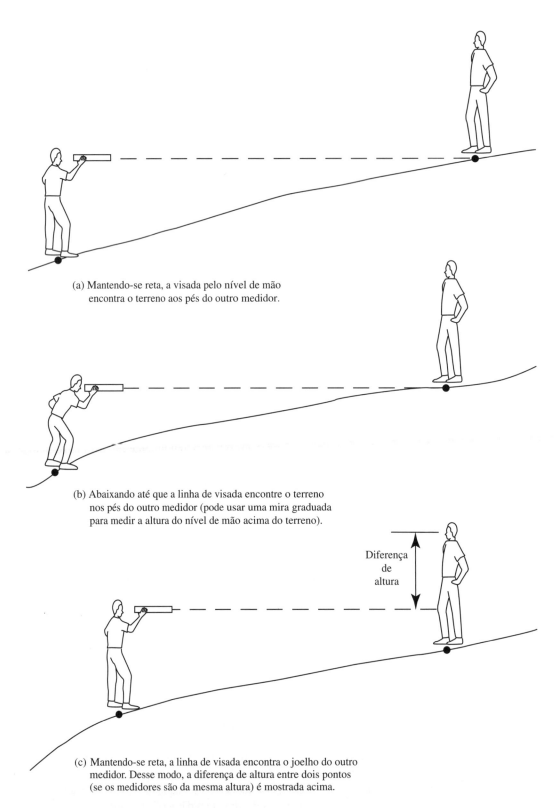

**Figura 3-15**  Uso do nível de mão.

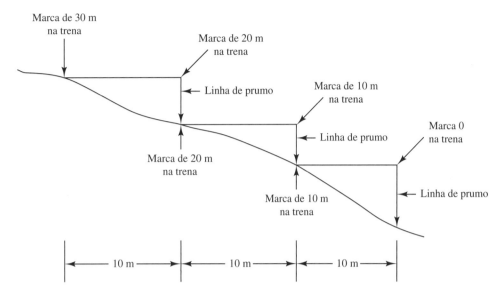

**Figura 3-16** "Lances" em uma encosta.

ainda. Se a trena é mantida à altura de 1,50 m ou menos sobre o terreno, ambos os antebraços podem ser mantidos junto ao corpo, e a trena pode ser facilmente puxada com firmeza sem balanços e sacudidelas.

Assumindo que eles estão medindo encosta abaixo, o medidor de vante puxa completamente a trena ao longo do alinhamento, e então, deixando a trena sobre o terreno, retorna ao longo da mesma o quanto for necessário para manter horizontalmente a parte da trena entre seu ponto e o medidor de ré.

O medidor de vante segura o fio de prumo sobre uma marca inteira (por exemplo, 15 m), e quando a trena é esticada, alinhada e horizontalizada, deixa o prumo cair e coloca uma ficha. Ele segura a marca de metro intermediária da trena até que o medidor de ré chegue, então passa a trena para o medidor de ré informando a marca que ele estava mantendo. Esse procedimento cuidadoso é seguido porque é fácil para o medidor de vante esquecer qual marcação ele estava segurando se ele a solta e caminha adiante. Os medidores repetem esse processo com as leituras horizontais o mais longas possível sobre trena até atingir a extremidade 0. Esse processo é mostrado na Figura 3-16.

Esse processo de medição com seções de trena é chamado de *lance*. Se o medidor de vante segue o processo costumeiro de deixar uma ficha a cada posição que ele ocupa quando interrompe a medição, contar o número de trenadas medidas (como era indicado pelo número de fichas de posse do medidor de ré) pode causar confusão. Por essa razão, para cada um dos pontos intermediários, o medidor de vante coloca uma ficha no terreno, e então ele pega uma ficha do medidor de ré. Em vez de particionar a trenada, alguns topógrafos acham conveniente medir os comprimentos parciais da trena e registrar os valores em suas cadernetas de campo.

É, provavelmente, sensato para um topógrafo iniciante medir algumas distâncias em inclinações com diferentes percentagens mantendo a trena horizontal e, então, novamente com a trena ao longo das inclinações sem fazer nenhuma correção. Essas medições darão uma noção da magnitude dos erros das inclinações.

## Medições a Trena em Terrenos Inclinados e Suas Correções

Ocasionalmente, pode ser mais conveniente ou mais eficiente realizar medições a trena ao longo de terrenos inclinados, mantendo-a inclinada ao longo dos terrenos. Esse procedimento é comum para levantamentos de minas subterrâneas, mas muito pouco aplicada para levantamentos na superfície. Medições a trena em inclinações são mais rápidas que medições horizontais e consideravelmente mais precisas porque eliminam o uso de prumos e seus consequentes erros acidentais. Medições com trena ao longo de inclinações são algumas vezes úteis quando um topógrafo está trabalhando

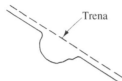

**Figura 3-17** Medições a trena em terrenos inclinados.

ao longo de inclinações razoavelmente constantes e suaves, ou quando ele deseja melhorar a precisão. Apesar disso, o método não é comumente usado devido ao problema de correção da distância inclinada para valores horizontais. Isso é particularmente verdadeiro em terrenos íngremes, onde as inclinações estão constantemente variando e a determinação de magnitude das inclinações é difícil.

Em alguns casos pode ser impossível segurar a trena inteira (ou mesmo uma pequena parte dela) horizontalmente. Isso pode ocorrer quando a medição a trena está sendo feita cruzando uma ravina (ver Figura 3-17) ou algum outro obstáculo em que um medidor está muito mais baixo que o outro e no qual não é possível realizar lances de trena. Aqui pode ser prático manter ambas as extremidades da trena sobre o terreno.

As inclinações em projetos e construções são frequentemente expressas como percentagem (isto é, número de metros de variação vertical em altura por 100 m da distância horizontal) e pode ser dado um sinal positivo para inclinações ascendentes ou negativo para inclinações descendentes. Exemplos são mostrados na Figura 3-18.

Quando uma pessoa está medindo uma distância com uma trena mantida ao longo de um trecho inclinado, será necessário determinar a diferença de altura entre as extremidades da trena para cada lance ou medir o ângulo vertical envolvido. Uma vez que isso é feito, a distância horizontal para cada medição pode ser calculada por trigonometria, pela equação de segundo grau ou mais facilmente pela fórmula aproximada desenvolvida para esse propósito na Seção 4.5.

Um instrumento quase obsoleto, chamado clinômetro, pode ser usado para medir ângulos verticais e inclinações. Com esse instrumento, ilustrado na Figura 3-19, é possível medir ângulos verticais

**Figura 3-18** Inclinações.

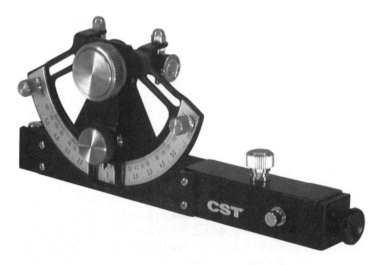

**Figura 3-19** Nível de mão e clinômetro. (Cortesia de Robert Bosch Tool Corporation.)

com aproximação de até 10' e determinar inclinações aproximadas. Na verdade, o clinômetro é um nível de mão ao qual se anexou um transferidor.

### Medição Dinâmica a Trena

Com a medição dinâmica a trena, que é muito similar ao método de medição a trena em terrenos inclinados, as distâncias inclinadas são medidas. Então, o ângulo vertical é medido e a distância horizontal calculada.

## 3.12  BREVE REVISÃO DE TRIGONOMETRIA

Em levantamentos, existem várias ocasiões em que é bastante difícil e demorado medir certas distâncias e/ou ângulos devido a obstáculos, condições climáticas, exigências de prazos e assim por diante. Frequentemente, o uso de simples equações trigonométricas nos habilita a, rápida e facilmente, calcular aqueles valores necessários sem a necessidade de ter que medi-los em campo. Como exemplo, vamos considerar um topógrafo trabalhando com um triângulo retângulo. Se os comprimentos de um lado do triângulo e um dos ângulos (não o ângulo de 90°) forem medidos, os outros dois comprimentos dos lados e o ângulo que falta podem ser facilmente calculados com fórmulas trigonométricas.

O uso mais comum da trigonometria nos levantamentos envolve a aplicação das relações do triângulo retângulo. Tal triângulo é mostrado na Figura 3-20. Inicialmente, será considerado o ângulo $\alpha$ no vértice $A$. Na figura, a *hipotenusa* ($L_{CA}$) é o lado inclinado, enquanto o *lado adjacente* ($L_{AB}$) é o lado entre o ângulo $\alpha$ e o ângulo de 90° (reto). O *lado oposto* ($L_{BC}$) é o lado oposto ou contrário ao ângulo.

Pode ser provado que existem as relações listadas para triângulos retângulos com as referências feitas aqui para a Figura 3-18 e o ângulo $\alpha$. Essas relações são chamadas funções dos ângulos. Os termos trigonométricos seno, cosseno etc. são usualmente abreviados como mostrado.

$$\text{seno } \alpha = \operatorname{sen} \alpha = \frac{\text{lado oposto}}{\text{hipotenusa}} = \frac{L_{BC}}{L_{AC}}$$

$$\text{cosseno } \alpha = \cos \alpha = \frac{\text{lado adjacente}}{\text{hipotenusa}} = \frac{L_{AB}}{L_{AC}}$$

$$\text{tangente } \alpha = \tan \alpha = \frac{\text{lado oposto}}{\text{lado adjacente}} = \frac{L_{BC}}{L_{AB}}$$

$$\text{cotangente } \alpha = \cot \alpha = \frac{\text{lado adjacente}}{\text{lado oposto}} = \frac{L_{AB}}{L_{BC}}$$

$$\text{secante } \alpha = \sec \alpha = \frac{\text{hipotenusa}}{\text{lado adjacente}} = \frac{L_{AC}}{L_{AB}}$$

$$\text{cossecante } \alpha = \csc \alpha = \frac{\text{hipotenusa}}{\text{lado oposto}} = \frac{L_{AC}}{L_{BC}}$$

Gravar essas equações na memória não é difícil, bastando memorizar as três primeiras e, então, lembrar que a cotangente é o inverso da tangente, que a secante é o inverso do cosseno e que a cossecante é o inverso do seno.

Quando aprender os nomes dos lados do triângulo como descrito aqui (hipotenusa, lado adjacente e lado oposto), o leitor será capaz de facilmente aplicar as relações trigonométricas para triângulos retângulos qualquer que seja sua posição (quer seja com o ângulo de 90° no lado esquerdo, lado direito, ou no topo do triângulo). Se estivermos considerando o ângulo no vértice $C$ na Figura 3-21, o lado oposto é $L_{AB}$, e o lado adjacente é $L_{BC}$.

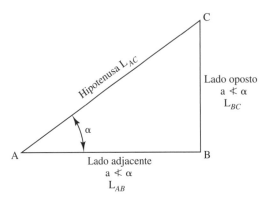

**Figura 3-20** Um triângulo retângulo.

Os valores das funções trigonométricas para quaisquer ângulos estão normalmente disponíveis nas calculadoras de bolso. Como consequência, o autor não inclui tabelas para seus valores neste livro. *Quando for consultar os valores de funções trigonométricas com as calculadoras normais, os ângulos devem primeiro ser convertidos para o formato decimal.* Por exemplo, o seno de 3°18′ se torna o seno de 3,3°.

Ao trabalhar com ângulos, é necessário que o estudante se lembre de que nossos ângulos são normalmente designados em graus, minutos e segundos, tais como 54°24′38″. Então, cabe lembrar que para obter o valor de uma função trigonométrica para um ângulo particular com calculadoras normais é necessário converter esse ângulo para o valor em formato decimal. Segue um exemplo de cálculo para essa conversão:

$$54°24'38'' = 54°24' + \left(\frac{38}{60}\right)' = 54°24{,}6333'$$

$$= 54° + \left(\frac{24{,}6333}{60}\right)° = 54{,}4106°$$

Diversos problemas de exemplos (3.1 a 3.5) fazem uso de relações de triângulos retângulos. Deve-se notar que algumas das informações obtidas desses problemas usando funções trigonométricas poderiam ser obtidas igualmente com o teorema de Pitágoras.

---

**EXEMPLO 3.1** Com referência ao triângulo da Figura 3-21, foram medidos o comprimento do lado *BC* e o ângulo no vértice *A*. Determine o comprimento do lado *AC* utilizando equações trigonométricas.

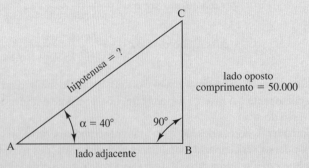

**Figura 3-21**

*SOLUÇÃO*

$\text{sen } \alpha = \text{sen } 40° = 0{,}64278761$ com calculadora

$$\text{sen } \alpha = \frac{\text{lado oposto}}{\text{hipotenusa}}$$

$$0{,}64278761 = \frac{50{,}000}{L_{AC}}$$

$L_{AC} = \mathbf{77{,}786\ m}$

**EXEMPLO 3.2** Determine os valores dos ângulos $\alpha$ e $\beta$ no triângulo retângulo da Figura 3-22.

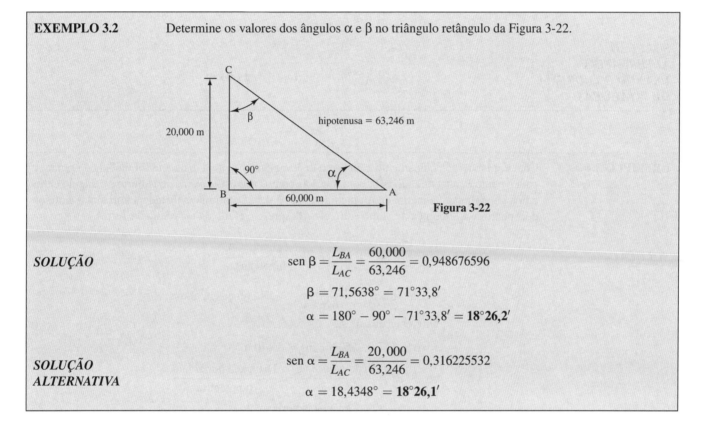

**Figura 3-22**

*SOLUÇÃO*

$$\text{sen } \beta = \frac{L_{BA}}{L_{AC}} = \frac{60{,}000}{63{,}246} = 0{,}948676596$$

$\beta = 71{,}5638° = 71°33{,}8'$

$\alpha = 180° - 90° - 71°33{,}8' = \mathbf{18°26{,}2'}$

*SOLUÇÃO ALTERNATIVA*

$$\text{sen } \alpha = \frac{L_{BA}}{L_{AC}} = \frac{20{,}000}{63{,}246} = 0{,}316225532$$

$\alpha = 18{,}4348° = \mathbf{18°26{,}1'}$

**EXEMPLO 3.3** Uma escada de comprimento de 4,5 m é apoiada contra uma parede de tal forma que sua base está 1 m distante dela (ver Figura 3-23). Qual altura a escada alcançará na parede?

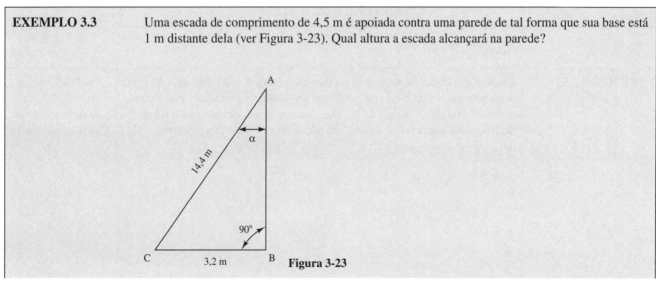

**Figura 3-23**

**56** Capítulo 3

---

*SOLUÇÃO*

$$\operatorname{sen} \alpha = \frac{L_{BC}}{L_{AC}} = \frac{3,2}{14,4} = 0,2222222$$

$$\alpha = 12,83958841°$$

$$\cos \alpha = \frac{L_{AB}}{L_{AC}}$$

$$\cos 12,83958841° = \frac{L_{AB}}{14,4}$$

$$L_{AB} = \mathbf{14,04\ m}$$

*SOLUÇÃO ALTERNATIVA USANDO O TEOREMA DE PITÁGORAS*

$$(14,4)^2 = (3,2)^2 + (L_{AB})^2$$

$$L_{AB} = \sqrt{(14,14)^2 - (3,2)^2} = \mathbf{14,04\ m}$$

---

**EXEMPLO 3.4**

Com um moderno equipamento eletrônico de levantamento, uma distância foi medida do ponto $A$ para o ponto $B$, encontrando 646,34 m. Os dois pontos não estão na mesma altura, e o ângulo entre a linha horizontal e a inclinada foi medido como $3°10'$. Determine a distância horizontal entre os dois pontos e a diferença de altura entre eles (despreze o efeito da curvatura da Terra).

*SOLUÇÃO*

$$\operatorname{sen} 3°10' = \operatorname{sen} 3,16667° = \frac{\text{lado oposto}}{\text{hipotenusa}}$$

$$0,055240626 = \frac{\text{lado oposto}}{646,34} = \text{Diferença em altura}$$

Diferença em altura

$$= (646,34)(0,055240626) = 35,70\ m$$

$$\cos 3°10' = \frac{\text{lado adjacente}}{\text{hipotenusa}} = \frac{\text{Distância horizontal}}{\text{hipotenusa}}$$

$$0,998473071 = \frac{\text{Distância horizontal}}{646,34}$$

Distância horizontal $= \mathbf{645,35\ m}$

---

**EXEMPLO 3.5**

Um topógrafo precisa determinar a distância entre $A$ e $B$ mostrados na Figura 3-24. Infelizmente, seu equipamento de medição eletrônica de distância está sendo consertado. Por isso, o topógrafo marcou no terreno o ângulo de $90°$ mostrado na figura, determinou o ponto $C$ a 91,44 m da montante do rio, como mostrado na figura, e mediu o ângulo em $C$, encontrando $54°18'$. Calcule a distância $AB$.

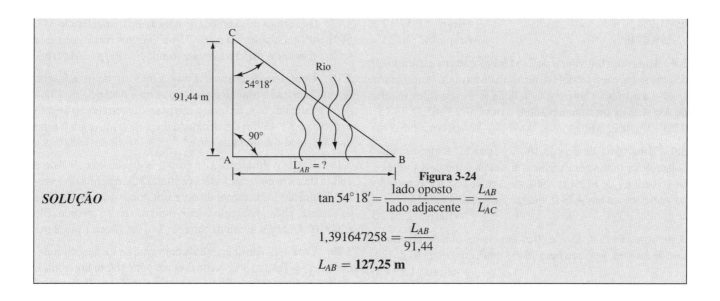

**SOLUÇÃO**

$$\tan 54°18' = \frac{\text{lado oposto}}{\text{lado adjacente}} = \frac{L_{AB}}{L_{AC}}$$

$$1,391647258 = \frac{L_{AB}}{91,44}$$

$$L_{AB} = \mathbf{127,25 \text{ m}}$$

Cálculos de levantamentos dizem respeito não somente a triângulos retângulos, mas também a triângulos oblíquos, outros polígonos, curvas de rodovias, ferrovias e assim por diante. Particularmente comuns são os triângulos oblíquos (aqueles que não contêm um ângulo de 90°). Fórmulas trigonométricas detalhadas para calcular ângulos e comprimentos de lados para esses triângulos são fornecidas na Tabela 2 do Apêndice C deste livro.

Na Tabela 1 do Apêndice C, são dadas as funções trigonométricas para triângulos retângulos para todo tipo de situação. Nessa tabela, são encontrados dois outros termos trigonométricos. Esses valores, que são algumas vezes úteis, como descrito no Capítulo 22 deste livro (que trata de curvas circulares em rodovias e ferrovias), são o seno verso e a secante externa. Na forma abreviada, eles são como se segue:

$$\text{senv } \theta = 1 - \cos \theta$$
$$\text{secex } \theta = 1 - \sec \theta$$

## PROBLEMAS

**3.1** Dê o nome de seis métodos de medição de distância e relacione as vantagens e desvantagens de cada um.

**3.2** Relacione duas situações nas quais é vantajoso usar cada um dos seguintes métodos ou instrumentos para medição de distâncias: a) medição a passos; b) hodômetro; c) estádia; d) medições a trena; e) MED.

**3.3** Um topógrafo contou a quantidade de passos exigidos para cobrir uma distância de 150 m. Os resultados foram os seguintes: 188, 190, 187 e 191 passos. Então, uma distância desconhecida foi percorrida quatro vezes, exigindo 306, 308, 307, 305 passos. Determine o comprimento de passos médios e o comprimento da segunda linha.

(Resp.: 0,79 m; 242 m)

**3.4** Um topógrafo mediu a passos 60 m de distância quatro vezes, conseguindo os seguintes resultados: 71, 72, 70 e 73 passos. Quantos passos serão necessários para esse topógrafo medir uma distância de 104 m? (Resp.: 124 passos)

**3.5** Converta as seguintes distâncias de metros para pés usando a mais recente definição de metro que é baseada na velocidade da luz:
**a.** 632,18 m (Resp.: 2074,08 ft)
**b.** 895,49 m (Resp.: 2937,96 ft)
**c.** 1254,30 m (Resp.: 4115,16 ft)

**3.6** Converta os seguintes ângulos para valores decimais:
**a.** 37°32'50" (Resp.: 37,5472°)
**b.** 86°09'33" (Resp.: 86,1592°)
**c.** 109°15'40" (Resp.: 109,2611°)

**3.7** Converta os seguintes ângulos escritos em decimal para graus, minutos e segundos:
**a.** 99,4871° (Resp.: 99°29'14")

**b.** 51,9543° (Resp.: 51°57'12")
**c.** 148,6736° (Resp.: 148°40'25")

**3.8** Uma mira horizontal de 2 m foi colocada na extremidade de uma linha, e um teodolito foi instalado na outra extremidade. Qual é a distância horizontal da linha se as seguintes leituras de ângulos foram tomadas sobre a mira: 0°23'16", 0°23'15", 0°23'17" e 0°23'16"? (Resp.: 295,5 m)

**3.9** Uma trena de aço de 100 ft "cortada" (extremidade 0 adiante) foi usada para medir a distância entre dois piquetes. Se o medidor de ré está segurando a marca 83 ft e o medidor de vante segura em 0,48 ft, qual a distância medida?
(Resp.: 82,52 ft)

**3.10** Uma trena de aço de 30 m tem a espessura de 0,6 mm e 8 mm de largura. Se o aço pesa 7849 kg/m³, qual é o peso da fita?
(Resp.: 1,13 kg)

**3.11** Repita o Problema 3.10, se a trena tem 0,8 mm de espessura e 10 mm de largura. (Resp.: 1,88 kg)

**3.12** Um topógrafo determinou o lado *AB* do triângulo retângulo mostrado a seguir com comprimento igual a 96,82 m e o ângulo interno do vértice *A* de 35°17'. Determine os comprimentos dos outros lados do triângulo.
(Resp.: AC = 118,61 m; BC = 68,51 m)

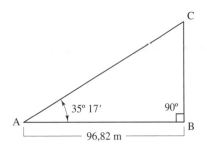

**3.13** A hipotenusa de um triângulo retângulo mede 24,72 m de comprimento e um dos outros lados tem o comprimento igual a 21,23 m. Encontre o ângulo oposto ao lado de 21,23 m.
(Resp.: 59°11'03")

**3.14** Os três lados de um triângulo são 18, 24 e 30 m. Determine o valor dos ângulos internos.
(Resp.: 90°; 53°07'48"; 36°52'12")

**3.15** A inclinação de uma barragem de terra sobe 1 m para cada 3 m de distância horizontal. Qual é o ângulo que a barragem faz com a horizontal? (Resp.: 18°26,1')

**3.16** Um topógrafo mediu uma distância inclinada e encontrou o valor de 447,12 m. Além disso, o ângulo entre a horizontal e a linha foi medido e encontrou-se 2°56'30". Determine a distância horizontal medida e a diferença em altura entre as duas extremidades da linha.
(Resp.: Dist. horizontal = 446,53 m; desnível = 22,95 m)

**3.17** Os ângulos nos vértices de um campo triangular são 32°, 58° e 90°, e a hipotenusa é 101,71 m. Quantos metros de cerca serão necessários para fechar esse campo? (Resp.: 241,86 m)

**3.18** Deseja-se determinar a altura da torre de uma igreja. Assumindo que o terreno é plano, que uma distância de 152,4 m foi medida da base da torre a um ponto no terreno e o ângulo vertical de 32°45' foi determinado daquele ponto para o topo da torre, qual é a altura da torre? (Resp.: 98,03 m)

**3.19** Repita o Problema 3.18 para o instrumento colocado a 183 m da torre com sua luneta centrada 1,5 m acima do terreno. A luneta visa horizontalmente um ponto a 1,5 m da base da torre, e, então, o ângulo para o topo da torre é medido. Ele é 31°10'. Qual é a altura da torre? (Resp.: 112,2 m)

**3.20** Uma seção de uma estrada com grau de inclinação constante de 3% (isto é, 3 m verticalmente para 100 m horizontalmente) será pavimentada. Se a estrada tem 7,3 m de largura e seu comprimento horizontal total é 232 m, calcule a área da estrada a ser pavimentada. (Resp.: 1694 m²)

**3.21** Repita o Problema 3.20 se, em vez de 3% de inclinação, a estrada faz um ângulo de 4° com a horizontal.
(Resp.: 1698 m²)

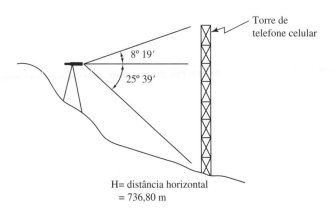

**3.22** Precisamos medir a altura da torre na ilustração que se segue. A distância horizontal foi medida a partir do prédio, como mostrado, e dois ângulos verticais foram determinados. Qual a altura da torre? Observe que nesse caso não é necessário medir a altura da luneta do instrumento sobre o terreno.
(Resp.: 461,51 m)

**3.23** Repita o Problema 3.22 se a distância horizontal é 137,77 m, o ângulo superior é 4°50'10" e o ângulo inferior é 15°32'40".
(Resp.: 49,98 m)

**3.24** Repita o Problema 3.22 se a altura do instrumento é 1,52 m acima do terreno, a distância horizontal é 137,77 m e a distância inclinada do centro do instrumento para a base da torre é 156,11 m. Considere que o ângulo vertical da luneta para o topo da torre é de 4°54'. O ângulo de base não é medido.
(Resp.: 85,22 m)

# Capítulo 4

# Correções de Distâncias

## 4.1 INTRODUÇÃO

Para o leitor, pode parecer que os autores têm coisas demais a dizer acerca de medições com trenas, quando quase todas as distâncias são medidas hoje com medidores eletrônicos de distância, isoladamente ou como parte de estações totais. Essa sensação pode até ser mais forte após você estudar as discussões pertinentes às correções de medições com trena devidas a variações de temperatura, à catenária, entre outras causas, e ao enorme esforço em lidar com as informações relativas a erros grosseiros e sistemáticos apresentadas até aqui. *Os autores, no entanto, acreditam sinceramente que se você dominar as informações relativas a trenas entenderá muito melhor o processo de medição como um todo, independentemente da operação de levantamento envolvida ou do equipamento usado.*

O topógrafo de hoje e de amanhã deve ser proficiente com a trena de aço, mesmo considerando que apenas eventualmente usará a trena. Caso contrário, ao ter necessidade de usar a trena, a chance de cometer erros grosseiros será grande.

## 4.2 TIPOS DE CORREÇÕES

As cinco principais situações nas quais o topógrafo pode ter que aplicar correções seja na medição, seja na locação com uma trena são as seguintes:

1. Comprimento incorreto de trena ou erro de padronização
2. Variações de temperatura
3. Inclinações
4. Catenária
5. Tensão incorreta

Uma vez determinados os erros pertinentes, a distância real para uma linha medida pode ser obtida incorporando as correções na equação apresentada a seguir. A aplicação dessa equação será sempre válida desde que o sinal algébrico adequado seja usado para cada correção.

$$\text{Distância real} = \text{Distância medida} + \sum \text{correções}$$

As próximas seções deste capítulo são destinadas a uma discussão das três primeiras dessas correções. Por economia de espaço, serão feitas somente algumas observações a respeito de catenária e tensões nas trenas.

## 4.3 COMPRIMENTO INCORRETO DA TRENA OU ERROS DE PADRONIZAÇÃO

Um importante tópico em levantamentos é a padronização dos equipamentos, ou a calibração de equipamentos (seja uma trena, um equipamento medidor eletrônico de distância ou qualquer outro).

Em outras palavras, o equipamento sofreu quedas ou danos, passou por consertos ou alterações, ou mudanças de clima o afetaram e assim por diante? Se algum desses casos ocorreu, o topógrafo necessitará ajustar o equipamento ou aplicar correções matemáticas para compensar os erros resultantes.

Conta-se que no Egito antigo os trabalhadores nas pirâmides eram obrigados a comparar seus bastões de cúbito com o bastão padrão ou real a cada lua cheia. Aqueles que falhavam nessa comparação estavam sujeitos à morte. Tal prática, indubitavelmente, demandou grandes esforços do seu pessoal na área de padronização.

Apesar de as trenas de aço serem fabricadas em comprimentos muito precisos, com o uso elas ficam torcidas, gastas e com imperfeições, após o conserto de quebras. Como resultado, as trenas podem variar alguns milímetros ou centímetros de seu comprimento nominal. Portanto, é aconselhável calibrá-las periodicamente. Existem diversas maneiras para se fazer isso. Alguns escritórios de levantamentos costumavam guardar uma trena calibrada (provavelmente do tipo Invar, previamente descrita na Seção 3.9), que era usada somente para checagem dos comprimentos de suas outras trenas. Algumas companhias tomavam uma trena calibrada em 30 m para produzir marcas afastadas de 30 m sobre o meio-fio de concreto, calçadas ou pavimentos. As marcas eram frequentemente usadas para "calibrar" suas trenas. Eles notaram que o comprimento entre os pontos marcados não mudava apreciavelmente com variações de temperatura devido à massa do concreto e ao atrito com o terreno.

Essas práticas eram indicadas para topógrafos com experiência e permitiam obter resultados bastante satisfatórios em levantamentos de baixa precisão; mas tais práticas não eram, com certeza, suficientes para trabalhos extremamente precisos. Para tais trabalhos, as trenas podiam ser enviadas pelo correio para o National Institute of Standards and Technology (NIST) em Gaithersburg, Maryland.* Mediante o pagamento de uma taxa razoavelmente alta, esse órgão determina o comprimento da trena para condições específicas de operação. Um número de série NIST é gravado em cada trena calibrada para fins de identificação.

Diversos governos municipais de todos os Estados Unidos, várias agências estaduais e muitas das boas universidades calibram trenas, quase sempre como serviço gratuito para o público. Adicionalmente, o National Geodetic Survey (NGS) construiu aproximadamente 300 linhas de base em vários locais através de todo o país onde trenas e equipamentos MEDs podem ser calibrados pelo topógrafo. Uma descrição detalhada de uma dessas linhas de base é apresentada no Capítulo 5. As distâncias entre os monumentos para as linhas de base da NGS foram medidas com trenas de Invar e/ou equipamento MED com exatidão de 1/1.000.000. A localização dessas linhas de base está disponível no *site* da NGS em http://www.ngs.noaa.gov/.

Se uma trena demonstra ter um erro apreciável em relação ao padrão, o topógrafo deve ajustar as medidas levando em consideração o valor da correção necessária. Ele observará cuidadosamente se a correção é positiva ou negativa, como explicado nos parágrafos seguintes.

Um importante ponto a compreender ao fazer as correções é que a trena "indica 0 m em uma extremidade e 30 m na outra extremidade", mesmo considerando que o comprimento correto é 29,98 m, 30,02 m ou outro valor. Se o topógrafo (sem saber o comprimento verdadeiro da trena) usa essa trena 10 vezes, ele acredita que mediu a distância de 300 m, mas ele realmente mediu 10 vezes o comprimento verdadeiro da trena.

Na medição de uma dada distância com uma trena mais longa, o topógrafo não obterá um valor de tamanho suficiente para a medição, e terá de fazer uma correção positiva. Em outras palavras, se a trena é maior, são necessárias menos medições com o comprimento da trena para medir uma distância do que seria requerido para uma trena mais curta, com o tamanho correto. Para uma trena mais curta, o inverso é verdadeiro, e uma correção negativa é exigida. Pode ser bastante simples relembrar esta regra: *trena mais longa, adição; trena mais curta, subtração.*

---

*Aqui no Brasil, ainda não é comum essa prática de calibração de trenas, embora as normas da Associação Brasileira de Normas Técnicas (ABNT) exijam que todos os instrumentos usados nos levantamentos topográficos sejam calibrados. (N.T.)

Os Exemplos 4.1, 4.2 e 4.3 ilustram as correções de distâncias que foram medidas com trenas de comprimento incorreto. O problema do Exemplo 4.3 expressa o oposto dos Exemplos 4.1 e 4.2, e o sinal da correção é, portanto, o inverso. Note que, para alguns leitores, a solução alternativa para esses problemas pode ser mais fácil de seguir.

Um exemplo final desse tipo de correção de medição é mostrado com anotações de campo na Figura 4-1, em que os lados de uma poligonal, previamente medida a passos (Figura 3-1), são medidos com uma trena cujo comprimento real é 29,98 pés. Nesse caso, cada lado foi medido com trena duas vezes (ida e volta), e o valor médio foi obtido antes de a correção de comprimento da trena ser aplicada.

---

**EXEMPLO 4.1**

Uma distância é medida com uma trena de aço de 30 m, tendo sido achado o valor de 273,15 m. Mais tarde a trena é aferida e encontra-se um comprimento real de 30,01 m. Qual é a distância correta medida?

*SOLUÇÃO*

A trena é mais longa e deve ser feita uma correção positiva de 0,01 m para cada comprimento de trena, como se segue:

$$\begin{aligned} \text{Valor medido} &= 273,15 \text{ m} \\ \text{Correção total} = +(0,01)(9,1050) &= \underline{+\,0,09 \text{ m}} \\ \text{Distância corrigida} &= \mathbf{273,24 \text{ m}} \end{aligned}$$

*SOLUÇÃO ALTERNATIVA*

Obviamente, a distância medida é igual ao número de comprimentos da trena vezes o seu comprimento real. Nesse caso, foram tomados 9,1050 comprimentos de trena para cobrir a distância, e cada comprimento de trena tinha 30,01 m.

$$\text{Distância medida} = (9,1050)(30,01) = 273,24 \text{ m}$$

---

**EXEMPLO 4.2**

Uma distância é medida com uma trena de aço de 30 m, encontrando-se 707,26 m. Mais tarde a trena é calibrada e encontrou-se um comprimento real de 29,99 m. Qual é a distância real?

*SOLUÇÃO*

A trena é mais curta, portanto a correção é negativa.

$$\begin{aligned} \text{Valor medido} &= 707,26 \text{ m} \\ \text{Correção total} = -(0,01)(23,5753) &= \underline{-\,0,24 \text{ m}} \\ \text{Distância corrigida} &= \mathbf{707,02 \text{ m}} \end{aligned}$$

*SOLUÇÃO ALTERNATIVA*

Usando a abordagem do comprimento da trena, dividindo o valor medido pelo comprimento nominal da trena dá 23,5753 trenadas. Em seguida, multiplique a quantidade de trenadas pelo comprimento real para determinar a distância correta.

$$\text{Distância medida} = (23,5753)(29,99) = 707,02 \text{ m}$$

---

**EXEMPLO 4.3**

Deseja-se locar uma dimensão de 360 m com uma trena de aço que tem um comprimento nominal de 30 m, mas comprimento real de 29,98 m. Qual medição de campo deve ser feita com essa trena de forma que seja obtida a distância correta?

*SOLUÇÃO*

O problema é colocado exatamente como oposto aos Exemplos 4.1 e 4.2. É óbvio que, se a trena é usada 12 vezes, a distância medida (12 × 29,98 m) é menor que os 360 m desejados, e uma correção do número de comprimentos de trena vezes o erro por comprimento de trena deve ser *adicionada*.

$$\begin{aligned} \text{Trenadas} &= 12 \times 30{,}00 = 360{,}00 \text{ m} \\ &\quad +12 \times 0{,}02 = \underline{+0{,}24 \text{ m}} \\ \text{Medição de campo} &= \mathbf{360{,}24 \text{ m}} \end{aligned}$$

*SOLUÇÃO ALTERNATIVA*

Dividir a distância real a ser medida pelo comprimento real da trena dará o número de trenadas a usar. Em seguida, multiplique o número de trenadas por 30 para determinar a medição de campo.

$$\begin{aligned} \text{Número de trenadas} &= 360{,}00/29{,}90 = 12{,}008 \\ \text{Distância medida em campo} &= (12{,}008)(30) = 360{,}24 \text{ m} \end{aligned}$$

*CHECAGEM*

A resposta pode ser verificada considerando o problema inverso. Aqui uma distância foi medida como 360,24 m com uma trena de 29,98 m de comprimento. Qual distância real foi medida? A solução é como se segue:

$$\begin{aligned} \text{Valor medido} &= 360{,}24 \text{ m} \\ \text{Correção total} = -(0{,}02)(12{,}008) &= \underline{-0{,}24 \text{ m}} \\ \text{Distância corrigida} &= \mathbf{360{,}00 \text{ m}} \end{aligned}$$

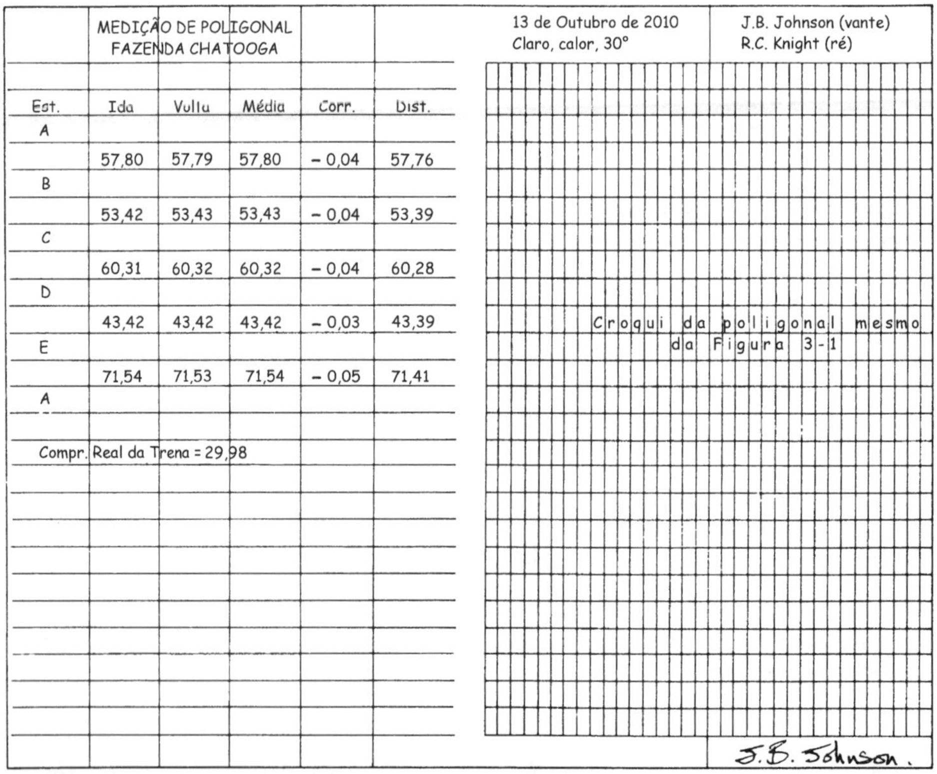

MEDIÇÃO DE POLIGONAL
FAZENDA CHATOOGA

13 de Outubro de 2010
Claro, calor, 30°

J.B. Johnson (vante)
R.C. Knight (ré)

| Est. | Ida | Volta | Média | Corr. | Dist. |
|---|---|---|---|---|---|
| A | | | | | |
| | 57,80 | 57,79 | 57,80 | - 0,04 | 57,76 |
| B | | | | | |
| | 53,42 | 53,43 | 53,43 | - 0,04 | 53,39 |
| C | | | | | |
| | 60,31 | 60,32 | 60,32 | - 0,04 | 60,28 |
| D | | | | | |
| | 43,42 | 43,42 | 43,42 | - 0,03 | 43,39 |
| E | | | | | |
| | 71,54 | 71,53 | 71,54 | - 0,05 | 71,41 |
| A | | | | | |

Compr. Real da Trena = 29,98

Croqui da poligonal mesmo da Figura 3-1

J.B. Johnson.

**Figura 4-1** Caderneta de campo de medição com trena.

## 4.4 VARIAÇÕES DE TEMPERATURA

Alterações no comprimento de trenas causadas por variações de temperaturas podem ser significativas até para levantamentos expeditos. Para trabalhos precisos, eles são de importância crítica. Uma mudança de temperatura de aproximadamente 8 °C causará uma mudança no comprimento de aproximadamente 0,003 m em uma trena de 30 m. Se uma trena é usada a –7 °C para definir uma distância de 1 milha e se a distância é conferida no verão seguinte com a mesma trena quando a temperatura atinge 38 °C (sem que nenhuma correção de temperatura tenha sido feita), haverá uma diferença em comprimento de 0,84 m causada pela variação da temperatura. Tal erro por si só seria equivalente a uma precisão de 0,84/1609 = 1/1915 (que não é tão boa).

As trenas de aço esticam quando aumenta a temperatura e encolhem quando ela diminui. O coeficiente de dilatação linear das trenas de aço é 0,0000116 por grau Celsius. Isso significa que para um aumento de 1 °C na temperatura, a trena aumentará de 0,0000116 vez o seu comprimento.*

Como descrito na Seção 4.3, o comprimento padronizado de uma trena é determinado na temperatura de 20 °C. Uma trena que tem comprimento de 30 m na temperatura padrão terá a 40 °C um comprimento de 30 + (40 − 20)(0,0000116)(30) = 30,007 m. A correção de uma distância medida a 40 °C com essa trena pode ser feita como descrito previamente para as trenas de comprimentos errados. A correção de uma trena para variações de temperatura pode ser expressa com a fórmula a seguir, lembrando que ela pode ter sinal positivo ou negativo:

$$C_t = 0,0000116(T - T_s)(L)$$

Nessa fórmula, $C_t$ é a mudança no comprimento da trena devido à mudança de temperatura, $T$ é a temperatura estimada da trena no momento da medição, $T_s$ é a temperatura de calibração e $L$ é o comprimento da trena.

Se estão sendo usadas as unidades do sistema inglês, o coeficiente de dilatação linear é 0,0000065 por grau Fahrenheit (°F). A correção em comprimento de uma trena graduada em pés devido à mudança de temperatura pode ser expressa pela fórmula

$$C_t = (0,0000065)(T - T_s)(L)$$

em que $T_s$ é a temperatura de calibração da trena na fabricação (normalmente 20 °C, ou 68 °F), $T$ é a temperatura da trena no instante da medição e $L$ é o comprimento da trena.

Relembrando as expressões para conversão de temperatura:

$$°C = \frac{5}{9}(°F - 32)$$

$$°F = \frac{9}{5}(°C) + 32$$

É claro que a trena de aço usada num dia quente de verão e sol brilhante tem temperatura muito mais alta que a do ar à sua volta. Na realidade, dias de verão parcialmente nublados causarão as maiores variações de comprimento. Por alguns minutos o sol brilha e, logo em seguida, é encoberto em pouco tempo por nuvens, levando a trena a esfriar rapidamente, produzindo uma variação de até 15 °C. Correções exatas para essas variações de temperatura da trena são difíceis de fazer porque a temperatura pode variar ao longo do seu comprimento com o sol, a sombra, a umidade (na grama ou no solo) e assim por diante. Foi mostrado que variações de poucos graus podem acarretar uma variação apreciável na medição de distâncias.

Para a melhor precisão, é desejável medir com trena em dias nublados, nas primeiras horas da manhã ou nas últimas horas da tarde, para minimizar as variações de temperatura. Além disso, as tre-

---

*O valor 0,0000136 é apresentado por Hudson, R. G. *Manual do engenheiro*. Rio de Janeiro: Ao Livro Técnico, 1979, p. 342, para o coeficiente de expansão linear do aço fundido. (N.T.)

nas de Invar de alto custo de aquisição, com seu coeficiente de dilatação muito pequeno (0,0000001 a 0,0000002), são muito úteis para trabalhos precisos, mas tais medições se tornaram obsoletas após o desenvolvimento dos medidores eletrônicos de distância.

Para levantamentos muito precisos, as medições com trenas devem ser feitas incorporando as correções apropriadas às leituras. Em dias nublados ou enevoados, um termômetro comum pode ser usado para medição da temperatura do ar, mas sob sol brilhante a temperatura da trena em si deverá ser determinada. Para essa finalidade, podem ser usados termômetros plásticos presos nas proximidades das extremidades da trena (de tal forma que seus pesos não afetem apreciavelmente a catenária). (Como mencionado previamente, algumas trenas têm diferentes marcas nas extremidades para ser usadas, dependendo da temperatura.)

Trenas de aço comuns não têm sido usadas para trabalhos geodésicos nas últimas décadas, por causa do seu alto coeficiente de dilatação e devido à impossibilidade de se determinar com exatidão sua temperatura durante as operações diurnas. Até os dispositivos medidores eletrônicos de distância serem introduzidos, quase todas as linhas de base medidas pelo National Geodetic Survey durante o século XX foram feitas com trenas de Invar. Hoje, quase todos os seus comprimentos são medidos com MEDs, embora o GPS esteja sendo usado cada vez mais para essa finalidade.

## 4.5 CORREÇÕES DE INCLINAÇÃO

A maioria das medições com trena é realizada com as trenas mantidas horizontalmente, evitando dessa forma a necessidade de fazer correções devidas à inclinação. Nesta seção, porém, são consideradas medições feitas em terreno inclinado. (Você pode considerar que a forma de correção desenvolvida nesta seção é aplicável tanto para medições planas ou alinhadas quanto para medições de perfis ou de inclinações.)

Na Figura 4-2, uma trena de comprimento $s$ é esticada ao longo de um terreno inclinado e se deseja determinar a distância horizontal $h$ que está sendo medida. É fácil para o operador aplicar uma fórmula de correção aproximada para a maioria das inclinações. A expressão deduzida nesta seção é satisfatória para a maioria das medições, mas, para inclinações maiores que aproximadamente 10% a 15%, deve-se usar uma função trigonométrica exata ou o teorema de Pitágoras. Quando uma distância inclinada de 100 m é medida, o uso dessa expressão aproximada causa um erro de 0,0013 m para uma inclinação de 10% e um erro de 0,0064 m para uma inclinação de 15%.

É muito útil escrever uma expressão para a correção $C$ mostrada na Figura 4-2. Esse valor, que é igual a $s$-$h$ na figura, é escrito em uma forma mais prática usando o teorema de Pitágoras como se segue:

$$s^2 = h^2 + v^2$$
$$v^2 = s^2 - h^2$$

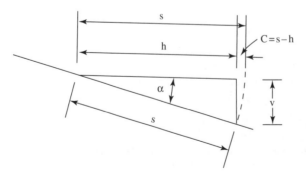

**Figura 4-2** Medição com trena em terreno inclinado.

da qual

$$v^2 = (s - h)(s + h)$$

$$s - h = \frac{v^2}{s + h}$$

e como

$$C = s - h$$

então

$$C = \frac{v^2}{s + h}$$

*Essa correção sempre tem um sinal negativo.*

Para a trena de 30 m típica, *s* é igual a 30 m e *h* difere pouco desse valor. Na prática, portanto, *h* pode também ser considerado igual a 30 m quando a expressão de correção da inclinação for aplicada. Essa correção, para as trenas de 30 m, pode ser escrita sob a forma

$$C = -\frac{v^2}{60}$$

Em medições com trena, normalmente é conveniente medir um comprimento completo da trena de cada vez. Portanto, em medições ao longo de um trecho inclinado, é prática habitual o operador de vante calcular (provavelmente, de cabeça) a correção e marcar aquela distância além do fim da trena, de tal forma que ele tenha medido os 30 m horizontalmente. Para uma diferença vertical de altura de 1,8 m tem-se:

$$C = -\frac{1,8^2}{60} = -0,05 \text{ m}$$

Para comprimentos de trena diferentes de 30 m, a equação de correção pode ser escrita como

$$C = -\frac{v^2}{2s}$$

Algumas vezes, para trechos longos com declividade constante, a trena é mantida sobre o solo e a correção é feita para o comprimento total. Tal situação está ilustrada no Exemplo 4.4. *O leitor deve cuidadosamente notar que a fórmula de correção foi deduzida para um único comprimento de trena. Para uma distância de mais de um comprimento de trena, a correção total será igual ao número de comprimentos de trena vezes a correção por comprimento de trena.*

---

**EXEMPLO 4.4**     Uma distância foi medida sobre uma inclinação de 8%, e se encontrou 798,67 m. Qual é a distância horizontal medida?

*SOLUÇÃO*

$$\text{Correção por trenada} = -\frac{(2,4)^2}{(2)(30)} = -0,096 \text{ m}$$

$$\text{Correção total} \quad = (26,6222)(-0,096) = -2,56 \text{ m}$$

$$\text{Distância horizontal} \; = 798,67 + (-2,56) = \mathbf{796,11 \text{ m}}$$

Se a distância inclinada *s* é medida com uma trena e um instrumento é usado para medir o ângulo vertical $\alpha$ da horizontal para a inclinação, a distância horizontal pode ser obtida da seguinte equação:

$$H = s \cos \alpha$$

**66** Capítulo 4

| | |
|---|---|
| **EXEMPLO 4.5** | Uma distância inclinada é medida com trena de aço, encontrando-se 378,05 m. Se o ângulo vertical foi medido com teodolito e se achou $3°27'$, qual é a distância horizontal? |
| *SOLUÇÃO* | $$H = (378,05)(\cos 3°27') = \textbf{377,36 m}$$ |

| | |
|---|---|
| **EXEMPLO 4.6** | Deseja-se fazer a locação de uma distância horizontal com trena de aço ao longo de uma rampa com inclinação constante de $4°18'$. Qual deve ser a distância inclinada de modo que a distância horizontal resultante seja 250,00 m? |
| *SOLUÇÃO* | $$s = \frac{H}{\cos\alpha} = \frac{250,00}{\cos 4°18'} = \textbf{250,71 m}$$ |

## 4.6 CORREÇÕES DE TENSÃO E CATENÁRIA

### Catenária

Quando uma trena de aço é segura somente pelas extremidades, ela se curvará, adquirindo a forma conhecida como *catenária*. O resultado óbvio é que a distância horizontal entre suas extremidades é menor que a distância horizontal medida quando a trena está inteiramente apoiada no terreno.

Para determinar a diferença entre a distância medida com a trena inteiramente apoiada no terreno e a distância quando a trena está segura somente pelas extremidades ou em certos intervalos, a seguinte expressão aproximada pode ser usada:

$$C_s = -\frac{w^2 L^3}{24 P_1^2}$$

em que

$C_s$ = correção em metros, e é sempre um valor negativo
$w$ = peso da trena em gramas por metro
$L$ = comprimento sem apoio da trena em metros
$P_1$ = tensão total em gramas aplicada à trena

Essa expressão, apesar de aproximada, é suficientemente exata para muitas finalidades de levantamentos. Ela é aplicável para medições horizontais a trena ou para trenas mantidas sobre inclinações não maiores que $10°$.

Para minimizar os erros de catenária, é possível usar essa fórmula e aplicar as correções apropriadas à distância observada. Outro procedimento ainda mais prático para levantamentos simples é aumentar o esforço ou tensão na trena a fim de compensar os efeitos da catenária. Em trabalhos que exijam maior exatidão, a trena é apoiada a intervalos suficientes para tornar os efeitos da catenária insignificantes ou ela é calibrada para o esforço e modo de apoio a serem usados no campo.

### Variações de Tensão

Uma trena estica ao ser tracionada, e se a tração for maior do que aquela para a qual foi calibrada a trena se tornará mais longa. Se uma tensão menor for aplicada, a trena será mais curta. Uma trena de aço de 30 m mudará de comprimento por aproximadamente 0,01 m para cada variação de 23 kg em tração. Como variações de tração dessa magnitude são improváveis, os erros causados por variações de tensão são insignificantes para todas as medições a trena exceto aquelas que exigem maior exatidão.

Além disso, esses erros são acidentais e tendem em certo grau a se cancelar. Para medições precisas a trena, tensiômetros são usados de tal forma que as tensões prescritas possam ser aplicadas à trena. Com tais tensiômetros, não é difícil aplicar as tensões com variação de 0,23 kg, ou menos, em torno do valor desejado. Como todos os dispositivos de medição, é necessário periodicamente verificar ou calibrar os dispositivos de tensão comparando-os a um padrão conhecido.

Apesar da menor importância dos erros de tensão, uma compreensão geral sobre eles é importante para o topógrafo, e servirá para melhorar a qualidade do trabalho. O alongamento real de uma trena sob tensão é igual à carga de tração em $kg/cm^2$ dividida pelo módulo de elasticidade do aço (o módulo de elasticidade de um material é a razão entre a tensão e deformação nominais, válida no domínio elástico, igual a 29.000.000 psi ou 2.050.000 $kg/cm^2$ para o aço) multiplicada pelo comprimento da trena. Na expressão a seguir, o alongamento da trena em metros é representado por $C_p$, $P_1$ é o esforço sobre a trena, $A$ é a área da seção transversal em centímetros quadrados, $L$ é o comprimento em metros e $E$ é o módulo de elasticidade do aço em $kg/cm^2$.

$$C_p = \frac{P_1/A}{E}L = \frac{P_1 L}{AE}$$

Deve-se observar que a trena foi calibrada para certo esforço $P$ e, portanto, a alteração de comprimento com relação ao da situação de calibração e que nos interessa é dada pela expressão

$$C_p = \frac{(P_1 - P)L}{AE} = \frac{(\Delta P)L}{AE}$$

Após observar essa equação, o leitor pode perceber um modo simples de evitar seu uso. Se o esforço padrão para uma trena particular foi determinado e o topógrafo está usando uma escala para medir o esforço aplicado àquela trena, parece lógico que ele somente usará esforço igual ao valor padronizado. Se isso for feito, não haverá a necessidade de fazer essa correção, porque ela seria igual a zero.

## Tensão Normal

Se, quando está suspensa, uma trena é tracionada muito fortemente, haverá uma redução apreciável na catenária e algum acréscimo no comprimento devido à tensão. Com toda certeza, há um esforço teórico para cada trena no qual o alongamento da trena causado pela tensão será igual ao encurtamento causado pela catenária. Esse valor é definido como a *tensão normal*. Sua magnitude pode ser determinada para uma trena em particular, ou pode ser calculada teoricamente como descrito nos parágrafos seguintes.

Uma trena pode ser colocada sobre um pavimento ou um piso, tensionada com a carga de calibração e ter suas extremidades marcadas sobre uma placa. A trena pode, então, ser suspensa no ar acima da placa, segura somente em suas extremidades e tensionada até que as suas extremidades (com o auxílio de prumos) coincidam com os pontos marcados sobre a placa. A tensão necessária para fazer os pontos extremos coincidirem é a tensão normal. Seu valor pode ser medido com os tensiômetros.

Um método teórico para determinar a tensão normal é igualar a expressão para alongamento da trena causada pela tensão à expressão de encurtamento causado pela catenária. A expressão resultante pode ser resolvida para a tensão normal $P_1$:

$$P_1 = \frac{0,20W\sqrt{AE}}{\sqrt{P_1 - P}}$$

$P_1$ aparece nos dois lados da equação, mas seu valor para uma trena particular pode ser determinado por um método de tentativa e erro. Para uma trena de 30 m, de peso normal, esse valor estará provavelmente em torno de 9 kg. Como descrito em detalhes na Seção 4.7, a maioria das distâncias medidas é mais comprida por causa dos erros acumulados de catenária, alinhamento, inclinação e assim por diante. Como resultado, uma sobrecarga sobre a trena é boa ideia para levantamentos comuns, porque ela tende a reduzir alguns desses erros e melhorar a precisão do trabalho. Para tais levantamentos, frequentemente é recomendado um esforço estimado de aproximadamente 13,5 kg. Para levantamentos muito precisos, a tensão normal é aplicada à trena por tensiômetros acurados.

## 4.7 CORREÇÕES COMBINADAS PARA MEDIÇÕES A TRENA

Se as correções devem ser feitas para diversos fatores ao mesmo tempo (isto é, falta de calibração da trena, inclinação, temperatura), as correções individuais por comprimento de trena devem ser calculadas separadamente e adicionadas juntas (tomando em conta seus sinais), a fim de se obter uma correção combinada para todas. Uma vez que cada correção é relativamente pequena, considera-se que elas não afetam apreciavelmente umas às outras e cada uma pode ser calculada separadamente. Além disso, o comprimento nominal da trena (30 m) pode ser usado para os cálculos. Isso significa que, embora a trena possa ter 29,98 m de comprimento aos 20 °C e uma correção de temperatura deva ser feita para um aumento de 20 °C, o aumento do comprimento da trena pode ser calculado como (20)(0,0000116)(30) sem ter que usar (20)(0,0000116)(29,98). O Exemplo 4.7 ilustra a aplicação de diversas correções para uma simples distância medida.

---

**EXEMPLO 4.7**

Uma distância foi medida sobre uma inclinação uniforme de 8%, encontrando-se 507,55 m. Não foi feita nenhuma correção de inclinação de campo. A temperatura da trena no momento da medição era de 12 °C. Qual é a correção de distância horizontal medida se a trena possui 30,02 m a 20 °C?

**SOLUÇÃO**

As correções por comprimento de trena são calculadas, adicionadas conjuntamente e, então, multiplicadas pelo número de comprimentos de trena.

$$\text{Correção de inclinação/trenada} = -\frac{(2,4)^2}{(2)(30)} \qquad = -0,0960 \text{ m}$$

$$\text{Correção de temperatura/trenada} - (8)(0,0000116)(30) = -0,0028 \text{ m}$$

$$\text{Erro de calibração/trenada} \qquad\qquad = +0,020 \text{ m}$$

$$\text{Correção total/trenada} \qquad\qquad = -0,0788 \text{ m}$$

$$\text{Correção para toda distância} = (16,9183)(-0,0788) \qquad = -1,33 \text{ m}$$

$$\text{Distância real} = \text{Distância medida} + \sum \text{correções}$$

$$= 507,55 + (-1,33) \qquad\qquad\qquad = \textbf{506,22 m}$$

---

## 4.8 ERROS GROSSEIROS EM MEDIÇÕES COM TRENA

Alguns dos erros grosseiros mais comuns em medições com trena são descritos nesta seção, e sugere-se um método de eliminar cada um.

### Leitura Errada da Trena

Um erro grosseiro frequente feito pelo operador é a leitura errada do número sobre a trena, por exemplo, ler 6 em vez de 9 ou 9 em vez de 6. À medida que as trenas se desgastam, esses erros se tornam mais frequentes, porque os números sobre elas ficam menos visíveis. Esses erros grosseiros podem ser eliminados se o operador desenvolve o hábito simples de olhar os números adjacentes na trena quando as leituras estão sendo feitas.

### Anotação dos Números

Ocasionalmente, o anotador entenderá mal uma medida que lhe é ditada. Para prevenir esse tipo de erro grosseiro, o anotador deve repetir os valores em voz alta, incluindo os decimais, à medida que os anota.

### Perda de uma Trenada

Não é muito difícil perder ou ganhar uma trenada (comprimento integral de uma trena) na medição de longas distâncias. O uso cuidadoso das fichas, como descrito na Seção 3.10 pode prevenir esse engano. Além disso, o topógrafo pode frequentemente eliminar tais erros grosseiros pelo cultivo do hábito de estimar distâncias a olho, medidas a passos, ou, melhor ainda, tomar leituras de estádia sempre que possível.

### Erro do Ponto da Extremidade da Trena

Algumas trenas são fabricadas com os pontos de 0 ou 30 m exatamente em suas extremidades. Em outras trenas elas estão um pouco afastadas das extremidades. O operador pode evitar cometer erros como esses se examinar a trena antes de começar a medição.

### Cometendo Erro de 1 cm

Quando a parte fracionária de uma trena está sendo usada ao final de uma linha, é possível cometer um erro de 0,01 m. Erros como esses podem ser prevenidos por cuidadosa obediência aos procedimentos descritos para tal medição na Seção 3.10. Também são úteis os hábitos de ditar os números e de checar os números adjacentes sobre a trena.

## 4.9 ERROS EM MEDIÇÕES COM TRENA

Nos parágrafos a seguir discutiremos brevemente os erros comuns nas medições com trena. À medida que esses erros são estudados, é importante notar que o efeito da maioria deles leva o topógrafo a obter uma distância maior. Se a trena não está devidamente alinhada, não está na horizontal ou se curva muito, se um vento forte está soprando a trena de um lado ou se a trena encolheu em um dia frio, ele toma mais trenadas para cobrir a distância.

### Alinhamento da Trena

Um bom operador de ré pode alinhar o operador de vante com acurácia suficiente para a maioria dos levantamentos, embora seja mais acurado usar uma luneta para manter a trena alinhada. Em alguns casos é necessário usar um desses instrumentos quando se está estabelecendo novas linhas ou quando o operador é incapaz de visualizar o ponto extremo devido a obstáculos do terreno. Nesse caso, pode ser necessário colocar pontos intermediários sobre a linha para guiar o operador.

É provável que a maioria dos topógrafos gaste muito tempo melhorando seu alinhamento, ao menos em proporção ao tempo que eles gastam tentando reduzir outros erros mais importantes. Em medições com trena, numa distância de 30 m, ela deve estar 0,50 m fora da linha para causar um erro de 0,004 m. Desse valor, pode-se perceber que, para distâncias usuais, os erros de alinhamento podem não ser significativos. De fato, operadores experientes não têm nenhuma dificuldade em manter seu alinhamento dentro de 0,30 m da linha correta, a olho, particularmente quando os alinhamentos são somente de poucas centenas de metros ou menores. Eles podem ser capazes de manter as trenas alinhadas com balizas dentro de pelo menos 10 cm ou 15 cm, o que causaria um erro de menos de 0,0004 m por trenada (um erro desprezível para a maioria das medidas com trena de aço).

### Erros Acidentais de Medições com Trenas

Devido a imperfeições humanas, os operadores não podem ler a trena perfeitamente, não podem aprumar perfeitamente e não podem colocar as fichas perfeitamente. Eles colocarão as fichas um pouco para a frente ou um pouco para trás. Esses erros são acidentais por natureza e tenderão a se cancelar entre si. Geralmente, erros causados pela colocação de fichas e leitura das trenas são menores, mas erros provocados pelas prumadas podem ser muito importantes. Suas magnitudes podem ser reduzidas pelo aumento do cuidado com que o trabalho é realizado ou pela medição ao longo de inclinações com aplicação das correções de inclinação para evitar as prumadas.

### Trena Não Horizontalizada

Caso as trenas não sejam mantidas na posição horizontal, resulta um erro que leva o topógrafo a obter distâncias maiores. Esses erros são cumulativos e podem ser bastante grandes quando o levantamento está sendo feito em áreas de relevo acidentado. Nesse caso, o topógrafo deve ser muito cuidadoso.

Se um topógrafo deliberadamente mantém a trena ao longo de uma inclinação, ele pode corrigir a medição com a fórmula de correção de inclinação

$$C = \frac{v^2}{2s}$$

que foi apresentada na Seção 4.5. Pode-se notar que se uma extremidade de uma trena de 30 m está 0,50 m acima ou abaixo da outra extremidade, um erro de

$$\frac{(0,50)^2}{60} = 0,004 \text{ m}$$

é cometido. Dessa expressão se pode ver que os erros variam com o quadrado da diferença de altura. Se a diferença de altura dobra, o erro quadruplica. Para uma diferença de altitude de 1,00 m, o erro cometido é

$$\frac{(1,00)^2}{60} = 0,008 \text{ m}$$

### Comprimento Incorreto da Trena

Esses erros importantes foram discutidos na Seção 4.3, e deve ser dada atenção cuidadosa para se realizar um bom trabalho. Para um dado comprimento incorreto de trena, os erros são cumulativos e podem extrapolar os valores desejáveis.

### Variações de Temperatura

Correções de variações de temperatura da trena foram discutidas na Seção 4.4. Erros em medições com trena causados por mudança de temperatura são usualmente considerados cumulativos para um único dia. Podem, no entanto, ser acidentais sob circunstâncias não usuais, tais como variações de temperatura ao longo do dia e também com diferentes temperaturas ao mesmo tempo em diferentes partes da trena. É provavelmente mais inteligente evitar variações de temperaturas nas trenas em vez de tentar corrigi-las, não importando quão grandes elas sejam. Medições com trena em dias nublados, cedo pela manhã ou nas últimas horas da tarde, ou usando trenas de Invar, são formas efetivas de limitar as variações de comprimento causadas por variações de temperatura.

### Catenária

Os efeitos de catenária (discutido na Seção 4.6) levam o topógrafo a obter distâncias excessivas. A maioria dos topógrafos tenta reduzir esses erros supertracionando suas trenas com uma força de tensão suficiente para contrabalançar o efeito da catenária. Uma regra usada por muitos para as trenas de 30 m consiste em aplicar um esforço estimado de aproximadamente 13,5 kg. Essa prática é satisfatória para levantamentos de baixa precisão, mas não é adequada para aqueles de alta precisão porque a quantidade de esforço requerido varia para diferentes trenas, diferentes condições de suporte e assim por diante. Também é difícil estimar apenas com a mão a força que está sendo aplicada. Um método melhor é usar um tensiômetro para aplicar uma tensão controlada à trena. A tensão exigida deve ser calculada ou determinada por um teste de calibração para ser igual à tensão normal da trena.

### Outros Erros

Outros erros que afetam a precisão das medições com trena são: (1) o vento balançando os prumos; (2) o vento soprando a trena para um lado, causando o mesmo efeito como de catenária; e (3) as fichas não colocadas exatamente onde os prumos tocaram o solo.

## 4.10 MAGNITUDE DOS ERROS

Para sentir os efeitos dos erros comuns das medições com trena, considere a Tabela 4-1. Nela, são listadas várias fontes de erros junto com as variações que podem provocar erros com ordem de grandeza de ± 0,01 m quando uma distância de 30 m é medida com uma trena de 30 m.

Na informação apresentada na Tabela 4-2, considera-se que uma trena de aço de 30 m é usada para medir uma distância de 30 m. O terreno é ligeiramente inclinado, e o comprimento inteiro da trena pode ser mantido na posição horizontal de uma vez. Assume-se, ainda, que a medição está sujeita ao conjunto de erros acidentais ou aleatórios mostrado na tabela. Na parte inferior da tabela, a magnitude do erro aleatório total mais provável está calculada conforme descrito no Capítulo 2.

**Tabela 4-1**   Erros de ± 0,01 m em Medições de 30 m

| Fonte do erro | Magnitude do erro |
| --- | --- |
| Comprimento incorreto da trena* | 0,01 m |
| Variação de temperatura* | 8 °C |
| Variação de tensão ou puxo* | 6,8 kg |
| Catenária* | catenária de 19 cm no centro da linha |
| Alinhamento* | 1,1 m em uma extremidade |
| Trena não nivelada* | 77 cm de desnível |
| Prumo | 0,01 m |
| Marcação | 0,01 m |
| Leitura da trena | 0,01 m |

*Fonte*: J. F. Dracup e C. F. Kelly, *Horizontal Control As Applied to Local Surveying Needs* (Falls Church, VA: American Congress on Surveying and Mapping, 1973), p. 16.
*Pode ser muito minimizado se forem obtidos dados de campo suficientes e aplicadas correções matemáticas apropriadas.

Poderia uma distância ser medida com trena, com o erro mais provável por trenada determinado na Tabela 4-2, encontrando-se 682,85 m. O erro total provável como descrito no Capítulo 2 será igual a

$$E_{\text{total}} = \pm E\sqrt{n} = (\pm 0{,}0057)\left(\sqrt{22{,}7617}\right) = \pm \mathbf{0{,}027\ m}$$

**Tabela 4-2**  Exemplo de Cálculo de Erro

| Fonte do erro | Magnitude do erro | Quadrado da magnitude do erro |
|---|---|---|
| Comprimento incorreto da trena | ±0,0040 m | 0,000016 |
| Variação de temperatura (5 °C) | ±0,0017 m | 0,000003 |
| Variação de tensão ou tração (8 kg) | ±0,0032 m | 0,000010 |
| Prumada (0,0015 m) | ±0,0015 m | 0,000002 |
| Marcação (0,001 m) | ±0,0010 m | 0,000001 |
| Leitura da trena (0,001 m) | ±0,0010 m | 0,000001 |
| | | $\sum = 0,000033$ |

$$\text{Erro mais provável} = \sqrt{0,000033} = \pm0,005744$$

$$\text{Precisão correspondente} = \frac{0,0057}{30} = \frac{1}{5263}$$

*Fonte*: J. F. Dracup e C. F. Kelly, *Horizontal Control As Applied to Local Surveying Needs* (Falls Church, VA: American Congress on Surveying and Mapping, 1973), p. 16.

## 4.11  SUGESTÕES PARA BOA MEDIÇÃO A TRENA

Se estudar os erros grosseiros e sistemáticos que são cometidos na medição com trena, o topógrafo será capaz de desenvolver algumas regras que melhorarão sensivelmente a precisão do trabalho. A seguir está um conjunto de regras que já se provaram úteis no campo:

1. O medidor deve desenvolver o hábito de estimar a olho a distância que ele está medindo, porque isso o habilitará a evitar a maioria dos erros grosseiros.
2. Quando ler uma marca em um ponto intermediário numa trena, o medidor deve verificar as marcas adjacentes, para estar seguro de que está lendo a marca correta.
3. Todos os pontos que o medidor estabeleceu devem ser checados. Isso é particularmente verdadeiro quando o prumo foi usado para definir pontos, tais como tachinhas sobre piquetes.
4. É mais fácil medir a trena descendo a encosta sempre que possível.
5. Se o tempo permitir (frequentemente não), as distâncias devem ser medidas duas vezes, uma para adiante e outra para trás. As medições nos dois sentidos diferentes devem prevenir a repetição dos mesmos erros.
6. O medidor deve assumir posição estável quando tracionar a trena. Isso usualmente significa afastar os pés, enrolar a tira de couro em volta da mão (ou usar a braçadeira de trena), segurar um lado da trena com os braços próximos ao corpo e aplicar o esforço à trena puxando-a contra si.
7. Uma vez que a maioria das medições a trena fornece distâncias maiores, o topógrafo pode melhorar seu trabalho para levantamentos ordinários tracionando a trena muito firmemente, estimando o número menor quando a leitura parecer estar no meio entre dois valores, e talvez até colocando as fichas levemente para a frente.

## 4.12  PRECISÃO DA MEDIÇÃO A TRENA

Diferentes tipos de levantamentos requerem acurácias diferentes, e muitos levantamentos devem satisfazer especificações próprias. Por exemplo, muitos estados, cidades e municípios têm adotado leis que exigem certos padrões mínimos de acurácia, que devem ser atingidos para trabalhos dentro de seus limites para vários tipos de aplicações. Por exemplo, um conjunto comum de valores pode incluir os valores mínimos de 1/5000 para levantamentos rurais e 1/10.000 para propriedades urbanas.

A apresentação de valores que definem a exatidão das medições a trena como boa, média e inferior é difícil, porque o que é bom sob um conjunto de condições pode ser inferior para outro conjunto. Por exemplo, uma precisão de 1/2500 é insatisfatória quando a medição a trena está sendo feita ao

Correções de Distâncias **73**

longo de uma estrada, mas pode ser muito satisfatória quando o trabalho está sendo executado através de vegetação fechada em terreno montanhoso.

A seguir são apresentados alguns valores de precisões supostamente razoáveis que poderiam ser esperados sob condições normais de medições a trena. O valor médio é provavelmente suficiente para a maioria dos levantamentos preliminares, e o valor bom é desejável para a maioria dos outros levantamentos.

| Baixa | 1/2500 |
|-------|--------|
| Média | 1/5000 |
| Boa | 1/10.000 |

Medições a trena podem ser feitas com precisão muito superior a 1/5000 se for dada atenção cuidadosa para reduzir os erros discutidos previamente neste capítulo. Dessa forma, por meio de controle cuidadoso da tensão da trena, medição precisa da temperatura da trena, aplicação das correções, uso de níveis de mão para mantê-la horizontal ou para medições ao longo de inclinações, e minimizando o uso de prumos mas requerendo a medição das inclinações e aplicação das correções apropriadas, o topógrafo será capaz de medir com precisões de 1/10.000, ou melhor.

## PROBLEMAS

Para os Problemas 4.1 a 4.5, as distâncias foram medidas com trenas consideradas como tendo 30 m de comprimento. Mais tarde as trenas foram calibradas e descobriu-se que tinham diferentes comprimentos. Determine a correta distância medida em cada caso.

| | Distância medida (m) | Comprimento correto da trena (m) | Resposta (m) |
|------|------|------|------|
| **4.1** | 456,23 | 29,99 | 456,09 |
| **4.2** | 257,12 | 30,03 | 257,37 |
| **4.3** | 582,00 | 30,02 | 582,49 |
| **4.4** | 484,27 | 29,96 | 483,62 |
| **4.5** | 1201,58 | 29,97 | 1200,38 |

Para os Problemas 4.6 a 4.8, as distâncias foram medidas com trenas consideradas como tendo 30 m de comprimento. Mais tarde as trenas foram calibradas e descobriu-se que tinham diferentes comprimentos. Determine a correta distância de cada caso.

| | Distância medida (m) | Comprimento correto da trena (m) | Resposta (m) |
|------|------|------|------|
| **4.6** | 657,89 | 30,02 | 658,33 |
| **4.7** | 718,19 | 29,96 | 717,23 |
| **4.8** | 1706,98 | 29,97 | 1705,27 |

**4.9** A distância real medida entre duas marcas usadas em uma universidade para a padronização de trenas é 29,97 m. Quando certa trena foi posicionada ao longo dessa linha, o topógrafo, pensando que a distância entre as marcas era de 30,00 m, observou que a trena tinha 30,02 m de comprimento. Qual é o comprimento correto da trena? (Resp.: 29,99 m)

**4.10** Repita o Problema 4.9 para valores de 30,03 m, 30,00 m e 29,97 m, respectivamente. (Resp.: 30,00 m)

**4.11** Repita o Problema 4.9 para valores de 30,02 m, 30,00 m e 29,95 m, respectivamente. (Resp.: 29,97 m)

Para os Problemas 4.12 a 4.17, se deseja definir certas distâncias horizontais para a locação de prédios. O comprimento das trenas usadas em todos esses problemas não é 30 m. Determine as dimensões de campo (ou a real leitura nas trenas) que devem ser usadas com as trenas de comprimento incorreto de tal forma que a dimensão correta seja obtida.

| | Distância desejada (m) | Comprimento correto da trena (m) | |
|------|------|------|------|
| **4.12** | 196,07 m × 48,77 m | 30,04 m | 194,81 m × 48,70 m |
| **4.13** | 204,22 m × 109,73 m | 30,02 m | 204,08 m × 109,65 m |
| **4.14** | 158,50 m × 216,41 m | 29,98 m | 158,60 m × 216,55 m |
| **4.15** | 79,98 m × 93,46 m | 29,95 m | 80,11 m × 93,61 m |
| **4.16** | 140,00 m × 220,00 m | 30,06 m | 139,72 m × 219,56 m |
| **4.17** | 220,00 m × 382,20 m | 29,96 m | 220,29 m × 382,71 m |

**4.18** Deseja-se definir uma distância horizontal igual a 212,34 m com uma trena que tem 15,05 m de comprimento (e não 15,0 m, como indicado na escala). Qual deveria ser a distância registrada? (Resp.: 211,63 m)

**4.19** Uma trena de tecido de 15,00 m é usada para locar os cantos de um edifício. Se a trena tem realmente 14,98 m

**74** Capítulo 4

de comprimento, qual deveria ser a distância registrada se o prédio deve ter 64,01 m por 32,42 m? (Resp.: 64,09 m × 32,46 m)

**4.20** Uma distância é medida através de uma região íngreme, e se encontrou 1408,41 m. Se, em média, uma prumada for usada a cada 15,0 m com um erro provável de ±0,02 m, qual é o erro total provável na distância total? (Resp.: ±0,19 m)

**4.21** Refaça o Problema 4.20 se o fio de prumo é usado a cada 10,0 m em média e a distância medida é 864,47 m. (Resp.: ±0,19 m)

Para os Problemas 4.22 a 4.25, as distâncias foram medidas com uma trena de aço de 30,0 m e suas temperaturas médias estimadas. Usando esses valores e o comprimento calibrado da trena (30 m a 20 °C), determine a distância correta medida.

| | Distância registrada (m) | Temperatura média da trena durante a medição (°C) | Respostas (m) |
|---|---|---|---|
| **4.22** | 870,03 | 0 | 869,83 |
| **4.23** | 223,62 | 42 | 223,67 |
| **4.24** | 660,47 | 37 | 660,60 |
| **4.25** | 720,21 | –8 | 719,97 |

**4.26** Uma trena de aço que tem comprimento de 30 m a 20 °C é usada para locar um prédio com a dimensão de 100,58 m por 207,87 m.
    **a.** Quais deveriam ser as leituras da trena se a temperatura dela fosse 0 °C durante a medição? (Resp.: 100,56 m × 207,83 m)
    **b.** Repita a parte (a) considerando que a temperatura da trena seja 35 °C. (Resp.: 100,60 m × 207,91 m)

**4.27** Um lote de 4047 m² deve ser estaqueado no nível do solo com a dimensão de 62,18 m por 65,08 m. O tamanho calibrado da trena a 20 °C é 30,03 m. Se a temperatura da trena é 2 °C, quais as dimensões de campo que a equipe de levantamento usaria para medir esse lote? (Resp.: 62,17 m × 65,07 m)

**4.28** Repita o Problema 4.27 assumindo a temperatura da trena igual a 39,0 °C. (Resp.: 62,19 m × 65,10 m)

Para os Problemas 4.29 a 4.31, as distâncias foram medidas com trenas de aço de 30 m e suas temperaturas médias estimadas. Usando esses valores e o comprimento calibrado da trena (30 m a 20 °C), determine as distâncias corretas medidas.

| | Distância registrada (m) | Temperatura média da trena durante a medição (°C) | Respostas (m) |
|---|---|---|---|
| **4.29** | 520,80 | 30 | 520,86 |
| **4.30** | 876,54 | 8 | 876,42 |
| **4.31** | 1322,28 | 36 | 1322,53 |

**4.32**  **a.** Uma distância foi medida a uma temperatura de 5 °C, e se encontrou 947,99 m. Se a trena tem seu comprimento calibrado em 29,98 m a 20 °C, qual é a real distância medida? (Resp.: 947,82 m)
    **b.** Se a mesma distância foi medida a uma temperatura de 0 °C, qual seria a provável leitura na trena? (Resp.: 947,77 m)

**4.33** Uma distância foi medida com uma trena de 30 m a uma temperatura de 35 °C, e se encontrou 951,78 m. No inverno seguinte a distância foi novamente medida com a mesma trena a uma temperatura de 5 °C e se encontrou uma distância de 951,02 m. Qual a parcela da discrepância entre as duas medidas que pode ser causada pela diferença de temperatura? (Resp.: 0,33 m)

**4.34**  **a.** Uma distância de 632,87 m é medida com uma trena quando a temperatura da trena era de 2 °C. Se a mesma distância for medida novamente com a mesma trena a uma temperatura de 35 °C, qual distância deve ser esperada, desprezando os outros erros? (Resp.: 633,11 m)
    **b.** Se a trena tem 30 m de comprimento a 20 °C, qual é a "verdadeira" distância medida? (Resp.: 632,76 m)

**4.35** Uma trena de 30 m é usada para medir uma distância inclinada, e o valor determinado é 378,7 m. Se a inclinação é de 5%, qual é a distância horizontal correta obtida, considerando a fórmula de correção de inclinação? (Resp.: 378,23 m)

**4.36** Uma trena de 60,00 m é usada para medir uma distância inclinada, e o valor determinado é 723,24 m. Se a inclinação é de 8%, qual é a distância horizontal correta? Use uma fórmula de correção de inclinação apropriada. (Resp.: 720,93 m)

**4.37** Repita o Problema 4.36 considerando que o valor medido é 1019,92 m e a inclinação é de 4%. (Resp.: 1019,10 m)

**4.38** Uma trena de 30,00 m é usada para medir uma distância inclinada, e o valor determinado é 1293,60 m. Se a inclinação é de 6%, qual é a distância horizontal correta? Use uma fórmula de correção de inclinação apropriada. (Resp.: 1291,27 m)

**4.39** Uma distância inclinada entre dois pontos é medida, encontrando-se 287,66 m. Se a diferença de altitude entre os pontos é de 4,17 m, qual a distância horizontal entre eles? (Resp.: 287,63 m)

**4.40** Uma distância é medida ao longo de inclinação de 6°34′, encontrando-se 262,46 m. Qual é a distância horizontal medida? (Resp.: 260,74 m)

**4.41** Um topógrafo deseja definir uma distância horizontal de 250,00 m usando uma trena de aço para medir ao longo de uma inclinação que é 6°10′ da horizontal. Qual distância inclinada deve ser medida? (Resp.: 251,46 m)

**4.42** Repita o Problema 4.41 considerando que a distância horizontal medida é 239,07 m e o ângulo vertical de 5°36′. (Resp.: 240,22 m)

**4.43** Dois operadores estavam tentando medir uma distância de 30 m. Infelizmente, a trena ficou presa em um toco de árvore na marca de 10,00 m da trena, causando um afastamento de 0,40 m. Qual a distância real que eles mediram? (Resp.: 29,99 m)

**4.44** Uma distância foi medida ao longo de uma inclinação constante entre dois pontos A e B, encontrando-se 175,22 m. Se a altitude do ponto A é 226,35 m e a do ponto B é 264,24 m, qual a distância horizontal entre os dois pontos? (Resp.: 171,08 m).

# Capítulo 5

# Instrumentos Medidores Eletrônicos de Distâncias (MEDs)

## 5.1 INTRODUÇÃO

Os astrônomos do século XVII entenderam que com um feixe de luz se poderia medir uma distância de um ponto a outro, mas foi o rápido desenvolvimento da eletrônica, durante e após a Segunda Guerra Mundial, que tornou possível a implantação prática dessa ideia. O geodímetro, o primeiro instrumento de medição eletrônica de distância (MED) usando a luz visível, foi produzido na Suécia, em 1953. Nas últimas décadas, o ritmo de melhorias foi acelerado tremendamente, de modo que os MEDs e as estações totais já têm maioridade.

Agora existem para os topógrafos aparelhos com os quais se podem medir distâncias curtíssimas de poucos metros ou então longas distâncias de muitos quilômetros com extraordinária velocidade e precisão. Esses aparelhos economizam tempo e dinheiro e reduzem o tamanho das equipes de levantamento convencional. E mais, eles podem ser utilizados com a mesma facilidade onde existam obstáculos interferindo, como lagos, cânions, variados tipos de plantações, terrenos encharcados ou arborizados, fazendeiros hostis ou tráfego intenso. Instrumentos medidores eletrônicos de distâncias têm revolucionado a medição de distâncias não apenas para levantamentos geodésicos, mas também para levantamentos simples.

Outro importante ponto é que os MEDs mostram automaticamente a leitura direta das medidas, o que resulta em uma enorme redução de erros grosseiros. Com o simples apertar de um botão, o topógrafo pode ter o valor das medidas tanto em pés quanto em metros. As distâncias obtidas são distâncias inclinadas, mas na maioria dos instrumentos também são medidos ângulos verticais e as distâncias horizontais podem ser calculadas e mostradas.

Os MEDs originais eram unidades utilizadas apenas para a medição de distâncias. Hoje, contudo, os mais modernos medidores são parte de estações totais, que medem distâncias e ângulos (ver Capítulo 10). Quer sejam apenas uma parte de uma estação total quer sejam uma unidade individual, o princípio de operação é o mesmo.

Para ter completo entendimento dos medidores eletrônicos de distâncias, o topógrafo precisaria ter um bom conhecimento de física e eletrônica. Felizmente, entretanto, uma pessoa pode prontamente utilizar um medidor eletrônico de distância sem de fato conhecer profundamente os fenômenos físicos envolvidos. Apesar de o equipamento ser complexo, sua operação, na verdade, é automática e requer menos habilidade do que a necessária para o uso de trenas.

Dispositivos medidores eletrônicos de distâncias foram pouco utilizados até os anos 1960. O equipamento era pesado, caro e requeria normalmente uma sofisticada manutenção. Apesar de tudo, suas vantagens — medida precisa e instantânea de distâncias até 16 km ou mais sobre terrenos desfavoráveis — inspiraram muita pesquisa, o que levou a modelos muito melhores. Como resultado, o equipamento tornou-se mais leve, mais barato e mais livre de manutenção. Geralmente os fabricantes não recomendam aos proprietários de MEDs reparos não especializados. Consideram que problemas piores podem ser criados além do normal, resultando em custos de reparos mais elevados. Recomenda-se verificar o manual de instruções do equipamento para a solução de pequenos problemas pelo próprio usuário ou enviar o equipamento para a assistência técnica.

Instrumentos Medidores Eletrônicos de Distâncias (MEDs) **77**

## 5.2 TERMOS BÁSICOS

Essas são algumas definições que o leitor encontrará nas próximas seções.

Um *dispositivo medidor eletrônico de distância* é um aparelho que transmite um sinal portador de energia eletromagnética de sua posição atual para um receptor localizado em outra posição. O sinal é devolvido do receptor para o instrumento de tal forma que a distância entre eles é medida duas vezes.

*Luz visível* é geralmente definida como parte do espectro eletromagnético à qual o olho é sensível. Ela tem comprimento de onda no intervalo entre 0,4 e 0,7 μm (micrômetros ou mícrons).

*Luz infravermelha* tem frequências abaixo da porção visível do espectro: elas se posicionam entre a luz e as ondas de rádio, com ondas de 0,7 a 1,2 μm. Apesar disso, a luz infravermelha é geralmente colocada na categoria de ondas de luz porque os cálculos de distâncias são realizados com a mesma técnica.

*Instrumento eletro-óptico* é aquele que transmite luz modulada, seja visível ou infravermelha. Ele consiste em uma unidade de medição e um refletor (Figura 5-1).

*Refletor* (Figuras 5-1 a 5-3) consiste em diversos prismas de canto de cubo de espelho retrorrefletor montado num tripé. Os lados dos prismas são perpendiculares uns aos outros dentro de uma pequena tolerância. Devido aos lados perpendiculares, os prismas refletirão os raios de luz de volta, na mesma direção dos raios de luz incidentes, dando assim sentido ao termo "retrorrefletor". A Figura 5-2 ilustra essa situação.

**Figura 5-1**  MED eletro-óptico.

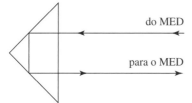

**Figura 5-2**  Reflexão da luz visível ou infravermelha por um refletor.

**Figura 5-3**  Prismas retrorrefletores. (Cortesia da Topcon Positioning Systems.)

Os prismas triedros montados em um tripé vão refletir a luz de volta à unidade transmissora mesmo que o refletor esteja fora da perpendicularidade com a onda de luz em até 20°. O número de prismas usados depende da distância a ser medida e das condições de visibilidade.

A capacidade de medição de distâncias de um instrumento eletro-óptico pode ser aumentada pelo número cada vez maior de prismas utilizados. Em geral, a distância que pode ser medida é duplicada se elevarmos ao quadrado o número de prismas a serem utilizados. Se um conjunto de nove prismas for utilizado em vez de um conjunto de três, a distância medida pode provavelmente ser dobrada. Utilizar mais que 12 ou 15 prismas não ajuda muito para a maioria dos instrumentos. Se for necessário utilizar mais que 12 ou 15 prismas, será provavelmente mais conveniente usar outro MED com uma capacidade de alcance maior. A capacidade de medição de distâncias de um MED, em particular, não é afetada apenas pelo número de prismas utilizados, mas também pela qualidade e limpeza dos mesmos.

O *laser* é um dos muitos equipamentos que produz um feixe muito poderoso de luz monocromática. A palavra *laser* é um acrônimo do inglês para "*light amplification by stimulated emission of radiation*" (amplificação de luz por emissão estimulada de radiação). Ondas de luz de baixa intensidade são geradas pelo equipamento e amplificadas, transformando-se em um feixe muito intenso de luz que se espalha apenas ligeiramente mesmo em longas distâncias. As ondas produzidas possuem frequências da ordem do visível ou do infravermelho no espectro eletromagnético. *Os operadores devem ser informados sobre as necessárias precauções com os olhos quando estiverem trabalhando com lasers e devem aderir rigorosamente às exigências de segurança.*

A *micro-onda* é uma radiação eletromagnética que tem um comprimento de onda longo e frequência baixa, situando-se na região entre o infravermelho e as ondas curtas de rádio. As micro-ondas utilizadas em medição de distâncias têm comprimento entre 10 e 100 μm.

## 5.3 TIPOS DE MEDS

MEDs são classificados como instrumentos eletro-ópticos ou instrumentos de micro-ondas. A distinção entre eles é baseada no comprimento das ondas da energia eletromagnética que eles transmitem. Os instrumentos eletro-ópticos transmitem luz em ondas curtas de cerca de 0,4 a 1,2 μm. Essa luz é visível ou apenas pouco acima da faixa do visível no espectro. Instrumentos de micro-ondas transmitem ondas longas, algo em torno de 10 a 100 μm.

A Figura 5-4 apresenta um esquema de frequências e comprimentos de ondas relacionados para várias formas de radiação eletromagnética, incluindo raios gama, *lasers*, radar e outros. Nessa figura,

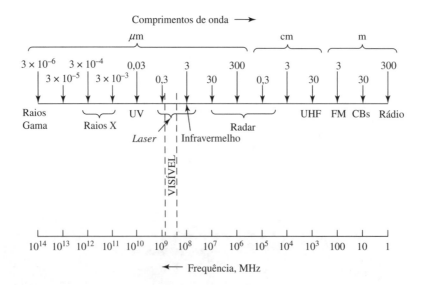

**Figura 5-4** Radiação eletromagnética: frequências e comprimentos de ondas.

**Figura 5-5** Medidor eletrônico portátil de distância Leica DISTO™ D210XT. (Cortesia da Leica Geosystems.)

Hz é uma abreviação de hertz, que é a unidade de frequência igual a um ciclo por segundo. A abreviação MHz representa mega-hertz ou $10^6$ hertz.

Os sistemas de ondas de luz (incluindo *lasers* e infravermelhos) têm um transmissor numa extremidade da linha a ser medida e um refletor na outra extremidade. O refletor consiste em um ou mais prismas de canto, como foi visto na última seção. Para uma distância de algumas centenas de pés, refletores duplos ou trena refletora são satisfatórios.

Quase todos os modernos MEDs em uso atualmente são instrumentos eletro-ópticos. A Figura 5-5 mostra um MED a *laser* de mão.\* Os MEDs para uso em tripés são em sua maioria estações totais que incluem um teodolito eletrônico para medir ângulos horizontais e verticais (Figura 5-6). Estações totais são discutidas no Capítulo 10.

O leitor deve considerar que quase todas as medidas (provavelmente mais de 90%) feitas com MEDs são para distâncias menores que 1000 m. Uma porcentagem até maior das medições em locações é feita para distâncias mais curtas, talvez de até 400 ou 500 m.

Uma vantagem que os MEDs que empregam *lasers* têm em relação aos tipos que empregam sinais infravermelhos é que eles são visíveis, o que os torna muito úteis para situações em que a visada é dificultada por alguns obstáculos. Em alguns equipamentos a *laser* é possível visar um ponto a partir do MED, fixar um ponto vermelho de luz com o *laser* no alvo, apertar um botão e medir a distância para esse ponto. Isso é muito útil para medições de pontos de difícil acesso, como torres, campanários de igrejas ou escavações profundas no terreno.

Com sistemas de micro-ondas são necessários dois instrumentos: um sistema de transmissão e um sistema de recepção. O feixe é transmitido de uma extremidade da linha, recebido na outra extremidade e devolvido para o instrumento principal. Instrumentos de micro-ondas têm a vantagem de que as ondas penetram através de neblina ou chuva e têm uma comunicação entre os dois instrumentos. Todavia, eles são mais afetados pela umidade do que os instrumentos de ondas de luz. Outro problema com sistemas de micro-ondas é o feixe induzido mais extenso. Isso pode causar algumas dificuldades quando as medições são feitas dentro de prédios, áreas subterrâneas ou próximas a superfícies de água.

---

\*No mercado brasileiro, esse equipamento é conhecido como trena eletrônica. (N.R.T.)

**Figura 5-6** Estação total Leica TPS2100+. (Cortesia da Leica Geosystems.)

Os MEDs mais modernos fazem a medida de distância usando ou as medições de diferenças de fase ou pulsos. Ambos têm vantagens e desvantagens. Instrumentos de diferenças de fase são tipicamente mais acurados, enquanto os de pulso possuem maior alcance. Um breve embasamento sobre cada uma dessas abordagens de medição de distância é fornecido nas seções a seguir.

## 5.4 MEDS A DIFERENÇAS DE FASE

Dispositivos de diferenças de fase calculam o número de comprimentos de onda entre o instrumento e o refletor. Ao medir a diferença de fase entre o sinal emitido e recebido, pode ser determinada de forma muito precisa a parte fracionária $d$ do número de comprimentos de onda (Figura 5-7). O número inteiro de comprimentos de onda de certa frequência é obtido por meio da emissão de uma

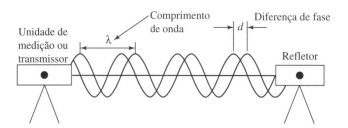

**Figura 5-7** Usando comprimento de onda da frequência portadora e diferença de fase para calcular distância.

série de frequências múltiplas e resolvendo equações simultâneas. Esse processo resultará em um número inteiro de comprimentos de onda. A distância é calculada por:

$$\text{Distância} = 1/2\,(m \times \lambda + d)$$

em que $m$ é o número inteiro de comprimentos de onda $\lambda$ e $d$ é a fração restante do comprimento de onda.

Dispositivos de diferenças de fase modernos oferecem o máximo em precisão ±(1 mm + 1 ppm, ou 1 mm mais 1 parte por milhão). A desvantagem que eles têm é apenas o alcance limitado, a menos que sejam usados mais refletores. A segurança também é um problema com os dispositivos de diferença de fase a *laser*.

## 5.5 MEDS A PULSOS

Instrumentos de pulsos empregam um sinal que é transmitido por um diodo de *laser*. Para obter uma medição, o tempo de percurso, TOF (*time of flight*), necessário para um sinal viajar de ida e volta a um objeto é calculado por

$$\text{Distância} = \text{Tempo} \times \text{Velocidade da luz}\,/\,2 = \Delta t \times c\,/\,2$$

A velocidade da luz é apenas constante sob vácuo. Dentro da atmosfera da Terra, a velocidade da luz pode ser afetada pela temperatura, pela pressão atmosférica e pela umidade. Muitos dos MEDs de hoje têm sensores que medem as condições atmosféricas e ajustam a velocidade da luz usada para calcular as distâncias.

Os pulsos gerados pelo instrumento desse tipo podem ser muitas vezes mais potentes que a energia utilizada por um instrumento de diferença de fase, e, portanto, o método TOF pode conseguir uma medição muito mais longa. Esse é especialmente o caso se as medições são tomadas sem prisma. Se não forem utilizados prismas, muitos instrumentos de pulso podem ser usados para medir distâncias entre 150 e 450 m, dependendo das condições da luz e do modelo. Com prismas refletores, seus alcances se estendem a várias milhas. A maioria dos aparelhos de diferenças de fase é incapaz de medir distâncias sem refletores, ou só pode medir distâncias inferiores a 30 m, a menos que seja usado um refletor. Instrumentos de pulsos são também muito seguros de usar porque, apesar de seus altos níveis de energia, os pulsos são de curta duração e, portanto, o feixe de *laser* não acumula energia. Os feixes de *laser* contínuos, usados em alguns MEDs de diferenças de fase para estender seu alcance, podem ser perigosos e são classificados de forma compatível.

É importante perceber que todos os objetos são refletivos, e se algo se move em direção ao feixe de luz (como um carro ou um galho de árvore) é a distância para aquele objeto que será determinada e não a distância até o ponto desejado. Para ajudar o usuário a visar o item correto, os instrumentos de pulsos fazem uso de um feixe de *laser* visível que é usado para identificar a feição desejada.

Quando não são utilizados prismas, esses MEDs podem ser usados para obter distâncias a feições topográficas que têm componentes verticais, como edifícios, pontes ou pilhas de materiais. Melhores resultados são obtidos se o item a ser observado tiver uma superfície lisa e de cor clara, perpendicular ao feixe. Para casos como esses, as distâncias podem ser medidas com um desvio-padrão de cerca de ±(3 mm + 3 ppm) compatível com as precisões alcançadas com um prisma. Para superfícies de cores médias ou escuras e para cantos, margens e superfícies inclinadas, as distâncias máximas não são tão grandes e a precisão é menor.

Apenas lembre-se de que todas as medidas podem ser tomadas com um desses instrumentos sem que o auxiliar porta-prisma suba em tanques, edifícios, pilhas de produtos e outros itens para segurar os refletores. Esse método também pode ser utilizado para locar linhas de costa em levantamentos hidrográficos, paredes internas de túneis etc.

## 5.6 INSTALANDO, NIVELANDO E CENTRANDO MEDS

Antes de montar o tripé do MED, deve ser dada alguma atenção ao local correto em que será colocado o instrumento para que se possam fazer as observações necessárias. Em outras palavras, você

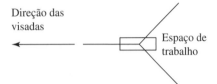

**Figura 5-8** Planejando uma instalação de instrumento.

precisa posicionar as pernas do tripé de tal forma que você possa realizar as medições confortavelmente (ver Figura 5-8).

É ideal que o tripé seja colocado em solo firme, onde o instrumento não se moverá, o que certamente ocorrerá se você o puser num local enlameado ou encharcado. Para áreas como essas, será necessário providenciar algum tipo de suporte especial para o instrumento, como piquetes ou uma plataforma. As pernas do tripé devem estar bem separadas umas das outras e bem ajustadas de tal forma que o instrumento esteja aproximadamente nivelado. O operador do instrumento deve caminhar em volta dele e fixar bem cada perna no chão. Em lugares inclinados, o ideal é colocar uma perna do tripé na parte mais alta e as outras duas na parte mais baixa, para dar uma estabilidade melhor.

Existem dois tipos de tripé disponíveis: os de pernas extensíveis e os de pernas rígidas. Os de pernas rígidas são mais firmes e proporcionam maior estabilidade durante as medições. Por outro lado, os de pernas extensíveis são mais fáceis de transportar em veículos e proporcionam maior flexibilidade na hora de montar.

É necessário colocar o MED sobre um ponto bem definido, como um pino de ferro ou um prego num piquete, antes de fazer qualquer medição. Para isso, primeiro o tripé é instalado e grosseiramente centralizado sobre o ponto em questão, com o topo do tripé ou prato o mais nivelado possível. Então, a base nivelante do instrumento (*tribrach*) é montada no tripé (ver Figura 5-9). A base contém três parafusos para o nivelamento, ou parafusos calantes (que são embutidos e à prova de poeira), um prumo óptico e um nível esférico.

O prumo óptico consiste em um conjunto de lentes e um espelho que capacita o topógrafo a olhar por um visor ao lado do instrumento e, quando o instrumento se encontra bem nivelado, ver um ponto no terreno exatamente sob o centro do instrumento. Além disso, um fio de prumo fixado sob o centro da base também pode ser utilizado para centralizar aproximadamente o instrumento antes de fazer uso do prumo óptico. Com o fio de prumo e/ou prumo óptico, o instrumento é centrado sobre o ponto o mais próximo possível, ajustando corretamente as posições das pernas do tripé. Depois de o instrumento estar razoavelmente centrado, o fio de prumo pode ser removido (se tiver sido utilizado).

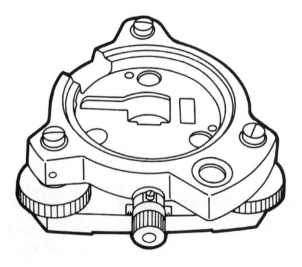

**Figura 5-9** Base para instrumento (*tribrach*). Contém parafusos calantes, nível esférico e um prumo óptico. MEDs e outros equipamentos podem ser facilmente substituídos no topo da base. (Cortesia da Topcon Positioning Systems.)

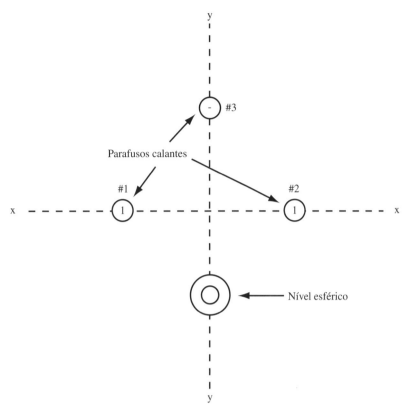

**Figura 5-10**  Centralizando a bolha.

Então, o parafuso de fixação da base do instrumento é solto e a base pode deslizar sobre o topo do tripé até que a cruz filar esteja bem centrada no ponto da estação.

Para nivelar a base do instrumento são utilizados os três parafusos calantes e o nível esférico. Embora os níveis esféricos sejam menos sensíveis que os níveis tubulares, tema discutido no Capítulo 6, eles são bastante satisfatórios para utilizar com MEDs, estações totais e outros tipos de equipamentos de topografia.

A bolha no nível esférico é centrada pelo ajuste de um ou mais dos três parafusos calantes. Para essa discussão, ver Figura 5-10. Se os parafusos calantes 1 e 2 (mostrados na figura) são girados em direção oposta, a bolha se moverá para a esquerda ou para a direita ao longo do eixo x-x. A rotação do parafuso calante 3 causará um movimento da bolha para cima ou para baixo ao longo do eixo y-y.

Em seguida o MED é fixado ao tripé com um parafuso que sobressai do topo do tripé para o suporte de fixação ou base nivelante do aparelho. Uma vez que a bolha esteja mais ou menos centrada, um compensador automático assume o comando do instrumento e o mantém nivelado. O compensador é discutido na Seção 6.7 deste livro. Instrumentos sem compensador podem ter níveis tubulares para nivelamento preciso do instrumento.

## 5.7 PASSOS NECESSÁRIOS PARA MEDIÇÕES DE DISTÂNCIAS COM MEDS

São necessários grupos de baterias para fornecer energia para o funcionamento dos MEDs. As baterias devem estar com carga total antes de se iniciar o trabalho no campo. O topógrafo prevenido carregará sempre baterias sobressalentes para evitar a possibilidade de atrasos inconvenientes durante os trabalhos.

Os MEDs estão tão automatizados que a sua utilização pode ser aprendida muito rapidamente. Para medir uma distância com um MED é necessário instalar instrumento e refletores, visar os refletores e, finalmente, medir e registrar os valores obtidos. Esses passos são rapidamente descritos a seguir.

1. O MED é instalado, centrado e nivelado em uma das extremidades da linha a ser medida.
2. O prisma é colocado na outra extremidade da linha e é cuidadosamente centrado sobre o ponto final. Isso é conseguido segurando o bastão do prisma verticalmente sobre o ponto com a ajuda de um nível preso ao bastão, ou prendendo o bastão do prisma a um tripé ou bipé, ou usando um tripé com uma base nivelante à qual o prisma é fixado.
3. A altura do instrumento para o eixo da luneta e a altura do centro do prisma são medidas e registradas. Com prismas de bastões ajustáveis é comum ajustar a sua altura com a da luneta do MED.
4. A luneta é apontada na direção do prisma e o instrumento é ligado.
5. Os parafusos de ajuste fino são usados para apontar o instrumento na direção do refletor até que na escala de sinais seja indicada força máxima de retorno do sinal.
6. A medição é realizada apenas com um simples toque de um botão. O topógrafo pode medir tanto em pés quanto em metros, como preferir. O mostrador terá três casas decimais nas medições em metros. Se as medições forem registradas em uma caderneta de campo, não é uma má ideia realizar uma medida extra usando diferentes unidades (pés ou metros). Além disso, tal hábito pode permitir que se descubram erros grosseiros nas anotações, como a transposição de números.
7. Os valores obtidos são registrados em cadernetas de campo ou em um coletor eletrônico de dados. Já as estações totais (discutidas no Capítulo 10) gravam automaticamente as medidas obtidas.

## 5.8  ERROS NAS MEDIÇÕES DOS MEDS

*Algumas pessoas parecem ter a impressão de que as medições feitas com instrumentos eletrônicos, como os MEDs e as estações totais, são completamente livres de erros. A verdade, certamente, é que erros estão presentes em qualquer tipo de medição, não importando quão moderno e atualizado possa ser o equipamento utilizado.* As fontes de erro no trabalho com MEDs são as mesmas dos outros tipos de trabalhos de levantamento: operacionais, naturais e instrumentais (ou sistemáticas).

### Erros Operacionais

Erros operacionais são causados por itens como a instalação incorreta de instrumentos ou refletores sobre os pontos e medições incorretas das alturas e das condições do tempo. Para uma medição precisa de uma distância com um MED é necessário centralizar o instrumento e o refletor corretamente sobre os pontos extremos do alinhamento. Fios de prumo fixados no centro do aparelho são utilizados por topógrafos até os dias de hoje para centrá-lo. Porém, para um trabalho muito preciso, o *prumo óptico* é preferível em relação ao fio de prumo. Com o prumo óptico, erros na centragem podem ser drasticamente reduzidos (normalmente para uma fração de milímetro). Sua vantagem sobre o fio de prumo é ampliada quando há considerável ocorrência de vento no local. O eixo do prumo óptico deve ser verificado periodicamente sob condições de laboratório.

### Erros Naturais

Os erros naturais presentes nas medições por MEDs são causados por variações na temperatura, umidade e pressão. Alguns MEDs corrigem automaticamente as variações atmosféricas, para outros se faz necessário digitar as correções no próprio instrumento, e, ainda, existem alguns tipos nos quais é necessário fazer correções matemáticas. Para instrumentos que requerem esses ajustes, os fabricantes providenciam em seus manuais tabelas, diagramas e explicações, mostrando como as correções devem ser feitas. Para instrumentos de micro-ondas é necessário fazer correções para temperatura, umidade e pressão, mas para os instrumentos eletro-ópticos a umidade pode ser desprezada. (O efeito da umidade nas micro-ondas é 100 vezes maior que o efeito nas ondas de luz.) Dados meteorológicos devem ser obtidos em cada extremidade da linha e, algumas vezes, em pontos intermediários, para, então, se calcular a média deles, se for desejada uma precisão maior. Em dias ensolarados e quentes, é aconselhável proteger com guarda-sol tanto os MEDs como qualquer equipamento meteorológico.

Neve, neblina, chuva e poeira afetam o fator de visibilidade dos MEDs e reduzem drasticamente as distâncias que podem ser medidas. A distância que pode ser medida por determinado instrumento é, às vezes, afetada pelo fenômeno de reverberação, quando as visadas são tomadas próximas à superfície do terreno. Obviamente, mantendo a visada o mais alto possível do terreno, esse fator será reduzido. É também uma boa prática manter os instrumentos eletro-ópticos não apontados para o sol, reduzindo assim os efeitos causados pela radiação.

Quando for possível, os topógrafos que usam equipamento de micro-ondas devem tentar evitar proximidade com linhas de energia de alta-voltagem, torres de micro-ondas etc. Caso tenham que trabalhar nas imediações de alguma dessas estruturas, tais informações devem sempre ser anotadas cuidadosamente na caderneta de campo, pois podem ser úteis posteriormente, se as especificações do serviço não forem atingidas.

## Erros Instrumentais

Erros instrumentais normalmente são bastante pequenos, desde que o equipamento seja sempre cuidadosamente ajustado e retificado. Cada MED possui uma pequena margem de erro, já de fábrica, que varia de acordo com o modelo. Geralmente, quanto mais caro o equipamento menor é o erro.

Quando uma medição é feita com um MED, o feixe vai do centro elétrico do instrumento para o centro efetivo do refletor e, então, retorna para o centro do instrumento. Contudo, o centro elétrico de um MED não coincide exatamente com um fio de prumo que passe pelo centro da base nivelante, tampouco o centro efetivo do refletor coincide exatamente com o ponto sobre o qual foi colocado. A diferença entre o centro elétrico de um MED e o fio de prumo é determinada pelo fabricante, e os erros são compensados na fábrica.

A localização exata do centro efetivo do refletor não é fácil de obter pelo fato de que a luz viaja através dos prismas mais lentamente do que pelo ar. O centro efetivo é normalmente localizado atrás dos prismas e a distância precisa ser subtraída dos valores medidos. Esse erro, que é uma constante, pode ser compensado na fábrica ou no campo. Vale a pena lembrar que, em algumas ocasiões, os refletores produzidos por diferentes fabricantes (portanto, com diferentes constantes) podem ser utilizados com um MED. Se a previsão é utilizar um MED com um prisma de constante 30 mm, mas está sendo utilizado com um refletor de constante 40 mm, pode ser necessário fazer uma alteração, através do teclado do equipamento, para 40 mm.

## 5.9 CALIBRAÇÃO DO MED

É importante verificar periodicamente as medidas do MED de acordo com a distância de uma linha base da NGS (National Geodetic Survey) ou outro padrão de calibração. A partir das diferenças dos valores pode ser determinada uma *constante do instrumento*. Essa constante, que corresponde a um erro sistemático, habilita o operador a fazer correções em futuras medições. Apesar de essa constante ser fornecida com o equipamento, ela está sujeita a mudanças. É como se tivéssemos uma trena com um comprimento incorreto e precisássemos fazer uma correção numérica. Com o valor da correção determinado, ele vai ser aplicado a cada medida seguinte. E mais, um registro dos resultados e datas quando as verificações foram feitas deve ser mantido nos arquivos do topógrafo para casos de futuras disputas judiciais envolvendo a precisão do equipamento.

*Infelizmente, parece que há ainda um grande percentual de topógrafos práticos que pensa que os MEDs podem ser utilizados continuamente sem a necessidade de calibração.* Todavia, como qualquer outro equipamento de medição, esses instrumentos devem ser calibrados periodicamente. Tanto o equipamento eletro-óptico quanto o de micro-ondas devem ser calibrados sobre alguma linha de base precisa em intervalos frequentes. As distâncias obtidas eletronicamente devem ser determinadas ao mesmo tempo que se levam em consideração as diferenças de altitudes, dados meteorológicos etc.

A maioria dos teodolitos analógicos e níveis automáticos permanecem com boa calibração por alguns anos quando sujeitos a uso normal. Infelizmente, esse não é o caso dos MEDs (o envelhecimento dos componentes eletrônicos é uma razão), e eles devem ser calibrados com intervalos de poucos meses, mesmo que sejam utilizados com muito cuidado. Reconhecendo a necessidade de calibrações frequentes desses instrumentos, a NGS, em 1974, começou a instalar bases de calibração por todos os Estados Unidos. Atualmente existem mais de 300 bases como essas.

A NGS compila e publica a descrição dessas bases por estado americano, mostrando a sua localização, altitude, distâncias horizontais e outros dados pertinentes. Cópias podem ser obtidas escrevendo para a NGS, National Ocean Survey, Rockville, MD, 20852. Cópias também estão disponíveis em cada escritório das associações de topógrafos estaduais ou na página da NGS na internet. A descrição detalhada de uma dessas bases e sua localização estão apresentadas na Figura 5-11.

Se não houver base disponível, dois pontos podem ser instalados (a intervalos cerca de 8 km para equipamento de micro-ondas) e a distância entre eles ser medida. Outro ponto pode ser colocado entre os outros dois, e os comprimentos dos segmentos resultantes também podem ser medidos (ver Figura 5-12). A soma desses dois valores deve ser comparada com o valor da extensão total. Caso os três pontos não fiquem alinhados, será necessário medir os ângulos para calcular as componentes dos dois segmentos e comparar com a extensão da linha reta total entre os pontos extremos. A constante do instrumento pode ser calculada como a seguir — note que a constante estará presente em cada uma das três medições:

$$\text{Constante do instrumento} = AC - AB - BC$$

Os barômetros, termômetros e psicrômetros devem ser checados, aproximadamente, uma vez por mês ou até com maior frequência se forem usados intensamente. Essas verificações podem ser feitas normalmente com equipamentos disponíveis na maioria dos aeroportos.*

## 5.10 PRECISÃO DOS MEDS

Os fabricantes dos MEDs normalmente listam suas precisões como um desvio-padrão. (Espera-se que 68,3% das medições de uma quantidade terão um erro igual ou menor do que o desvio-padrão.) Os fabricantes dão valores que consistem em um *erro instrumental* fixo ou constante, que é independente da distância, mais um *erro da medição* em partes por milhão (ppm) que varia com a distância a ser medida.

MEDs são especificados como tendo precisões que variam de cerca de ±(1 mm de erro instrumental + uma parte de erro proporcional de 1 ppm) até ±(10 mm + 10 ppm), em que ppm é a parte por milhão da distância envolvida.

O primeiro desses erros é de menor importância para longas distâncias, mas pode ser muito significativo para distâncias curtas de 30 ou 60 m ou menos. Por outro lado, a parte de erro proporcional é de pouca importância para distâncias curtas ou longas. Pode-se observar que, para distâncias curtas, um MED pode ocasionalmente não fornecer medidas tão precisas como as obtidas por uma boa medição a trena.

---

*Nas estações meteorológicas que existem nos aeroportos. (N.T.)

US DEPARTAMENTO DE COMÉRCIO – NOAA
NOS – NATIONAL GEODETIC SURVEY
ROCKVILLE MD 20852 – 27 DE MAIO DE 1981

DADOS DE CALIBRAÇÃO DE LINHA DE BASE
DESIGNAÇÃO DA LINHA DE BASE: CLEMSON
NÚMERO DE ACESSO DO PROJETO: G16441

QUADRA: N340824
CAROLINA DO SUL
MUNICÍPIO DE PICKENS

LISTA DE DISTÂNCIAS AJUSTADAS (22 DE ABRIL DE 1981)

| DA ESTAÇÃO Nº | COTA (M) | PARA ESTAÇÃO Nº | COTA (M) | DIST AJUST. (M) HORIZONTAL | DIST AJUST. (M) MARCO – MARCO | DESVIO-PADRÃO (MM) |
|---|---|---|---|---|---|---|
| 0 | 228.600 | 150 | 229.071 | 149.9999 | 150.0006 | 0,2 |
| 0 | 228.600 | 430 | 231.412 | 429.9949 | 430.0041 | 0,4 |
| 0 | 228.600 | 1070 | 241.844 | 1069.9287 | 1070.0106 | 0,6 |
| 150 | 229.071 | 430 | 231.412 | 279.9950 | 280.0048 | 0,4 |
| 150 | 229.071 | 1070 | 241.844 | 919.9287 | 920.0174 | 0,5 |
| 430 | 231.412 | 1070 | 241.844 | 639.9336 | 640.0186 | 0,4 |

DESCRIÇÃO DA LINHA DE BASE CLEMSON
ANO DA MEDIÇÃO: 1981
CHEFE DE EQUIPE: WJR

A LINHA DE BASE FICA CERCA DE 4,3 KM (2,7 MILHAS) A SUDESTE DE CLEMSON E 2,9 KM (1,8 MILHA) A OESTE DE PENDLETON, AO LONGO DA FAIXA DE DOMÍNIO NO LADO OESTE DA RODOVIA EUA-76, ONDE CRUZA O LIMITE DOS MUNICÍPIOS ANDERSON-PICKENS. PROPRIEDADE – MR. GEORGE WEATHERS, DEPARTAMENTO DE ESTRADAS DE CAROLINA DO SUL, ENGENHARIA DE PRÉ-CONSTRUÇÃO, CAIXA POSTAL 191, COLÚMBIA, CAROLINA DO SUL, 29202, TELEFONE 803-758-3414.

PARA ALCANÇAR A LINHA DE BASE A PARTIR DA ESTRADA ESTADUAL CAROLINA DO SUL 93, PASSE O VIADUTO NA RODOVIA EUA-76 POR 2,6 KM (1,65 MILHA) PARA ESTRADA NOVA ESPERANÇA À DIREITA E O PONTO 1070, NO ÂNGULO SUDOESTE DO CRUZAMENTO. PARA ALCANÇAR OS OUTROS MARCOS E O PONTO 0, CONTINUE PARA O SUL NA RODOVIA 76 POR 0,64 KM (0,4 MILHA) ATÉ O PONTO 430, À DIREITA, CONTINUE PARA O SUL POR 0,32 KM (0,2 MILHA) PARA UMA RUA LATERAL À DIREITA E O PONTO 150, NO ÂNGULO SUDOESTE DA INTERSEÇÃO, E CONTINUE 0,16 KM (0,1 MILHA) PARA O SUL PARA O PONTO 0, À DIREITA CERCA DE 0,9 M (3 PÉS) MAIS ABAIXO DO QUE A RODOVIA E 21,5 M (70,5 PÉS) AO SUL DO LIMITE DO MUNICÍPIO DE ANDERSON.

O PONTO 0 É UM DISCO PADRÃO DO LEVANTAMENTO GEODÉSICO NACIONAL COM GRAVAÇÃO 0 1980, CRAVADO NO TOPO DE UM MONUMENTO DE CONCRETO CILÍNDRICO DE 38 CM (15 POL) E DIÂMETRO NO NÍVEL DO SOLO, LOCALIZADO 40,9 M AO SUDESTE DA CAIXA DE DISTRIBUIÇÃO DE TELEFONE NÚMERO 6; 21,5 M AO SUL DA PLACA DE LIMITE DO MUNICÍPIO DE ANDERSON; 21,5 M A LESTE DA BORDA OESTE DA FLORESTA; 3,65 M OESTE DA BORDA OESTE DA RODOVIA 76, E 1,15 M AO SUDESTE DE UM POSTE TESTEMUNHA DE METAL.

A LINHA DE BASE É UMA LINHA NORTE-SUL, COM O PONTO 0 NA EXTREMIDADE SUL. ELA É COMPOSTA PELOS PONTOS 0, 150, 430 E 1070, COM UM PONTO PARA A CALIBRAÇÃO DE TRENAS DE 100 PÉS AO SUL DO PONTO 0. TODOS OS MARCOS ESTÃO ASSENTADOS EM UMA LINHA PARALELA À RODOVIA E NA VALA DO LADO OESTE DA ESTRADA. ESSA LINHA DE BASE NÃO ESTÁ LIGADA ÀS REDES DE CONTROLE LOCAL, NEM NACIONAL.

ESSA LINHA DE BASE FOI ESTABELECIDA EM CONJUNTO COM O ESTADO DA CAROLINA DO SUL. PARA MAIS INFORMAÇÕES, CONTATE O DIRETOR, LEVANTAMENTO GEODÉSICO DA CAROLINA DO SUL, DIVISÃO DE PESQUISAS E SERVIÇOS DE ESTATÍSTICA DA CAROLINA DO SUL, GABINETE DE ESTATÍSTICA GEOGRÁFICA – RUA PRINCIPAL, 915, BLOCO 203, COLÚMBIA, CAROLINA DO SUL, 29201. TELEFONE 803-758-3604.

**Figura 5-11** Exemplo da descrição de uma linha de base de calibração.

**Figura 5-12** Linha para calibração de um MED.

**Tabela 5-1** Erro-padrão Típico para Valores de Precisão de um MED

| Distância medida [m(pés)] | Erro-padrão (mm) | Precisão |
|---|---|---|
| 30 (98,4) | ±5,15 | 1/5882 |
| 40 (131,2) | ±5,20 | 1/7692 |
| 60 (196,8) | ±5,30 | 1/11.321 |
| 100 (328,1) | ±5,50 | 1/18.182 |
| 500 (1640,4) | ±7,50 | 1/66.667 |

Considere que certo fabricante de MED tenha fornecido o valor do desvio-padrão para um dos seus equipamentos como sendo igual a ±(5 mm + 5 ppm). Com esses dados, o erro-padrão estimado e a precisão para uma medição de 100 m de distância com esse instrumento podem ser calculados como a seguir, em que os 100 m são convertidos em milímetros pela multiplicação por 1000.

$$\text{Erro} = \pm\left(5 + \frac{5 \times 100 \times 1000}{1.000.000}\right) = \pm 5,5 \text{ mm}$$

$$\text{Precisão} = \frac{5,5}{(100)(1000)} = \frac{1}{18.182}$$

Da mesma forma, os valores estimados para o erro-padrão e precisões que seriam obtidos quando fossem medidas muitas outras distâncias com esse instrumento são mostrados na Tabela 5-1.

Dos valores mostrados pode-se verificar que, dependendo da precisão desejada, distâncias de 30 m ou menos podem ser teoricamente medidas tão, ou até mais precisamente, com uma trena de aço do que com esse típico MED.

Apesar do fato de essas distâncias curtas poderem em algumas ocasiões ser medidas mais precisamente com trenas do que com MEDs, trenas não são, na prática, utilizadas com frequência. Os topógrafos e auxiliares estão em sua maioria tão acostumados a usar os MEDs que, se possível, evitarão o processo de medição por trenas, que é mais trabalhoso. De fato, eles usam a trena tão raramente que provavelmente poderiam encontrar alguma dificuldade para alcançar as altas precisões desejadas e estariam propensos a cometer erros.

## 5.11 CÁLCULO DE DISTÂNCIAS HORIZONTAIS A PARTIR DE DISTÂNCIAS INCLINADAS

Todo equipamento MED é utilizado para medir distâncias inclinadas. Para a maioria dos modelos os valores obtidos são corrigidos para as correções instrumentais e meteorológicas apropriadas e então reduzidos para os componentes horizontais. É possível ao mesmo tempo determinar os componentes verticais (ou diferenças de cotas) das distâncias inclinadas. Se a distância envolvida é bastante curta e/ou a precisão não é extremamente exata, a distância horizontal (h) é igual à distância inclinada vezes o cosseno do ângulo vertical $\alpha$:*

$$h = s \cos \alpha$$

---

*Isso quando o ângulo 0 está na horizontal. Quando o ângulo zero é no zênite, usa-se o seno (em algumas estações totais, isso pode ser alterado). (N.R.T.)

Para distâncias maiores e exigências de mais alta precisão, a curvatura da Terra e a refração atmosférica precisarão ser consideradas. Com muitos dos mais novos instrumentos, entretanto, os dados são computados automaticamente. Assim como nas medições em inclinações com trenas, os valores horizontais podem ser calculados fazendo as correções com a fórmula utilizada para inclinações (descrita na Seção 4.5), usando o teorema de Pitágoras, ou ainda aplicando a trigonometria. Se a inclinação for muito forte, digamos, maior que 10% ou 15%, a fórmula para correção de inclinação (que é apenas aproximada) não deve ser utilizada.

Para calcular distâncias horizontais é necessário ou determinar as altitudes nas extremidades dos alinhamentos ou medir os ângulos verticais em uma ou ambas as extremidades. O Exemplo 5.1 ilustra os cálculos simples envolvidos quando as altitudes são conhecidas.

---

**EXEMPLO 5.1**

Uma distância inclinada de 504,23 m foi medida entre dois pontos com um MED. Considere que as correções atmosféricas e instrumentais foram feitas. Se a diferença de cota entre os dois pontos é de 55,88 m e se as alturas do MED e do refletor acima do terreno são iguais, determine a distância horizontal entre os dois pontos usando:

(a) a fórmula de correção da inclinação;
(b) o teorema de Pitágoras.

*SOLUÇÃO*

(a) Usando a fórmula de correção de inclinação:

$$C = \frac{v^2}{2s} = \frac{(55,88)^2}{(2)(504,23)} = 3,10 \text{ m}$$

$$h = 504,23 - 3,10 = \textbf{501,13 m}$$

(b) Usando o teorema de Pitágoras para triângulos retângulos:

$$h = \sqrt{(504,23)^2 - (55,88)^2} = \textbf{501,13 m}$$

Pelo Exemplo 5.1 foi considerado que a distância medida estava paralela ao terreno; isto é, as alturas do MED e do refletor acima dos pontos extremos eram iguais. Se esses valores não são iguais, esse fato deve ser considerado nos cálculos.

Alguns MEDs têm a capacidade de medir ângulos verticais, mas com outros é necessário instalar um trânsito ou um teodolito para medi-los. No passado os MEDs eram frequentemente montados sobre um teodolito, capacitando o topógrafo a medir ao mesmo tempo o ângulo inclinado e a distância inclinada. Como resultado, as alturas do MED, do refletor, do teodolito e mesmo do alvo poderiam algumas vezes ser diferentes.

---

## 5.12 TREINAMENTO DE PESSOAL

Medições obtidas com um MED podem ser extremamente acuradas ou muito inexatas. A diferença pode normalmente ser atribuída à quantidade do treinamento (ou falta dele) dado ao pessoal. Os procedimentos utilizados para as medições no campo variam de alguma forma com os equipamentos de diferentes fabricantes. Por causa disso, tais procedimentos não são descritos aqui. Cada fabricante fornece um manual do equipamento em que são dadas as instruções de operações.

Apesar da simplicidade de operação de um MED, é importante ter pessoal treinado, tanto quanto possível, para a obtenção de resultados ótimos. Não importa o quanto sejam delicados e caros os equipamentos utilizados para um levantamento, eles serão de pouco valor se não forem utilizados inteligentemente. Se uma empresa gasta milhares de dólares em um MED, mas não gasta umas poucas centenas de dólares extras para um treinamento detalhado sobre o equipamento, o resultado será provavelmente uma economia miserável.

Uma prática comum entre as empresas de instrumentos topográficos é, por meio de seus representantes, providenciar algumas horas ou até mesmo um dia inteiro de treinamento quando o equipamento é entregue. Um período tão curto de treinamento com certeza não é o suficiente para obter os melhores resultados e proteger o alto investimento feito no equipamento. Alguns fabricantes oferecem uma semana inteira de curso de treinamento. A participação num curso como esse é um investimento sensato e irá trazer retorno no longo prazo. Além disso, os topógrafos devem considerar a participação em seminários ou cursos de curta duração em teoria e prática de MEDs dados pela NGS e pelos fabricantes e universidades.

## 5.13 BREVES COMENTÁRIOS SOBRE OS MEDS

Os MEDs são capazes de medir distâncias curtas e longas com rapidez e exatidão em todos os tipos de terreno. Pontos do levantamento ou de poligonais podem rapidamente ser selecionados sem precisar escolher quais os mais convenientes para medir com trena. Se o instrumento não converte distâncias inclinadas para componentes horizontais, nós mesmos temos que fazer tais conversões. Além disso, faz-se necessário considerar a curvatura da Terra e a refração atmosférica para determinar componentes horizontais se a diferença de cota entre as extremidades de um alinhamento for maior que alguns metros e/ou for requerida uma precisão >1/50.000. Precisamos lembrar que todos os instrumentos se desajustam e, assim, precisam ser calibrados frequentemente.

Um uso importante e comum dos MEDs e das estações totais é a medição de linhas sem a necessidade de instalá-los em qualquer lugar ao longo da linha. Para propósitos ilustrativos, deseja-se determinar as distâncias $AB$ e $BC$ (ver Figura 5-13) com o instrumento instalado no ponto $X$. As distâncias $XA$, $XB$ e $XC$ são precisamente determinadas, e os ângulos $\alpha$ e $\beta$ mostrados na figura são medidos como descrito nos capítulos subsequentes. Finalmente, as distâncias e as direções das linhas $AB$ e $BC$ são calculadas como descrito em capítulos posteriores.

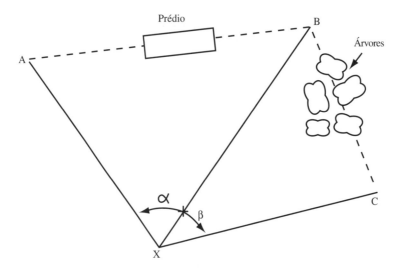

**Figura 5-13** Determinação das distâncias e direções $AB$ e $BC$ sem instalação ao longo das linhas.

## PROBLEMAS

**5.1** Se um fabricante de um MED em particular assegura que a precisão pretendida para seu instrumento é ±(4 mm + 6 ppm), qual é o erro esperado se é medida uma distância de 2000 m?

(Resp. = ±16 mm)

**5.2** Repita o Problema 5.1 considerando que a distância medida é de 2400 pés e a precisão teórica é de ±(0,04 pé + 7 ppm).

**5.3** Quais são as vantagens dos MEDs sobre as trenas de aço para a medição de distâncias?

**5.4** Quais condições atmosféricas precisam ser medidas quando se usa um MED do tipo infravermelho?

**5.5** As distâncias inclinadas mostradas a seguir foram medidas com um MED. Os ângulos verticais (medidos da horizontal) também foram determinados. Calcule a distância horizontal para cada caso.

| Distância inclinada (m) | Ângulo vertical | |
|---|---|---|
| a. 386,76 | +5°18′00″ | (Resp.: 385,11 m) |
| b. 2144,96 | −4°21′20″ | (Resp.: 2138,77 m) |

**5.6** As distâncias inclinadas mostradas a seguir foram medidas com um MED. Além disso, os percentuais de inclinação também foram determinados. Calcule a distância horizontal e a diferença de altura.

| Distância inclinada (m) | Percentual de inclinação | Distância (m) |
|---|---|---|
| a. 241,50 | +6,2 | 241,04 |
| b. 343,82 | −3,4 | 343,62 |

**5.7** As distâncias inclinadas mostradas a seguir foram medidas com um MED, enquanto as diferenças de altitude entre os extremos de cada linha foram determinadas por nivelamento. Quais são as distâncias horizontais?

| Distância inclinada (m) | Diferença de altura (m) | |
|---|---|---|
| a. 734,78 | −26,54 | (Resp.: 734,30 m) |
| b. 421,48 | −6,61 | (Resp.: 421,43 m) |
| c. 972,11 | +15,32 | (Resp.: 971,99 m) |

**5.8** O comprimento horizontal de uma linha é de 622,96 m. Se o ângulo vertical a partir da horizontal for 25°12′, qual a distância inclinada? (Resp.: 637,84 m)

**5.9** A distância inclinada entre dois pontos foi medida com um MED, encontrando-se 373,04 m. Se o ângulo zenital (o ângulo contado a partir da vertical para a linha) é de 95°25′14″, calcule a distância horizontal. (Resp.: 371,37 m)

**5.10** Repita o Problema 5.9 considerando que a distância inclinada medida foi de 551,62 m e o ângulo zenital, de 87°15′35″.

(Resp.: 550,99 m)

**5.11** Um MED foi instalado num ponto A (altitude de 605,45 m) e utilizado para medir uma distância inclinada para um refletor num ponto B (altitude de 573,86 m). Se as alturas do MED e do refletor acima dos pontos são de 1,40 m e 1,59 m, respectivamente, calcule a distância horizontal entre os dois pontos considerando a distância inclinada como 357,63 m.

(Resp.: 359,00 m)

# Capítulo 6

# Introdução ao Nivelamento

## 6.1 IMPORTÂNCIA DO NIVELAMENTO

A determinação de altitudes e cotas do terreno, conhecida como *nivelamento*, é um processo relativamente simples, porém extremamente importante. Nivelamento é um método de determinação de diferenças de cotas entre um conjunto de pontos. Se um ponto possui cota conhecida, então as alturas relativas de todos os outros pontos podem ser obtidas por nivelamento. O significado das alturas relativas não pode ser maior do que já é. São tão importantes que ninguém pode sequer imaginar um projeto de construção em que elas não sejam críticas. Da construção de terraços em uma fazenda à construção de uma simples parede para a implantação de um projeto de drenagem ou dos maiores prédios e pontes, o controle das cotas é da maior importância.

## 6.2 DEFINIÇÕES BÁSICAS

A seguir estão apresentados alguns conceitos básicos necessários para o entendimento do material aqui abordado. Neste capítulo e no próximo, outras definições são apresentadas como necessárias para um completo entendimento sobre nivelamento. Muitos desses termos são ilustrados na Figura 6-1.

A *vertical do lugar* é a linha paralela à direção da gravidade em determinado ponto e coincide com a direção assumida por um fio de prumo quando se permite que o peso balance livremente.

Devido à curvatura da Terra, os fios de prumo em pontos afastados de certa distância não são paralelos uns aos outros, mas em levantamentos topográficos eles são considerados como se fossem.

Uma *superfície de nível* é a superfície de cota constante que é perpendicular ao fio de prumo em todos os pontos. É bem representada pela superfície de um grande corpo de água parado e não afetado pelas ondas e marés.

A *cota* (ou *altura*) de um ponto específico é a distância vertical acima de uma superfície assumida como origem ou referência. Quando a referência é o nível do mar, chama-se de *altitude* ou *cota absoluta*.

A *linha de nível* é a linha curva em uma superfície de nível em que todos os pontos têm a mesma cota.

Uma *linha horizontal* é a linha reta tangente à linha de nível em um ponto.

## 6.3 REFERÊNCIAS DE NÍVEIS

Para uma grande parte dos serviços de topografia é racional a utilização de alguns pontos convenientes como referência, ou *datum*,\* com relação aos quais as cotas de outros pontos podem ser determinadas. Por exemplo, pode ser atribuída uma cota conveniente à superfície de um corpo

---

\*O termo datum, por significar origem, pode dar margem a diversas interpretações na área de levantamentos. Em função do tipo de referência, pode ser associado a um ponto origem, a uma superfície origem ou mesmo como sinônimo de sistema de referência (associação mais moderna). O uso dessa terminologia só é indicado quando na denominação das referências, por exemplo, Datum Imbituba ou Datum Sul-americano de 1969. (N.R.T.)

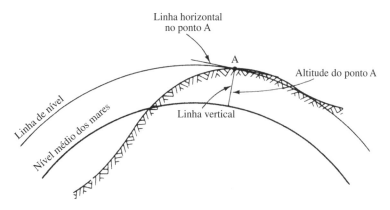

**Figura 6-1** Termos comuns de nivelamento.

de água nas proximidades. Qualquer valor pode ser atribuído para essa referência de nível, por exemplo 30 ou 300 m, porém tal valor deve ser bastante alto, de modo que os pontos próximos não tenham cotas negativas.

No passado, muitas referências de nível eram utilizadas nos Estados Unidos, até mesmo para os levantamentos de maior importância. Um valor estimado foi dado para o topo de uma colina, para a superfície de um dos Grandes Lagos, para a marca do nível mais baixo de um rio ou qualquer outro ponto. Essas diferentes referências verticais criaram confusão, e a atualmente disponível "*referência do nível do mar*" é um grande avanço.

Nos Estados Unidos, a referência do nível do mar é o valor expresso pelo nível médio do mar determinado pelo cálculo da média das alturas da maré, de hora em hora, registradas por um longo período de tempo, normalmente 19 anos. Essa superfície, que é o nível médio do mar, é considerada a posição que o oceano assumiria se todas as marés e correntes fossem eliminadas. Sua posição está subindo lentamente — talvez devido ao derretimento gradual das calotas polares e à erosão da superfície terrestre. A mudança, contudo, é tão lenta que não impede que o profissional de levantamento utilize como referência o nível médio do mar. No século passado, o nível dos oceanos em todo o mundo subiu aproximadamente 15 cm.

Em 1878, na cidade de Sandy Hook, no estado de Nova Jersey, o National Geodetic Survey (na época U.S. Coast and Geodetic Survey) começou a implantar um sistema transcontinental de nivelamentos precisos. Em 1929, a agência fez um ajustamento de todos os nivelamentos de primeira ordem dos Estados Unidos e Canadá, e estabeleceu a referência para as altitudes a ser utilizada em todo o país. Essa referência é conhecida como "National Geodetic Vertical Datum de 1929" (NGVD 29).*

A utilização dessa referência tão conhecida do nível médio do mar (NGVD 29) tem muitas desvantagens. O nível do mar está subindo gradualmente em todo o mundo (algo em torno de 0,003 m por ano). O nível do mar não é o mesmo em todo lugar. Por exemplo, na costa oeste americana o nível do mar é mais alto cerca de 0,6 ou 0,9 m em relação à costa leste. Além disso, ele varia naquelas costas para cima e para baixo.

No Alasca, o recuo de muitas das maiores geleiras tem aliviado o solo de pesadas cargas em alguns locais. Nesses locais, o solo tem reagido se elevando em vários metros. A remoção de enormes quantidades de água e óleo do solo em várias partes do país tem causado afundamentos do terreno. Outros itens que afetam o nível do mar são os vulcões, terremotos e a acomodação das cadeias de montanhas.

---

*No Brasil, o nível médio do mar, adotado como referência de nível oficial, estabelecido pelo IBGE — Instituto Brasileiro de Geografia e Estatística —, é o Datum Vertical de Imbituba, em Santa Catarina. (N.T.)

Devido às mudanças mencionadas e como resultado dos nivelamentos feitos por diversas décadas desde a implantação do NGVD 29, a NGS realizou um novo ajustamento. Ele é conhecido como "Datum Vertical Norte-americano de 1988" (NAVD 88), embora só tivesse sido concluído em 1991. Para esse reajustamento foram consideradas estações no México, Estados Unidos e Canadá.

Com o NAVD 88, a NGS instalou uma estação maregráfica para medir o nível médio do mar em St. Lawrence Seaway. Ela é conhecida como Father Point Rimouski, e todas as outras altitudes nos Estados Unidos a têm como referência. Esses novos valores variam sensivelmente em relação ao antigo "nível médio do mar" do NGVD 29. Assim, é extremamente necessário para os topógrafos identificarem a qual datum as suas altitudes se referem.

## 6.4 LEVANTAMENTOS DE PRIMEIRA, SEGUNDA E TERCEIRA ORDENS*

Normalmente, os levantamentos são especificados como de primeira, segunda e terceira ordens. Pelo fato de esses termos serem bastante utilizados no texto, será feita uma breve descrição para que o leitor não os confunda quando os encontrar.

O antigo Federal Geodetic Control Committee (FGCC) (Comitê Federal de Controle Geodésico) estabeleceu um conjunto de padrões de acurácia para controle dos levantamentos horizontais e verticais. Existem três classificações principais, dadas em ordem decrescente em relação ao padrão de precisão.

1. Os levantamentos de primeira ordem são realizados para a rede nacional de controle primário, levantamentos de áreas metropolitanas e estudos científicos (em geral, são levantamentos muito precisos para uso de defesa militar, projetos de engenharia sofisticados, represas, túneis e estudos regionais dos movimentos da crosta terrestre).
2. Os levantamentos de segunda ordem são relativamente menos precisos que os de primeira. Eles são usados para densificar a rede nacional, assim como para subsidiar o controle em áreas metropolitanas. (Em detalhe, eles são utilizados para controle ao longo das costas, grandes projetos de construção, rodovias interestaduais, revitalizações urbanas, pequenos reservatórios de água e monitoramento do movimento da crosta terrestre.)
3. Os levantamentos de terceira ordem são feitos de forma relativamente menos precisa que os de segunda. Eles são levantamentos de controle geralmente referidos à rede nacional. (Eles normalmente são utilizados para levantamentos de controle local, pequenos projetos de engenharia, mapas topográficos de pequena escala e levantamentos de limites.)

Considere que o nivelamento seja iniciado em uma referência de nível (RN), passe por vários pontos para estabelecer suas cotas e, então, volta à RN inicial ou a outro ponto de controle. Será observado que haverá alguma discrepância ou *erro de fechamento* entre a cota dada da RN e o valor medido ao final do percurso. O FGCC especifica que para o nivelamento de primeira ordem não deve haver uma diferença maior que 4 mm $\sqrt{K}$ a 5 mm $\sqrt{K}$, em que K é o comprimento do percurso de nivelamento em quilômetros. Para os levantamentos de segunda ordem, os erros de fechamento não devem ser maiores que 6 mm $\sqrt{K}$ a 8 mm $\sqrt{K}$, e para os trabalhos de terceira ordem, não devem ser maiores que 12 mm $\sqrt{K}$. Existem várias classes de levantamentos de primeira e segunda ordens, o que explica os intervalos dos valores.

A NGS determina que as estações de controle vertical de primeira e segunda ordens fiquem separadas a intervalos de cerca de 1 km em malhas quadradas interligadas com 50 a 100 km de lado. Outras agências governamentais americanas (federal, estaduais ou municipais) proveem estações de controle vertical de ordens mais baixas.

---

*Um breve histórico sobre a implantação das redes geodésicas (planimétrica, altimétrica e gravimétrica) no Brasil, as Especificações e Normas Gerais para levantamentos (RES PR ZZ de 21/7/1983), bem como outros documentos oficiais, podem ser obtidos em http://www.ibge.gov.br opção: Geociências Subopção: Geodésia. (N.R.T.)

Uma das tarefas mais importantes da NGS e do U.S. Geological Survey é o estabelecimento de uma rede de referências de nível conhecidas distribuída por todo o país. Como resultado desse trabalho, não haverá no país, em última análise, lugar que fique distante de um ponto com a altitude conhecida em relação ao nível do mar.

A NGS e o U.S. Geological Survey implantaram por todo o país marcos cujas altitudes são determinadas com muita precisão. Um marco chamado *referência de nível* é feito normalmente de concreto com um disco de metal encravado, como ilustrado na Figura 6-2. Por muitos anos a prática era gravar as altitudes precisas no marco. Hoje, contudo, a altitude é registrada com arredondamento da ordem de um pé, ou, em alguns casos, nenhum valor é registrado. A razão é que as altitudes desses marcos podem ter mudado pela ação do frio, terremotos, vandalismos etc. As altitudes são cuidadosamente conferidas em certos intervalos, e o topógrafo que precisa da altitude de alguma RN deve contatar a agência que a implantou, mesmo se encontrar um valor marcado

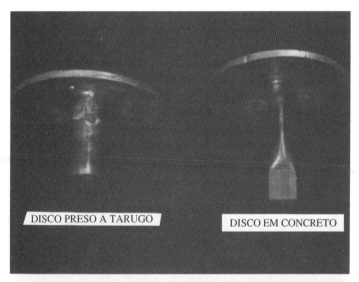

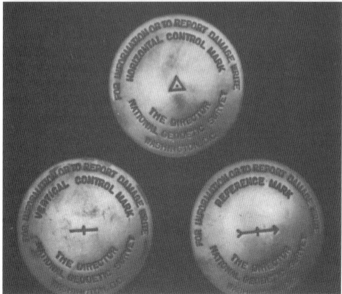

**Figura 6-2** Discos de latão do National Geodetic Survey para instalação em concreto ou presos a tarugos. (Cortesia da National Geodetic Survey.)

no próprio marco. Mais de meio milhão desses marcos foram implantados nos Estados Unidos ou em suas possessões.

## 6.5 MÉTODOS DE NIVELAMENTO

Existem três métodos comuns de nivelamento: o trigonométrico, o barométrico e o geométrico. Apesar de os topógrafos estarem quase inteiramente dedicados ao geométrico, será dada a seguir uma descrição de cada um deles.

O *nivelamento trigonométrico* é aquele em que são medidos as distâncias e os ângulos, sendo a diferença de nível ou cota calculada pela trigonometria. O método pode ser utilizado para determinar cotas de pontos inacessíveis, como picos de montanhas, torres de igrejas ou plataformas no mar. O procedimento funciona muito bem para distâncias de até 240 ou 300 m, mas para distâncias maiores poderá ser necessário considerar o efeito da curvatura da Terra.*

Para determinar a diferença de cota entre os dois pontos é necessário medir a distância horizontal ($H$) entre os pontos ou a distância inclinada ($S$) entre eles e também o ângulo vertical ($\alpha$) ou o ângulo zenital ($z$). Esses valores são mostrados na Figura 6-3 com as fórmulas necessárias para calcular as diferenças de cotas.

Um equipamento de levantamento é mostrado no lado esquerdo da figura no ponto A. Note que a altura da linha de visada do instrumento é uma distância $A.i.$ acima do ponto $A$. Você verá, então, que é necessário também visar a mira na distância $A.i.$ acima do ponto $B$ para obter a medida correta do ângulo. Se isso não for feito, as diferenças existentes devem ser consideradas nos cálculos.

Se visamos o topo da torre de uma igreja onde não podemos colocar uma mira, lemos o ângulo vertical ou zenital do topo da torre. Então, a cota do topo será igual à cota da estação, sob o instrumento, mais a altura do instrumento mais a distância vertical V (H tan $\alpha$) do instrumento para o topo da torre.

O *nivelamento barométrico* envolve a determinação de cotas medindo as mudanças na pressão atmosférica. Embora a pressão atmosférica possa ser medida com barômetros de mercúrio, esses instrumentos são difíceis de usar, bastante frágeis e pouco práticos para utilização em levantamentos.

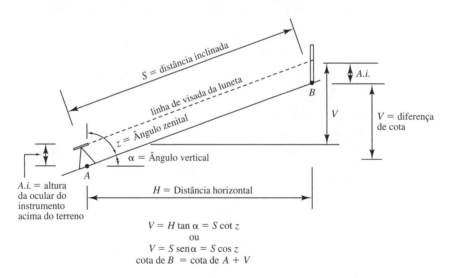

**Figura 6-3** Medição da diferença de cota V por trigonometria.

---

*A Norma Brasileira NBR 13133, referente a levantamentos topográficos, estabelece que os lances em levantamentos trigonométricos não excedem 500 m em linhas principais ou 300 m em linhas secundárias. (N.R.T.)

Em vez deles, são utilizados os barômetros aneroides, leves e fortes, porém menos precisos, conhecidos como *altímetros*.

Têm sido fabricados altímetros de levantamento que podem determinar cotas com aproximação de cerca de 0,60 m. Tal precisão é suficiente apenas para trabalho preliminar ou de reconhecimento. Eles, apesar de tudo, oferecem a vantagem de determinar rapidamente cotas aproximadas de uma grande área. Quanto mais cautelosos os procedimentos e maiores os barômetros aneroides utilizados, melhores serão os resultados obtidos.

Leituras barométricas feitas em um mesmo marco variam devido às condições locais da pressão atmosférica e são afetadas pela variação de umidade e de temperatura. Ao se utilizar um barômetro, ele é ajustado em uma cota conhecida e depois são feitas as leituras de outros pontos. Então, o barômetro volta para o ponto inicial e é feita nova leitura. Se tal leitura for diferente, é necessário distribuir a diferença por todos os outros pontos. Um procedimento muito similar a esse é mostrado na Seção 8.1.

Na prática, mais de um barômetro deve ser utilizado. Empregar ao menos três é o recomendável para uma determinação de cotas razoavelmente precisas. O ideal é que um deles seja posicionado em um ponto de cota conhecida mais alto que o ponto desejado e o terceiro seja posicionado em um ponto de cota conhecida mais baixo. Todos eles são lidos, e dessas leituras nas cotas conhecidas podem ser feitas as correções para o ponto cuja cota se deseja.

O *nivelamento geométrico* ou *direto* é o método mais comum de nivelamento. As distâncias verticais são medidas em relação a uma linha horizontal, e esses valores são usados para calcular as diferenças de níveis entre vários pontos. Um instrumento chamado simplesmente de nível (apresentado na Seção 6.6) é utilizado para fixar a linha de visada da luneta. Essa linha de visada é tida como uma linha horizontal em relação à qual são medidos os desníveis. (O termo *spirit leveling*, para o nivelamento geométrico em inglês, é frequentemente usado porque os níveis de bolha tubulares de muitos níveis antigos eram preenchidos com álcool.)

Se até aqui você ainda acha que necessita de um pouco mais de entendimento da definição de nivelamento direto, veja a Figura 7-1. Lá um nível está instalado e a bolha de seu nível tubular está centralizada, de tal forma que o instrumento está nivelado. Uma mira (descrita na Seção 6.8) marcada em unidades de pés ou metros que aumentam a partir da sua base é colocada em um ponto que tenha a cota conhecida. Ela é então visada a partir da luneta nivelada e então é realizada uma leitura. A cota da linha de visada da luneta é igual à cota do terreno mais a leitura feita na mira, que é a distância vertical do solo até a linha de visada. Então a mira é colocada em outro ponto cuja cota se deseja. Uma visada é feita na mira sobre o novo ponto e sua cota é igual à cota da linha de visada menos a leitura da mira. Esse processo pode ser repetido várias vezes. Este é o conhecido nivelamento geométrico.

## 6.6   O NÍVEL

O nível consiste em uma luneta de alta potência (ampliação de 20 a 45 vezes) com um nível de bolha fixado de tal maneira que, quando a bolha está centralizada, a linha de visada corresponde a uma linha horizontal. As finalidades da luneta são definir a direção da linha de visada e aumentar o tamanho aparente dos objetos visados. A invenção da luneta é creditada a diversas pessoas, incluindo o oftalmologista holandês Hans Lippershey, por volta de 1607, e Galileu, por volta de 1609. Na época colonial, nos Estados Unidos, as lunetas eram muito grandes para serem utilizadas em levantamentos práticos, de modo que elas só foram utilizadas como instrumentos de levantamentos no final do século XIX. Seu uso aumentou consideravelmente a velocidade e a precisão com que as medições eram feitas. Essas lunetas têm um fio de retículo vertical para que se possa visar pontos e um fio horizontal para fazer as leituras na mira. Adicionalmente, eles podem ter fios estadimétricos superior e inferior que podem ser usados em combinação com uma mira para medir distâncias.

A luneta tem três partes principais: a objetiva, a ocular e o retículo. A *objetiva* é a lente grande localizada na frente ou na extremidade anterior do instrumento. A *ocular* é uma pequena lente localizada na extremidade de observação do instrumento. Ela é, na realidade, um microscópio que aumenta e capacita o observador a ver nitidamente a imagem formada pela objetiva. Os fios nivelador, vertical e estadimétricos formam uma rede de linhas que é presa a um anel metálico chamado *retículo*. Em instrumentos

98    Capítulo 6

mais antigos, os fios eram feitos de teias de aranha ou fios metálicos bem finos. Nos mais novos, eles são formados por linhas gravadas no vidro da retícula do instrumento. A linha que une o ponto de interseção dos fios centrais do retículo ao centro óptico do sistema da objetiva é chamada de *linha de visada* ou *linha de colimação* (a palavra colimação significando alinhamento ou ajuste da linha de visada).*

Algumas lunetas mais antigas são conhecidas como de *focagem externa*. Sua objetiva é montada em um suporte que se move para a frente e para trás à medida que o parafuso de focagem é girado. A *focagem interna* é utilizada nas lunetas modernas. Esses instrumentos têm um sistema óptico que se move internamente para a frente e para trás entre a objetiva e o retículo.

O nível de bolha tubular é uma parte essencial da maioria dos instrumentos topográficos. Um tubo de vidro fechado é precisamente polido pelo lado interno, produzindo um volume com curvatura voltada para o alto que permite a estabilização de uma bolha de ar. Se o tubo não tiver a devida curvatura, a bolha ficará instável. O tubo é preenchido com um líquido de baixa viscosidade (normalmente um tipo de álcool sintético purificado) e uma pequena bolha de ar. O líquido usado é estável e não congela com variações de temperatura comuns. A bolha sobe até a superfície do líquido em contato com a superfície curvada do tubo. A tangente ao círculo naquele ponto é horizontal e perpendicular à gravidade. O tubo é demarcado com divisões simétricas ao ponto intermediário; assim, quando a bolha está centralizada, a tangente à bolha do tubo é uma linha horizontal e paralela ao eixo da luneta. Para alguns instrumentos muito precisos, a quantidade do líquido pode ser aumentada ou diminuída, possibilitando ao topógrafo o ajuste e controle do comprimento da bolha quando ocorrerem mudanças de temperatura. Muitos instrumentos possuem um tipo de nível de bolha com superfície esférica, que será descrito na seção a seguir.

## 6.7    TIPOS DE NÍVEIS

Vários tipos de níveis são mostrados nesta seção. Entre estes incluem-se o nível de plano, o automático ou autonivelante e o de linha. Para complementar, são apresentados alguns comentários relativos a níveis a *laser* destinados a canteiros de obras usados para trabalhos de terraplanagem.

### Nível de Luneta Tipo Gurley

O nível de plano, também conhecido como nível de luneta fixa tipo Gurley,** foi muito utilizado nos trabalhos topográficos nas décadas passadas. Embora esses excelentes, fortes e duráveis instrumentos tenham sido largamente substituídos por outros mais modernos, eles são mostrados aqui para ajudar o estudante na compreensão de nivelamentos.

Originalmente, o nível de plano tinha uma ocular invertida e, por isso, era menor que os seus predecessores, porém tinha a mesma capacidade de ampliação. Um típico nível de plano com suas várias partes é mostrado na Figura 6-4. Seus componentes principais são a *luneta*, o *nível de bolha tubular* e a *base niveladora*. Essas e outras partes estão indicadas na figura. Esse instrumento tem um pequeno nível de bolha e quatro parafusos calantes.

### Nível de Forquilha

Outro tipo de nível de luneta fixa que era utilizado antigamente é o nível de forquilha. Agora obsoleto, ele tinha sua luneta apoiada em um suporte com forma de "Y" e seguro com grampos curvos.

---

*A linha de colimação ou eixo de colimação, devido às deficiências na montagem da luneta, tem diferenças para o eixo óptico da luneta, que poderia ser definido como uma reta que liga os centros ópticos da ocular e da objetiva. (N.T.)

**As diferenças entre os níveis antigos com lunetas eram basicamente quanto à forma de fixação da luneta e do nível de bolha entre si ou com uma barra horizontal, que, por sua vez, se apoiava na base e no suporte geral. O tipo descrito no texto ficou conhecido aqui no Brasil como nível tipo Gurley. (N.T.)

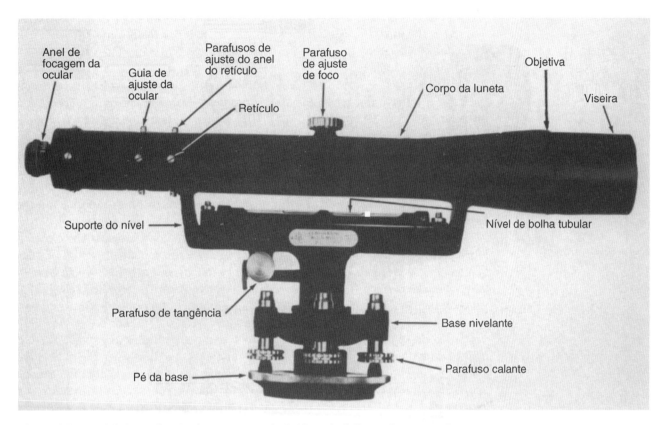

**Figura 6-4** Nível de luneta fixa (um instrumento antigo). (Cortesia de Berger Instruments.)

A luneta para esse tipo de nível podia ser removida e também virada em suas extremidades para fins de retificação.

## Níveis Automáticos ou Autonivelantes

Os níveis automáticos são os instrumentos-padrão utilizados pelos topógrafos atualmente. Esse tipo de nível (mostrado na Figura 6-5) é muito fácil de instalar e usar, estando disponível em quase todos os intervalos de precisão desejada. Eles são normalmente satisfatórios para nivelamentos de segunda ordem e podem também ser utilizados até nos de primeira ordem se for utilizado um micrômetro óptico (descrito na seção seguinte deste capítulo). O nível automático tem um pequeno nível esférico e três parafusos calantes. A bolha é aproximadamente centralizada no nível esférico, e o próprio instrumento faz o nivelamento fino automaticamente.

O nível automático tem um conjunto de prismas chamado *compensador*, suspenso por finos fios não magnéticos (Figura 6-6). Quando o instrumento está aproximadamente nivelado, a força da gravidade sobre o compensador faz com que o sistema óptico se adapte quase instantaneamente para uma posição em que sua linha de visada fique na horizontal.

O nível automático acelera as operações de nivelamento e é especialmente útil onde o solo é fofo e/ou sob ventos fortes, porque o instrumento automaticamente se nivela quando deslocado levemente do seu prumo. Quando o topógrafo usa um nível comum sob essas condições adversas, ele deve checar a bolha constantemente para verificar se ela continua centralizada.

Se houver algum problema com o compensador, o instrumento não fará o autonivelamento, e as futuras leituras feitas com ele estarão erradas. Para evitar isso, o topógrafo deve checar periodicamente para ver se o compensador está funcionando adequadamente. Isso pode ser feito em poucos segun-

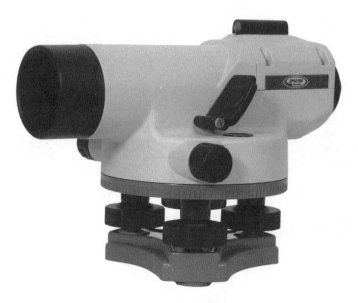

**Figura 6-5** Nível automático Spectra. (Cortesia da Spectra Precision.)

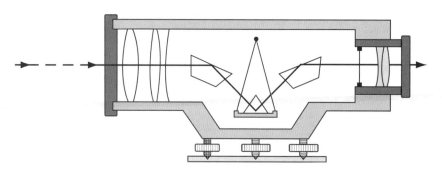

**Figura 6-6** Ilustração de um compensador automático de nível.

dos, apenas girando suavemente um dos parafusos calantes, e, assim, mudando a leitura da mira. Se o compensador estiver funcionando normalmente, o instrumento será automaticamente renivelado, e a leitura da mira retornará para o valor original.

## Nível Digital Eletrônico

O nível digital eletrônico (Figura 6-7) é um instrumento automático porque após o nível esférico estar aproximadamente centralizado o compensador concluirá o nivelamento. A luneta e os fios do retículo no instrumento podem ser utilizados para fazer leituras assim como os outros níveis, mas foi principalmente projetado para fazer leituras eletrônicas. O topógrafo visa a mira que tem um lado marcado com um código de barras (veja a Figura 6-8). Quando isso é feito e um botão é apertado, o instrumento vai comparar a imagem da leitura da mira com a cópia do código de barras que é mantida em sua memória. Então, mostrará numericamente tanto a leitura da régua quanto a distância até ela. As leituras também podem ser automaticamente gravadas e baixadas para um computador pessoal.

**Figura 6-7** Nível digital Leica Sprinter 150M, dotado de sensor eletrônico para leitura de códigos de barra para determinar alturas. (Cortesia da Leica Geosystems.)

**Figura 6-8** Parte de um código de barra usado com nível eletrônico digital.

## Nível de Inclinação

Um nível de inclinação, ou de linha, tem uma luneta que pode ser inclinada ou rotacionada em torno de seu eixo horizontal. Ele pode ser nivelado rápida e aproximadamente, usando um nível esférico. Com a luneta apontada para uma mira, o operador gira o parafuso de chamada de inclinação, que move a luneta num pequeno ângulo vertical até que ela fique nivelada.

O nível de inclinação tem um conjunto especial de prismas que permite ao usuário nivelar o equipamento por meio de uma *bolha bipartida*. As duas metades da bolha são, na realidade, as duas extremidades de uma única bolha que coincidem quando a bolha está totalmente centralizada. A imagem partida da bolha é vista através de um pequeno microscópio localizado próximo à ocular. À medida que os parafusos calantes são ajustados e a bolha se move no próprio tubo, as imagens das duas metades movem-se em direções opostas. Quando o instrumento estiver corretamente nivelado, as duas imagens coincidirão numa curva contínua em forma de "U".* Os fabricantes afirmam que esses dispositivos permitem observações muitas vezes mais precisas do que as do tipo não coincidentes. Os níveis de inclinação são muito úteis quando é exigido um alto grau de precisão. Se eles fossem utilizados para operações de levantamentos usuais, como movimento de terra, o tempo extra necessário para trazer a bolha até o ponto de coincidência poderia não ser justificável em termos econômicos.

Quando o topógrafo está utilizando um nível de luneta fixa, deve, quando fizer a leitura, checar constantemente se a bolha está centralizada. Ao usar um nível de inclinação, enquanto observa através da luneta, o nivelador pode, ao mesmo tempo, olhar por um visor ao lado da ocular e verificar se a bolha está coincidente. O uso desse tipo de nível resulta em melhor precisão.

## Nível a *Laser*

Embora tenhamos mostrado que o levantamento e os equipamentos de topografia foram inventados há cerca de milhares de anos, só recentemente é que o *laser* tem sido efetivamente usado para várias operações de nivelamento. É comumente utilizado para criar uma altura, ou ponto, de referência conhecida, a partir do qual podem ser tomadas medidas para a obra ou construção.

Os *lasers* utilizados para levantamento e construção estão enquadrados nas seguintes classes gerais: *laser* de feixe único e *laser* de feixe rotativo. O *laser* de feixe único projeta uma linha reta que pode ser vista sobre um alvo independentemente das condições de iluminação. A linha pode ser projetada nas direções vertical, horizontal ou inclinada. A linha vertical proporciona um extenso fio de prumo, da qual os construtores sempre precisaram ao longo dos tempos. As linhas inclinadas e horizontais são muito úteis para tubulações e túneis.

Um *laser* de feixe rotativo fornece um plano de referência sobre áreas abertas, podendo ser girado, rápida ou vagarosamente, ou até ser paralisado e utilizado como de feixe único. Hoje em dia, os *lasers* rotativos são de nivelamento e de prumo automáticos, garantindo, assim, planos de referências tanto horizontais quanto verticais. O feixe de *laser* não funcionará até que o instrumento esteja totalmente nivelado. Se ele for movido do lugar por qualquer razão, o feixe se desliga e não voltará até que seja nivelado outra vez. Dessa forma, ele se torna bastante vantajoso quando há a ocorrência de ventos muito fortes. O feixe rotativo pode ser utilizado tanto para prover um plano horizontal para nivelamento ou/e inclinado, como requerido na implantação de uma estrada ou em um estacionamento. Pode ser empregado para distâncias de até 300 m com precisão. Isso implica menos instalações do instrumento, e, nos trabalhos de construção, o *laser* pode ser colocado a certa distância que não interfira com os equipamentos de construção.

O *laser* não é normalmente visível pelo olho humano sob a luz brilhante do dia, e assim se faz necessário algum tipo de detector. O detector pode ser uma unidade pequena e portátil ou uma unidade montada numa mira que possa ser movida para cima e para baixo, ou também pode ser um de-

---

*Diz-se que a bolha, nesse caso, está "calada". (N.R.T.)

tector automático. Os de última geração têm um dispositivo eletrônico que se move para cima e para baixo dentro da mira e que localiza o feixe. Uma vez localizado o feixe, o detector emitirá um som constante enquanto o *laser* incidir sobre ele.

Os *lasers* podem ser muito úteis para demarcar tubulações, estacionamentos, para locar piquetes de controle de escavações e aterros, para levantamentos topográficos, entre outros (veja as Figuras 6-9 e 6-10).

**Figura 6-9** Nível *laser* Leica Piper 200. (Cortesia da Leica Geosystems.)

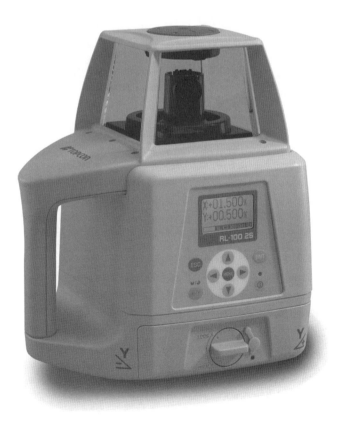

**Figura 6-10** *Laser* rotativo Topcon RL-100 2S. (Cortesia da Topcon Positioning Systems.)

## Trânsitos ou Teodolitos Usados como Níveis

Apesar de serem utilizados principalmente para medidas de ângulos, os teodolitos e trânsitos podem também ser usados para nivelamento. Os resultados são até precisos, mas não tão bons quanto os obtidos com níveis convencionais, com suas lunetas melhores e suas capacidades de autonivelamento.

## Estações Totais Usadas como Níveis

Como descrito nos Capítulos 10 e 14, as estações totais são comumente utilizadas, hoje, para determinar cotas. Os resultados são bons, mas não tão precisos quanto os obtidos com os níveis. As estações totais são preferidas quando também são necessárias as posições horizontais além do nivelamento.

## 6.8 MIRAS

Existem muitos tipos de miras para nivelamento disponíveis. Elas podem ter uma, duas ou três partes, enquanto outras (para facilidade de transporte) são telescópicas ou dobráveis. As miras normalmente são feitas de madeira, fibra de vidro, metal e outras combinações, e geralmente são graduadas com 0 (zero) na parte inferior. Elas são lidas diretamente através da luneta pelo nivelador, e, por esse motivo, são também chamadas de *miras falantes*. Às vezes, um alvo deslizante é colocado na mira como mostrado na Figura 6-11. O alvo é uma pequena placa de metal vermelha e branca com uma escala de vernier, que permite ao nivelador fazer leituras de frações das menores divisões da régua da mira.

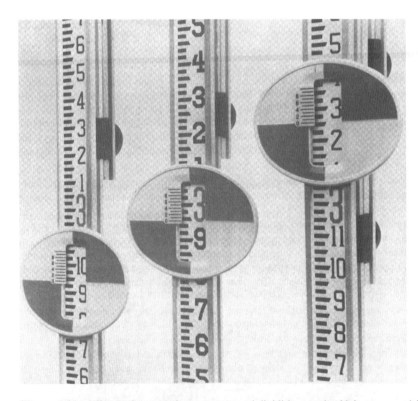

**Figura 6-11** Miras e alvos. A mira no centro está dividida em pés, décimos e centésimos de um pé, enquanto as da esquerda e direita estão divididas em pés, polegadas e oitavos de polegadas (úteis para trabalhos de construções). As escalas de verniers vistas nos alvos permitem ao topógrafo fazer leituras mais precisas. (Cortesia de Robert Bosch Tool Corporation.)

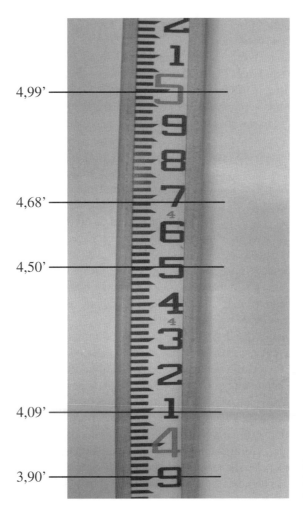

**Figura 6-12** Várias leituras sobre uma mira Philadelphia. As linhas representam o fio horizontal do retículo do instrumento.

Verniers são discutidos na Seção 7.5. O porta-mira regula o alvo na posição desejada de acordo com os sinais do operador do nível, e então a leitura é feita diretamente na mira. Essas miras são conhecidas como *miras com alvo*, entretanto essa designação é tecnicamente incorreta, pois o alvo é apenas um acessório para a mira falante comum.

As miras são geralmente batizadas com nomes de cidades ou estados.* Por exemplo, existem as miras *Philadelphia*, *Chicago*, *San Francisco*, *Florida* etc. A mira Philadelphia tem uma grande vantagem sobre as demais, como será visto na Seção 7.7. O motivo disso é que o porta-mira pode checar independentemente as leituras feitas pelo nivelador. Essa mira, a mais comum delas, é construída em duas partes. A parte de trás desliza sobre a da frente. Para leituras entre 0 e 2 m, a parte de trás não é estendida. Já para as leituras entre 2 e 4 m, é necessário estender a mira. Quando a mira é estendida, ela ganha o nome de *mira alta*. A mira Philadelphia é distintamente dividida em pés, décimos e centésimos de pés, por meios de espaços alternados em preto e branco que são pintados na régua.**
A Figura 6-12 mostra a mira Philadelphia e alguns exemplos de leituras tomadas através da luneta em locais onde o fio horizontal do retículo corta a mira.***

---

*Aqui no Brasil as miras não são conhecidas por esses nomes, apenas como miras dobráveis, telescópicas ou extensíveis. (N.T.)
**No Brasil, as miras são graduadas em metros, décimos e centésimos de metros. (N.T.)
***Os exemplos de como realizar as leituras são válidos para as miras utilizadas no Brasil, abstraindo-se o sistema de unidades em que são graduadas. (N.R.T.)

As lunetas de muitos níveis são equipadas com fios estadimétricos. Esses fios são usados para nivelamentos a três fios, como descritos na Seção 8.2 deste livro. O nivelador deve ser bastante cuidadoso para usar o fio transversal correto quando as leituras estiverem sendo realizadas.

A mira Chicago tem 12 pés (3,6 m) de comprimento e é graduada da mesma forma que a Philadelphia, só que ela consiste em três partes deslizantes. A mira Florida tem 10 pés (3,0 m) de comprimento e é graduada com listras vermelhas e brancas, cada listra com 0,10 pé (3 cm) de largura. As novas miras de fibra de vidro têm seções transversais ovais ou circulares que se ajustam telescopicamente para alturas de até 25 pés (7,5 m). Ao utilizar essas miras, devemos lembrar de ser cautelosos quando estivermos trabalhando nas proximidades de linhas de alta-tensão. Também são disponíveis, para facilitar o transporte, umas fitas ou faixas à prova d'água graduadas da mesma forma que uma mira, podendo ser utilizadas presas a um barrote de madeira. Uma vez realizado o trabalho, é só remover a fita do suporte e guardá-la. O suporte pode, então, ser jogado fora. O nivelador pode facilmente ler qualquer dessas miras através de luneta em distâncias de 60 ou 90 m, mas para distâncias maiores ele deve utilizar um alvo. O alvo tem um vernier (veja a Seção 7.5) que permite ao porta-mira fazer leituras de milésimos de pés.

Quando a mira Philadelphia está sendo utilizada com alvo e as leituras são de 2 m ou menos, o alvo é movido para cima e para baixo até que o fio horizontal do retículo coincida com a linha que divide as cores vermelho e branco do alvo. Nesse momento, o alvo é preso à régua e a leitura é realizada pelo porta-mira usando o vernier do alvo.

Se a leitura for maior que 2 m, o alvo é preso de tal forma que a sua linha central seja colocada na marca dos 2 m na régua, e a parte traseira da régua é estendida (e que moverá o alvo com ela) até que o fio horizontal do retículo contenha o centro do alvo. Então, as partes traseira e da frente da régua são presas e a leitura é feita na face traseira da parte deslizante da mira. A graduação da face traseira da mira é grafada para baixo de 2 a 4 m. Se a mira for estendida 0,6 m, a leitura será 2 + 0,6 = 2,6 m. Quando a parte traseira é puxada para cima, ela corre sob uma escala indexada e vernier, que possibilita ao porta-mira estimar as leituras na parte traseira da mira em milésimos de pés.

Leituras feitas com as miras falantes são quase tão precisas quanto as feitas com as miras de alvo, principalmente se elas são estimadas com aproximação de 0,001 m. A mira de alvo, contudo, é bastante utilizada em algumas situações: para visadas longas, florestas muito densas, lugares escuros, fortes ventos etc.*

Costumava ser muito comum usar alvo e vernier para fazer as leituras na mira. Contudo, esse procedimento, muito demorado, é quase obsoleto hoje em dia. Existe um instrumento relativamente barato chamado *micrômetro óptico* (ou placa plano-paralela) que permite ao nivelador realizar leituras muito mais precisas.

O dispositivo é montado na frente da luneta. Ele tem um parafuso micrométrico que pode ser usado para mover uma placa de cristal de faces plano-paralelas dentro de um intervalo igual à menor divisão da mira. O operador instala o instrumento e gira o parafuso micrométrico até que a linha de visada coincida com uma divisão cheia da mira. Essa divisão é lida e então é acrescentada a leitura do micrômetro (que é proporcional à distância do fio horizontal do retículo que estava sobre a divisão cheia da mira).

Para trabalhos de maior precisão, quase todas as leituras são feitas no sistema SI. As menores divisões da mira são de aproximadamente 5 mm. Uma fita de aço Invar esticada é presa à face da mira, e um termômetro é utilizado para que possam ser feitas as correções de temperatura da leitura. O micrômetro óptico no nível nos permite fazer leituras repetidas de cerca de ±0,1 mm, que equivale a ±0,0003 pé.

---

*Um exemplo clássico, no Brasil, foi o nivelamento entre os lados da entrada da Baía de Guanabara, para a construção da ponte Rio-Niterói, pela DSG — Diretoria de Serviço Geográfico do Exército. (N.R.T.)

## 6.9 INSTALAÇÃO DO NÍVEL

Normalmente, é desnecessário centralizar o nível em um ponto em particular. As localizações convenientes são selecionadas de tal forma que as visadas dos pontos desejados possam ser feitas facilmente. O tripé é montado como foi descrito para o MED, na Seção 5.5, e o instrumento é nivelado como será descrito nos próximos parágrafos.

### Níveis Automáticos e de Inclinação (Instrumento com Três Parafusos Calantes)

Para nivelar os níveis automáticos e de inclinação de três parafusos, o primeiro passo é girar a luneta para que fique alinhada sobre um dos parafusos e, portanto, perpendicular à linha que une os outros dois. A bolha do nível esférico é centralizada, girando o primeiro parafuso, e, então, os outros dois, como foi previamente descrito para os MEDs na Seção 5.5. Não é necessário rotacionar a luneta durante o nivelamento.

### Instrumentos de Quatro Parafusos

Um antigo nível de quatro parafusos calantes é preso ao tripé por meio de uma base com rosca. Depois de o instrumento ter sido nivelado tanto quanto possível pelo ajuste das pernas do tripé, a luneta é posicionada sobre um par de parafusos calantes opostos. Na centralização da bolha, são utilizados os parafusos opostos, que são girados em direção ao centro, )(, ou em direções oposta, )(. Em cada caso, à medida que os parafusos são girados a bolha seguirá o movimento do polegar esquerdo.

A bolha é aproximadamente centralizada, então a luneta é girada sobre o outro par de parafusos calantes e a bolha é mais uma vez centralizada aproximadamente. A luneta volta para o primeiro par de parafusos e é novamente centralizada, e assim por diante. Esse procedimento é repetido algumas vezes com um cuidado crescente até que a bolha fique centralizada com a luneta colocada sobre qualquer um dos pares de parafusos. Se o nível estiver ajustado adequadamente, a bolha deve permanecer centralizada quando a luneta girar em qualquer direção. Pode-se esperar que haja um leve desajuste do instrumento, o que resultará em um suave movimento da bolha; contudo, a precisão do trabalho não deve ser prejudicada se a bolha for centralizada cada vez que for realizada uma leitura na mira.

### Instrumentos de Dois Parafusos

Alguns níveis mais recentes têm somente dois parafusos calantes. Eles são construídos de forma análoga aos de três parafusos, só que um deles é substituído por um ponto fixo. Isso significa que, quando os instrumentos são instalados e nivelados em determinado ponto, estarão em uma cota fixa. Se o instrumento for levemente movido e renivelado outra vez, retornará à cota anterior. Para nivelar o instrumento de dois parafusos, a luneta é girada até ficar paralela à linha que une o ponto fixo a um dos parafusos calantes. O instrumento é nivelado, e, então, a luneta é girada para o outro parafuso calante e, mais uma vez, nivelada. O processo é repetido mais algumas vezes se necessário.

## 6.10 SENSIBILIDADE DOS NÍVEIS DE BOLHA

As divisões nos níveis de bolha tubulares eram normalmente espaçadas a intervalos de 1/10 polegadas, mas hoje são normalmente espaçadas em 2 mm. O estudante frequentemente quer saber como as leituras da mira serão afetadas se a bolha estiver descentralizada por uma, duas ou mais divisões do tubo quando as leituras forem realizadas. Uma maneira de descobrir é colocar a mira a certa distância do nível (digamos 30 m) e fazer as leituras com a bolha centralizada e depois com uma divisão descentralizada, depois com duas divisões descentralizadas etc.

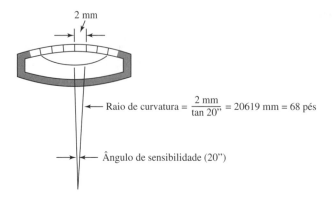

**Figura 6-13** Sensibilidade do nível de bolha. (Usando uma bolha de 20" como exemplo.)

A *sensibilidade* de um nível de bolha tubular pode ser expressa em termos do raio de curvatura do tubo. Obviamente, se o raio é grande, um pequeno movimento vertical da luneta provocará um grande movimento na bolha. Um instrumento com raio de curvatura grande é tido como sensível. Para nivelamentos de alta precisão, têm que ser utilizados níveis muito sensíveis. A centralização da bolha para tais instrumentos leva mais tempo. Assim, instrumentos menos sensíveis (que são mais rápidos de centralizar) podem ser mais práticos para levantamentos de menor precisão.

Outro modo de expressar a sensibilidade dos níveis de bolha é fornecer o ângulo em que o eixo de tubo deve ser girado (normalmente dado em segundos de arco) para mover a bolha por uma divisão na escala. Se o movimento de uma divisão na escala corresponde a 10" de rotação, a bolha é chamada de bolha de 10". Para níveis precisos, são utilizadas bolhas de 0,25" ou 0,5", ou até mais sensíveis. Para nivelamentos em uma construção comum, instrumentos de 10" ou 20" podem ser satisfatórios. Uma bolha de 20" com divisões de 2 mm terá um raio de 20,6 m (veja a Figura 6-13). A maioria dos níveis de luneta fixa tem bolhas de 20" e raio de curvatura de cerca de 20,6 m. Para os nivelamentos de primeira ordem, os níveis utilizados devem ter bolhas de 2" com 206,3 m de raio de curvatura.

## 6.11 CUIDADOS COM OS EQUIPAMENTOS

Apesar de os equipamentos de topografia serem fabricados com muita precisão e delicadeza, eles podem ser bastante duráveis se utilizados e conservados adequadamente. Na verdade, esses instrumentos podem durar uma vida inteira nas mãos de um topógrafo cuidadoso, mas também podem sofrer danos graves e irreparáveis em função de um descuido em poucos segundos. Devido às qualidades de durabilidade dos equipamentos topográficos, o topógrafo, ocasionalmente, poderá fazer uso de algum trânsito ou nível bem antigos. Isso não chega a ser uma desvantagem, porque bons instrumentos antigos ainda são bem precisos. Os preços de níveis e trânsitos usados se desvalorizam pouco à medida que os anos passam. Na verdade, seus preços de revenda normalmente permanecem estáveis por várias décadas. Entretanto, encontrar peças para esses instrumentos antigos pode, às vezes, se tornar um grande problema.

Diversas sugestões são feitas nos parágrafos seguintes em relação aos cuidados a serem tomados com instrumentos utilizados para nivelamento.

### Nível

Antes de o nível ser removido da caixa, o tripé deve ser montado em uma posição bem firme. O usuário deverá observar, exatamente, como o nível estava guardado dentro da caixa para que depois do uso possa recolocá-lo na mesma posição. Depois de ser retirado da caixa, deverá ser seguro pela sua base enquanto não estiver no tripé. Ele deve ser cuidadosamente preso ao tripé. O topógrafo não deve permitir nenhum tipo de interrupção até concluir todo o processo. Muitos níveis têm sido bastante danificados quando um topógrafo descuidado começa a desviar a atenção do processo de sua fixação ao tripé antes de concluir a operação.

Se possível, os níveis não devem ser instalados em superfícies duras e lisas, tais como pisos de prédios, a não ser que o tripé possa ser bem fixado nas ranhuras do piso ou firmemente preso por outros meios, talvez com molduras triangulares feitas para esse fim. Cuidados especiais devem ser tomados quando os equipamentos estiverem sendo carregados dentro de prédios, para evitar danos de possíveis colisões com portas, paredes ou colunas. Nesses locais, os níveis devem ser carregados nos braços e não nos ombros. Quando o trabalho é em áreas externas, é normal carregar o instrumento nos ombros. Nesse caso, os parafusos fixadores podem ser deixados soltos para permitir que o instrumento se mova ao encostar em arbustos ou galhos de árvores. Se tiver que ser carregado por longas distâncias ou em terrenos muito difíceis, o nível deve ser colocado na sua caixa de transporte.

Um nível nunca deve ser deixado largado, a não ser em um local que tenha proteção. Se ele cair por causa de vento, animais, crianças ou carros, o resultado provavelmente será desastroso. Alguns topógrafos preferem tripés com as pernas pintadas com cores brilhantes. Essa é uma técnica particularmente inteligente quando um trabalho está sendo feito próximo a uma rodovia movimentada. Outra razão para não deixar os instrumentos desprotegidos são os ladrões. Níveis, trânsitos, MEDs e estações totais podem ser vendidos fácil e rapidamente por ótimos preços. Além disso, o topógrafo deve proteger ao máximo o instrumento de umidade e poeira. Capas à prova de água são desejáveis em caso de chuva repentina. Se o nível for molhado, as lentes têm que ser cuidadosamente enxugadas. Se as lentes embaçarem, aconselha-se esperar pela evaporação, pois as lentes podem ser arranhadas muito facilmente enquanto estiverem sendo limpas. Se a objetiva ou a ocular se tornarem tão sujas a ponto de interferir na visada, elas podem ser limpas com o pincel de pelo de camelo, escova para lentes de pelos finos ou com um lenço de papel específico para lentes. Não use tecido tratado com silicone porque ele pode danificar as lentes revestidas. Nunca solte ou tente limpar as superfícies internas de quaisquer lentes.

## Parafusos Calantes

Talvez o dano mais comum causado ao aparelho por topógrafos iniciantes se deva ao fato de forçar demais os parafusos calantes. Se o instrumento estiver em condições apropriadas, esses parafusos podem ser girados facilmente com as pontas dos dedos, sem nunca haver a necessidade de utilizar força extra.

Para enfatizar o "leve toque" que deve ser usado com os parafusos calantes, muitos instrutores pedem aos seus alunos que realizem o seguinte teste: um parafuso calante é afrouxado e um pedaço de papel colocado por baixo dele. Então, o parafuso é apertado apenas o suficiente para segurar o papel no lugar enquanto ele é puxado levemente com a mão. O instrutor sempre recomenda não apertar o parafuso com força maior que a necessária para que ele segure o papel. Essa demonstração deve criar no estudante a consciência do cuidado que se deve ter com esses parafusos, que podem até ser remoídos ou quebrados se for aplicada muita força. Caso as roscas sejam danificadas, eles normalmente têm de ser enviados ao fabricante para manutenção corretiva.

Se não estiverem girando com facilidade, os parafusos calantes podem ser limpos com algum solvente como gasolina, e o interior das roscas deve ser lubrificado *muito* levemente com óleo utilizado em relógios. Quando os níveis forem levados para serem guardados ou para trabalhos externos, os parafusos e fixações devem permanecer soltos, pois grandes mudanças de temperatura podem causar sérios danos.

## Mira

As miras jamais deverão ser arrastadas pelo chão ou colocadas dentro d'água, mato ou lama, e a sua base de metal não deverá bater em rochas, pavimentos ou outros objetos rígidos. Esses descuidos

**110** Capítulo 6

desgastam a base de metal e, portanto, causarão erros de levantamentos devido à mudança no comprimento da mira. Também não podem ser usadas para afastar arbustos ou galhos de árvores. A mira Philadelphia não pode ser carregada nos ombros quando estiver totalmente estendida, assim como não deve ser encostada em árvores ou paredes — elas são flexíveis demais. Ela deve sempre ser colocada em uma superfície plana e lisa sobre o solo com os números virados para cima.

## PROBLEMAS

**6.1** Defina o que é uma linha vertical, uma linha de nível e uma linha horizontal.

**6.2** Por que o nível médio do mar está aumentando gradualmente?

**6.3** Por que os valores do nível do mar baseados no NAVD 88 são diferentes dos baseados no NGVD 29?

**6.4** O que é colimação?

**6.5** O que é nivelamento geométrico?

**6.6** Diferencie os nivelamentos de primeira, segunda e terceira ordens.

**6.7** Como a referência do nível do mar foi estabelecido nos Estados Unidos?

**6.8** Quais são os problemas associados ao nivelamento barométrico?

**6.9** O que é um nível de luneta fixa?

**6.10** Diga uma vantagem de um nível de dois parafusos.

**6.11** Descreva uma régua Philadelphia.

**6.12** O que é a sensibilidade de um nível de bolha tubular? Como ela é determinada?

**6.13** O que é um nível de inclinação?

**6.14** Cite vários cuidados que o topógrafo deve ter com os equipamentos de nivelamento.

# Capítulo 7

# Nivelamento Geométrico

## 7.1 TEORIA DO NIVELAMENTO GEOMÉTRICO

Para uma descrição introdutória do nivelamento geométrico ou direto, assume-se que o topógrafo instalou o instrumento e o nivelou cuidadosamente. Ele, então, visa a mira corretamente instalada pelo porta-mira sobre determinado ponto de cota conhecida (essa visada é chamada de *visada de ré*, ou VR). Se a leitura da visada de ré (ou simplesmente leitura de ré) é adicionada à cota conhecida do ponto, temos a *altura do instrumento* (AI), isto é, a cota da linha de visada da luneta.

Para ilustrar esse procedimento, temos a Figura 7-1, em que a AI é igual a 100,00 + 1,93 = 101,93 m. Se a AI já é conhecida, a luneta pode ser usada para determinar a cota de outros pontos nas proximidades, instalando a mira sobre cada ponto cuja cota se deseja determinar e fazendo a leitura correspondente. Considerando que a cota do ponto de interseção entre a linha de visada da luneta e a mira agora é conhecida (AI), a leitura da mira, que pode ser chamada de *visada de vante* (VV), será subtraída de AI a fim de obter a cota do ponto em questão. Na Figura 7-1, uma leitura de VV de 0,94 m foi feita na mira. A cota na base da mira dessa nova posição é, então, 101,93 – 0,94 = 100,99 m.

O nível pode ser levado para outra área pelo emprego de pontos temporários que são chamados de *pontos de mudança* (PM) ou estações auxiliares. A luneta é apontada para a mira sobre o ponto de mudança conveniente e executa-se uma visada de vante para estabelecer a cota desse ponto. Então, o nível pode ser mudado para além do PM e instalado em nova posição. Uma *visada de ré* é tomada na mira mantida no ponto de mudança, e a AI para a nova posição do instrumento é determinada. Esse processo pode ser repetido várias vezes para nivelar longos percursos ou cobrir áreas amplas.

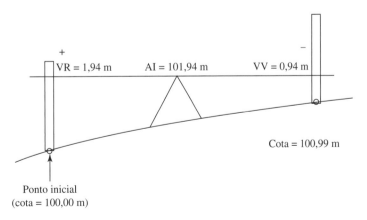

**Figura 7-1** Nivelamento geométrico ou direto simples.

## 7.2 DEFINIÇÕES

Uma *referência de nível* (RN) é um ponto relativamente permanente de cota conhecida. Ele deve ser facilmente reconhecido e encontrado, e deve estar instalado próximo ao solo. Pode ser um marco de concreto no terreno, um prego cravado numa árvore, uma marca de × numa fundação de concreto, um parafuso de hidrante ou um objeto similar que não seja possível mover. As referências de nível, que serão permanentes, devem apoiar-se em estruturas que tenham se acomodado completamente ao terreno e que se estendam abaixo do limite de congelamento no solo.* A fundação de um edifício antigo normalmente satisfaz esse requisito muito bem. As partes de estruturas que devem resistir a forças laterais significativas, tais como muros de arrimo, implicam a implantação de referências de nível precárias. Essas estruturas podem se mover com os anos devido à pressão lateral do solo. Restrições semelhantes podem ser feitas para as fundações de postes e porque elas frequentemente podem ser reutilizadas durante todo um trabalho ou em trabalhos futuros nas proximidades. Devem ser completa e cuidadosamente documentadas de modo que outro topógrafo não familiar com a área possa achá-las e usá-las, talvez anos mais tarde.

Um *ponto de mudança* (PM), *estaca de mudança* ou *estação auxiliar* é um ponto temporário cuja cota é determinada durante o processo de nivelamento. Pode ser qualquer ponto conveniente no terreno, mas é normalmente aconselhável usar um ponto prontamente identificável tal como uma pedra, um piquete fincado no chão ou um marco na pavimentação, de modo que a mira possa ser removida e recolocada na mesma posição quantas vezes for necessário. É essencial que objetos sólidos sejam usados como pontos de mudança. Nunca deve ser selecionado um ponto em solo fofo, molhado ou grama, que cedem ou afundam sob o peso da mira. No caso em que objetos naturais não estejam disponíveis, um pino de metal ou um piquete de madeira podem ser usados se fincados firmemente no chão. O procedimento normal é usar o ponto mais alto do objeto como ponto de mudança.

Uma *visada de ré* (VR) é uma visada para uma mira instalada sobre um ponto de cota conhecida (RN ou PM) para determinar a altura do instrumento (AI). As visadas de ré frequentemente são chamadas de *visadas positivas* porque normalmente são adicionadas às cotas dos pontos visados com o objetivo de determinar a altura do instrumento.

Uma *visada de vante* (VV) é uma visada para determinar a cota de qualquer ponto. As visadas de vante frequentemente são chamadas de *visadas negativas* porque são subtraídas de AI para obter as cotas de pontos. *Note que, para qualquer posição do instrumento na qual o AI é conhecido, qualquer quantidade de visadas de vante pode ser tomada para obter as cotas de outros pontos na área.* É comum distinguir as visadas de vante a pontos de mudança de visadas de vante a pontos isolados (suas cotas são determinadas, mas não são visados como ré). Alguns topógrafos chamam as visadas de vante a pontos que não serão visados como ré de vantes intermediárias, abordadas no Capítulo 8. As únicas limitações ao número de visadas são o comprimento da mira e a ampliação fornecida pela luneta do instrumento. Normalmente, não se pode visar a mira em ponto cuja cota seja maior que AI. Existem algumas exceções, tal como quando se deseja determinar a cota do lado inferior de uma ponte ou o topo de um poço de mina ou túnel. Para tais casos, a mira é invertida e mantida segura na direção do ponto cuja cota se procura. Nesse contexto, as visadas de ré são negativas e as visadas de vante são positivas.

## 7.3 DESCRIÇÃO DO NIVELAMENTO

O *nivelamento geométrico* é o processo para determinação da diferença de cota existente entre dois pontos, como ilustrado na Figura 7-2, em que uma linha de nivelamento é formada entre as $RN_1$ e

---

*Em inglês, *frost line*. É a profundidade máxima em que o solo congela no inverno. Trata-se de fator relevante nas construções americanas. (N.R.T.)

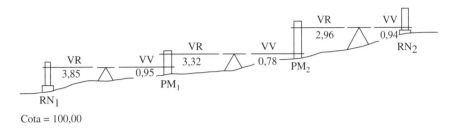

**Figura 7-2** Nivelamento geométrico.

$RN_2$. O operador instala o nível num ponto conveniente e visa a ré na mira mantida sobre a $RN_1$. Obtém-se a AI. O auxiliar porta-mira muda para um ponto adequado ($TP_1$ na figura) na direção da $RN_2$. O operador faz uma visada de vante na mira, sendo possível, assim, calcular a cota de $TP_1$. O nível é, então, mudado para um local além de $TP_1$ e é realizada uma visada de ré para $TP_1$. Obtém-se nova AI. O porta-mira se move para uma nova posição ($TP_2$), e assim por diante. Esse procedimento é repetido até que a cota de $RN_2$ seja determinada.

*A visada de ré inicial pode ser tomada para um ponto com altitude conhecida (referência de nível determinada a partir do nível médio dos mares) ou para um ponto com cota arbitrária.* Se o nivelamento é conduzido a partir de uma referência de nível, os valores determinados para os pontos subsequentes são cotas absolutas ou altitudes. Se, por outro lado, a cota do ponto inicial é arbitrária, as cotas determinadas dos pontos subsequentes serão relativas àquela cota inicial. Entretanto, as diferenças entre os valores altimétricos são válidas, mesmo se as cotas absolutas de todos os pontos são desconhecidas. Por esse motivo é denominado nivelamento diferencial. Há muitas aplicações em levantamentos em que o resultado que interessa do nivelamento é a diferença altimétrica ponto a ponto e não as cotas absolutas ou altitudes dos pontos. Isso é particularmente importante quando não há referências de nível disponíveis na área de trabalho.

É muito importante no nivelamento diferencial manter os comprimentos das visadas de ré e das visadas de vante aproximadamente iguais para cada posição do instrumento. Tal prática proporciona redução significativa de erros nos casos em que os instrumentos não estão retificados e também para erros devidos à refração atmosférica e à curvatura da Terra (a serem discutidos na próxima seção). Um meio fácil de obter distâncias aproximadamente iguais é medir em passos; mas estadimetria, MEDs e trenas são alternativas melhores. Esses temas são discutidos mais detalhadamente nas Seções 7.6 e 7.8.

A forma prática para registrar as anotações do nivelamento diferencial é apresentada na Figura 7-3 para as leituras que foram mostradas na Figura 7-2. A ordem dos valores inseridos nas anotações de nivelamento são ainda ilustradas na Figura 7-4. Em primeiro lugar, a cota conhecida da $RN_1$ é anotada. Em seguida, a visada a ré é tomada com a mira sobre a $RN_1$ e a leitura é inserida na mesma linha, na coluna BS. Esse valor é então adicionado à cota do valor de referência para determinar a altura do instrumento. Esse valor é também registrado na mesma linha, na coluna AI. Em seguida, a leitura de vante é realizada em um ponto de mudança. Observe que esse valor é preenchido na linha seguinte. A leitura de vante é subtraída do valor AI da linha anterior para determinar a cota de $TP_1$. O processo continua até que todas as anotações sejam concluídas. *O estudante seria sensato ao estudar essas anotações muito cuidadosamente antes de tentar um nivelamento; caso contrário, ele pode ficar confuso ao registrar as leituras.* Ao estudar essas anotações, o estudante deve observar particularmente a verificação ou controle dos cálculos. Uma vez que as visadas de ré são positivas e as visadas de vante são negativas, o topógrafo deve somá-las separadamente. A diferença entre esses dois totais deve igualar a diferença entre as cotas inicial e final; do contrário, foi cometido um erro grosseiro na caderneta de campo. *Visto que o cálculo de controle é fácil de fazer, não há nenhuma desculpa para não realizá-lo. Por isso, as anotações do nivelamento são consideradas incompletas a menos que o cálculo seja feito e registrado nas anotações. Note que as visadas de vante intermediárias não estão incluídas na verificação. É comum incluir uma coluna separada para vantes intermediárias a fim de simplificar as verificações.*

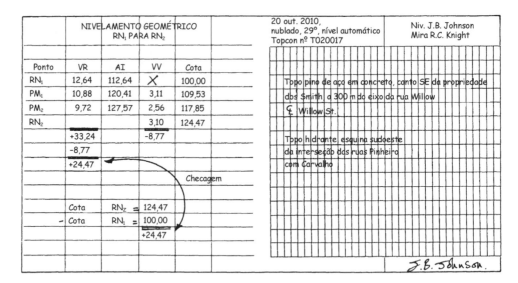

**Figura 7-3** Anotações da caderneta de nivelamento.

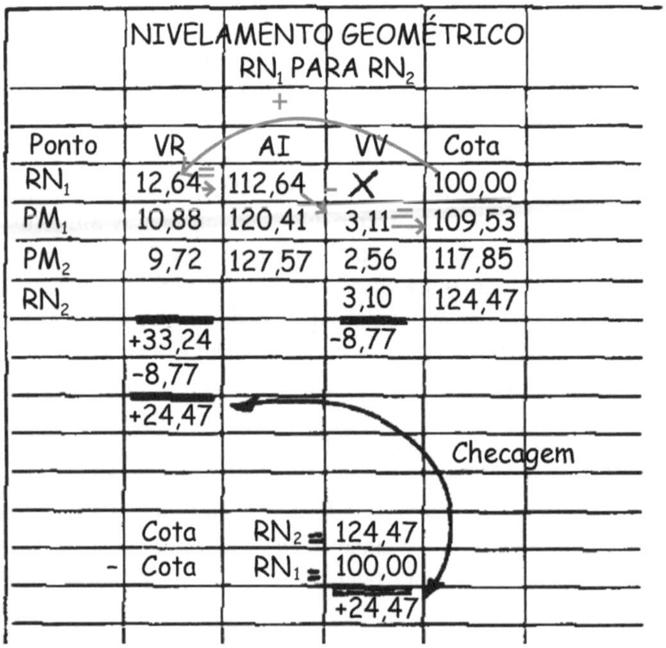

**Figura 7-4** Cálculo de nivelamento diferencial: a leitura a ré (12,64) é somada à cota de BM₁ para determinar a altura do instrumento (AI) na primeira estação (112,64). O instrumento é girado e é realizada a leitura a vante, visando o ponto de mudança TP₁ (3,11). Esse valor é subtraído de AI para determinar a cota de TP₁ (109,53). A sequência de cálculos e leituras é repetida.

## 7.4 CURVATURA DA TERRA E REFRAÇÃO ATMOSFÉRICA

Até esse ponto foi admitido que, quando o instrumento está nivelado, sua linha de visada representa uma linha em nível. Nesta seção, você aprenderá que esse não é o caso, devido à *curvatura da Terra*. A linha de visada da luneta é perpendicular a um fio de prumo somente na posição do instrumento.

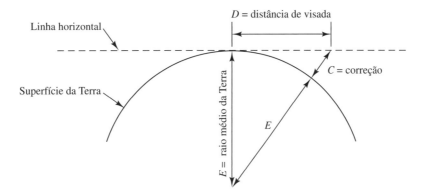

**Figura 7-5** Curvatura da Terra.

Você pode, então, assumir que a linha de visada da luneta é uma linha horizontal, mas aprenderá que isso também não é correto, devido à *refração atmosférica*.

Uma expressão para o valor da curvatura da Terra pode ser deduzida facilmente. A referência é feita para a Figura 7-5, em que $R$ é o raio médio da Terra = 6371 km e $C$ é o afastamento de uma linha horizontal para a superfície curva da Terra numa distância de visada $D$. Para o triângulo retângulo com lados $R$, $D$ e hipotenusa $R + C$, podemos escrever

$$D^2 + E^2 = (E + C)^2$$
$$= E^2 + 2EC + C^2$$

Em um nivelamento, a distância máxima de visada é provavelmente algumas poucas centenas de metros, mas certamente não mais que alguns quilômetros. Para essas distâncias, o valor de $C$ será no máximo de alguns metros. Assim, $C^2$ na expressão anterior é uma quantidade insignificante em comparação com 6371 km elevado ao quadrado. Portanto, $C^2$ é negligenciado e temos

$$D^2 + E^2 = E^2 + 2EC$$
$$C = \frac{D^2}{2E} = \frac{D^2}{(2)(6{,}371 \text{ km})} = 0{,}00007848 \, D^2 \text{ km}$$

Quando mudamos para metros usando $D$ em quilômetros, obtemos

$$C = (0{,}0001263)(5280)(D^2) = 0{,}0785 \, D^2 \text{ m}$$

Quando os raios de luz atravessam camadas de ar de densidades diferentes, eles são refratados ou curvados para baixo. Isso significa que, na verdade, para ver um objeto no solo a alguma distância, uma pessoa tem que olhar acima dele. A quantidade de refração depende da temperatura, pressão atmosférica e umidade relativa do ar. É maior quando a linha de visada se dá próxima ao solo de corpos d'água em que diferenças de temperatura são grandes e, portanto, ocorrem variações grandes em densidades de ar.

Como é difícil determinar a quantidade de refração, um valor médio normalmente é usado. Esse valor é aproximadamente 0,018 m em 1 km (aproximadamente um sétimo do efeito da curvatura da Terra) e varia diretamente com o quadrado da distância horizontal.

As variações do valor de 0,018 m não são normalmente significativas para as distâncias de visadas relativamente curtas do nivelamento diferencial — mas necessariamente podem ser consideradas para nivelamentos muito precisos e para condições extremas em nivelamentos comuns. Tem-se identificado refração com valor de até 0,03 m em visadas de 60 m.

Por causa da curvatura da Terra, uma linha horizontal se afasta de uma linha nivelada por 0,785 m a cada 1 quilômetro e também varia com o quadrado da distância horizontal. Os efeitos da curvatura da Terra e da refração atmosférica são representados na Figura 7-6.

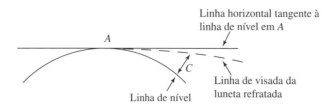

**Figura 7-6** Curvatura da Terra e refração atmosférica.

A combinação da curvatura da Terra e refração atmosférica faz a linha de visada da luneta diferir de uma linha em nível aproximadamente 0,0785 m menos 0,011 m, ou 0,0675 m em 1 km, valor que varia com o quadrado da distância horizontal em quilômetros. Essa resultante pode ser representada pela equação a seguir, em que $C$ é o afastamento entre a linha de visada da luneta e uma linha de nível, e $K$ é a distância horizontal em quilômetros:

$$C = 0,0675\, K^2$$

Para uma leitura da luneta numa mira afastada 30 m, a leitura teoricamente estaria com um erro de

$$(0,0675)\left(\frac{30}{1000}\right)^2 = 0,000061 \text{ m}$$

De modo semelhante, uma leitura numa mira a uma distância de 90 m estaria com um erro de 0,00054675 m. A 300 m de distância o erro seria 0,006075 m.

Distâncias de visadas de nivelamento raramente são maiores que algumas dezenas de metros. Na maioria dos instrumentos modernos a óptica limita as visadas a distâncias de 100 m ou menos. Além dessas distâncias, as graduações na mira são difíceis de distinguir. Para tais distâncias, os erros causados pela curvatura da Terra e pela refração atmosférica, calculados como já exposto, são insignificantes exceto para levantamentos muito precisos. Entretanto, erros em consequência do uso de instrumentos não retificados (causando inclinação da linha de visada da luneta) podem ser muito significativos para tais distâncias.

Se a distância da visada de ré for exatamente igual à distância da visada de vante para cada instalação do instrumento, pode-se ver que os erros causados por refração atmosférica e curvatura da Terra teoricamente se cancelam. Cada leitura seria aumentada da mesma quantidade e, desde que o mesmo erro fosse adicionado com a visada de ré e subtraído com a visada de vante, o resultado final seria o cancelamento mútuo. *Uma discussão semelhante pode ser feita para reduzir erros causados por níveis descalibrados. Tais erros podem ser bem maiores que aqueles causados por refração atmosférica e curvatura da Terra.* Particularmente significativo é o erro produzido quando o eixo da luneta não está paralelo ao eixo do tubo do nível de bolha. Entretanto, se as distâncias visadas de ré e de vante são mantidas aproximadamente iguais para cada instalação do instrumento tais erros serão reduzidos significativamente.

Para levantamentos corriqueiros, é razoável negligenciar o efeito da curvatura da Terra e refração atmosférica. O operador pode, entretanto, fazer com que as visadas de ré e de vante sejam aproximadamente iguais a partir de estimativa visual. Para o nivelamento preciso, é necessário ter mais cuidado para igualar as distâncias. Medidas a passos, estadimetria, MEDs ou trenas podem ser usados.

Para as unidades do Sistema Inglês, a correção para a curvatura da Terra e a refração atmosférica é dada pela seguinte equação, em que $C$ é pés e $M$ é a distância em milhas:

$$C = 0,574\, M^2$$

## 7.5 VERNIERS

O *vernier* é um dispositivo usado para fazer leituras numa escala graduada com aproximação maior que as menores divisões dessa escala. O vernier, inventado pelo francês Pierre Vernier em 1620, é

**Figura 7-7** Vernier de mira.

uma pequena escala auxiliar que tanto pode ser fixada à mira quanto se mover ao longo das divisões de sua escala.

Muitos alvos usados nas miras têm verniers* com os quais leituras da mira podem ser estimadas com aproximação da ordem de 0,0001 m. A Figura 7-7 ilustra a operação de leitura de verniers na mira. Os números nessa mira, em particular, são 1,1 m e 1,2 m e, as divisões entre eles que são de 0,01 m. O vernier está à direita da mira e é construído de tal forma que 10 divisões no vernier cobrem nove divisões na mira. Portanto, cada divisão do vernier vale 0,009 m.

Nessa figura, o 0, ou marca inferior do vernier, coincide com a marca 1,10 m da mira. Deve-se notar que a próxima divisão do vernier está a 1/10 da divisão da próxima marca da mira (ou da marca 1,11 m). A segunda divisão no vernier está a 2/10 da divisão da marca 1,12 m na mira.

Se o vernier é movido para cima até que sua primeira divisão coincida com a primeira divisão na mira, ou marca 1,110 m, a parte inferior do vernier estará localizada em 1,101 m na mira. Da mesma maneira, se o vernier é movido para cima, até que a segunda divisão coincida com a segunda marca na mira (1,120 m), a sua parte inferior estará localizada em 1,102 m na mira.

Para ler o vernier da mira, a parte inferior do vernier é alinhada com o fio horizontal do retículo e a leitura consiste na contagem do número de divisões do vernier até que uma divisão no vernier coincida com uma divisão da mira. Essa leitura é adicionada à última divisão da mira abaixo da parte inferior do vernier. Na Figura 7-8, a leitura da mira na parte inferior do vernier está entre 1,120 m e 1,130 m. A sexta divisão para cima no vernier coincide com uma divisão na mira, então a leitura de mira é 1,120 mais a leitura 6 do vernier, totalizando 1,126 m. Isso também poderia ser lido como 1,18 − (6)(0,009) = 1,126 m.

Para a mira e o vernier descritos aqui, a menor subdivisão que pode ser lida é igual a um décimo de divisão da escala da mira. Dez divisões no vernier cobrem nove divisões na mira, e a menor subdivisão que pode ser lida com o vernier é

$$\frac{0,010}{10} = 0,001 \text{ m}$$

Se for usado outro vernier para o qual 20 divisões do vernier cubram 19 divisões da mira, a menor subdivisão que pode ser lida é de 1/20 da divisão da escala, ou

$$\frac{0,010}{20} = 0,0005 \text{ m}$$

---

*No Brasil não é comum o uso de miras com vernier. (N.T.)

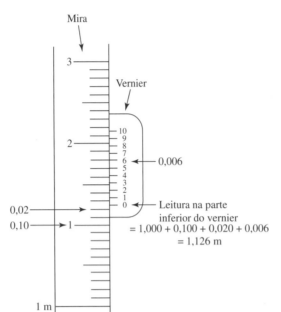

**Figura 7-8** Exemplo de leitura de mira usando um vernier.

Do exposto pode ser escrita uma expressão para a menor subdivisão que pode ser lida com determinado vernier. Considerando *n* o número de divisões do vernier, *s* a menor divisão na escala principal e *D* a menor subdivisão que pode ser lida, a seguinte equação pode ser escrita:

$$D = \frac{s}{n}$$

Historicamente, em topografia, um dos principais usos de verniers foi para medir ângulos, e por essa razão o assunto verniers é retomado no Apêndice D deste livro, no qual trânsitos e teodolitos são discutidos. Verniers não são mais usados em estações totais uma vez que as leituras já são exibidas no visor.

## 7.6 ALVOS DE MIRA

Para visadas longas ou para situações em que se desejam leituras com aproximações de 0,001 m, pode ser usado um alvo sobre a mira. Os alvos são pequenos pedaços circulares ou elípticos de metal com aproximadamente 0,12 m de diâmetro pintado de vermelho e branco em quadrantes alternados. São fixados às miras e, como mostrado na Figura 7-9, um vernier é parte do alvo.

O alvo é movido para cima ou para baixo conforme instruções do operador até que pareça estar dividido ao meio pelo fio do retículo. Nesse ponto, o fio horizontal do retículo coincide com a parte inferior do vernier. O porta-mira toma a leitura com aproximação de 0,001 m e esse valor é verificado aproximadamente pelo operador. Um item importante para lembrar a respeito das leituras do alvo é que, embora sejam feitas com aproximação de até 0,001 m, elas não podem ser melhores que a exatidão obtida no ajuste do alvo. Em outras palavras, para um nivelamento comum, "não dê importância demais para leituras com aproximações de 0,001 m". Embora mais exatas que aquelas tomadas com aproximações de 0,01 m, as leituras provavelmente não são exatas até a terceira decimal. A razão para tanto é que o operador não consegue sinalizar para o porta-mira deslocar o alvo sobre a mira tão precisamente quanto ele pode ajustar o fio do retículo sobre ela.

A precisão do nivelamento comum pode ser aumentada um pouco pelo uso trabalhoso com alvos, como descrito no parágrafo anterior. *Um meio prático rápido e muito simples em que a precisão*

**Figura 7-9**   Alvo de mira.

*pode ser apreciavelmente melhorada é meramente limitando os comprimentos de visadas, talvez para 30 m ou menos, permitindo ao nivelador estimar as leituras de mira, usando a luneta com aproximação de 0,002 m.*

## 7.7   ERROS GROSSEIROS COMUNS NO NIVELAMENTO

Os erros grosseiros mais comuns cometidos no nivelamento são descritos nos parágrafos a seguir.

### Erros de Leitura de Mira

A menos que o operador seja muito cuidadoso, ele ocasionalmente pode ler a mira incorretamente como, por exemplo, 1,16 m em vez de 2,16 m. Esse engano ocorre mais frequentemente quando a linha de visada para a mira é parcialmente obstruída por folhas, ramos, grama, elevações do terreno, e assim por diante. Há diversos modos de prevenir esses enganos. O operador sempre deve, com cuidado, notar as graduações de metros acima ou abaixo do ponto no qual o fio horizontal do retículo corta a mira. Se aquelas graduações vermelhas não são visíveis, ele pode pedir ao porta-mira para levantar a mira lentamente até que uma graduação cheia de metros possa ser vista. Para fazer isso ele pode dizer "levanta para vermelho" ou dar um sinal apropriado com a mão, como descrito na Seção 7.12.

120    Capítulo 7

Um procedimento excelente para o operador é ditar em voz alta as leituras à medida que as toma. O porta-mira, enquanto ainda segura a mira adequadamente, pode apontar para a leitura com um lápis. Obviamente, o lápis deve coincidir com o fio horizontal do retículo se a leitura foi tomada corretamente. Outro procedimento é usar um alvo em que ambos realizem as leituras.

Outra situação que pode resultar em erros grosseiros de leitura de mira é a presença de fios estadimétricos na luneta. O topógrafo deve ser muito cuidadoso ao usar o fio horizontal central do retículo, também chamado de fio nivelador, quando um nivelamento está sendo executado.

### Troca do Ponto de Mudança

Um porta-mira negligente causa erros sérios de nivelamento se alterar o ponto de mudança. Ele segura a mira sobre um ponto enquanto o operador toma a leitura da visada de vante. Suponha que, enquanto o nível está sendo levado para a nova posição, o porta-mira coloca a mira deitada no terreno por algum motivo qualquer. Se, quando o operador estiver pronto para a visada de ré, o porta-mira colocá-la em outro ponto, um sério erro será cometido porque a nova posição terá uma cota inteiramente diferente. Obviamente, um bom porta-mira previne erros como esse usando pontos de mudança bem definidos ou marcando-os nitidamente com um giz de cera (em pisos de concreto ou asfalto) ou fincando um piquete.

### Erros nas Anotações de Campo

Para prevenir o registro de valores incorretos, o nivelador deve ditar em voz alta as leituras enquanto lê e os registra. Isso é particularmente eficiente se o porta-mira está verificando as leituras com um lápis ou com um alvo. Para evitar erros de adição ou de subtração nas anotações de nivelamento, o controle dos cálculos descrito na Seção 7.13 deve ser cuidadosamente seguido.

### Erros com Miras Extensíveis

Quando são tomadas leituras na parte extra de uma mira extensível, é absolutamente necessário ter as duas partes ajustadas adequadamente. Se elas não estiverem, serão cometidos erros grosseiros.

## 7.8   ERROS DE NIVELAMENTO

Uma descrição breve dos erros de nivelamento mais comuns e sugestões de métodos para reduzi-los serão apresentadas nos próximos parágrafos.

### Erros de Verticalidade

Ao visar a mira, o operador pode ver se a mira está inclinada para um lado ou para o outro por meio do fio vertical do retículo na luneta e, se for necessário, pode sinalizar ao porta-mira para posicioná-la corretamente. O operador não pode, entretanto, dizer se a mira está inclinada na direção do instrumento. Se o estudante pensar sobre isso por um tempo, ele verá que a menor leitura possível ocorrerá quando a mira estiver na vertical. Muitos topógrafos, portanto, obrigam seu porta-mira a lentamente "balançar" a mira para perto e para longe do instrumento e, então, registram a menor leitura observada (Figura 7-10). Um método usado por alguns topógrafos para nivelamento é exigir que o porta-mira segure a mira de modo que toque o seu nariz e a fivela do cinto, mas essa prática não é tão satisfatória quanto balançar a mira. Algumas miras, particularmente aquelas usadas para trabalhos de maior precisão, são equipadas com nível esférico (Figura 7-11) permitindo que o porta-mira dê prumo a ela ao centrar a bolha. Outras miras são equipadas com níveis de bolha tubulares convencionais. O uso de níveis nas miras ou outros métodos de prumo é preferível a balançar a mira. O balanço na base plana inferior da mira pode ocasionar pequenos erros em consequência da rota-

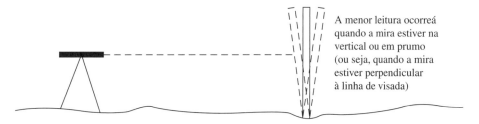

**Figura 7-10**  Balanço da mira.

**Figura 7-11**  Nível de cantoneira. (Cortesia da SECO.)

ção da mira sobre suas bordas e não sobre o centro de sua face frontal. O balanço funciona melhor quando a mira é colocada sobre um ponto arredondado.

## Assentamento da Mira

É essencial manter a mira sobre pontos definidos e firmes, que não afundem e que sejam prontamente identificáveis, de modo que o porta-mira, tendo se afastado para executar algum outro trabalho, possa retornar exatamente para o mesmo ponto. Quando esses pontos considerados ideais não estão disponíveis, pode ser necessário implantar pontos de mudança no terreno, com possibilidade de afundamento. Para reduzir essa possibilidade, o porta-mira deve segurar a mira sobre um piquete fincado no solo, num ponto de mudança com pino de metal ou em alguma outra base similar.

## Acumulação de Gelo, Barro ou Neve na Base da Mira

Se o porta-mira não é cuidadoso, barro, neve ou gelo podem se acumular na base da mira. Isso pode causar erros graves no nivelamento. A mira não deve ser arrastada no chão sob nenhuma hipótese, e sua parte inferior deve ser limpa cuidadosamente quando há neve, gelo ou barro.

## Mira Não Estendida Completamente

Quando a parte de trás de uma mira Philadelphia é estendida, é chamada de mira alta. Tal extensão é necessária para as leituras de 2 a 4 m. Frequentemente, as miras são danificadas por baixar a parte superior tão rapidamente que as roldanas entre as duas seções são danificadas. A consequência é que as leituras na parte alta da mira podem estar com erro e o porta-mira deve verificar a extensão de mira. Se a extensão é manobrada sem cuidado, isso deve ser classificado como erro grosseiro.

### Comprimento Incorreto da Mira

Se uma mira está com comprimento incorreto (e nenhuma mira possui comprimento perfeito), as leituras apresentarão erro. Se os erros de comprimento ocorrem na parte inferior da mira, teoricamente eles serão cancelados no processo de nivelamento diferencial. Os erros causados por um desajuste ao estender a mira, entretanto, não serão cancelados se algumas leituras estão sendo tomadas acima da junção e algumas abaixo. Isso geralmente ocorre quando o topógrafo está nivelando ao longo de uma encosta. Em tais casos, são realizadas leituras na parte alta da mira para lances em declive e na parte baixa para lances em aclive. O comprimento da mira deve ser verificado periodicamente com uma trena de aço.

### Distâncias Desiguais entre Visadas de Ré e de Vante

Na Seção 7.4 foi exposto que, se os comprimentos das visadas de ré e das respectivas visadas de vante fossem semelhantes para certa configuração, teoricamente não haveria nenhum erro causado pela curvatura da Terra e refração atmosférica. Para trabalhos normais, basta negligenciar ou meramente estimar a olho as distâncias iguais. Para trabalhos mais precisos, é necessário medir a passos as distâncias ou mesmo usar estadimetria ou um MED para manter as distâncias das VR e VV iguais.

Os erros causados pela não retificação do instrumento são normalmente muito mais importantes que os causados pela refração atmosférica e curvatura da Terra. Particularmente significativo é o erro produzido se o eixo do nível de bolha tubular não for paralelo à linha de visada da luneta. Entretanto, se as distâncias observadas de VR e VV são semelhantes, tais erros serão reduzidos.

### Bolha do Nível Não Centrada

Se a bolha não estiver centrada no nível quando uma leitura é tomada, as leituras estarão com erro. Surpreende como isso pode acontecer com facilidade. O operador pode esbarrar no instrumento, as pernas do tripé podem afundar num solo fofo ou o instrumento pode não estar nivelado ou ajustado adequadamente, daí resultando que quando a luneta é virada, a bolha não permanece centrada. Todos esses fatores enfatizam que o operador deve ser particularmente cuidadoso. Quando a bolha é verificada antes e depois de cada leitura, para ter certeza que está centrada, esses erros são reduzidos substancialmente. (Deve ser relembrado que os níveis automáticos, tal como o exposto na Figura 7-12, se autorrenivelam quando são deslocados levemente.)

### Acomodação do Nível

Em solo fofo ou pantanoso ou mesmo em asfalto aquecido, haverá certamente alguma acomodação e afundamento do tripé. Entre os instantes das leituras da visada de ré e da visada de vante haverá o afundamento, resultando numa leitura menor para a visada de vante. Deve-se tomar cuidado ao selecionar lugares o mais firmes possível para instalar o instrumento. Além do mais, o menor tempo possível deve ser gasto entre as leituras (uso de dois porta-miras, se possível). Uma precaução a mais para reduzir erros de acomodação é tomar a visada de vante primeiro em instalações alternadas do nível.

### Instrumento Não Retificado ou Não Calibrado

O topógrafo aprenderá com a experiência a fazer verificações simples constantemente para se certificar de que os instrumentos estão ajustados.

**Figura 7-12** Nível automático Leica Jogger 24. (Cortesia da Leica Geosystems.)

Dois problemas muito comuns são aqui mencionados.

1. A linha de visada da luneta pode não estar paralela ao eixo da bolha, levando a erros distribuídos nas leituras da mira. Se, entretanto, forem usadas distâncias aproximadamente iguais para as VR e VV em cada instalação do instrumento, os erros resultantes, aproximadamente iguais, tenderão a se cancelar tendo em vista que os sinais serão positivos para um tipo de leitura e negativos para outro. Erros potenciais motivados pela retificação deficiente podem ser maiores que aqueles causados por combinação da curvatura da Terra e refração atmosférica.
2. O fio horizontal do retículo pode não estar perfeitamente horizontal, ou, em outras palavras, não estar perpendicular ao eixo vertical do instrumento quando este é nivelado, resultando em erros de leituras de mira. Tais erros podem ser reduzidos se a leitura é tomada onde os fios dos retículos vertical e horizontal se cruzam.

## Focagem Incorreta da Luneta (Paralaxe)

Ao olharmos o velocímetro de um carro por ângulos diferentes, leremos valores diferentes. Isso se deve à *paralaxe*. Se o ponteiro e a escala de velocímetro fossem localizados exatamente do mesmo plano, a paralaxe seria eliminada.

Quando visamos com uma luneta percebemos que, se movermos um pouco o olho de um lado para o outro, há um movimento aparente do cruzamento dos fios do retículo sobre a imagem ou o objeto parece se mover. Outra vez, isso é causado pela paralaxe, que pode causar erros significativos a menos que seja corrigida. O topógrafo deve focar a objetiva até que a imagem e o retículo aparentem estar exatamente no mesmo lugar, isto é, até que não se movam em relação um ao outro quando o olho é movido para trás e para adiante. O efeito de distorção da paralaxe, então, será evitado.

## Ondas de Calor ou Reverberação

Em dias ensolarados e quentes, ondas de calor no terreno, pavimento, edifícios, chaminés, entre outros objetos, podem reduzir seriamente a exatidão do trabalho. Às vezes, essas ondas são tão intensas que causam graves erros nas leituras da mira. Podem ser tão incômodas no período do meio-dia que o trabalho deve ser interrompido até que as ondas diminuam. Os erros de reverberação podem

**124** Capítulo 7

ser minimizados reduzindo os comprimentos das visadas. Além do mais, as visadas devem ser feitas a 1 ou 1,2 m ou mais acima do terreno, uma vez que as ondas são mais intensas perto do mesmo.*

**Vento**

Ocasionalmente, ventos fortes causam erros acidentais porque balançam o instrumento de modo que se torna difícil manter a bolha centrada. Esses erros podem ser reduzidos usando distâncias de visadas mais curtas, firmando as pontas do tripé mais profundamente no solo e colocando suas pernas mais afastadas. Os ventos podem tornar mais difícil manter a mira na vertical. Assim, é importante para o porta-mira segurá-la firmemente. O problema é exacerbado quando a mira está totalmente estendida, porque a haste pode se deformar ou fletir em condições de vento forte ou de rajadas de vento. Assim, tanto o operador do instrumento como o porta-mira devem ver a mira inteira, para terem certeza que está linear quando as leituras são tomadas. Em condições extremas, pode ser prudente não estender a mira durante as medições. Isso irá aumentar o número de pontos de mudança quando forem medidas diferenças de altura maiores que a altura da mira não estendida.

## 7.9  SUGESTÕES PARA UM BOM NIVELAMENTO

Depois da leitura da longa lista de erros descritos nas duas seções precedentes, o topógrafo principiante pode estar tão confuso quanto um jogador de golfe iniciante, tentando lembrar-se de 15 coisas diferentes sobre o balanço quando tentar bater na bola. Para executar um bom nivelamento, entretanto, relembre as seguintes regras gerais:

1. Fixe as pernas do tripé firmemente.
2. Verifique até estar seguro que a bolha está centrada antes e depois das leituras de mira.
3. Tome as leituras entre VR e VV com o menor intervalo de tempo possível.
4. Para instalação do nível, use distâncias de VR e VV aproximadamente iguais.
5. Providencie níveis (esférico, convencional etc.) com os quais as miras possam ser aprumadas ou oriente o porta-miras a balançá-las lentamente para trás ou para a frente na direção do instrumento.
6. Use tripés de pernas rígidas (não ajustáveis).
7. Em terreno inclinado, duas das pernas do tripé devem ser afixadas no lado mais baixo.

## 7.10  COMENTÁRIOS SOBRE AS LEITURAS COM LUNETA

O operador deveria aprender a manter ambos os olhos abertos quando observar através da luneta. Primeiro, é bem cansativo manter um olho fechado durante todo o dia para tomar leituras. Segundo, é conveniente manter um olho no retículo e o outro aberto para localizar o alvo.

Se uma pessoa usa óculos com a finalidade de ampliação e sem outras correções, não será necessário usá-los enquanto olhar pela luneta. O ajuste da ocular compensará o problema visual.

## 7.11  PRECISÃO DO NIVELAMENTO DIFERENCIAL

Nesta seção, apresentamos como guia os erros aproximados que podem ser esperados no nivelamento geométrico de diferentes graus de precisão. Supõe-se que sejam usados níveis de condição média e bem ajustados. *Nivelamento expedito* diz respeito, aqui, a levantamentos preliminares nos quais as

---

*A norma da ABNT para levantamentos topográficos, NBR 13133 — Execução de levantamentos topográficos, recomenda leituras acima de 50 cm. (N.R.T.)

leituras são tomadas na ordem dos centímetros e podem ter visadas de até 300 m. No *nivelamento regular*, as leituras da mira são tomadas na ordem dos milímetros, e as distâncias de VR e VV devem ser aproximadamente balanceadas por estimativa a olho, particularmente quando nivelando em declives ou aclives longos, e podem ser usadas visadas de até 150 m. É provável que 90% de todos os nivelamentos se enquadrem nessa categoria. No *nivelamento excelente* são feitas leituras na ordem dos décimos de milímetros, as distâncias VR e VV são aproximadamente igualadas por medidas a passos, e as leituras são tomadas para distâncias não maiores que 100 m.*

Os erros médios provavelmente serão menores que os valores dados aqui. Nessas expressões, $K$ é a quantidade de quilômetros nivelada e os valores resultantes das expressões são em metros.

$$\text{Nivelamento expedito } \pm 0,095\sqrt{K}$$
$$\text{Nivelamento regular } \pm 0,024\sqrt{K}$$
$$\text{Nivelamento preciso } \pm 0,012\sqrt{K}$$

Por exemplo, se um nivelamento diferencial é feito sobre um percurso de 10 km, o erro máximo resultante do levantamento regular de precisão média não deveria exceder $\pm 0,024 \times \sqrt{10} = \pm 0,076$ m. Esses valores são dados para nivelamento feito sob condições normais. Os topógrafos que frequentemente trabalham em regiões muito montanhosas têm alguma dificuldade em manter esses graus de precisão. Se um nivelamento muito grosseiro estiver sendo feito usando nível de mão, o erro máximo pode ser limitado a aproximadamente $0,72 \sqrt{K}$.

Os valores de erros listados aqui são aproximados, e na opinião do autor representam o nivelamento que pode ser executado pelo topógrafo típico usando seu equipamento comum. A Seção 8.2 do próximo capítulo descreve métodos para executar nivelamentos melhores que o nivelamento excelente mencionado aqui.

O leitor lembrará que na Seção 6.4 do capítulo anterior foram definidos padrões muito mais altos para levantamentos de primeira e segunda ordens pelo Federal Geodetic Control Committee. Realmente, o valor listado nesta seção para nivelamento excelente corresponde ao valor do erro ($\pm 12$ mm $\times \sqrt{K}$) para levantamentos de controle de terceira ordem.

## 7.12 SINAIS DE MÃO

Para todos os tipos de levantamento, é essencial manter a comunicação perfeita entre todos os componentes da equipe. Com muita frequência, chamadas e respostas são completamente impraticáveis por causa das distâncias envolvidas, de barulho do tráfego de veículos ou de máquinas de terraplanagem na área. Na ausência de rádios portáteis, um conjunto de sinais de mão claramente entendido por todos os envolvidos na operação é fundamental.

O operador deve lembrar-se de que possui uma luneta com a qual o porta-mira pode ser observado; o porta-mira, entretanto, pode não ver o operador tão nitidamente. Nesse sentido, o operador deve ser muito cuidadoso ao dar sinais claros ao porta-mira. A seguir estão alguns sinais de mão comumente usados:

**Aprume a Mira**

Um braço é levantado acima da cabeça e movido na direção que a mira deve ser inclinada [Figura 7-13(a)].

**Balance a Mira**

O operador levanta um braço acima de sua cabeça e o move de um lado para o outro [Figura 7-13(b)].

---

*A NBR 13133 apresenta outra classificação, sendo duas delas relativas a nivelamentos geométricos (IN e IIN), uma para trigonométrico (IIIN) e uma para taqueométrico (IVN). (N.R.T.)

## Mira Alta

Para dar o sinal para estender a mira, devem-se colocar os braços abertos para os lados e depois dobrá-los sobre a cabeça [Figura 7-13(c)].

## Levante para o Vermelho

Às vezes, para visadas muito curtas, as marcas vermelhas de graduação cheia (metro) não cairão dentro do campo de visada da luneta e, com o sinal "levante para o vermelho", o operador pede para levantar um pouco a mira para poder determinar a leitura correta de metro. Um braço é esticado para a frente, com a palma para cima e ligeiramente levantada [Figura 7-13(d)].

## Tudo Bem

Os braços são estendidos horizontalmente e balançados para cima e para baixo [Figura 7-13(e)].

## Pegue o Instrumento

O chefe de equipe pode dar esse sinal quando deseja uma nova instalação do instrumento. As mãos são levantadas rapidamente de uma posição baixa como se um objeto estivesse sendo levantado [Figura 7-13(f)].

(a) Aprume a mira. (b) Balance a mira. (c) Mira alta.

(d) Levante para o vermelho (e) Tudo bem. (f) Pegue o (g) Levante o alvo.
(desenho com vista lateral). instrumento.

(h) Abaixo o alvo. (i) Prenda o alvo.

**Figura 7-13** Sinais de mão.

## Levante o Alvo

Se a mão é levantada acima do ombro com a palma visível, significa levantar o alvo [Figura 7-13(g)]. Se um grande deslocamento é necessário, a mão deve ser movida bruscamente, mas para um movimento pequeno, a mão é movida lentamente.

## Abaixe o Alvo

O caimento da mão abaixo da cintura significa descer o alvo [Figura 7-13(h)].

## Prenda o Alvo

O operador, mantendo o braço na horizontal, move a mão em círculos verticais. Isso significa prender o alvo [Figura 7-13(i)].

# PROBLEMAS

**7.1** Explique a diferença entre pontos de mudança e referências de nível.

Nos Problemas 7.2 a 7.4, complete e confira as anotações de nivelamento mostradas.

**7.2**

| Estação | VR   | AI | VV   | Cota   |
|---------|------|----|------|--------|
| $RN_1$  | 0,96 |    |      | 100,00 |
| $PM_1$  | 1,87 |    | 1,82 |        |
| $PM_2$  | 0,75 |    | 1,98 |        |
| $PM_3$  | 1,24 |    | 2,55 |        |
| $RN_2$  |      |    | 2,26 |        |

(Resp.: 96,21)

**7.3**

| Estação | VR    | AI | VV    | Cota    |
|---------|-------|----|-------|---------|
| $RN_1$  | 1,419 |    |       | 158,450 |
| $PM_1$  | 2,170 |    | 0,568 |         |
| $PM_2$  | 2,117 |    | 2,052 |         |
| $PM_3$  | 1,645 |    | 1,978 |         |
| $PM_4$  | 1,314 |    | 1,427 |         |
| $RN_2$  |       |    | 1,558 | (Resp.: 159,532 m) |

**7.4**

| Estação | VR    | AI | VV    | Cota    |
|---------|-------|----|-------|---------|
| $RN_1$  | 1,558 |    |       | 195,752 |
| $PM_1$  | 1,354 |    | 1,732 |         |
| $PM_2$  | 0,746 |    | 2,641 |         |
| $RN_2$  | 1,895 |    | 0,599 |         |
| $PM_3$  | 2,314 |    | 1,014 |         |
| $RN_3$  |       |    | 1,612 |         |

Nos Problemas 7.5 a 7.7, prepare e complete as anotações de nivelamento geométrico para as informações mostradas nas respectivas ilustrações. Inclua os controles de cálculo costumeiros.

**7.5** (Resp.: $RN_2 = 24,43$)

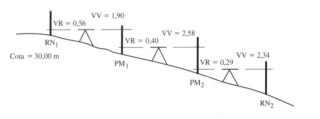

(Resp.: $RN_2 = 24,43$)

**7.6**

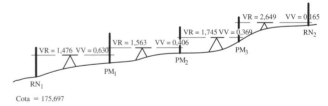

(Resp.: 181,560 m)

**7.7**

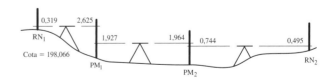

(Resp.: $RN_2 = 195,972$ m)

Nos Problemas 7.8 a 7.10, as ilustrações representam planos para nivelamento geométrico. Os valores mostrados em cada linha representam as visadas tomadas ao longo dessas linhas. Prepare e complete as anotações de campo necessárias para esse trabalho (Y = instalação de instrumento).

**7.8**

(Resp.: 497,33 m)

**7.9**

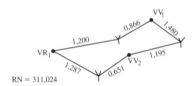

(Resp.: RN₁ = 311,007)

**7.10**

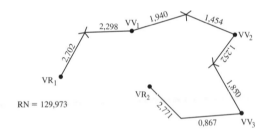

Nos Problemas 7.11 a 7.15, as leituras da mira são dadas na ordem em que foram tomadas. Em cada caso, a primeira leitura é tomada sobre a RN₁ e a última leitura é tomada na RN₂, cuja cota se deseja. Prepare as anotações de nivelamento geométrico, incluindo o controle habitual dos cálculos. A cota de RN₁ é dada sob o número de cada problema.

| Problema 7.11 | Problema 7.12 | Problema 7.13 | Problema 7.14 | Problema 7.15 |
|---|---|---|---|---|
| 182,88 | 148,37 | 388,648 | 257,328 | 162,140 |
| 1,40 | 2,23 | 2,841 | 0,970 | 2,245 |
| 1,79 | 2,59 | 3,508 | 2,536 | 1,492 |
| 1,00 | 0,95 | 2,272 | 1,039 | 1,611 |
| 1,86 | 1,82 | 1,800 | 2,101 | 0,925 |
| 1,94 | 2,47 | 0,880 | 1,247 | 0,382 |
| 0,89 | 1,90 | 1,384 | 1,088 | 0,926 |
| 0,47 | 1,26 | 2,530 | 3,198 | 1,904 |
| 1,32 | 3,22 | 1,286 | 2,067 | 1,460 |
|  | 1,61 |  | 0,593 |  |
|  | 1,86 |  | 0,854 |  |

(Resp.: RN₂ = 181,84) (Resp.: RN₂ = 145,49)
(Resp.: RN₂ = 389,19) (Resp.: RN₂ = 255,73)
(Resp.: RN₂ = 163,48)

**7.16** Ao percorrer uma linha de nivelamento de RN₁ (cota 276,55) a RN₂, as seguintes leituras foram tomadas, na ordem em que os dados foram coletados: 1,87; 2,16; 0,74; 1,82; 0,81; 2,09; 2,57 e 1,37. Prepare e complete as anotações de campo, incluindo o controle dos cálculos. (Resp.: RN₂ = 275,10)

**7.17** Ao percorrer uma linha de nivelamento da RN₁ (cota 160,42) até a RN₂, as seguintes leituras foram tomadas, na ordem em que os dados foram coletados: 0,34; 1,12; 1,81; 1,43; 1,87; 0,87; 1,14; 2,59; 2,95 e 0,34. Prepare e complete as anotações de campo, incluindo o controle dos cálculos. (Resp.: RN₂ = 162,18)

**7.18** Foi realizado o nivelamento do eixo de uma mina, todos os pontos (RNs e PMs) foram locados no eixo do teto dos túneis e as leituras foram tomadas invertendo a mira. Complete as anotações do nivelamento apresentadas, incluindo a verificação dos cálculos. (Resp.: 135,34)

| Estação | VR | AI | VV | Cota |
|---|---|---|---|---|
| RN₁ | 2,12 |  |  | 131,67 |
| PM₁ | 2,53 |  | 1,17 |  |
| PM₂ | 2,36 |  | 1,76 |  |
| PM₃ | 2,14 |  | 0,8 |  |
| RN₂ |  |  | 1,75 |  |

**7.19** Repita o Problema 7.17 supondo que todos os pontos (RNs e PMs) estejam localizados no topo de um túnel e as leituras tenham sido tomadas invertendo a mira. (Resp.: RN₂ = 158,66)

Para os Problemas 7.20 a 7.22, complete e verifique as anotações de campo. Observação: VI indica visada intermediária.

**7.20**

| Estação | VR | AI | VV | Cota |
|---|---|---|---|---|
| RN₁ | 1,66 |  |  | 158,25 |
| PM₁ | 2,47 |  | 0,95 |  |
|  |  |  | 2,91 |  |
|  |  |  | 1,98 |  |
| PM₂ | 2,14 |  | 0,93 |  |
| RN₂ |  |  | 2,57 |  |

(Resp.: 160,07)

**7.21**

| Estação | VR | AI | VV | Cota |
|---|---|---|---|---|
| RN₁₁ | 2,04 |  |  | 482,99 |
| PM₁ | 1,34 |  | 0,6 |  |
|  |  |  | 1,29 |  |
|  |  |  | 0,97 |  |
| PM₂ | 1,94 |  | 2,12 |  |
|  |  |  | 1,87 |  |
|  |  |  | 1,56 |  |
| PM₃ | 2,26 |  | 2,94 |  |
| RN₁₂ |  |  | 2,63 |  |

(Resp.: 482,28)

**7.22**

| Estação | VR | AI | VV | Cota |
|---|---|---|---|---|
| $RN_{11}$ | 1,63 | | | 278,36 |
| | | | 2,26 | |
| | | | 1,73 | |
| $PM_2$ | 2,26 | | 1,28 | |
| | | | 0,8 | |
| $PM_3$ | 1,12 | | 2,23 | |
| $RN_{12}$ | | | 0,65 | |

(Resp.: 279,21)

**7.23** Calcule o efeito combinado da curvatura da Terra e da refração da atmosfera para as distâncias de 30 m, 60 m, 150 m, 600 m e 15 km. (Resp.: 0,06 mm; 0, 24 mm; 1,52 mm; 2,4 cm; 15,19 m)

**7.24** Uma VR de 1,20 m é tomada numa mira a uma distância de 30 m, e uma VV de 3,21 m é tomada na mira a 300 m de distância. (a) Qual é o erro causado pela curvatura da Terra e refração atmosférica? (b) Qual é a diferença correta de cota entre os dois pontos? (Resp.: 0,006 m; 2,004 m)

**7.25** No nivelamento diferencial da $RN_1$ à $RN_2$, as distâncias de VR e VV para leituras foram as seguintes: VR 90 m, VV 30 m, VR 180 m, VV 30 m, VR 135 m, VV 90 m, VR 120 m, e VV 60 m. Qual é o erro na cota de $RN_2$ causado pela refração atmosférica e curvatura da Terra? (Resp.: +0,007 m)

**7.26** Que distâncias de VV ou VR para uma instalação de instrumento causarão um erro devido à curvatura da Terra e refração atmosférica igual a 0,0015 m? 0,006 m? 0,03 m? (Resp.: 150 m; 300 m; 670 m)

**7.27** Duas torres $A$ e $B$ são localizadas num terreno plano e suas bases têm altitudes iguais. Uma pessoa na torre $A$, cujo nível de visada está 5,4 m acima do terreno, pode ver apenas o topo da torre $B$, que está 36 m acima do terreno. De quanto estão afastadas as torres? (Resp.: 21,29 km)

**7.28** Um homem cujo nível de visada está 1,65 m acima do terreno está parado em uma praia. Ele pode ver o topo de um farol no nível do mar. Negligenciando os efeitos de maré e de onda, qual é a altitude do farol se ele está a 29 km de distância? (Resp.: 39,0 m)

**7.29** Um topógrafo tomará uma visada de 10 quilômetros através de um lago do topo de uma torre para um alvo localizado no topo de outra torre. Deseja-se manter a linha de visada 3 m acima da superfície do lago. Em que cotas iguais acima das margens devem ser instalados o instrumento e o alvo? (Resp.: 4,69 m)

**7.30** Uma luz giratória é localizada no topo de um farol 33 m acima do nível do mar. Até onde a luz é visível ao marinheiro num navio supondo que o nível do seu olho esteja 5,0 m acima da água? Suponha que a água esteja tranquila (isto é, sem ondas perceptíveis). (Resp.: 13,5 km)

**7.31** Calcule o erro envolvido nas seguintes leituras se uma mira de 4 m está supostamente 0,15 m fora do prumo em seu topo.
**a.** Leitura de VR de 3,6 m (Resp.: 0,003 m)
**b.** Leitura de VV de 1,5 m (Resp.: 0,001 m)

**7.32** Uma linha de nivelamento vai do ponto $A$ (cota 185,8 m) ao ponto $B$ para determinar sua cota. O valor obtido é de 208,8 m. Se uma checagem da mira depois do trabalho feito revela ter sido gasta uma parte inferior de 0,009 m, qual é a cota correta de ponto $B$ se havia 15 instalações de instrumento? (Resp.: 208,8 m)

**7.33** As menores divisões numa mira são de um centímetro. Se 20 divisões no vernier cobrem 19 divisões na mira, qual é o menor valor estimável? (Resp.: 0,5 mm)

**7.34** As divisões mínimas de uma mira são de um centímetro. Descreva um vernier que capacitará ao topógrafo ler a mira com aproximação de 1 mm. (Resp.: 10 divisões no vernier cobrindo nove divisões na mira.)

**7.35** Para uma mira graduada em centímetro, projete um vernier de alvo de modo que possa ser lido com aproximação de 2 mm. (Resp.: cinco divisões na cobertura do vernier, quatro divisões na mira.)

**7.36** Repita o Problema 7.34 exceto que a mira a ser usada será lida com aproximação de 5 mm. (Resp.: duas divisões no vernier cobrindo uma divisão na mira.)

# Capítulo 8

# NIVELAMENTO, CONTINUAÇÃO

## 8.1 AJUSTAMENTO DE CIRCUITOS DE NIVELAMENTO

**Nivelamento sobre um Percurso**

Se uma linha de nivelamento parte de uma referência de nível para determinar as cotas de várias outras referências de nível afastadas por certa distância, será necessário, uma vez que os valores sejam determinados, nivelar de volta para a estação inicial (ou outra RN qualquer) para verificação do trabalho. Se isso não for feito, poderão surgir sérias discrepâncias no trabalho.

Se o operador nivelar de volta para a referência de nível inicial ou qualquer referência de nível nas proximidades, ele certamente (não importa quanto cuidado tenha tido) obterá um valor diferente. Se a diferença for razoável (ver Seção 7.11), o operador ajustará proporcionalmente as cotas estabelecidas ao longo do percurso. Tal procedimento é descrito nos próximos parágrafos. É possível, porém, que os valores encontrados tenham uma discrepância substancial e inaceitável, sendo necessário repetir o trabalho.

Toda vez que alguém faz a leitura com um nível (ver Figura 8-1), erros estarão envolvidos. Parece lógico considerar que as correções em uma linha de nivelamento devam ser feitas proporcionalmente ao número de instalações do instrumento. Em outras palavras, o peso ou a importância relativa dada à medição de uma cota ou altitude deveriam ser inversamente proporcionais ao número de posições ocupadas pelo instrumento (quanto menos posições, menor o erro e, assim, maior o peso dado ao valor determinado).

**Figura 8-1** Nível automático Bosch com compensador embutido que nivela automaticamente a linha de visada após ser feito um nivelamento grosseiro do instrumento. (Cortesia de Robert Bosch Tool Corporation.)

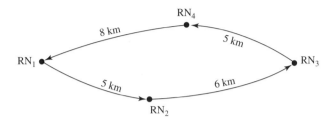

**Figura 8-2** Linha de nivelamento.

A menos que o terreno seja bastante irregular, haverá uma relação razoavelmente consistente entre o número de posições do instrumento e a distância nivelada. Portanto, as correções podem normalmente ser feitas em proporção com as distâncias envolvidas.

De acordo com o que foi dito, pode-se afirmar que *a correção lógica para a medição da cota de um ponto em particular em um circuito de nivelamento deve estar para a correção total como a distância daquele ponto ao ponto inicial está para a distância total do circuito.*

Para exemplificar o exposto, considere a linha de nivelamento mostrada na Figura 8-2. O operador inicia na $RN_1$, com sua cota conhecida, e determina $RN_2$, $RN_3$, $RN_4$, e nivela de volta à $RN_1$. O total das distâncias niveladas da $RN_1$ em volta de todo o circuito e retornando à $RN_1$ foi de 24 km. Supõe-se que o erro total nessa distância seja de +0,09 m. Se o erro considerado é o mesmo para qualquer quilômetro do nivelamento, os cálculos a seguir podem ser feitos:

$$\text{Correção total a ser feita em 24 km} = -0,09 \text{ m}$$
$$\text{Correção por quilômetro} = \frac{-0,09}{24} = -0,0038 \text{ m/km}$$

Assim, a correção na cota de qualquer uma das referências de nível é igual ao número de quilômetros desde o ponto inicial $RN_1$, para a referência de nível em questão, multiplicado pela correção por quilômetro. Por exemplo,

$$\text{Correção para cota de } RN_2 = (5)(-0,0038) = -0,02 \text{ m}$$
$$\text{Correção para cota de } RN_3 = (11)(-0,0038) = -0,04 \text{ m}$$

Note-se que o sinal das correções é negativo se o erro é positivo e vice-versa. A altura observada para cada um dos pontos de referência na Figura 8-2 é mostrada na Tabela 8-1, juntamente com os cálculos das suas alturas mais prováveis.

Para terrenos difíceis (como em encostas muito íngremes) podem ser feitas correções na proporção do número de instalações do instrumento. Para ajustar a erro de fechamento com base no número de posições ocupadas, o erro de fechamento é distribuído como se segue:

Ajustamento vertical = (correção total × nº de visadas a vante anteriores) / Número total de visadas.

Usando as alturas observadas na Figura 8-2, as alturas mais prováveis calculadas pela distribuição do erro de maneira uniforme, em função do número de posições, são mostradas na Tabela 8-2.

**Tabela 8-1** Alturas das Referências de Nível da Figura 8-2 com as Correções Baseadas nas Distâncias

| Ponto | Distância da $RN_1$ (km) | Cota observada (m) | Correção (m) | Cota mais provável (m) |
|---|---|---|---|---|
| $RN_1$ | 0 | 200,00 | 0,00 | 200,00 |
| $RN_2$ | 5 | 209,20 | −0,02 | 209,18 |
| $RN_3$ | 11 | 216,44 | −0,04 | 216,40 |
| $RN_4$ | 16 | 211,61 | −0,06 | 211,55 |
| $RN_1$ | 24 | 200,09 | −0,09 | 200,00 |

**Tabela 8-2** Alturas das Referências de Nível da Figura 8-2 com as Correções Baseadas no Número de Posições Ocupadas pelo Instrumento

| Ponto | Cota observada (m) | Correção (m) | Cota mais provável (m) |
|---|---|---|---|
| $RN_1$ | 200,00 | 0,00 | 200,00 |
| $RN_2$ | 209,20 | $1/4* - 0,09 = 0,05$ | 209,11 |
| $RN_3$ | 216,44 | $2/4* - 0,09 \approx 0,05$ | 216,24 |
| $RN_4$ | 211,61 | $3/4* - 0,09 = 0,07$ | 211,54 |
| $RN_1$ | 200,09 | $4/4* - 0,09 = -0,09$ | 200,00 |

Note-se que as alturas mais prováveis calculadas em ambos os métodos serão muito semelhantes se as distâncias entre as posições são aproximadamente iguais.

## Nivelamento sobre Diferentes Percursos

Se várias linhas de nivelamento forem realizadas em diferentes percursos a partir de um ponto inicial comum para um ponto final comum no qual se deseja estabelecer uma referência de nível, é óbvio que diferentes resultados serão obtidos. É desejável obter a cota mais provável desse novo ponto.

Ao comparar diferentes linhas de nivelamento para o mesmo ponto, quanto menor for certo percurso, maior será a importância ou o peso dado ao seu resultado. Em outras palavras, quanto mais curta a linha, maior deverá ser a exatidão do seu resultado. *Assim, o peso da cota observada varia inversamente com o comprimento de sua linha.*

Pelo exemplo mostrado na Figura 8-3, o percurso *a* tem 6,0 km de distância a partir da $RN_1$ para determinar a cota da $RN_2$, em que o valor de 103,70 m é obtido. Um segundo percurso, chamado *b*, também parte da $RN_1$ para a $RN_2$ perfazendo uma distância de 3,0 km, obtendo-se uma cota de 103,74 m.

Por ser o segundo percurso metade do comprimento do primeiro, o dobro do peso é dado a seu valor observado. Partindo dessa informação, é mais provável obter a cota de $RN_2$ pela seguinte expressão:

$$\frac{(1)(103,70) + (2)(103,74)}{3} = 103,75 \text{ m}$$

O cálculo anterior é bastante aceitável, mas quando vários percursos estão envolvidos e os valores não são tão simples, deve ser mais conveniente realizar os cálculos em uma tabela, como mostrado na Tabela 8-3. Aqui o peso dado a cada percurso é igual ao recíproco do seu comprimento em quilômetros.

Outro exemplo, de certa forma mais complicado, é apresentado na Tabela 8-4 e na Figura 8-4. Mais uma vez a $RN_1$ tem uma cota conhecida e se deseja determinar a cota da $RN_2$. Para cumprir esse objetivo, quatro diferentes percursos são estabelecidos da $RN_1$ para a $RN_2$. Os comprimentos de

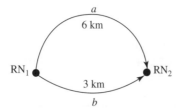

**Figura 8-3** Nivelamento por dois percursos.

**Tabela 8-3** Cálculos das Referências de Nível da Figura 8-3

| Percurso | Comprimento (km) | Cota medida da RN$_2$ (m) | Cota −103 (m) | Peso do percurso | Diferença ponderada (m) |
|---|---|---|---|---|---|
| a | 6 | 103,70 | 0,70 | $\frac{1}{6} = 0,17$ | $\frac{0,17}{0,5} \times 0,70 = 0,24$ |
| b | 3 | 103,74 | 0,74 | $\frac{1}{3} = 0,33$ | $\frac{0,33}{0,50} \times 0,74 = 0,49$ |
|   |   |   |   | $\Sigma = \overline{0,50}$ | $\Sigma = \overline{0,73}$ |

Cota mais provável da RN$_2$ = 103,73 m

**Tabela 8-4** Cálculos das Referências de Nível da Figura 8-4

| Percurso | Comprimento (m) | Cota medida da RN$_2$ (m) | Peso do percurso |
|---|---|---|---|
| a | 1 | 106,50 | $\frac{1}{1} = 1,00$ |
| b | 3 | 106,44 | $\frac{1}{3} = 0,33$ |
| c | 2 | 106,52 | $\frac{1}{2} = 0,50$ |
| d | 10 | 106,36 | $\frac{1}{10} = 0,10$ |
|   |   |   | $\Sigma = \overline{1,93}$ |

Cota mais provável da RN$_2$ = 106,49 m

$$\frac{(106,5 \times 1) + (106,44 \times 0,33) + (106,52 \times 0,50) + (106,36 \times 10)}{1,93} = 106,49 \text{ m}$$

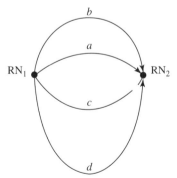

**Figura 8-4** Nivelamento por diversos percursos.

cada uma delas e os valores das cotas obtidas para RN$_2$ são dados na tabela, e a cota mais provável de RN$_2$ é determinada.

## 8.2 NIVELAMENTO DE PRECISÃO

A expressão *nivelamento de precisão* é normalmente aplicada para os nivelamentos executados pela NGS (National Geodetic Survey). O propósito desta seção não é descrever em detalhes como o nivelamento de precisão é realizado, e sim mostrar métodos empregados para que a maioria dos topógrafos que trabalham com equipamento comum aumente a precisão dos seus trabalhos. O topógrafo pode aplicar um ou mais dos procedimentos apresentados nos parágrafos seguintes para, assim, melhorar seu nivelamento.

## Procedimentos Diversos

Muitas práticas que melhoram a precisão do nivelamento foram mencionadas no Capítulo 7. Elas incluem: fixar bem as pernas do tripé em solo firme; gastar o menor tempo possível entre as leituras de VR e VV de cada posição ocupada; usar pontos de mudança bem definidos; limitar as distâncias de visada a 100 m ou menos; ser cuidadoso com o prumo das miras; e evitar nivelamentos durante ventos fortes e durante fortes ondas de calor. Outra prática útil é manter as linhas de visada pelo menos a 0,5 m de distância do terreno devido aos efeitos da refração atmosférica.

## Sombreamento do Nível

Se um nível é utilizado em dias quentes sob a ação direta da luz solar, o resultado pode ser a dilatação desigual em diferentes partes do instrumento com consequentes erros. Por exemplo, se uma das extremidades do nível tubular se tornar mais aquecida que a outra extremidade, a tendência é que a bolha se mova para a parte mais aquecida. Esse problema pode ser minimizado protegendo-se o instrumento dos raios diretos do sol com o uso de um guarda-sol enquanto as observações estão sendo feitas e durante todo o tempo que o instrumento esteja sendo levado de um ponto para outro (ver Figura 8-5).

**Figura 8-5** Observações de nivelamento de precisão. (Cortesia da NGS.)

## Nivelamento a Três Fios

Um método chamado nivelamento a três fios é utilizado ocasionalmente quando os níveis são equipados com fios estadimétricos além dos fios do retículo. Todos os três fios horizontais são lidos, e a média das três leituras é considerada a leitura correta. Isso ajuda bastante na verificação da equidistância entre VR e VV, e pode ser realizado facilmente a partir da leitura dos intervalos entre os fios estadimétricos.

Por muitos anos, o nivelamento de três fios foi utilizado apenas para nivelamentos muito precisos e não para o trabalho comum, porque tal processo é bastante lento quando se utiliza um alvo. Hoje, no entanto, é muito mais frequentemente utilizado até em projetos que requerem precisão normal. O alvo provavelmente não será utilizado. As três medidas são tomadas com a luneta e estimadas a olho para mais ou menos a aproximação de 0,005 m ou, melhor, são tomadas com um micrômetro óptico (mostrado na Seção 6.8). Para evitar erros grosseiros em cada conjunto de três leituras, é muito importante checar as diferenças das leituras entre o fio superior e o fio do meio e entre o fio do meio e o inferior. As diferenças devem ser quase idênticas.

## Miras de Precisão

Para um nivelamento comum, a mira convencional é satisfatória, mas a precisão pode ser aumentada se usarmos uma mira que reduza de algum modo as contrações e dilatações com o intuito de minimizar os efeitos resultantes de mudança de temperatura e umidade. A melhor solução envolve o uso de uma fita de Invar graduada, que é independente da parte principal da mira e fica livre para deslizar nas cavidades de cada lado se a mira mudar de comprimento. Miras de precisão são equipadas com um termômetro e um nível esférico ou com um par de níveis tubulares perpendiculares entre si para aprumar a mira.

A NGS (National Geodetic Survey) utiliza mira inteiriça com 3 m de comprimento. Elas são marcadas com um padrão em quadriculado preto e branco de tal forma que os fios do retículo caiam sempre num espaço branco, no qual sua posição pode ser estimada precisamente. Além disso, essas miras têm a característica de ser perfeitamente visíveis em quaisquer condições de iluminação. As menores divisões nas miras normalmente são de 5 mm. Com micrômetros ópticos e instrumentos bastante precisos, as leituras podem ser tomadas com aproximação de até ±0,1 mm.

## Nivelamento com Duas Miras

O uso de duas miras e de dois conjuntos de leituras PM, VR e VV pode melhorar um pouco a precisão do nivelamento. São guardados dois conjuntos de anotações, e as alturas observadas dos pontos em questão são obtidas pela média de ambos. Quando se utiliza esse procedimento, é desejável usar PMs para as duas linhas que tenham cotas diferentes de pelo menos 0,3 m, ou mais, para que seja reduzida a possibilidade de se ter o mesmo erro de 0,3 m em ambas as linhas. Para minimizar erros sistemáticos, as miras podem ser trocadas entre as linhas em intervalos convenientes, por exemplo, em ocupações alternadas de instrumentos. Linhas de nivelamento com duas miras são particularmente úteis quando é necessário fazer um conjunto de nivelamentos geométricos para estabelecer uma cota, mas não há tempo suficiente para checar o trabalho pelo retorno ao ponto inicial ou para outro ponto com cota previamente conhecida. Um exemplo de um conjunto de anotações de medição de nivelamento com duas miras é mostrado na Figura 8-6. Nessas anotações, os pontos de mudança são listados como A ou B para identificar os valores do VR e VV nas duas linhas diferentes.

## 8.3 NIVELAMENTO DE PERFIL

Para fins de locação, projeto e construção, é necessário determinar as cotas ao longo das diretrizes propostas para estradas, canais, ferrovias e projetos similares. O processo para determinação de uma série de cotas ao longo de um alinhamento ou eixo é chamado de *nivelamento de perfil*.

| Est. | VR | AI | VV | Cota | Média | NIVELAMENTO COM MIRA DUPLA RUA GREEN | 27 OUT 2003 Claro, amena 60° F Nikon AL - 12 nível #7 | Operador J. B. Johnson Mira R.C. Knight Anotador N. T. Hanson |
|---|---|---|---|---|---|---|---|---|
| $RN_1$ | 1,964 | 207,510 | ╳ | 205,546 | | Marco de concreto vértice NE da interseção das | | |
| | 1,964 | 207,510 | | 205,546 | | Ruas Green e Oak | | |
| | | | | | | | | |
| $PM_1H$ | 2,187 | 208,593 | 1,104 | 206,406 | | | | |
| $PM_1L$ | 2,629 | 208,590 | 1,549 | 205,960 | | | | |
| | | | | | | | | |
| $PM_2H$ | 1,393 | 208,191 | 1,794 | 206,798 | | | | |
| $PM_2L$ | 1,800 | 208,187 | 2,202 | 206,387 | | | | |
| | | | | | | | | |
| $PM_3H$ | 0,317 | 205,517 | 2,991 | 205,200 | | | | |
| $PM_3L$ | 0,741 | 205,513 | 3,415 | 204,772 | | | | |
| | | | | | | | | |
| $RN_2$ | | | 2,634 | 202,883 | 202,881 | Prego no tronco do carvalho 80' N da McDonalds | | |
| $RN_2$ | | | 2,634 | 202,879 | | da Rua Green | | |
| | 12,994 | | −18,324 | | | | | |
| CONTROLE | | | | | | | | |
| ( Σ VR = Σ VV ÷ 2 = (12,994−18,324) ÷ 2 = −2,665 | | | | | | | | |
| 202,881 − 205,546 | | | = −2,665 | | | | | |
| | | | ✓ | | | | | |

**Figura 8-6**   Anotações de um nivelamento com mira dupla.

O nivelamento de perfil consiste em uma linha de diferenças de níveis com uma série de lances intermediários tomados durante o processo. O instrumento é instalado num ponto conveniente c é feita uma VR para um ponto de cota conhecida a fim de determinar a altura do instrumento (AI). Se não houver uma referência de nível de cota conhecida, é necessário estabelecer uma por nivelamento geométrico a partir de outra RN ou implantar uma e arbitrar sua cota. (Esse último procedimento pode não ser satisfatório para alguns projetos, por exemplo, aqueles que envolvem água.)

Depois que a altura AI for determinada, uma série de visadas é tomada ao longo do eixo do projeto. Essas leituras são feitas em intervalos regulares, 20 ou 50 m, e em pontos em que ocorrem mudanças notáveis na declividade, como o topo e o fundo de calha de rios, margens e eixos de rodovias e canais etc. Em outras palavras, as leituras são feitas onde for necessário para dar uma visão real da superfície ao longo do percurso.

Quando não for mais possível continuar com as leituras da posição na qual se encontra o instrumento, é necessário fazer uma VV para um PM e mudar o instrumento para outra posição em que outra série de leituras possa ser feita. Uma parte de um conjunto típico de anotações de nivelamento de perfil é mostrada na Figura 8-7. O autor incluiu um controle parcial dos cálculos de parte do nivelamento geométrico dessas anotações. O controle inclui os valores VR e VV da cota da $RN_{78}$ para uma altura AI depois do $PM_2$.

Salienta-se que quando as medições são feitas ao longo de um eixo como esse, as distâncias contadas a partir dos pontos iniciais são indicadas pelo estaqueamento. A prática mais comum é colocar estacas ao longo da linha central do projeto em intervalos regulares como 20 ou 50 m. Os pontos ao longo do eixo colocados em distâncias múltiplas de 20 m são chamados de *estacas inteiras* como 0 + 00, 1 + 00, 2 + 00 etc. As estações intermediárias são chamadas de *estacas fracionárias*. Por exemplo, um ponto a 170,39 m da posição inicial seria designado como 8 + 10,39. Alguns operadores gostam de estabelecer uma posição para o ponto inicial de um projeto, com valores como 15 + 00 ou 20 + 00, pois se o projeto for expandido na direção contrária provavelmente não haverá nenhuma posição negativa.

| NIVELAMENTO PERFIL PARA PROJETO ESTRADA CONGAREE | | | | | | 3 Nov. 2010, claro, 30° Topcon Auto Level #R 200 n.° 7 | Niv. J.B. Johnson, Mira R.C. Knight, Anot. N.T. Hanson |
|---|---|---|---|---|---|---|---|
| Estação | VR | AI | VV | IVV | Cota | | |
| RN$_{78}$ | 0,948 | 100,948 | ✕ | ✕ | 100,00 | Marco latão 62 m da estaca 0 + 00 | |
| 0 + 00 | | | | 2,62 | 98,33 | | |
| + 10 | | | | 2,23 | 98,72 | | |
| 1 + 00 | | | | 1,80 | 99,15 | | |
| + 10 | | | | 1,77 | 99,18 | | |
| 2 + 00 | | | | 1,86 | 99,09 | | |
| + 10 | | | | 2,23 | 98,72 | | |
| PM$_1$ | 1,442 | 101,728 | 0,661 | | 100,287 | Pedra | |
| 3 + 00 | | | | 1,13 | 100,60 | | |
| + 1,7 | | | | 0,98 | 100,75 | Topo de vala | |
| + 4 | | | | 2,65 | 99,08 | Fundo de vala | |
| + 5,6 | | | | 2,62 | 99,11 | Fundo de vala | |
| + 7,5 | | | | 1,68 | 100,05 | Topo de vala | |
| + 10 | | | | 1,62 | 100,11 | | |
| 4 + 00 | | | | 2,13 | 99,59 | | |
| + 10 | | | | 2,44 | 99,29 | | |
| PM$_2$ | 1,850 | 103,255 | 0,323 | | 101,405 | Toco | |
| 5 + 00 | | | | 3,63 | 99,63 | | |
| + 10 | | | | 3,05 | 100,21 | | |
| | 4,240 | | 0,985 | | | | |
| | −0,985 | Cota | RN$_{78}$ | =100,000 | | | |
| | 3,255 | | AI | =103,255 | | | |
| | | Checagem | | 3,255 | | N.T. Hanson | |

**Figura 8-7**  Anotações de um nivelamento de perfil.

Quando o sistema SI é usado nos Estados Unidos, o intervalo de uma estação inteira é 1000 m. Por exemplo, 3 + 456 é 3.456 m desde a estação 0 + 000. É normalmente desnecessário realizar as leituras intermediárias previstas com um grau de precisão tão alto como aqueles necessários para valores VV normais. Se a superfície é irregular como num campo ou floresta, leituras com aproximação de 1 mm são desnecessárias e talvez até um pequeno equívoco. Elas normalmente são feitas com aproximação de 1 mm, como no exemplo apresentado na Figura 8-7. No entanto, quando as superfícies são suaves e regulares, como numa rodovia pavimentada, é razoável fazer as leituras intermediárias com aproximação de 1 mm.

Durante o nivelamento de perfil, é bastante prudente implantar uma série de RNs porque elas podem vir a ser úteis mais tarde, em outra ocasião, como por exemplo quando os leitos das pistas estão sendo executados. Esses pontos de controle devem ser posicionados a distância suficiente do eixo do projeto proposto, de forma que não sejam destruídos durante as operações de construção. Quando o perfil estiver completo, é necessário verificar o trabalho, conferindo a cota final com outra RN ou executando o nivelamento de volta ao ponto inicial.

## 8.4   PERFIS

A finalidade do nivelamento de perfil é fornecer as informações necessárias para desenhar as cotas do terreno ao longo do percurso proposto. Um *perfil* é a interseção gráfica de um plano vertical, ao longo da diretriz em questão, com a superfície da Terra. É absolutamente necessário para o projeto geométrico para estradas, canais, ferrovias, tubulações etc.

A Figura 8-8 mostra um perfil típico do eixo projetado para uma estrada. Ele é desenhado num papel quadriculado preparado especificamente para esse fim, contendo linhas verticais e horizontais impressas para representar as distâncias nos dois sentidos. É comum utilizar uma escala vertical muito

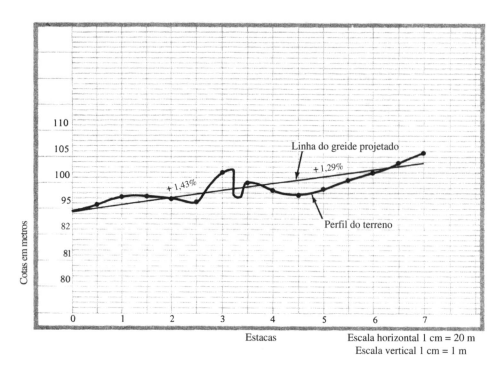

**Figura 8-8** Desenho da linha do perfil e linha do greide projetado.

maior que a horizontal (normalmente 10:1) no intuito de tornar as diferenças de cotas claramente visíveis. Nessa figura, são utilizadas uma escala horizontal em que 1 cm = 20 m e uma escala vertical em que 1 cm = 1 m. As cotas marcadas no perfil são unidas à mão livre porque resulta em uma melhor representação da forma real do terreno do que seria no caso de os pontos serem ligados com linhas retas.

Os autores esquematizaram uma linha de greide* na Figura 8-8 para a estrada projetada. A principal finalidade do traçado do perfil é permitir o lançamento do desenho do greide. Num trabalho real, diferentes linhas de ensaios de greide são testadas, até que os cortes e aterros fiquem suficientemente balanceados dentro de distâncias de transporte razoáveis e com declividades não excessivas. Como visto no Capítulo 3, as rampas do greide são representadas por uma porcentagem. Assim, em uma rampa de 1,4% há um incremento de cota de 1,4 m a cada 100 m. É um erro comum pensar que uma rampa de 100% seja totalmente vertical. Na verdade, uma rampa de 100% forma um ângulo de 45° com a horizontal.

Para projetos de estradas é conveniente traçar a planta (vista superior) e o perfil (vista lateral) na mesma folha. Na metade superior da folha é desenhada a planta, e na parte inferior o perfil. A planta não é mostrada na Figura 8-8.

## 8.5 SEÇÕES TRANSVERSAIS

*Seções transversais* são perfis curtos perpendiculares ao eixo do projeto. Elas dão as informações necessárias para fazer a estimativa da quantidade de movimento de terra necessária. Há dois tipos gerais de seções transversais: aquelas usadas para projetos como estradas e as que são utilizadas para áreas de empréstimo (local para retirada de aterros).

---

*O termo greide é normalmente entendido como os trechos retos e curvos do projeto vertical de uma estrada, enquanto para as inclinações de trechos retos longitudinais ou transversais também são usados os termos rampa e declividade. (N.T.)

Para levantamento de eixos, as seções transversais são levantadas em intervalos regulares de 10 ou 20 m ou em mudanças notáveis no perfil do eixo. Existe uma tendência entre os operadores de fazer poucas seções transversais, principalmente em terrenos irregulares. Para atender à sua finalidade, as seções devem se estender a uma distância suficiente para cada lado do eixo, de modo a incluir toda a área afetada pelo projeto. Onde grandes cortes ou aterros forem prováveis, maiores distâncias do eixo devem ser seccionadas.

Quando as seções transversais são traçadas no escritório a partir das anotações de campo, a superfície do terreno é desenhada conectando as cotas com linhas retas. Assim, se existirem mudanças bruscas na inclinação do terreno é importante para o operador fazer visadas para cada um desses pontos. Para que o leitor tenha uma ideia de onde essas visadas podem ser feitas, observe a Figura 8-9. Nessa figura, os locais sugeridos para as leituras de mira são mostrados para três situações diferentes ao longo da estrada projetada.

As cotas necessárias podem ser determinadas com um nível comum de luneta, um nível de mão ou a combinação dos dois. Às vezes um nível de mão é seguro ou preso na ponta de um bastão com cerca de 1,5 m de altura e utilizado para determinar as cotas desejadas. As cotas são normalmente medidas em intervalos de 5, 10, 15 m, e assim por diante, em cada lado do eixo do projeto, como também em pontos em que ocorrem mudanças significativas de inclinação ou pontos notáveis (como córregos, rochas etc.). *A altura da linha de visada da luneta acima do terreno é chamada de AI neste livro. (O termo AI é utilizado para dar a cota da linha de visada com relação ao datum de referência existente, normalmente o nível médio do mar.)*

Na Figura 8-10, o nível é instalado no eixo do projeto. A altura da luneta do instrumento acima do terreno (AI na figura) medida é de 1,60 m. Da estaca 11+00 o porta-mira desloca-se 7 m para a esquerda, e uma leitura VV de 1,76 é obtida. A diferença da cota entre o eixo e o ponto em questão é de –0,16 m. Então, o porta-mira move-se mais 9 m para um ponto a 16 m do eixo. A leitura VV é de 1,94 m e a diferença da cota é –0,34 m. Se essa diferença de cota se tornar muito grande à altura da mira ou se, numa subida, as diferenças de cota forem maiores que a AI, então será necessário escolher um ou mais pontos de mudança para obter todas as leituras necessárias.

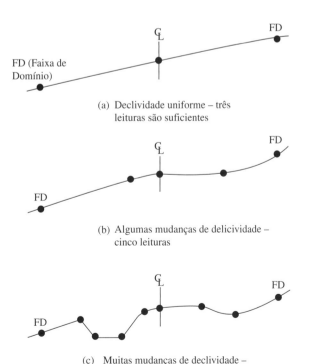

**Figura 8-9** Sugestões de posições para leituras da mira em nivelamento de seções transversais.

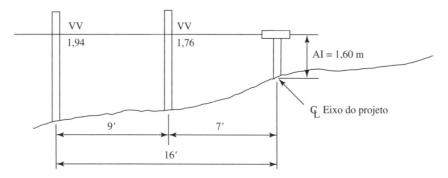

**Figura 8-10** Medição de seções transversais.

Uma forma conveniente de registrar medições em seções transversais é mostrada na Figura 8-11. Essa figura inclui anotações de perfis na parte esquerda da página e anotações de seções transversais na direita. Na página de seção transversal, os numeradores são diferenças de cotas entre estações no eixo e os pontos em questão. Os denominadores são as distâncias registradas a partir da linha de eixo. O operador deve registrar cuidadosamente os sinais para esses números. Um sinal positivo (+) é dado aos pontos mais altos que o eixo e um negativo (–) para os que estão abaixo.

Muitos operadores esquematizam suas anotações de perfis e seções transversais de baixo para cima da página. Tal forma é bastante lógica uma vez que, como o operador visualiza a linha do eixo para a frente, a área à direita do eixo é mostrada no lado direito do papel e à esquerda é mostrada à esquerda. Dessa forma, as anotações mostram as configurações do terreno da forma que o operador as vê. Pontos próximos ficam na parte de baixo da página e os distantes, no topo da página. As anotações da Figura 8-11 são mostradas dessa forma.

SEÇÕES TRANSVERSAIS DA ESTRADA 10A

| Estação | VR | AI | VV | VVI | Cota |
|---|---|---|---|---|---|
| + 17 m | | | | 1,89 | 84,12 |
| + 10 m | | | | 1,92 | 84,19 |
| 13 + 00 | | | | 2,09 | 84,02 |
| PM | 2,231136 | 86,11 | 1,33 | | 83,88 |
| + 10 m | | | | 1,49 | 83,72 |
| 12 + 00 | | | | 1,55 | 83,66 |
| + 10 m | | | | 1,58 | 83,62 |
| + 6 m | | | | 1,58 | 83,62 |
| 11 + 00 | | | | 1,62 | 83,59 |
| $RN_5$ | 1,79 | 85,21 | | | 83,42 |

10 nov. 2010,
nublado, 27°,
Nível Topcon automático n.º R20012

Niv. J.B. Johnson,
Mira R.C. Knight,
Anot. N.T. Hanson

| Esquerda | | | Eixo | | Direita |
|---|---|---|---|---|---|
| | $+\frac{0,21}{10,00}$ | $+\frac{0,12}{5,00}$ | $+\frac{0,06}{6,00}$ | $+\frac{0,03}{10,00}$ | |
| | $+\frac{0,12}{10,00}$ | $+\frac{0,09}{5,00}$ | $-\frac{0,12}{6,00}$ | $-\frac{0,18}{10,00}$ | |
| | $+\frac{0,15}{10,00}$ | $+\frac{0,06}{6,00}$ | $+\frac{0,06}{5,00}$ | $+\frac{0,06}{10,00}$ | |
| $-\frac{0,09}{10,00}$ | $-\frac{0,43}{8,00}$ | $-\frac{0,24}{4,00}$ | $+\frac{0,06}{5,00}$ | $+\frac{0,1524}{10}$ | |
| $-\frac{2,50}{13,00}$ | $-\frac{0,98}{10,00}$ | $-\frac{0,67}{5,00}$ | $+\frac{0,06}{6,00}$ | $+\frac{0,24384}{10}$ | |
| $-\frac{2,74}{13,00}$ | $-\frac{1,40}{10,00}$ | $-\frac{0,91}{6,00}$ | $+\frac{0,00}{7,00}$ | $+\frac{0}{10}$ | |
| $-\frac{2,23}{12,00}$ | $-\frac{1,22}{5,00}$ | $-\frac{1,22}{5,00}$ | $+\frac{0,00}{5,00}$ | $+\frac{0,18288}{10}$ | |
| $-\frac{1,92}{13,00}$ | $-\frac{1,95}{10,00}$ | $-\frac{1,86}{5,00}$ | $+\frac{0,06}{5,00}$ | $+\frac{0,03048}{10}$ | |

Prego raiz de nogueira 27 m à esquerda est. 10 + 50

J.B. Johnson

**Figura 8-11** Anotações de perfil e de seções transversais.

## Diferença entre Inclinação e Greide

Uma seção transversal de estrada é normalmente inclinada para permitir a drenagem. Uma inclinação típica de seção transversal de estrada é de 2%. Para projetos de engenharia civil, é muito comum representar inclinações como uma proporção para 1, com a componente horizontal vindo em primeiro. Então, um greide de 2% é igual a uma inclinação de 50:1 (50 horizontal para 1 vertical). O cálculo para greide e inclinação é realizado da seguinte maneira:

$$\text{greide} = \frac{\text{elevação}}{\text{percurso}} \times 100$$

Inclinação = (percurso/elevação) em que elevação = 1.

---

**EXEMPLO 8.1**

A estaca no ponto inicial da estrada é 153 + 10 m. Se a mudança de altura ao final da construção, na estaca 162 + 5, é 25 m, quais são o greide médio e a inclinação sobre essa distância?

*SOLUÇÃO*

Determine o percurso pela subtração das estacas

$$162 + 5 \text{ m}$$
$$-153 + 10 \text{ m}$$
$$8 + 15 \text{ m}$$
$$\therefore \text{ percurso} = 175$$

$$\text{Greide} = \frac{\text{elevação}}{\text{percurso}} \times 100 = \frac{2,5}{175} \times 100 = 1,43\%$$

$$\text{Inclinação} = \text{percurso} : \text{elevação}$$
$$= 175 : 2,5$$
$$= 70 : 1$$

---

# 8.6 CIRCUITOS DE NIVELAMENTO ABERTOS

Erros na medição de circuitos fechados de nivelamento são problemas incômodos, mas podem ser descobertos e eliminados. Problemas maiores são aqueles nos quais o circuito não é fechado. Exemplos de casos como esses incluem o nivelamento de perfil, as seções transversais, greides etc. Imagine o tempo e o custo envolvidos se tivermos que demolir toda a base de concreto de um edifício e reconstruir com uma cota diferente apenas por causa de um erro numa leitura VV. Considerações similares podem ser feitas sobre outras obras como a proteção lateral das pontes, galerias de águas pluviais e outras estruturas. O leitor é sempre lembrado para ser extremamente cuidadoso com esse tipo de trabalho e repetir várias vezes as medidas para, assim, evitar erros.

**142** Capítulo 8

## PROBLEMAS

**8.1** Ajuste o seguinte circuito de nivelamento baseado em distâncias.

| Ponto | Distância da $RN_1$ (km) | Cota observada (m) | |
|-------|---------|---------|---|
| $RN_1$ | 0 | 456,89 | |
| $RN_2$ | 4 | 455,09 | (Resp.: $RN_2$ = 455,05) |
| $RN_3$ | 6 | 450,21 | (Resp.: $RN_3$ = 450,15) |
| $RN_4$ | 12 | 459,23 | (Resp.: $RN4_2$ = 459,11) |
| $RN_1$ | 16 | 457,05 | |

**8.2** Repita o Problema 8.1 baseado no número de estações.

**8.3** Ajuste o circuito de nivelamento conforme dados da tabela a seguir baseado no número de estações.

| Ponto | Distância da $RN_1$ (km) | Correção (m) | |
|-------|---------|---------|---|
| $RN_1$ | 0 | 601,03 | |
| $RN_2$ | 3 | 603,48 | (Resp.: $RN_2$ = 603,53) |
| $RN_3$ | 8 | 600,84 | (Resp.: $RN_3$ = 600,96) |
| $RN_4$ | 10 | 605,77 | (Resp.: $RN_4$ = 606,03) |
| $RN_5$ | 12 | 606,22 | (Resp.: $RN_5$ = 606,41) |
| $RN_1$ | 16 | 600,78 | (Resp.: $RN_1$ = 601,03) |

**8.4** Repita o Problema 8.3 baseado em distâncias.

**8.5** Uma linha de nivelamento foi feita para medir a cota de várias RN. Os valores seguintes foram obtidos:

| Ponto | Distância da $RN_1$ (km) | Correção (m) |
|-------|---------|---------|
| $RN_1$ | 0 | 131,88 |
| $RN_2$ | 6 | 131,63 |
| $RN_3$ | 11 | 129,90 |
| $RN_4$ | 16 | 131,29 |
| $RN_1$ | 23 | 132,01 |

O erro de fechamento obtido é satisfatório para um nivelamento com exigência = $\pm 0,03\sqrt{K}$ em que $K$ está em quilômetros e a expressão fornece o fechamento tolerado em metros? Ajuste as cotas para todas as RNs.

(Resp.: O fechamento é satisfatório)
(Resp.: $RN_2$ = 131,60 m)
(Resp.: $RN_3$ = 129,84 m)
(Resp.: $RN_4$ = 131,20 m)

**8.6** Um circuito fechado de nivelamento geométrico foi feito para determinar a cota de diversas RNs com os resultados a seguir. Determine as cotas mais prováveis.

| Distância (m) | | Cota observada (m) | | |
|-------|------|---------|---------|---|
| $A$ para $B$ | 7000 | $RN_A$ | 515,80 | (Resp.: RNA = 515,80) |
| $B$ para $C$ | 4000 | $RN_B$ | 527,08 | (Resp.: RNB = 526,54) |
| $C$ para $D$ | 4500 | $RN_C$ | 521,92 | (Resp.: RNC = 521,70) |
| $D$ para $E$ | 5000 | $RN_D$ | 506,34 | (Resp.: RND = 506,03) |
| $E$ para $A$ | 3000 | $RN_E$ | 518,09 | (Resp.: RNE = 517,68) |
| | | $RN_A$ | 516,27 | |

**8.7** A $RN_1$ tem uma cota conhecida, e deseja-se determinar a cota de $RN_2$ executando nivelamentos por três diferentes percursos partindo de $RN_1$, como mostrado na tabela a seguir. Qual a cota de $RN_2$ mais provável?

| Percurso | Cota medida da $RN_2$ (km) | Cota medida da $RN_2$ (m) | |
|----------|---------|---------|---|
| $a$ | 3 | 868,88 | |
| $b$ | 5 | 868,86 | |
| $c$ | 6 | 868,91 | (Resp.: 868,88 m) |

**8.8** Várias linhas de nivelamento foram feitas por diferentes percursos partindo da $RN_1$ para locar a $RN_2$ e estabelecer sua cota. O comprimento desses percursos e os valores das cotas obtidos são apresentados na tabela a seguir. Determine a cota mais provável da $RN_2$.

| Percurso | Cota medida da $RN_2$ (km) | Cota medida da $RN_2$ (m) | |
|----------|---------|---------|---|
| $a$ | 5 | 973,09 | |
| $b$ | 7 | 973,26 | (Resp.: 973,19) |
| $c$ | 10 | 973,17 | |
| $d$ | 14 | 973,39 | |

**8.9** Prepare e complete as anotações de nivelamento para uma linha levantada com mira dupla, partindo da $RN_{11}$ (cota 500,580) para a $RN_{12}$. Nas seguintes leituras da mira, $A$ refere-se a um percurso e $B$ a outro: VR em $RN_{11}$ = 2,238; VV em $PM_1A$ = 0,703; VV em $PM_1B$ = 1,252; VR em $PM_1A$ = 2,855; VR em $PM_1B$ = 3,402; VV em $PM_2A$ = 1,173; VV em $PM_2B$ = 1,558; VR em $PM_2A$ = 2,542; VR em $PM_2B$ = 2,932; VV em $PM_3A$ = 1,340; VV em $PM_3B$ = 1,661; VR em $PM_3A$ = 2,390; VR em $PM_3B$ = 2,712; VV em $RN_{12}$ = 1,015. (Resp.: 506,377 m)

**8.10** Um eixo para uma rodovia foi estaqueado. Com um AI de 256,29 m, as seguintes visadas foram feitas em estacas inteiras começando em 0 + 00: 0,94; 1,10; 1,25; 1,83; 2,10; 2,35; 2,62; 2,83; 2,87; 2,99; 2,80; 2,65; 2,50; 2,41; 2,44; 2,53; 2,68 e 2,87. Desenhe o perfil desse eixo.

**8.11** Complete o seguinte conjunto de anotações do nivelamento de um perfil.

| Estação | VR | AI | VV | VVI | Cota |
|---|---|---|---|---|---|
| $RN_1$ | 1,31 | 381,04 | 0,00 | 0,00 | 379,73 |
| $PM_1$ | 1,80 | 380,06 | 2,78 | 0,00 | 378,26 |
| | 0,00 | 0,00 | 0,00 | 2,07 | 377,98 |
| | 0,00 | 0,00 | 0,00 | 2,01 | 378,04 |
| | 0,00 | 0,00 | 0,00 | 2,35 | 377,71 |
| | 0,00 | 0,00 | 0,00 | 2,53 | 377,53 |
| | 0,00 | 0,00 | 0,00 | 2,59 | 377,46 |
| | 0,00 | 0,00 | 0,00 | 2,16 | 377,89 |
| $PM_2$ | 3,15 | 380,96 | 2,24 | 0,00 | 377,81 |
| | 0,00 | 0,00 | 0,00 | 1,89 | 379,07 |
| | 0,00 | 0,00 | 0,00 | 1,77 | 379,19 |
| | 0,00 | 0,00 | 0,00 | 1,58 | 379,38 |
| | 0,00 | 0,00 | 0,00 | 1,49 | 379,47 |
| | 0,00 | 0,00 | 0,00 | 1,31 | 379,65 |
| $RN_2$ | 0,00 | 0,00 | 2,02 | 0,00 | 378,94 |

**8.12** Complete o seguinte conjunto de anotações do nivelamento de um perfil

| Estação | VR | AI | VV | VVI | Cota |
|---|---|---|---|---|---|
| $RN_1$ | 945 | 331.693 | | | 330.748 |
| $PM_1$ | 1.871 | 331.229 | 2.335 | | 329.358 |
| | | | | 2.070 | 329.159 |
| | | | | 2.010 | 329.219 |
| | | | | 2.350 | 328.879 |
| | | | | 2.530 | 328.699 |
| | | | | 2.590 | 328.639 |
| | | | | 2.160 | 329.069 |
| $PM_2$ | 3.615 | 333.061 | 1.783 | | 329.446 |
| | | | | 1.890 | 331.171 |
| | | | | 1.770 | 331.291 |
| | | | | 1.580 | 331.481 |
| | | | | 1.490 | 331.571 |
| | | | | 1.310 | 331.751 |
| $RN_2$ | | | 2.765 | | 330.296 |

# Capítulo 9

# Ângulos e Direções

## 9.1 MERIDIANOS

Em topografia, a direção de uma linha é descrita pelo ângulo horizontal que ela faz com uma linha ou direção de referência. Normalmente, isso é feito utilizando uma linha fixa como referência, chamada de *meridiano*. Existem três tipos de meridianos: verdadeiro, magnético e arbitrário. Um *meridiano verdadeiro* é a direção de uma linha que passa pelos polos geográficos norte e sul e pela posição do observador, como mostra a Figura 9-1.

O *norte verdadeiro* é baseado na direção da gravidade e no eixo de rotação da Terra. É determinado pela observação do Sol ou outras estrelas cujas posições astronômicas são conhecidas (o Sol, a Estrela do Norte, ou Polaris, são as mais conhecidas). Às vezes, o termo *norte geodésico* é utilizado, sendo uma direção determinada a partir de uma aproximação matemática do formato da Terra. É ligeiramente diferente do norte verdadeiro, e tal diferença pode ser de 20 segundos de arco em algumas partes do oeste dos Estados Unidos. Um *meridiano magnético* é a direção indicada por uma agulha magnetizada de uma bússola na posição do observador. Um *meridiano arbitrário* é a direção indicada arbitrariamente por conveniência.

Os meridianos verdadeiros deveriam ser utilizados para todos os levantamentos de grande extensão e, na verdade, eles são desejáveis para todos os levantamentos de limites de propriedades. Eles não mudam com o tempo e podem ser restabelecidos décadas depois. Os meridianos magnéticos têm a desvantagem de serem afetados por muitos fatores e alguns deles variam com o tempo. Além disso, não existe um método preciso disponível para estabelecer qual o norte magnético considerado em determinado local anos antes. Um meridiano arbitrário pode ser utilizado satisfatoriamente para muitos levantamentos de extensão limitada. A direção de um meridiano arbitrário é normalmente tomada na direção aproximada de um meridiano verdadeiro. Os meridianos arbitrários têm uma grande desvantagem — a dificuldade de restabelecer sua direção se os pontos do levantamento feitos no terreno forem perdidos.

Outro tipo de meridiano é utilizado, às vezes, para levantamentos de extensões limitadas. Uma linha passando por um ponto de uma área em particular é selecionada como um meridiano de referência (normalmente o verdadeiro), e todos os outros meridianos na área são considerados como paralelos a ele: o chamado *meridiano de quadrícula*. O uso do meridiano de quadrícula elimina a necessidade de considerar a convergência meridiana de diferentes pontos na área.

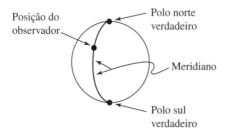

**Figura 9-1** Meridiano verdadeiro.

144

## 9.2 UNIDADES DE MEDIÇÃO DE ÂNGULOS

Entre os métodos utilizados para expressar a magnitude de ângulos planos estão os sistemas sexagesimal, o centesimal e os métodos que utilizam radianos e milésimos. Esses sistemas são descritos resumidamente nos parágrafos seguintes.

### Sistema Sexagesimal

Nos Estados Unidos, como em tantos outros países, é usado o sistema sexagesimal, no qual se divide o círculo em 360 partes iguais ou graus. Os graus são ainda divididos em minutos e segundos (1° = 60 minutos e 1 minuto = 60 segundos). Assim, um ângulo pode ser escrito como 36°27′32″. O National Geodetic Survey utiliza o sistema sexagesimal para ângulos e direções.

### Sistema Centesimal

Em alguns países, principalmente na Europa, é utilizado o sistema centesimal, no qual o círculo é dividido em 400 partes que são chamadas de *gon*. (que, até recentemente, eram conhecidos como *grados*). Note que 100 gon = 90°. Um ângulo pode ser expresso como 122,3968 gon (que multiplicado por 0,9 nos dará o resultado de 110,15712° ou 110°09′25,6″).

### Radiano

Outra medida de ângulo frequentemente usada para fins de cálculos é o radiano. O radiano é definido como o ângulo inscrito no centro de um círculo, por um arco de comprimento exatamente igual ao raio desse círculo. Essa definição é ilustrada na Figura 9-2. A circunferência de um círculo é igual a $2\pi$ vezes o raio $r$ e, assim, existem $2\pi$ radianos no círculo. Portanto, 1 radiano é igual a

$$\frac{360°}{2\pi} = 57{,}30°$$

(Um gon é igual a 0,01571 radiano.)

### Milésimo

Outro sistema de unidades de ângulos divide o círculo em 6.400 partes ou *milésimos*. Esse sistema particular de medição é utilizado principalmente na ciência militar.

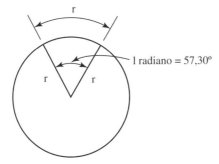

**Figura 9-2** Radiano.

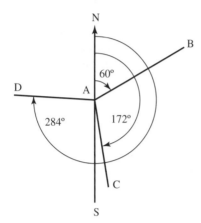

**Figura 9-3** Azimutes.

## 9.3 AZIMUTES

Um termo comum utilizado para designar uma direção de uma linha é o *azimute*. O azimute de uma linha é definido pelo ângulo medido em sentido horário do extremo norte ou sul do meridiano de referência para a linha em questão. Para levantamentos planos comuns, os azimutes são geralmente medidos a partir da direção norte do meridiano. Esse será o caso para os problemas apresentados neste livro. Em alguns projetos geodésicos ou geográficos, os azimutes são eventualmente medidos no sentido horário a partir do sul do meridiano. Quando esse for o critério adotado, o fato deve ser claramente indicado.

O valor de um azimute pode variar de 0 a 360°. Os azimutes das linhas *AB, AC* e *AD* são mostrados na Figura 9-3. Os valores são 60°, 172° e 284°, respectivamente.

Toda linha tem dois azimutes (o direto e o inverso, ou contra-azimute). Seus valores diferem entre si por 180°, dependendo de qual extremo de linha está sendo considerado.* Por exemplo, o azimute da linha *AB* é 60° e o azimute inverso, que é o azimute da linha *BA*, pode ser obtido adicionando ou subtraindo 180°, totalizando 240°. De modo semelhante, os azimutes inversos das linhas *AC* e *AD* são, respectivamente, 352° e 104°.

Os azimutes são referidos como verdadeiros, magnéticos ou arbitrários, dependendo do meridiano utilizado. O tipo de meridiano utilizado deve ser indicado com clareza.

## 9.4 RUMOS

Outro método de determinar a direção de uma linha é dar o seu *rumo*. O rumo de uma linha é definido como o menor ângulo que a linha faz com o meridiano de referência. Ele não pode ser maior que 90°.[1] Dessa maneira, os rumos são medidos em relação às extremidades norte ou sul do meridiano e estão dispostos em um dos quadrantes de tal forma que venham acompanhados dos valores NE, NO, SE ou SO.

A conversão de azimutes para rumos (e vice-versa) é mais bem obtida com o uso de uma figura. Na Figura 9-3, o rumo da linha *AB* é N60°E, o de *AC* é S8°E e o de *AD* é N76°O.** Como os azimutes, cada linha tem dois rumos, dependendo de qual extremo da linha é considerado. Por exemplo, o rumo da linha *BA* na Figura 9-3 é S60°O.

---

*Por causa da convergência os meridianos, o azimute direto e o azimute inverso de uma linha não diferem de 180° exatamente, exceto onde *A* e *B* têm a mesma longitude geodésica ou onde as latitudes geodésicas de ambos os pontos são 0°. Fonte: Oliveira, C. *Dicionário cartográfico*. 4. ed. Rio de Janeiro: IBGE, 1993, p. 45. (N.R.T.)
[1]Alguns topógrafos consideram apenas os rumos em relação ao norte. Nesses casos, os ângulos não podem ser maiores que 180°.
**Também se podem anotar os rumos com as abreviaturas das direções no final, como 60° NE e 80° SE. (N.T.)

Dependendo dos meridianos que estejam sendo utilizados como referência, os rumos podem ser verdadeiros, magnéticos ou arbitrários. Assim é importante, como é para os azimutes, indicar claramente o tipo de meridiano de referência utilizado. É correto dizer que o rumo de uma linha é N90°E, mas é mais comum dizer que ele é para leste. De modo similar, as outras três direções cardeais em geral são referidas como para sul, oeste e norte.

Vimos que as direções podem ser indicadas pelos rumos ou pelos azimutes e aprendemos que eles são facilmente intercambiáveis. Até algumas décadas atrás, os topógrafos norte-americanos geralmente preferiam o uso de rumos aos azimutes e a maioria dos documentos legais refletia essa preferência. Contudo, hoje, as calculadoras programáveis portáteis e os computadores são utilizados todos os dias pelos topógrafos. Para realizar cálculos com esses equipamentos, em geral é mais simples utilizar os valores numéricos diretos dos azimutes em vez dos rumos, que requerem conhecimentos de quadrantes e sinais de funções trigonométricas. *Assim sendo, os topógrafos hoje em dia preferem utilizar azimutes em lugar dos rumos.*

## 9.5 A BÚSSOLA

Os seres humanos foram abençoados na Terra com um excelente indicador de direções, os polos magnéticos. O campo magnético da Terra e o uso da bússola são velhos conhecidos dos navegadores e topógrafos há muitos séculos. Aliás, antes do sextante e do trânsito serem desenvolvidos, a bússola era o único meio que o topógrafo tinha para medir ângulos e direções.

Por muitos séculos se dizia que a bússola foi originalmente desenvolvida por um imperador chinês que iria travar uma batalha sob forte cerração. A história conta que ele criou uma carroça que sempre apontava na direção sul e era capaz de localizar seus inimigos. Na realidade, ninguém sabe quem desenvolveu primeiro a bússola, e tal honra é requerida pelos gregos, italianos, finlandeses, árabes e outros. Desconsiderando o inventor, o fato é que a bússola foi utilizada por navegadores na Idade Média.

Os polos magnéticos não são pontos e sim áreas ovais localizadas a pouca distância dos polos geográficos. Hoje o polo magnético do norte está localizado a aproximadamente 1600 km ao sul do polo norte verdadeiro, no Ártico Canadense próximo à ilha Ellef Rinanes. Ele se move no rumo norte, mais ou menos 14 km por ano. Talvez o campo magnético da Terra seja produzido pelas correntes elétricas que se originam de líquidos quentes do núcleo externo da Terra. O fluxo dessas correntes parece estar mudando constantemente, assim como o campo magnético.[2]

A agulha da bússola se alinha com o norte magnético; na maioria dos lugares isso significa que a agulha aponta levemente para leste ou oeste do norte verdadeiro, dependendo da localidade. O ângulo entre o norte verdadeiro e o norte magnético é chamado de *declinação magnética.* (Navegadores chamam de *variações da bússola*, enquanto outros usam o termo *desvio.*) As linhas de força magnéticas no hemisfério Norte são também inclinadas para baixo em relação à horizontal em direção ao polo Norte magnético. As agulhas magnetizadas da bússola são contrabalançadas com uma pequena bobina de fio de cobre nas extremidades sul para evitar que a extremidade norte se incline para baixo na direção do polo magnético e toque a face da bússola.* O conhecido *ângulo de inclinação* da agulha varia de 0 a 90° no polo magnético. Como consequência, a posição da bobina talvez tenha que ser ajustada para balancear o efeito da inclinação em diferentes latitudes e, assim, manter a agulha na horizontal. Além de os campos magnéticos não estarem localizados nos polos geográficos da Terra, também as direções magnéticas estão sujeitas a diversas variações: variações de longo prazo, variações anuais, variações diárias, além das variações causadas por tempestades magnéticas, atrações locais etc.

As modernas estações totais são fabricadas sem bússolas por causa de todas as imprecisões envolvidas em seu uso. (Alguns desses instrumentos têm uma *bússola declinatória*, que consiste em uma agulha magnética montada em uma caixa estreita de modo que pode se mover de lado a lado ao

---

[2]L. Newitt, "Tracking the North Magnetic Pole", *Professional Surveyor*, July/Aug. 1997, vol. 17, n. 5, pp. 7-8.
*No hemisfério Sul, o contrapeso deve ser colocado na extremidade norte. (N.T.)

longo de um arco bem curto.) Apesar de a bússola não estar comumente disponível em nossos instrumentos de hoje, um breve comentário sobre ela é incluído neste capítulo, porque o conhecimento de seu uso pode vir a ser útil aos topógrafos modernos. Esse conhecimento é particularmente importante para levantamentos de terras, onde é bastante comum deslocar divisas de antigas propriedades cujas direções foram originalmente estabelecidas por bússolas magnéticas.

## 9.6 VARIAÇÕES NA DECLINAÇÃO MAGNÉTICA

O ângulo de declinação de uma localização em particular não é constante; ele varia com o tempo. Em períodos de aproximadamente 150 anos existe um gradual e inexplicável deslocamento do campo magnético da Terra em uma direção, depois do qual ocorre um gradual movimento na outra direção para completar o ciclo no próximo período de 150 anos. Essa variação, conhecida como *variação secular*, pode ser bem grande e é muito importante a verificação de antigos levantamentos cujas direções foram estabelecidas com uma bússola. Não há método conhecido para prever com precisão a mudança secular e tudo que pode ser feito é registrar observações de sua magnitude em vários lugares em todo o mundo. Registros mantidos em Londres por muitos séculos mostram um intervalo de variação de declinação magnética de 11°E em 1580 para 24°O em 1820. O período de tempo entre as declinações extremas a leste e a oeste varia com a localidade. Pode ser curto, como em 50 anos ou menos, ou longo, como 180 anos ou mais.

Além das variações seculares nas declinações magnéticas, também existem variações diárias e anuais de menor importância. As *variações anuais* em geral somam menos de 1′ de variação no campo magnético da Terra. A cada dia existe um pequeno movimento na agulha da bússola através de um ciclo, causando uma variação de aproximadamente um décimo de 1°. O tamanho dessa *variação diária* é tão pequeno que, ainda em comparação com as imprecisões com que a bússola pode ser lida, elas podem ser ignoradas.

Existem inúmeros calculadores de declinação magnética disponíveis. Um desses *websites* é o do NOAA (National Geophysical Data Center) em: http://www.ngdc.noaa.gov/geomagmodels/Declination.jsp. Como a declinação magnética varia de acordo com o tempo e a localização, estas são as duas únicas variáveis necessárias. A Figura 9-4 mostra como a declinação magnética para a localização de Clemson, Carolina do Sul, tem variado ao longo dos anos.

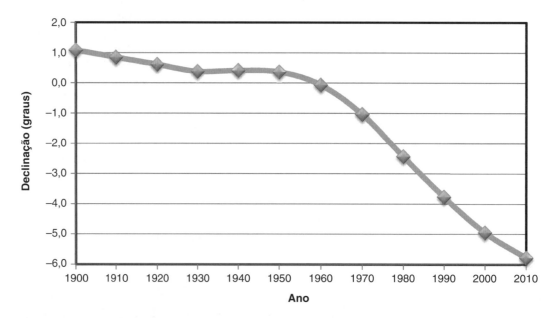

**Figura 9-4** Declinação magnética em Clemson, Carolina do Sul, EUA, de 1900 a 2010.

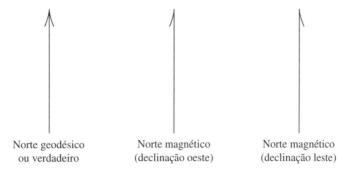

**Figura 9-5** Convenções da seta de direção.

## 9.7 CONVENÇÕES DA SETA DE DIREÇÃO

Para desenhos de propriedades, uma convenção bastante comum de seta é usada para indicar a direção norte. Uma seta com ponta completa é utilizada para direções geográficas ou geodésicas, e uma seta com apenas meia-ponta é empregada para as direções magnéticas. Se houver uma declinação magnética para oeste, a meia seta estará no lado oeste e vice-versa se a declinação for para leste (ver Figura 9-5). Não é uma prática reprovável indicar essa informação por escrito juntamente com as convenções de seta mostradas.

## 9.8 ATRAÇÃO LOCAL

A direção indicada pela agulha da bússola é afetada por outras atrações magnéticas além do campo magnético da Terra. Cercas, tubulações, barras de ferro, carros, prédios próximos, minas e outros objetos de ferro ou aço podem ter efeitos consideráveis nas leituras das bússolas. Além disso, o efeito das linhas de alta-tensão, particularmente por causa das variações de voltagem, pode ser tão grande que a bússola pode se tornar inútil nessas áreas. Até mesmo objetos usados pelo topógrafo como caneta, fivela do cinto, relógio, broche, fichas e até trenas de aço podem provocar uma distorção na leitura da bússola.

Em muitas ocasiões o topógrafo não percebe que as direções magnéticas que ele lê com a bússola podem estar afetadas por atrações locais. Para detectar as atrações locais, ele deve ler rumos para vante e para ré em cada linha para ver se eles correspondem razoavelmente bem. Para ler o rumo a vante, o topógrafo visa ao longo da linha na direção do próximo ponto. Para ler o rumo a ré da mesma linha, é só mover-se para o próximo ponto e visar o ponto anterior. Se as duas leituras variarem significativamente entre elas, então é muito provável que esteja ocorrendo alguma atração local. Esse assunto continua na Seção 9.10.

## 9.9 LEITURAS DE DIREÇÕES COM BÚSSOLA

As bússolas podem ser utilizadas em levantamentos topográficos nos quais a rapidez é importante e quando apenas uma precisão limitada é requerida. Além disso, elas podem ser utilizadas para verificar levantamentos mais precisos ou para novas medições de antigas propriedades que foram medidas originalmente com bússolas. Elas também podem ser utilizadas para levantamentos preliminares, mapeamentos expeditos, orientação em área de floresta e verificação de medidas de ângulos.

Por muitos anos a bússola de topógrafo (ver Figura 9-6) foi utilizada para determinar direções. Esse instrumento era originalmente instalado em um tipo de bastão chamado de "bastão de Jacob". Mais tarde, os tripés foram utilizados. O leitor deve perceber particularmente os visores verticais dobráveis, ou pínulas, que eram utilizados para alinhamentos. Esses visores eram fendas estreitas

**Figura 9-6** Antiga bússola topográfica.

que ocupavam quase todo o comprimento das pínulas. Esse instrumento obsoleto (agora um artigo de colecionador) era principalmente utilizado para demarcações de limites de terras. Hoje, é utilizado ocasionalmente na tentativa de restabelecer linhas de antigas propriedades que tiveram suas medições originais feitas com tal instrumento.

Para ler um rumo com uma bússola de topógrafo ou com uma bússola anexada a um trânsito, o topógrafo instala o instrumento em um ponto na extremidade da linha cujo rumo é desejado, solta a presilha da agulha da bússola e visa o ponto na outra extremidade da linha. Então, a leitura do rumo é observada no círculo, na direção do extremo norte da agulha, que é presa novamente ao final da leitura. Quando a bússola está solta, um mancal no centro da agulha repousa sobre um apoio pontudo, o que permite que a agulha se mova livremente. É importante ficar atento ao ponto de apoio e evitar que se torne rombudo e lento o movimento da agulha. Isso pode ser evitado prendendo novamente a agulha, ou seja, levantando-a do pivô quando a bússola não estiver em uso para minimizar o desgaste.

A condição ou sensibilidade de uma agulha de bússola pode ser facilmente checada afastando-a de sua posição com uma peça de um material magnético, como a lâmina de uma faca, por exemplo. Se, quando o material for retirado, a agulha retornar para sua posição de origem, é sinal de que está em boas condições. Se a agulha ficar lenta e não retornar para a sua posição de origem, o pivô pode ser afiado com uma pedra. Isso é uma tarefa complicada e seria melhor, provavelmente, substituir a agulha.

Na Figura 9-7, considera-se que o instrumento esteja colocado no ponto *A* e a luneta é visada para o ponto *B* de forma que o rumo *AB* possa ser determinado. Deve-se notar que, qualquer que seja a direção da luneta, a agulha apontará sempre para o norte magnético e os rumos serão lidos da extremidade norte da agulha. Para que isso seja possível, as posições de E e O devem estar invertidas na bússola. Caso contrário, quando a luneta for virada para o quadrante NE, a agulha estaria entre as marcas N e O na bússola. Isso pode ser visto na Figura 9-7.

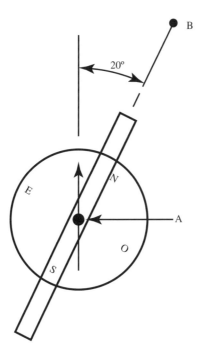

**Figura 9-7** A luneta está sobre o ponto *A* e visa a direção de *B*. O rumo é N20ºE. Note que a escala gira com a luneta, mas a agulha continua apontando para o norte magnético.

Às vezes, ao se manusear uma bússola, sua lente fica eletricamente carregada por causa da fricção com as mãos ou com a roupa. Quando isso acontece, a agulha é atraída para a face interna do vidro, pela carga elétrica. Essa carga pode ser removida da lente soprando sobre ela ou tocando a lente com os dedos molhados em vários pontos do vidro.

Muitas bússolas (por exemplo, as antigas em trânsitos) são equipadas de forma que possam ser ajustadas para declinações magnéticas; isto é, a escala ou o círculo sob a bússola marcado em graus pode ser girado em relação à luneta no valor da declinação. Assim, a bússola pode ser utilizada para ler diretamente rumos verdadeiros aproximados mesmo que as declinações sejam bastante grandes.

Ao refazer levantamentos antigos que foram originalmente feitos com bússolas, com frequência é necessário tentar restabelecer, com a bússola, algumas linhas perdidas. Em casos como este sem dúvida é necessário (se muitos anos se passaram) estimar as mudanças que tenham ocorrido nas declinações magnéticas.*

Para os novos levantamentos é preferível trabalhar com rumos verdadeiros. Essa prática proporciona uma estabilidade para os levantamentos e simplifica muito o trabalho futuro de outros topógrafos. Um rumo verdadeiro pode ser determinado por uma linha (provavelmente da observação do Sol ou da estrela Polaris), e a partir dela podem ser calculados os rumos de outras linhas a partir dos ângulos medidos com a estação total com a aproximação de um minuto, ou melhor. É claro que se houver muitas linhas envolvidas, é melhor checar novamente e com frequência as direções verdadeiras durante o levantamento. (Os rumos magnéticos podem ser utilizados para os levantamentos de hoje em dia pela leitura de rumo magnético de uma linha e computando os rumos dos outros lados a partir dos demais ângulos medidos, mas os rumos verdadeiros são preferíveis.)

Apesar do aumento do uso das direções verdadeiras, não é uma má prática a leitura de rumos magnéticos de cada linha se o instrumento tem uma bússola. A maioria dos instrumentos novos não tem. Se houver enganos nas medições de ângulos, os rumos magnéticos podem, frequentemente, ser utilizados para determinar onde os erros ocorreram.

---

*No Brasil, o Observatório Nacional disponibiliza um serviço *web* para obter as declinações magnéticas (http://www.on.br/conteudo/modelo.php?endereco=servicos/servicos.html). (N.R.T.)

Embora leituras de bússola sejam estimadas com aproximação de 15′ a 30′, duvida-se que a exatidão obtida seja melhor que o grau. Trânsitos, estações totais e teodolitos podem ser lidos com aproximação de um minuto, ou melhor. Além disso, as leituras de bússolas podem ser afetadas por atrações magnéticas locais. Sendo assim, *a precisão obtida é bastante limitada, e as bússolas estão se tornando cada vez mais obsoletas para fins de levantamentos a cada ano que passa. Além disso, as estações totais modernas não são equipadas com bússolas.*

## 9.10 DETECTANDO ATRAÇÕES MAGNÉTICAS LOCAIS

Quando os rumos magnéticos são lidos com uma bússola, as atrações magnéticas do local podem, frequentemente, ser um problema; assim sendo, todas as leituras devem ser cuidadosamente verificadas. Isso normalmente é realizado pela leitura do rumo de cada linha a partir dos dois extremos. Se a diferença entre as leituras de vante e de ré for de 180°, provavelmente é porque não há atração local considerável. Se elas não diferem de 180°, é indicativo de ocorrência de atração local e o problema é descobrir qual o rumo correto.

Para essa discussão, considere a poligonal da Figura 9-8, pressupondo que as leituras de vante e de ré para a linha *AB* foram S81°30′E e N83°15′O, respectivamente. Com certeza a atração local está presente em um ou ambos os extremos da linha.

Um método para determinar o valor correto é ler os rumos dos pontos *A* e *B* para um terceiro ponto como o ponto *C* na figura e, então, mover-se para o terceiro ponto e fazer a leitura de ré para *A* e *B*. Se o rumo de vante *AC* estiver de acordo com o rumo de ré *CA*, isso mostra que não há atração local apreciável nem em *A* nem em *C*. Portanto, a atração local está em *B*, e o rumo magnético correto de *A* para *B* é S81°30′E.

Deve ser notado que, em certo ponto, a atração local da agulha causará um pequeno desvio em relação ao meridiano magnético. Assim, todas as leituras feitas daquele ponto devem ter o mesmo erro em consequência da atração local (considerando que a atração não é um valor mutável, como as variações de voltagem de uma linha de alta-tensão), e os ângulos dos rumos calculados naquele ponto não devem ser afetados pela atração local.

## 9.11 DEFINIÇÕES DE ÂNGULOS DE POLIGONAIS

Antes de prosseguir com a discussão sobre medição de ângulos, diversas definições muito importantes relacionadas com direção e posição precisam ser colocadas. Em topografia, as posições relativas de vários pontos (ou estações) do levantamento devem ser determinadas. Historicamente, isso era feito pela medição de distâncias em linha reta entre os pontos e os ângulos entre aquelas linhas. Aprenderemos na Seção 11.6, entretanto, que outro procedimento (chamado de irradiamento) é muito utilizado hoje em dia.

Uma *poligonal* pode ser definida como uma série de sucessivas linhas retas conectadas. Elas podem ser *fechadas*, como as linhas de limites de uma fração de terra, ou *abertas*, como uma rodovia, uma ferrovia ou outro percurso levantado. Diversos tipos de ângulos são utilizados nas poligonais, e eles são definidos nos parágrafos seguintes.

Um *ângulo interno* é aquele delimitado pelos lados de uma poligonal fechada e interno ao polígono formado (ver Figura 9-9).

Um *ângulo externo* é aquele delimitado pelos lados de uma poligonal fechada e externo ao polígono formado (ver Figura 9-9).

Um *ângulo à direita* é o ângulo contado em sentido horário entre a linha precedente e a posterior de uma poligonal. Na Figura 9-10 é considerado que a equipe de levantamento está seguindo ao

**Figura 9-8** Detecção de atrações magnéticas locais na leitura de bússolas.

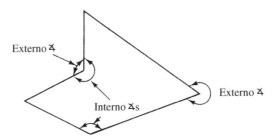

**Figura 9-9** Diversos tipos de ângulos.

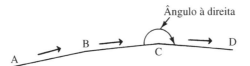

**Figura 9-10** Ângulos à direita.

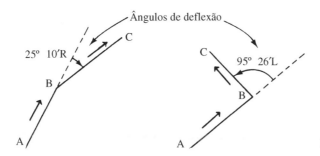

**Figura 9-11** Ângulos de deflexões.

longo da poligonal de *A* para *B,* de *B* para *C*, e assim por diante. Em *C*, o ângulo à direita é obtido pela visada de ré para *B* e medindo o ângulo em sentido horário para *D*.

Um *ângulo de deflexão* (ou simplesmente *deflexão*) é aquele formado entre o prolongamento da linha precedente e a atual. Dois ângulos de deflexão são mostrados na Figura 9-11. Deve ser notada a necessidade de identificá-los como à direita pela letra (D) ou à esquerda pela letra (E).* Em cada caso, considera-se que a poligonal procede de *A* para *B* e para *C*, e assim por diante. O uso de ângulos de deflexão permite uma visualização fácil das poligonais e facilita sua representação no papel. Além disso, o cálculo de sucessivos rumos ou azimutes é muito simples (azimutes são mais fáceis de obter). Note que o ângulo de deflexão entre dois lados de uma poligonal, é igual a 180° menos o correspondente ângulo interno, se o ângulo interno for menor que 180°, ou é igual ao ângulo interno menos 180°, se ângulo interno for maior que 180°.

## 9.12 CÁLCULO DE POLIGONAIS

Para cálculo de poligonais, a direção de pelo menos um lado deve ser conhecida ou arbitrada. Os ângulos entre os lados das poligonais são medidos e com esses valores as direções dos outros lados são calculadas. Na realidade, vários métodos possíveis para resolver esse problema podem ser usados, mas independentemente do método escolhido, a preparação de um cuidadoso esboço com os dados conhecidos é muito importante. Uma vez feito o esboço, os cálculos necessários ficam claros.

---

*Será adotada a convenção (D), à direita e (E), à esquerda, de tal forma que não se confunda com E, de este ou leste. (N.R.T.)

**154** Capítulo 9

Uma maneira fácil de resolver a maioria desses problemas é fazer uso dos ângulos de deflexão. O Exemplo 9.1 ilustra a situação em que o rumo de uma linha e o ângulo da linha seguinte são dados e é desejado encontrar o azimute e o rumo da segunda linha.

**EXEMPLO 9.1** Para a poligonal mostrada na Figura 9-12, o rumo do lado *AB* é dado assim como os ângulos internos em *B* e *C*. Calcule os azimutes e os rumos dos lados *BC* e *CD*.

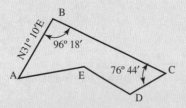

**Figura 9-12** Cálculo do azimute e rumo para o lado *BC*.

**SOLUÇÃO** Um esboço do ponto *B* (ver Figura 9-13) é desenhado, mostrando as direções norte-sul e leste-oeste; a locação de *AB* é estendida e passa por B (como mostrado pela linha tracejada), e o ângulo de deflexão em *B* é determinado. Conhecido o valor desse ângulo, o azimute e o rumo do lado *BC* são óbvios. Um procedimento similar é seguido para calcular o rumo *CD*, como mostrado na Figura 9-14.

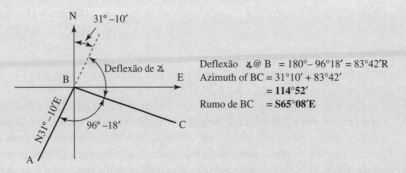

**Figura 9-13** Ângulo de deflexão em *B* e rumo da linha *BC*.

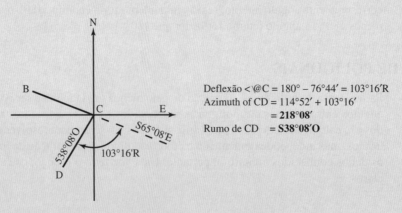

**Figura 9-14** Ângulo de deflexão em *C* e rumo da linha *CD*.

Se os rumos de duas linhas sucessivas são conhecidos, é fácil calcular os ângulos entre elas. Feito um esboço, é calculado o ângulo de deflexão, e o valor de qualquer ângulo desejado torna-se evidente. O Exemplo 9.2 apresenta a solução desse tipo de problema.

**EXEMPLO 9.2**  Para a poligonal mostrada na Figura 9-15, os rumos dos lados *AB, BC, CD* e *DE* são dados. Calcule os ângulos internos em *B* e *D*.

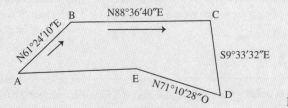

**Figura 9-15**  Calculando o ângulo interno em *B*.

*SOLUÇÃO*  É feito um esboço (Figura 9-16), o ângulo de deflexão da extensão da linha *AB* para a linha *BC* é calculado, e qualquer ângulo necessário fica imediatamente óbvio. Um procedimento similar é mostrado na Figura 9-17 para o ângulo interno em *D*.

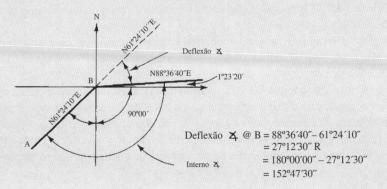

**Figura 9-16**  Cálculo do ângulo interno.

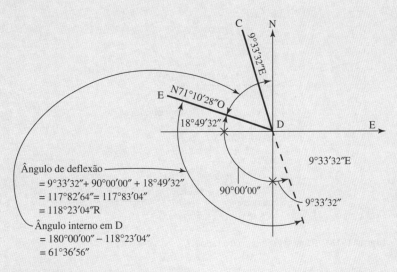

**Figura 9-17**  Cálculo do ângulo interno.

## 9.13 PROBLEMAS DE DECLINAÇÃO MAGNÉTICA

O leitor pode ficar confuso à primeira tentativa de calcular o rumo geográfico de uma linha a partir do seu rumo magnético, para o qual a declinação magnética seja conhecida. Um problema que apresenta dificuldades parecidas é o cálculo do rumo magnético de uma linha hoje, quando são conhecidos a declinação atual, o rumo magnético e a declinação magnética medidos há vários anos. Esses problemas, entretanto, podem facilmente ser solucionados se os estudantes lembrarem uma simples regra: *faça um cuidadoso esboço com as informações dadas*. Deve-se lembrar, também, que o norte verdadeiro não se altera com o tempo e sempre deve ser representado em esboços como uma linha vertical, apontando para o topo da página. O Exemplo 9.3 apresenta a solução de um problema de declinação magnética.

**EXEMPLO 9.3**   O rumo magnético da linha *AB* foi registrado como S43°30′E em 1888. Se a declinação magnética era 2°00′E, qual é o rumo verdadeiro da linha? Se a declinação atual é de 3°00′O, qual é o rumo magnético da linha hoje?

**SOLUÇÃO**   No esboço (Figura 9-18), as direções verdadeiras (N, S, E, O) são mostradas como linhas cheias e as direções magnéticas são mostradas como linhas tracejadas. O norte magnético mostrado está a 2°00′E (no sentido horário) do norte verdadeiro, e a linha *AB* é mostrada em sua posição apropriada a 43°30′E do sul magnético. Uma vez completado o esboço, o rumo verdadeiro da linha fica claro.

Para determinar o rumo magnético da linha hoje, outro esboço é feito (Figura 9-19), mostrando o rumo geográfico da linha e a sua atual declinação. Desse esboço completo o rumo magnético atual da linha fica claro.

No fim deste capítulo há vários problemas de exercício sobre ângulos, rumos e azimutes. Antes de continuar para os capítulos seguintes, o leitor deve estar seguro de que pode resolver todos esses problemas. O estudante deve estar apto a calcular azimutes de linhas a partir de seus rumos e vice-versa, calcular ângulos de deflexão a partir de rumos, converter ângulos para rumos e vice-versa e estar apto a resolver problemas de declinações magnéticas vistos na Seção 9.13.

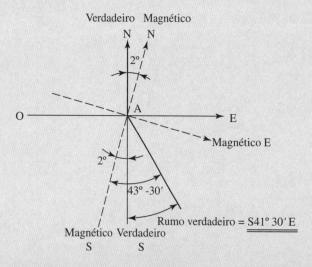

**Figura 9-18**   Rumo verdadeiro do lado *AB*.

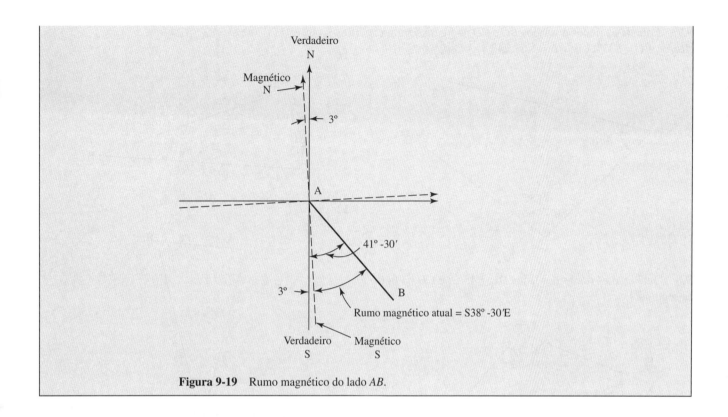

**Figura 9-19** Rumo magnético do lado *AB*.

## PROBLEMAS

**9.1 a.** Converta 35,3206$^g$ para unidades sexagesimais. (Resp.: 31°47'18,7")

**b.** Converta 48°15'26" para unidades centesimais. (Resp.: 53,6191)

**9.2** Um arco circular tem um raio de 170,69 m e um ângulo central de 38°20'45". Determine o ângulo central em radianos e o comprimento do arco.

**9.3** Três linhas têm os seguintes azimutes 124°36'; 234°45' e 312°14'. Quais são seus rumos? (Resp.: S55°24'E; S54°45'O; N47°46'O)

**9.4** Determine os azimutes para os lados *AB*, *BC* e *CD* no esboço a seguir, onde os rumos são dados.

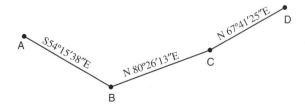

**9.5** Calcule o azimute para os lados *OA*, *OB*, *OC* e *OD* na figura seguinte. (Resp.: *OA* = 340°26'34"; *OB* = 101°25'39")

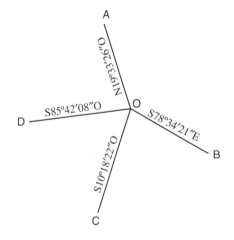

**9.6** Encontre os rumos dos lados *BC* e *CD* na figura seguinte.

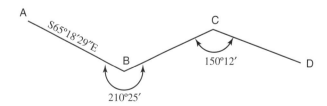

**158** Capítulo 9

**9.7** Calcule os rumos dos lados *BC* e *CD* na figura seguinte. (Resp.: *BC* = S37°11′E; *CD* = N57°24′E)

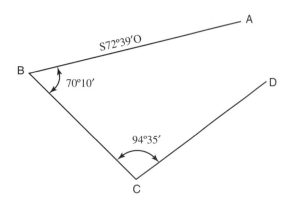

**9.8** Quais são os rumos dos lados *DE*, *EA*, *AB* e *CD* na figura seguinte?

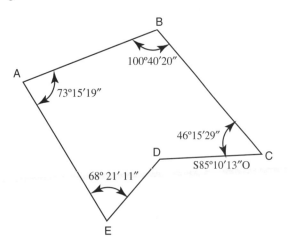

**9.9** Determine os ângulos *AOB*, *BOC* e *DOA* para a figura do Problema 9.5. (Resp.: *AOB* = 120°59′05″; *BOC* = 88°52′43″)

**9.10** Calcule o valor dos ângulos internos *B* e *C* para a figura que se segue.

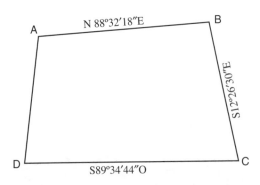

Nos Problemas 9.11 a 9.14, calcule todos os ângulos internos de cada uma das figuras mostradas.

(Resp.: *A* = 81°34′30″; *C* = 83°35′24″)

**9.11**

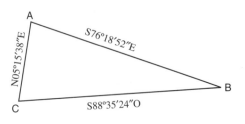

**9.12**

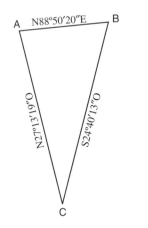

**9.13** (Resp.: *B* = 99°10′49″; *D* = 120°05′07″)

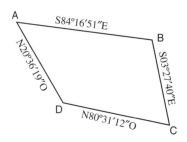

**9.14**

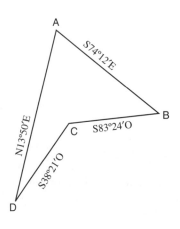

**9.15** Calcule os ângulos de deflexão para a poligonal do Problema 9.12.

(Resp.: $B = 115°49'53''D$; $C = 128°06'28''D$)

**9.16** Calcule os ângulos de deflexão para a poligonal do Problema 9.14.

**9.17** A partir dos dados fornecidos, compute os rumos que faltam.

1-2 = _____
2-3 = _____
3-4 = N76°13'00"O
4-1 = _____
Interno ∢ em 1 = 58°13'08"
Interno ∢ em 2 = 71°19'00"
Interno ∢ em 4 = 85°31'10"
(Resp.: 1-2 = S67°31'18"E; 2-3 = S41°09'42"O)

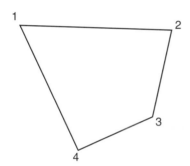

**9.18** A partir dos dados fornecidos, calcule os rumos que faltam.

1-2 = S44°18'39"E
2-3 = _____
3-4 = S05°11'15"O
4-5 = _____
5-6 = N44°40'54"E
6-1 = _____
Interno ∢ em 1 = 48°27'06"
Interno ∢ em 2 = 110°30'12"
Interno ∢ em 4 = 71°11'35"

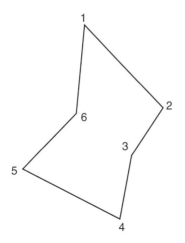

**9.19** Para a figura seguinte, calcule:
a. O ângulo de deflexão em *B*. (Resp.: 75°02'D)
b. O ângulo interno em *B*. (Resp.: 104°58')
c. O rumo da linha *DA*. (Resp.: N30°06'O)
d. O azimute da linha *CD*. (Resp.: 274°29')

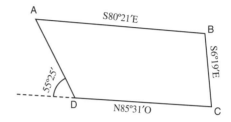

**9.20** Para a figura seguinte, calcule:
a. O rumo da linha *AB*.
b. O ângulo interno em *C*.
c. O azimute da linha *DE*.
d. O ângulo de deflexão em *B*.

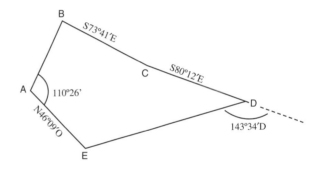

**9.21** Para a figura a seguir, calcule:
a. O ângulo de deflexão em *B*. (Resp.: 125°39'D)
b. O rumo de *CD*. (Resp.: S5°33'E)
c. O azimute de *DE*. (Resp.: 210°42')
d. O ângulo interno em *E*. (Resp.: 106°11')
e. O ângulo externo em *F*. (Resp.: 273°59')

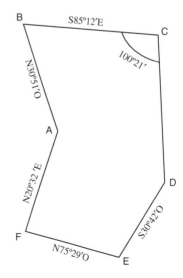

**160** Capítulo 9

**9.22** Os valores seguintes são ângulos de deflexão de uma poligonal fechada: $A = 140°16'D$, $B = 48°29'D$, $C = 110°41'D$, $D = 100°32'D$ e $E = 40°21'E$. Se o rumo do lado $CD$ é S55°38'O, calcule o rumo dos outros lados.

**9.23** O azimute magnético de uma linha é 79°55', enquanto a declinação magnética é de 9°41'E. Qual o azimute verdadeiro da linha? (Resp.: 89°36')

**9.24** Em um lugar determinado, os rumos magnéticos de duas linhas são N35°28'E e S60°25'E. Se a declinação magnética é 5°12'O, quais são os rumos verdadeiros das linhas?

**9.25** Os rumos magnéticos de duas linhas são N30°26'E e S85°25'E. Se a declinação magnética for 10°21'E, quais serão os rumos verdadeiros das linhas? (Resp.: N140°47'E; S75°04'E)

**9.26** Os rumos verdadeiros de duas linhas são N64°29'E e S40°25'O. Calcule seus rumos magnéticos se a declinação magnética for de 5°19'E.

**9.27** Transforme os seguintes rumos verdadeiros para rumos magnéticos considerando uma declinação magnética de 3°51'E: N60°12'O, N23°44''E e S86°50'E. (Resp.: N164°03'O, N19°53'E, S89°19'E)

**9.28** O azimute magnético de uma linha foi de 120°34' em 1890 quando a declinação magnética era de 6°00'E. Se agora a declinação magnética é de 4°40'E, determine o azimute verdadeiro da linha e seu azimute magnético atual.

**9.29** Em 1860 o rumo magnético de uma linha era N69°27'O e as declinações magnéticas 5°12'E. Calcule o rumo magnético dessa linha hoje se a declinação magnética agora é de 7°36'E. Qual o rumo verdadeiro dessa linha? (Resp.: Verdadeiro = N64°15'O; Magnético = N71°51'O)

Das informações fornecidas nos Problemas 9.30 a 9.33, determine os rumos verdadeiros de cada linha e seus rumos magnéticos hoje.

| | Rumo magnético em 1905 | Declinação magnética em 1905 | Declinação magnética hoje |
|---|---|---|---|
| **9.30** | N50°18'O | 3°28'E | 2°44'O |
| **9.31** | S46°12'O | 5°52'O | 4°40'E |
| **9.32** | N48°13'E | 3°25'E | 9°41'E |
| **9.33** | S3°31'O | 5°50'O | 7°22'E |

(Resp.: 9.31: Verdadeiro = S40°20'O; Magnético = S35°40'O)

(Resp.: 9.33: Verdadeiro = S2°19'E; Magnético = S9°41'E)

# Capítulo 10

# Medição de Ângulos e Direções com Estações Totais

## 10.1 TRÂNSITOS E TEODOLITOS

Por muitas décadas, os instrumentos usados para medição de ângulos horizontais e verticais eram divididos em dois grupos — trânsitos e teodolitos —, mas a distinção entre os dois não era clara. Originalmente, ambos os instrumentos eram chamados de teodolitos. A origem do termo teodolito não é totalmente conhecida. Em qualquer caso, trânsitos e teodolitos eram ambos usados para medir ângulos horizontais e verticais. No início, os instrumentos fabricados com lunetas longas e que não podiam ter as suas extremidades invertidas eram chamados de *teodolitos*. À medida que o tempo passou, no entanto, alguns instrumentos foram fabricados com lunetas mais curtas que podiam ser invertidas ou transitadas. Passaram a ser chamados de *trânsitos*. A Figura 10-1 mostra um antigo trânsito americano.

Eventualmente, a maioria dos instrumentos (sejam trânsitos ou teodolitos) era fabricada com lunetas que poderiam ser invertidas; então, a distinção original entre os dois não podia mais ser aplicada e, de forma geral, eles eram nomeados conforme o uso local. Por convenção, os instrumentos

**Figura 10-1** Trânsito.

**162** Capítulo 10

com leitura de vernier eram chamados de trânsitos, enquanto os instrumentos mais precisos e de leitura óptica eram denominados teodolitos. Os teodolitos mais antigos tinham verniers e microscópios dotados de micrômetro para leituras de ângulos. Então, eles foram fabricados com sistemas ópticos com os quais o usuário poderia ler tanto os ângulos horizontais como verticais através de uma ocular localizada junto à luneta. Trânsitos baseados em verniers e teodolitos são atualmente obsoletos nas práticas de levantamento nos Estados Unidos. Os mais modernos teodolitos são fabricados de forma que os ângulos horizontais e verticais sejam mostrados digitalmente em uma janela de visualização. Esses instrumentos não são mais tão populares como antes porque são limitados à medição de ângulos, exceto para fazer medições de determinação de distâncias com uso de mira e fios estadimétricos especiais que o topógrafo vê através da ocular. Uma breve discussão de medições estadimétricas foi dada na Seção 3.4. Mais instruções são dadas na Seção 14.9. Para a maioria dos levantamentos as distâncias também são necessárias. Um meio muito mais eficiente de coletar ângulos e distâncias é com o uso da estação total.

## 10.2  INTRODUÇÃO ÀS ESTAÇÕES TOTAIS

Embora o uso de sistemas de posicionamento global (GPS) para fins de levantamento esteja se tornando mais comum a cada ano, o instrumento de levantamento usado com mais frequência hoje é a estação total. Consiste em um dispositivo que combina um teodolito e um MED junto com um computador ou microprocessador embutido, com capacidade de armazenar dados e fazer vários cálculos, tais como determinação das componentes horizontais e verticais de distâncias inclinadas, cálculos de diferenças de cotas e coordenadas de pontos visados. O nome original para instrumentos desse tipo era *taqueômetro* ou *taquímetro* ou *taqueômetro eletrônico*. Entretanto, a Hewlett-Packard inseriu o nome estação total há cerca de 40 anos e aperfeiçoamentos nesse moderno instrumento de levantamentos têm ocorrido desde então. Os avanços atuais incluem estações totais imageadoras, estações totais robóticas e estações totais com GPS.

Entre os anos 1970 e 1980, era comum usar um medidor eletrônico de distância (MED) montado sobre um teodolito, como mostrado na Figura 10-2 (MEDs foram discutidos em detalhes no Capítulo 5). Tal arranjo era um pouco inconveniente no campo, mas os profissionais de levantamento e os fabricantes de equipamentos rapidamente perceberam as vantagens de um equipamento combinado de medição de distância e de direções. Essas primeiras inovações induziram às mais modernas, integradas estações totais de hoje que são usadas para levantamento de poligonais, para elaboração de mapas topográficos, para locação de construções e para muitos outros tipos de levantamentos.

Com modernas estações totais, o topógrafo pode executar todas as tarefas que ele realizava com trânsito ou teodolito mais eficientemente. As medições de ângulos horizontais e verticais e distâncias inclinadas são lidas automaticamente; também são calculados instantaneamente os componentes horizontais e verticais das distâncias inclinadas, assim como as coordenadas $x$, $y$ e $z$. Os dados lidos são guardados automaticamente via coletores de dados e transferidos com facilidade para pós-processamento em programas de computador e softwares de mapeamento.

As estações totais não somente podem ser usadas para as tarefas descritas, como também podem ser usadas no modo de rastreio cinemático em tempo real (RTK) para locação em construções. A distância desejada (horizontal ou inclinada) para determinado ponto pode ser inserida no instrumento com o teclado, permitindo que pontos sejam visados ao longo da linha correta. O auxiliar porta-prisma estima aproximadamente onde o piquete deve ser locado e coloca o prisma ali. Uma medida é feita para o prisma com rapidez e no mesmo instante o instrumento calculará e mostrará a distância que o prisma necessita para ser movido para a frente ou para trás para obter a posição correta. O porta-prisma estima essa próxima posição onde o prisma deve ser colocado e outra medida é realizada. Esse processo é repetido tantas vezes quanto necessário até que a leitura do instrumento indique que a correção é igual a zero. Nesse ponto, o piquete é cravado. Algumas estações totais mais novas têm um GPS incorporado para ajudar a otimizar as etapas requeridas em locação de obras.

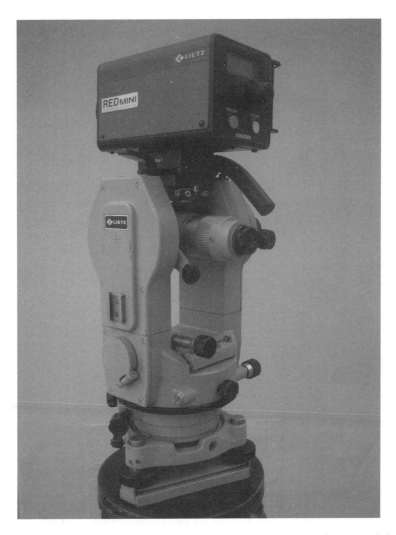

Figura 10-2  Medidor eletrônico de distância (MED) montado sobre um teodolito.

## 10.3 TIPOS DE ESTAÇÕES TOTAIS

Estações totais ópticas para uso em levantamentos variam em capacidade, precisão e funcionalidade. Os tipos mais comuns de estação total incluem convencionais (automáticas), de imageamento (*laser scanning*), robóticas (controladas remotamente) e combinadas com GPS. Cada tipo de estação total está descrita brevemente abaixo.

**Estações Totais Convencionais**

Estações totais convencionais (Figura 10-3) são os instrumentos de levantamento mais utilizados para mapeamento, levantamento de propriedades e estaqueamento de construções. A precisão da estação total para medição de ângulos pode variar entre 2″, 3″, 5″ e 7″ de acordo com a norma ISO 17123-3. Geralmente, instrumentos menos precisos são mais apropriados para a aplicação em construção. Uma grande quantidade de dados inseridos e armazenados, programas de análise e opções de transferência de dados são disponíveis. Outras características incluem seus sistemas operacionais fáceis de usar e rastreamento dinâmico.

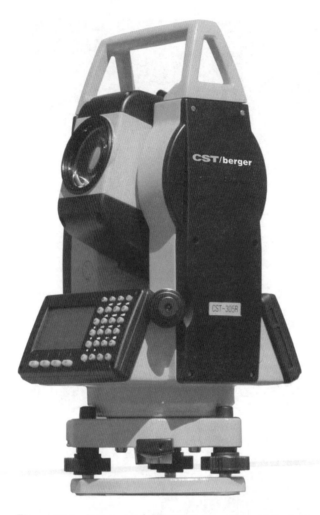

**Figura 10-3** Estação total CST 305R. Fornece precisão de cinco segundos. (Cortesia de Robert Bosch Tool Corporation.)

### Estação Total com Imageamento (Escaneamento a *Laser*)

Um escâner a laser que mede 50.000 pontos por segundo pode ser utilizado para a coleta de dados para levantamentos topográficos e para levantamento "*as-built*",* como mostrado na Figura 10-4. Pulsos de lasers em alta velocidade com um espelho oscilante permitem o escaneamento instantâneo de superfícies a partir de uma posição conhecida. Além disso, esse tipo de equipamento também pode ser usado como uma estação total convencional para levantamento ponto a ponto em poligonais ou locações de obras.

### Estação Total Robótica (Controlada Remotamente)

A comunicação sem fio (*wireless*) entre o prisma e o instrumento, combinada com um equipamento motorizado, permite a operação da estação total a partir da posição do bastão, como mostrado

---

*No Brasil, existe a norma NBR 14645-1 — Elaboração do "como construído" (*as-built*) para edificações — Parte 1: Levantamento planialtimétrico e cadastral de imóvel urbanizado com área até 25.000 m², para fins de estudos, projetos e edificação. (N.R.T.)

Medição de Ângulos e Direções com Estações Totais **165**

**Figura 10-4** Estação total com escâner a laser Leica ScanStation C10. (Cortesia da Leica Geosystems.)

na Figura 10-5. Após a instalação do instrumento, os dados podem ser coletados por uma única pessoa, eliminando a necessidade de uma equipe de levantamento diminuindo, assim, os custos. Um sensor de rastreamento permite ao instrumento seguir a localização do prisma ou da unidade de posicionamento remoto. O operador comunica com o equipamento através de tecnologia sem fio para inserir os dados das locações em campo e outras informações computacionais relacionadas.

**Figura 10-5** Estação total robótica Topcon GPT 9000 em uso. (Cortesia da Topcon Positioning Systems.)

**Estação Total GPS (Sistema de Posicionamento Global)**

A integração de um receptor GPS com uma estação total permite a instalação do instrumento em locais convenientes, eliminando a dependência de pontos de controle previamente definidos, como mostrado na Figura 10-6. Esta tecnologia se baseia nas correções RTK da navegação por satélite para conseguir a precisão necessária para aplicações em levantamentos (ver Seção 16.5 para uma discussão sobre RTK GPS). Além disso, sistemas de bastão ou tripé cada vez menores, mais leves e mais portáveis estão sendo disponibilizados, incluindo uma antena e receptor GPS, modem de rádio RTK e controladoras manuais. Esses sistemas servem pra aumentar a velocidade da coleta de dados de campo em locais remotos e comuns.

**Figura 10-6** Estação total integrada com GPS, Leica SmartStation. (Cortesia da Leica Geosystems.)

Os mais modernos MEDs medem distâncias usando medições de diferenças de fase ou pulsos. Ambos têm vantagens e desvantagens. Os instrumentos baseados em diferenças de fase são tipicamente mais acurados enquanto os de pulso possuem melhor alcance (ver Capítulo 5).

Com o avanço rápido em tecnologia de levantamento envolvendo estações totais com GPS e robóticas, é importante notar que o topógrafo usa sua experiência para determinar como aplicar melhor a ferramenta correta para cada projeto (isto é, estação total robótica, GPS) para alcançar a acurácia e precisão necessárias, enquanto se mantém dentro dos limites econômicos do projeto ou da tarefa de coleta de dados.

Algumas preocupações relacionadas com as estações totais robóticas incluem a proteção do instrumento e a interferência da unidade de posicionamento remoto (RPU). Existe também a possibilidade de o instrumento sem operador humano ser roubado ou atropelado. Outro problema pode ocorrer em lugar onde há tráfego intenso nas proximidades, ocorrendo interferência na estação total de modo que pode haver dificuldades em localizar e rastrear o alvo RPU, resultando em ineficiências na coleta de dados.

Estações totais podem ser usadas para trabalhar a partir das redes de controle para levantamento de limites, locação de construções e para obtenção de dados topográficos. Como veremos no Capítulo 15, o GPS tem limitações de visibilidade em consequência das obstruções na recepção do sinal do satélite. Deve haver um número suficiente de satélites visíveis — uma situação que pode ser problemática quando se trabalha em áreas de floresta ou em áreas metropolitanas adjacentes a construções altas ou canteiros de obra industriais ou comerciais. Estações totais convencionais (automáticas) são mais adequadas para a coleta de dados nesses locais.

## 10.4 DESVANTAGENS DAS ESTAÇÕES TOTAIS

As estações totais têm poucas desvantagens que devem ser claramente entendidas. Seu uso geralmente não envolve a criação do conjunto de dados escritos nas anotações de campo do tipo que estudamos nos capítulos anteriores. Como alguns cálculos podem ser eliminados, existe a tendência de alguns topógrafos de considerar esses instrumentos como "caixas-pretas", o que significa que acredita em quaisquer que sejam os números mostrados, sem questionamentos. Mesmo considerando que os instrumentos topográficos de hoje sejam extremamente úteis, eles ainda são apenas ferramentas. O topógrafo deve sempre estar consciente do ditado da computação "lixo entra, lixo sai".

As estações totais convencionais requerem uma linha de visada livre entre o instrumento e os pontos de interesse. As medições de estações totais convencionais requerem adequação com uma combinação de um fator de escala estimado e de um fator de correção elipsoide/geoide para ajustar os dados à superfície da Terra.

As estações totais são dispositivos eletrônicos altamente sensíveis que requerem calibração periódica pelo fabricante ou outro prestador de serviço profissional certificado. Tipicamente, estações totais devem ser calibradas anualmente, com verificações de campo mensais, usando posições de monumentos conhecidos para avaliar se elas estão medindo ângulos e distâncias e operando conforme especificações de precisão aceitáveis.

Outra desvantagem das estações totais é que não devem ser usadas para observações do Sol a menos que sejam usados filtros especiais, como o prisma de Roelof. Se um filtro de proteção não for usado durante uma visada ao Sol os componentes do instrumento podem ser danificados. Finalmente, outra possível desvantagem pode ocorrer durante a coleta de medições de poligonais usando o procedimento chamado irradiamento, como descrito no Capítulo 11, que pode resultar em dificuldades para o ajustamento da poligonal.

## 10.5 VANTAGENS DAS ESTAÇÕES TOTAIS

As estações totais apresentam numerosas vantagens em levantamentos. Elas fornecem meios mais eficientes e rápidos de coletar dados que os métodos tradicionais de levantamentos. Registros digitais

**168** Capítulo 10

de campo, criados por meio do microprocessador do computador interno da estação total ou coletor de dados, permitem fácil transferência das medições de campo para softwares de pós-processamento no escritório em programas de mapeamento e desenho. Registros digitais de campo também eliminam os erros que podem ocorrer na transposição de anotações feitas à mão para a entrada de dados em programas de pós-processamento. A necessidade de aplicar fatores de correção às medições de distâncias a trena realizadas manualmente é eliminada. A medição tradicional de distância usando uma trena de aço necessita das correções de temperatura e catenária. Finalmente, estações totais estão prontamente aptas para locar pontos de controle de levantamentos importantes sem ter que ocupar cada um desses pontos ao empregar triangulações e geometrias de coordenadas.

## 10.6 PARTES DAS ESTAÇÕES TOTAIS

Uma estação total é composta de várias partes que incluem tripé, base nivelante, prumo óptico, microprocessador, teclado, mostrador e porta de comunicação. Essas partes serão brevemente discutidas nesta seção.

Para apoiar o instrumento, é necessário ter um tripé bom e sólido, de tal forma que levantamentos com exatidão possam ser feitos. As pernas do tripé podem ser construídas de madeira ou de metal e podem ter comprimento fixo ou, mais provavelmente, ajustável. Embora as pernas ajustáveis sejam convenientes para trabalhos em terreno inclinado, as pernas fixas são um pouco mais rígidas e podem ajudar a obter levantamentos ligeiramente mais precisos.

A base nivelante (*tribrach*), previamente descrita para os MEDs no Capítulo 5, contém três parafusos calantes, um nível esférico e provavelmente um prumo óptico para centrar o instrumento sobre os pontos do levantamento. A base nivelante é rosqueada por baixo na mesa do tripé e o instrumento é preso sobre a base com o parafuso desta.

A parte superior da estação total é chamada de *alidade* e inclui a luneta, as escalas graduadas verticais e horizontais para a medição de ângulos e os outros componentes envolvidos na medição de ângulos e de distâncias.

As lunetas curtas, que podem ser invertidas ou transitadas, contêm retículos próprios ou discos contendo os fios de retículos gravados no cristal. Na maioria das lunetas existem dois dispositivos de focagem. Um é a lente objetiva usada para visar o ponto observado, enquanto o outro é o controle da ocular, usado para focar o retículo.

O prumo óptico é um dispositivo que permite ao topógrafo centrar acuradamente o instrumento sobre um dado ponto. O prumo pode ser uma parte da alidade do instrumento, mas é mais comum ser uma parte da base nivelante. Quando ele é uma parte da base, resulta em um posicionamento mais exato. O dispositivo provê uma linha de visada paralela e alinhada com o eixo vertical da estação total. Seu uso é descrito na próxima seção deste capítulo.

Existem dois círculos graduados (horizontal e vertical). Eles são usados para medir ângulos em planos mutuamente perpendiculares. O nivelamento do instrumento colocará o círculo horizontal em um plano horizontal e o círculo vertical em um plano vertical. Assim, os ângulos horizontais e verticais, ou zenitais, podem ser medidos em seus planos apropriados. Muitas estações totais possuem níveis tubulares para nivelamento, mas a maioria das estações totais mais modernas faz uso de compensadores automáticos, como previamente descrito para os níveis no Capítulo 6.

Uma estação total é, na realidade, um teodolito eletrônico que contém um MED e um microprocessador. Os MEDs são realmente bastante pequenos, mas apesar disso são bastante satisfatórios para quase todos os trabalhos de levantamento. Usando um prisma simples uma estação total pode ser utilizada para medir distâncias de 3 a 4 km. No caso de prismas triplos, uma estação total pode ser empregada para medir distâncias aproximadamente duas vezes maiores.

Os ângulos e distâncias medidos com estação total são introduzidos no microprocessador interno. Esse dispositivo converte a distância inclinada medida em componentes horizontais e verticais (ou diferenças de cotas). Se a cota do centro do instrumento e a altura do refletor são introduzidas no instrumento, a cota do ponto visado será calculada levando em conta a curvatura da Terra e a refração atmosférica. Além disso, se estão disponíveis as coordenadas da estação ocupada e é conhecida uma direção ou um azimute, o microprocessador calculará as coordenadas do ponto visado.

## 10.7 LEVANTAMENTOS COM ESTAÇÕES TOTAIS

Uma estação total é aproximadamente nivelada usando seus três parafusos calantes. Não é necessário girar o instrumento em torno do seu eixo vertical. Uma vez que ele seja aproximadamente nivelado, a magnitude de qualquer erro de nivelamento presente é percebida pelo microprocessador do instrumento, que fará as correções apropriadas para os valores da medição dos ângulos horizontais e verticais. Como resultado, erros instrumentais, tais como a linha de visada não perpendicular ao eixo horizontal e eixo horizontal não perpendicular ao eixo vertical, são considerados pelo microprocessador.

Com os instrumentos mais antigos (trânsitos e teodolitos) a prática era medir igual número de ângulos diretos e inversos e calcular a média do resultado para compensar esses erros. Essa prática não é absolutamente necessária com as estações totais. Apesar disso, alguns erros de medições ocorrem no trabalho e é sensato tomar leituras múltiplas e fazer com que o microprocessador calcule a média dessas medidas.

Para esta discussão, considera-se que coordenadas retangulares do ponto inicial e o azimute de uma linha são conhecidos ou arbitrados. A estação total é instalada, as coordenadas são inseridas no instrumento e o azimute conhecido é ajustado no mostrador do círculo horizontal. Usando o movimento do instrumento, uma visada de ré é tomada ao longo da linha cujo azimute é conhecido. Em seguida, girando a alidade, é realizada a visada para o próximo ponto. Então, o azimute de vante será mostrado e gravado na memória do instrumento. Esse procedimento é descrito em detalhes na Seção 10.10.

A estação total mede a distância inclinada do instrumento para o refletor e também os ângulos vertical e horizontal. O microprocessador do instrumento calcula as componentes horizontais e verticais da distância inclinada. Além disso, o microprocessador, usando essas componentes calculadas e o azimute da linha, determina por trigonometria as componentes norte-sul e leste-oeste da linha visada e as coordenadas do novo ponto. Essas novas coordenadas são gravadas na memória para aplicações futuras e pós-processamento.

Quando o instrumento é levado para o segundo ponto, o procedimento usado no primeiro ponto é repetido, exceto que o azimute de ré para o primeiro ponto e as coordenadas do segundo ponto não têm que ser reintroduzidos. Eles são meramente chamados da memória do instrumento e, após isso, o próximo ponto é visado. Esse procedimento continua até que o topógrafo retorne para o ponto inicial ou para algum outro ponto cujas coordenadas sejam conhecidas. As coordenadas desse ponto final são comparadas com aquelas determinadas com a estação total. Se a diferença ou o erro de fechamento (a serem discutidos com profundidade no Capítulo 12) estão dentro de limites aceitáveis, são feitos ajustes proporcionais para os pontos intermediários (também descritos no Capítulo 12) para produzir as coordenadas finais.

Em poligonação os topógrafos podem também desejar obter cotas dos pontos. Isso pode ser feito facilmente com a estação total. É necessário, é claro, inserir a altura do instrumento e a altura do refletor. Então, quando o microprocessador calcular a componente vertical da distância inclinada, determinará a cota do próximo ponto. Como parte desse cálculo, aplica-se uma correção para a curvatura da Terra e para a refração atmosférica. Quando o último ponto é atingido, a diferença entre sua cota e aquela determinada pelo instrumento (se dentro de limites especificados) é ajustada ou distribuída entre os pontos intermediários. As cotas determinadas desse modo não são tão exatas como aquelas determinadas com níveis, como descrito previamente no Capítulo 7.

## 10.8 INSTALAÇÃO DA ESTAÇÃO TOTAL

Para medir ângulos, direções e cotas com uma estação total, primeiro é necessário instalar o instrumento sobre um ponto bem definido no terreno, tal como um pino de ferro ou um prego num piquete ou uma marca no pavimento. Esse processo é descrito nesta seção.

**170** Capítulo 10

Antes de o instrumento ser retirado do estojo, o tripé deve ser colocado sobre o ponto a ser ocupado e as pernas do tripé devem ser posicionadas firmemente no solo. A estação total é removida com cuidado do estojo de transporte por meio dos suportes ou alças, se houver. Ela é ajustada sobre o tripé, e o parafuso de fixação, localizado sob o topo do tripé, é rosqueado na base do instrumento.

Embora as estações totais sejam equipadas com prumos ópticos, em geral é conveniente usar fios de prumo para centragem aproximada antes de os prumos ópticos serem usados. Como parte do processo de centragem, pode ser necessário levantar e mover, aos poucos, o tripé em uma direção ou em outra, uma ou mais vezes, até que o instrumento esteja aproximadamente centrado. Uma vez que a centragem aproximada esteja completa, o fio de prumo será removido e a centragem fina será feita com o prumo óptico.

O prumo óptico pode ser uma parte da base nivelante ou uma parte da alidade da estação total. A linha de visada do prumo óptico coincide ou é colinear com o eixo vertical da estação total. Você notará que o instrumento deve ser nivelado pelo eixo vertical do instrumento e pela linha de visada do prumo óptico para ficar verdadeiramente vertical.

Uma vez que a linha de visada do prumo óptico esteja muito próxima ao ponto desejado, o instrumento deve ser nivelado usando seu nível tubular da base e os parafusos calantes. Então, o parafuso de fixação pode ser solto e o instrumento ajustado sobre o ponto desejado. Pode, então, ser necessário repetir os passos do nivelamento do instrumento, verificar a linha de visada do prumo óptico, liberar o parafuso da base, mover o instrumento um pouco mais etc. Para muitas estações totais o prumo óptico está na base nivelante. Para esses instrumentos, é prudente deixar a estação total no estojo até que o último nivelamento e centragem da base estejam completos. Cabe ressaltar que tal operação é aconselhada nos casos em que a base nivelante possa ser separada da estação total.

Após a estação total estar com as pernas do tripé niveladas tanto quanto possível, será necessário terminar o processo de nivelamento com os parafusos calantes do instrumento. Para um instrumento que tenha um nível tubular a luneta é girada até que fique paralela com a linha que passa sobre um par de parafusos calantes. A bolha é então centrada girando o par de parafusos. Os parafusos são girados ambos na direção do centro, ⌒⌒, ou na direção oposta, ⌒⌒. Em cada caso, à medida que os parafusos são girados, a bolha seguirá o movimento do polegar esquerdo. A luneta é rotacionada 90° e a bolha centrada com o terceiro parafuso.

Algumas estações totais não têm o nível tubular (tal como aquelas com sistema de nivelamento eletrônico e compensadores automáticos) e, nesse caso, o topógrafo deve estudar as instruções do instrumento para executar o nivelamento.

Pode parecer para o leitor que o processo de instalação descrito é muito longo. Talvez isso seja verdade para as primeiras duas ou três vezes de execução do processo, mas, após isso, o operador estará hábil a fazer o trabalho muito rapidamente.

## 10.9   VISADA COM O INSTRUMENTO

O topógrafo deveria apontar para os alvos e não mirá-los. Mirar é apontar excessivamente para um alvo, o que causa fadiga ocular e dá a impressão de o alvo estar se movendo. A visada mais confiável é normalmente a primeira tentativa, quando o alvo parece pela primeira vez estar alinhado com o fio do retículo. Ao alinhar o fio do retículo e o alvo com o parafuso de chamada ou micrométrico, é desejável que o último movimento seja no sentido horário. Tal procedimento previne a ocorrência de pequenos erros devido à folga do parafuso de chamada.

Todas as visadas de instrumento devem ser feitas com o alvo próximo à interseção dos fios retículos horizontal e vertical. A Figura 10-7 mostra alguns dos arranjos comuns de fios de retículos para vários instrumentos. O ponto escuro em cada caso indica a posição recomendada do alvo. Os três primeiros arranjos, (a), (b) e (c), são normalmente encontrados nos trânsitos ou teodolitos. Em (b) os fios de retículos horizontais superior e inferior são os fios estadimétricos, em geral não disponíveis em estações totais. Para evitar confusão com o fio central eles são algumas vezes

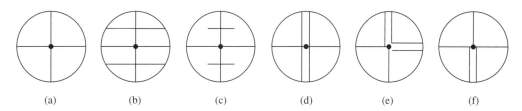

**Figura 10-7** Diversos arranjos de fios de retículos.

mais curtos, como mostrado em (c). As figuras (d), (e) e (f) mostram fios duplos. Eles permitem o enquadramento de alvos distantes em vez de encobri-los com os fios e são usados em instrumentos mais precisos.

Para medir um ângulo, a luneta é apontada para um alvo e, então, girada para outro. Se, como ocorre com relativa frequência, os alvos em questão são representados por pregos em piquetes de madeira e se estão razoavelmente próximos do instrumento, é possível deixar os pregos dos piquetes onde eles podem ser vistos com a luneta. Se isso não é possível, uma haste ou uma ficha podem ser colocadas sobre o topo do piquete. Quando os piquetes, pinos de ferro ou qualquer outro alvo são muito baixos para a visada, um prumo pode ser posicionado sobre o ponto e a luneta ser alinhada com o fio. Tal procedimento é muito bom para distâncias curtas porque o diâmetro fino do fio, se comparado à largura de uma baliza ou do bastão do prisma, habilitará o topógrafo a obter uma visada mais exata. Algumas vezes, um cartão ou um papel é preso à linha de tal forma que o fio fique mais visível para o observador.

Na maioria dos casos, o topógrafo visará o prisma fixado a um bastão, que é mantido verticalmente por meio de um nível esférico. Ao visá-lo com fins de medição de ângulos ou direções, o topógrafo deve alinhar o fio de retículo vertical do instrumento de modo que ele coincida aproximadamente com o eixo do bastão abaixo do prisma. Visadas tomadas no próprio prisma para medição de ângulos podem conter erros significativos, particularmente quando envolvem pequenas distâncias.

## 10.10 MEDIÇÃO DE ÂNGULOS HORIZONTAIS

Dependendo da precisão da estação total que está sendo usada, os ângulos podem ser medidos com aproximação de ±1/2 segundo (usando equipamentos mais caros) até ±10 segundos (utilizando equipamentos mais baratos, tais como os que podem ser usados para trabalhos de construção). A maioria dos instrumentos mostra o ângulo ou direção em graus, minutos e segundos, como em 46°22'10", ou na forma de graus decimais, tal como 46,3694°, dependendo da preferência do usuário.

Para facilitar a medição de ângulos horizontais e direções, a estação total tem um parafuso de fixação ou de pressão e um parafuso de chamada. Quando o parafuso de fixação é solto, a luneta pode ser livremente girada em torno do eixo vertical do instrumento. Quando o parafuso de fixação está solto, a luneta pode girar livremente em torno do eixo vertical do instrumento, mas, se estiver apertado, a luneta somente pode ser movida levemente e em incrementos pequenos de ângulos girando o parafuso de chamada.

Para esta discussão é feita referência à Figura 10-8 em que se deseja medir o ângulo *ABC*. O prisma ou refletor é normalmente montado sobre um bastão de comprimento ajustável, com altura igual à altura da estação total (*AI*) acima do ponto de instalação.

O instrumento é instalado e centrado sobre o ponto *B* como já descrito na Seção 10.8, e uma visada de ré é realizada para o ponto *A*. Isso é feito soltando o parafuso de fixação horizontal, visando aproximadamente o ponto *A*, prendendo o parafuso e refinando a visada para *A* com o parafuso de chamada horizontal. Então, um valor inicial igual a 0°00'00", ou qualquer outro valor desejado, é introduzido no mostrador. (Para medir um ângulo vertical ou ângulo zenital, como descrito adiante na

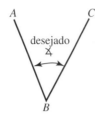

**Figura 10-8** Medição de um ângulo horizontal.

Seção 10.14, o operador empregará um procedimento similar com os parafusos de fixação e de chamada verticais.) Para medir o ângulo horizontal, o parafuso é solto e a luneta visa aproximadamente o ponto *C*, o parafuso é preso e o parafuso de chamada é usado para a visada fina no ponto *B*. O valor do ângulo será automaticamente mostrado pelo instrumento. Após o instrumento estar instalado e já feita a visada com a luneta, em média não se gasta mais que dois a quatro segundos antes de os ângulos e distâncias serem mostrados. Se, no entanto, o modo de rastreio é usado, provavelmente o tempo não excede meio segundo. Os valores obtidos com o primeiro modo ou método normal serão mais precisos que aqueles obtidos no modo de rastreio, porque são tomadas medições múltiplas e calculada a média pelo instrumento.

## 10.11 GIRO DO HORIZONTE

Antes de o estudante tentar usar a estação total para medir ângulos horizontais para uma poligonal real, é provável que ele precise de uma boa sessão prática para estar seguro de que a operação do instrumento foi completamente entendida. Um excelente modo de fazer isso é instalar e nivelar o instrumento num ponto conveniente e fincar no solo quatro ou cinco piquetes de madeira ou fichas espalhadas em torno do instrumento. Se forem usados piquetes, uma tachinha deve ser colocada em cada piquete de tal forma que ela se destaque no topo.

O ângulo entre cada par de fichas ou de tachinhas nos piquetes é medido com o valor no mostrador igualado a zero antes da medição de cada ângulo. Quando todos os ângulos em torno do instrumento tiverem sido medidos, eles são adicionados para verificar se o total é igual ou próximo de 360°. Se cada ângulo pode ser lido com aproximação de ±10 segundos com determinado instrumento e existem cinco ângulos envolvidos, o erro total, como descrito na Seção 2.11, deve estar dentro de $\pm (\sqrt{5})(10'') = \pm 22''$ em 360°00′00″. Uma vez que o estudante seja capaz de executar esse exercício corretamente e com razoável velocidade, ele provavelmente entendeu como usar os parafusos de chamada e de fixação do instrumento e estará pronto para medir outros ângulos.

Exemplos de anotações sobre esse tipo de exercício, conhecido como giro do horizonte, são mostrados na Figura 10-9. Esse método geral é bastante útil para verificação de medições de qualquer ângulo. Se o topógrafo mediu um ou mais ângulos na mesma posição do instrumento, ele pode ajustar o mostrador de volta para zero e medir o ângulo necessário para completar o círculo. Se os ângulos são somados e o total é muito próximo de 360°, o topógrafo tem uma boa verificação do seu trabalho.

Muitas estações totais estão habilitadas a fazer automaticamente correções de erros instrumentais em medições de ângulos. Por exemplo, com um teste de calibração específico, o operador pode medir a amplitude do erro de índice para um círculo vertical. Se esse valor for armazenado no microprocessador, o instrumento fará a correção cada vez que um ângulo vertical ou zenital for medido.

## 10.12 MEDIÇÃO DE ÂNGULOS POR REPETIÇÃO

Todos os topógrafos, mais vezes do que gostariam de admitir, cometem erros na medição de ângulos. Após terem medido um ângulo, eles gostariam de estar seguros, tanto quanto possível, que nenhum erro foi cometido e que não terão que retornar e repetir a medição. Em geral é muito mais fácil pre-

Medição de Ângulos e Direções com Estações Totais 173

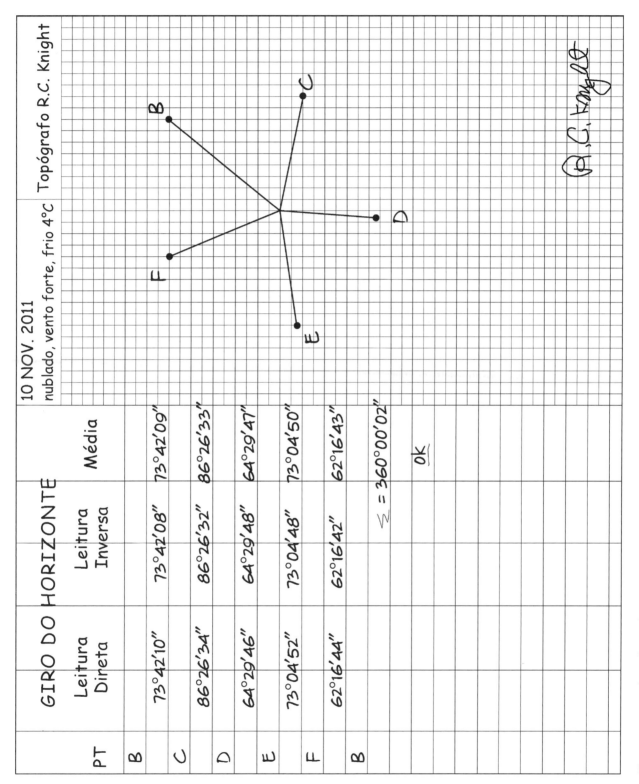

**Figura 10-9** Medição de ângulo — giro do horizonte.

**174** Capítulo 10

venir erros do que descobrir posteriormente onde ele ocorreu. Um método que quase sempre permite ao topógrafo saber se um erro foi cometido é a medição de ângulos por repetição.

Após um ângulo ser medido, seu valor é mantido no mostrador do instrumento pressionando o botão apropriado no teclado. Uma visada de ré é realizada para o primeiro ponto usando o parafuso de fixação horizontal e o parafuso de chamada. O mostrador é liberado e a visada de vante é realizada para o segundo ponto. Duas vezes o valor original deve ser mostrado. Se um erro foi cometido, todo procedimento precisa ser repetido. Supondo que os ângulos foram medidos corretamente, o procedimento de repetição pode ser realizado tantas vezes quanto desejado, e após isso o mesmo procedimento pode ser refeito, agora com a luneta invertida.

Outro exemplo de medição de ângulos horizontais é apresentado na Figura 10-10. Os ângulos internos de uma poligonal fechada de cinco lados foram medidos. Como verificação, cada um dos ângulos foi medido duas vezes e dividido por dois. Em seguida, os cinco ângulos foram somados e o total foi considerado suficientemente próximo de 540°00′00″.

Para o exemplo mostrado na Figura 10-10, o ângulo em questão foi medido três vezes com a luneta em posição normal. A primeira medição do ângulo, que foi 52°16′12″, é usada somente como uma verificação, comparada com o valor obtido após o valor total ser dividido pelo número de medições.

Medir ângulos diversas vezes com a luneta na posição normal e na posição inversa e calcular a média dos valores resultantes fornecerão melhoria na precisão. No entanto, repetir um ângulo mais que seis ou oito vezes não melhora consideravelmente a medição devido aos erros acidentais na centragem, de pontaria e os erros instrumentais da estação total.

Dividindo a terceira leitura na Figura 10-11 por três é bastante fácil porque os números são, todos eles, múltiplos de três, e a resposta é obviamente 52°16′11″. Os números podem eventualmente ser mais complicados (isto é, eles não são cada um múltiplo de três) e o usuário pode achar mais fácil converter os valores para a forma decimal, dividir aquele valor por três e, então, mudar o resultado novamente para graus, minutos e segundos. Por exemplo, para esse caso, 156°48′33″ é igual a 156,8092° e, quando dividido por três, resulta em 52,2697°.

Na verdade, os procedimentos para medição de ângulos por repetição podem variar bastante com instrumentos diferentes. Portanto, o topógrafo deve estudar o manual de instruções do seu instrumento antes de tentar usar esse procedimento.

## 10.13 MÉTODO DAS DIREÇÕES PARA MEDIÇÃO DE ÂNGULOS HORIZONTAIS

A seção anterior deste capítulo descreve um método para medição de ângulos horizontais, no qual uma visada era realizada para um ponto com valor inicial de 0°00′00″ inserido no mostrador, e outra visada é feita para outro ponto. Em vez de usar esse procedimento, é mais conveniente usar o método das direções para determinar ângulos horizontais. Tal procedimento é particularmente útil quando ângulos múltiplos devem ser medidos a partir de uma estação.

Com o método das direções, as leituras do círculo horizontal são tomadas para vários pontos e os ângulos entre essas visadas são calculados. Quando múltiplos ângulos devem ser determinados, o tempo que o topógrafo gasta em uma estação é reduzido quando comparado ao procedimento de ângulo simples descrito nas Seções 10.11 e 10.12. Assim como com o procedimento anterior, a precisão pode ser melhorada se múltiplas leituras forem realizadas nas posições direta e inversa, e calculada a média dos resultados.

## 10.14 MEDIÇÃO DE ÂNGULOS ZENITAIS

Um ângulo vertical é definido como um ângulo positivo ou negativo compreendido entre um plano horizontal e a linha que está sendo visada. Algumas vezes, o ângulo positivo é referenciado como um *ângulo de elevação* e o ângulo negativo é chamado de *ângulo de depressão*. O *ângulo zenital* é o ângulo medido a partir da linha vertical para a linha em questão. Esses ângulos são mostrados na Figura 10-12.

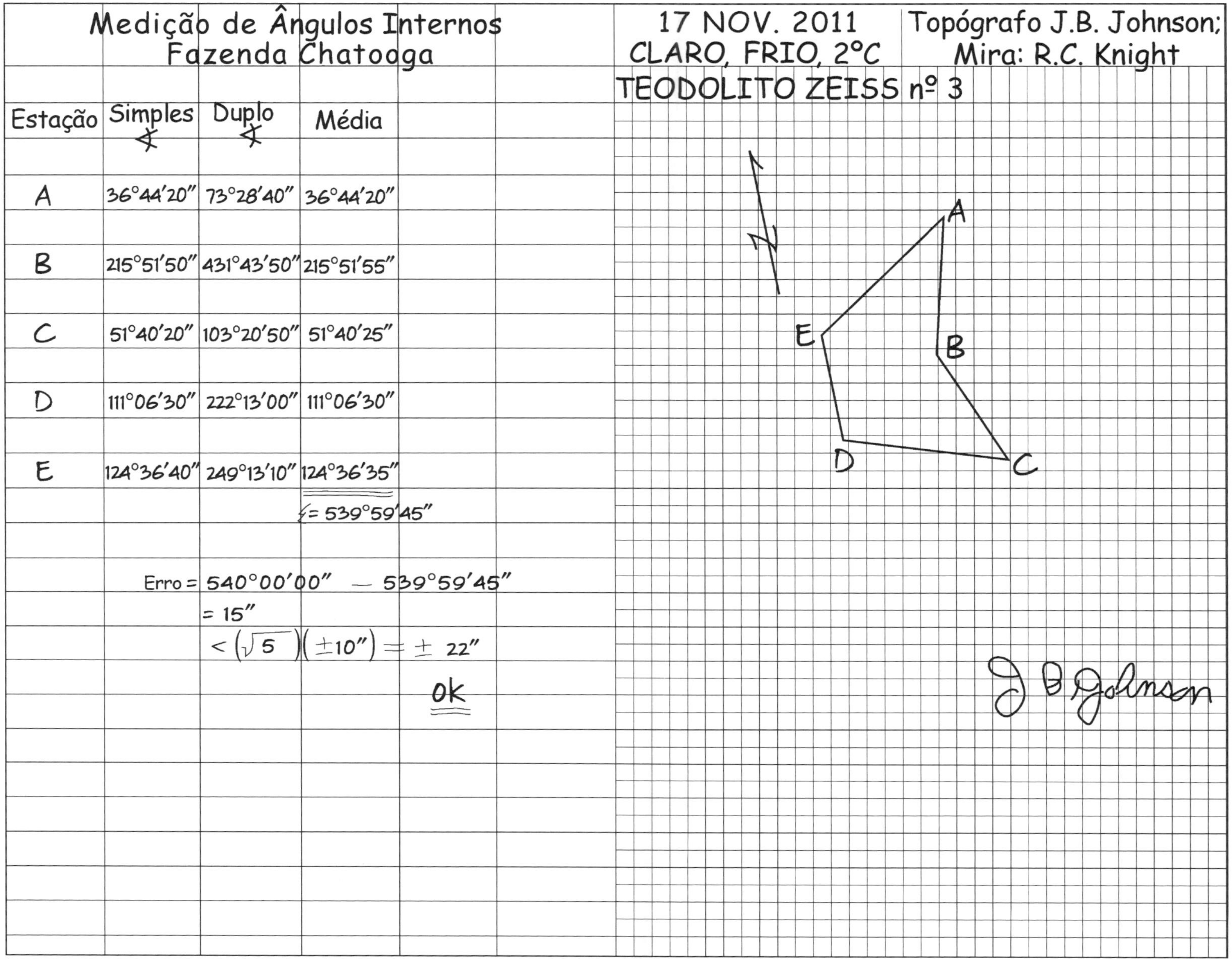

## Medição de Ângulos Internos
### Fazenda Chatooga

**17 NOV. 2011**
**CLARO, FRIO, 2°C**
**TEODOLITO ZEISS nº 3**

**Topógrafo J.B. Johnson;**
**Mira: R.C. Knight**

| Estação | Simples | Duplo | Média |
|---|---|---|---|
| A | 36°44'20" | 73°28'40" | 36°44'20" |
| B | 215°51'50" | 431°43'50" | 215°51'55" |
| C | 51°40'20" | 103°20'50" | 51°40'25" |
| D | 111°06'30" | 222°13'00" | 111°06'30" |
| E | 124°36'40" | 249°13'10" | 124°36'35" |
| | | $\angle = 539°59'45"$ | |

$$\text{Erro} = 540°00'00" - 539°59'45"$$
$$= 15"$$
$$< (\sqrt{5})(\pm 10") = \pm 22"$$

ok

**Figura 10-10**   Anotações de campo da medição dos ângulos internos de uma poligonal fechada.

| MEDIÇÃO DE ÂNGULOS POR REPETIÇÃO |||| 
|---|---|---|---|
| Ângulo | 1ª LEIT. | 3ª LEIT. | Média |
| A | 52°16'12" | 156°48'33" | 52°16'11" |

**Figura 10-11** Medição de ângulos por repetição.

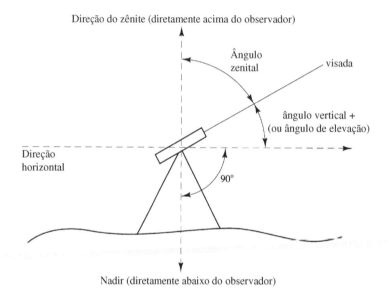

**Figura 10-12** Medição de um ângulo zenital.

As estações totais de hoje normalmente mostram os ângulos zenitais, os ângulos verticais ou ambos. A leitura zenital de 0° (ângulo vertical de 90°) com um desses instrumentos será obtida quando a luneta estiver apontada verticalmente para cima. Se a luneta estiver na sua posição normal, ou modo direto, e estiver na horizontal, o ângulo zenital registrado será de 90° (ângulo vertical de 0°). Se a luneta estiver invertida, isto é, ela estiver no modo reverso, o ângulo zenital será 270°. Note que as duas leituras adicionadas sempre totalizam 360°. Se um ângulo zenital de 70° é medido com a luneta em posição direta, o ângulo zenital no modo reverso será 290°.

Erros de índice podem estar presentes nas leituras dos ângulos zenitais, então eles podem ser substancialmente reduzidos realizando um número igual de leituras de cada ângulo nos modos direto e reverso e calculando a média. Na maior parte das vezes, isso é feito com o microprocessador do instrumento. Embora os erros de índice possam ser negligenciáveis em muitos instrumentos, é sempre conveniente considerar que os instrumentos estejam desajustados, medir os ângulos nos dois modos e calcular a média dos dois.

## 10.15 USO DE COLETORES DE DADOS COM AS ESTAÇÕES TOTAIS

Os coletores de dados usados com estações totais podem ser dispositivos portáteis conectados por cabo às estações totais ou podem ser montados internamente na estação total. A maioria dos coleto-

Medição de Ângulos e Direções com Estações Totais **177**

res de dados é projetada de forma que os dados guardados neles possam automaticamente ser descarregados em um computador e, assim, usados para vários cálculos e desenhos. As capacidades dos coletores de dados de hoje são mais robustas que antes, e programas de interface com o usuário têm sido melhorados gradativamente.

As estações totais com coletores de dados são eficientes, em especial para levantamentos que envolvem a locação de um grande número de pontos no campo. Essa é uma situação muito comum para mapeamento topográfico (questão discutida em detalhes no Capítulo 14). A estação total é capaz de executar muitas tarefas de levantamento. Uma delas, para a qual é idealmente apropriada, é o levantamento topográfico no qual as coordenadas $x$, $y$ e $z$ de um ponto são determinadas. (A componente $z$ é usada aqui para se relacionar com as cotas.) O trabalho pode ser feito muito mais rapidamente (talvez duas ou três vezes mais rápido) do que utilizando um trânsito, um teodolito ou um método estadimétrico. Isso aumenta sensivelmente as áreas de atuação em que o levantamento topográfico do terreno é competitivo em relação ao levantamento feito por fotografia aérea.

Coletores de dados permitem que as medições de campo sejam registradas e transferidas, por meio de vários métodos de descarga, para um computador para processamento final, preparação de desenho e do mapeamento. Além disso, dados de projetos complexos podem ser inseridos no computador do escritório e transferidos ou carregados no coletor de dados. O coletor de dados é então levado para o campo e conectado à estação total. Após isso ser feito, centenas de pontos podem ser rapidamente locados no campo com a estação total.

## 10.16 CUIDADOS COM OS INSTRUMENTOS

Embora as regras gerais dadas aqui para cuidados com os trânsitos, teodolitos, MEDs e estações totais estejam intimamente relacionadas com aquelas previamente apresentadas para os níveis (Seção 6.11), o assunto é importante o bastante para garantir alguma repetição. A regra essencial, igualmente com os níveis, é "não derrube o instrumento" porque sérios prejuízos seguramente ocorrerão. A seguinte lista apresenta alguns itens importantes para relembrar sobre os cuidados com esses instrumentos tão caros e sensíveis:

1. Sujeira e água são problemas para o instrumento e devem ser removidos o mais breve possível. Após o instrumento ter sido usado, a poeira deve ser removida com uma escova de limpeza e o instrumento deve ser seco com um pano. Sujeira e lama mais resistentes podem ser removidas com a ajuda de materiais de limpeza domésticos e tufos de tecido de algodão.
2. Se ocorrer chuva, coloque a tampa protetora sobre a objetiva. Além disso, é uma boa ideia dispor de uma capa impermeável para cobrir o instrumento.
3. Quando o instrumento está sendo transportado em um veículo, deve ser mantido sobre o colo, guardado na caixa ou protegido de alguma outra forma para evitar choques.
4. Quando remover o instrumento da caixa, esta deve ser acomodada na horizontal. O instrumento deve ser seguro pelo suporte (para trânsitos) ou pela alça (para outros instrumentos).
5. Coloque o tripé com as pernas bem separadas e fincadas firmemente no solo.
6. Não coloque o instrumento sobre superfície dura e lisa como o concreto, a menos que algum apoio (como um triângulo de madeira) seja usado para evitar que as pernas do tripé escorreguem.
7. Não gire os parafusos calantes fortemente. Se for necessária mais que a força da ponta do dedo para girá-los, o instrumento necessita de limpeza ou de reparo. Uma sobrecarga pode levar a danos apreciáveis no instrumento.
8. Nunca deixe o instrumento sem proteção porque ele pode ser derrubado pelo vento, veículo, criança, animais em fazendas ou pode ser roubado.
9. Mantenha as pernas do tripé na posição horizontal e com o instrumento na frente quando carregá-lo dentro de edifícios. Isso permite evitar melhor os obstáculos. Melhor ainda é, em edifícios, transportá-lo em caixa própria.

**178** Capítulo 10

10. Vidros ópticos não são muito resistentes e arranham com facilidade. Se os vidros estiverem sujos devem ser cuidadosamente limpos com um pincel de pelo de camelo. Os dedos não devem tocar a lente porque a gordura da pele retém sujeira. Um tecido fino de algodão umedecido com álcool (ou álcool misturado com éter) é usado para limpar a lente, fazendo um movimento rotacional do centro para fora.

11. Estações totais e MEDs não devem fazer visadas para o sol a menos que sejam usados filtros, porque os componentes internos do instrumento podem ser danificados.

12. Para trabalhos de alta precisão, os instrumentos devem ser protegidos dos raios solares diretos. Além do mais, o instrumento deve ser protegido contra temperaturas muito altas, assim como mudanças bruscas na temperatura.

13. A maioria dos topógrafos não deve tentar desmontar ou lubrificar os MEDs, teodolitos e estações totais. Os fabricantes é que devem executar tais tarefas.

## PROBLEMAS

**10.1** Diferencie entre trânsitos e teodolitos.

**10.2** Descreva o processo de nivelamento com uma estação total.

**10.3** O que é uma alidade? Quais são suas partes?

**10.4** Liste os tipos de trabalho de levantamento que podem ser feitos com uma estação total.

**10.5** Quais são as funções do microprocessador numa estação total?

**10.6** Quais são as vantagens da medição de ângulos pelo cálculo da média de um número igual de leituras realizadas com a luneta nas posições direta e inversa?

**10.7** Um ângulo horizontal foi medido por repetição seis vezes com uma estação total. Se a leitura inicial mostrada foi $21°33'18''$ e a leitura final foi $129°20'04''$, determine o valor do ângulo com aproximação de segundo.

(Resp. $21°33'21''$)

**10.8** Um ângulo horizontal foi medido por repetição seis vezes com uma estação total. Se a leitura inicial foi $16°17'30''$ e o valor final foi $97°44'48''$, qual é o valor do ângulo com aproximação de segundo?

# Capítulo 11

# Várias Discussões sobre Ângulos

## 11.1 ERROS COMUNS NA MEDIÇÃO DE ÂNGULOS

A maioria dos erros comumente presentes na medição de ângulos é provavelmente bastante óbvia, mas, apesar disso, eles são listados aqui com comentários sobre sua magnitude e métodos de redução. Eles são divididos nas categorias usuais: operacionais, instrumentais e naturais.

### Erros Operacionais

A maior parte da falta de exatidão na medição de ângulos é causada por esses erros. Os erros operacionais são acidentais por natureza e não podem ser eliminados. Eles podem, contudo, ser reduzidos substancialmente se forem seguidas as sugestões feitas aqui. Talvez os maiores erros operacionais ocorram na pontaria e na instalação do instrumento.

1. *Instrumento não centrado sobre o ponto.* Se o instrumento não está centrado exatamente sobre um ponto, um erro será introduzido no ângulo medido naquela posição. Aqui é necessário o operador usar seu senso de proporção. Se o ponto a ser visado é distante, o erro causado pela centragem imperfeita será pequeno. Se, contudo, as distâncias visadas são muito curtas, os erros de centragem podem ser muito sérios. Caso uma visada seja feita sobre um ponto afastado 90 m e caso o instrumento esteja 2,5 cm fora da linha teórica da visada, o ângulo terá um erro de aproximadamente 1′. O topógrafo deve periodicamente verificar se o instrumento permanece centrado sobre o ponto ocupado.

2. *Erros de pontaria.* Se o retículo vertical da luneta não estiver perfeitamente centrado sobre o ponto observado, ocorrerão erros similares àqueles descritos para a centragem imperfeita do instrumento. O método mais importante para reduzir os erros de pontaria é executar as distâncias de visada tão longas quanto possível. Na verdade, esse é o princípio do bom levantamento — *evite o máximo possível distâncias curtas.*

    Se os pontos visados estão próximos do instrumento, a largura do bastão é um fator de erro apreciável. Ou um fio de prumo pode ser mantido sobre o ponto, com as observações feitas diretamente sobre ele, ou pode realmente ser possível visar sobre o prego na estaca e assim por diante, como descrito na Seção 10.8.

    Uma boa regra a seguir é visar somente sobre alvos verticais (bastões de alvos, fichas, fios de prumo etc.), que parecem ser apenas um pouco mais largos que a espessura do retículo vertical quando se observa através da luneta.

    Outra boa prática é, inicialmente, usar as maiores visadas possíveis e, então, proceder às visadas mais curtas. Como exemplo, as maiores distâncias para os projetos de prédios podem ser locadas antes das distâncias menores.

    Ao utilizar a luneta, quanto mais tempo o operador leva fitando um ponto, mais dificuldade terá para obter uma boa leitura, porque após certo tempo o ponto parece se mover. Como descrito previamente, o topógrafo deve usar a primeira visada nítida do alvo, uma vez que ela, provavelmente, será a mais exata.

**180** Capítulo 11

3. *Instalação instável do tripé.* As pernas do tripé devem ser firmemente fincadas no chão para fornecer um suporte estável para o instrumento. O operador do instrumento deve ser cuidadoso para não esbarrar no instrumento e não pisar muito perto das pernas do tripé no caso de solo fofo. Uma boa prática, tal como na realização de nivelamentos, é verificar os níveis de bolha antes e após as leituras serem feitas, para ter certeza de que elas ainda estão centradas. Em um terreno muito fofo ou encharcado, pode ser necessário providenciar apoios especiais para as pernas do tripé, tais como estacas fincadas no solo. Muitas estações totais contêm sensores que fornecem ao operador do instrumento um alarme quando o nivelamento se torna tão crítico que pode afetar consideravelmente o trabalho.

4. *Focagem imprópria da luneta (paralaxe).* Para minimizar os erros causados pela focagem inadequada, o operador deve cuidadosamente focar a ocular até desaparecer a paralaxe. Além disso, os objetos que estão sendo visados devem ser colocados o próximo possível do centro do campo de visão da luneta.

5. *Instrumento não nivelado.* Obviamente o instrumento deve estar nivelado quando as leituras estão sendo feitas. O topógrafo deve frequentemente verificar se as bolhas permanecem centradas. Se não estiverem centradas, ele deve recentrá-las — mas somente antes de um ângulo ser medido ou após a medição estar completa. Usualmente, a estação total ou o teodolito mostrará um código de erro ou mensagem se o instrumento não estiver nivelado. Algumas vezes é desejável renivelar os trânsitos, teodolitos e estações totais entre as medições de ângulos, mas isso nunca deve ser feito no meio de uma medição angular. Se uma visada de ré foi feita, o instrumento renivelado e, então, feita a visada de vante, o observador terá feito as visadas em diferentes planos, e, como consequência, poderão ser obtidas cotas diferentes.

6. *Colocação e verticalização da baliza.* Cuidado especial deve ser tomado quando a baliza está sendo colocada atrás de um ponto para se ter certeza de que ela está alinhada. A falta de cuidado em verticalizar a baliza é outra fonte comum de erro na medição de direção e ângulos. Esse é um problema particularmente sério quando o operador do instrumento visa somente sobre a parte do topo da baliza devido à intervenção de arbustos ou outras feições do terreno.

## Erros Instrumentais

Visto que nenhum instrumento é perfeito, existirão os erros instrumentais. Se os instrumentos estão desajustados ou não retificados, a magnitude desses erros será aumentada, mas eles serão muito reduzidos pela realização de séries de leituras conjugadas, em que as leituras são tomadas com a luneta na posição normal e na posição invertida. Então, é calculada a média desses resultados. A operação de rotacionar a luneta em torno de seu eixo horizontal é chamada de *inversão da luneta*.

Às vezes, o instrumento sai do ajuste, causando erros sistemáticos. Aqui está uma lista de alguns testes que podem ser realizados periodicamente:

1. *Verificar o fio de retículo vertical.* Vise um ponto bem definido, pelo menos a 45 m de distância, e prenda o movimento horizontal. Mova a luneta na vertical e verifique se o ponto segue o fio do retículo.

2. *Certificar-se de que a linha de visada é perpendicular ao eixo horizontal do instrumento.* Vise um ponto a certa distância e prenda o parafuso de movimento horizontal. Gire a luneta 180° e bloqueie o parafuso vertical. Solte o parafuso horizontal e gire 180°. Você deve estar no mesmo ponto.

3. *Verificar o prumo óptico.* Centre e nivele o instrumento em um ponto. Gire o dispositivo em uma série de ângulos pequenos e verifique se o instrumento continua sobre o ponto.

O usuário deve consultar o manual do proprietário do instrumento para os ajustes. O usuário também pode considerar levar o instrumento a uma assistência técnica autorizada.

**Erros Naturais**

Em geral, esses erros não são suficientemente grandes para afetar trabalhos de precisão comum. Para trabalhos mais precisos, podem ser tomados alguns cuidados para reduzir os erros naturais, como os que estão incluídos na lista que se segue. Caso as condições do tempo se tornem anormalmente adversas, o trabalho deve ser interrompido.

1. *Mudanças de temperatura.* Use um guarda-sol sobre o instrumento ou realize o trabalho à noite.
2. *Refração horizontal.* Tente manter as visadas distantes de itens que irradiem calor considerável, tais como encanamentos, tanques, prédios etc.
3. *Refração vertical.* Faça a leitura de ângulos verticais ou zenitais de ambas as extremidades da linha e calcule a média dessas leituras — teoricamente, o ângulo para cima estará aumentado pela quantidade do erro de refração, e o ângulo para baixo estará menor pela quantidade do erro de refração.
4. *Vento.* Proteja os instrumentos tanto quanto possível e use um prumo óptico para centrar o instrumento sobre o ponto. Quando usar instrumentos sem o prumo óptico em dias de ventania, pode ser utilizado um tubo de chaminé de cerca de 90 cm de comprimento colocado em torno do fio de prumo.

## 11.2 ERROS FREQUENTES NA MEDIÇÃO DE ÂNGULOS

Uma lista dos erros mais frequentes na medição de ângulos é fornecida nesta seção. Muitos deles podem ser detectados se as medições forem feitas pelo método da repetição.

1. Nivelamento insuficiente dos instrumentos.
2. Registro errado dos números, tais como 131° em vez de 113°.
3. Falha ao centrar a bolha antes de medir um ângulo zenital ou vertical.
4. Registro do sinal algébrico errado para um ângulo vertical.
5. Visada sobre o alvo errado ao medir um ângulo horizontal.
6. Usar incorretamente o parafuso de fixação e o parafuso de chamada.
7. Encostar no tripé quando estiver apontando o instrumento ou fazendo leituras.

## 11.3 RELAÇÕES ENTRE ÂNGULOS E DISTÂNCIAS

No levantamento topográfico, os ângulos e as distâncias devem ser medidos com graus de precisão comparáveis. Não é sensato empreender um grande esforço para obter um alto grau de precisão na medição de distâncias e não fazer o mesmo com a medição de ângulos, ou vice-versa. Se as distâncias forem medidas com um alto grau de precisão, o tempo e o dinheiro gastos foram parcialmente desperdiçados, a menos que ângulos sejam medidos com a precisão correspondente.

Se um ângulo tem o erro de 1′ (ver Figura 11-1), ele causará na linha de visada um afastamento de posição de 1 m a uma distância de aproximadamente 3440 m (isto é, 3440 vezes a tangente de 1′ = 1 m). Portanto, um ângulo com erro de 1′ corresponde à precisão de 1/3440. Deve ser ressaltado que ângulos medidos com instrumento de precisão nominal de 1′ são usualmente medidos com precisão maior que 1′, de modo que suas leituras estão com aproximação um pouco melhor de 1′ (sem repetição) e provavelmente correspondem à precisão de aproximadamente 1/5000 na medição de distâncias.

Uma discussão similar pode ser feita sobre a precisão relativa obtida para ângulos medidos com aproximações de 30″, 20″ e assim por diante, ou para ângulo medido com instrumento de 1′ por repetição. A Tabela 11-1 apresenta os erros angulares que correspondem aos graus de precisão descritos nesta seção.

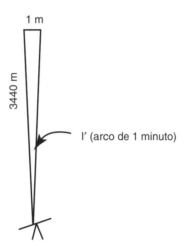

**Figura 11-1** Precisão de visada associada a um erro angular de 1'.

**Tabela 11-1** Precisão da Medição de Ângulos

| Erro angular | Precisão angular relativa |
|---|---|
| 5' | 1/688 |
| 1' | 1/3440 |
| 30" | 1/6880 |
| 10" | 1/20.600 |
| 1" | 1/206.000 |

Caso as distâncias medidas com a precisão de, por exemplo, 1/20.000, sejam realizadas para certo projeto, pode ser visto na tabela que as medições para os ângulos devem ser feitas com aproximação de 10" de modo a se obter a precisão comparável.

O leitor deve entender que isso não esgota o assunto sobre precisões de ângulos. Por exemplo, as funções trigonométricas não variam diretamente com o tamanho dos ângulos. Em outras palavras, a tangente de um ângulo de 1°11' que tem o erro de 1' não está com seu valor errado pela mesma quantidade que a tangente de um ângulo de 43°46' que tenha também o erro de 1'. Apesar disso, a relação aproximada na Tabela 11-1 fornece um guia satisfatório para a maioria dos trabalhos de levantamento.

## 11.4 POLIGONAÇÃO

Como descrito previamente, uma poligonal consiste em uma série de linhas retas conectadas entre si. O processo de medição de comprimentos e de direções dos lados de uma poligonal é chamado de *poligonação*. Sua finalidade é encontrar as posições de certos pontos.

*Poligonais abertas*, normalmente usadas para fins exploratórios, têm a desvantagem de não dispor de verificação aritmética. Por essa razão, devem ser tomados cuidados extras ao se fazer suas medições. Os ângulos devem ser medidos por repetição, metade com a luneta na sua posição normal e a outra metade com a luneta na posição invertida. No passado, era feita uma verificação *grosso modo* dos rumos das linhas da poligonal pela leitura dos rumos magnéticos de cada linha, com uma bússola e calculando os ângulos entre as linhas a partir desses rumos. As distâncias devem ser medidas tanto para vante quanto para ré usando trenas ou MEDs.

Nos Capítulos 15 e 16 é apresentado outro método para a verificação de longas poligonais abertas. As posições dos pontos das extremidades, e talvez de alguns pontos intermediários, são estabelecidas usando o GPS. Conforme descrito ali, os erros de fechamento podem ser checados usando esses pontos em vez de levantar outra poligonal de retorno para o ponto de partida ao longo de um conjunto diferente de linhas. Um procedimento similar ao GPS pode ser adotado se existirem próximos alguns vértices do NGS (nos Estados Unidos) cujas posições sejam conhecidas.

Uma *poligonal fechada* começa e termina no mesmo ponto. Uma poligonal fechada pode também ser aquela que parte de um ponto e termina em outro ponto, ambos conhecidos, e desde que estejam em um mesmo sistema de coordenadas. Sempre que possível, uma poligonal fechada é preferível à poligonal aberta porque ela permite verificação simples para ângulos e distâncias, como será visto no Capítulo 12.

## 11.5 MÉTODOS ANTIGOS DE POLIGONAÇÃO

Durante muitas décadas, a poligonação era realizada para figuras abertas ou fechadas com distâncias medidas a trena e direções determinadas pela medição de ângulos de deflexão, ângulos à direita, ângulos internos ou azimutes. Esses métodos de levantamento de poligonais, embora perfeitamente satisfatórios, são atualmente quase obsoletos. Cada um deles é descrito brevemente nos parágrafos a seguir, e os procedimentos mais modernos serão abordados na próxima seção. Seja qual for o método usado, é necessário medir cada ângulo duas vezes ou mais.

### Poligonais por Ângulo de Deflexão

Um ângulo de deflexão, definido na Seção 9.11, é o ângulo entre o prolongamento da linha precedente e a linha em questão. Para medir um ângulo de deflexão, a luneta é invertida e apontada para o ponto precedente. A luneta então é girada novamente para a posição direta, depois para a esquerda ou para a direita, conforme exigido para visar o próximo ponto, e o ângulo é lido. Esse método permite fácil visualização de poligonais, facilita sua representação no papel e simplifica os cálculos dos sucessivos rumos e azimutes. Os ângulos de deflexão são algumas vezes usados para levantamentos de eixos de projetos de construção, tais como rodovias, ferrovias ou linhas de transmissão. De modo geral, seu uso tem decrescido muito por causa dos frequentes erros de leitura e registro dos ângulos para a esquerda ou para a direita, especialmente quando ângulos pequenos estão envolvidos.* A soma algébrica de todos os ângulos de deflexão para uma poligonal fechada (com nenhuma linha se cruzando) é igual a 360°. Note que aos ângulos de deflexões à direita e à esquerda devem ser dados sinais opostos durante a soma ou devem ser designados como à esquerda (E) ou à direita (D). Os ângulos de deflexão devem ser medidos por repetição, assim como os outros tipos de ângulos.

### Poligonais por Ângulo à Direita

Talvez o método mais comum de medição de ângulos para uma poligonal no passado fosse o método do ângulo à direita. Nesse método, que com o passar dos anos foi parcialmente suplantado pelo método de deflexões, primeiramente a luneta é apontada para o vértice precedente da poligonal. Em seguida, ela é virada no sentido horário até que o próximo vértice seja visado, e, então, o ângulo é lido.

### Poligonais por Ângulo Interno

Obviamente, a medição do ângulo interno se aplica apenas a poligonais fechadas. A luneta visa o vértice precedente e, então, é virada no sentido horário ou anti-horário, de tal forma que o ângulo

---

*Para o controle dos erros podem ser usados pontos com coordenadas conhecidas. No Brasil, esse é o método mais difundido e usado para esses projetos. (N.T.)

interno seja medido. Cabe ressaltar que, se o topógrafo começar o percurso no sentido anti-horário, durante o levantamento ele sempre medirá os ângulos no sentido horário.

A soma dos ângulos internos de uma poligonal fechada é dada pela seguinte expressão, em que *n* é o número de lados da figura:

$$\sum = (n - 2)(180°)$$

Assim, se todos os ângulos internos de uma poligonal fechada são medidos e o seu total é muito próximo de $(n - 2)$ $(180°)$, estaremos muito seguros de que os ângulos foram medidos com exatidão. É claro que, devido aos erros que já foram descritos (operacionais, instrumentais e naturais), será normal que exista alguma diferença entre o total e o valor correto. A diferença é chamada de *erro de fechamento*. Esse valor é eliminado pela sua distribuição por toda a poligonal por um dos processos descritos na Seção 12.4.

### Poligonais por Azimute

Uma poligonal por azimute pode ser usada convenientemente num levantamento em que um grande número de detalhes deve ser medido, como em mapeamento topográfico. Se o instrumento é instalado de tal forma que o azimute possa ser lido diretamente para cada ponto, o trabalho de desenhá-los no mapa será consideravelmente simplificado. Para atingir esse propósito, a luneta é visada para o vértice precedente da poligonal com o instrumento ajustado com o valor da leitura do contra-azimute dessa linha. Depois, a luneta visa para tantos pontos quantos se desejem a partir daquela posição do instrumento, e, então, é lido o azimute de vante de cada ponto.

## 11.6 POLIGONAÇÃO MODERNA COM ESTAÇÕES TOTAIS

As estações totais são idealmente adequadas para levantamento de poligonais, visto que o trabalho pode ser rápida e eficientemente realizado. Distâncias e direções podem ser rapidamente medidas para inúmeros pontos a partir de cada estação do instrumento. Além disso, as componentes horizontais e verticais dessas distâncias e as cotas e coordenadas dos pontos visados são calculadas instantaneamente e armazenadas na memória do instrumento ou em coletor de dados ligado a ele.

A estação total é instalada em vértices sucessivos da poligonal ao longo dela. Em cada vértice, o instrumento é orientado realizando uma visada de ré para um ponto conhecido, ajustando o azimute dessa linha para o valor conhecido juntamente com as coordenadas do vértice ocupado. Então, as leituras (direções e distâncias) são tomadas para o vértice seguinte.

Caso o levantamento seja realizado ao longo de toda a poligonal e retorne para o vértice inicial ou para algum outro ponto de coordenadas conhecidas, as coordenadas calculadas para esse ponto são comparadas com as coordenadas de partida ou com as coordenadas dadas. Se as diferenças entre os dois conjuntos de valores estão dentro de uma faixa de valores permitidos, elas podem ser ajustadas com o microprocessador e as coordenadas finais dos pontos da poligonal são então estabelecidas.

Uma grande percentagem das poligonais é hoje executada com um procedimento muito eficiente chamado *irradiamento*. Com esse método, um ou mais pontos convenientes são selecionados para instalação no instrumento, a partir dos quais as visadas podem ser realizadas para os vértices da poligonal. Usando esse procedimento, muitos obstáculos podem ser evitados e o corte de vegetação reduzido ao mínimo. Dos pontos selecionados, os ângulos horizontais e verticais e as distâncias são medidos, e as posições verticais e horizontais dos vértices das poligonais, calculadas. As posições do instrumento podem ser internas ou externas à poligonal, e, na verdade, um ou mais dos vértices da poligonal podem ser usados.

Considere que a posição de um ponto próximo, tal como o ponto *X* na Figura 11-2, esteja disponível. Essa posição pode ser dada por coordenadas, como descrito no Capítulo 12. O azimute de uma linha como *XY* na Figura 11-2 pode ser conhecido de trabalhos anteriores ou determinado por observação astronômica ou por GPS.

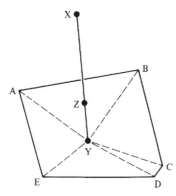

**Figura 11-2** Irradiamento a partir de um ponto.

Se a poligonal é muito pequena, pode ser selecionado um ponto adequado, a partir do qual todos os vértices da poligonal possam ser visados. Por exemplo, na Figura 11-2 o ponto *Y é* considerado como tal ponto. Para esse caso em particular, considera-se que o azimute da linha *XY seja* conhecido. Os ângulos horizontais entre todas as linhas com relação à linha *YX são* medidos. Além disso, os ângulos verticais (ou ângulos zenitais, para muitos instrumentos) e as distâncias para cada vértice são medidos.

Os azimutes das linhas são determinados e, com os ângulos verticais, as distâncias horizontais são calculadas. Desses azimutes e distâncias, as posições de todos os pontos podem ser calculadas pelo método chamado *latitudes e longitudes,* descrito no Capítulo 12. Com esses valores, basta um simples passo para determinar os comprimentos e azimutes dos lados da poligonal. Um exemplo numérico desse tipo é apresentado na Seção 13.9. (Na Seção 11.4, a poligonação foi definida como o processo de medição de comprimentos e direções de lados de uma poligonal. Por tal definição, o irradiamento não é realmente uma poligonação porque as observações auxiliares são feitas para os vértices a partir de um ou mais pontos convenientes e os comprimentos e direções dos lados da poligonal são calculados.)

Embora os cálculos descritos aqui possam ser feitos por calculadoras portáteis com razoável simplicidade, existe hoje no mercado uma grande quantidade de programas para calculadoras programáveis e computadores com os quais os cálculos podem ser feitos em minutos ou mesmo em segundos após os dados serem introduzidos.

Se uma estação total está sendo usada, as medições descritas aqui para irradiamento e os cálculos subsequentes podem ser abreviados ainda mais. Além disso, com uma estação total automática os ângulos verticais e horizontais são lidos eletronicamente para uso com as distâncias inclinadas nos computadores internos ou coletores de dados. Com algumas estações totais é possível considerar a redução de dados em campo. Outros instrumentos são construídos de tal forma que a redução e o traçado serão completados nos computadores do escritório.

Com uma estação total automática, as coordenadas (que podem ser arbitradas) das posições ao longo da linha de referência (*YX*) na Figura 11-2 podem ser introduzidas. Uma visada é realizada ao longo da linha de referência e as demais visadas são tomadas para cada um dos vértices da poligonal. Com os microprocessadores das estações totais, as distâncias, cotas e coordenadas são automaticamente calculadas e exibidas.

A verificação do trabalho pode ser feita mudando-se para um ponto diferente e repetindo a operação para todos os vértices e repetindo todos os cálculos. Na Figura 11-2, o ponto *Z* é mostrado como ponto de verificação. Ele não precisa pertencer à linha *XY, como* mostrado nessa figura. Se os valores determinados para coordenadas, azimutes e distâncias estão em boa conformidade, os valores finais podem ser calculados como médias dos valores observados.

O irradiamento tem uma importante deficiência: um erro grosseiro pode ser cometido em um dos valores. Você pode dizer: "mas estamos usando um instrumento como a estação total e as leituras são registradas em coletores de dados eletrônicos, portanto não existe erro." Infelizmente, isso pode

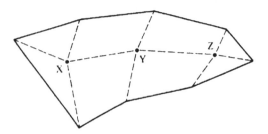

**Figura 11-3** Irradiamento a partir de diversos pontos.

acontecer com equipamentos modernos da mesma forma que com os equipamentos antigos. Uma visada pode ser realizada para o ponto errado em um vértice, um sinal eletrônico pode ser refletido por alguma coisa diferente do refletor (talvez uma placa de trânsito próxima, um pedaço de fita refletora de um veículo estacionado) etc.

Se dois pontos são tão próximos na poligonal, tais como $C$ e $D$ na Figura 11-2, um pequeno erro no comprimento de $YC$ ou $YD$ pode ter um efeito bastante grande na direção do lado $CD$. Para poligonais longas, é provável que nem todos os vértices da poligonal sejam visíveis de uma única instalação do instrumento. Apesar disso, o mesmo procedimento pode ser seguido, mas considerando que haverá necessidade de mais instalações, como mostra a Figura 11-3.

O irradiamento é também muito conveniente para locação de projetos de construção. As coordenadas de vários pontos a serem estaqueados são determinadas nos desenhos do projeto. Então, os ângulos e as distâncias para aqueles pontos são calculados a partir de um conjunto de pontos de instalação da estação total. Os pontos do projeto são, então, locados com a estação total.

## Poligonais Fechadas Auxiliares

Como já descrevemos, é bastante difícil trabalhar diretamente nas linhas de propriedade de uma área de terra por causa dos vários obstáculos. Para tais casos, o topógrafo pode trabalhar a partir de um ou mais pontos, como mostrado nas Figuras 11-2 e 11-3, ou pode usar uma poligonal fechada auxiliar, como mostrado na Figura 11-4. Frequentemente, é possível criar uma poligonal auxiliar que possa ser levantada mais facilmente. Os vértices da poligonal auxiliar são locados nas proximidades dos cantos da propriedade e posicionados de forma que amarrações entre eles possam ser feitas facilmente por distâncias e direções. Tal situação é mostrada na Figura 11-4, em que a poligonal externa representa os limites da propriedade e as linhas tracejadas indicam a poligonal auxiliar.

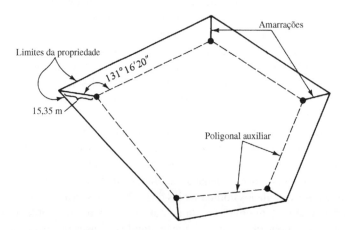

**Figura 11-4** Uso de uma poligonal auxiliar.

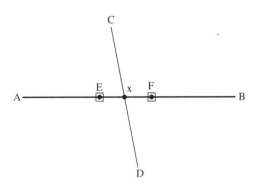

**Figura 11-5** Interseção de duas linhas.

Os comprimentos e as direções dos lados da poligonal auxiliar são determinados. Os comprimentos e direções das amarrações são medidos, e, dessas informações, as coordenadas dos cantos da propriedade são determinadas.* Como último passo, os comprimentos e as direções dos limites da propriedade serão calculados. O leitor aprenderá como fazer esses cálculos nos próximos capítulos.

## 11.7 INTERSEÇÃO DE DUAS LINHAS

Um problema comum no levantamento é a interseção de duas linhas. Para esta discussão, é feita referência à Figura 11-5 na qual os pontos *A*, *B*, *C* e *D* estão definidos no terreno. Deseja-se encontrar a interseção das linhas *AB* e *CD* (representada pelo ponto *x*).

Quando estão disponíveis dois instrumentos, o problema pode ser resolvido facilmente. Um instrumento pode ser instalado em *A* e visar na direção de *B*, e o outro instrumento pode ser posicionado em *C* e visar na direção de *D*. O porta-baliza fica nas proximidades do ponto de interseção e é orientado a mover-se para a frente e para trás até que sua baliza (ou fio de prumo) esteja alinhada com ambos os instrumentos.

Quando houver somente um instrumento disponível, o problema ainda pode ser resolvido com pouca dificuldade com a ajuda de algumas estacas, tachas e um pedaço de corda (ou fio ou arame). Suponha que o instrumento esteja instalado em *A* e visando para *B*. Duas estacas, *E* e *F*, são fincadas numa linha reta de tal forma que a linha *EF* passe sobre a linha *CD*. Uma tacha é colocada sobre o topo de cada uma dessas estacas (apropriadamente alinhadas) e uma corda é esticada entre elas. Após a posição ter sido cuidadosamente verificada, o instrumento é levado para o ponto *C* e alinhado com *D*, e a visada é feita sobre o arame. Esse é o ponto desejado *x*. Pode ser óbvio que quanto maiores as visadas usadas para esse trabalho, mais precisas serão as medições.

## 11.8 MEDIÇÃO DE ÂNGULO DE POSIÇÕES INACESSÍVEIS

Outro problema comum para o topógrafo é a medição de um ângulo num ponto em que o instrumento não pode ser instalado. Tal situação ocorre nas interseções de cercas ou entre as paredes de um prédio, como mostrado na Figura 11-6.

Para resolver esse problema, a linha *AB* é colocada paralela à cerca de cima, e a linha *CD* é colocada paralela à cerca do lado de baixo. As linhas são estendidas e se interceptam em *E*, como descrito

---

*Ao realizar um levantamento de limites de propriedades, deve-se atentar para suas finalidades, visto que existem normas de levantamentos de imóveis rurais expedidas pelo Instituto Nacional de Colonização e Reforma Agrária (Incra), com base na Lei nº 10.267 (Normas para Georreferenciamento de Imóveis Rurais), nas quais não se permite o uso indiscriminado de irradiamento e nem poligonal fechada no mesmo ponto. (N.T.)

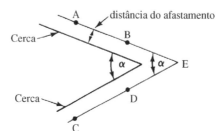

**Figura 11-6** Medição de ângulo entre linhas paralelas afastadas.

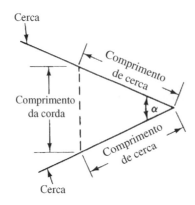

$$\operatorname{sen} \tfrac{1}{2}\alpha = \frac{\text{comprimento da corda}}{2 \text{ comprimentos de cerca}}$$

**Figura 11-7** Determinação de um ângulo por medição de distâncias.

na Seção 11.8, e o ângulo procurado $\alpha$ é medido com o instrumento. Ao estabelecer a linha *AB*, o ponto *A* é locado a uma distância conveniente da cerca. A distância mais curta para a cerca é medida pela movimentação da trena ao longo de um arco com o ponto *A* no centro. A distância desejada é a distância perpendicular. Similarmente, o ponto *B* é locado na mesma distância da cerca. O mesmo processo é usado para localizar os pontos *C* e *D* próximos à outra cerca a fim de estabelecer a linha *CD*.

Um método mais preciso e mais rápido, usado ocasionalmente, envolve a medição de distâncias convenientes ao longo de cada linha da cerca (tanto na superior quanto na inferior) e da corda transversal traçada de uma cerca para a outra, como mostrado na Figura 11-7. O desejado ângulo $\alpha$ pode, então, ser calculado por trigonometria. Se as distâncias medidas sobre as duas linhas da cerca são iguais, o ângulo pode ser obtido pela equação mostrada na figura. No entanto, alguns procedimentos de irradiamento, tais como o descrito previamente, são melhores que os métodos ilustrados nas Figuras 11-6 e 11-7.

## 11.9 VISADAS CONJUGADAS PARA PROLONGAMENTO DE LINHA RETA

Um problema diário para o topógrafo é o prolongamento de linhas retas. Tal trabalho é bastante comum em levantamentos de eixos com linhas retas que podem ser prolongadas por distâncias consideráveis sobre terreno íngreme. Na Figura 11-8, considera-se que a linha *AB* é a linha a ser estendida além do ponto *B*. O instrumento é instalado em *B* e faz visada de ré para *A*. Então, a luneta é invertida para definir o ponto *C'*. Se o instrumento não estiver devidamente retificado (se a linha de visada do instrumento não estiver perpendicular ao seu eixo horizontal), o ponto *C'* não cairá na linha reta desejada. Por essa razão, a *visada conjugada* é o método escolhido para esse problema.

Com o método de visada conjugada, a luneta, em sua posição normal, visa *A* e é invertida para definir o ponto *C'*. A luneta é então girada horizontalmente em torno do seu eixo vertical até que o ponto *A* seja visado novamente. A luneta agora está invertida. Ela é invertida uma vez mais (posição

**Figura 11-8** Prolongamento de linha reta por visada conjugada.

normal) e, então, o ponto $C''$ é obtido. O ponto $C$ correto está equidistante dos pontos $C'$ e $C''$. Naturalmente, se o instrumento estiver adequadamente ajustado, os pontos $C'$ e $C''$ deverão coincidir se as distâncias são curtas. Para longas distâncias, no entanto, sempre haverá alguma diferença entre os pontos, mesmo usando-se instrumentos bem ajustados. Esse procedimento reduz substancialmente os erros causados por desajuste do instrumento e possibilita ao topógrafo a verificação da presença de outros erros. Do ponto $C$, a linha reta é continuada para o ponto $D$ e assim por diante.

A técnica de visada conjugada é muito importante para o topógrafo e pode ser realizada em tempo muito curto. Ao se aprender a medir todos os ângulos (ângulos à direita, ângulos de deflexão etc.) por visada conjugada, a precisão do trabalho pode ser consideravelmente aperfeiçoada e muitos erros grosseiros podem ser eliminados.

As técnicas de visada conjugada são também usadas para a locação de cantos de grandes edifícios. Quando se está medindo ângulo por repetição, metade das medições deve ser feita com a luneta na posição normal e a outra metade com a luneta na posição invertida.

## 11.10 LOCAÇÃO DE PONTOS COLINEARES ENTRE DOIS PONTOS DADOS

### Pontos Intervisíveis

Se uma linha inteira é visível entre dois pontos, o topógrafo não tem problemas. Ele pode instalar o instrumento em uma das extremidades e visar a outra extremidade e então estabelecer qualquer ponto desejado entre eles. Se um grande ângulo vertical está envolvido na definição de qualquer um dos pontos, o topógrafo cuidadoso pode muito bem definir os pontos com a luneta na posição normal e então checá-los com a luneta na posição invertida.

### Convergência Lateral

Se os pontos das extremidades não são intervisíveis, mas há uma posição entre eles do qual ambos podem ser vistos (uma situação surpreendentemente comum), o processo de *convergência lateral* pode mostrar-se útil. Nesse procedimento, o topógrafo instala o instrumento no ponto em que ele acredita estar na linha reta de $A$ para $C$ (ver Figura 11-9). Um ponto é visado e a luneta é invertida para verificar se o outro ponto está também alinhado. Se não estiver, o instrumento é movido lateralmente para outra posição e o processo é repetido. Uma vez que é muito difícil estimar aproximadamente na primeira tentativa, o instrumento pode ser movido diversas vezes até que provavelmente o ajustamento final seja feito soltando o parafuso de fixação e deslocando a cabeça do instrumento. Estando o instrumento alinhado, qualquer ponto intermediário de $A$ para $C$ pode ser locado. Quando esse procedimento é viável, pode-se economizar o tempo envolvido nas linhas de tentativas, como descrito no parágrafo seguinte, bem como evitar o atraso em consequência da realização dos cálculos necessários para resolver o problema.

**Figura 11-9** Convergência lateral.

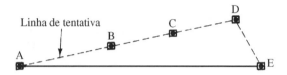

**Figura 11-10** Procedimento de alinhamento aleatório.

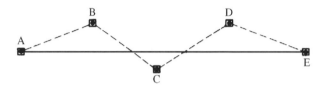

**Figura 11-11** Outro procedimento de alinhamento aleatório.

**Dois Pontos Não Intervisíveis**

Quando se deseja estabelecer pontos intermediários entre dois pontos conhecidos que não são visíveis entre si e não podem ser vistos de nenhum ponto entre eles, o topógrafo pode usar o procedimento do alinhamento aleatório. Isso é muito comum em levantamentos nas quais encostas, árvores e grandes distâncias estão envolvidas. O topógrafo pode locar uma linha reta por tentativa (medindo as distâncias envolvidas) na direção geral de A para E (Figura 11-10). Ele estabelece os pontos B, C e D (preferivelmente por visada conjugada) e, quando estiver próximo a E, mede a distância em DE e o ângulo interno em D. Dessa informação, o ângulo desejado em A é calculado, a linha reta de A para E fica definida e os demais pontos são estabelecidos entre eles. Se houver um pequeno erro no ponto E, os pontos intermediários são ajustados proporcionalmente.

Outro método de alinhamento aleatório que pode ser um pouco mais prático se tornará claro após o estudo do Capítulo 12. O topógrafo percorre o conjunto de linhas aleatórias de A para E, como mostrado na Figura 11-11, e então calcula o comprimento desejado em direção à linha AE. Então, ele retorna para A e estabelece o alinhamento AE, calculando as distâncias requeridas para locar os pontos na linha desejada, por medição sobre as linhas aleatórias de tentativa e trabalhando a partir das extremidades A e E.

## 11.11 LIMPEZA DOS EQUIPAMENTOS DE LEVANTAMENTO

Equipamentos frequentemente ficam úmidos ou sujos, e, para assegurar a sua operação precisa e aumentar sua vida útil, devem ser limpos em intervalos regulares e tantas vezes quantas estejam sujeitos a condições severas não usuais. Os equipamentos podem ser enviados para um serviço de reparo profissional para limpeza completa e lubrificação (uma boa prática, em intervalos de poucos anos), mas o topógrafo deve continuamente fazer isso diversas vezes para mantê-los em boas condições.

Ajuda profissional pode ser necessária para limpeza interna e lubrificação do instrumento, mas a poeira externa, a sujeira e a água podem ser removidas imediatamente. Água e sujeira podem ser removidas do instrumento com bolas de algodão e limpadores de cachimbo. A poeira pode ser removida das lentes com pincéis de pelo de camelo. Se as lentes estão sujas, será necessário usar limpador de vidro óptico e tecido sem sílica. Não use limpadores fortes e não esfregue muito firmemente.

## PROBLEMAS

**11.1** Liste quatro erros que ocorrem frequentemente na medição de ângulos.

**11.2** Por que na medição de ângulo é desejável evitar tanto quanto possível visadas curtas?

**11.3** Como podemos verificar se o prumo óptico está ajustado corretamente?

**11.4** Qual é a soma dos ângulos internos de uma poligonal fechada de sete lados?

**11.5** Se os ângulos são medidos com aproximação de 7″, a qual precisão correspondem? (Resp.: 1/29.466)

**11.6** Deseja-se medir ângulos com uma precisão de 1/75.000. Qual a aproximação necessária nas leituras angulares para corresponder a tal precisão?

**11.7** Descreva como é executado um ângulo de deflexão em uma poligonal.

**11.8** Quais são as vantagens de medir uma poligonal pelo método de irradiamento?

**11.9** Qual é a desvantagem de medir uma poligonal pelo método de irradiamento?

**11.10** Descreva dois métodos para medir o ângulo em um canto de cerca onde o instrumento não pode ser instalado.

**11.11** O que se entende por "convergência lateral"?

# Capítulo 12

# Compensação de Poligonais e Cálculo de Áreas

## 12.1 INTRODUÇÃO

Embora este capítulo seja dedicado principalmente ao cálculo de áreas, diversos outros tópicos importantes são incluídos como a precisão do trabalho de campo, a compensação de erros e o uso de coordenadas em levantamentos.

Pode parecer para o leitor que a primeira parte deste capítulo trata somente de situações em que o topógrafo mede distâncias e ângulos ao longo do perímetro de uma parcela de terra. Entretanto, os autores estão tentando preparar os fundamentos sobre os quais todos os tipos de poligonais podem ser calculados, tais como os levantamentos simples por irradiamento de hoje.

## 12.2 CÁLCULOS

Quase todos os tipos de medições em levantamentos requerem alguns cálculos a fim de transformá-los em uma forma mais útil para determinar distâncias, volumes de terraplanagem, áreas de terras etc. Este capítulo é destinado ao cálculo de áreas. Talvez a necessidade mais comum para cálculo de áreas surja em relação à transferência de títulos de propriedade, mas esses cálculos também são necessários para o planejamento e projeto de construções. Alguns exemplos óbvios são a locação de desmembramentos, construção de barragens e estudos em bacias hidrográficas para projetos de drenagem e pontes.

## 12.3 MÉTODOS PARA CÁLCULO DE ÁREAS

As áreas podem ser calculadas por diversos métodos. Uma forma bem grosseira que poderia ser usada apenas para fins de estimativas aproximadas é o método gráfico, em que a poligonal é traçada em escala numa folha de papel milimetrado e são contados os quadrados dentro da poligonal. A área de cada quadrado pode ser determinada pela escala adotada no desenho da figura, sendo assim aproximadamente estimada a área.

Um método similar, que fornece resultados consideravelmente melhores, mas também satisfatório apenas para fins de estimativas, envolve o uso de dispositivos chamados de planímetros (ver Seção 12.13). A poligonal é desenhada cuidadosamente em escala e o planímetro é usado para medir a área no papel. Desse valor, a área pode ser calculada a partir do valor da escala do desenho. É provável que, com um trabalho cuidadoso, as áreas possam ser estimadas por esse método com erro de 0,5% a 1,0% dos valores corretos.

Um método muito exato e útil para o cálculo de áreas de poligonais que tenham poucos lados é o dos triângulos. O polígono é dividido em triângulos, e as áreas desses triângulos são calculadas separadamente. As fórmulas necessárias aparecem na Figura 12-1, em que são mostrados diversos polígo-

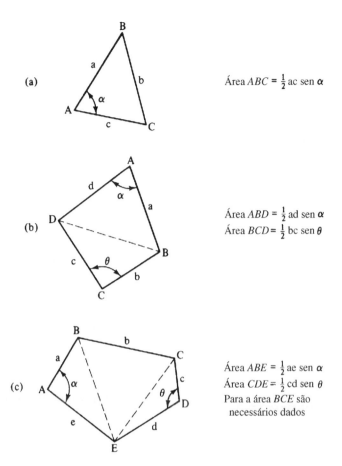

**Figura 12-1** Cálculo de áreas por triângulos.

nos. A área de um dos triângulos é mostrada na parte (a) enquanto a área da figura com quatro lados é considerada na parte (b). Se a poligonal tem mais de quatro lados, é necessário [como mostrado na parte (c) da figura] obter os valores de ângulos e distâncias adicionais, seja por medições de campo ou por cálculos demorados no escritório. Para essa figura de cinco lados, as áreas dos triângulos *ABE* e *CDE* podem ser obtidas como antes, mas é necessário informação adicional para determinar a área de *BCE*. O problema é ampliado para as poligonais que têm mais de cinco lados. Para tais casos, é provavelmente melhor indicar para o topógrafo usar um dos métodos descritos em seguida neste capítulo.

Outros métodos para cálculo de áreas internas de poligonais fechadas são distância meridiana dupla, distância paralela dupla e os métodos de coordenadas discutidos nas Seções 12.9 a 12.13. Além desses, são apresentados diversos métodos na Seção 12.14 para cálculo de áreas internas com limites irregulares. Métodos computacionais para resolver os mesmos problemas são discutidos no Capítulo 13.

## 12.4 GENERALIDADES DA COMPENSAÇÃO DE POLIGONAIS

Antes da área de uma parcela ou trecho de terreno ser calculada, é necessário dispor de uma poligonal fechada, em que todos os ângulos e distâncias estão em concordância precisa. Também mostramos que todas as medições de campo contêm erros. Fazer ajustes de ângulos para obter o fechamento angular é apenas uma parte do problema porque as distâncias ainda terão erros. Vamos usar um triângulo para ilustrar isso. A soma dos ângulos internos de um triângulo é 180°. Os ângulos medidos do campo podem ser facilmente ajustados para somar 180° pela distribuição do erro de fechamento angular. Usando a lei dos senos, podemos mostrar que os novos ângulos provavelmente não estarão de acordo com os comprimentos dos lados medidos em campo. Assim, as distâncias também devem ser ajustadas. Os procedimentos comuns para o ajustamento de poligonais seguem várias etapas. As seções seguintes discutem o ajustamento de poligonais usando o método conhecido como ajustamento pela regra da bússola. Também introduziremos os conceitos de latitudes e longitudes. Os passos gerais para a realização do ajustamento de poligonal pela regra da bússola são:

1. Distribuição das correções angulares pelos ângulos medidos em campo.
2. Cálculo de rumos ou azimutes a partir dos ângulos corrigidos.
3. Cálculo das latitudes e longitudes iniciais.
4. Cálculo do erro de fechamento e precisão.
5. Cálculo das latitudes e longitudes corrigidas.
6. Cálculo dos ângulos e distâncias corrigidas.
7. Cálculo das coordenadas dos vértices da poligonal.

Uma vez que a poligonal tenha recebido as devidas correções, a área pode ser calculada.

## 12.5 COMPENSAÇÃO DE ÂNGULOS

O primeiro passo para a obtenção de uma figura fechada é compensar os ângulos. A soma dos ângulos internos de uma poligonal fechada deve totalizar $(n - 2)(180°)$, sendo $n$ o número de lados da poligonal. É improvável que essa soma se iguale perfeitamente a esse valor, mas a diferença deve ser muito pequena. A regra habitual de trabalho considera que a soma dos ângulos não deve diferir do valor correto mais do que, aproximadamente, a raiz quadrada do número de ângulos medidos vezes a mínima divisão legível com o instrumento (ver Seção 2.10). Para uma poligonal de oito lados e uma estação total de $10''$, o erro máximo não deve exceder.

$$\pm 10'' \sqrt{8} = \pm 28{,}3'' \text{ ou simplesmente } \pm 28''$$

Em geral os operadores checam a soma dos ângulos da poligonal antes de deixar o campo. Se as discrepâncias não são razoáveis, ele deve medir novamente os ângulos um a um até encontrar a fonte do problema e corrigi-los.

Se os ângulos não fecham em um valor razoável, um ou mais erros podem ter sido cometidos. Caso um erro tenha sido cometido em um único ângulo, ele pode frequentemente ser identificado traçando os comprimentos e direções dos lados da poligonal em escala. Se isso for feito, o desenho da poligonal terá um erro de fechamento como aquele mostrado pela linha tracejada na Figura 12-2.

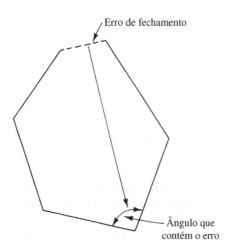

**Figura 12-2** Tentativa de encontrar o ângulo com erro.

**Tabela 12-1**  Ângulos e Rumos Compensados

| Ponto | Ângulo medido | Ângulo corrigido | Rumos calculados dos ângulos corrigidos | Azimutes calculados dos ângulos corrigidos |
|---|---|---|---|---|
| A | 36°44'20" | 36°44'23" | S6°15'00"O | 186°15'00" |
| B | 215°51'55" | 215°51'58" | S29°36'58"E | 160°23'2" |
| C | 51°40'25" | 51°40'28" | N81°17'26"O | 278°42'34" |
| D | 111°06'30" | 111°06'33" | N12°23'59"O | 347°36'1" |
| E | 124°36'35" | 124°36'38" | N42°59'23"E | 42°59'23" |
| | Σ = 539°59'45" | Σ = 540°00'00" | | |

Então, se uma linha é desenhada perpendicular ao erro de fechamento, frequentemente apontará para o ângulo em que o erro foi cometido. Isso pode ser visto na Figura 12-2: se o ângulo que contém o erro é corrigido, ele tenderá a fazer com que o erro de fechamento também diminua.

Quando os erros angulares de uma poligonal são reduzidos a valores razoáveis, eles são distribuídos entre todos os ângulos internos de tal forma que sua soma seja exatamente $(n-2)(180°)$. Os ângulos podem ser corrigidos por uma das seguintes formas: por igual valor para todos; somente certos ângulos podem ser corrigidos em razão da dificuldade das condições do campo; ou por uma regra arbitrária. Por exemplo, se existe um ângulo suspeito segundo a avaliação do topógrafo (aquele em que obstruções, lados curtos ou outros problemas foram envolvidos), grande parte da correção ou mesmo toda ela pode ser aplicada naquele ângulo. Para a poligonal considerada neste capítulo todos os ângulos são corrigidos pelo mesmo valor.

O leitor pode pensar que todos os ângulos da poligonal deveriam ser corrigidos por valor idêntico. Para um erro de 3' em 12 ângulos cada correção deveria ser 3'/12 = 0,25' = 15". Não é recomendável fazer os ajustamentos em unidades menores que o menor valor que pode ser lido com o instrumento. Pelo exemplo dado, se os ângulos foram medidos com aproximação de 15" ou menos, esse provavelmente é um procedimento razoável. Mas se os ângulos foram medidos com aproximação de 1', não parece razoável corrigi-los com aproximação de 15". Após os ângulos serem compensados, os rumos dos lados da poligonal podem ser calculados. O rumo inicial é preferivelmente um rumo geográfico ou verdadeiro, mas um rumo magnético ou arbitrário pode ser usado, sendo os demais rumos calculados a partir dos ângulos da poligonal já corrigidos.

Os ângulos internos da poligonal da Figura 10-9 no Capítulo 10 estão adicionados na Tabela 12-1 e somam 539°59'45"; o que é menor que o valor total correto de 540°00'00" previsto como a soma dos ângulos internos de uma figura fechada de cinco lados. O erro foi corrigido, como mostrado na tabela, adicionando 3" a cada um dos cinco ângulos. Um rumo verdadeiro[1] foi obtido para o lado *AB* e os rumos dos outros lados foram calculados empregando os ângulos corrigidos, como mostrado na tabela.

## 12.6  LATITUDES E LONGITUDES

O fechamento de uma poligonal é verificado pelo cálculo de latitudes e longitudes de cada um de seus lados. A *latitude de um alinhamento* é sua projeção sobre o meridiano norte-sul e corresponde ao seu comprimento vezes o cosseno do seu rumo. Da mesma maneira, a *longitude de um alinhamento* é a projeção na linha leste-oeste (algumas vezes chamada de *paralelo de referência*) e é igual ao seu comprimento vezes o seno do seu rumo. Esses termos (ilustrados na Figura 12-3) meramente descrevem as componentes $x$ e $y$ das linhas.*

---

[1]J.C. McCormac, *Surveying Fundamentals*, 2nd ed. (Englewood Cliffs, NJ, Prentice-Hall, 1991), pp. 330-352.

*Os termos latitude e longitude (de *departure*, que é a distância a leste ou a oeste do meridiano de partida de um navio) são mais conhecidos como as componentes $x$ e $y$ dos alinhamentos, mas em razão da ênfase à distinção que o autor dedica aos termos, e como inclusive são usados no programa Survey que acompanha o livro, pode ser mais conveniente que eles não sejam traduzidos para abreviaturas como DX e DY ou DN e DE. (N.T.)

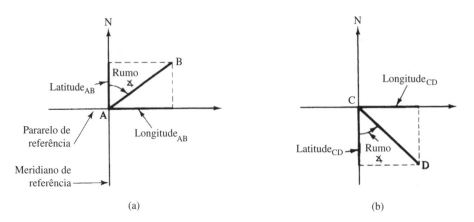

**Figura 12-3** Latitudes e longitudes.

Para os cálculos usados neste capítulo, as latitudes de linhas com rumos para o norte são designadas como norte ou positivas (+). Aqueles com a direção sul são designados como sul ou negativas (−). As longitudes são positivas se as linhas têm rumos para leste e negativas se as linhas têm rumos para oeste. Por exemplo, a linha AB na Figura 12-3(a) tem um rumo nordeste e, então, uma latitude (+) e uma longitude (+). A linha CD na Figura 12-3(b) tem um rumo sudeste e, então, uma latitude (−) e uma longitude (+). Os cálculos de latitudes e longitudes são ilustrados na próxima seção.

## 12.7 ERRO DE FECHAMENTO

Se você começa de um vértice de uma poligonal fechada e percorre seu perímetro até retornar para o ponto de partida, você andará tanto para o norte quanto para o sul e tanto para o oeste quanto para o leste. Isso equivale a dizer que, para uma poligonal fechada, a soma das latitudes será igual a zero e a soma das longitudes também será igual a zero. Quando as latitudes e longitudes são calculadas e somadas, elas nunca serão exatamente iguais a zero (exceto por resultados acidentais de cancelamento de erros).

Quando as latitudes são adicionadas, o erro resultante é conhecido como *erro em latitude* ($E_{LA}$); o erro que ocorre quando as longitudes são adicionadas é conhecido como *erro de longitude* ($E_{LO}$). Se os rumos e distâncias medidos da poligonal da Figura 12-4 são traçados exatamente numa folha de papel, a figura não fechará por causa de $E_{LA}$ e $E_{LO}$. A magnitude usual desses erros está exagerada nessa figura.

O erro de fechamento pode ser calculado como

$$E_{\text{fechamento}} = \sqrt{(E_L)^2 + (E_D)^2}$$

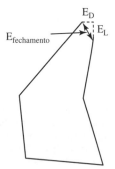

**Figura 12-4** Erro de fechamento.

**Tabela 12-2**  Cálculo de Latitudes e Longitudes

| Lado | Rumo | Distância | Latitude = distância × cosseno do rumo | | Longitude = distância × seno do rumo | |
|------|------|-----------|------|------|------|------|
|      |      |           | +N | −S | +E | −O |
| AB | S6°15′00″O | 189,53 | — | 188,403 | — | 20,634 |
| BC | S29°36′58″E | 175,18 | — | 152,293 | 86,571 | — |
| CD | N81°17′26″O | 197,78 | 29,949 | — | — | 195,499 |
| DE | N12°23′59″O | 142,39 | 139,068 | — | — | 30,575 |
| EA | N42°59′23″E | 234,58 | 171,590 | — | 159,952 | — |
|    |    | $\Sigma = 939{,}46$ | +340,607 | −340,696 | +246,523 | −246,708 |

$E_L = -0{,}089$ ou demais para sul  $\qquad$  $E_D = -0{,}185$ ou demais para oeste

$$E_{\text{fechamento}} = \sqrt{(0{,}089)^2 + (0{,}185)^2} = 0{,}205 \text{ m}$$

$$\text{Precisão} = \frac{0{,}205}{939{,}46} = \frac{1}{4583} \text{ ou simplesmente } \frac{1}{4600}$$

e a precisão de medição pode ser obtida pela expressão

$$\text{precisão} = \frac{E_{\text{fechamento}}}{\text{perímetro}}$$

Após a precisão ser determinada, o topógrafo decidirá se o trabalho foi feito satisfatoriamente. Na maioria das áreas dos Estados Unidos, as precisões aceitáveis mínimas são definidas por lei para vários tipos de levantamento. Os valores típicos são 1/5000 para áreas rurais, 1/7500 para áreas suburbanas e 1/10.000 para áreas urbanas. Se a precisão for satisfatória, o topógrafo pode proceder à compensação dos erros de latitude e longitude e calcular a área da poligonal como descrito nas próximas seções deste capítulo.

Caso a precisão obtida seja insatisfatória para as finalidades do levantamento, será necessário verificar o trabalho novamente. Naturalmente, como primeiro passo, os cálculos devem ser verificados com cuidado à procura de erros grosseiros, e se não forem encontrados, o levantamento de campo deve ser verificado. Os erros grosseiros não podem ser incluídos na compensação das observações.

Na Tabela 12-2 os valores $E_{LA}$, $E_{LO}$, $E_{\text{fechamento}}$ e as precisões são calculados para a poligonal previamente considerada neste livro. Os comprimentos são aqueles mostrados na Figura 4-1, enquanto os rumos são aqueles compensados da Tabela 12-1. Usualmente, o grau de precisão é arredondado para a casa das centenas. Se a precisão for insatisfatória, o topógrafo precisa rever os cálculos com bastante rigor antes de refazer as medições de campo. Se os ângulos se compensam, deve-se suspeitar de um erro em distância. Provavelmente pode ter ocorrido em um lado aproximadamente paralelo à direção do erro de fechamento da linha. Por exemplo, se uma poligonal apresenta um grande erro em latitude, mas um pequeno erro em longitude, então se deve procurar inicialmente por um lado predominante na direção norte-sul. Se tal lado existe, pode ser lógico remedir a distância desse lado primeiro. De modo similar, se o erro da longitude é duas vezes o erro da latitude, o topógrafo deveria verificar as distâncias para alguns lados cujas longitudes e latitudes calculadas apresentem aproximadamente aquela proporção.

Apesar dessas sugestões, os erros pequenos podem não ser localizados com facilidade, e o topógrafo terá de remedir com muito cuidado todos ou quase todos os lados da poligonal. Uma vez que os erros de fechamento sejam reduzidos para valores razoáveis, eles serão ajustados de forma que a poligonal fechará perfeitamente (para o número de casas decimais usadas), como descrito na seção seguinte.

Os cálculos de latitudes e longitudes podem ser feitos diretamente a partir de azimutes. A vantagem disso é que os sinais da latitude e longitude são tomados sem preocupação com o quadrante em que a linha está. Um sinal positivo é para latitudes norte e longitudes leste. O cálculo é como se segue:

$$de_p = L \cos \alpha$$
$$L_{at} = L \operatorname{sen} \alpha$$

em que

L = comprimento do lado

$\alpha$ = azimute do lado

## 12.8 COMPENSAÇÃO DE LATITUDES E LONGITUDES

A finalidade de compensação de latitudes e longitudes de uma poligonal é tentar obter os valores mais prováveis para as coordenadas dos vértices da poligonal. Se, como descrito na seção precedente, uma precisão razoável foi obtida para o tipo de trabalho que está sendo feito, os erros serão compensados a fim de obter a poligonal fechada. Isso normalmente é realizado por meio das pequenas mudanças feitas nas latitudes e longitudes de cada lado para que a sua respectiva soma algébrica totalize zero.

Teoricamente, é desejável distribuir os erros de uma maneira sistemática para os vários lados, mas na prática o topógrafo pode usar um procedimento mais simples. Ele pode decidir fazer mais correções para um ou dois lados nos quais foram encontradas mais dificuldades para fazer as medições. O topógrafo pode verificar as magnitudes de $E_{LA}$ e $E_{LO}$ e decidir, após estudar os comprimentos de vários lados e senos e cossenos de seus rumos, com qual mudança de comprimento de certo lado ou lados a poligonal pode ser compensada.

Os métodos práticos de balanceamento descritos podem parecer, para o leitor, insatisfatórios. No entanto, eles podem ser tão satisfatórios quanto os resultados obtidos com as regras mais teóricas descritas nos parágrafos seguintes, uma vez que os últimos métodos, baseados em considerações não totalmente verdadeiras, podem, de fato, estar longe da verdade.

Com muita frequência o topógrafo pode não ter ideia de qual lado deveria obter a correção e, na verdade, aquele que realiza os cálculos pode ser qualquer outra pessoa e não quem fez as medições. Para tais casos, é desejável aplicar um método de compensação sistemático, tal como o método da bússola, o método do trânsito ou qualquer um dentre os diversos existentes.

Um método muito popular para compensação de erro é o método *da bússola* ou o *método de Bowditch*,* em homenagem ao navegador americano Nathaniel Bowditch (1773-1838), a quem é dado o crédito de sua autoria. Ele é baseado na consideração de que a qualidade das medições de ângulos e de distâncias é aproximadamente a mesma. Isso é aplicável em especial para os levantamentos feitos com MEDs e teodolito ou com estações totais. Considera ainda que os erros nos trabalhos são acidentais e, portanto, que o erro total de certo lado é diretamente proporcional ao seu comprimento. O método estabelece que *o erro em latitude (ou longitude) de certo lado está para o erro total em latitude (ou longitude), como o comprimento daquele lado está para o perímetro da poligonal.* Para a poligonal do exemplo, a correção de latitude para o lado *AB* é calculada a seguir.

$$\frac{\text{Correção em lat}_{AB}}{E_L} = \frac{L_{AB}}{\text{perímetro}}$$

$$\text{Correção em lat}_{AB} = E_L \frac{L_{AB}}{\text{perímetro}} = \frac{(+0,089)(189,53)}{939,46} = +0,018 \text{ m}$$

---

* Embora sem essa denominação é o método mais usado, usado inclusive pela Norma NBR 13133 — Execução de levantamento topográfico, da ABNT. (N.T.)

**Tabela 12-3** Compensação de Latitudes e Longitudes

| | Correção de latitude | | Correção de longitude | | Latitudes compensadas | | Longitudes compensadas | |
|---|---|---|---|---|---|---|---|---|
| | N | S | E | O | N | S | E | O |
| *AB* | — | +0,018 | — | +0,037 | — | 188,385 | — | 20,597 |
| *BC* | — | +0,017 | +0,035 | — | — | 152,276 | 86,606 | — |
| *CD* | +0,019 | — | — | +0,039 | 29,968 | — | — | 195,460 |
| *DE* | +0,013 | — | — | +0,028 | 139,081 | — | — | 30,547 |
| *EA* | +0,022 | — | +0,046 | — | 171,612 | — | 159,998 | — |
| | | | | | 340,661 | 340,661 | 246,604 | 246,604 |

Se o sinal do erro é (+), a correção será negativa. De fato, o sinal da correção pode ser determinado pela observação de quanto é necessário para compensar os números para zero. Os autores acham muito mais fácil não se preocupar com o registro de sinais para essas correções, como feito na Tabela 12-3. Na Tabela 12-2, a soma das latitudes sul é maior que a soma das latitudes norte. Então, para fazer as correções, é necessário fazer as latitudes norte maiores e as latitudes sul menores. Do mesmo modo, a soma das longitudes oeste é maior que a soma das longitudes leste. Portanto, as correções usadas pretendem fazer os valores de leste maiores e os de oeste menores.

Na Tabela 12-3, as latitudes e as longitudes para a poligonal são compensadas pelo método da bússola.

Um método ocasionalmente usado é o *método do trânsito*. Ele se baseia na consideração de que os erros são acidentais e que os ângulos medidos são mais precisos que as medições de comprimentos, tais como nas poligonais levantadas por estadimetria (obsoleto). Os cálculos envolvem correções de latitudes e longitudes de tal maneira que os comprimentos de lados são alterados, mas suas direções não. Nesse método, *a correção da latitude (ou longitude) para um lado está para a correção total de latitude (ou longitude) como a latitude (ou longitude) daquele lado está para a soma de todas as latitudes (ou longitudes).*

$$\frac{\text{Correção em lat}_{AB}}{E_L} = \frac{\text{lat}_{AB}}{\sum \text{latitudes}}$$

Programas de computador estão prontamente disponíveis para resolver todos os problemas (da compensação ao cálculo de áreas) descritos neste capítulo. Esses programas usam um dos métodos sistemáticos de compensação, como o método da bússola ou o método do trânsito descritos aqui, ou outros métodos, como o método de Crandall ou o método dos mínimos quadrados.

O *método de Crandall* fornece outro procedimento de ajustamento sistemático de aplicação bastante similar ao método do trânsito. Ele é particularmente aplicável para poligonais em que os ângulos foram medidos com mais precisão do que as distâncias, sendo o levantamento estadimétrico usado novamente como exemplo. Com esse método, os ângulos são corrigidos igualmente enquanto é feito um ajustamento pelos mínimos quadrados ponderado para os comprimentos.

O *método dos mínimos quadrados* é atualmente o melhor método disponível para ajustamento de dados de levantamento. Ele é, entretanto, difícil de aplicar a menos que um computador seja usado. Em cada um dos outros métodos (bússola, trânsito, estimativa e de Crandall), alguns tipos de correções sistemáticas são aplicados para erros de natureza acidental ou aleatória. O método dos mínimos quadrados baseia-se em conceitos estatísticos para fornecer os valores mais prováveis para as poligonais. Com esse método, os ângulos e as distâncias medidos são ajustados de forma que a soma dos quadrados dos resíduos seja a menor possível.

Nos parágrafos prévios desta seção, vários métodos foram apresentados para compensação de latitudes e longitudes dos lados de poligonais fechadas. Tal compensação causará alterações nos rumos e nos comprimentos dos lados da poligonal. Os novos comprimentos de cada lado serão de-

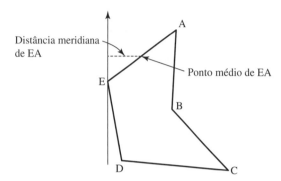

**Figura 12-5** Distância meridiana.

terminados calculando a raiz quadrada da soma dos quadrados de suas longitudes e latitudes ajustados ($l_{AB} = \sqrt{(LA_{AB})^2 + (LO_{AB})^2}$). Seus rumos ajustados serão determinados por trigonometria. Por exemplo,

$$\tan \text{rumo} = \frac{\text{longitude ajustada}}{\text{latitude ajustada}}$$

Não reservamos espaço neste texto para mostrar os cálculos da poligonal de exemplo considerada nesta seção. Os programas de computador comumente usados hoje para determinar precisão, efetuar compensação e cálculo de áreas (questões discutidas no Capítulo 13) usualmente fornecerão os comprimentos finais ajustados e os rumos dos lados.

## 12.9 DISTÂNCIAS MERIDIANAS DUPLAS

O melhor procedimento conhecido para calcular áreas com calculadoras portáteis é o da *distância meridiana dupla* (DMD).* A *distância meridiana* de um alinhamento é a distância (paralela à direção leste-oeste) do ponto central da linha ao meridiano de referência. Obviamente, a *distância meridiana dupla* (DMD) de uma linha é igual a duas vezes a sua distância meridiana. Nesta seção, será provado que, se a DMD de cada lado de uma poligonal fechada for multiplicada por sua latitude compensada e se a soma desses valores for determinada, o resultado será igual a duas vezes a área envolvida pela poligonal.

As distâncias meridianas são consideradas positivas se o ponto central da linha está a leste do meridiano de referência e negativas se estão a oeste. Na Figura 12-5, a distância meridiana positiva do lado *EA* é mostrada por meio da linha tracejada horizontal. Pela conveniência de sinais, o meridiano de referência normalmente é considerado como passando pelo vértice mais a oeste ou mais a leste da poligonal.

Se o topógrafo tiver dificuldade em determinar o vértice mais a oeste ou mais a leste, ele pode resolver o problema rapidamente fazendo um croqui a mão livre. Começando de qualquer vértice da poligonal, ele traça as longitudes sucessivamente, para leste ou para oeste, para cada uma das linhas até retornar ao ponto de partida. A localização dos pontos desejados estará clara a partir do croqui. Desta maneira, os pontos mais a oeste ou mais a leste da poligonal usada como exemplo neste capítulo estão localizados na Figura 12-6. As longitudes mostradas foram tomadas da Tabela 12-3.

Na Figura 12-5, pode ser visto que a DMD do lado *EA* é igual a duas vezes a sua distância meridiana ou é igual à sua longitude. A DMD do lado *AB* é igual a duas vezes a longitude de *EA* mais duas vezes a metade da longitude de *AB*. Dessa maneira, a DMD de qualquer lado pode ser determinada. Entretanto, analisando esse processo, o leitor desenvolverá a seguinte regra para a DMD, que simplificará os cálculos: *A DMD de qualquer lado é igual à DMD do último lado mais a longitude*

---

*A distância meridiana dupla é conhecida aqui como *abscissa dupla de um lado*. (N.T.)

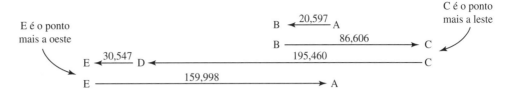

**Figura 12-6** Localização dos pontos mais a oeste e mais a leste de uma poligonal.

*do último lado mais a longitude do lado em questão.* Os sinais das longitudes devem ser usados e se notará que a DMD do último lado (*DE* na Figura 12-5) deve ser igual à longitude daquele lado, mas ele será necessariamente de sinal oposto.

Para ver por que o método da DMD para cálculos de área funciona, observe a Figura 12-7. Nesta discussão, as latitudes norte são consideradas positivas e as latitudes sul são consideradas negativas. Se a DMD do lado *AB*, que é igual a *B'B*, for multiplicada pela sua latitude *B'A*, o resultado será duas vezes a área positiva do triângulo *B'BA*, que pertence ao lado externo da poligonal. Se a DMD do lado *BC* for multiplicada por sua latitude *B'C'*, que é negativa, o resultado será duas vezes a área trapezoidal negativa *B'BCC''*, que é interna e externa à poligonal. Finalmente, a DMD do lado *CA* vezes sua latitude *C'A* é duas vezes a área positiva *ACC'*, que é externa à poligonal. Se esses três valores forem somados, o total será duas vezes a área interna da poligonal, porque a área externa da poligonal será cancelada. Esse método pode ser usado para provar que o método DMD funciona para calcular a área de qualquer poligonal fechada com lados definidos por linhas retas.

A Tabela 12-4 mostra os cálculos de área pelo método DMD para a poligonal usada como exemplo neste capítulo. Como os sinais das latitudes devem ser considerados na multiplicação, a tabela provê um lado para valores positivos, sob a coluna do norte para latitudes norte, e um lado para valores negativos, sob a coluna do sul para latitudes sul. A área da poligonal é igual à metade da soma algébrica das duas colunas. *Não tem problema se o valor final é positivo ou negativo.* A área resultante pode ser rapidamente verificada mudando o meridiano de referência para outro vértice e repetindo os cálculos. Se o meridiano de referência foi considerado como o vértice mais a oeste, provavelmente será mudado para o vértice mais a leste.

Quando os comprimentos estão em metros, a área é expressa em metros quadrados (m$^2$). O Sistema Internacional (SI) não especifica uma unidade particular para áreas de terras, mas o *hectare*, que é igual a 10.000 m$^2$, é usado em muitos países. Um hectare é igual a 2,47104 acres.

## 12.10 DISTÂNCIAS PARALELAS DUPLAS

O mesmo procedimento usado para DMDs pode ser usado se distâncias paralelas duplas (DPDs) são multiplicadas pelas longitudes compensadas de cada lado. As áreas finais serão as mesmas. A *distância paralela* de uma linha é a distância (paralela à direção norte-sul) do ponto médio da linha ao

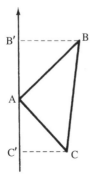

**Figura 12-7** Explicação de como funciona o método DMD.

**Tabela 12-4** Cálculo da Área Usando DMD

| | Longitudes | | | Latitudes | | Áreas dobradas | |
| Lado | E | O | DMD | N | S | +N | −S |
|---|---|---|---|---|---|---|---|
| AB | — | 20,597 | 299,399 | — | 188,385 | — | 56.402 |
| BC | 86,606 | — | 365,408 | — | 152,276 | — | 55.643 |
| CD | — | 195,460 | 256,554 | 29,968 | — | 7.688 | — |
| DE | — | 30,547 | 30,547 | 139,081 | — | 4.249 | — |
| EA | 159,998 | — | 159,998 | 171,612 | — | 27.458 | — |

$$\Sigma = +39.395 \; -112.045$$
$$2A = +39.395 - 112.045 = -72.650$$
$$A = -36.325 \text{ m}^2 = 3,6 \text{ ha}$$

paralelo de referência ou à linha leste-oeste. O paralelo é provavelmente desenhado passando pelo vértice mais a norte ou pelo vértice mais ao sul da poligonal.

## 12.11 COORDENADAS RETANGULARES

Empregar coordenadas retangulares é o método disponível mais conveniente, e provavelmente o mais usado, para descrever as posições horizontais de vértices levantados. No mundo dos computadores, quase todas as pessoas usam coordenadas para definir as posições de tais vértices. Em questões judiciais, os sistemas de coordenadas são usados para descrever as localizações dos vértices das propriedades. Barragens, estradas, plantas industriais e sistemas de tráfego são locados, planejados, projetados, construídos com base em informações computadorizadas, as quais incluem coordenadas, e outras informações relativas à topografia, geologia, drenagem, população, entre outras. Como consequência desses fatos, é absolutamente necessário para o topógrafo se familiarizar e ser capaz

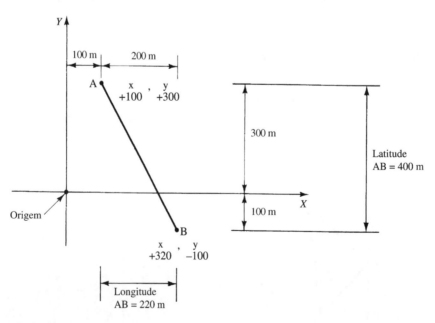

**Figura 12-8** Coordenadas retangulares.

de usar coordenadas. As coordenadas de um ponto em particular são definidas como as distâncias medidas para aquele ponto de um par de eixos mutuamente perpendiculares. Em geral, os eixos são chamados de X e Y, e a distância perpendicular do eixo Y para o ponto é chamada de coordenada x e a distância perpendicular do eixo X ao ponto é chamada de coordenada y.

Nos Estados Unidos, é comum ter o eixo X coincidindo com a direção leste-oeste e o eixo Y com a direção norte-sul. Também é comum chamar a coordenada x de leste e a coordenada y de norte. Na Figura 12-8, as coordenadas de dois pontos A e B, nas extremidades de uma linha, são mostradas. As direções positivas são indicadas pelas setas nos eixos. O ponto B está abaixo do eixo X, então tem valor Y negativo. No contexto deste capítulo, é um engano comum confundir latitudes e longitudes com coordenadas. Latitudes e longitudes não são coordenadas — elas são as diferenças de coordenadas entre os vértices de uma linha. As Figuras 12-8 e 12-9 ilustram isso. O Exemplo 12.1 mostra como coordenadas podem ser calculadas usando latitudes e longitudes.

Se as latitudes e longitudes dos lados de uma poligonal foram calculadas, um sistema de coordenadas pode facilmente ser estabelecido. Para fins de ilustração, as latitudes e longitudes compensadas na Tabela 12-4 são usadas para calcular as coordenadas dos vértices da poligonal considerada inicialmente neste capítulo.

**EXEMPLO 12.1** Com base na Figura 12-9, suponha que as coordenadas do ponto A, na extremidade esquerda da linha AC, foram arbitradas ou calculadas. Deseja-se calcular as coordenadas do ponto C na outra extremidade.

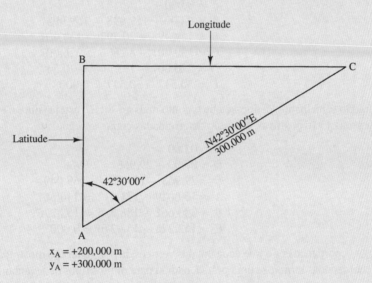

**Figura 12-9** Cálculos das coordenadas.

**SOLUÇÃO** Primeiro a componente horizontal, ou x, da linha é calculada. Ela é igual à longitude da linha.

$$\text{Longitude } BC = (\text{comprimento } AC)(\text{sen } 42°30'00'') = 302{,}678 \text{ m}$$

Então a componente vertical, ou y, da linha é calculada. Ela é igual à latitude da linha.

$$\text{Latitude } BC = (\text{comprimento } AC)(\cos 42°30'00'') = 221{,}183 \text{ m}$$

Finalmente, as coordenadas do ponto C são as seguintes.

$$x_c = 200{,}000 + 202{,}678 = \mathbf{402{,}678 \text{ m}}$$
$$y_c = 300{,}000 + 221{,}183 = \mathbf{521{,}183 \text{ m}}$$

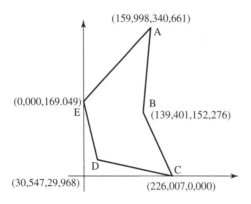

**Figura 12-10** Coordenadas de uma poligonal simples.

Um local conveniente é selecionado como origem, que pode ser um dos vértices da poligonal ou qualquer outro ponto conveniente, frequentemente localizado de modo que todo o levantamento fique dentro do primeiro quadrante, ou quadrante nordeste. Se esse for o caso, não existirão coordenadas negativas.

Para as latitudes e longitudes compensadas apresentadas na Tabela 12-3, define-se que o ponto mais a oeste, $E$, esteja sobre o eixo $Y$. Como consequência, as coordenadas $x$ de todos os vértices serão positivas. Elas são determinadas como se segue:

$$E = 0,000$$
$$A = 0,000 + 159,998 = 159,998$$
$$B = 159,998 - 20,597 = 139,401$$
$$C = 139,401 + 86,606 = 226,007$$
$$D = 226,007 - 195,460 = 30,547$$
$$E = 30,547 - 30,547 = 0,000$$

De modo semelhante, define-se que o ponto mais ao sul, $C$, esteja sobre o eixo $X$, assim todas as coordenadas $y$ são positivas. Elas são determinadas como se segue:

$$C = 0,000$$
$$D = 0,000 + 29,968 = 29,968$$
$$E = 29,968 + 139,081 = 169,049$$
$$A = 169,049 + 171,612 = 340,661$$
$$B = 340,661 - 188,385 = 152,276$$
$$C = 152,276 - 152,276 = 0,000$$

As coordenadas $x$ e $y$ de cada um dos vértices da poligonal são mostradas na Figura 12-10. O uso de coordenadas tornou-se uma prática padrão para muitos tipos de levantamento. Uma das primeiras aplicações em topografia foi em levantamentos de minas. As coordenadas são também bastante úteis para desenhos de mapas e para o cálculo de áreas.

## 12.12 CÁLCULO DE ÁREAS POR COORDENADAS

Outro método útil para o cálculo de áreas de propriedades é o método de coordenadas, conhecido como método de Gauss. Hoje quase todos os cálculos de áreas são feitos por computadores e a grande maioria dos programas é escrita usando o método de coordenadas. Além do mais, com as estações totais comumente usadas para levantamentos, as coordenadas dos vértices de poligonais são calculadas e mostradas pelos instrumentos. Como consequência, é bastante fácil transferir aqueles valores para o método de cálculo de áreas por coordenadas. Alguns topógrafos acham esse método melhor do que o método da DMD porque eles sentem que há menos chance de cometer erros matemáticos. A quantidade de trabalho é aproximadamente a mesma em ambos os métodos. Em vez de calcular a

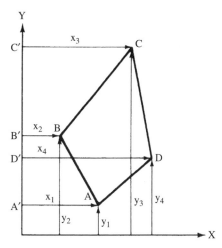

Área $ABCD$ = área $C'CDD'$ + área $D'DAA'$ − área $C'CBB'$ − $B'BAA'$

Área ABCD = $(\frac{1}{2})(x_3 + x_4)(y_3 - y_4) + (\frac{1}{2})(x_4 - x_1)(y_4 - y_1)$

$\quad - (\frac{1}{2})(x_3 - x_2)(y_3 - y_2) - (\frac{1}{2})(x_2 + x_1)(y_2 + y_1)$

Multiplicando esses valores e rearranjando os resultados se obtém

2 áreas = $y_1(-x_2 + x_4) + y_2(-x_3 + x_1) + y_3(-x_4 + x_2) + y_4(-x_1 + x_3)$

**Figura 12-11** Dedução do método das coordenadas.

DMD para cada lado, as coordenadas de cada vértice da poligonal são calculadas e, então, o método de coordenadas é aplicado. Esse método é desenvolvido na Figura 12-11 do mesmo modo que o método DMD foi desenvolvido na Seção 12.8.

Na Figura 12-11 se pode observar que, para determinar a área de uma poligonal, cada coordenada $y$ é multiplicada pela diferença entre duas coordenadas $x$ adjacentes (usando um sistema de sinal conveniente, tal como o sinal menos para a coordenada $x$ seguinte e o sinal mais para a precedente). Esses valores são somados e o resultado é igual a duas vezes a área. A operação pode ser verificada rapidamente tomando cada coordenada $x$ vezes a diferença das duas coordenadas $y$ adjacentes.

As coordenadas dos vértices da poligonal do exemplo foram determinadas previamente, como mostrado na Figura 12-10. Usando esses valores, o método das coordenadas é empregado para calcular a área da figura e os resultados são mostrados adiante. A resposta é exatamente a mesma encontrada com o método DMD.

$$\begin{aligned} 2A &= (0{,}000)(-340{,}661 + 29{,}007) + (159{,}998)(-152{,}276 + 169{,}049) \\ &\quad + (139{,}401)(-0{,}000 + 340{,}661) + (226{,}007)(-29{,}968 + 152{,}276) \\ &\quad + (30{,}547)(-169{,}049 + 0{,}000) \\ &= 72{,}650 \\ A &= 36{,}325 \text{ m}^2 = 3{,}63 \text{ ha} \end{aligned}$$

## 12.13 MÉTODO DE COORDENADAS ALTERNATIVO

Existe uma variação muito simples do método de coordenadas para cálculo de áreas, que é mais fácil para relembrar e aplicar, conhecido como fórmula do trapézio. Para esta discussão, observe a Figura 12-12, em que as coordenadas $x$ e $y$ dos vértices de uma poligonal são mostradas. A fórmula que foi apresentada na última linha da Figura 12-11 pode ser reescrita da seguinte forma:

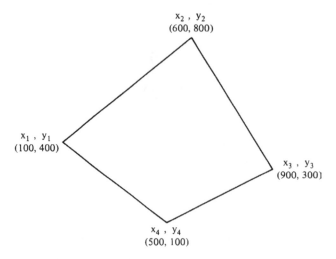

**Figura 12-12** Método das coordenadas alternadas.

$$2A = x_1y_2 + x_2y_3 + x_3y_4 + x_4y_1 - y_1x_2 - y_2x_3 - y_3x_4 - y_4x_1$$

Com esta equação, é possível rapidamente calcular a área interna a uma poligonal seguindo os passos:

1. Para cada um dos vértices da figura uma fração é escrita com o $x$ como numerador e o $y$ como denominador. As frações são listadas lado a lado na horizontal, *e a fração do ponto de partida é repetida no fim da linha*. Em seguida, linhas diagonais cheias são desenhadas de $x_1$ para $y_2$, de $x_2$ para $y_3$, e assim por diante. Então, linhas diagonais tracejadas são desenhadas de $y_1$ para $x_2$ e de $y_2$ para $x_3$, e assim por diante.

$$\frac{x_1}{y_1} \diagtimes \frac{x_2}{y_2} \diagtimes \frac{x_3}{y_3} \diagtimes \frac{x_4}{y_4} \diagtimes \frac{x_1}{y_1}$$

2. A soma do produto das coordenadas ligadas pelas linhas cheias menos a soma do produto das coordenadas unidas pelas linhas tracejadas é igual a duas vezes a área dentro da poligonal. Isso é exatamente uma confirmação da fórmula dada inicialmente nesta seção.

$$2A = \text{soma dos produtos das linhas cheias menos} \\ \text{a soma dos produtos das linhas tracejadas}$$

A área interna da poligonal da Figura 12-12 é determinada por esse método alternativo de coordenadas como se segue:

$$\frac{100}{400} \diagtimes \frac{600}{800} \diagtimes \frac{900}{300} \diagtimes \frac{500}{100} \diagtimes \frac{100}{400}$$

$$2A = (100)(800) + (600)(300) + (900)(100) + (500)(400) - (400)(600)$$
$$\quad -(800)(900) - (300)(500) - (100)(100) = -570.000$$
$$A = 285.000 \text{ m}^2$$

## 12.14 ÁREAS COM LIMITES IRREGULARES

Muito frequentemente, os limites de propriedades são representados por linhas irregulares, por exemplo, a linha central de um riacho ou o eixo de uma estrada sinuosa. Para casos como esses, normalmente não é possível percorrer a poligonal ao longo da linha exata do limite. Nesse caso, pode ser

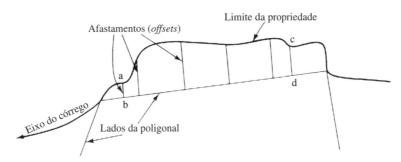

**Figura 12-13** Determinação de limites irregulares com *offsets*.

mais prático percorrê-la a uma distância conveniente do limite e localizar a posição desse limite pela medição de distâncias de afastamentos (*offsets*) da linha da poligonal,* como mostrado na Figura 12-13. Os afastamentos podem ser tomados a intervalos regulares se seus limites não mudam de direção subitamente, mas, quando existem alterações bruscas, os afastamentos são tomados em intervalos irregulares, como mostrado por *ab* e *cd* na figura.

A área interna da poligonal fechada pode ser calculada por um dos métodos descritos previamente, e a área entre a linha da poligonal e o limite irregular pode ser determinada em separado e adicionada ao outro valor. Se a área em questão entre a linha da poligonal e o limite irregular for cuidadosamente desenhada em escala, a área pode ser determinada de modo satisfatório com um planímetro. Outros métodos usados com frequência são o método do trapézio, o de Simpson e algum outro método de coordenada envolvendo afastamentos. Todos esses métodos são descritos nesta seção, mas deve-se saber que eles provavelmente não fornecem resultados mais satisfatórios do que aqueles obtidos com o planímetro, por causa da natureza irregular dos limites entre os afastamentos medidos.

## Planímetro

Um *planímetro* polar (Figura 12-14) é um dispositivo que pode ser usado para medir a área de uma figura sobre um papel, seguindo o traçado do limite da figura com uma ponta traçadora. À medida que o cursor é movido sobre a figura, a área interna é mecanicamente integrada e registrada sobre um tambor e um disco. Uma prova matemática excelente de como funciona o planímetro é apresentada no livro de Davis, Foote e Kelly.[2] Quando o planímetro é usado para determinar uma área, não é necessário calcular latitudes, longitudes ou coordenadas. Também não é necessário ter a figura formada apenas de linhas retas como exigido para os métodos de coordenadas e DMD. Contudo, é necessário desenhar as figuras cuidadosamente, em escala, antes de o planímetro ser usado.

O planímetro é particularmente útil para medição de áreas irregulares, assim como para áreas de seções transversais. Se o operador for cuidadoso, pode obter resultados de no mínimo 1%, dependendo da exatidão das figuras desenhadas, do tipo de papéis usados e do cuidado com os quais as figuras foram traçadas.

As partes principais de um planímetro são a ponta traçadora, o braço de ancoragem com o ponto de ancoragem, o braço traçador com escala (articulado na outra extremidade com o braço polar), o tambor e o disco, ambos graduados. Quando uma área está para ser determinada, o desenho é colocado sobre uma superfície plana, de forma que não haja ondulações, e o ponto de ancoragem é posicionado sobre o papel numa posição conveniente, de modo que o operador possa traçar toda

---

*Esse método é conhecido como método das medições de abscissa e ordenadas, as quais são realizadas ao longo da poligonal e das distâncias da poligonal até o limite da propriedade, respectivamente. (N.T.)

[2] R. E. Davis, F. S. Foote, and J. W. Kelly, *Surveying Theory and Practice*, 5th ed. (New York: McGraw-Hill Book Company, 1966), pp. 67-69.

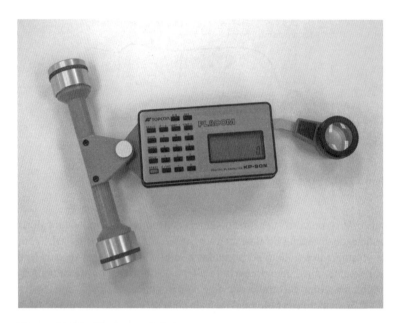

**Figura 12-14** Planímetro digital.

área desejada, ou parte dela, a partir dessa posição. A ponta traçadora é colocada sobre um ponto característico, ou marcado no desenho, e o tambor é lido (ou ajustado para zero). Então, o perímetro é cuidadosamente percorrido até que o cursor retorne para o ponto de partida e é realizada uma leitura final no tambor. Ao percorrer os limites da figura, o operador deve ser cuidadoso para anotar o número de vezes que a leitura do tambor passa pelo zero. Contadores são disponíveis em alguns planímetros com os quais a quantidade de revoluções é registrada automaticamente. A leitura inicial é subtraída da leitura final e representa, em certa escala, a área interna da figura. Se o perímetro é percorrido no sentido horário, a leitura final será maior que a leitura inicial, mas será menor se foi percorrida no sentido anti-horário.

Se o ponto de ancoragem for colocado do lado de fora da área a ser medida, a área da figura será igual a

$$A = Cn$$

em que $C$ é uma constante e $n$ é a diferença entre as leituras inicial e final do tambor. A constante $C$ em geral é dada no topo do braço traçador ou na caixa do instrumento. Ela é igual a 10 cm² para muitos planímetros. Se o usuário não tem certeza do valor de $C$, ele pode facilmente construir uma figura de área conhecida (por exemplo, uma figura de 5 cm por 5 cm²), percorrer a figura construída e determinar qual o valor de $C$ para calcular a área correta, quando multiplicar a leitura realizada sobre o tambor. Para alguns instrumentos, o valor de $C$ é dado em unidades do sistema inglês.

*Se o ponto de ancoragem for colocado no lado interno da área a ser percorrida (frequentemente isso é feito para áreas maiores), será necessário fazer a correção da área calculada.* É possível manter o braço traçador em determinado ponto de forma que a ponta possa ser movida completamente em torno de 360° sem mudar a leitura do tambor. A área desse círculo, chamado de *círculo zero* ou *círculo de correção*, deve ser adicionada a $Cn$ se a figura for percorrida no sentido horário com o ponto de ancoragem dentro da área. Observe que, se a área da figura for menor do que aquela do círculo zero, a alteração da leitura do tambor terá sinal negativo para um percurso no sentido horário. O Exemplo 12.2 ilustra o uso do planímetro para determinar a área de figuras em um desenho.

Estão disponíveis planímetros polares eletrônicos que fornecem leituras digitais em números grandes e brilhantes. Esses são fáceis de ler e podem facilmente ser ajustados para zero. Eles podem

| EXEMPLO 12.2 | Numa calibração foi descoberto que determinado planímetro percorre 10 cm² para cada revolução do seu tambor.
(a) Se a área de um dado mapa é percorrida com o ponto de ancoragem posicionado do lado de fora da área e é obtida a leitura de 16,242 revoluções, qual é a área percorrida do mapa?
(b) Se a mesma área é percorrida com o ponto de ancoragem localizado no lado interno da área e a leitura é 8,346 revoluções, qual é a área do círculo zero?
(c) Outra área do mapa é percorrida com o ponto de ancoragem interno a ela e é obtida a leitura de 23,628 revoluções. Se essa área foi desenhada num mapa com a escala de 1:250, qual seria a área real do terreno? |
|---|---|
| SOLUÇÃO | (a) Área = (10)(16,242) = **162,42 cm²** no mapa.
(b) Área do círculo zero = (10)(16,242 − 8,346) = **78,96 cm²**.
(c) Área do mapa = (10)(23,628) + 78,96 = **315,24 cm²**.
Área do terreno = (5 × 5)(315,24) = **78810 cm² = 7,88 m²**. |

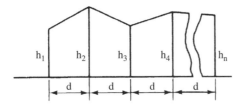

**Figura 12-15** Figura usada para desenvolvimento do método do trapézio.

também ser usados para cálculos de adição e subtração de áreas. Ao usar um planímetro, é aconselhável medir cada área diversas vezes e calcular a média dos resultados. Os planímetros modernos em geral calculam a média para você.

## Método do Trapézio

Quando os afastamentos são regularmente distantes uns dos outros, supõe-se que o limite da área é uma linha reta entre eles e o método do trapézio, conhecido como Fórmula de Bezout, pode ser aplicado. Com referência à Figura 12-15, os afastamentos são considerados como posicionados em intervalos regulares e a área interna da figura é igual à soma das áreas dos trapézios definidos, ou

$$A = d\left(\frac{h_1 + h_2}{2}\right) + d\left(\frac{h_2 + h_3}{2}\right) + \cdots + d\left(\frac{h_{n-1} + h_n}{2}\right)$$

do qual

$$A = d\left(\frac{h_1 + h_n}{2} + h_2 + h_3 + \cdots + h_{n-1}\right)$$

## Método de Simpson

Se os limites são considerados como curvos, o método de Simpson (baseado na premissa de que as linhas dos limites são de forma parabólica) é considerado melhor que o método do trapézio. Novamente se tem em conta que os afastamentos são espaçados regularmente. *O método é aplicável para áreas que têm um número ímpar de afastamentos. Se existe um número par de afastamentos,*

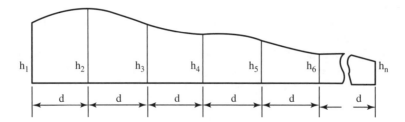

**Figura 12-16** Figura usada para desenvolvimento do método de Simpson.

*a área de todos eles, exceto a parte entre os dois últimos afastamentos (ou os dois primeiros), pode ser determinada com o método.* A área remanescente é calculada separadamente, considerando que é igual a um trapézio.

Com referência à Figura 12-16, o método de Simpson é escrito como se segue:

$$A = (2d)\left(\frac{h_1 + h_3}{2}\right) + \left(\frac{2}{3}\right)(2d)\left(h_2 - \frac{h_1 + h_3}{2}\right) + (2d)\left(\frac{h_3 + h_5}{2}\right)$$

$$+ \left(\frac{2}{3}\right)(2d)\left(h_4 - \frac{h_3 + h_5}{2}\right), etc.$$

etc.

$$A = \frac{d}{3}[(h_1 + h_n)] + 2(h_3 + h_5 + \cdots + h_{n-2}) + 4(h_2 + h_4 + \cdots + h_{n-1})$$

O método do trapézio e o método de Simpson são usados no Exemplo 12.3 para calcular a área de terra irregular mostrada na Figura 12-17.

## Método das Coordenadas para Áreas Irregulares

Quando os afastamentos são tomados em intervalos irregulares, a área de cada figura entre os pares de afastamentos adjacentes pode ser calculada, e os valores, somados. Além disso, o método do planímetro é particularmente satisfatório aqui. Há outros métodos para resolver o problema, por exemplo, *o método de coordenadas para espaçamentos irregulares dos afastamentos, que diz que o dobro da área é obtido se cada afastamento for multiplicado pela distância para o afastamento precedente mais a distância para o afastamento seguinte.* Será notado que, para os afastamentos das extremidades, o mesmo método é seguido, mas haverá somente uma distância entre os afastamentos porque o outro lado não existe. Uma aplicação desse método de coordenada é dada no Exemplo 12.4.

## Área de Segmento de Círculo

Se uma área de terra tem uma curva circular horizontal como um de seus limites (como é comum nos casos de propriedades adjacentes a uma estrada ou ferrovia), podemos calcular a área de terra em questão com pouco trabalho, como descrito aqui. Para essa discussão, é considerada a poligonal *ABCDEFA* mostrada na Figura 12-19. Um método para determinar a área total dentro da figura é dividir a poligonal em duas partes: *ABCDEA* e o segmento de círculo *AEFA*. Na figura, *X* é o centro do círculo, *R* é o raio cujo arco é *EFA*, e *I* é o ângulo entre os dois raios mostrados.

**EXEMPLO 12.3** Calcule a área de terra mostrada na Figura 12-17:
(a) Usando o método do trapézio.
(b) Usando o método de Simpson.

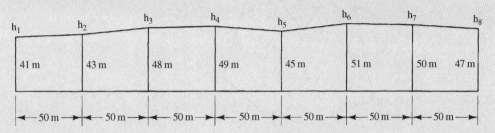

**Figura 12-17** Área a ser medida pelos métodos do trapézio e de Simpson.

*SOLUÇÃO* (a) A área pelo método do trapézio:

$$A = 50\left(\frac{41 + 47}{2} + 43 + 48 + 49 + 45 + 51 + 50\right) = \mathbf{16.500 \text{ m}^2}$$

(b) A área pelo método de Simpson: uma vez que existe um número par de afastamentos, a área entre os dois últimos afastamentos no lado direito é calculada separadamente como um trapézio.

$$A = \frac{50}{3}[(41 + 50) + 2(48 + 45) + 4(43 + 49 + 51)] + \left(\frac{50 + 47}{2}\right)(50) = \mathbf{16.575 \text{ m}^2}$$

---

**EXEMPLO 12.4** Usando o método de coordenadas para áreas irregulares, determine a área de traçado irregular mostrada na Figura 12-18.

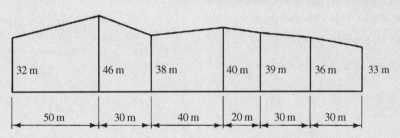

**Figura 12-18** Área a ser medida pelo método das coordenadas.

*SOLUÇÃO*
$2A = (32)(50) + (46)(50 + 30) + (38)(30 + 40) + (40)(40 + 20) + (39)(20 + 30)$
$\quad + (36)(30 + 30) + (33)(30)$
$A = \mathbf{7720 \text{ m}^2}$

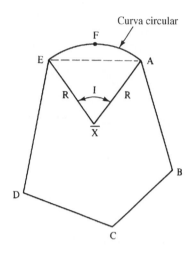

**Figura 12-19**  Área de segmento de um círculo.

A área *ABCDEA* pode ser determinada por um dos métodos previamente descritos e adicionados à área do segmento de curva:

$$\text{área do segmento} = \text{área } A\overline{X}EFA - \text{área } A\overline{X}EA = R^2\left(\frac{\pi I^\circ}{360^\circ} - \frac{\operatorname{sen} I}{2}\right)$$

Uma solução alternativa é calcular a área $ABCDE\overline{X}A$ e adicioná-la à área *AXEFA* calculada como se segue:

$$\text{área } A\overline{X}EFA = \frac{I^\circ}{360^\circ}\left(\pi R^2\right)$$

## PROBLEMAS

Nos Problemas 12.1 a 12.4, calcule as latitudes e longitudes dos lados das poligonais mostradas nas figuras que se seguem. Determine o erro de fechamento e precisão para cada uma das poligonais.

**12-1**  (Resp.: $E_F = 0{,}133$ m, precisão = 1/6432)

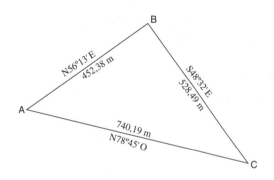

**12-2**  (Resp.: $E_F = 1{,}130$ m, precisão = 1/2328)

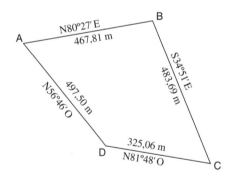

**12-3**  (Resp.: $E_F = 1{,}44$ m precisão = 1/4411)

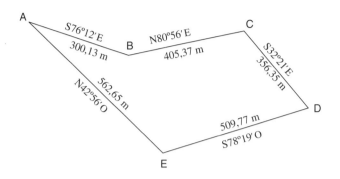

**12-4**

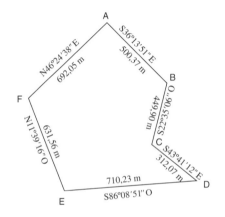

Nos Problemas 12.5 a 12.7, compense cada um dos conjuntos de latitudes e longitudes dados pelo método da bússola e dê os resultados com aproximação de 1 cm.

**12.5**

| Lado | Comprimento | Latitudes N | Latitudes S | Longitudes E | Longitudes O |
|---|---|---|---|---|---|
| AB | 400,00 | 320,00 | | 245,00 | |
| BC | 300,00 | | 180,00 | 235,36 | |
| CA | 500,00 | | 140,24 | | 480,00 |

(Resp.: 320,08; 179,94; 140,14; 244,88; 235,27; 480,15)

**12.6**

| Lado | Comprimento | Latitudes N | Latitudes S | Longitudes E | Longitudes O |
|---|---|---|---|---|---|
| AB | 600,00 | 450,00 | | 339,00 | |
| BC | 450,00 | | 285,00 | 259,50 | |
| CA | 750,00 | | 164,46 | | 599,22 |

(Resp.: 449,80; 285,15; 164,65; 339,24; 259,68; 598,92)

**12.7**

| Lado | Comprimento | Latitudes N | Latitudes S | Longitudes E | Longitudes O |
|---|---|---|---|---|---|
| AB | 220,40 | 185,99 | | 118,26 | |
| BC | 287,10 | | 234,94 | 165,02 | |
| CD | 277,20 | | 181,25 | | 209,73 |
| DE | 200,10 | 187,99 | | 68,55 | |
| EA | 147,90 | 42,01 | | | 141,81 |

(Resp.: AB 186,03, 118,20; EA 42,04, 141,85)

Nos Problemas 12.8 a 12.10, compense pelo método da bússola as latitudes e longitudes calculadas para cada uma das poligonais dos Problemas 12.1 a 12.3.

(Resp.: Problema 12.9 para AB 144,692 e 635,196; para CD 645,216, 516,869)

Nos Problemas 12.11 a 12.13, do conjunto dado de latitudes e longitudes compensadas, calcule as áreas para as poligonais em hectares usando DMD com os meridianos localizados nos vértices mais a oeste. Valores em metros.

**12.11**

| Lado | Latitudes compensadas N | Latitudes compensadas S | Longitudes compensadas E | Longitudes compensadas O |
|---|---|---|---|---|
| AB | 500 | | 300 | |
| BC | 200 | | 200 | |
| CD | 0 | 0 | 400 | |
| DE | | 300 | | 500 |
| EA | | 400 | | 400 |

(Resp.: 1,70 ha)

**12.12**

| Lado | Latitudes compensadas N | Latitudes compensadas S | Longitudes compensadas E | Longitudes compensadas O |
|---|---|---|---|---|
| AB | 250 | | | 600 |
| BC | 300 | | 300 | |
| CD | 100 | | 550 | |
| DE | | 800 | 250 | |
| EA | 150 | | | 500 |

**12-13**

| Lado | Latitudes compensadas N | Latitudes compensadas S | Longitudes compensadas E | Longitudes compensadas O |
|---|---|---|---|---|
| AB | 350 | | 150 | |
| BC | 250 | | 200 | |
| CD | | 50 | 300 | |
| DE | | 300 | | 450 |
| EA | | 250 | | 200 |

(Resp.: 8,89 ha)

**214** Capítulo 12

Para os Problemas 12.14 a 12.17, com as latitudes e longitudes compensadas com o método da bússola, calcule as áreas usando DMD com o meridiano de referência passando pelo ponto mais a oeste.

**12.14** Problema 12.1

**12.15** Problema 12.2         (Resp.: 13,63 ha)

**12.16** Problema 12.3

**12.17** Problema 12.4         (Resp.: 67,61 ha)

**12.18** Repita o Problema 12.11 com meridiano passando pelo ponto mais a leste.

**12.19** Repita o Problema 12.12 usando a distância paralela dupla (DPD) com o paralelo de referência passando pelo ponto mais ao norte.

        (Resp.: 47,48 ha)

**12.20** Repita o Problema 12.13 usando DPD com o paralelo de referência passando através do ponto mais ao sul.

Nos Problemas 12.21 e 12.22, dadas as coordenadas, calcule o comprimento e o rumo de cada lado.

**12.21**

| Ponto | $x$(m) | $y$(m) |
|---|---|---|
| A | 0 | 0 |
| B | +200 | +300 |
| C | +600 | −400 |
| D | +350 | −100 |

(Resp.: $AB = 360{,}555$ m, N33°41′24″E)

**12.22**

| Ponto | $x$(m) | $y$(m) |
|---|---|---|
| A | +400 | +600 |
| B | +700 | −800 |
| C | +300 | 0 |

Nos Problemas 12.23 a 12.25, calcule a área em hectares pelo método de coordenadas para cada uma das poligonais cujos vértices têm as coordenadas dadas.

**12.23**

| Ponto | $x$(m) | $y$(m) |
|---|---|---|
| A | +200 | +400 |
| B | +600 | −200 |
| C | +300 | −500 |
| D | −300 | −350 |
| E | −250 | +300 |

(Resp.: 55,63 ha)

**12.24**

| Ponto | $x$(m) | $y$(m) |
|---|---|---|
| A | 0 | 0 |
| B | +200 | +50 |
| C | +500 | −200 |
| D | +100 | −150 |
| E | +200 | −200 |

**12.25**

| Ponto | $x$(m) | $y$(m) |
|---|---|---|
| A | +50 | +150 |
| B | +250 | +300 |
| C | +300 | −150 |
| D | −100 | −400 |
| E | −200 | −200 |
| F | +100 | −50 |

(Resp.: 14,85 ha)

**12.26** Repita o Problema 12.11 usando o método de coordenadas.

**12.27** Repita o Problema 12.12 usando o método de coordenadas.         (Resp.: 47,5 ha)

**12.28** Repita o Problema 12.13 usando o método de coordenadas.

**12.29** Determine a área da poligonal do Problema 12.21 em hectares usando o método de coordenadas.

        (Resp.: 9,0 ha)

**12.30** Usando o método de coordenada, calcule a área em hectares (1 ha = 10.000 m²) para a poligonal do Problema 12.22.

**12.31** Certo planímetro tem uma constante 2, isto é, uma revolução do tambor é igual a 2 cm².

(a) Se a área do mapa percorrida com o ponto de ancoragem no lado de fora da área e uma leitura de 18,247 revoluções foram obtidas, qual é a área do mapa?

        (Resp.: 36,494 cm²)

(b) Se a mesma área é percorrida com o ponto de ancoragem no lado interno da área e a leitura é igual a 7,695 revoluções, qual é a área do círculo zero?

        (Resp.: 21,104 cm²)

**12.32** Numa calibração, encontrou-se que dado planímetro percorre 10 cm² para cada revolução do seu tambor e que a área do círculo zero é de 72 cm². Com o ponto de ancoragem do lado de dentro da área a leitura antes de percorrer os lados de uma área desconhecida foi de 5,162 revoluções e após percorrer a área, de 9,034 revoluções.

(a) Qual é a área em centímetros quadrados?
(b) Se a escala do mapa é 1:600, qual é a área do terreno?

**12.33** Um dado planímetro tem uma constante de 8. A área no mapa foi percorrida com o ponto de ancoragem do lado de fora da área, e a leitura de 15,896 revoluções foi obtida. A mesma área foi percorrida com o ponto de ancoragem dentro da área, e a leitura de 8,124 revoluções foi obtida. A escala do mapa no qual a área do mapa foi medida é de 1:600. Determine o seguinte:
(a) A área do mapa percorrida.        (Resp.: 127,168 cm$^2$)
(b) A área do círculo zero.            (Resp.: 62,176 cm$^2$)
(c) A área real do terreno.            (Resp.: 4.578 m$^2$)

Nos Problemas 12.34 e 12.35 calcule a área (em metros quadrados) das partes irregulares de terra mostradas usando o método do trapézio.

**12.34**

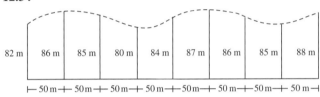

**12.35**

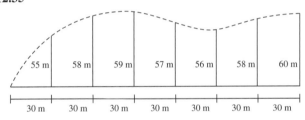

(Resp.: 11.190 m$^2$)

**12.36** Repita o Problema 12.34 usando o método de Simpson.

**12.37** Repita o Problema 12.35 usando o método de Simpson.        (Resp.: 11.195 ou 11.450 m$^2$)

**12.38** Para determinar a área entre uma linha de base $AB$ e a margem de um lago, as seguintes distâncias de afastamentos foram medidas com o intervalo de 40 m. Calcule a área em metros quadrados da parte irregular usando o método de Simpson. Distâncias dos afastamentos: 32 m; 41 m; 49 m; 60 m; 73 m; 68 m; 60 m; 55 m; 41 m; 37 m.

Para os Problemas 12.39 a 12.41, desenhe na escala de 1:600 a informação de referência e determine as áreas em metros quadrados usando o planímetro.

**12.39** Problema 12.34.        (Resp.: 18.300 m$^2$)
**12.40** Problema 12.35.
**12.41** Problema 12.38.        (Resp.: 19.200 m$^2$)

Para os Problemas 12.42 a 12.44, os afastamentos são tomados a intervalos regulares. Determine a área (em metros quadrados) entre o lado da poligonal e o limite para cada caso. Use o método de coordenada. As distâncias dadas são medidas a partir da origem.

| Problema 12.42 | | Problema 12.43 | | Problema 12.44 | |
|---|---|---|---|---|---|
| Distância | Afastamento | Distância | Afastamento | Distância | Afastamento |
| 0 | 45 | 0 | 31 | 0 | 25 |
| 30 | 62 | 20 | 26 | 10 | 28 |
| 50 | 40 | 40 | 29 | 20 | 34 |
| 80 | 55 | 60 | 38 | 30 | 49 |
| 90 | 70 | 70 | 44 | 50 | 60 |
| 100 | 50 | 75 | 32 | 100 | 72 |
| 120 | 64 | 80 | 40 | 150 | 57 |
| 150 | 58 | 85 | 42 | 200 | 62 |
| | | 100 | 50 | 210 | 60 |
| | | 120 | 60 | 230 | 57 |
| | | | | 250 | 54 |

(Resp.: 4905 m$^2$)

**12.45** Determine a área da figura mostrada a seguir.
(Resp.: 285.882 m$^2$)

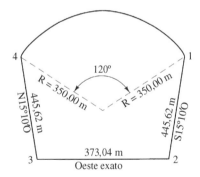

# Capítulo 13

# Cálculos em Computador e Medições Omitidas

## 13.1 COMPUTADORES

Os tipos de cálculos apresentados no capítulo anterior e neste são problemas quase "diários" na prática do levantamento. Até algumas décadas atrás, esses cálculos eram trabalhosos, usando-se tabelas de trigonometria e logaritmos. Com o passar dos anos, grandes calculadoras mecânicas e depois calculadoras cada vez menores foram desenvolvidas para o processamento dos números. Desde os anos 1960, no entanto, calculadoras portáteis e computadores digitais tornaram os outros equipamentos obsoletos. Os dispositivos mais recentes, os quais possuem tabelas trigonométricas internas, têm simplificado apreciavelmente os trabalhos computacionais do topógrafo tanto no escritório quanto no campo.

No trabalho de campo, o topógrafo frequentemente faz algumas medições, precisando então interromper o processo para realizar atividades que envolvem cálculos (frequentemente, dos tipos discutidos no Capítulo 12) antes de continuar o trabalho de campo. Uma grande vantagem das pequenas calculadoras programáveis (e computadores portáteis) é que elas podem ser usadas convenientemente no campo. Então, os cálculos necessários podem ser feitos rapidamente, sem os atrasos e a inconveniência envolvidos em retornar ao escritório, fazer os cálculos e retornar ao campo. Além disso, muitos dos equipamentos de medição atuais possuem processadores capazes de realizar cálculos bastando apertar um botão.

## 13.2 PROGRAMAS

Hoje, existe um número cada vez maior de programas que o topógrafo pode utilizar. Preparar uma lista de todas as empresas que têm tais programas disponíveis é quase uma tarefa impossível e a lista se tornaria obsoleta antes de este capítulo ser impresso. É suficiente dizer que um topógrafo em qualquer parte dos Estados Unidos pode encontrar programas adequados para quase qualquer tipo de problemas que encontre.

Independentemente de onde o programa foi obtido, qualquer topógrafo desejaria pegar um ou dois pequenos problemas que ele tenha previamente resolvido e checar a eficiência do programa. Existem poucos topógrafos que gostariam de ter sua reputação profissional baseada na propaganda feita por um representante de companhia de *software* ou outra organização sem fazer uma checagem preliminar.

É de interesse particular para o topógrafo o fato de que muitos programas de computador disponíveis não somente façam os cálculos necessários para precisão, compensação, cálculo de área e assim por diante, mas também imprimam um desenho ou planta da poligonal e mostrem as direções e comprimentos de seus lados. Estão disponíveis outros programas que subdividem a propriedade em lotes de acordo com as limitações dadas e plotam um desenho dos resultados. Muitos *softwares* de

CAD possuem extensões que fornecem um conjunto completo de recursos que combinam cálculos às suas funcionalidades de desenho.

*Computadores e calculadoras são somente "tão bons" quanto as pessoas que os usam. O topógrafo/técnico deve ter um bom entendimento dos princípios por trás dos programas que estão sendo usados. Além disso, ele deve ser capaz de olhar a saída e detectar erros grosseiros que podem ser o resultado de entradas erradas de digitações etc.*

## 13.3 APLICAÇÕES DO PROGRAMA DE COMPUTADOR SURVEY

Nesta seção, o leitor é apresentado a um conjunto de programas chamados SURVEY, que foi preparado para uso em computadores baseados em Windows. Esses programas podem ser acessados no *site* da LTC Editora mediante cadastro.

Embora o usuário interessado possa obter uma lista dos vários passos envolvidos nos programas, SURVEY é elaborado para operar como uma "caixa-preta", isto é, o usuário precisa apenas fornecer os dados de entrada especificados e o *software* realizará os cálculos e fornecerá os resultados apropriados automaticamente.

Nesta seção e na próxima, são apresentadas algumas poucas e simples informações necessárias para empregar o SURVEY para solucionar um problema do tipo tratado no Capítulo 12 (precisão, fechamento e área de cálculos). Mais adiante neste capítulo, o mesmo *software* é usado para um problema de linha omitida, enquanto nos Capítulos 20 e 21 os cálculos de computador são realizados para curvas horizontais e verticais. Embora o SURVEY seja muito fácil de usar e as telas sejam bastante claras quanto às ações a serem tomadas, o procedimento é descrito em detalhes nos próximos parágrafos. Instruções para *download* e instalação do *software* estão disponíveis no *site* da LTC Editora.

## 13.4 EXEMPLO DE COMPUTAÇÃO

Mais adiante nesta seção, apresentamos um exemplo que ilustra novamente o exemplo do problema de poligonal do Capítulo 12, dessa vez usando SURVEY. Considera-se que nenhum erro nos ângulos tenha sido compensado ao longo da poligonal como descrito na Seção 12.4 e nem azimute nem rumo de cada lado tenham sido determinados.

O usuário introduzirá o número de lados da poligonal e então selecionará as coordenadas para o ponto de partida. Qualquer conjunto de valores pode ser usado, a menos que coordenadas tenham sido determinadas por trabalhos prévios, mas você pode desejar introduzir grandes números positivos de forma que todos os pontos terão valores positivos. (Caso não introduza os valores para coordenadas, os valores $x = +10,000$ e $y = +10,000$ serão usados automaticamente.)

O usuário é orientado a especificar as unidades de comprimento em pés ou metros entrando com as letras $f$ ou $m$. Se forem usados pés, a área resultante será dada em pés quadrados e em acres (1 acre = 43.560 pés quadrados). Se forem especificados metros, o computador mostrará a área em metros quadrados e hectares (1 hectare = 10.000 metros quadrados).

Após serem calculados os erros em latitude e longitude, eles serão compensados com o método da bússola ou de Bowdich.* (Muitos programas de computadores usam o método dos mínimos quadrados, mais acurado, para compensar esses erros. Os autores, no entanto, usam o método da bússola no programa, assim os resultados serão condizentes com os cálculos apresentados no Capítulo 12.)

---

*Vale lembrar que esse método é o mais usado, conforme comentário na Seção 12.7. (N.T.)

**EXEMPLO 13.1** Usando o programa SURVEY, determine os erros de fechamento e a precisão da poligonal da Figura 13-1. Então compense os erros de fechamento e determine a área da figura. Além disso, é desejado determinar as coordenadas dos vértices da poligonal a partir das latitudes e longitudes compensadas, assim como das direções e comprimentos, também compensados, dos lados. Essa é a mesma poligonal que foi considerada no Capítulo 12.*

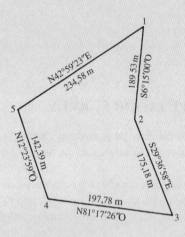

**Figura 13-1** Poligonal usada para o programa de computador.

*SOLUÇÃO*

| Lado | Compri-mento | Rumo N/S | Grau | Min | Seg | E/O | Latitude | Longitude |
|---|---|---|---|---|---|---|---|---|
| 1 – 2 | 189,53 | S | 6 | 15 | 0 | O | -188,4 | -20,63 |
| 2 – 3 | 175,18 | S | 29 | 36 | 58 | E | -152,29 | 86,57 |
| 3 – 4 | 197,18 | N | 81 | 17 | 26 | O | 29,95 | -195,5 |
| 4 – 5 | 142,39 | N | 12 | 23 | 59 | O | 139,07 | -30,58 |
| 5 – 1 | 234,58 | N | 42 | 59 | 23 | E | 171,59 | 159,95 |

Calcular

Voltar

Imprimir

| Erro em latitude | -0,090 m |
|---|---|
| Erro de longitude | -0,185 m |
| Erro de fechamento | 0,205 m |
| Precisão | 1:4.572 |

Área fechada = 36.236 m² = 3,6 ha

Direções e Distâncias Ajustadas

| Lado | Latitude | Longitude | Compri-mento | N/S | Graus | Minutos | Segundos | E/O |
|---|---|---|---|---|---|---|---|---|
| 1 – 2 | -188,39 | -20,60 | 189,51 | S | 6 | 14 | 21,9 | O |
| 2 – 3 | -152,28 | 86,61 | 175,18 | S | 29 | 37 | 43,0 | E |
| 3 – 4 | 29,97 | -195,46 | 197,74 | N | 81 | 17 | 0,2 | O |
| 4 – 5 | 139,08 | -30,55 | 142,40 | N | 12 | 23 | 15,2 | O |
| 5 – 6 | 171,61 | 160,00 | 234,63 | N | 42 | 59 | 39,1 | E |

Coordenadas Ajustadas

| Ponto | Coord. N | Coord. E |
|---|---|---|
| 1 | 1.000,00 | 1.000,00 |
| 2 | 811,61 | 979,40 |
| 3 | 659,34 | 1.066,01 |
| 4 | 689,31 | 870 55 |
| 5 | 828 39 | 840,00 |

**Figura 13-2** Tela de saída do SURVEY exibindo o cálculo da poligonal.

---

*Independentemente da configuração regional disponível no computador, o dígito separador de decimais utilizado para entrada de dados deve ser o (.) e não a vírgula (,), como usual no Brasil. (N.R.T.)

## 13.5 ALERTA: PERIGOS NO USO DO COMPUTADOR

O leitor pode quase instantaneamente tornar-se um "topógrafo especialista de escritório" após estudar os poucos parágrafos contidos aqui, relacionados com o programa SURVEY. Essa pessoa estará então apta a resolver muitos dos problemas apresentados no texto, embora ela não conheça nada acerca do material. *Para os autores, essa é uma situação potencialmente perigosa.*

O perigo é que pessoas inexperientes podem usar um programa como o SURVEY para resolver problemas com os quais elas tenham pouca ou nenhuma experiência. Os computadores não podem por si sós estender a uma pessoa os conhecimentos de levantamento. Programas como o SURVEY fornecerão respostas corretas *se a entrada correta foi usada*. Mas se dados ruins são fornecidos, estará o usuário habilitado a discernir se os resultados são razoáveis?

Na prática, é absolutamente necessário que um topógrafo experiente revise o trabalho do computador em busca de resultados suspeitos. Em última análise, o topógrafo é responsável por seu trabalho, independentemente de qual programa esteja usando.

Quanto ao uso dos programas disponíveis no *site* da LTC Editora, os autores gostariam de fazer o alerta usual: *o leitor pode usar o programa SURVEY de qualquer modo que deseje, mas nem os autores nem o editor têm responsabilidade por qualquer problema decorrente dos resultados.* É quase impossível para um programador prever todas as formas pelas quais os usuários tentarão aplicar seus programas. Como resultado, os autores agradeceriam receber quaisquer comentários, críticas ou sugestões dos usuários em relação ao SURVEY.

## 13.6 MEDIÇÕES OMITIDAS

Ocasionalmente, um ou mais ângulos e/ou comprimentos não são medidos no campo e seus valores serão calculados mais tarde no escritório. Pode haver diversas razões para não se completarem as medições de campo, como terreno difícil, obstáculos, proprietários hostis, falta de tempo, condições meteorológicas adversas etc.

Caso todas as medidas de uma poligonal fechada estejam completas e uma precisão aceitável seja obtida, é perfeitamente viável calcular rumos e distâncias internas naquela poligonal. Por exemplo, na Figura 13-3, considera-se que um grupo de lotes (1 a 4) está sendo locado no campo. O perímetro dos lotes, representado pelas linhas cheias, foi levantado com uma precisão aceitável e os erros de fechamento, compensados. Para tais casos, é perfeitamente admissível calcular os comprimentos e rumos das linhas que faltam no interior dos lotes, que são mostradas tracejadas na figura. Além disso, muito tempo pode ser economizado se houver vegetação fechada ao longo das linhas ou se as extremidades das linhas não são intervisíveis devido a elevações, árvores e assim por diante.

A omissão de medições de um ou mais lados de uma poligonal fechada é uma situação muito indesejável. Mesmo considerando ser possível calcular os valores faltantes de até duas distâncias ou dois rumos (que é o mesmo que três ângulos faltando) ou um comprimento e um rumo (ou dois ângulos), a situação deve ser evitada. O problema desse tipo de cálculo é que não há modo de calcular a precisão das medições de campo realizadas, desde que a figura não seja fechada. Assume-se que as medições realizadas são "perfeitas" a fim de calcular as quantidades perdidas. Como consequência, erros grosseiros podem ter sido cometidos no campo, tornando insignificantes os valores calculados.

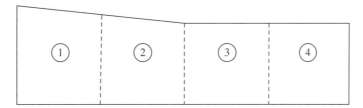

**Figura 13-3** Cálculo de comprimentos e rumos das linhas tracejadas dos lotes.

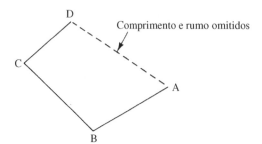

**Figura 13-4** Comprimento e rumo de um lado omitido.

Dessa discussão é evidente que, se as medições de quaisquer comprimentos ou ângulos de uma poligonal fechada são omitidas no campo, é aconselhável e quase essencial usar alguns tipos de verificação aproximada dos valores calculados. Leituras de distâncias, ângulos medidos ou rumos definidos por bússola, e até estimativas feitas a olho, podem ser críticos para o sucesso de um levantamento. O problema mais comum de medições omitidas é aquele em que tanto o comprimento quanto o rumo de um dos lados não foram observados. Um exemplo de problema desse tipo é apresentado na seção a seguir.

## 13.7 COMPRIMENTO E RUMO DE UM LADO OMITIDO

Para a poligonal da Figura 13-4, os comprimentos e rumos dos lados *AB*, *BC* e *CD* são conhecidos, mas o comprimento e rumo do lado *DA* são desconhecidos. Isso é a mesma coisa que dizer que os ângulos em *D* e *A* não foram medidos, assim como o comprimento *DA*. Considerando que as medições para os três lados são perfeitas, é facilmente possível calcular a informação que falta para o lado *DA*. O problema é exatamente o mesmo daquele enfrentado na Tabela 12-2, em que o erro de fechamento de uma poligonal foi determinado.

As latitudes e longitudes dos três lados conhecidos são calculadas, somadas, e o erro de fechamento representado pela linha tracejada *DA* na figura é determinado. Esse é o comprimento do lado que falta; a tangente do seu rumo é igual à componente horizontal de sua distância dividida pela sua componente vertical, e pode ser escrita como se segue:

$$\text{tangente do rumo} = \frac{\text{erro de longitude}}{\text{erro de latitude}}$$

Dessa expressão, o rumo pode ser obtido como ilustrado no Exemplo 13.2. Um modo simples para determinar a direção do lado que falta é examinar os cálculos das latitudes e longitudes. Para fechar a figura desse exemplo, a soma das latitudes sul necessita ser aumentada, assim como a soma das longitudes leste. Então, o rumo da linha será sudeste.

Considerando que qualquer um está sujeito a cometer erros matemáticos, é melhor calcular a latitude e a longitude para essa nova linha a fim de verificar se a poligonal fecha.

---

**EXEMPLO 13.2**    Determine o comprimento e o rumo do lado *BC* na poligonal mostrada na Figura 13-5. Os comprimentos e rumos dos outros lados são conhecidos.

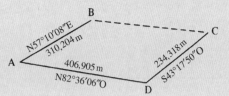

**Figura 13-5** Cálculo do comprimento e rumo do lado *BC*.

Cálculos em Computador e Medições Omitidas **221**

**SOLUÇÃO**  Calcule as latitudes e longitudes dos lados conhecidos.

| Lado | Rumo | Comprimento | Cosseno | Seno | Latitudes N | Latitudes S | Longitudes E | Longitudes O |
|------|------|-------------|---------|------|---|---|---|---|
| AB | NE57°10'08" | 310,204 | 0,542164551 | 0,840272337 | 168,182 | — | 260,656 | — |
| BC | — | — | — | — | — | — | — | — |
| CD | SO43°17'50" | 234,318 | 0,727806006 | 0,685783069 | — | 170,538 | — | 160,691 |
| DA | NO82°36'06" | 406,905 | 0,12876675 | 0,991674908 | 52,396 | — | — | 403 517 |
|  |  |  |  |  | $\Sigma = 220{,}578$ | $\Sigma = 170{,}538$ | $\Sigma = 260{,}656$ | $\Sigma = 564{,}208$ |
|  |  |  |  |  | $E_L = 50{,}040$ |  | $E_D = 303{,}552$ |  |

Em seguida, calcule o comprimento e o rumo do lado que falta.

$$L_{BC} = \sqrt{(50{,}040)^2 + (303{,}552)^2} = 307{,}649\,\text{m}$$

$$\text{tangente do rumo} = \frac{E_D}{E_L} = \frac{303{,}552}{50{,}040} = 6{,}06618705$$

$$\text{Rumo} = SE80°38'21''$$

## 13.8  USO DO PROGRAMA SURVEY PARA DETERMINAR COMPRIMENTO E RUMO DE UM LADO OMITIDO

Nesta seção, o Exemplo 13.2 é refeito usando o programa SURVEY. O usuário, em resposta ao que é mostrado na tela, seleciona o programa específico desejado, que nesse caso é o 2 (*omitted-line computation*, ou *cálculo de linha omitida*). A tecla RETURN (ENTER) é pressionada e as direções são exibidas na tela seguinte. O computador, então, determinará o comprimento e rumo da linha que parte do ponto final para o ponto inicial.

*Note que, em resposta à pergunta mostrada na tela sobre o número de lados na poligonal, fornecemos o número de lados cujos dados temos, portanto não contando o lado omitido.*

---

**EXEMPLO 13.3**  Usando o programa SURVEY, repita o Exemplo 13.2.

**SOLUÇÃO**

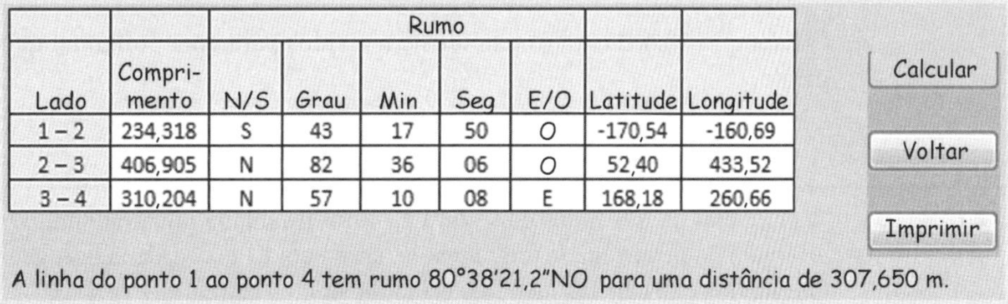

| Lado | Compri-mento | Rumo N/S | Rumo Grau | Rumo Min | Rumo Seg | Rumo E/O | Latitude | Longitude |
|------|--------------|-----|------|-----|-----|-----|----------|-----------|
| 1 – 2 | 234,318 | S | 43 | 17 | 50 | O | -170,54 | -160,69 |
| 2 – 3 | 406,905 | N | 82 | 36 | 06 | O | 52,40 | 433,52 |
| 3 – 4 | 310,204 | N | 57 | 10 | 08 | E | 168,18 | 260,66 |

Calcular

Voltar

Imprimir

A linha do ponto 1 ao ponto 4 tem rumo 80°38'21,2"NO para uma distância de 307,650 m.

**Figura 13-6**  Usando o SURVEY para determinar o rumo e comprimento de um lado omitido.

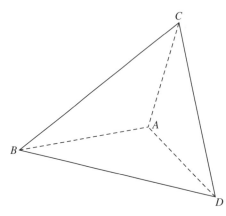

**Figura 13-7** Levantamento de poligonal por irradiamento.

## 13.9 EXEMPLO DE PROBLEMA DE IRRADIAMENTO

O método de irradiamento de poligonais foi discutido previamente na Seção 11.6. Agora que latitudes, longitudes e coordenadas foram introduzidas, a matemática do irradiamento pode facilmente ser empregada.

Com referência à Figura 13-7, considera-se que um instrumento está instalado em uma localização conveniente de onde todos os vértices da poligonal podem ser visados. As coordenadas podem ser arbitradas para o ponto 1 ou podem ser determinadas pela medição de ângulos e distâncias a partir de outros pontos cujas coordenadas são conhecidas.

O rumo da linha *AB* é arbitrado, ou estabelecido por medições de ângulos de outros pontos e linhas (como rumos conhecidos), ou determinado por observações astronômicas. Em seguida, as distâncias *AB, AC, AD* são medidas (por meio de MED ou com trena) e os ângulos no ponto *A* são determinados. A latitude e a longitude de cada linha são calculadas, e isso nos permite determinar as coordenadas dos vértices da poligonal. Uma vez que essas coordenadas estejam disponíveis, os comprimentos e rumos dos lados das poligonais são calculados. Por exemplo, o comprimento do lado *BC* é igual à raiz quadrada da soma dos quadrados de suas latitude e longitude.

$$L_{BC} = \sqrt{(X_C - X_B)^2 + (Y_C - Y_B)^2}$$

A tangente do ângulo do rumo é dada como se segue:

$$\text{tangente do rumo } BC = \frac{\text{longitude } BC}{\text{latitude } BC}$$

O Exemplo 13.4 ilustra os cálculos envolvidos para uma poligonal que foi executada por irradiamento.

| | |
|---|---|
| **EXEMPLO 13.4** | A poligonal de três lados da Figura 13-8 foi levantada por irradiamento. O rumo da linha *AB* foi arbitrado ou determinado previamente, assim como as coordenadas dadas na figura para o ponto *A*. Os ângulos e distâncias medidos estão mostrados na figura. |
| *SOLUÇÃO* | Os rumos das linhas *AC* e *AD* são determinados primeiro, então as latitudes e longitudes das linhas *AB*, *AC* e *AD* são calculadas. Note que as distâncias usadas nos cálculos devem ser horizontais. |

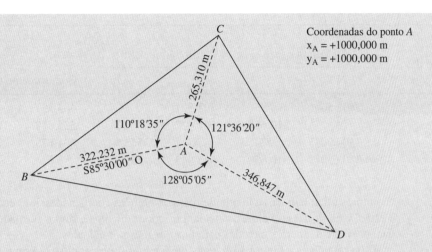

**Figura 13-8** Exemplo de irradiamento.

| Raios | Rumo | Comprimento (m) | Cosseno | Seno | Latitude (m) N | Latitude (m) S | Longitude (m) E | Longitude (m) O |
|---|---|---|---|---|---|---|---|---|
| AB | S85°30'00"O | 322,232 | 0,0784591 | 0,9969173 | × | 25,282 | × | 321,239 |
| AC | N15°48'35"E | 265,310 | 0,9621718 | 0,2724435 | 255,274 | × | 72,282 | × |
| AD | S42°35'05"E | 346,847 | 0,7362775 | 0,6766797 | × | 255,376 | 234,704 | × |

As coordenadas dos pontos $A$, $B$ e $C$ são determinadas a partir dos valores das latitudes e longitudes calculadas.

| Vértice | x(m) | y(m) |
|---|---|---|
| B | 678,761 | 974,718 |
| C | 1072 282 | 1255,274 |
| D | 1234,704 | 744,624 |

Finalmente, os comprimentos e rumos dos lados da poligonal são determinados como mostrado na tabela a seguir. Um simples cálculo para o lado $BC$ é mostrado.

$$L_{BC} = \sqrt{(1072,282 - 678,761)^2 + (1255,274 - 974,718)^2}$$
$$= 483,291 \text{ m}$$

$$\text{Tangente do rumo de } BC = \frac{\text{longitude } BC}{\text{latitude } BC} = \frac{1072,282 - 678,761}{1255,274 - 974,718} = \frac{393,521}{280,556} = 1,4026469$$

$$\text{Rumo de } BC = \text{N}54°30'49"\text{E}$$

Quando o irradiamento é usado para poligonais, os cálculos são, obviamente, um pouco maiores e mais tediosos. No entanto, os programas de computador estão prontamente disponíveis para resolver esse tipo de problema.

| Lado da Poligonal | Latitudes (m) | | Longitudes (m) | | Comprimento (m) | Rumo |
| --- | --- | --- | --- | --- | --- | --- |
| | N | S | E | O | | |
| *BC* | 280,556 | X | 393,521 | X | 483,291 | N54°30′49″E |
| *CD* | X | 510,650 | 162,422 | X | 535,858 | S17°38′39″E |
| *DB* | 230,094 | X | X | 555,943 | 601,678 | N67°30′59″O |
| | $\Sigma = 510{,}650$ | 510,650 | 555,943 | 555,943 | | |

*SOLUÇÃO ALTERNATIVA*

Os autores usam latitudes e longitudes para obterem as coordenadas dos vértices de uma poligonal e então, a partir desses valores, calculam os comprimentos e rumos dos lados da poligonal. Existem, obviamente, outros métodos para fazer os mesmos cálculos.

Com referência à Figura 13-8, note que medimos um ângulo e os comprimentos de dois lados de cada um dos triângulos. Com essa informação o ângulo que falta e o comprimento do terceiro lado podem ser facilmente determinados com fórmulas comuns dos triângulos (veja Tabelas C-1 e C-2 do Apêndice C).

Muitos modelos de estações totais permitem obter diretamente as coordenadas dos vértices, o comprimento e o rumo dos lados.

## 13.10 SOLUÇÃO POR COMPUTADOR PARA O PROBLEMA DE IRRADIAMENTO

O Exemplo 13.5 ilustra a solução para o problema do Exemplo 13.4 usando o programa SURVEY. Se as distâncias horizontais não foram determinadas previamente, será necessário introduzir as distâncias inclinadas e os seus ângulos verticais e o programa determinará os valores horizontais. Se as distâncias horizontais já são disponíveis, pulamos as distâncias inclinadas e ângulos verticais e introduzimos os valores horizontais.

## 13.11 RESSEÇÃO

Um procedimento muito útil com estações totais é a *resseção*. É um método algumas vezes chamado de *estacionamento livre*,* pelo qual a localização de um ponto desconhecido pode ser determinada pela instalação do instrumento naquele ponto e realizando visada sobre o mínimo de três pontos de coordenadas conhecidas. A posição do ponto desejado é determinada medindo os dois ângulos entre os pontos como mostrado na Figura 13-10 e resolvendo os triângulos envolvidos. As equações trigonométricas são detalhadas na bibliografia indicada na nota de rodapé.[1]

O instrumento pode ser instalado em algum ponto conveniente em que haja uma excelente visibilidade para todo o trabalho, e, então, visa-se no mínimo a três pontos cujas posições tenham sido previamente determinadas. Em seguida, com uma estação total programada para essa situação, as coordenadas da posição do instrumento são determinadas. Pode-se realizar uma verificação da qualidade (controle) fazendo uma visada para um quarto ponto também de posição conhecida. Se o topógrafo observa apenas três pontos e é pouco cuidadoso com o trabalho, poderá produzir uma má determinação. Obviamente, é desejável usar outro ponto sempre que possível.

---

*Também conhecido como interseção a ré ou método de Pothenot. (N.T.)
[1] R. E. Davis, F. S. Foote e J. W. Kelley, *Surveying Theory and Practice*, 5th ed. (New York: McGraw-Hill Book Company, 1966), pp. 413-415.

**EXEMPLO 13.5**    Repita o Exemplo 13.4 usando o programa SURVEY.

*Solução*

Projeto: Propriedade de Kansas Gap

| Raio | Azimute ||| Distância | Ângulo vertical ||| Distância |
| --- | --- | --- | --- | --- | --- | --- | --- | --- |
| | Grau | Min | Seg | Inclinada | Grau | Min | Seg | Horizontal |
| 1 – 2 | 265 | 30 | 0,0 | | 00 | 00 | 00 | 322,232 |
| 2 – 3 | 15 | 48 | 35,0 | | 00 | 00 | 00 | 265,310 |
| 3 – 4 | 137 | 24 | 55,0 | | 00 | 00 | 00 | 346,847 |

Coordenadas dos vértices

| Ponto | Coord. N | Coord. E |
| --- | --- | --- |
| 1 | 10.000,000 | 10.000,000 |
| 2 | 9.974,718 | 9.678,762 |
| 3 | 10.255,273 | 10.072,282 |
| 4 | 9.744,624 | 10.234,704 |

Área fechada = 123.260 m² = 1,23 ha

Distâncias e Azimutes da Poligonal

| Lado | Comprimento | Graus | Minutos | Segundos |
| --- | --- | --- | --- | --- |
| 2 - 3 | 483,291 | 54 | 30 | 48,6 |
| 3 - 4 | 535,858 | 162 | 21 | 20,6 |
| 4 - 1 | 601,677 | 292 | 29 | 1,3 |

Botões: Calcular, Voltar, Imprimir

**Figura 13-9**    Solução do SURVEY para o problema de irradiamento.

Uma vez determinada a posição desconhecida, as visadas podem ser feitas para outros pontos e suas posições determinadas pela medição de direções e distâncias. A resseção é um procedimento particularmente útil para trabalhos de locação de prédios em que o instrumento pode ser instalado em qualquer posição adequada, fora da própria área de construção. Quando as coordenadas do instrumento estiverem determinadas, as coordenadas dos pontos de locação podem ser introduzidas na estação total e o programa calcula os comprimentos e direções de amarração para aqueles pontos.

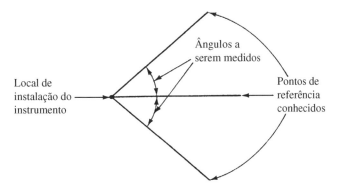

**Figura 13-10**    Resseção.

## PROBLEMAS

Para os Problemas 13.1 a 13.3, determine a precisão e as áreas das poligonais usando o programa SURVEY fornecido no *site* da LTC Editora.

**13.1** Problema 12.1. (Resp.: $E_F = 0{,}133$ m, precisão 1/6414)

**13.2** Problema 12.2.

**13.3** Problema 12.3. (Resp.: $E_F = 1{,}456$ m, precisão 1/4363)

**13.4** Calcule os comprimentos e rumos dos lados *BG* e *CF* da poligonal fechada a seguir. As latitudes e longitudes da poligonal externa (em linhas cheias) já foram compensadas.

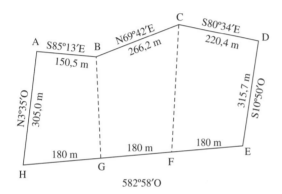

**13.5** Uma poligonal aberta se desenvolve do ponto *A* para *F*, como mostrado na figura a seguir. Calcule os comprimentos e rumos de uma linha reta de *F* para *A*.
(Resp.: N89°43′33,9″O; 884,460 m)

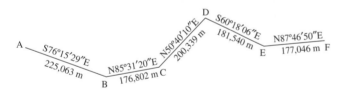

Nos Problemas 13.6 a 13.8, para cada uma das poligonais fechadas dadas nas tabelas, está faltando o comprimento e o rumo de um lado. Calcule as latitudes e as longitudes dos lados dados e determine o comprimento e rumo do lado que falta.

### 13.6

| Lado | Rumo | Comprimento (m) |
|---|---|---|
| AB | S45°22′38″E | 354,78 |
| BC | N56°45′21″E | 208 27 |
| CD | N35°51′10″E | 198,34 |
| DE | | |

### 13.7

| Lado | Rumo | Comprimento (m) |
|---|---|---|
| AB | N52°17′15″O | 563,89 |
| BC | S34°43′35″E | 492,08 |
| CA | | |

(Resp.: N70°15′19″E; 176,12 m)

### 13.8

| Lado | Rumo | Comprimento (m) |
|---|---|---|
| AB | N56°31′49″E | 438,29 |
| BC | S77°43′26″E | 515,79 |
| CD | S43°16′32″O | 645,82 |
| DE | | |
| EA | N75°34′50″O | 452,65 |

Para os Problemas 13.9 a 13.12, repita os problemas dados, usando o programa SURVEY fornecido com este livro.

**13.9** Problema 13.5. (Resp.: S89°43′33,8″O; 884,463 m)

**13.10** Problema 13.6.

**13.11** Problema 13.7. (Resp.: N70°15′19,2″E; 176,125 m)

**13.12** Problema 13.8.

**13.13** Usando o programa SURVEY, determine o comprimento e a direção do lado que falta. Os azimutes e os comprimentos são fornecidos para os outros lados.
(Resp.: 138°52′54,7″, 701,572 m)

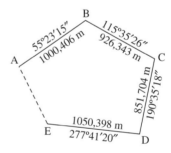

Para os Problemas 13.14 e 13.15, as figuras mostram uma poligonal por irradiação. As distâncias dadas são horizontais. Com as informações dadas, determine os comprimentos e rumos dos lados das poligonais.

**13.14**

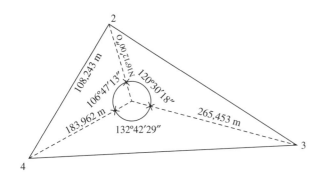

**13.15**

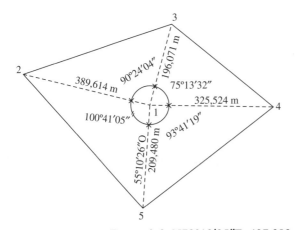

(Resp.: 2-3, N79°13'35"E; 437,393 m;
4-5, S59°49'31"O; 398,274 m)

Para os Problemas 13.16 a 13.18, as figuras dadas foram levantadas por irradiamento. Usando o programa SURVEY, determine os comprimentos e rumos dos lados das poligonais.

**13.16** Problema 13.14.

**13.17** Problema 13.15.
(Resp.: Lado 4-5, 398,273 m, S59°49'31"O; Lado 5-2, 475,336 m, N48°28'47"E)

**13.18** A poligonal mostrada na figura a seguir, cujas distâncias horizontais são dadas.

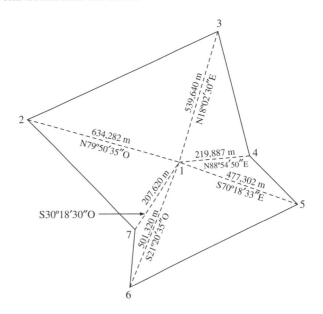

# Capítulo 14

# Levantamento Topográfico

## 14.1 INTRODUÇÃO

Topografia pode ser definida de modo variado como a forma, configuração, relevo, irregularidade ou característica tridimensional da superfície da Terra. Os mapas topográficos são feitos para mostrar essa informação, junto com a localização de feições naturais e artificiais da Terra, incluindo prédios, estradas, rios, lagos, florestas etc. Obviamente, a topografia de determinada área é de grande importância no planejamento de grandes projetos, tais como prédios, rodovias, barragens ou oleodutos. Além disso, a menos que o leitor viva numa região completamente plana, ele provavelmente desejaria ter um mapa topográfico pronto do terreno antes de localizar e planejar a construção de uma casa. Topografia também é importante para projetos de conservação do solo, planejamentos florestais, mapas geológicos etc.

A habilidade em usar mapas é muito importante para muitos profissionais além do próprio topógrafo, por exemplo, em engenharia, silvicultura, geologia, agricultura, climatologia e ciência militar. Em outubro de 1793, com a idade de 24 anos, Napoleão Bonaparte recebeu sua primeira promoção graças a sua habilidade em fazer e usar mapas, quando assumiu o comando da artilharia no cerco de Toulon.

Uma vez que a preparação de mapas é bastante cara, o topógrafo deve descobrir quais mapas foram previamente feitos para a área em questão antes de começar outro novo. Por exemplo, o Serviço Geológico Americano (U.S. Geological Survey) tem mapas topográficos para grande parte dos Estados Unidos. Esses mapas estão prontamente disponíveis a preços bastante razoáveis. Uma grande percentagem de seus antigos mapas foi publicada com a escala de 1:62.500 (1 polegada = quase 1 milha ou 1 cm = 625 m). Esses mapas, no entanto, estão defasados, e o presente objetivo do Programa Nacional de Mapeamento é fornecer mapas com a escala de 1:24.000 (1 polegada = 2.000 pés ou 1 cm = 240 m) para todos os Estados Unidos, exceto o Alasca, onde está sendo usada a escala de 1:25.000 em alguns mapas recentes, no sistema métrico. Os mapas do USGS têm intervalo de curvas de nível (termo definido na Seção 14.2) de 10 pés (cerca de 3 m) em áreas relativamente planas e de até 100 pés (cerca de 30 m) em regiões montanhosas.

Nos Estados Unidos, muitos estados e agências federais do governo prepararam mapas do país, e cópias deles são facilmente obtidas. Na verdade, mais de trinta diferentes agências federais estão engajadas em alguma fase do levantamento e mapeamento. O U.S. Department of Agriculture mantém diversos conjuntos de dados geoespaciais para *download* em http://www.ncgc.nrcs.usda.gov/. Se o topógrafo não consegue encontra um mapa dessas fontes que tenha uma escala suficientemente grande para sua finalidade no momento, ele pode, ainda assim, encontrar um que dê informações gerais e sirva como um guia para o trabalho.*

---

*No Brasil, o mapeamento em escala 1:25.000 só cobre uma parte muito pequena do país. É possível, porém, encontrar em alguns estados partes dos mesmos, com cartas ou ortofotocartas na escala: 1:10.000. A procura de mapas pode ser feita no IBGE, Diretoria do Serviço Geográfico do Exército, prefeituras de grandes cidades e agências estaduais de mapeamento. (N.T.)

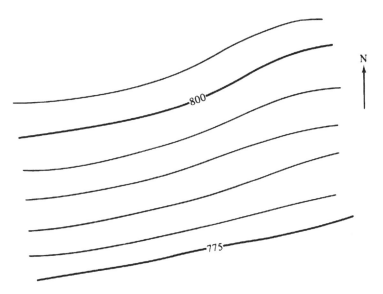

**Figura 14-1** Curvas de nível típicas (com intervalo de 5 pés). Note que a declividade é bastante uniforme porque as linhas são quase igualmente espaçadas.

## 14.2 CURVAS DE NÍVEL

O método mais comum de representar o relevo de uma área em particular é o uso de curvas de nível. Considera-se que as curvas de nível foram introduzidas pela primeira vez em 1729 pelo topógrafo holandês Cruquius em conexão com sondagens do fundo do mar. Laplace usou curvas de nível para a representação de terreno em 1816.[1] Uma curva de nível é uma linha imaginária que conecta pontos de mesma cota (ver Figura 14-1). Se fosse possível usar uma grande faca e dividir o topo de uma montanha em diversas fatias com intervalos de altura uniforme, as linhas de corte em torno da montanha seriam as linhas de curva de nível (ver Figura 14-2). Da mesma forma, a margem de um lago parado é uma linha de igual cota ou uma curva de nível. Se a água do lago é diminuída ou aumentada, a borda de sua nova posição representará outra curva de nível.

A *equidistância das curvas de nível* de um mapa é a distância vertical entre duas curvas de nível sucessivas. A equidistância é determinada pela finalidade do mapa e pelo terreno que está sendo mapeado (íngreme ou suavemente inclinado). Nos Estados Unidos, para mapas normais, a equidistância varia de 2 a 20 pés, mas pode ser tão pequena quanto 1/2 pé para regiões relativamente planas e tão grande quanto 50 a 100 pés para regiões montanhosas.

*Obs.*: "No mapeamento sistemático brasileiro e em situações normais, objetivando a continuidade das curvas das diversas cartas de uma mesma escala, é obrigatório o emprego das equidistâncias normais, a seguir estabelecidas para cada escala:*

| Escala | Equidistância |
| --- | --- |
| 1:25.000 | 10 m |
| 1:50.000 | 20 m |
| 1:100.00 | 50 m |
| 1:250.000 | 100 m |

---

[1]M. O. Schmidt e K. W. Wong, *Fundamentals of Surveying*, 3rd ed. (Boston: PWS Engineering, 1985), p. 350.
*Fonte: IBGE. *Noções de cartografia*: elementos de representação. 2004. Disponível em: <http://www.ibge.gov.br/home/geociencias/cartografia/manual_nocoes/elementos_representacao.html>. (N.R.T.)

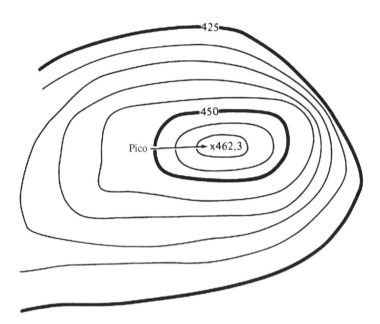

**Figura 14-2** Note que × 462,3 m indica o topo da elevação ou pico e é seu ponto mais alto. O menor espaçamento entre as curvas de nível na parte superior direita indica um declive íngreme.

A seleção da equidistância das curvas de nível é um tópico importante. A equidistância deve ser suficientemente pequena de tal forma que o mapa sirva aos seus propósitos desejados ao mesmo tempo deve ser a maior possível para manter os custos mínimos. Quando os mapas se destinam à estimativa de trabalho com a terra, uma equidistância de 1,5 m é normalmente satisfatória, a menos que cortes e aterros tenham de ser feitos. Para tais casos, uma equidistância de curvas de nível de 0,5 m é provavelmente necessária. Quando os mapas são voltados para planejamento de projetos de armazenamento de água, é normalmente necessário usar intervalos de 0,3 a 0,5 m.

Um número suficiente de curvas de nível deve ser numerado, de forma que não haja confusão na leitura de nenhuma dessas linhas. Normalmente, cada quinta curva de nível é numerada e mostrada como uma linha mais escura e mais larga. Tal linha é chamada de *curva de nível mestra*. Se qualquer incerteza permanece, outras curvas de nível também podem ser numeradas. As Figuras 14-1, 14-2 e 14-3 apresentam exemplos introdutórios de curvas de nível com algumas anotações descritivas.

Na Figura 14-4, o autor desenhou um conjunto de curvas de nível que ilustra bem algumas das situações que podem ser encontradas ao se preparar um mapa topográfico. Várias anotações são mostradas nos desenhos para identificar diferentes feições do terreno. Note nessa figura que os termos *colo* ou *sela* são usados para descrever a área entre as curvas de nível que mostram dois *cumes* vizinhos e pouco espaçados.

Outros métodos que podem ser usados para mostrar diferenças de alturas são maquetes de relevo, sombreamento e hachuras (definidos mais adiante). As maquetes de relevo são os meios mais efetivos de mostrar a topografia. Elas são feitas de papelão, argila, plástico ou outro material e modeladas para concordar com o terreno real. O Serviço de Mapeamento do Exército norte-americano uma vez produziu e distribuiu bonitos mapas de relevo de plástico modelados e coloridos daquelas partes do país que têm diferenças de altitude significativas. Esses mapas são agora normalmente disponíveis em muitas lojas por todos os Estados Unidos — particularmente aquelas especializadas em atividades ao ar livre.

Um método antigo usado para mostrar cotas relativas em mapas era o sombreamento. Nesse método, pretendia-se sombrear várias áreas do modo como elas deveriam aparecer para uma pessoa em um avião. Por exemplo, as superfícies mais íngremes deviam estar na sombra e, assim, receber no desenho um sombreamento mais escuro. Inclinações menores poderiam ser indicadas com um sombreamento mais claro, e assim por diante.

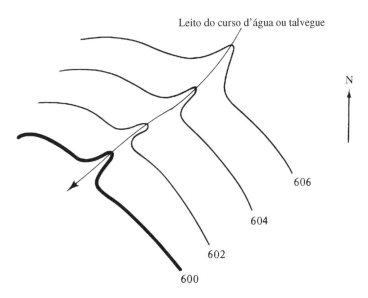

**Figura 14-3** Note como as linhas de curvas de nível dobram ou apontam para montante ao cruzar um talvegue ou rios.

Até poucas décadas atrás, era comum a prática de representar a topografia por meio de hachuras, mas hoje elas não são mais frequentes e foram substituídas pelas curvas de nível. As *hachuras* são linhas curtas, de largura variável, desenhadas na direção da declividade máxima da encosta. Elas dão somente uma indicação das alturas reais e não fornecem valores numéricos. Por seu espaçamento e espessura, essas linhas produzem um efeito similar ao sombreamento, mas são talvez um pouco mais efetivas.

## 14.3 DESENHO DE MAPAS TOPOGRÁFICOS

Com um levantamento topográfico são obtidas informações relativas às cotas e posições de um grande número de pontos de certa área de terra. Além disso, são obtidos dados das características e posições de várias feições artificiais e naturais do terreno.

Nesta seção, será dada uma breve descrição dos passos envolvidos no desenho à mão de um mapa topográfico, usando os dados obtidos de um levantamento topográfico. Primeiro, são traçadas as cotas de vários pontos em torno de uma parte da área, como mostrado na Figura 14-5, nas proximidades da poligonal de controle da área. Essa poligonal é mostrada na figura em linhas retas cheias.

Na Figura 14-6, curvas de níveis com equidistância de 2 m são desenhadas usando as cotas que foram traçadas na Figura 14-5. Essas linhas foram desenhadas à mão livre por interpolação "a olho" de distâncias proporcionais entre os pontos cotados. Para mapas muito precisos, a interpolação deve ser feita com uma calculadora com as distâncias proporcionais em escala entre os pontos.

Finalmente, na Figura 14-7 a poligonal de controle é removida do desenho, e as localizações e objetos importantes, tais como estradas, prédios e linhas de transmissão, são traçados. Em muitos mapas topográficos, como aqueles preparados para loteamentos de casas ou prédios, as linhas de propriedade e cantos são tão importantes para o projeto em mente que elas são introduzidas no mapa. Detalhes finais, tais como a legenda e o carimbo* (quadro com títulos e outras informações), não são mostrados nessa figura.

---

*Na área de engenharia e arquitetura essas informações são alocadas em uma região denominada "carimbo". Em mapas e cartas não há termo específico para esse conjunto de informações, sendo chamados genericamente de dados marginais. (N.R.T.)

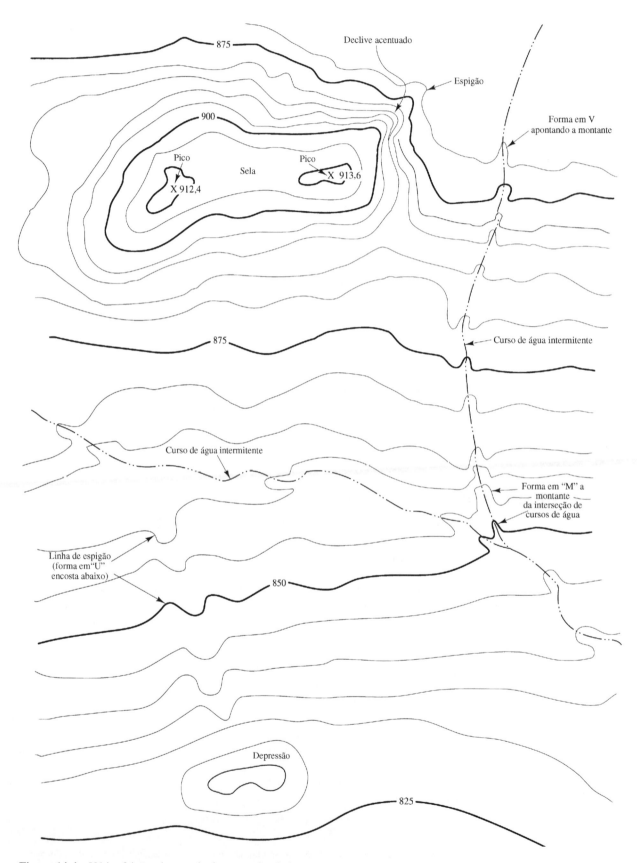

**Figura 14-4** Várias feições do traçado de curvas de nível.

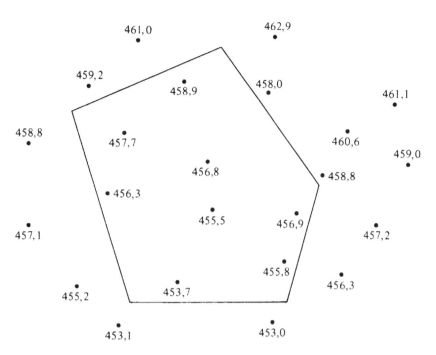

**Figura 14-5** Cotas de um grupo de pontos, determinadas por estadimetria.

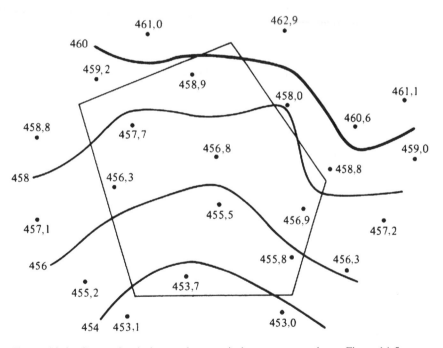

**Figura 14-6** Curvas de níveis traçadas a partir das cotas mostradas na Figura 14-5.

Não há dúvida de que o trabalho de traçar mapas topográficos à mão é um processo muito tedioso e que consome muito tempo. Nas últimas décadas, muito trabalho foi feito na área de desenho desses mapas com computadores. Originalmente, o desenho de curvas de nível com auxílio do computador estava disponível somente em computadores *mainframe*, mas hoje estão disponíveis programas

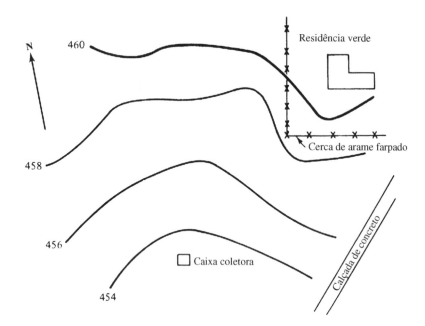

**Figura 14-7** A poligonal de controle foi removida e foram adicionados mais detalhes à Figura 14-6.

para realizar os cálculos necessários e desenhar as curvas de nível e outros detalhes rapidamente e com exatidão em computadores pessoais. A informação pode ser introduzida no programa usando as anotações de campo ou os dados de estações totais. A estação total calculará simultaneamente as coordenadas $x$, $y$ e $z$ dos pontos e as registrará em uma caderneta eletrônica de campo. De volta ao escritório, o mapa é desenhado pelo computador e o mapa de curvas de nível pode ser visto na tela. Além disso, as curvas de nível podem ser suavizadas ou arredondadas. Hoje, gráficos gerados por computador são parte integrante de um grande número de projetos de levantamento na América do Norte. Um conjunto de exemplos de curvas de níveis traçadas por computador é mostrado na Figura 14-8 (a). Com tais programas de computador é também possível gerar uma figura tridimensional da área que pode ser vista de qualquer ângulo desejável. A parte (b) da Figura 14-8 mostra uma vista tridimensional da superfície que representa a área exibida na parte (a), da extremidade superior para o lado mais baixo.

Há muitos benefícios em usar computadores para desenvolver mapas topográficos. Em primeiro lugar, há o benefício óbvio da economia de tempo que pode ser experimentada. Levam-se apenas alguns minutos, ou mesmo segundos, para criar um mapa de curvas de nível uma vez que os pontos são importados para um programa. Em segundo lugar, a qualidade e a precisão das curvas de níveis são melhoradas, pois o computador pode interpolar precisamente as alturas das curvas a partir dos dados referentes aos pontos. Em terceiro lugar, os pontos errados podem ser facilmente identificados através da visualização de uma superfície tridimensional. A Figura 14-9(a) mostra uma superfície de um ponto do terreno com erro óbvio. A Figura 14-9(b) mostra a mesma superfície assim que o ponto errado foi eliminado.

## 14.4 RESUMO DAS CARACTERÍSTICAS DAS CURVAS DE NÍVEIS

Para ajudar o estudante a aprender a ler e preparar mapas topográficos, segue um resumo das características das linhas de curvas de nível:

1. As linhas de curvas de nível são espaçadas por igual quando a superfície do terreno é uniformemente inclinada.

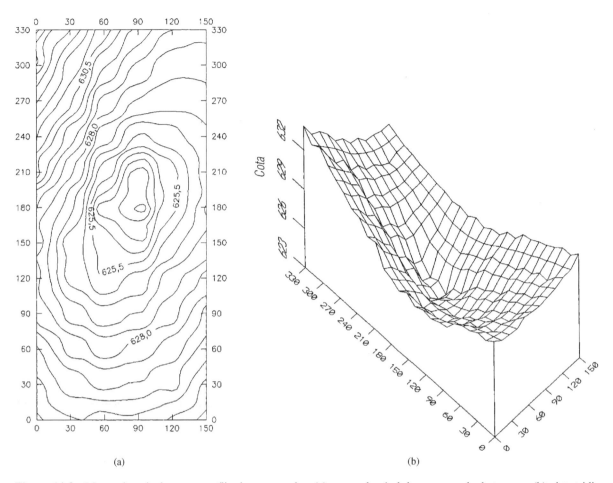

**Figura 14-8** Mapas desenhados com auxílio de computador: (a) curvas de nível de uma parcela do terreno; (b) vista tridimensional da área de terreno representada na parte (a) a partir do canto inferior esquerdo.

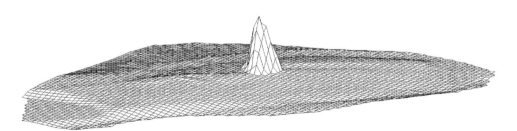

**Figura 14-9(a)** Grade da superfície do terreno com erro óbvio de altura em um ponto.

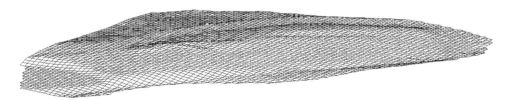

**Figura 14-9(b)** Grade da superfície do terreno com erro removido.

**236** Capítulo 14

2. Para inclinações íngremes, as curvas de níveis ficarão próximas umas das outras, enquanto para áreas relativamente planas elas serão bastante espaçadas.
3. Quando a superfície do terreno é acidentada e irregular, as curvas de nível serão irregulares.
4. As curvas de nível são desenhadas perpendiculares à direção da inclinação do terreno, e então a direção de escoamento da água é perpendicular às curvas de nível.
5. Curvas de nível que cortam córregos ou linhas de drenagem têm forma aproximada de ⌢ ou de ∧, apontando para montante.
6. As curvas de nível conectam pontos de cotas iguais, portanto não podem se cruzar, exceto em cavernas ou situações similares.
7. Os topos das elevações e as depressões do terreno têm a mesma aparência em linhas de curva de nível e não podem ser facilmente distinguidos. Por essa razão, pontos cotados devem ser mostrados nos pontos mais baixos e mais altos, algumas linhas de curva de nível extras podem ser numeradas, e podem ser usados sombreamento e hachuras.
8. As linhas de curva de nível são interrompidas nas bordas dos prédios.
9. Curvas de nível logo acima das junções de cursos d'água (ou linhas de drenagem) e entre eles usualmente têm forma de ⌢‿⌢.

## 14.5 CONVENÇÕES DOS MAPAS

É bastante conveniente representar diversas feições e objetos num mapa com símbolos que sejam facilmente entendidos pelo usuário. Tal prática economiza uma grande quantidade de espaço (comparada ao comprimento das anotações explicativas que poderiam, de outra forma, ser necessárias) e resulta em desenhos mais organizados. Muitos símbolos são padronizados por todos os Estados Unidos, enquanto outros variam de alguma forma de um lugar para outro. A Figura 14-10 apresenta um conjunto com exemplos de símbolos padronizados. Uma lista muito detalhada de símbolos está disponível no U.S. Geological Survey, os quais são usados em seus mapas. Ocasionalmente, o topógrafo encontra uma feição para a qual ele não tem um símbolo padronizado. Para situações como essa, um novo símbolo pode ser concebido, mas ele deve ser descrito na legenda do mapa.

## 14.6 COMPLEMENTAÇÃO DO MAPA

A aparência do mapa finalizado é uma questão de grande importância. Ele deve ser bem arranjado e cuidadosamente desenhado em uma escala adequada para o propósito para o qual será usado. Ele deve incluir *título*, *escala*, *legenda* e *orientação* (*seta norte*). Mapas desenhados à mão livre devem ser organizados e o desenho das letras deve ser clara e cuidadosamente executado.

O carimbo pode ser impresso onde seja mais bem visualizado na folha, mas frequentemente consta no canto direito inferior do mapa. Ele deve conter o título do mapa, o nome do cliente, a localização, o nome do projeto, a data, a escala, o nome do profissional que desenhou o mapa e o nome do topógrafo. A Figura 14-11 mostra um mapa topográfico criado por um agrimensor profissional registrado na Carolina do Sul.

## 14.7 ESPECIFICAÇÕES PARA MAPAS TOPOGRÁFICOS

Para descrever a exatidão das dimensões planimétricas para determinado mapa topográfico, o procedimento usual é dizer que o erro médio que resultar da medição, em escala, da distância entre dois pontos traçados não deve exceder certo valor, quando comparado ao valor medido no terreno. A exatidão de curvas de nível pode ser descrita dizendo que o erro de qualquer cota tirada do mapa não deve exceder certo valor, tal como a metade da equidistância entre as curvas de nível usadas no mapa.

As agências federais envolvidas em mapeamento têm definido certas exigências mínimas que, quando satisfeitas, habilitam as agências a imprimir em seus mapas a seguinte declaração: "Este mapa

**Figura 14-10** Símbolos típicos de mapas.

está de acordo com os Padrões de Exatidão Nacional de Mapas." Essas exigências são resumidas no parágrafo que se segue.*

---

*No Brasil, especificações similares são determinadas pelo Decreto nº 89.817 de 20.06.1984, que estabelece as Instruções Reguladoras das Normas Técnicas de Cartografia Nacional. No caso de exatidão planimétrica, as normas brasileiras só preveem especificações para escalas de 1:25000 e menores (visto que o art. 7º nunca foi regulamentado). Na Classe A, o Padrão de Exatidão Cartográfica (PEC) planimétrico é de 0,5 mm, na escala da carta, sendo de 0,3 mm na escala da carta o Erro-Padrão correspondente. Também na classe A, o PEC altímetro é metade da equidistância entre as curvas de nível, sendo de um terço dessa equidistância o Erro-Padrão correspondente. (N.R.T.)

**238** Capítulo 14

### Exatidão Horizontal (Planimétrica)

Nos Estados Unidos, para mapas com escalas maiores que 1:20.000, não mais que 10% das posições de pontos bem-definidos testados no terreno podem ter erro maior que 1/30 de uma polegada (0,8 mm). Para mapas com escala de 1:20.000 ou menores, esse valor passa a ser 1/50 da polegada (0,5 mm).

### Exatidão Vertical (Altimétrica)

É especificado que não mais que 10% dos pontos testados no terreno podem apresentar erro maior que a metade da equidistância entre as curvas de nível.

## 14.8 MÉTODOS DE OBTENÇÃO DE DADOS TOPOGRÁFICOS

Existem diversos métodos disponíveis para se obter dados topográficos. Eles são listados e brevemente discutidos nos parágrafos a seguir.

### Métodos Obsoletos

1. *Teodolito ou trânsito taqueômetro.* Com esse método clássico ou histórico de obter dados topográficos, as medidas necessárias eram feitas no campo, registradas na caderneta de campo e então desenhadas sobre papel no escritório. Os autores consideram que um estudo introdutório desse procedimento, embora hoje tenha se tornado obsoleto pelos modernos equipamentos, dê ao estudante um excelente entendimento sobre os métodos atuais de processamento da topografia. Por isso, o método do taqueômetro estadimétrico é brevemente apresentado na Seção 14.9 deste capítulo.
2. *Prancheta e alidade.* Com as pranchetas e alidade, os procedimentos de medição eram feitos do mesmo modo que o do método precedente, mas os dados eram traçados no campo sobre um papel que ficava preso a uma mesa de desenho montada sobre um tripé.

### Métodos Modernos

1. *Estações totais.* Uma percentagem muito grande dos levantamentos topográficos de hoje é realizada com estações totais. Esses instrumentos, que são usados para quase todos os levantamentos topográficos de área pequena, são discutidos na Seção 14.11.
2. *Fotogrametria.* Hoje, mapas topográficos para áreas pequenas até 80.000 a 160.000 m² são normalmente preparados usando estações totais. A fotogrametria é usada para áreas maiores. A linha de divisão entre o uso dos dois métodos não é baseada somente na área, mas também nas características do terreno.

   Os levantamentos com estações totais ou aqueles feitos pelo método taqueométrico e de prancheta e alidade podem ser feitos durante quase todas as condições de tempo e de vegetação. Por outro lado, os levantamentos fotogramétricos necessitam ser realizados em dias claros e para situações em que a vegetação densa não obstrua a superfície do solo. Essas condições podem, decididamente, reduzir a exatidão dos levantamentos fotogramétricos e até impedir o seu uso.
3. *Sistema de posicionamento global (GPS).* Esse sistema, que é discutido nos Capítulos 15 e 16, está sendo cada vez mais usado para todos os tipos de levantamentos, incluindo os topográficos. Talvez, algum dia, se torne o método predominantemente usado, não apenas para a topografia, mas também para muitos outros tipos de levantamento. O sistema GPS tem avançado o mapeamento para um estado tal que agora pessoas com pouca experiência e com apenas pouco treinamento podem mapear quase qualquer coisa.

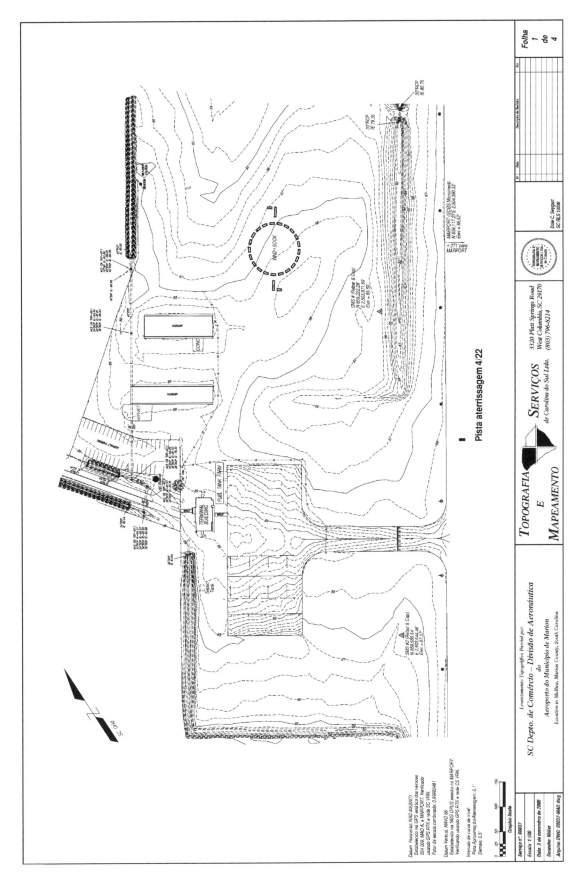

**Figura 14-11** Mapa de levantamento topográfico. (Cortesia de Dale C. Swygert, RLS.)

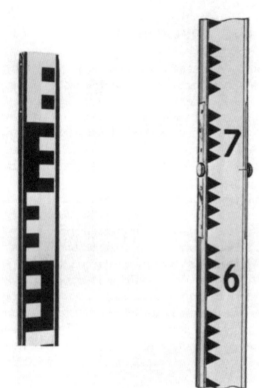

**Figura 14-12** Miras estadimétricas que podem ser lidas até 1500 ou 2000 pés. (Cortesia de Keuffel & Esser, da Kratos Company.)

## 14.9 MÉTODO DE MAPEAMENTO COM TAQUEÔMETRO ESTADIMÉTRICO

Nesta seção, os autores tentam descrever brevemente o método de levantamento com taqueômetro estadimétrico, que foi usado por muitos anos para obter dados topográficos para mapeamento. Eles acreditam que isso dará ao estudante um entendimento muito bom de como os mapas eram feitos até poucas décadas atrás, habilitando-o a entender muito melhor o trabalho com os métodos usados atualmente.

O equipamento usado para o levantamento com taqueômetro estadimétrico consistia em um instrumento cuja luneta dispunha de fios estadimétricos (como previamente descrito na Seção 3.4 deste livro) e de uma mira comum de nivelamento ou talvez uma mira estadimétrica (descrita mais adiante nesta seção). Os dois fios estadimétricos da luneta eram montados no anel de fios de retículo: um a certa distância acima do fio central horizontal e outro a igual distância para baixo. Uma mira comum era satisfatória para leituras estadimétricas de até 60 ou 90 m de distância, mas para distâncias maiores eram usadas miras estadimétricas similares àquela mostrada na Figura 14-12. Um estudo dessa figura mostrará como facilmente podiam ser feitas boas miras estadimétricas, e, por essa razão, havia diversos tipos de mira em uso, muitas das quais feitas em casa.

### Medições Horizontais

Os teodolitos taqueométricos eram fabricados de forma que se sua luneta estivesse na horizontal e a mira na vertical, e a distância $D$ do centro do instrumento para a mira fosse igual à *constante* multiplicativa ou *estadimétrica*, $K$, vezes o intervalo das leituras entre o fio estadimétrico superior e o fio inferior sobre a mira. Esse intervalo na mira entre os fios estadimétricos é conhecido como *número gerador* e representado aqui pela letra $s$, como mostrado na Figura 14-13. A constante estadimétrica era igual a 100 para quase todos os instrumentos.

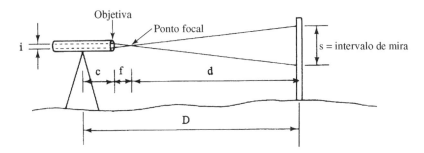

**Figura 14-13** Constante aditiva $c + f$.

Os primeiros trânsitos taqueométricos tinham o foco externo. Assim, seu ponto focal era localizado fora e na frente da objetiva. Observando a Figura 14-13, você pode ver que a distância do centro do instrumento para o ponto focal é igual à soma das distâncias $c$ e $f$, como mostrado na figura. Precisamos determinar a distância D do centro do instrumento à mira. Esse valor é igual a $c + f + d$, e é chamado $D$ na figura.

Se tomarmos a distância do fio estadimétrico superior para o fio inferior e o chamarmos de $i$, é possível escrever a seguinte expressão, e a partir dela determinar a distância $D$:

$$\frac{i}{f} = \frac{s}{d}$$
$$d = \frac{f}{i}s$$
$$D = \frac{f}{i}s + (c + f)$$

Em quase todos os instrumentos antigos, os valores de $f/i$ ou $K$ (constante estadimétrica) é 100 e o valor de $c + f$, chamada de *constante aditiva*, varia de aproximadamente 0,24 a 0,36 m com o valor médio de 0,3 m. Os fabricantes mostravam nas caixas de seus instrumentos valores mais precisos para a constante aditiva de cada instrumento. Em geral, quando a luneta está na posição horizontal, a distância horizontal do centro do instrumento para o centro da mira é dada por

$$H = Ks + 1$$

Os números geradores normalmente medidos eram provavelmente um pouco maiores devido à refração desigual e devido à inclinação não intencional da mira pelo porta-mira. Para eliminar esses erros sistemáticos, a constante aditiva era desprezada na maioria dos levantamentos.

Para os instrumentos de focagem interna a distância do centro da luneta para o ponto focal era quase zero e era ignorada. A objetiva desses instrumentos permanece fixa enquanto a direção dos raios de luz é alterada por meio de uma lente de focagem móvel localizada entre o plano dos fios de retículo e a objetiva.

## Medições Inclinadas

Visto que as leituras estadimétricas raramente são horizontais, é preciso considerar a teoria das visadas inclinadas. Para tais situações, é necessário ler ângulos verticais, assim como os valores $s$ ou as interseções na mira, e, a partir desses valores, calcular as diferenças de cotas e componentes horizontais das distâncias.

Caso fosse possível manter a mira perpendicular à linha de visada, como mostrado na Figura 14-12, as componentes horizontais e verticais das distâncias seriam as seguintes (novamente a constante aditiva é desprezada):

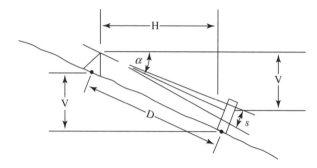

**Figura 14-14** Visada inclinada com a mira perpendicular à linha de visada da luneta (*impraticável*).

$$H = D \cos \alpha = Ks \cos \alpha$$
$$V = D \text{ sen } \alpha = Ks \text{ sen } \alpha$$

Obviamente, não é prático manter a mira perpendicular à linha de visada, isto é, a um ângulo α da vertical; portanto, ela é mantida verticalmente. Isso significa que a mira é mantida a um ângulo α da linha perpendicular à linha de visada. Como pode ser visto na Figura 14-14, a leitura que intercepta a mira será maior se a mira não estiver perpendicular à linha de visada. Se as leituras são tomadas com a mira em prumo, elas podem ser corrigidas para aquelas que seriam se a mira fosse perpendicular à linha de visada pela multiplicação pelo cosseno de α. Os valores resultantes para *H* e *V* podem, então, ser escritos como:

$$H = (Ks \cos \alpha)(\cos \alpha)$$
$$H = Ks \cos^2 \alpha$$
$$V = (Ks \text{ sen } \alpha)(\cos \alpha)$$
$$V = \frac{1}{2} Ks \text{ sen } 2\alpha$$

De maneira prática, se o ângulo α for menor que 3°, a distância diagonal pode ser considerada igual à distância horizontal, mas para tais casos a diferença vertical em cota (nos valores *V*) não pode ser desprezada.

Um conjunto típico de anotações estadimétricas para o método quase obsoleto de taqueometria com teodolitos taqueométricos é mostrado na Figura 14-15. As primeiras quatro colunas nessas anotações identificam os pontos por números e mostram as três medidas tomadas para cada um. As últimas três colunas são usadas para registrar os valores calculados. Os espaços remanescentes na página do lado direito são usados para descrever os pontos cuidadosamente. Obviamente essas descrições

| | Levantamento estadimétrico da Fazenda WILD HOE | | | | | 1º de dezembro de 1998<br>Céu claro, ventilado, 16°C<br>Trânsito nº 31621 | J.B. Johnson<br>N.C. Hanson<br>A.N. Nelson |
|---|---|---|---|---|---|---|---|
| Ponto | Azimute | Nº Gerador | Âng. Vertical | Dif. de nível | Dist. horizontal | Cota | |
| | Estação C | cota = 62,15 m AI = 4,7 Ré em D | | | | on D | |
| 1 | 27°08′ | 1.45 | −11°05′ | −27.4 | 140 | 179.9 | Eixo do riacho |
| 2 | 51° 56′ | 2.60 | −3° 06′ | −14.0 | 259 | 193.3 | Canto da frente do lado da estrada dos Kellers |
| 3 | 77° 05′ | 1.30 | −14°20′ | −31.2 | 122 | 176.1 | Pt. sob rede elétrica |
| 4 | 95° 00′ | 1.70 | −10°50′ | −31.4 | 164 | 175.9 | " " " " |
| 5 | 127°58′ | 2.97 | −3°41′ | −19.0 | 296 | 188.3 | Canto posterior da propriedade dos Kellers |
| 6 | 161° 20′ | 0.75 | −4°50′ | −6.3 | 74 | 201.0 | Limite de campo limpo |

**Figura 14-15** Anotações estadimétricas típicas.

são muito importantes para quem desenha o mapa no escritório. Além disso, o anotador deve fazer quaisquer croquis explicativos necessários na caderneta de campo.

Um exemplo dos cálculos necessários para completar as três colunas finais nas anotações é apresentado a seguir. Para este trabalho, foi usada uma calculadora de bolso para resolver as fórmulas apresentadas aqui anteriormente para calcular $H$ e $V$.

$$H = Ks \times \cos^2\alpha = (100 \times (1,45)) \times (\cos2\ 11°05') = 139,6 \text{ m arredondado para } 140 \text{ m nas anotações}$$
$$V = 1/2 \times Ks \times \sen 2\alpha = (1/2) \times (100) \times (1,45) \times (\sen 22°10') = 27,354 \text{ m arredondados para } 27,4 \text{ m nas anotações}$$
$$\text{Cota do ponto } 1 = 207,30 - 27,4 = 179,9 \text{ m}$$

Quando o uso de teodolitos taqueométricos era comum para os levantamentos topográficos, várias tabelas e gráficos de programas de computador foram desenvolvidos para realizar os cálculos de transformações estadimétricas. O leitor deve perceber que as observações de um levantamento topográfico típico são feitas para centenas ou até milhares de diferentes pontos, e esses dispositivos de transformação economizavam uma grande quantidade de tempo. O programa de computador SURVEY, fornecido no *site* da LTC Editora, inclui uma rotina de taqueometria que pode ser usada para os cálculos mencionados.

## 14.10 LEVANTAMENTOS COM PRANCHETA E ALIDADE

Uma variação do procedimento com teodolito taqueométrico para obter dados de mapas envolvia o uso de prancheta e alidade (ver Figura 14-16). Uma *alidade* era usada para tomar medições estadimétricas e os resultados eram traçados num papel de desenho preso a uma mesa de desenho portátil ou prancheta. A prancheta era montada sobre um tripé de modo que pudesse ser rotacionada e nivelada. Os detalhes do mapa eram traçados sobre o papel assim que eram medidos. As curvas de nível eram desenhadas durante o trabalho. A grande vantagem do mapeamento com prancheta e alidade era que o topógrafo poderia comparar ou relacionar seu desenho com o terreno real ao longo do progresso do trabalho, reduzindo assim grandemente as chances de cometer erros.

A alidade consistia em uma luneta montada sobre uma régua de latão ou de bronze de aproximadamente 6 cm de largura por 38 cm de comprimento. A régua era alinhada com a linha de visada da luneta, o que permitia ao usuário fazer leituras e transformá-las em escala na direção correta ao

**Figura 14-16** Prancheta e alidade — obsoletos. (Cortesia da Leica Geosystems.)

longo da régua. A luneta era similar àquela usada nos teodolitos e tinha os usuais fios estadimétricos. Além disso, a alidade tinha uma bússola montada numa pequena caixa de metal, um nível tubular para fins de nivelamento e um arco vertical que permitia a medida dos ângulos verticais necessários para determinar diferenças entre cotas. Se o topógrafo tivesse a sua posição localizada no desenho e se o desenho estivesse orientado na direção certa, ele poderia visar um ponto desejado e determinar a distância e a diferença de cotas daquele ponto por estadimetria e, imediatamente, desenhar a informação no papel.

O papel de desenho estava sujeito às condições adversas do campo, particularmente poeira e umidade. Consequentemente, um papel especial reforçado era usado para minimizar a dilatação e contração. Esse papel era submetido a ciclos alternados de secagem e molhagem para torná-lo mais resistente a mudanças de umidade. Lápis afiados e duros (6H ou 9H) eram usados para desenhar detalhes, e era necessário muito cuidado ao manipular a alidade para reduzir sujeira: ela era levantada e movida em vez de ser deslizada sobre o papel.

## 14.11 DETALHES TOPOGRÁFICOS OBTIDOS COM ESTAÇÕES TOTAIS

Hoje, as estações totais viabilizam o método de campo mais comum para obter detalhes topográficos. Com esses instrumentos, o topógrafo pode medir, simultaneamente, direções e distâncias inclinadas e calcular as componentes verticais e horizontais das distâncias, assim como as cotas e componentes $X$-$Y$ dos pontos que estão sendo visados.

Usando uma estação total, o topógrafo torna-se extremamente eficiente na obtenção de dados topográficos — na verdade, várias vezes tão eficiente quanto o método tradicional estadimétrico antes utilizado. Um topógrafo experiente usando uma estação total pode, provavelmente, obter os dados necessários para 600 a 1000 pontos num dia. Isso é duas ou três vezes o número de pontos que ele normalmente poderia levantar usando o método estadimétrico clássico. A situação com estações totais é ainda melhor que a descrita quando estão sendo usados um coletor de dados e um sistema de levantamento computadorizado. Com um sistema desses, os dados podem ser coletados e transferidos para o computador, pode ser feito o ajustamento das medições, se necessário, e o mapa pode ser desenhado automaticamente. Esse incremento em produtividade significa que o levantamento topográfico de campo é economicamente mais competitivo com fotogrametria, para áreas maiores, do que quando era usado o método de levantamento com taqueômetro.

Assim como todos os métodos descritos neste capítulo para obter dados topográficos, deve ser dada considerável atenção às posições em que o instrumento será instalado, de forma que a área em questão possa ser coberta com o mínimo possível de posições. Por exemplo, pode ser possível instalar uma estação total sobre um único morro de onde uma área bastante grande pode ser coberta.

Na Figura 14-17, é apresentado um exemplo de um conjunto de anotações topográficas da maneira como elas podem ser registradas numa caderneta de campo por um topógrafo usando uma estação

LEVANTAMENTO TOPOGRÁFICO DA FAZENDA GIGNILLIAT

1º de dezembro de 2010
Claro, moderado, 16°C
Estação total
Topcon nº 3106

Topógrafo J.B. Johnson,
Auxiliar N.C. Hanson

| Pt | Azimute | Dist. horizontal | Dif. de nível | Cota | |
|---|---|---|---|---|---|
| Estação B Cota = 654,322, AI = 5,0 e Ré em A | | | | | |
| 1 | 0°00'00" | 100,15 | −3,26 | 651,06 | PTT (ponto no terreno) |
| 2 | 10°16'15" | 210,16 | +7,45 | 661,77 | PTT |
| 3 | 20°30'30" | 154,13 | +3,25 | 657,57 | Topo do barranco do riacho |
| 4 | 25°25'35" | 161,67 | −1,01 | 653,31 | Eixo de estrada de terra |

**Figura 14-17** Dados topográficos obtidos com uma estação total.

total. Para esse caso, era necessário o topógrafo levar a informação para o escritório para preparar o mapa, provavelmente usando um computador.

Note que a cota do instrumento é conhecida porque ele está posicionado sobre uma referência. Note que a altura do instrumento é conhecida porque ele foi instalado sobre uma RN. A altura do prisma é fixada igual à altura do instrumento, 1,50 m acima da RN. Além disso, o azimute de um ponto é coletado primeiramentevisando à ré no ponto "A", que sesupõe estar exatamente ao norte do instrumento. O ângulo é ajustado para 0, apertando um botão, e, em seguida, o instrumento é girado e os azimutes, para cada ponto, são medidos. Estações totais são capazes de coletar distância horizontal, distância inclinada e diferença de elevação, bem como o ângulo vertical e o ângulo zenital.

A Figura 14-18 mostra anotações de campo para o mesmo levantamento topográfico, em que a altura do instrumento e a altura do prisma não são conhecidas. Nesse caso, a diferença de cota entre o instrumento e a referência de nível $RN_C$ é registrada. Usando essa diferença de cota, juntamente com a altura da RN, a altura do instrumento pode ser determinada. Note que a altura do prisma não necessita ser conhecida porque ela é cancelada, já que sua altura não se altera quando ele é colocado na $RN_C$ e em todos os outros pontos.

A conversão dos dados medidos com as estações totais para coordenadas cartesianas E, N pode ser feita usando-se os métodos discutidos anteriormente no Capítulo 12, desde que as coordenadas da estação total sejam conhecidas. Muitas estações totais têm um *software* interno que pode fazer esse cálculo, à medida que os dados estão sendo coletados. Há também vários pacotes de *software* de levantamento que podem fazer a conversão. *Softwares* de planilhas de cálculo tal como o Microsoft Excel também podem ser usados. Os dados de pontos resultantes podem então ser exportados em um formato delimitado que pode ser importado para um *software* de mapeamento ou CAD.

A economia com o uso das estações totais pode ser ainda melhorada se for usado um coletor de dados automático. A estação total é instalada sobre um ponto conhecido e orientada por visada à ré para outro ponto e pela introdução, via teclado, do azimute da linha entre os dois pontos e das suas coordenadas. Então, cada um dos novos pontos selecionados para a topografia é visado e o azimute, o ângulo zenital e a distância são medidos. A estação total calculará as componentes horizontais e verticais das distâncias, assim como as coordenadas e cotas de cada ponto. É necessário fornecer para cada ponto um número de identificação, bem como outros detalhes descritivos (limites de um lago, canto a nordeste de um prédio etc.).

Muitos coletores de dados modernos são construídos de forma que o topógrafo pode recuperar ou rolar os dados registrados e mostrá-los na tela. Então, o topógrafo pode verificar os valores e fornecer informações adicionais conforme a necessidade.

Em intervalos variados (talvez na hora de almoço ou no final do expediente) a informação gravada no coletor de dados pode ser transferida para outros instrumentos ou para o computador no escritório. Então, o computador pode ser usado para gerar o mapa topográfico desejado (quando trabalhando distante do escritório, os dados obtidos podem ser mandados para lá usando a internet).

LEVANTAMENTO TOPOGRÁFICO 1º de dezembro de 2010 J.B. Johnson
DA FAZENDA GIGNILLIAT Claro, moderado, 16°C N.C. Hanson
Estação total
Topcon nº 3106

| Pt | Azimute | Dist. horizontal | Dif. de nível | Cota | |
|---|---|---|---|---|---|
| | $RN_c$ | | 2,42 | 661,64 | |
| | | | | −659,32 | |
| 1 | 0°00′00″ | 100,15 | −8,26 | 651,06 | PTT (ponto no terreno) |
| 2 | 10°16′15″ | 210,16 | +2,45 | 661,77 | PTT |
| 3 | 20°30′30″ | 154,13 | −2,25 | 657,57 | Topo do barranco do riacho |
| 4 | 25°25′35″ | 161,67 | −6,01 | 653,31 | Eixo de estrada de terra |

**Figura 14-18** Dados topográficos em que a altura do instrumento foi determinada por visada à ré em uma RN.

**246** Capítulo 14

## 14.12 SELEÇÃO DE PONTOS PARA MAPEAMENTO TOPOGRÁFICO

Para fins de mapeamento, é necessário determinar as cotas de um número suficiente de pontos a fim de representar as curvas de nível ou o relevo da área com exatidão. Diversos métodos são possíveis para selecionar esses pontos. Um deles é o chamado *método das quadrículas*, no qual a área desejada é dividida em quadrados ou retângulos e a cota é determinada nos cantos de cada uma dessas figuras. Além disso, as cotas também são determinadas em pontos em que as inclinações mudam bruscamente, como nas linhas de vales ou de cumeadas. Esse método é mais apropriado para áreas pequenas que sejam pouco acidentadas.

O método mais comum de seleção de pontos é o *método dos pontos de controle*. As cotas são determinadas para pontos de controle, ou pontos-chave, e as curvas de nível são interpoladas entre eles. Os pontos de controle são normalmente tomados como aqueles pontos entre os quais a inclinação do terreno é aproximadamente uniforme. São pontos como topos das elevações, fundos dos vales, topos e fundos dos lados de fossos, e outros pontos em que ocorrem mudanças importantes de declividade. Se há uma inclinação uniforme por uma longa distância, é teoricamente necessário obter somente uma elevação no topo da inclinação e uma na parte inferior, para que o desenhista do mapa meramente interpole entre esses pontos a fim de obter as curvas de nível. Em termos práticos, entretanto, considerando que o olho humano é facilmente enganado pelas declividades, é aconselhável tomar pontos intermediários eventuais, mesmo que a inclinação pareça constante.

Um terceiro procedimento, ocasionalmente usado quando levantamentos com taqueômetros estadimétricos eram comuns, era chamado de *método do traçado de curvas de nível*. Com esse procedimento, que simplificava o desenho das curvas de nível, era locado certo número de pontos cujas cotas eram iguais àquelas da curva de nível desejada. Esses pontos eram desenhados no mapa e conectados uns aos outros para formar a tal curva de nível. A luneta do trânsito ou teodolito era nivelada, a altura do instrumento (AI) determinada, e, desse valor, era calculada qual seria a leitura de vante na mira quando o porta-mira estivesse sobre a cota da curva de nível desejada. Por exemplo, se a altura do instrumento era de 452,2 m, o porta-mira estaria na curva de nível de 450 m se a leitura de vante fosse de 2,2 m. Portanto, o topógrafo deveria andar para cima ou para baixo na encosta até que a leitura da mira fosse 2,2 m. Então, a distância e a direção para aquele ponto seriam medidas. Após um número suficiente de pontos ser localizado para a curva de nível de 450 m, a equipe de levantamento poderia trabalhar na curva de nível 449 m posicionando o porta-mira naqueles pontos em que a leitura da mira fosse 3,2 m.

## 14.13 PERFIS A PARTIR DE CURVAS DE NÍVEL

Uma das vantagens mais importantes dos mapas de curvas de nível é o fato de que seus usuários podem rapidamente traçar perfis para linhas que cruzem o mapa em qualquer direção. Isso é ilustrado na Figura 14-19, na qual foi traçado um perfil para a linha *AB*. Tal perfil apresenta informação que pode convenientemente ser usada para estabelecer greides para vários projetos e estimar valores de movimento de terra.

## 14.14 LISTA DE VERIFICAÇÃO DOS ITENS A SEREM INCLUÍDOS NUM MAPA TOPOGRÁFICO

É apresentada nesta seção uma lista de verificação dos itens que podem ser necessários para um levantamento topográfico. Essa lista pode ser útil tanto para os topógrafos no campo como para as pessoas que estiverem desenhando mapas no escritório. O item mais importante é que toda a equipe deve estar ciente da finalidade do mapa. Se um topógrafo imaginasse que está preparando o mapa de sua própria propriedade para algum tipo de projeto e quisesse listar os itens que poderiam ser importantes, o resultado seria provavelmente uma lista similar à seguinte:

1. Localização da propriedade (como estado, município, cidade, estradas etc.).
2. Direção do meridiano norte.

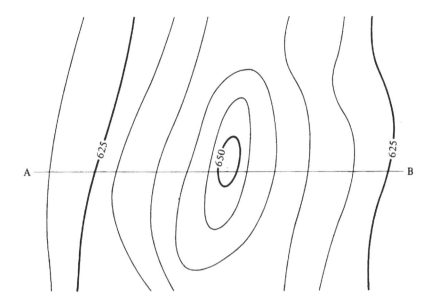

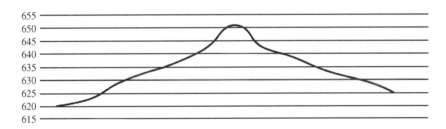

**Figura 14-19** Mapa de curvas de nível e perfil da linha *AB*, desenhado a partir das curvas de nível.

3. Acessos disponíveis para a propriedade (estradas, ferrovias etc.).
4. Informações relativas aos vértices das propriedades e monumentos, assim como o comprimento e a direção das linhas de limites da propriedade e áreas de terra.
5. Cotas suficientes para desenhar as curvas de nível e mostrar cumeadas e vales.
6. Localização, tamanho e descrição das construções da propriedade.
7. Localização e tamanho de qualquer estrada (em uso ou abandonada) dentro da propriedade ou próxima dela. Informação similar relativa às estradas de ferro.
8. Localização de linhas de transmissão de energia elétrica, tubulações de água e de esgoto e outros serviços de utilidade pública dentro da propriedade ou próximo a ela.
9. Localização e tamanho de nascentes, rios, lagos, poços e valas de drenagem — também aquedutos, pontes e cercas. Essa informação deve incluir também áreas sujeitas a inundações.
10. Posições e áreas de florestas, terras descampadas, terras cultivadas etc.
11. Descrição e localização de quaisquer marcos de controle horizontais ou verticais, dentro da propriedade ou próximos a ela.
12. Outras feições significativas que o topógrafo considere de importância para o proprietário. Incluídas nesta lista podem estar informações relativas às características e aos projetos das propriedades vizinhas.
13. Título, escala, legenda e nomes do topógrafo e do desenhista.

**248** Capítulo 14

## PROBLEMAS

**14.1** O que é uma curva de nível?

**14.2** Defina o termo "equidistância de curvas de nível".

**14.3** Quais fatores devem ser considerados ao selecionar a equidistância entre curvas de nível a ser usada num mapa?

**14.4** O que é uma sela num mapa topográfico?

**14.5** Onde uma curva de nível teria a forma de um "M"?

**14.6** Onde partes de curvas de nível seriam linhas retas?

**14.7** Descreva como o sombreamento e hachuras podem ser usados para mostrar diferenças de cotas relativas em mapas.

**14.8** Os seguintes valores são cotas, em metros, obtidas em vértices de quadrados de 50 m de lado.

Desenhe curvas de nível com equidistância de 2 m.

| 84,6 | 81,2 | 76,6 | 65,3 | 61,8 |
|------|------|------|------|------|
| 80,7 | 76,1 | 69,6 | 66,2 | 60,5 |
| 78,7 | 74,0 | 70,4 | 64,6 | 58,7 |
| 75,0 | 71,4 | 69,2 | 62,8 | 58,5 |

**14.9** Repita o Problema 14.8 usando a equidistância de curvas de nível de 1 m e considerando que uma quinta linha de cotas é adicionada à parte de baixo como se segue.

| 70,3 | 67,3 | 64,9 | 62,4 | 56,6 |
|------|------|------|------|------|

**14.10** O método de estação total é o principal procedimento de campo usado hoje para se obter dados topográficos. Por que isso é verdadeiro?

**14.11** Complete as seguintes anotações topográficas de um taqueômetro estadimétrico se a cota da estação do instrumento é 559,76 m e a AI é 1,6 m.

| Ponto | Azimute | Leitura na mira (m) | Ângulo vertical | Diferença de nível | Distância horizontal | Cota |
|-------|---------|---------------------|-----------------|--------------------|----------------------|------|
| 1 | 34°41′ | 216 | −10°34′ | | | |
| 2 | 54°23′ | 0,85 | −5°31′ | | | |
| 3 | 124°52′ | 1,79 | +4°23′ | | | |
| 4 | 231°43′ | 2,56 | +6°41′ | | | |

**14.12** Quando o método de levantamento com taqueômetro estadimétrico era usado para obter detalhes topográficos, quais eram as vantagens e desvantagens do "método das quadrículas"?

**14.13** Descreva o método dos "pontos de controle" para a obtenção de detalhes topográficos.

**14.14** Descreva o método de "traçado de curvas de nível" para obter detalhes topográficos.

**14.15** Para as seguintes anotações topográficas obtidas com uma estação total, calcule as cordenadas este, norte e altura de cada ponto. Considere que as coordenadas este (E) e norte (N) do local de instalação do instrumento sejam, respectivamente, 512461,17 m e 7.461.344,48 m.

| Ponto | Azimute | Distância horizontal (m) | Diferença de nível | Cota |
|-------|---------|--------------------------|--------------------|------|
| RN | | | | 127,8 |
| 1 | 122 | 122,4 | −4,2 | |
| 2 | 82 | 128,7 | 2,1 | |
| 3 | 42 | 125,4 | −1,2 | |
| 4 | 163 | 119,4 | −7,2 | |

(Resp.: Ponto 1: E 512.640,11 m, N 7.461.232,67 m, Cota = 122,4)
(Resp.: Ponto 4: E 512.838,22 m, N 7461181,78 m, Cota = 119,4)

# Capítulo 15

# Sistema de Posicionamento Global (GPS)

## 15.1 INTRODUÇÃO

A humanidade tem procurado um sistema acurado para a locação de pontos sobre a superfície da Terra desde quase o início da história registrada. Tal sistema está agora disponível — é o sistema de posicionamento global (GPS ou *Global Positioning System*). Esse sistema pode tornar-se a maior ferramenta de levantamento já desenvolvida. Com o GPS, os pontos podem ser locados rápida e acuradamente sobre a Terra pela medição de distâncias desses pontos aos satélites artificiais. Você pode estar bastante surpreso em saber que a localização de pontos sobre a Terra e a distância entre esses pontos, sejam pequenas ou longas, podem ser determinadas com exatidão igual ou superior pela medição de distâncias a satélites afastados milhares de quilômetros no espaço, em vez de usar as técnicas convencionais diretas sobre a Terra, onde os pontos estão localizados.

Em 1978, o Departamento de Defesa (DOD) começou a lançar satélites no espaço com o objetivo de ser capaz de locar rapidamente e com precisão posições sobre a Terra. Esse sistema foi mantido em segredo por cinco anos. Em 1983, um avião militar soviético derrubou uma aeronave civil coreana que adentrou no espaço aéreo soviético em consequência de erros de navegação. Todos os 269 passageiros e tripulantes a bordo foram mortos. Logo depois, o presidente Ronald Reagan anunciou que o GPS seria disponibilizado para usos civis assim que fosse concluído. Em 1985, os 10 primeiros satélites experimentais do "Block 1" foram lançados e isso validou a capacidade do sistema. Em janeiro de 1994, um conjunto de 24 satélites do Bloco 1 e os satélites mais modernos, do Bloco 2, forneciam uma cobertura completa da Terra. Como a vida útil estimada de cada satélite é de aproximadamente sete anos, é necessário lançar reposições periodicamente. Satélites mais modernos acrescentaram melhorias significativas de navegação para o sistema.

A força gravitacional da massa da Terra mantém os satélites em órbita. Cada satélite tenta voar sobre a Terra em uma linha reta a 13.917 km/h, mas a força gravitacional o puxa para baixo. Como resultado, o satélite desce verticalmente para um percurso que é paralelo à superfície curva da Terra. Se a velocidade do satélite diminuísse ele cairia na Terra, e se aumentasse deixaria a Terra e se afastaria em direção ao espaço. Os satélites GPS estão na órbita média terrestre a cerca de 20.200 km acima da superfície da Terra, onde as órbitas são totalmente livres da atmosfera. Eles estão localizados em planos orbitais inclinados a 55° em relação ao equador. A constelação inicial de satélite foi fabricada pela Rockwell International (agora parte da Boeing), pesa 882 kg cada e tem uma extensão de 5,18 m quando seus painéis solares são estendidos (Figura 15-1). A próxima geração de satélites GPS III será fabricada pela Lockheed Martin. O primeiro lançamento está previsto para 2014.

O sistema é conhecido como Navigation Satellite Timing and Ranging (NAVSTAR) Global Positioning System (GPS). Tanto a designação NAVSTAR quanto a designação GPS são usadas indistintamente.

A finalidade original do sistema de satélite era para permitir que aeronaves, navios e os grupos militares determinassem com rapidez suas posições geodésicas. Embora o sistema tenha sido desenvolvido para fins militares, ele é de benefício tremendo para outros grupos, tais como o National Geodetic

**Figura 15-1** Satélite GPS do Bloco IIF. (Cortesia da Força Aérea dos Estados Unidos.)
*Fonte*: http://en.wikipedia.org/wiki/GPS_Block_IIF.

Survey, os profissionais de levantamentos privados e muito do público em geral, como será discutido mais adiante. Com talvez algumas poucas exceções (como para levantamento em locais onde é difícil ou impossível receber sinais dos rádios dos satélites, tais como trabalhos em ineração, onde há prédios altos muito próximos e em florestas densas), o GPS pode ser usado para realizar qualquer coisa que possa ser feita com as técnicas de levantamentos convencionais.

Uma característica particularmente útil dos satélites é que os sinais de rádio estão disponíveis gratuitamente para os usuários em qualquer parte do mundo, a qualquer hora do dia ou da noite, durante chuva, neve, nevoeiro e quaisquer outras condições climáticas. Mais de 10 bilhões de dólares foram gastos pelo DOD para estabelecer o sistema.

## 15.2 ESTAÇÕES DE MONITORAMENTO

Além dos satélites no espaço, o GPS inclui seis estações de monitoramento na Terra. Elas estão localizadas no Havaí, na Ilha de Ascensão (no meio do Oceano Atlântico, entre a América do Sul e a África), Kwajalein (no Oceano Pacífico, a nordeste de Nova Guiné), Diego Garcia (no Oceano Índico) e em Colorado Springs, no estado do Colorado, Estados Unidos. A estação de controle principal está em Colorado Springs. Os satélites também são monitorados por estações posicionadas em vários outros locais do mundo.*

Os satélites possuem período de revolução de 11 horas e 58 minutos. Como consequência, cada um passa sobre uma das estações de monitoramento duas vezes por dia. As respectivas altitude, velocidade e posição são cuidadosamente medidas, e a informação é transmitida para a estação principal em intervalos de poucas horas. Embora os satélites sejam lançados em órbitas muito precisas, eles tendem a derivar um pouco. Essas variações em suas posições (que são geralmente bastante peque-

---

*As outras estações são indicadas no *site* http://www.gps.gov/systems/gps/control/. (N.R.T.)

nas) devem-se à atração da gravidade do Sol e da Lua e à pressão da radiação solar. O DOD envia as informações relativas às posições dos satélites várias vezes ao dia para os satélites, e cada satélite transmite as correções necessárias junto com os sinais.

## 15.3 SISTEMA GLOBAL DE NAVEGAÇÃO POR SATÉLITE

O sistema americano NAVSTAR GPS é agora parte de uma rede de sistemas de posicionamento por satélites que existe atualmente. Essa rede é conhecida como o Sistema Global de Navegação por Satélite (Global Navigation Satellite System — GNSS).

O GNSS russo é chamado Glonass (*Global Naya Navigatsionnaya Sputnikova System* ou ***Global Navigation Satellite System***). Uma empresa da Califórnia, Ashtech, Inc., lançou o *GG Surveyor* em 1996. Foi o primeiro receptor a utilizar tanto sinais de GPS quanto de Glonass. Naquela época, o Glonass possuía 24 satélites funcionando, mas o sistema se degradou rapidamente com o colapso da economia russa. A partir de 2001, a Rússia empenhou-se em restaurar o sistema e em março de 2011 o sistema contava com 23 satélites operacionais.

O Galileo, nome em homenagem ao astrônomo italiano Galileu Galilei, é um GNSS que está sendo construído pela União Europeia (UE) e pela Agência Espacial Europeia. O projeto de vários bilhões de dólares se propõe fornecer medidas mais precisas do que as disponíveis com NAVSTAR GPS ou Glonass (o Galileo terá exatidão da ordem de menos de um metro). O Galileo também vai proporcionar melhores serviços de posicionamento em altas latitudes, o que é especialmente importante para a Europa — a maioria do seu território está localizada ao norte do território continental dos Estados Unidos. A União Europeia, assim como a Rússia, decidiu desenvolver seu próprio sistema de posicionamento independente, de modo que ela não tenha que confiar em um sistema que não esteja sob seu controle. Tanto os Estados Unidos quanto a Rússia podem criptografar seus sistemas em tempos de guerra ou de desentendimentos políticos, se assim o desejarem.

A China também está desenvolvendo seu próprio GNSS, chamado Compass. O novo sistema terá 35 satélites, incluindo cinco satélites de órbita geoestacionária e 30 satélites na órbita média terrestre, oferecendo cobertura completa do globo. O primeiro satélite Compass foi lançado em abril de 2007 e a China sinalizou que espera ter uma constelação completa até 2015.

Vários receptores GPS hoje no mercado já podem reastrear satélites GPS e Glonass. No futuro, a maioria dos receptores será multi-GNSS, capaz de rastrear qualquer satélite GNSS disponível. Essa capacidade será um benefício considerável para os usuários civis de GPS em todo o mundo. Haverá aumento da disponibilidade de satélites em todos os momentos e o resultado será melhor exatidão para as observações. Além disso, o GNSS vai beneficiar os usuários que trabalham em locais onde os sinais de satélite podem ser bloqueados, como em áreas urbanas com edifícios altos nas proximidades ou em que haja colinas próximas ou árvores altas. Para esses casos, a disponibilidade de mais satélites observáveis pode muito bem vir a ser uma vantagem considerável.

## 15.4 USOS DO GPS

Nesta seção é apresentado um breve resumo da lista dos usos atuais e previstos do GPS por militares ou por outras organizações do governo, por grupos de levantamentos privados e pelo público em geral.

### Militar

O sistema GPS foi originalmente projetado para situações críticas de posicionamento militar em tempos de guerra ou de paz. Itens como a navegação de aeronaves, embarcações e veículos terrestres estão incluídos. Outras aplicações militares são o reconhecimento fotográfico, a orientação de mísseis, as operações de resgate, monitoramento de instalações de apoio, o posicionamento e navegação de outros veículos espaciais.

**252** Capítulo 15

Todos os sinais de rádio de GPS (incluindo GNSS) são passivos. Eles são transmitidos dos satélites aos receptores e não o contrário. Isso é muito importante para o usuário militar porque ele pode estabelecer a posição de suas unidades sem transmitir nenhum sinal, o que poderia revelar sua posição para as forças hostis.

### Levantamento de Dados Precisos

O GPS tornou-se uma ferramenta comum do levantamento topográfico de hoje. Ao usar receptores GPS de qualidade em levantamentos, combinados com métodos de correção de erros em tempo real ou em pós-processamento, podem ser obtidos com rapidez levantamentos altamente precisos e resultados de mapeamento. O GPS pode ser usado em todos os tipos de levantamentos, incluindo o terrestre, para construção, para mapeamento topográfico e para eixos de vias. Hoje, é possível um único operador realizar em um dia o que costumava levar semanas com uma equipe inteira. Há uma série de razões pelas quais muitas operações de levantamentos podem ser feitas de forma mais eficiente usando o GPS. Ao contrário das técnicas tradicionais, levantamentos GPS não estão vinculados a restrições tais como a intervisibilidade entre estações de referência. Além disso, o espaçamento entre as estações pode ser aumentado. O aumento da flexibilidade do GPS também permite que as estações de levantamento possam ser estabelecidas em locais de fácil acesso, em vez de serem restritos aos topos de morros como anteriormente era exigido. Além disso, o trabalho de levantamento com GPS pode ser realizado durante os períodos de mau tempo ou luz solar reduzida.

## Uso Geral Público

A natureza livre, aberta e segura de GPS resultou em milhares de aplicações que afetam todos os aspectos da vida moderna. A proliferação do sistema o tem tornado acessível praticamente para qualquer pessoa. Alguns exemplos comuns de aplicações GPS incluem:

1. Gerenciamento de frotas de caminhões, vagões, carros de aluguel e táxis.
2. Navegação para navios e aviões.
3. Uso por ciclistas, caminhantes e caçadores.
4. Posicionamento de barcos de pesca e de recreação.
5. Veículos de emergência e forças policiais.
6. Unidades em carros que mostram a posição, com auxílio à navegação para os destinos desejados.
7. Os sinais GPS fornecem tempo com exatidão tal que facilita importantes atividades diárias, tais como transações bancárias, operações de telefone celular e até controle de redes de transmissão de energia.

Uma aplicação recreacional popular do GPS é conhecida como *geocaching*. *Geocaching* é um jogo de caça ao tesouro *high-tech,* praticado em todo o mundo por participantes que utilizam receptores GPS. A ideia básica é localizar recipientes escondidos, chamados *geocaches*. *Geocaches* geralmente incluem bugigangas de pequeno valor e diários de bordo para registrar os nomes de quem conseguir encontrar o "tesouro". Até outubro de 2011, havia mais de 1,5 milhão de *geocaches* ativos localizados ao redor do mundo (fonte: www.geocaching.org).

## 15.5 TEORIA BÁSICA

A primeira etapa para a determinação das coordenadas de um ponto sobre a superfície terrestre é a medição das distâncias entre esse ponto e os satélites GPS. As distâncias são determinadas pela medição do tempo requerido para os sinais de rádio, enviados do satélite e viajando a 299.792.458 metros por segundo, atingirem nossa posição. Naturalmente, a velocidade da luz e os sinais de rá-

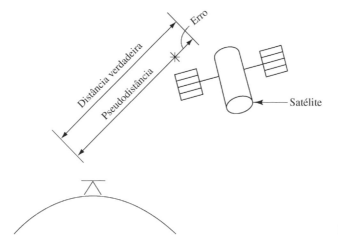

**Figura 15-2** Distâncias ao satélite.

dio são constantes apenas no vácuo. Embora os sinais de satélites comecem no vácuo do espaço, eles são atrasados quando viajam através da atmosfera terrestre.

Note a extraordinária exatidão que deve ser usada para determinar os tempos. Se erramos o tempo por 0,1 segundo, erramos a distância por (0,1) (299.792,458) = 29.979 km. Os relógios usados em satélites de GPS são relógios atômicos precisos, com precisão mais acurada que um bilionésimo de segundo.

Uma vez medido o tempo requerido para um sinal se deslocar de um satélite a um receptor, ele é então multiplicado pela velocidade da luz e é obtida a distância. O valor resultante é conhecido como pseudodistância (*pseudo-range*) (Figura 15-2), em que o prefixo *pseudo* significa "falso" porque existem alguns erros inerentes na medição de diferenças de tempo. O posicionamento por GPS consiste em medir distâncias entre pontos com posição desconhecida e satélites cuja posição é conhecida, com alta precisão, a qualquer instante.

Se podemos determinar as distâncias para quatro satélites diferentes cujas posições são conhecidas, teremos quatro equações simultâneas que podem ser resolvidas para obter nossa posição nas direções $x$, $y$ e $z$. Por exemplo, considere que estamos recebendo o sinal de um satélite e calculamos que esteja distante 24.000 km. Nossa posição está obviamente localizada em algum lugar sobre a superfície de uma esfera imaginária de raio 24.000 km cujo centro é o satélite, como mostrado na Figura 15-3.

Em seguida, considere que estamos recebendo sinais de rádio de dois satélites ao mesmo tempo. As distâncias para os dois satélites são calculadas como sendo 24.000 e 19.000 km, respectivamente. Nossa posição obviamente cairá em algum lugar no círculo onde as duas esferas (de raio 24.000 e 19.000) se interceptam, como mostrado na Figura 15-4.

Então considere que estamos recebendo sinais de três satélites simultaneamente e que as distâncias medidas para eles são 24.000, 19.000 e 26.000 km, respectivamente. Agora nossa posição somente pode ser localizada em um de dois pontos possíveis do universo. Existem dois pontos nos quais as três esferas se interceptam, indicados como *A* e *B* na Figura 15-5.

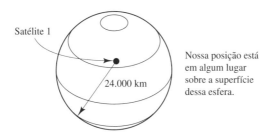

**Figura 15-3** Distância medida para um satélite.

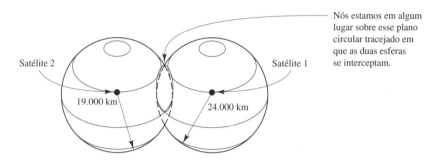

**Figura 15-4** Distâncias medidas para dois satélites.

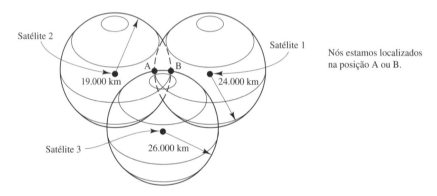

**Figura 15-5** Distâncias medidas para três satélites.

Um desses pontos pode ser ignorado, pois estará fora no espaço. Assim, apenas três satélites são necessários se as distâncias para cada um dos satélites podem ser medidas perfeitamente.

Infelizmente, nossas medições de tempo (e, portanto, os nossos cálculos de distância) não são perfeitos em função de um erro do relógio do receptor. Já mencionamos que os satélites em órbita têm relógios atômicos extremamente precisos (e caros!). Mas, se os receptores GPS tivessem relógios atômicos semelhantes, seriam muito caros para serem práticos para a maioria das aplicações. O uso civil seria quase certamente reservado para os ricos, porque os relógios atômicos normalmente custam mais de 100.000 dólares. Uma vez que a medição precisa do tempo é tão importante para o posicionamento preciso, os projetistas do sistema foram confrontados com um dilema. A solução torna-se simplesmente um problema de álgebra. Usando quatro equações simultâneas, que são apresentadas na Seção 15.6, a correção necessária por causa do erro de relógio de receptor de GPS pode ser determinada.

## 15.6 COMO PODE SER MEDIDO O TEMPO DE VIAGEM DO SINAL DO SATÉLITE?

Suponha que você e um amigo estejam separados cerca uma quadra um do outro e que ambos gritem "Alô" no mesmo instante. O "Alô" do seu amigo só alcançará você um pouco depois que você terminou de gritar. O intervalo de tempo é o tempo necessário para o som viajar do seu amigo até você. Você pode multiplicar esse intervalo pela velocidade do som (345 m/s a 20°C) e estimar a distância entre vocês dois.

Veremos que essa é a ideia geral sobre a qual as medições de distâncias GPS são feitas. Cada satélite transmite um sinal de código único a cada milissegundo. O receptor (Figura 15-6) é sincronizado com o satélite, de forma que ele gera os mesmos códigos ao mesmo tempo. Após o sinal do satélite ter sido recebido, podemos voltar e determinar quanto tempo se passou desde que o mesmo

**Figura 15-6** Receptor GPS de qualidade para levantamento, modelo HiPer Ga. (Cortesia da Topcon Positioning Systems.)

código foi gerado pelo receptor. Uma vez que essa informação está disponível, a pseudodistância pode ser calculada multiplicando o intervalo de tempo de percurso do sinal pela velocidade da luz. Os vários erros que ocorrem nessas medições são discutidos nas Seções 15.7 a 15.9 com os métodos para fazer as devidas correções.

Cada um dos códigos transmitidos pelos satélites e gerados pelos receptores consiste em uma série de bits (zeros e uns digitais) arranjados em um padrão bastante complexo. Esse código é conhecido como código PRN (em que PRN significa *pseudorandom noise* ou ruído pseudoaleatório). Cada sinal aparenta algo como o que é mostrado na Figura 15-7.

Na memória de cada receptor está uma réplica de cada um dos vinte e tantos códigos de satélites sendo transmitidos. Quando o receptor capta um sinal de satélite, ele imediatamente detecta qual satélite está mandando o sinal. O receptor compara o sinal que ele está recebendo com o mesmo código que gerou internamente. O padrão gerado pelo receptor não combina em posição com o sinal que está chegando em função da diferença de tempo. Essa é a situação mostrada na Figura 15-8.

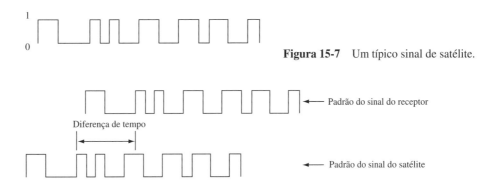

**Figura 15-7** Um típico sinal de satélite.

**Figura 15-8** Tempo necessário para o sinal de satélite alcançar o receptor.

**256** Capítulo 15

A distância a partir do satélite pode ser determinada multiplicando-se o tempo decorrido (a diferença de tempo é mostrada na Figura 15-8) pela velocidade da luz. Claro que a distância terá erro em consequência do erro de relógio de receptor e do fato de que os sinais não viajam exatamente à velocidade da luz por causa dos atrasos gerados na atmosfera.

Teoricamente, são necessárias medições de distância para apenas três satélites a fim de estabelecer uma posição. No entanto, tal como descrito na seção anterior, uma medida para um quarto satélite é necessária para que as correções possam ser aplicadas para compensar o erro do relógio de receptor.

## 15.7 ERROS DO RELÓGIO

Se conhecemos as distâncias corretas de nosso receptor para três satélites cujas posições $x_1$, $y_1$, $z_1$: $x_2$, $y_2$, $z_2$ etc. são conhecidas, podemos determinar nossa posição sobre a Terra ($U_x$, $U_y$ e $U_z$) resolvendo o sistema composto pelas três equações seguintes, nas quais $E_{U1}$, $E_{U2}$ e $E_{U3}$ são as pseudodistâncias determinadas como descrito na seção anterior.[1]

$$E_{U1} = \sqrt{(x_1 - U_x)^2 + (y_1 - U_y)^2 + (z_1 - U_z)^2}$$

$$E_{U2} = \sqrt{(x_2 - U_x)^2 + (y_2 - U_y)^2 + (z_2 - U_z)^2}$$

$$E_{U3} = \sqrt{(x_3 - U_x)^2 + (y_3 - U_y)^2 + (z_3 - U_z)^2}$$

Para determinar de modo correto as distâncias de nossa posição a um conjunto de satélites é necessário ter os relógios dos receptores e dos satélites aproximadamente sincronizados. Sincronizar os relógios dos satélites não é difícil por dois motivos. Em primeiro lugar, os relógios são precisos ao extremo e, portanto, é muito raro precisarem de ajustes. Em segundo lugar, o governo federal americano monitora constantemente todos os satélites para garantir que suas posições sejam conhecidas com precisão e que os relógios combinem perfeitamente. Os receptores de GPS no solo são outra história. A sincronização não pode ser realizada com perfeição principalmente por causa da imprecisão do relógio digital do receptor GPS. Isso irá resultar num erro sistemático de tendência do relógio ou erro de sincronização no ajustamento. O resultado será grandes erros nas distâncias e coordenadas obtidas.

O erro de tendência do relógio é outra incógnita que necessita ser incluída nas equações simultâneas anteriores. Para eliminar a tendência do relógio é necessário um quarto satélite, que nos dá as quatro seguintes fórmulas em que $c$ representa a velocidade do sinal de rádio (299.792,458 km por segundo) e dT é o erro de sincronização ou de tendência do relógio do receptor. Com essas quatro equações existem quatro incógnitas (Ux, Uy, Uz e dT), que são facilmente solucionáveis.

$$E_{U1} = \sqrt{(x_1 - U_x)^2 + (y_1 - U_y)^2 + (z_1 - U_z)^2} + c(\text{dT})$$

$$E_{U2} = \sqrt{(x_2 - U_x)^2 + (y_2 - U_y)^2 + (z_2 - U_z)^2} + c(\text{dT})$$

$$E_{U3} = \sqrt{(x_3 - U_x)^2 + (y_3 - U_y)^2 + (z_3 - U_z)^2} + c(\text{dT})$$

$$E_{U4} = \sqrt{(x_4 - U_x)^2 + (y_4 - U_y)^2 + (z_4 - U_z)^2} + c(\text{dT})$$

Na prática, é habitual para manter um receptor numa estação por um tempo suficiente para realizar observações para mais de quatro satélites. Cada satélite adicional (além dos quatro) fornece uma equação adicional para determinar dT e as coordenadas da posição. Essas equações extras ou redundantes são resolvidas pelo receptor e melhoram a precisão de posicionamento, reduzindo a tendência de outros erros existentes.

---

[1]Bancroft, S. An algebraic solution of the GPS equations, *IEEE Transactions on Aerospace and Electronic Systems* **21** (1985) 56-59.

## 15.8 ERROS DO GPS

Nem os receptores GPS mais caros garantem precisão além de 20 m, a menos que os erros sejam reduzidos ou eliminados. Diversos tipos de erros ocorrem em levantamento com GPS. Isso inclui erros em consequência das condições atmosféricas, imperfeições dos equipamentos e outros. Os erros são brevemente descritos nos próximos parágrafos e com mais detalhes no Capítulo 16. Como descobriremos depois, a maioria desses erros pode ser bastante reduzida por um processo chamado *posicionamento relativo*.

### Erros de Refração Atmosférica

Aprendemos na escola que a velocidade da luz era uma constante igual a 300.000 km/s (na verdade, a constante é igual a 299.792,5km/s), isso em um vácuo, como supostamente existe no espaço. No entanto, quando a luz passa através de meios mais densos, tais como as partículas fortemente carregadas da ionosfera (a parte exterior da atmosfera da Terra) e o vapor de água na troposfera (a parte da atmosfera próxima à superfície da Terra), ela diminui a velocidade. A maioria dos receptores GPS incorpora fatores de correção para os erros atmosféricos que são transmitidos pelos satélites GPS. Tais correções são úteis, mas não são perfeitas, porque a atmosfera não é homogênea. Além disso, a atmosfera está em constante alteração. Os receptores de GPS mais caros usam várias frequências para calcular com precisão o atraso ionosférico.

### Erros de Multicaminhamento

Quando os sinais transmitidos chegam à superfície da Terra, eles podem ser refletidos por outros objetos antes de atingirem o receptor, acarretando assim valores de tempo ligeiramente maiores. Esses erros são chamados de erros de multicaminhamento porque os sinais vêm para nosso receptor por mais de um caminho, como mostrado na Figura 15-9. Podemos ver um exemplo desse fenômeno enquanto assistimos à TV e aparece na tela uma imagem múltpla conhecida como "fantasma". O sinal das estações de TV tomou mais que um caminho e o resultado é a superposição de imagens.

Receptores de alta qualidade podem bloquear os sinais mais fortes e ignorar os mais fracos. Isso não elimina os erros de multicaminhamento porque, às vezes, o sinal mais forte não toma um caminho direto, como mostrado na Figura 15-10. Nessa figura, o sinal do satélite 2 tem uma linha direta

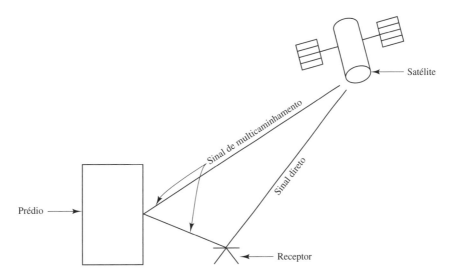

**Figura 15-9** Erro de multicaminhamento.

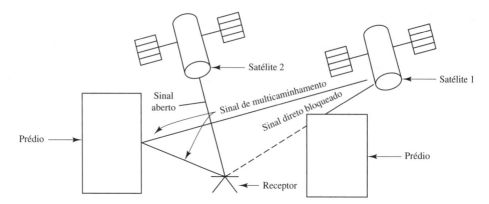

**Figura 15-10** Não utilizar satélites abaixo do horizonte ajuda a reduzir erros de multicaminhamento.

com o receptor; no entanto, o sinal direto do satélite 1 é bloqueado pelo prédio. Assim, o sinal mais forte a partir de um satélite pode ter um sinal de trajetória múltipla refletido. A maioria dos receptores permite um ângulo de máscara que "esconde" os satélites que estão abaixo do horizonte. Esses satélites serão os mais propensos a erros de multicaminhamento.

### Erros dos Satélites

É claro que a medição de tempo é uma parte extraordinariamente importante no funcionamento do GPS. Mesmo considerando que os satélites são equipados com relógios atômicos de precisão, eles não são perfeitos e pequenos erros nas respectivas medições causam grandes erros nos cálculos de distâncias.

Outros erros são causados pelo fato de os satélites se desviarem um pouco de suas órbitas previstas em consequência das forças gravitacionais do Sol e da Lua e da pressão da radiação solar. Os resultados são erros nas efemérides dos satélites que afetam a localização predita para eles. As efemérides são um almanaque astronômico que fornece as posições dos vários corpos no espaço tais como o Sol, a Lua, os planetas e estrelas em certos intervalos. Aqui o termo é usado para se referir a um almanaque que fornece informações relativas às posições dos satélites artificiais girando em volta da Terra. Como já mencionado antes, o DOD envia correções de suas estações de monitoramento para os satélites e essas correções são transmitidas pelos satélites com os sinais de medição de tempo. Assim, os erros de efemérides são, normalmente, relativamente pequenos.

### Erros dos Receptores

Como é o caso de todos os instrumentos, os receptores não são perfeitos, o que, como consequência, causa erros. Esses erros em geral se dão em função da imperfeição dos relógios e da presença de ruído interno. (Ruído é alguma coisa que não é o sinal de rádio esperado. Ele vem de distúrbios elétricos aleatórios.) Receptores de mais alta qualidade podem aumentar significativamente a precisão posicional.

### Erros de Montagem

São erros causados pela centragem imperfeita da antena do receptor sobre os pontos e pela medição imperfeita da altura (análoga à AI das estações totais) da mesma. Os erros de centragem podem ser bem reduzidos pelo uso cuidadoso de prumos ópticos apropriadamente ajustados. Os erros de AI podem ser minimizados se a antena tiver um sistema próprio (por exemplo, um bastão com escala ou acessórios para medir a AI).

### Disponibilidade Seletiva (SA)

Diversos tipos de erro causados por nossos instrumentos foram descritos nos parágrafos anteriores. Até 1º de maio de 2000 havia outro tipo de erro, conhecido como *disponibilidade seletiva* (*selective availability* ou *SA*), que era deliberadamente causado pelo DOD. O sistema de satélites foi concebido, desenvolvido e pago pelas Forças Armadas americanas. Eles não desejavam fornecer esse recurso para seus inimigos. Embora tenham o controle do sistema, têm assegurado que não planejam negar completamente o uso para o público em geral, exceto em situação crítica. É ainda sua intenção manter o controle do GPS de forma que os Estados Unidos e seus aliados sejam capazes de aproveitar o sistema a seu favor em tempo de guerra.

A disponibilidade seletiva (SA) era causada intencionalmente pelo DOD alimentando os satélites com informações erradas — principalmente erros nos relógios e nas efemérides. Em outras palavras, o DOD pode alterar as posições dos satélites ou as mensagens de rádio transmitidas pelos satélites e, desse modo, causar erros nas medidas, e esses erros podem variar até valores na faixa de 100 m.

Essa "degradação de exatidão" não afeta realmente o trabalho dos topógrafos que usam dois receptores GPS, trabalhando no modo de levantamento relativo. No modo de levantamento relativo, um receptor é posicionado em um ponto cujas coordenadas foram previamente definidas (chamado de estação base ou receptor de referência), enquanto outro receptor é posicionado em outro ponto cujas coordenadas são desejadas (chamado de móvel ou *rover*). Utilizando as coordenadas conhecidas, o receptor de referência pode calcular os erros causados pela SA e determinar as correções que podem ser aplicadas aos móveis, para aumentar significativamente a precisão de suas medições. A correção relativa pode reduzir muito outros erros que podem afetar simultaneamente a estação base e a móvel, como os erros atmosféricos. A correção relativa não pode reduzir os erros de multicaminhamento porque esse tipo de erro é influenciado pelo local onde está o receptor. Correção relativa será discutida em detalhes na próxima seção.

Em setembro de 2007, o governo dos Estados Unidos anunciou sua decisão de eliminar o recurso de SA dos próximos satélites GPS a partir de então. É ainda a intenção dos militares manter o controle do GPS para que os Estados Unidos e seus aliados sejam capazes de explorar o sistema a seu favor em caso de guerra. Um método que será usado para impedir o uso hostil do GPS é por meio da deterioração regional do serviço, minimizando assim o impacto para os usuários pacíficos. Se isso for implementado em determinado local, os militares ainda podem usar GPS usando códigos alterados (conhecido como código Y).

## 15.9 MINIMIZAÇÃO DOS ERROS POR CORREÇÕES DIFERENCIAIS

É possível estimar aproximadamente os erros causados pela velocidade da luz à medida que ela passa pela atmosfera e aplicar esses erros como correção do tempo de viagem dos sinais. Infelizmente, as condições atmosféricas mudam a cada dia, assim como os erros envolvidos. Entretanto, há um método melhor para determinar erros causados pelas distâncias relativamente grandes até os satélites, se comparadas às curtas distâncias entre os receptores de referência e móveis sobre a Terra. Essas últimas distâncias são de, provavelmente, algumas ou, no máximo, poucas centenas de quilômetros.

O receptor de referência é colocado em um ponto que foi determinado com bastante cuidado. Esse instrumento recebe os mesmos sinais que recebe o receptor móvel. Como a posição de certo satélite é conhecida a partir de suas efemérides, é possível calcular a distância daquele satélite para o receptor de referência. Teoricamente, essa distância é igual ao tempo da viagem medido, multiplicado por 299.792,5 km/s. A diferença entre a distância conhecida e a distância teórica é o erro da medição. Ela pode ser dividida por 299.792,5 para obter o erro de sincronismo.

Como a distância da estação de referência para determinado satélite é aproximadamente igual à do receptor móvel para aquele satélite, parece lógico considerar que os erros de sincronismo são os mesmos. Assim, o erro de sincronismo do receptor de referência é usado para correções para os receptores móveis.* Naturalmente, os erros dos sinais de diferentes satélites serão diferentes porque suas distâncias para os receptores de referência variarão bastante. Como consequência, o receptor de referência terá de identificar os satélites dos quais os sinais são recebidos e fornecer correções diferentes para cada um. A informação é usada pelos receptores móveis para calcular suas posições. Você deve perceber que as magnitudes desses erros de medição de tempo são da ordem de poucos nanossegundos.

Deve-se ressaltar que os erros descritos não podem ser determinados apenas uma vez e usados para corrigir as medições feitas durante todo o dia. Eles estão mudando com bastante frequência e deve haver dois receptores trabalhando simultaneamente durante todo o trabalho.

## 15.10 RECEPTORES GPS

Os primeiros receptores GPS comerciais foram colocados no mercado no início de 1980 e custavam centenas de milhares de dólares. Hoje em dia, existem centenas de receptores diferentes no mercado (Figura 15-11) e seus preços variam enormemente, dependendo da capacidade de cada modelo. Alguns pequenos receptores portáteis podem ser comprados por algumas centenas de dólares. Houve uma explosão no uso de dispositivos de navegação que incorporam um GPS com um mapa digital para orientar os motoristas até os respectivos destinos. O preço desses dispositivos pode variar entre menos de 100 a várias centenas de dólares, dependendo de suas características e do tamanho da tela. A maioria dos GPSs de primeira qualidade para uso recreativo pode ser obtido por menos de 500 dólares. Algumas dessas unidades podem receber correção diferencial em tempo real usando o WAAS (Wide Area Augmentation System), que é discutido na Seção 15.13. Receptores para fins de mapeamento em geral custam entre 1.000 e 5.000 dólares e podem fornecer precisão muito melhor (< 1 m) do que as unidades para fins de lazer. Unidades para fins de mapeamento são capazes de aplicar correção diferencial em tempo real ou em pós-processamento. Para receptores projetados para levantamento geodésico (que fornecem resultados no intervalo de precisão de milímetros), os preços podem chegar à faixa de 30.000 a 40.000 dólares, com preços médios na faixa de 12.000 a 15.000 dólares. É importante lembrar que, para levantamento, normalmente são necessários pelo menos dois desses receptores para realizar o trabalho. Assim, para trabalhos de levantamento em que se usam dois receptores, estamos falando de um investimento mínimo de 30.000 a 50.000 dólares.

Quase todos os receptores GPS modernos são multicanais, capazes de monitorar simultaneamente vários satélites. A maioria tem oito ou mais canais e, portanto, pode monitorar simultaneamente até oito satélites. Como vimos anteriormente, é necessário observar pelo menos quatro satélites para estabelecer uma posição exata na Terra. O rastreio simultâneo de receptores permite o posicionamento cinemático, isto é, posições em tempo real mesmo com o GPS em movimento.

**Figura 15-11** Receptor GPS de mapeamento modelo Topcon GMS 110. (Cortesia da Topcon Positioning Systems.)

---

*As correções de tempo podem ser feitas em tempo real, quando o receptor base envia por outro sinal de rádio as correções para os receptores móveis, ou são pós-processadas em escritório juntando os dados coletados do receptor base de referência e os dados de um ou mais receptores móveis. (N.T.)

Sistema de Posicionamento Global (GPS) **261**

## 15.11 REDE DE REFERÊNCIA DE ALTA EXATIDÃO (HARN)

As seções precedentes deste capítulo mostraram com clareza a exatidão que pode ser obtida com o posicionamento relativo e a necessidade das estações de referência. O NGS e vários grupos de governos estaduais participam do esforço para aumentar a eficiência da rede de estações para levantamentos em todos os Estados Unidos. Essas estações compõem a High Accuracy Reference Network (HARN). A precisão dessas estações foi melhorada usando métodos GPS. As estações HARNs foram concebidas para apoiar o uso de GPS pelos topógrafos, cartógrafos, agrimensores e geodesistas locais e pelas instituições dos governos federal e estadual, entre muitas outras aplicações.

As coordenadas das estações estão referenciadas ao sistema de coordenadas estabelecido pelo NGS chamado North American Datum 1983 (NAD 83). O NGS é responsável por manter cerca de 1.400 dessas estações.

Estão agora disponíveis para os topógrafos que trabalham com GPS em áreas adjacentes alguns milhares de estações HARN e outras mantidas por vários governos.* Informações relativas à localização e à exatidão desses pontos podem ser obtidas no NGS. Note que, quando estiver usando uma estação HARN, é necessário ter um receptor colocado na estação e outro colocado no ponto cuja posição deseja-se determinar.

## 15.12 CORS

A seção precedente deste capítulo indica que é necessário ter dois receptores (e assim, duas pessoas) trabalhando simultaneamente para locar pontos com o método de posicionamento relativo. Porém, não é vantajoso, em muitas ocasiões, ter um sistema no qual exista uma estação fixa que não requeira atenção, além da presença de um receptor e de um operador.

Hoje há nos Estados Unidos uma rede de diversas centenas de estações chamadas de Continuously Operating Reference Stations (CORS).** Em cada uma das estações dessa rede, que é algumas vezes chamada de rede nacional CORS, há um receptor e um transmissor operando continuamente. Esses transmissores fornecem informações de posições para muitas agências privadas e governamentais envolvidas em mapeamento, navegação, trabalhos com SIG etc.

Um topógrafo que esteja no alcance do CORS (digamos 100 km a 150 km) será capaz de determinar coordenadas horizontais e verticais de pontos com aproximação de 1 cm a 2 cm, dependendo da qualidade do receptor móvel, com o erro aumentando à medida que as distâncias entre as estações CORS aumentam (cerca de 1 mm/km). O trabalho feito com o CORS não será adequado para trabalhos de levantamentos geodésicos (mm). O leitor notará que as informações das estações CORS necessitam ser usadas em trabalho de pós-processamento, antes que as coordenadas do ponto desejado possam ser obtidas.

## 15.13 OPUS

OPUS (*On-line Positioning User Service*) é o serviço de posicionamento on-line do NGS que fornece aos usuários de GPS a facilidade do acesso ao Sistema Nacional de Referência Espacial (NSRS). O NSRS inclui o CORS, bem como um conjunto de modelos precisos que descrevem os processos geofísicos dinâmicos que afetam as medições espaciais.

---

*No Brasil existe a rede do Sistema Geodésico Brasileiro (SGB), mantido pelo IBGE, que em 2006 teve todas as suas coordenadas ajustadas e transformadas para o novo referencial geodésico: o Sistema de Referência Geocêntrico para as Américas 2000 (Sirgas 2000). Alguns estados implantaram redes estaduais já aprovadas pelo IBGE. (N.T.)

**No Brasil, redes equivalentes estão sendo implantadas pelo IBGE (a Rede Brasileira de Monitoramento Contínuo [RBMC], http://www.ibge.gov.br/home/geociencias/geodesia/rbmc/rbmc.shtm), pelo Incra (Rede Incra de Bases Comunitárias do GPS [Ribac], http://ribac.incra.gov.br/) e por algumas empresas privadas que também estão mantendo bases funcionando continuamente para fornecer os dados a seus clientes. (N.T.)

262 Capítulo 15

Um topógrafo com um único GPS de dupla frequência pode enviar dados de pontos levantados para o *site* da NGS OPUS. Dentro de alguns minutos, NGS vai calcular uma posição de ponto corrigida usando dados de três estações CORS adjacentes. A precisão das posições derivadas do OPUS depende de quando os dados foram enviados para o processamento OPUS. Como exemplo, digamos que um operador coleta dados em um ponto por duas horas. Se ele envia esses dados para a NGS logo após as observações terem sido coletadas, esses dados são processados utilizando a órbita ultrarrápida. No entanto, se ele espera duas semanas para enviar, os mesmos dados serão processados pela órbita precisa e os resultados serão mais acurados. Um estudo descobriu que duas horas de dados processados pelo OPUS resultaram em erros médios quadráticos de 0,8; 2,1 e 3,4 cm nas componentes norte, leste e altura, respectivamente.[2] Deve-se notar que OPUS não foi projetado para substituir o ajustamento de rede (será discutido adiante, no Capítulo 16). Para a maioria dos levantamentos de controle ou apoio com GPS, os engenheiros usam receptores múltiplos e processam seus próprios dados usando os procedimentos de ajustamento de redes que serão discutidos no Capítulo 16.

## 15.14 WAAS

O Wide Area Augmentation System (WAAS) foi desenvolvido pela Federal Aviation Administration para melhorar a precisão do posicionamento GPS para uso na aviação civil. O WAAS usa uma rede de estações de referência terrestres, na América do Norte e no Havaí, para calcular as correções diferenciais para os sinais dos satélites GPS na América do Norte. Essas correções levam em conta as órbitas dos satélites de GPS e derivam do relógio, mais atrasos de sinal, causados pela atmosfera e pela ionosfera. As correções são encaminhadas para estações principais, que enviam as mensagens de correção aos satélites geoestacionários WAAS localizados ao longo do equador. Esses satélites transmitem as mensagens de correção de volta à Terra, onde receptores GPS habilitados para o WAAS usam as correções no cálculo de suas posições para melhorar a exatidão. Um receptor habilitado para o WAAS pode fornecer uma posição com exatidão superior a três metros em 95% das vezes, sem ter que comprar equipamento de recepção adicional ou pagamento de taxas de serviço. Como os satélites WAAS são posicionados ao longo do equador, o usuário precisa de uma boa visão do céu na direção sul para receber os sinais. Uma vez que o ângulo de recepção é extremo, cobertura de árvores, montanhas ou outros obstáculos podem bloquear os sinais WASS.

## 15.15 SINAIS DO GPS

Os satélites transmitem sinais em duas frequências da banda-L: o sinal L1, com frequência de 1575,42 MHz, e o sinal L2, com frequência de 1227,60 MHz. O sinal L1 é modulado com dois códigos — o código C/A (de *course acquisition*), que é disponível para o público, e o código P, preciso ou protegido, destinado a uso militar. Supostamente, medições mais acuradas podem ser feitas pelos militares usando o código P.

Esses sinais são muito fracos (aqueles de nossas rádios locais e estações de televisão são milhares de vezes mais fortes), portanto têm pouco poder de penetração. Por exemplo, superfícies sólidas de metal interrompem completamente os sinais, assim como troncos e galhos de árvores com somente poucos centímetros de diâmetro. Se o sinal passa através de apenas 1 cm de água, ele se enfraquece a ponto de tornar-se inutilizável. É possível perceber também que folhas de árvores decíduas* têm um efeito de detrimento muito grande do sinal, pior ainda se as árvores estão cobertas de neve ou gelo. Por outro lado, vidro ou plástico fino têm pouco efeito no sinal.

---

[2]*Paper* de T. Soler, P. Michalak, N. D. Weston, R. A. Snay, R. H. Foote, "Accuracy of OPUS solutions for 1- to 4-h observing sessions", *GPS Solut* (2006) 10: 45-55.

*Árvores decíduas são árvores que perdem suas folhas por causa da chegada do outono, cenário muito comum nos Estados Unidos. (N.R.T.)

A frequência L5 com 1176,45 MHz foi adicionada no processo de modernização do GPS. Essa frequência situa-se em uma faixa de proteção internacional para navegação aeronáutica, prometendo pouca ou nenhuma interferência em todas as circunstâncias. O primeiro bloco IIF de satélites que fornece esse sinal foi lançado em 2009. Outros novos sinais e códigos estão planejados com o advento da próxima geração de satélites GPS III.

## PROBLEMAS

**15.1**  O que é pseudodistância?

**15.2**  Por que é desejável fazer medições para quatro ou mais satélites quando estiver determinando posições?

**15.3**  Como se mede o tempo de percurso do sinal de um satélite GPS?

**15.4**  O que é GNSS?

**15.5**  Por que é importante para os militares que os sinais de rádios sejam transmitidos dos satélites e não da posição do observador?

**15.6**  O que são os erros de multicaminhamento em relação aos sinais de satélites?

**15.7**  O que significa o termo *disponibilidade seletiva* ou *SA*?

**15.8**  O que são as efemérides dos satélites?

**15.9**  O GPS é satisfatório para todas as situações de campo? Se não, explique em que circunstância não é satisfatório.

**15.10**  O que é CORS, HARS e OPUS?

**15.11**  Ao falar de GPS, o que significa o termo *levantamento cinemático*?

# Capítulo 16

# Aplicações de Campo de GPS

## 16.1 GEOIDE E ELIPSOIDE

A Terra não é uma esfera perfeita. Ela é achatada em seus polos, e seu semieixo polar é aproximadamente 21 km menor que seu semieixo equatorial. Sua superfície é, aproximadamente, um *elipsoide*, também chamado de esferoide. Um elipsoide é uma superfície curva que se aproxima da forma e das dimensões da Terra (um elipsoide é formado quando uma elipse é rotacionada em torno de seu eixo menor).

O *geoide* é definido como uma figura hipotética que representa a forma elipsóidica da Terra, definida pelo nível médio dos mares (NMM). A superfície do geoide é dita equipotencial, pois o potencial gravitacional é igual em todos os pontos sobre sua superfície. A superfície é perpendicular à direção da gravidade em cada ponto. O geoide é uma superfície que pode distar em até 100 m da superfície do elipsoide. Isso é causado pela distribuição irregular de massas da Terra, ocasionando irregularidades no NMM ao redor do mundo. Por exemplo, um ponto no nível do oceano Índico está 170 m mais baixo que um ponto no oceano Atlântico Norte. Partes do geoide, de um elipsoide e da superfície da Terra são mostradas na Figura 16-1.

Os topógrafos estavam acostumados a usar níveis ópticos para medir distâncias verticais referidas ao nível médio dos mares na Terra, ou ao geoide. Geralmente, eles executavam levantamentos planos de pequenas áreas da Terra. Os topógrafos, na verdade, ignoravam as implicações da *geodésia* (o efeito que a forma curva ou elipsoidal da Terra tem sobre seus trabalhos). As distâncias que eles mediam eram relativamente pequenas, e, então, as implicações globais eram desprezíveis.

Hoje, contudo, o topógrafo necessita perceber que a medição da cota de um ponto em particular (h) dado pelo uso de GPS é, na verdade, a distância de um ponto na superfície do elipsoide para o ponto em questão. O topógrafo, no entanto, necessita da altura (H), acima ou abaixo, em relação ao NMM (ver Figura 16-1).

O elipsoide usado para representar a Terra nos trabalhos com GPS é conhecido como WGS 84 (WGS significa World Geodetic System — Sistema Geodésico Global). As observações de satélites

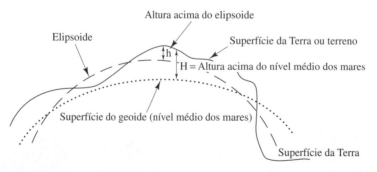

**Figura 16-1** Três tipos de superfícies: geoidal, elipsoidal e superfície da Terra (dimensões verticais altamente exageradas).

nas últimas décadas têm nos permitido estimar melhor o tamanho, a forma e a massa da Terra. Esse elipsoide é consistente com o elipsoide GRS 80 (GRS representa o Geodetic Reference System da International Union of Geodesy and Geophysics — Sistema Geodésico de Referência da UGGI — União Geodésica Geofísica Internacional).

Para o elipsoide terrestre, é usado um sistema de coordenadas cartesianas geocêntrico e fixo (*Earth-centered, Earth-fixed* — ECEF), no qual o centro de massa da Terra coincide com as coordenadas zero para $x$, $y$ e $z$ (origem do sistema). O eixo $x$ se inicia nesse centro de massa e cresce na direção da interseção do equador do elipsoide com o meridiano de Greenwich. O eixo $y$ é perpendicular ao eixo $x$ e o eixo $z$ é perpendicular ao plano $xy$.

Na verdade, as observações GPS permitem que o topógrafo obtenha coordenadas cartesianas para todos os pontos. Esses valores podem ser transformados para latitude, longitude e altura elipsoidal. Finalmente, esses últimos valores podem ser convertidos para os planos estaduais* ou outras coordenadas.

## 16.2 APLICAÇÕES DE CAMPO

Os receptores GPS (Figura 16-2) podem ser usados para localizar objetos estacionários ou em movimento. Se o receptor é mantido em um lugar, será possível fazer observações repetidas dos satélites. O receptor pode fazer o cálculo dessa posição em menos de um segundo.

Os receptores podem ser bastante pequenos e facilmente transportados. Na verdade, eles são pequenos o suficiente para serem carregados com uma das mãos. A última geração de receptores

**Figura 16-2** O Leica SmartRover. (Cortesia da Leica Geosystems.)

---

*Os planos estaduais são superfícies de referência usadas para projeções cartográficas adequadas e definidas para cada estado americano. Não existe iniciativa análoga no Brasil. (N.T.)

consome muito menos energia que os seus predecessores, permitindo assim o uso de baterias menores e mais leves.

O levantamento com GPS é muito menos afetado pelas condições de tempo que a maioria dos outros tipos de levantamento. Uma vez que ele faz uso de micro-ondas, o trabalho pode ser feito sob neve, chuva ou cerração. Mesmo uma porção de neve sobre a antena não afeta a exatidão do trabalho.

Para usar o GPS na determinação de pontos, não é necessário ter visada direta entre pontos adjacentes, mas o sistema não funciona se existirem obstruções bloqueando os sinais dos satélites à antena do equipamento. É necessário ter visadas desobstruídas aos satélites, com ângulos verticais maiores que $15°$ ou $20°$ acima do horizonte. (Bússolas de bolso e clinômetros são bastante úteis para indicar posições satisfatórias para as observações. Com uma bússola, é possível determinar as direções de vários obstáculos, e com o clinômetro podem-se medir os ângulos verticais dos pontos propostos para o topo de árvores, morros e prédios em volta.)

É bastante comum topógrafos usarem GPS para localizar determinados pontos de apoio e usar medidas tradicionais de levantamento para determinar as coordenadas de outros pontos a partir desses pontos de apoio. Uma possibilidade pode ser trazer uma empresa especializada em levantamentos com GPS para estabelecer alguns pontos de apoio e, em seguida, usar métodos topográficos convencionais para o restante do levantamento.

Os sinais de satélite não podem penetrar na água, solo, paredes ou outros obstáculos. Então, o GPS não pode ser usado para posicionamento subterrâneo ou para navegação subaquática. Além disso, pode haver problemas em grandes cidades com muitos prédios altos.

Fazer observações GPS em áreas de floresta é bastante difícil. Nesses casos, é necessário que haja uma vista suficientemente clara do céu e talvez não sejam encontradas áreas abertas disponíveis. Para tais situações, pode ser necessário cortar algumas árvores ou levantar a antena acima do topo delas. Para essa finalidade, existem no mercado várias torres portáteis de pouco peso. Quando usar uma torre, lembre-se de manter a antena localizada diretamente sobre o ponto em questão com o auxílio de um fio de prumo e de medir cuidadosamente a altura da antena acima do ponto.

Uma aplicação muito importante de observações GPS é com poligonais abertas. Se uma poligonal aberta de grande extensão é levantada ao longo de uma estrada, linha de transmissão ou ferrovia pelos métodos convencionais, não é possível realizar nenhum controle até atingir a outra extremidade. Então, normalmente é necessário amarrar essa poligonal a algum vértice da rede do NGS (se estiver razoavelmente próxima), ou, mais provavelmente, levantar um novo conjunto de alinhamentos, retornando ao ponto de partida, e verificar o erro de fechamento e a precisão da figura fechada resultante. Tal procedimento gasta muito tempo e frequentemente apresenta problemas de precisão se as linhas levantadas no percurso da volta seguirem aproximadamente o mesmo percurso que a inicial. Isso ocorre porque os ângulos nas extremidades podem ser pequenos, mas mesmo pequenos erros em seus valores podem distorcer enormemente a poligonal (resultando em medidas de baixa precisão). Com o uso de GPS, podem ser locados pontos de controle nas extremidades e/ou ao longo do percurso de uma poligonal. Os resultados serão uma considerável economia de tempo e, provavelmente, um apreciável incremento em precisão.

## 16.3  LEVANTAMENTOS ESTÁTICOS COM GPS

Se um receptor é colocado em um ponto cujas coordenadas são conhecidas (de algum levantamento prévio) e outro receptor é colocado sobre um ponto cuja coordenada é desejada, o procedimento é conhecido como *GPS estático*.[1] O topógrafo pode usar mais de dois receptores e, simultaneamente, coletar dados para múltiplos pontos, talvez separados por muitos quilômetros. As observações de GPS mais exatas são feitas com o procedimento estático.

---

[1] A terminologia dos métodos de levantamento GPS como adotado no Brasil deve ser consultada no documento Resolução PR nº 5-31/03/1993. Especificações e Normas Gerais para Levantamentos GPS, disponível em: ftp://geoftp.ibge.gov.br/documentos/geodesia/pdf/normas_gps.pdf. (N.R.T.)

Com o GPS estático, é possível obter distâncias repetidas do satélite para o ponto desejado. A cada nova observação, uma melhoria é aplicada às posições determinadas previamente. Com equipamentos de primeira classe, as posições relativas de dois pontos, que podem estar separados por muitos quilômetros, podem ser determinadas com aproximação melhor que um centímetro.

O GPS estático é geralmente usado pelo topógrafo para levantamentos de controle nos quais a exatidão é extremamente importante. Uma desvantagem do procedimento é a demora no rastreamento das observações, que podem levar de 30 minutos a uma hora, ou até mais, dependendo do receptor, da exatidão requerida, das condições atmosféricas, da configuração dos satélites observados e das distâncias do receptor base a cada receptor móvel. Como consequência do tempo exigido para essas observações, as equipes de levantamento jocosamente referem-se ao sistema GPS como "*Getting Paid to Sit*" (trocadilho que quer dizer "Sendo Pago para Sentar").

A parte menos acurada da medição GPS refere-se às altitudes, mas, se os levantamentos estáticos forem planejados e executados cuidadosamente, podem ser obtidos valores confiáveis, e então a necessidade para nivelamento convencional pode ser eliminada ou pelo menos drasticamente reduzida.

## 16.4 LEVANTAMENTOS CINEMÁTICOS

GPS cinemático é um termo usado para o rastreamento de posições enquanto o receptor GPS está em movimento. Com o GPS estático, os pontos ou objetos observados são estacionários e os tempos de observação são longos. Por outro lado, com GPS cinemático, é necessário locar objetos em movimento ou locar rapidamente um grande número de pontos, uma necessidade para mapeamentos topográficos ou levantamentos de apoio à construção. Por exemplo, o GPS cinemático é usado para monitorar a localização de caminhões, carros, navios e aviões. No que diz respeito a esses últimos, o GPS cinemático é muito útil para estabelecer a localização de navios que estão fazendo batimetria ou de aviões no momento da tomada das fotografias em levantamentos fotogramétricos.

A coleta de dados cinemáticos permite uma rápida obtenção de informação topográfica em áreas onde os satélites GPS podem ser observados (ou seja, fora das florestas ou edifícios arranha-céus). As precisões obtidas são aproximadamente iguais àquelas obtidas quando a unidade móvel é mantida em cada ponto durante um curto período de tempo.

Para um levantamento cinemático, é necessário que o receptor móvel seja capaz de rastrear, no mínimo, quatro satélites, embora sejam preferíveis cinco ou mais. O rastreio deve ser continuamente mantido, o que significa que o receptor móvel não pode ser carregado através de florestas, entre prédios altos, sob passarelas, e assim por diante. Portanto, como consequência dessas limitações do equipamento, o levantamento cinemático não é uma panaceia para todo e qualquer levantamento.

## 16.5 LEVANTAMENTO CINEMÁTICO EM TEMPO REAL

O desenvolvimento que teve o maior impacto sobre levantamentos em anos recentes é o método cinemático em tempo real (*Real-Time Kinematic* — RTK), executado com equipamentos especializados de GPS que fornecem precisão centimétrica. Ele transformou o GPS de um método utilizado para levantamentos de apoio em um que pode ser utilizado para a coleta de dados de mapas em grande escala, bem como um que pode ser utilizado para a locação de projetos de engenharia. O levantamento RTK baseia-se em medições da fase portadora, discutida na Seção 16.10. Em RTK, um receptor GPS está localizado numa estação de base, enquanto um ou mais receptores móveis são usados para locar os pontos. A aplicação da correção diferencial em tempo real é possível por meio de comunicação via rádio entre a estação base e os receptores móveis. Na coleta de dados no modo cinemático, o receptor móvel pode ser transportado em torno de um lago ou ao longo de uma estrada, ou instalado em uma bicicleta, barco ou avião, e as posições serão obtidas continuamente. Assim, a trajetória de um objeto em movimento, como um carro, navio ou avião, pode ser obtida. O posicionamento por RTK pode ser usado para a coleta cinemática de dados, mas também para coletar dados de pontos estáticos, nesse caso, também conhecido como GPS *stop-and-go* ou estático rápido. Nesse método, o RTK móvel (Figura 16-2) é posicionado em um ponto, um botão é pressionado para começar a coleta e então, após um curto intervalo de tempo, o botão é pressionado novamente para terminar a coleta. Esse processo é repetido à medida que o operador se desloca de um ponto a outro. O posicionamento por RTK pode fornecer normalmente uma precisão de centímetros dependendo do equipamento utilizado e da proximidade com a estação de base. Os valores obtidos não são suficientemente precisos para o apoio vertical.

## 16.6 ESTAÇÃO DE REFERÊNCIA VIRTUAL

Discutimos a necessidade de ter uma estação base GPS em um ponto conhecido para ajudar a reduzir erros posicionais por meio da correção diferencial. No Capítulo 15, discutimos WAAS e CORS, que geram correções diferenciais, eliminando a necessidade de uma pessoa montar a sua própria estação de base. Normalmente, o uso de dados CORS é feito através de pós-processamento, baixando as correções e usando um *software* para processar as correções CORS com os dados do receptor móvel posteriormente, no escritório. Muitos estados americanos mantêm e transmitem correções CORS em tempo real. Usando o CORS dessa maneira, cria-se o que é conhecido como uma estação de referência virtual (*virtual reference station* — VRS). O VRS é um sistema composto de *hardware* e *software* projetado para facilitar o posicionamento GPS/GNSS em tempo real, baseado num conjunto de estações de referência. O sistema VRS baseia-se no *software* embutido no GPS que processa os dados do receptor móvel com os dados do CORS em tempo real para gerar uma solução modelada. Um dos benefícios principais do VRS é que você não precisa de uma estação base GPS separada nem de alguém para guardá-la a fim de realizar o posicionamento RTK em uma região. Usando o VRS, a rede CORS atua essencialmente como uma estação de referência contínua que compõe a rede de trabalho completa. Isso permite o posicionamento RTK usando um único receptor móvel, configurado corretamente no campo.

## 16.7 DILUIÇÃO DE PRECISÃO (DOP)

É bom relembrar que os satélites GPS estão em uma órbita quase circular a cerca de 20.200 km (11.000 milhas náuticas) acima da Terra. Além disso, eles fazem uma revolução completa na Terra a cada 11 horas e 58 minutos. Assim, cada satélite está visível para certa localidade por cerca de quatro a seis horas durante cada uma de suas revoluções. A constelação é organizada para que, no mínimo, quatro satélites estejam visíveis a qualquer instante e em qualquer lugar sobre a superfície da Terra.

A rigidez das medições é um tópico muito importante em GPS como em todas as fases de levantamentos. Esse termo se refere ao efeito dos erros nas medições sobre a exatidão com a qual o levantamento está acometido. Caso pequenos erros de medições afetem muito pouco os resultados finais, então as medições são chamadas de fortes. Um exemplo é apresentado aqui. Se os sinais estão sendo recebidos de um grupo de satélites que estão bastante próximos uns dos outros, as esferas mostradas na Figura 15-5 não se interceptam umas às outras em ângulos agudos e suas superfícies são quase paralelas. Consequentemente, pequenos erros de medição de tempo provocarão grandes erros nas posições calculadas para o observador. As medições são ditas fracas.

Se os ângulos entre os sinais que chegam são pequenos, a geometria será fraca e indicará que os erros serão maiores. Se os ângulos são grandes, melhores serão os resultados. A Figura 16-3 mostra exemplos de geometria fraca e forte para as observações GPS.

Quando o GPS é usado para determinar posições sobre a Terra, a exatidão obtida depende muito da geometria, ou seja, das posições dos satélites visíveis durante a observação. O efeito da configuração dos satélites é expresso pelo DOP (*dilution of precision*, ou diluição de precisão). Esse fator é calculado pelo receptor GPS usando o método dos mínimos quadrados para determinar o efeito da geometria do satélite sobre a exatidão da medição. O valor obtido é chamado de diluição da precisão geométrica (*geometric dilution of precision* — GDOP). A diluição de precisão posicional (PDOP) é igual ao GDOP corrigido dos erros de medição de tempo.

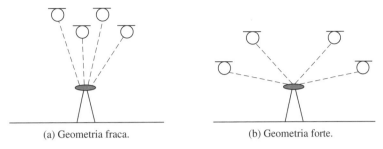

(a) Geometria fraca.　　　(b) Geometria forte.

**Figura 16-3** Geometria de satélites.

Os valores de GDOP e PDOP são determinados a partir das observações de diversos satélites. Esses valores mudam à medida que os satélites se movem em suas órbitas. O objetivo é fazer observações quando GDOP e PDOP forem os menores possíveis. O mais importante DOP a se considerar é o PDOP, cujo valor ideal é igual a 1.

Caso os satélites estejam localizados próximos ao horizonte, seus sinais terão de passar através de uma camada maior de atmosfera que os sinais dos satélites com maior ângulo de elevação. Como consequência, os observadores normalmente não usam os sinais vindos de satélites com ângulo de elevação menor que um valor assumido arbitrariamente, de aproximadamente 10 a 20 graus acima do horizonte, devido à magnitude dos erros da ionosfera. O ângulo de corte considerado é chamado de *máscara de elevação*. O ângulo de máscara também ajuda a minimizar os erros de multicaminhamento.

Antes de um levantamento ser feito, a quantidade e as posições dos satélites visíveis para o período previsto e local da observação são determinadas e o valor DOP calculado. Quanto mais fraca for a configuração da geometria dos satélites, maior se torna o número DOP.

Como mencionado previamente, a medição da rigidez geométrica de um grupo de satélites em certo instante e lugar é conhecida como diluição da precisão geométrica (GDOP). Esse valor se deve somente à geometria e não leva em conta os obstáculos que bloqueiam ou interferem na linha de visada entre a posição do observador e o satélite. Embora um bom GDOP (valor baixo) possa ser calculado para certa área e em certo período, as observações feitas podem ainda ser ruins se elas forem afetadas por obstáculos tais como árvores, prédios ou morros. Os outros fatores DOP são:

(a) HDOP — diluição de precisão da posição horizontal (latitude e longitude).
(b) VDOP — diluição de precisão da posição vertical (altura).
(c) TDOP — diluição de precisão do tempo.

A exatidão prevista para certa medição é igual ao PDOP multiplicado pela raiz quadrada da soma dos quadrados dos erros previstos (relógio, efemérides, receptor, ionosfera etc.). Sob condições muito boas, o PDOP será cerca de 2,0. Sob condições perfeitas ele é igual a 1,0. Na prática, o valor do PDOP deve ser igual ou menor que 5 quando as observações estão sendo feitas.

---

**EXEMPLO 16.1** Baseado em um PDOP = 2, erro da ionosfera/atmosfera = 1,9 m, erro de relógio do satélite = 0,55 m, erro de multicaminhamento = 0,92 m, erro de órbita = 1,81 m e erro de receptor = 0,3 m, qual é a melhor estimativa do erro total?

**SOLUÇÃO** O erro é representado pela raiz quadrada da soma dos erros dos componentes ao quadrado, multiplicado pelo PDOP como se segue:

$$\text{RMS} = \sqrt{(16^2 + 2^2 + 3^2 + 6^2 + 1^2)} = 5,3 \text{ m}$$

Estimativa de erro RMS total $* \text{PDOP} = 5,3 * 2 = 10,6$ m

Caso o PDOP seja maior do que 5,0, o topógrafo deve adiar suas observações até que esteja disponível um arranjo mais favorável dos satélites. Quando o PDOP é 1,0, a situação é a melhor possível. Tal valor pode ocorrer quando um satélite está diretamente sobre o instrumento e três outros estão próximos ao horizonte e separados entre si por 120°.

## 16.8 PLANEJAMENTO

Como previamente mencionado no Capítulo 2 (Seção 2.15), nenhuma outra fase do levantamento é mais importante que um bom planejamento. Essa afirmação é particularmente verdadeira para levantamentos com GPS. Para esse tipo de trabalho, dois, três, quatro ou mais receptores podem ser usados simultaneamente para coletar dados de vários pontos que podem estar afastados alguns quilômetros. Naturalmente, um planejamento correto é essencial para coordenar as várias fases do trabalho.

Os objetivos do planejamento são, primeiro, obter medições exatas e, segundo, executar o trabalho economicamente. Com um bom planejamento, o levantamento pode ser feito mais facilmente, com maior exatidão, com maior economia e mais rapidamente. Nesta seção, diversos passos e sugestões são indicados.

### No Escritório

1. Determine a exatidão requerida para o levantamento em questão e selecione o receptor de GPS ou receptores a serem usados (se tal escolha for possível).
2. Obtenha ou prepare um mapa da área envolvida. Uma folha de mapa da USGS ou um mapa para SIG provavelmente ajudarão consideravelmente.
3. Contacte a NGS* para identificar potenciais vértices materializados (marcos) na área de levantamento. São particularmente interessantes os marcos que tenham sido medidos com acurácia igual ou melhor do que aquela desejada para o levantamento. Tais pontos podem ser empregados como marcos de apoio para uma estação de base GPS. Localize os pontos no seu mapa.
4. Selecione um período de tempo para fazer o trabalho de campo (um dia ou período específico, determinada tarde ou manhã etc.). Em seguida, com o auxílio de um *software* de planejamento de missões de campo, identifique as trajetórias dos satélites para os períodos considerados. Suponha que estamos pensando em fazer o trabalho de campo amanhã à tarde. Com o *software* podemos visualizar as trajetórias dos satélites que estarão visíveis durante esse período de várias horas. Em seguida, os valores de PDOP podem ser estimados para as mesmas horas, e então se escolhe um período de tempo específico, que julgamos ser o melhor para as observações. Um período em que o PDOP tem valor igual ou menor a 5 é, geralmente, considerado satisfatório, mas isso depende de requisitos de precisão.
5. Prepare uma lista do equipamento necessário para realizar o reconhecimento de campo. Além dos receptores, é aconselhável ter os telefones celulares para coordenar o trabalho e, talvez, dois daqueles instrumentos previamente ditos neste livro como sendo quase obsoletos — clinômetro (ver Figura 3-17) e bússola (ver Capítulo 9).
6. Identifique os atributos a coletar. Atributos podem incluir um identificador para o ponto (o GPS pode atribuir isso automaticamente) e atributos descritivos, que dependem da finalidade destinada aos dados GPS. Por exemplo, se você está conduzindo um levantamento para

---

*No Brasil, a instituição responsável por esses dados é o IBGE. Recomenda-se consultar o Banco de Dados Geodésicos, disponível em: http://www.ibge.gov.br/home/geociencias/geodesia/bdgpesq_googlemaps.php. (N.R.T.)

desenvolver um inventário de sinalização de estrada, então terá de recolher informações sobre cada sinal, além dos dados de posicionamento GPS. Além disso, você deve decidir se os dados de atributo podem, ou não, ser coletados em meio digital (muitos receptores de GPS permitem inserir dados de atributos) ou em papel (por exemplo, usando uma prancheta).

### Visita ao Local de Trabalho

Para levantamentos GPS é essencial fazer uma visita preliminar ao local de trabalho. Alguns dos itens necessários para anotar no local incluem:

1. Se for necessária uma estação de base, procure marcos de levantamentos já existentes no solo. Receptores de GPS podem ajudar bastante nesse esforço. É bom fazer anotações cuidadosas quanto a esses locais, para que as equipes de campo não percam tempo em encontrar os pontos. Uma vez encontrados, há um bom campo de visão para o céu? Decida quais monumentos seriam mais adequados para servir como pontos de referência para uma estação base GPS.
2. Se for o caso, decida onde estabelecer novos pontos de apoio. Para esses pontos e quaisquer pontos de coordenadas conhecidas já existentes, faça anotações sobre obstruções às observações, tais como edifícios, árvores, montanhas etc. A esse respeito, o clinômetro e a bússola, muitas vezes, revelam-se bastante úteis. Observe atentamente os azimutes e elevações das obstruções, permitindo assim que outra pessoa possa depois inseri-los em *software* para visualização no computador.
3. Identifique em seu mapa quaisquer obstruções que podem levar a erros de multicaminhamento ou redução da visibilidade de satélites. Lembre-se de que o valor de PDOP de planejamento do escritório é um valor ideal. Ele não considera obstruções.

## 16.9 PROBLEMA EXEMPLO

Nesta seção, é descrita a determinação da latitude e da longitude de um ponto. O procedimento relativo estático é usado, tomando como referência uma estação base próxima, cuja posição bastante acurada é conhecida. Os passos envolvidos para fazer as medições são também descritos nesta seção. Embora os pontos envolvidos sejam muito próximos uns dos outros, o mesmo procedimento pode ser usado se os pontos estiverem afastados muitos quilômetros. Se negligenciarmos o deslocamento entre os pontos, os tempos e os custos de medição seriam equivalentes.

Um passo muito importante em um levantamento GPS é a seleção do período de tempo durante o qual as observações serão feitas. Nesse caso, decidimos tentar fazer as observações próximo ao meio-dia do dia 12 de outubro de 2011. Nosso primeiro passo é fazer uso do *software* que fornece informações como a disponibilidade dos satélites visíveis, suas órbitas, e os valores de PDOP de 11h até 13h (no horário local) para a data em questão. Além dos *softwares* comerciais, vários fabricantes de receptores GPS disponibilizam em seus *websites* ferramentas online de planejamento de missões de campo.

Como previamente mencionado, as órbitas dos satélites variam um pouco à medida que o tempo passa, devido à radiação solar e à atração gravitacional da Lua e do Sol. As órbitas corrigidas (almanaque GPS) podem ser baixadas a qualquer tempo da internet. É possível, também, baixar o almanaque atual de um receptor GPS. Embora seja fácil baixar essas correções em intervalos frequentes, um almanaque baixado há algumas semanas é quase tão satisfatório quanto um atualizado porque as alterações são muito pequenas.

Em seguida, dados sobre o local a ser levantado e o período de tempo previsto para o trabalho são inseridos em um programa de planejamento de missões de levantamento e o melhor horário para o levantamento é então determinado, considerando a disponibilidade de satélites e o PDOP. Um exemplo de planejamento de missão é ilustrado na Figura 16-4, intitulada "Número de Satélites e PDOP".

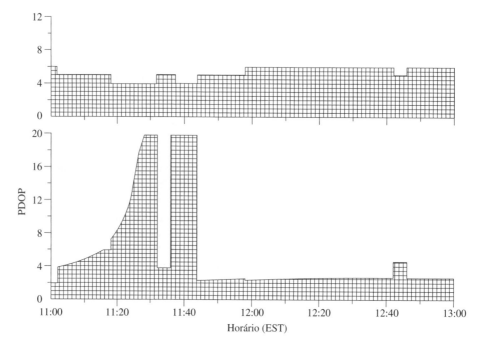

**Figura 16-4** Planejamento da disponibilidade de satélites e PDOP.

A parte superior da figura mostra o número de satélites visíveis (SVs) para o período do tempo em questão. Uma análise da figura mostra que o número de satélites visíveis varia entre quatro e seis durante esse tempo.

Na parte de baixo da figura, os valores de PDOP são mostrados para o mesmo intervalo de tempo. Você pode ver que o PDOP é extremamente alto e insatisfatório em dois horários: próximo a 11h20 e 11h40. Se você olhar na parte superior da figura, verá que esses horários ruins ocorrem quando o número de satélites baixou de cinco para quatro. Observe que, se o usuário empregar um ângulo de máscara de 15°, irá ignorar os satélites a menos de 15° acima do horizonte. Outros gráficos usuais que podem ser feitos com o *software* de planejamento de missões mostram os azimutes para os satélites visíveis e suas elevações ou ângulos verticais em relação ao local de levantamento. Esses dois desenhos podem ser combinados em um chamado *gráfico de visibilidade*.

A elevação ou ângulo vertical de cada satélite visível é mostrado na Figura 16-5 para o período das 11h às 13h da data em questão. É bastante interessante estudar essa figura e compará-la com a informação dada na Figura 16-4 a respeito do número de satélites visíveis acima do ângulo de máscara e os valores do PDOP. Por exemplo, na primeira dessas figuras, note que o número de satélites visíveis mudou de seis para quatro durante o período de 11h18 a 11h38 e o PDOP aumentou tremendamente. A Figura 16-5 mostra que dois satélites se moveram para baixo do ângulo de máscara durante esse período. Note que, após 11h45, o PDOP parece bom assim que dois satélites agora se moveram para acima do ângulo de máscara.

Em seguida, um gráfico de visibilidade é apresentado na Figura 16-6. Essa figura mostra as órbitas dos satélites visíveis de 11h a 13h na data em questão. Os satélites, nesse caso, estão se movendo de suas extremidades não numeradas em direção às suas extremidades numeradas durante

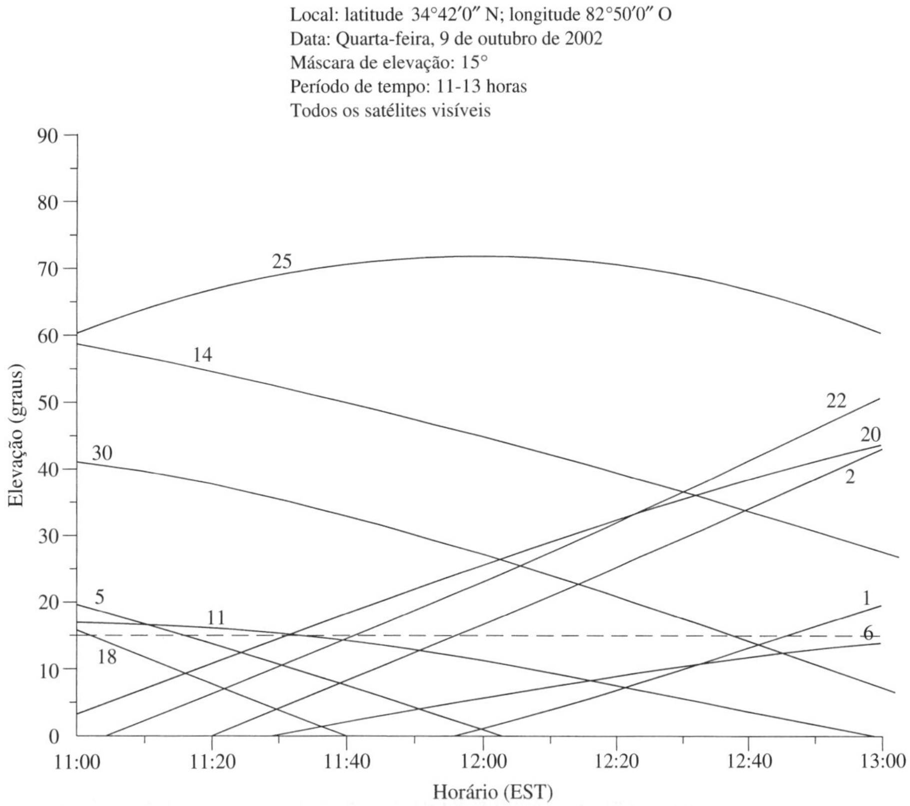

Local: latitude 34°42′0″ N; longitude 82°50′0″ O
Data: Quarta-feira, 9 de outubro de 2002
Máscara de elevação: 15°
Período de tempo: 11-13 horas
Todos os satélites visíveis

**Figura 16-5**  Gráfico de elevação da missão de planejamento. A elevação é dada como um ângulo vertical em graus relativo ao horizonte do local do levantamento.

o período de duas horas. As elevações de satélites, ou seus ângulos verticais a partir do horizonte, podem ser determinadas usando os círculos concêntricos mostrados. O círculo mais externo representa um ângulo vertical de 0°, enquanto o próximo círculo mostra um ângulo vertical de 30°. O próximo círculo é de 60°, e a interseção dos eixos NS e EW representa o ângulo vertical de 90° (diretamente acima do local). Note também que o círculo tracejado em 15° representa o ângulo de máscara.

No campo, o tripé é cuidadosamente instalado sobre o ponto cujas coordenadas são desejadas. Se há muito vento ou se é próximo a uma rodovia ou ferrovia com tráfego pesado, não é uma má ideia usar sacos de areia para estabilizar as pernas do tripé contra a vibração. A antena é presa ao topo do tripé e os cabos são atarraxados ao receptor e à antena. A altura da antena é medida muito cuidadosamente e registrada. Como frequentemente ocorrem erros significativos em tais medições, o uso de um tripé de altura fixa é uma boa ideia. Esse procedimento será repetido para os outros pontos (por exemplo, um ponto de referência a ser utilizado para uma estação de base).

---

| **EXEMPLO 16.2** | Quais são o azimute e o ângulo vertical do satélite nº 20 do gráfico de visibilidade às 12h? |
|---|---|
| *SOLUÇÃO* | Como 12h é a metade entre 11h e 13h, nos deslocamos ao longo da órbita mostrada para aquele satélite até a metade e vemos que é o azimute é de aproximadamente 315° e o ângulo vertical está no círculo de 30°. |

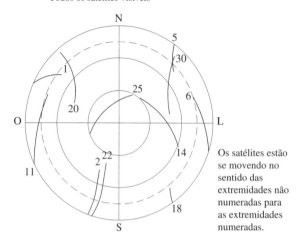

**Figura 16-6** Gráfico de visibilidade da missão de planejamento.

Com uma figura como a Figura 16-4, obtivemos o melhor PDOP possível para nossa área. Quando o observador vai para o campo e instala um receptor, o PDOP pode ser muito mais alto por causa da visibilidade reduzida devido a prédios, árvores ou morros vizinhos. À medida que são realizadas observações, o receptor indicará o PDOP real e se se pode ajustar o trabalho adequadamente.

No campo, o receptor estará continuadamente fazendo observações do satélite. O observador deve limitar o número dessas observações a uma a cada tantos segundos de intervalo, de modo a satisfazer às limitações de armazenamento de dados do receptor dentro do bom senso. O intervalo de tempo adotado é conhecido como *época*. A época mínima é tipicamente 1 segundo.

Mais tarde, no escritório, os dados são pós-processados para remover os erros através de médias e correções diferenciais e são determinadas as coordenadas mais prováveis de latitude e de longitude.

## 16.10 DIFERENÇAS ENTRE OBSERVAÇÕES

O posicionamento diferencial ou relativo envolve o uso de dois ou mais receptores para medir simultaneamente os mesmos sinais de satélite e calcular os valores dos vetores (ou linhas de base) entre os receptores. O objetivo principal é determinar as coordenadas de um ou mais pontos desconhecidos em relação a um ponto de coordenadas conhecidas. Pode-se obter mais exatidão por causa da correlação entre as medições. Isso é bem semelhante ao nivelamento, em que se quer a cota de determinado ponto e, para obtê-la, são medidos os desníveis desde um ponto de cota conhecida até o ponto em questão, percorrendo diferentes caminhos. Então o valor mais provável é calculado com base nos valores medidos, conforme descrito na Seção 8.1 deste livro.

Podemos classificar as diferenças em GPS como simples diferença, dupla diferença e tripla diferença. Esses métodos são descritos nos parágrafos a seguir.

**Simples Diferença**

Nesse procedimento, dois receptores são usados simultaneamente para observar apenas um satélite. Após as medições serem tomadas, diferentes combinações lineares das equações podem ser escritas, e, como resultado, pode ser eliminada a maioria dos erros dos relógios (*bias*), dos erros de órbita e dos erros de atraso ionosférico e troposférico (a parte mais baixa da atmosfera) (ver Figura 16-7).

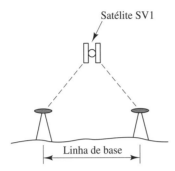

**Figura 16-7** Simples diferença.

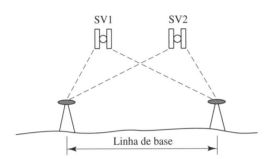

**Figura 16-8** Dupla diferença.

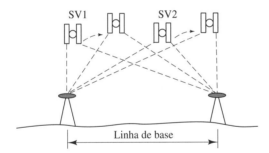

**Figura 16-9** Tripla diferença.

## Dupla Diferença

Se, como mencionado, um receptor é usado para observar dois ou mais satélites, é possível reduzir bastante os erros de relógio e os erros de atraso da atmosfera. Caso sejam usados dois receptores para rastrear dois satélites, como mostrado na Figura 16-8, uma dupla diferença é obtida e os erros de relógio, erros de atraso devido à atmosfera e erros de órbita são consideravelmente reduzidos.

## Tripla Diferença

A tripla diferença envolve a comparação de duplas diferenças em duas ou mais épocas (uma época é o instante no tempo no qual foi efetuado o registro do sinal do GPS). Em outras palavras, as duplas diferenças são comparadas em duas ou mais épocas sucessivas (ver Figura 16-9).

Com a tripla diferença é possível reduzir a ambiguidade nas medições da fase da portadora, discutida na próxima seção.

**276** Capítulo 16

## 16.11 FASE DA PORTADORA GPS

A fase da portadora GPS fornece um meio para medir distâncias aos satélites com grande precisão. Tal como discutido no Capítulo 15, um receptor de GPS calcula distâncias através da determinação da diferença de tempo entre o momento que o pseudocódigo deixa um satélite e chega ao receptor. Um problema é que o pseudocódigo é aleatório e tem uma resolução de cerca de 300 m. Com um método de interpolação um pouco mais sofisticado é possível obter medições de distância com uma precisão de 1/100 da resolução do código, ou seja, cerca de 3 m. Embora seja boa para a maioria das aplicações do GPS, essa precisão é muito baixa para trabalhos de levantamentos. O método relativo discutido na Seção 16.8 pode melhorar significativamente a precisão posicional. No entanto, um método melhor para calcular distâncias precisas é usar medições da fase da portadora. Com a fase portadora GPS, é determinado o número de comprimentos de onda entre o satélite e o receptor GPS. A resolução de comprimento de onda do sinal da portadora é muito pequena quando comparada ao código real. Por interpolação, as distâncias podem ser medidas com precisão milimétrica. A última palavra em precisão do GPS pode ser alcançada quando se combina a correção diferencial com a fase da portadora GPS.

## PROBLEMAS

**16.1** O que é o elipsoide ou esferoide da Terra?

**16.2** O que é o geoide?

**16.3** Diferencie o levantamento GPS estático do cinemático.

**16.4** O que significa "rigidez da medição"?

**16.5** O que é GDOP?

**16.6** Qual é a diferença entre GDOP e PDOP?

**16.7** Por que o PDOP que é obtido com *software* para a área geral na qual se está trabalhando pode ser diferente do PDOP que o receptor fornece no campo?

**16.8** O que é ângulo de máscara? Qual a sua finalidade?

**16.9** O que é um gráfico de visibilidade? O que ele mostra?

**16.10** Qual a finalidade do processamento das diferenças com GPS?

**16.11** Baseado em um PDOP = 3, erro da ionosfera/atmosfera = 4,2 m, erro de relógio do satélite = 7,2 m, erro de multicaminhamento = 1,23 m, erro de órbita = 1,66 m e erro de receptor = 1,01 m, qual é a melhor estimativa do erro total? (Resp.: 25,9 m)

**16.12** Esquematize uma missão com um gráfico de visibilidade, com um satélite (SV 21) viajando de uma posição com elevação de 27°, azimute 30° para outra com elevação 65° e azimute 62°, durante um período de 3h.

# Capítulo 17

# Introdução aos Sistemas de Informações Geográficas (SIG)

## 17.1 INTRODUÇÃO

A maior parte deste texto até agora tem se dedicado a estudar os métodos de coleta de dados espaciais. Nos próximos dois capítulos, vamos tratar de maneiras de armazenar, manipular e exibir dados espaciais e seus atributos relacionados em um sistema de informações geográficas (SIG). Nas próximas seções, vamos explorar o "O quê? Quem? Onde? Quando? Como?" do SIG.

## 17.2 O QUÊ? DEFINIÇÃO DOS SISTEMAS DE INFORMAÇÕES GEOGRÁFICAS

Definir um sistema de informações geográficas (SIG) é bastante difícil porque ele é muito abrangente, complexo e de tecnologia rapidamente em alteração. Mesmo os especialistas não concordam com todos os pontos básicos da definição. Apesar disso, os autores acreditam muito que sua primeira tarefa neste capítulo seja implantar a melhor definição possível do tópico na mente do estudante. Para tentar alcançar tal objetivo, primeiro definimos um sistema de informação. Então, expandimos esse sistema em escopo e interpretação a fim de derivar a definição de um SIG.

### Sistemas de Informações

A Tabela 17-1 contém alguns dados residenciais relativos a parte do estado da Carolina do Sul. A tabela inclui nomes, áreas, número de habitações unifamiliares, habitações multifamiliares e residências móveis para algumas áreas de códigos de endereçamento postal no estado.

Os dados armazenados nessa tabela podem ser processados para fornecer algumas informações bastante úteis. Por exemplo, para quaisquer áreas de código postal, podem-se rapidamente determinar o número de habitações unifamiliares, o número de habitações multifamiliares, o número de residências móveis, a percentagem de todas as unidades de moradias que são habitações unifamiliares etc.

Todo o processo envolve a coleta de dados, a armazenagem desses dados em listas ou tabelas e a análise desses dados para obter alguma informação a partir da qual várias decisões podem ser tomadas.

Dos parágrafos precedentes, podemos definir um sistema de informação como *a série de atividades que inclui o planejamento de observações, a coleta de dados, a armazenagem e a análise dos dados e, finalmente, o uso das informações obtidas em algum processo de tomada de decisões.*

### Sistemas de Informações Geográficas

Um sistema de informações geográficas, por outro lado, permite às pessoas não somente responder às consultas que podiam ser manipuladas com o sistema de informações, mas também responder a consultas espaciais. O termo *espacial* é usado aqui no sentido de referência a certa posição sobre

**Tabela 17-1**  Dados Parciais de Moradias na Carolina do Sul por Código de Endereçamento Postal

| Código de Endereçamento Postal (CEP) | Nome | Área km² | Habitações unifamiliares | Habitações multifamiliares | Residências móveis | Total de unidades habitacionais |
|---|---|---|---|---|---|---|
| 29001 | ALCOLU, SC | 205,393 | 520 | 24 | 246 | 790 |
| 29003 | BAMBERG, SC | 400,991 | 2032 | 248 | 464 | 2744 |
| 29006 | BATESBURG, SC | 415,594 | 2909 | 164 | 740 | 3812 |
| 29009 | BETHUNE, SC | 153,594 | 514 | 9 | 150 | 672 |
| 29010 | BISHOPVILLE, SC | 598,547 | 3282 | 345 | 1030 | 4656 |
| 29014 | BLACKSTOCK, SC | 178,573 | 184 | 4 | 70 | 259 |
| 29015 | BLAIR, SC | 51,779 | 63 | 4 | 19 | 86 |
| 29016 | BLYTHEWOOD, SC | 201,925 | 1735 | 46 | 782 | 2563 |
| 29018 | BOWMAN, SC | 320,442 | 1015 | 37 | 409 | 1460 |
| 29020 | CAMDEN, SC | 560,224 | 6731 | 880 | 1254 | 8865 |
| 29030 | CAMERON, SC | 237,835 | 734 | 29 | 362 | 1126 |
| 29031 | CARLISLE, SC | 349,396 | 614 | 15 | 252 | 880 |
| 29032 | CASSATT, SC | 109,417 | 163 | 3 | 77 | 243 |
| 29033 | CAYCE, SC | 23,092 | 3841 | 729 | 265 | 4833 |
| 29036 | CHAPIN, SC | 155,630 | 2534 | 37 | 448 | 3019 |

a superfície da Terra. Por exemplo, além dos dados apresentados na Tabela 17-1, um SIG incluiria informações relativas à localização geográfica de todas as áreas de códigos postais em termos de latitudes e longitudes. Com tais informações, podemos determinar a área territorial total para todos os códigos postais listados, o centroide (o centro de massa de uma área que tem igual densidade) de cada área de código postal, o número de habitações unifamiliares dentro de um raio de 5 km do centroide do código postal 29030 etc.

Com um SIG é possível processar todas as consultas que podem ser realizadas com um sistema de informação regular e também realizar consultas espaciais. Há também a capacidade de desenhar mapas uma vez que todos os dados estão referenciados geograficamente. Para esta discussão, considere o mapa mostrado na Figura 17-1. Esse mapa específico é o resultado de uma consulta pela qual foi obtida a densidade das habitações unifamiliares em cada zona de código postal da Carolina do Sul. Observe como o mapa fornece informações. No caso, nem palavras ou números são usados no próprio mapa. Em vez disso, são usadas diferentes tonalidades para indicar a densidade populacional. Esse tipo de mapa é chamado de mapa temático.

Um SIG pode ser claramente distinguido de um sistema de informação simples, como aquele que tem a capacidade de realizar consultas sobre dados espacialmente referenciados. Vamos também distinguir dados espaciais de informações ou atributos desses dados. No nosso exemplo, código postal, o limite de um código postal é espacial, enquanto a densidade habitacional desse código postal é um dos seus atributos. Assim, um SIG é capaz de consultar dados espaciais e atributos relacionados. Como outro exemplo, podemos constatar que, enquanto uma estrada é uma entidade espacial, as informações sobre a estrada vêm como os atributos da estrada. Atributos de uma estrada podem incluir a sua extensão, o número de faixas de rolamento, o nome, o limite de velocidade e assim por diante.

Mais do que estabelecer uma definição de SIG é importante delinear as relações de SIG com os programas para desenho assistido por computador (CAD), cartografia computadorizada, sistemas de gerenciamento de banco de dados (SGBD) e sistemas de informações de sensoriamento remoto. Como é evidente na Figura 17-2, um SIG pode ser denominado um subconjunto das quatro tecnologias listadas. Embora um SIG não seja capaz de substituir inteiramente nenhuma dessas quatro tecnologias, ele divide algumas capacidades comuns com cada uma delas. Um verdadeiro SIG pode se distinguir de outros sistemas pelo fato de que ele pode ser utilizado para realizar pesquisas e superposições especiais, que, na verdade, geram novas informações.

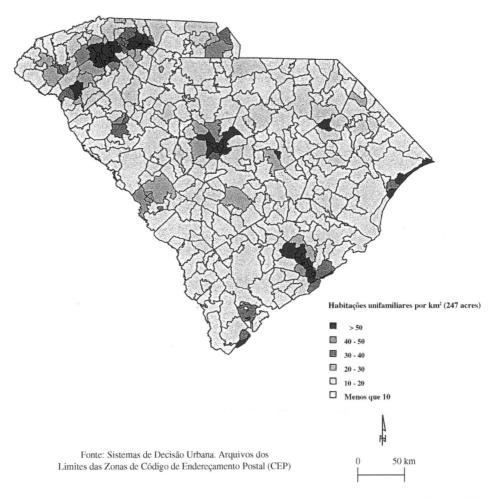

**Figura 17-1** Densidade de unidades unifamiliares por código de endereçamento postal na Carolina do Sul, EUA.

Para resumir, vamos fornecer uma definição clássica de um SIG: *hardware, software e pessoas dedicados à inserção, análise e apresentação de informações espaciais e atributos relacionados.* Nas próximas seções, assim como no próximo capítulo, vamos explorar as capacidades de um SIG e como ele impactou positivamente o mapeamento, bem como muitas outras profissões.

**Figura 17-2** Relações do SIG com quatro outros sistemas.

280 Capítulo 17

## 17.3 QUEM E ONDE?

Quem usa SIG? A resposta mais provável é "Você!" Um SIG assume muitas formas. Embora seja possível a aquisição de *software* que é especificamente referido como o *software* de SIG, existem muitas aplicações usadas todos os dias que não são normalmente reconhecidas como um SIG. Você já usou um sistema de navegação por satélite GPS para chegar ao seu destino? Esses sistemas combinam um GPS com uma aplicação de roteamento (*routing*) de um SIG. O roteamento é uma capacidade de análise fundamental de um SIG. Outra aplicação de rotas em SIG é baseada na *web*, como os serviços "MapQuest" ou "Google Maps". Essas aplicações *web* podem ser usadas para criar mapas descritivos (outra capacidade fundamental de um SIG), mas também podem ser usadas para gerar as direções de viagem para um destino.

Outra questão pode ser quem utiliza SIG como parte de seu trabalho? A resposta é que há muitas disciplinas que podem se beneficiar do uso de SIG. Segue apenas uma lista parcial dos usuários de SIG:

1. Engenheiros cartógrafos e agrimensores
2. Engenheiros civis e ambientais
3. Geógrafos
4. Engenheiros florestais
5. Funcionários públicos
6. Pessoal dos serviços de emergência
7. Despachantes
8. Epidemiologistas

Qualquer um que trabalhe com dados espaciais pode se beneficiar das capacidades de um SIG, e, portanto, seu uso está generalizado em todas as disciplinas.

Então, onde está sendo utilizado o SIG? O SIG é usado em todos os lugares!

## 17.4 POR QUE UM SIG?

Muitas organizações estão gastando muito dinheiro em sistemas de informações geográficas e desenvolvendo grandes bancos de dados geográficos. Previsões sugerem que bilhões de dólares serão gastos nesses itens nas próximas décadas.

O rápido declínio dos custos de *hardware* para computação tem tornado o SIG acessível para um público cada vez maior. Mais importante, chegamos a constatar que a geografia (e os dados que a descrevem) é uma parte do nosso mundo diário — quase todas as decisões que nós tomamos são contidas, influenciadas ou ditadas por algum fato da geografia. Eis alguns exemplos:

1. Veículos de emergência têm as rotas definidas pelo caminho mais rápido disponível (não necessariamente o mais curto).
2. O governo federal frequentemente distribui verbas para os governos locais baseado na população.
3. Muitos estudos sobre várias doenças são feitos. Uma grande proporção deles está relacionada com áreas nas quais prevalecem doenças e às taxas de propagação.
4. O impacto de furacões pode ser previsto com a ajuda da distribuição de habitações, seu valor monetário e o perfil da velocidade do vento.
5. São selecionadas as diretrizes para estradas, oleodutos, linhas de transmissão etc.
6. Mapeamento da distribuição geográfica de crimes e acidentes.
7. Estudos sobre o impacto ambiental de vários projetos.

Como as capacidades do SIG podem agilizar certos tipos de análise de dados, os usuários de SIG têm aumento da produtividade e eficiência em suas funções. Por exemplo, ao selecionar determinadas rotas para os ônibus escolares através das ruas de um bairro, as crianças podem ser apanhadas ou deixadas mais rapidamente, gerando economia em combustível e quilometragem.

As capacidades de integração e manipulação de um SIG permitem aos gestores analisar relações complexas com rapidez e precisão, o que pode aumentar a sua capacidade de realizar planejamento, previsão e gestão eficazes. Por exemplo, com *software* SIG, os usuários podem ver e avaliar uma grande variedade de alternativas para a implantação de prédios e máquinas.

## 17.5   QUANDO? A EVOLUÇÃO DO SIG

O início do SIG deu-se em meados do século XVIII, quando começaram a ser produzidos os primeiros mapas de referência exatos. Até aquela época, não era possível mostrar, com exatidão, os atributos espaciais de pontos sobre a superfície da Terra. Nos anos que se seguiram, foram introduzidos  mapas que mostravam informações específicas acerca de várias feições do terreno. Essas feições incluíam as curvas de nível, assim como a localização de vários itens como rios, prédios e estradas. Isso levou à diversificação de mapas como aqueles usados para campanhas militares e aqueles preparados para agricultura, silvicultura e medicina.

Ao longo da história do desenvolvimento do SIG, o principal objetivo tem sido transformar dados brutos em novas informações que possam dar suporte a um processo de tomada de decisões. A ideia de registrar diferentes níveis de dados sobre uma série de mapas de referência similares foi estabelecida logo depois disso. Esse processo, imediatamente, tornou-se acessível para muitas aplicações no manejo territorial, na agricultura e em operações militares.

Ao mesmo tempo, os avanços nas ciências físicas e sociais forneceram aos geógrafos as ferramentas intelectuais necessárias para as análises espaciais. Técnicas estatísticas, teoria dos números e matemática avançada estavam começando a ser desenvolvidas. O primeiro mapa geológico de Paris apareceu em 1811, e foi logo seguido do mapa geológico de Londres, em 1815. O censo britânico de 1825 produziu enorme quantidade de dados para ser analisada. A ciência da demografia (o estudo das características da população) evoluiu rapidamente. Em 1854, o Dr. John Snow, conhecido como o pai da epidemiologia, superpôs o mapa da cidade de Londres com a localização de poços de água da cidade e as áreas onde as mortes por cólera eram particularmente prevalecentes. Isso permitiu à cidade encontrar e fechar os poços perigosos. Recomenda-se *The Ghost Map* como leitura complementar da história da mais terrível epidemia de Londres e como isso mudou a ciência.[1] Com procedimentos tais como esse usado pelo Dr. Snow, as pessoas começaram a registrar diferentes tipos de dados em diferentes mapas das mesmas áreas. Tornou-se evidente que, mapeando esses dados, as relações podem ser identificadas, caso contrário, poderiam ter sido negligenciadas.

Os primeiros sistemas modernos de SIG receberam um grande impulso com o advento dos computadores eletrônicos nos anos de 1940. Em 1952, Londres estava processando os seus dados do cénso de 1950.

Esse processo envolvendo cálculos eletrônicos abriu novas possibilidades de pesquisa com base na manipulação maciça de grandes arquivos de dados. Modelos e alternativas complexos puderam ser gerados para simular eventos futuros. Nos anos 1960, os bancos de dados urbanos estavam sendo desenvolvidos nos Estados Unidos para ajudar a implementar o processamento de dados para governos municipais e estaduais.

De 1945 a 1965, as ferramentas para processamentos geográficos inovadores avançaram bastante, viabilizando novas aplicações nas áreas de transporte, modelagem urbana, inventário e gerenciamento ambientais. Em 1955, a área metropolitana de Detroit financiou um estudo de tráfego para planejar suas necessidades futuras. Nesse estudo, Detroit foi dividida em uma malha com células de um quarto de milha quadrada, e cada célula era inventariada para o fluxo de tráfego. Em seguida, usando análise estatística, foi previsto o volume do tráfego futuro. Esse estudo foi usado para priorizar futuros projetos de estradas. Embora nesse projeto nenhuma saída de computador estivesse em um formato ordenado geograficamente, ele foi talvez o primeiro SIG baseado em computadores

---

[1]Steven Johnson, *The Ghost Map*, Riverhead Books, 2006.

282 Capítulo 17

desenvolvido. Aparentemente, só nos anos 1960 é que o termo Sistema de Informações Geográficas foi usado pela primeira vez.

Embora muitos avanços tenham sido feitos no desenvolvimento de técnicas de SIG, ele ainda era uma proposição cara. Adquirir um SIG médio custaria centenas de milhares de dólares. Apesar de as agências governamentais representarem o usuário predominante dos SIG durante esse período, usuários comerciais conscientes do alto custo não os adotaram. No entanto, pelos anos 1980, a situação tinha mudado significativamente. Houve um incrível avanço nas áreas de *hardware* e *software*, e o custo para ser proprietário de um SIG caiu de centenas de milhares de dólares para uns poucos milhares de dólares. Na década de 1990, SIGs baseados em mainframes e estações de trabalho especializadas em UNIX migraram para computadores pessoais, universalizando a disponibilidade do SIG. Muitas funcionalidades foram adicionadas aos *softwares* de SIG, gerando novas aplicações em muitas disciplinas.

Hoje, muitas empresas, em diversas áreas de atuação, têm departamentos dedicados ao uso de SIG. Os custos rapidamente declinantes de *hardware* e *software* de computador tornaram o SIG disponível para, praticamente, qualquer pessoa que trabalha com dados espaciais. Embora os dados espaciais possam ter uso de memória muito intensivo, o custo de armazenamento de dados em computadores diminuiu drasticamente nos últimos anos. A memória do computador aumentou de *kilobytes* e *megabytes* para *gigabytes* e *terabytes*. (O *bit* é a menor unidade armazenável na memória de um computador. É codificável com uma unidade de binário. Um *byte* é um conjunto de oito *bits* consecutivos.) Tanto a capacidade de armazenar dados espaciais cada vez mais barata como a disposição de várias entidades em disponibilizar vários tipos de dados espaciais público, gratuitamente ou a custo reduzido, levaram a um número praticamente infinito de aplicações de SIG, com mais por vir.

No restante deste capítulo, vamos explorar o "como?" do SIG. Especificamente, como um SIG pode ser utilizado para realizar tarefas específicas e ajudar a resolver problemas, e como um SIG é útil para muitas aplicações.

## 17.6 NÍVEIS TEMÁTICOS

Antes dos anos 1980, uma cidade que decidisse construir uma nova escola, um fórum, um parque ou algum outro prédio público teria um longo e tedioso trabalho de obter as informações. Alguns dos itens necessários eram os seguintes:

1. Localização das áreas adequadas, assim como tamanho e preço
2. Acesso à propriedade
3. Localização de estrada e faixas de domínios
4. Localização de água, esgoto e redes elétricas
5. Localização de linhas telefônicas e cabos de televisão
6. Limites políticos
7. Jurisdição dos bombeiros e da polícia
8. Topografia do terreno
9. Limites das propriedades
10. Tipos dos solos
11. Zonas de alagamento
12. Características das propriedades vizinhas
13. Normas de zoneamento urbano
14. Dados censitários
15. Mapas de impostos*

---

*Mapas de impostos (*tax maps*) são mapas do cadastro urbano com planta de valores que servem de base para a cobrança de impostos. (N.T.)

Após as informações serem finalmente obtidas, poderia ser necessário colocá-las todas reunidas em alguma forma usável (não é uma tarefa fácil). O leitor poderia se preocupar em estimar quanto tempo levaria para estruturar todas essas informações do fórum, do departamento de bombeiros, do departamento de polícia, do cartório de registro de imóveis, de várias outras instituições públicas e de muitas outras organizações? A resposta correta pode ser "vários meses".

Um número crescente de agências de governos locais dos Estados Unidos agora está colocando os dados desse tipo em formato digital. Isso permite a todos armazenar, recuperar e mostrar feições naturais e artificiais do terreno. O resultado é um *sistema de informações geográficas (SIG)*. *Um SIG é um sistema baseado em computador usado para armazenar e manipular informações relativas a feições geográficas.*

Com um SIG, todas as informações relevantes para uma área particular podem ser organizadas na tela do computador. O sistema pode ainda ser usado para compor mapas com os dados necessários mostrados graficamente, talvez usando cores diferentes. (O uso de diferentes cores é muito eficaz em mapas de SIGs.) Além disso, as camadas de dados de vários mapas podem ser superpostas, permitindo ao usuário examinar diferentes conjuntos de dados simultaneamente.

Se uma cidade tem um bom SIG e é perguntado quanto tempo levaria para obter as informações necessárias para planejar um prédio, a resposta provavelmente seria poucas horas, quando muito.

A Figura 17-3 mostra alguns dos itens típicos que podem ser armazenados digitalmente para certo lote em uma propriedade rural. Os itens, na realidade, não são colocados no computador em níveis como mostrado na figura, mas esse tipo de figura é normalmente usado para listar os tipos de dados que são armazenados. (A representação em *camadas temáticas* é frequentemente usada em SIG, com a palavra *temático* significando relativo a ou que consiste em um ou mais temas.)

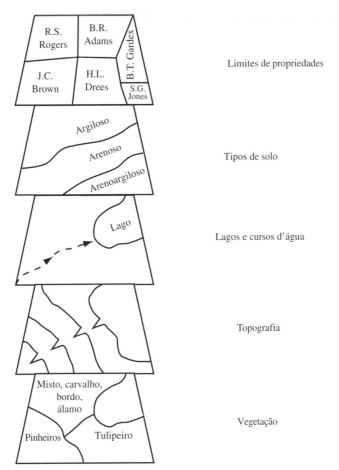

**Figura 17-3** Camadas temáticas de alguns dos itens típicos necessários para um SIG rural.

**Figura 17-4** Níveis de uso do SIG.

## 17.7 NÍVEIS DE USO DE UM SIG

Existem três níveis nos quais um sistema de informações geográficas pode ser usado, como ilustrado na Figura 17-4. A cada nível que o usuário sobe, exige-se maior nível de sofisticação. Esses níveis podem ser classificados como gerenciamento dos dados, análise e previsão de investigações de simulação do tipo "E se?".

### Gerenciamento dos Dados

Com esse nível mais baixo de aplicação, o SIG é usado para dar entrada e armazenar dados, obter dados através de consultas simples e exibir os resultados. A maioria das aplicações em SIG é limitada a esse nível. Para o tipo de aplicação de gerenciamento de dados, o SIG é meramente usado como um sistema de inventário com a finalidade de armazenar e exibir informações (atributos) acerca das feições espaciais. Por exemplo, para uma rede de tubulação de esgoto, os atributos podem incluir tipo da tubulação, diâmetro e ano da instalação.

### Análise

O segundo nível das aplicações de SIG corresponde à análise, e aqui o usuário faz uso das capacidades de análises espaciais do sistema. Os exemplos incluem a determinação do menor caminho entre duas localidades, agrupamentos de áreas de terrenos dentro de uma maior dependendo de certos critérios, determinar a densidade de fossas sépticas por unidade de área do terreno etc.

### Previsão

O nível de aplicação mais alto de um SIG consiste na previsão do tipo "E se?". É aqui que o gerenciamento de dados e a capacidade de análise de um SIG são combinados em operação de modelagem como a previsão do efeito do tráfego sobre certa estrada quando certas áreas são desenvolvidas de determinada maneira, previsão do efeito de um furacão ou a previsão do efeito de determinado desastre sobre a qualidade do ar.

## 17.8 USOS DOS SISTEMAS DE INFORMAÇÕES GEOGRÁFICAS

Os sistemas de informações geográficas podem ser usados para muitas finalidades. Eles podem ser usados para determinar localizações ótimas para estradas, ferrovias, aeroportos, edificações, loteamentos, estabelecimentos para comércio de varejo e instalações para resíduos perigosos. Eles ajudam governos e indústria a gerenciar eficientemente suas infraestruturas como água, gás, eletricidade, linhas de telefone e redes de esgoto.

Eles podem ser usados para fazer mapas, estabelecer a rota mais eficiente para veículos de emergência e ônibus escolares, locar hidrantes, planejar remoção de neve e avaliar bens imóveis. Diversas agências federais norte-americanas estão atualmente fazendo uso desse sistema de uma forma ou de outra.

Geografia aplicada a negócios é a última tendência em SIG. Qual seria o melhor local para a próxima filial de uma rede de pizzarias? (Pense nos custos que uma empresa despenderia escolhendo um local inadequado para seus negócios.) Hoje a maioria das 500 empresas da revista *Fortune* dos Estados Unidos usa SIG para:

1. Análise de mercado
2. Análise dos clientes
3. Análise de concorrência
4. Seleção de locais
5. Estudo para movimentação de mercadoria dos centros de distribuição para os vários consumidores

Estas são algumas outras aplicações de SIG:

1. Atendimento a emergências
2. Estudo de acidentes naturais tais como terremotos, furacões e tornados
3. Transporte
4. Desenvolvimento econômico
5. Análise de impacto ambiental

Muitos campos diferentes, ou disciplinas, estão envolvidos nas atividades de SIG. Alguns dos campos são *cartografia* (a arte ou ciência de fazer mapas), geografia, engenharia civil, ciência da computação, engenharia ambiental, planejamento do uso do solo, topografia, fotogrametria, *geodésia* (a ciência que estuda a forma e dimensões da Terra), *sensoriamento remoto* e muitos outros. (A expressão *sensoriamento remoto* é usada para identificar uma ampla área de aplicação na qual são estudadas imagens produzidas por sensores eletrônicos ou por fotografias espaciais ou aéreas.)

## 17.9   OBJETIVOS DE UM SIG

Em todos os Estados Unidos, várias organizações estão gastando centenas de milhões de dólares no desenvolvimento de grandes bancos de dados geográficos. Um objetivo importante de um SIG é reduzir atividades que consomem tempo e dinheiro, como manipulação, registro, pesquisa etc. das montanhas de dados que acumulamos e estamos gerando, relativas às feições do terreno aqui mencionadas.

Em um nível de gerenciamento de dados espaciais, um SIG fornece formas eficientes de armazenar e gerenciar essas montanhas de dados. Independentemente da aplicação, um SIG pode proporcionar acesso fácil a informação.

Em um nível de análise e resolução de problemas, o principal objetivo de um SIG é tomar os dados brutos e transformá-los por superposição e por vários cálculos analíticos em nova informação que possa nos ajudar a tomar decisões. É extremamente importante entender que um SIG não é construído para apenas uma ou duas aplicações específicas. O SIG é uma ferramenta para resolver problemas; podemos não saber o que iremos usar no próximo ano ou até na próxima semana. Será planejar um sistema de esgoto, um aeroporto, um campo de golfe, um shopping, um parque, um zoológico, um sistema de transporte ou alguma outra coisa? Um SIG fornece a uma organização a capacidade de aplicar métodos de análises geográficas para áreas geográficas designadas a fim de resolver vários problemas.

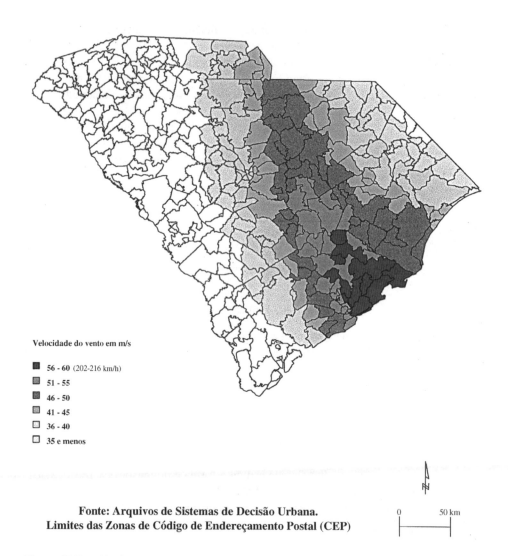

**Figura 17-5** Velocidades máximas estimadas das rajadas de ventos na Carolina do Sul durante o furacão Hugo.

## 17.10 APLICAÇÕES DE UM SIG

Nesta seção, vamos ver alguns exemplos de aplicações de SIG em engenharia civil.

As Figuras 17-5 e 17-6 são referentes aos danos causados pelo furacão Hugo na Carolina do Sul em 1989. A Figura 17-5 mostra as velocidades máximas estimadas das rajadas durante a tempestade. A Figura 17-1 ilustrou a densidade de habitações unifamiliares em todo o estado, enquanto a Figura 17-6 fornece as percentagens dessas habitações que foram, inicialmente, tornadas inabitáveis pelo furacão. Essas informações podem ser usadas para prever as perdas em outras áreas do país em caso de furacões.[2]

A Figura 17-7 mostra a localização de acidentes fatais de veículos relacionados com árvores, de 2004 até 2006, na Carolina do Sul. É muito evidente, a partir do mapa, que há altas concentrações desse tipo de acidente em determinadas áreas. Não por coincidência, a densidade das árvores

---

[2]Essas figuras foram extraídas de uma tese de doutorado da Clemson University, com permissão de seu autor, V. D. Rayasam. O título do trabalho é "Study of Hurricane-Related Insurance Losses Using Geographic Information" (Estudo das perdas dos seguros relacionadas com furacões, usando informação geográfica).

Introdução aos Sistemas de Informações Geográficas (SIG) **287**

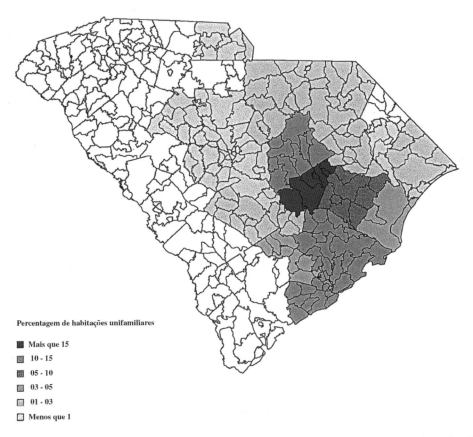

**Figura 17-6** Percentagem das habitações unifamiliares inicialmente tornadas inabitáveis na Carolina do Sul, devido ao furacão Hugo. (Os maiores prejuízos ocorreram em terras do interior onde havia grandes lagos e áreas agrícolas abertas.)

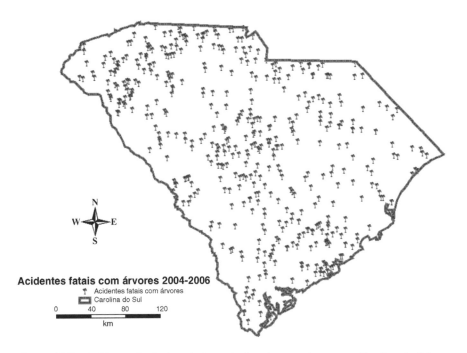

**Figura 17-7** Acidentes fatais de veículos, relacionados com árvores, na Carolina do Sul.

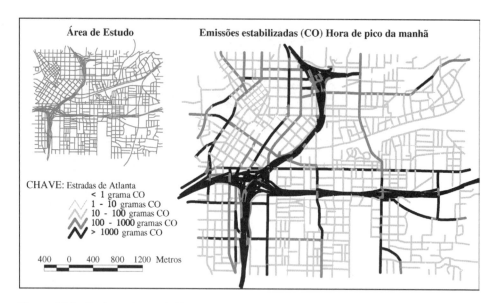

**Figura 17-8** Emissão de monóxido de carbono no horário de pico, no centro de Atlanta. (Cortesia de William Bachman.)

na proximidade de vias com uma maior incidência de acidentes fatais relacionados com árvores é muito elevada.

A Figura 17-8 mostra um exemplo de saída de uma aplicação de SIG direcionada à modelagem dos impactos do tráfego de automóveis na qualidade do ar em Atlanta.

## 17.11 SIG NA INTERNET (*WORLD WIDE WEB*)

Existem várias grandes aplicações de SIG disponíveis na *web* com diversos níveis de sofisticação. As Figuras 17-9 e 17-10 ilustram apenas algumas. A Figura 17-9 mostra vazões percentuais na bacia do alto Mississippi às 17h32 da tarde de 8 de junho de 2011 (http://waterdata.usgs.gov/nwis/rt). A Figura 17-10(a) mostra a atividade sísmica na região do Alasca (http://earthquake.usgs.gov). Ambos os aplicativos são atualizados em tempo real. Eles são interativos, de modo que você pode clicar em uma feição no mapa e obter atributos detalhados sobre essa feição. A Figura 17-10(b) mostra os atributos de um dos sismos mostrados na Figura 17-10(a). As duas aplicações apresentadas nas Figuras 17-9 e 17-10 são apenas algumas das várias aplicações de SIG que o U.S. Geologic Survey mantém em seu *site*. A Figura 17-11 mostra um mapa de parcelas de um loteamento próximo a Six Mile, Carolina do Sul. Os dados de atributos mostrados são da parcela em destaque. Essa aplicação *web* é mantida pela assessoria de impostos do Condado de Pickens da Carolina do Sul (http://www.pickensassessor.org/). Além de algumas das ferramentas padrão de SIG (ferramentas de visualização e de consulta), o aplicativo pode fazer algumas tarefas mais sofisticadas, como medir áreas e distâncias.

Os autores incentivam os leitores a pesquisar na *web* outras aplicações relacionadas com suas áreas de interesse.

## 17.12 EXATIDÃO EM UM SIG

O topógrafo pensa que a parte mais importante de um SIG é a exatidão, mas existem muitas outras pessoas envolvidas com o sistema que não pensam dessa forma. Essas outras pessoas incluem planejadores, prefeitos, policiais, equipes de resgate, bombeiros, planejadores urbanos e muitos outros. Muitos deles provavelmente não se preocupam se os pontos estão medidos com erro de 1 cm ou de 50 m. O que eles desejam ver é o desenho geral, e a maioria deles provavelmente pensa que é uma

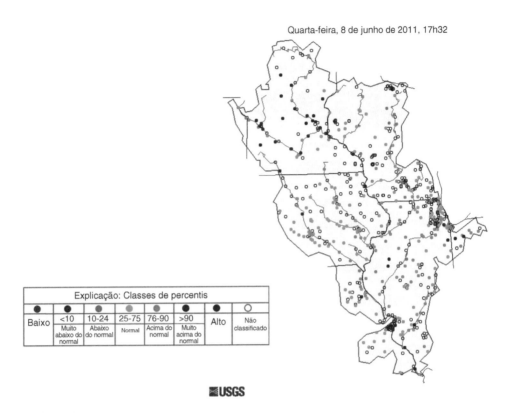

**Figura 17-9**  Mapa SIG das vazões da bacia do alto Mississippi. (Cortesia do U.S. Geological Survey.)
*Fonte*: www.usgs.gov

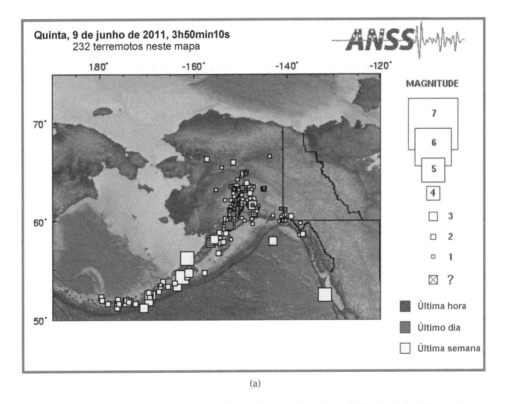

(a)

**Figura 17-10**  (a) Mapa de atividade sísmica no Alasca. (Cortesia do U.S. Geological Survey.)
*Fonte*: www.usgs.gov (*continua*)

**Detalhes do Terremoto**

Este evento foi revisado por um sismologista

| | |
|---|---|
| **Magnitude** | **4.1** |
| **Data-Hora** | **Sábado, 4 de junho de 2004, às 10h15min41s UTC**<br>Sábado, 4 de junho de 2004, às 2h51min41s da manhã ao epicentro<br>Horário do terremoto em outros fusos horários |
| **Localização** | 56,301°N, 161,569°O |
| **Profundidade** | 181,7 km (112,9 milhas) |
| **Região** | Península do Alasca |
| **Distâncias** | 126 km NNO de **Sand Point, Alasca**<br>143 km NNE de **Cold Bay, Alasca**<br>868 km SO de **Anchorage, Alasca**<br>1609 km O de **Whitehorse, estado de Yukon, Canadá** |
| **Incerteza da Localização** | horizontal +/– 20,7 km; profundidade +/– 12,9 km |
| **Parâmetros** | Rmss = 0,94 s<br>magnitude com corpo de onda (mb), versão = 7 |
| **Fonte** | USGS NEIC (WDCS-D) |
| **ID do Evento** | usc0003zki |

(b)

**Figura 17-10** (*Continuação*) (b) Dados de atributos de um dos maiores terremotos no Alasca mostrados no cartograma. (Cortesia do U.S. Geological Survey.) *Fonte*: www.usgs.gov

perda de tempo e dinheiro que o sistema tenha a exatidão desejada pelo topógrafo. (Sobre essa questão há um velho ditado que diz "o mapa é um conjunto de erros com que todos concordam".)

O topógrafo deve entender o que esses outros participantes estão esperando de um SIG e deve aprender a trabalhar com eles. Talvez essa "política" seja a coisa mais difícil para ele fazer durante o inteiro desenvolvimento do sistema, mas é essencial.

Para desenvolver o SIG ideal, o topógrafo desejaria ter todo o último item profissionalmente levantado e calculado e, então, cuidadosamente descrito em meio digital. Infelizmente, o SIG usual não é feito completamente dessa maneira, e vários atalhos são tomados. A título de ilustração, os dados de mapas existentes (serviços públicos, zoneamento etc.) das áreas envolvidas podem ser convertidos para valores digitais e ajustados para o sistema de coordenadas que está sendo usado. Tais valores frequentemente terão baixa exatidão.

Quando topógrafos cuidadosamente implantam um sistema de controle para seis ou oito posições e então tentam ajustá-lo às várias plantas de terrenos previamente elaboradas naquela área, com diferentes graus de exatidão, às informações tiradas de mapas existentes e assim por diante, certamente encontrarão problemas ao tentar fazer isso. Como consequência, eles terão que ajustar ou alterar alguns dos dados. As diferentes parcelas de terreno terão que ser encolhidas, deformadas, esticadas ou inclinadas para se ajustarem entre si. Tal processo é difícil para o topógrafo porque vai de encontro a todo o seu treinamento. E, ainda assim, quem poderia fazer isso mais lógica e acuradamente que o topógrafo? Algumas vezes esses outros grupos precisam ser lembrados de que inserir dados ruins em um computador não melhora em nada os resultados.

Quase todas as atividades humanas são espaciais (e assim são também as ocorrências dos fenômenos naturais). Você pode ver que um item de um SIG é sem importância a menos que seja dada sua posição. *Encontrar a posição de alguma coisa é a especialidade da topografia e dos métodos de levantamentos.*

Idealmente, o topógrafo profissional está capacitado a obter a maioria dos dados usados no desenvolvimento de sistemas de informações geográficas. Eles têm a habilidade e o desejo de fazer

Introdução aos Sistemas de Informações Geográficas (SIG) **291**

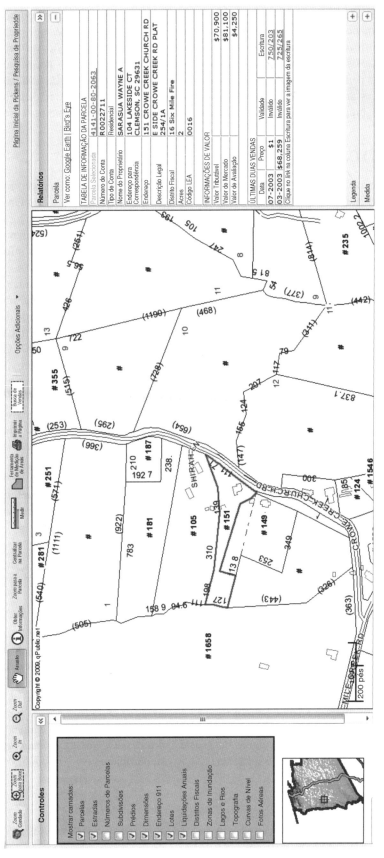

**Figura 17-11** Aplicação de SIG online da assessoria de impostos do condado de Pickens, Carolina do Sul. *Fonte*: www.pickenassessor.org

**292** Capítulo 17

medições acuradas e também têm considerável conhecimento em procedimentos automatizados de mapeamento. Na verdade, parece lógico que as várias agências que preparam e usam sistemas de informações geográficas não apenas fossem obrigadas a ter, mas deveriam também querer, topógrafos à disposição para ajudá-los a desenvolver seus sistemas. Elas necessitam de pessoas que tenham uma paixão por exatidão, e *exatidão é o objetivo do profissional de levantamento*. Os topógrafos são necessários para medir pontos de controle, fazer vários levantamentos no terreno ou por fotogrametria, preparar mapas e produzir dados em formato digital para entrada em um SIG.

## 17.13  LEVANTAMENTOS DE CONTROLE

Algumas aplicações de SIG requerem um grande cuidado com a precisão espacial. Uma parte importante de um SIG desses é o *levantamento de controle*, que é frequentemente conhecido como materialização. Um conjunto de marcos, cuidadosamente planejados e locados, será implantado por toda a área de projeto e as medições serão feitas em relação a ele. Os marcos (e também piquetes ou pilares) devem ser posicionados com muito cuidado porque as outras informações a serem obtidas serão referenciadas ao sistema de controle composto pelos marcos. Se o sistema for estabelecido inacuradamente, todas as outras informações obtidas serão tão ou até mais inacuradas.

Os marcos implantados pelo topógrafo devem ser referenciados não somente entre eles, mas também a algum datum. Nos Estados Unidos, o NGS estabeleceu uma rede de marcos (ou vértices) de controle de primeira ordem para todo o país. (Nos Estados Unidos, o trabalho de "primeira ordem" é considerado como aquele que apresenta acuracidade mínima de 1/100.000. Com as medições diferenciais de GPS relativo, provavelmente são realizados trabalhos com muito melhor precisão que essa.) O topógrafo pode obter a posição de outros pontos com base nos vértices do NGS. Outros marcos de controle de primeira ordem serão cuidadosamente estabelecidos. (Considerando que a localização será estabelecida por GPS, é necessário posicionar os marcos de forma que os satélites possam ser claramente observados sem qualquer obstrução. Esses novos marcos devem ser posicionados de forma que sejam razoavelmente acessíveis e em locais em que não haja a possibilidade de serem destruídos por trabalhos futuros de construção na área.)

A informação posicional horizontal é importante não somente para o trabalho num SIG, mas o mesmo é verdade para as componentes verticais ou cotas. O datum de referência usado normalmente será o Datum Vertical Geodésico Nacional de 1988 (NGVD 88).* Existem aproximadamente 600.000 estações de controle vertical nos Estados Unidos.

## 17.14  QUESTÕES LEGAIS ENVOLVENDO SIG

### Privacidade

Várias leis estaduais e federais americanas aprovadas habilitam o público a ter acesso a informações relativas às várias operações do governo. No entanto, também têm sido aprovadas outras leis que configuram uma tentativa dos órgãos governamentais dos Estados Unidos de evitar que o ente público seja capaz de invadir a privacidade dos indivíduos.

Você gostaria que companhias privadas conhecessem nossos números de carteiras de identidade e CPF, tivessem dados sobre nosso uso de cartões de crédito, conhecessem o valor de nossas dívidas pessoais, tivessem informações referentes a nossas compras etc.? Muitas informações desses tipos podem ser contidas em alguns bancos de dados de SIG. Nossas agências governamentais precisarão ter mais cuidado com as informações que compartilham com o público.

---

*No Brasil, o datum vertical é o marégrafo de Imbituba, em Santa Catarina, e a rede de RNs é mantida pelo IBGE, que fornece listas com as localizações e altitudes. (N.T.)

## Confiabilidade das Empresas que Fornecem Informações para SIG

As empresas encarregadas de fornecer informações para SIG devem ser obrigadas a comprovar certos níveis de competência. Se não o fizerem e, como consequência, outros sofrerem perdas ou danos, elas devem ser responsabilizadas. Se, no entanto, essas mesmas companhias podem provar que realizaram seus trabalhos com um nível de qualidade, no mínimo, igual àquele realizado por uma companhia capacitada, elas podem eximir-se da responsabilidade, mesmo que tenha havido perdas.

Para evitar essa área obscura na lei, proprietários de um SIG precisam usar contratos bem formulados, que definam claramente o que é esperado dos seus executores. Tais acordos devem especificar o que é para ser feito, a acuracidade a ser obtida e o prazo para a conclusão do trabalho.

## Proteção de Direitos Autorais**

Mapas feitos por entidades privadas podem ter direitos autorais protegidos por lei federal. Nos Estados Unidos é proibido fazer cópias de tais mapas ou dos dados neles contidos sem permissão dos proprietários. *Além disso, não podemos, sem permissão, pegar seja qualquer outro mapa com direitos autorais, digitalizá-lo e armazená-lo em nosso SIG*. No entanto, não estamos proibidos de levantar novos dados da mesma área coberta pelos dados com direitos autorais e usar a informação no nosso SIG. Além do mais, a informação contida em um SIG não pode ter direitos autorais porque ela é meramente uma coleção de dados. As leis federais americanas não permitem direitos autorais de fatos isolados.[3]

# PROBLEMAS

**17.1** O que é um sistema de informações, como foi discutido neste capítulo?

**17.2** O que é um SIG?

**17.3** Como o Dr. John Snow ajudou a cidade de Londres em 1854? Explique.

**17.4** Defina como as camadas temáticas são aplicadas em um SIG.

**17.5** Quais são os objetivos de um SIG?

**17.6** O que significa o termo espacial?

**17.7** Liste oito áreas ou disciplinas diferentes que estão envolvidas em atividades de SIG.

**17.8** Vá para o *website* do assessor de impostos do condado de Pickens em http://www.pickensassessor.org

Em 2009, Primos LLC comprou uma casa em Clemson, SC. Responda o seguinte:

**a.** Quanto Primos LLC pagou?

**b.** Qual é o tamanho do lote de acordo com a informação da parcela? Qual é o tamanho do lote, medida com a ferramenta de área?

**c.** Qual é altura da curva de nível da frente da casa?

**d.** Do ponto na propriedade mais ao norte, siga 8650 pés em direção ao norte. Em qual propriedade você chegou?

**17.9** Vá para o *site* do Georgia's Intelligent Transportation System em http://georgia-navigator.com.

Confira o Atlanta ITS. Certifique-se de incluir a data e a hora em que você entrou. Responda o seguinte:

**a.** Escolha uma das camadas mostradas. Que atributos são incluídos? Que tipo de camada é (ponto, linha, polígono)?

**b.** Existe alguma atividade de construção no momento? Descreva.

**c.** Algum acidente ativo? Descreva.

**d.** O que foi exibido no letreiro variável (message sign) em I-75/85 NB AT TENTH ST EXIT no momento da sua visita ao *site*?

**17.10** O USGS tem vários *sites* interativos, baseados em SIG, que você pode acessar a partir de www.usgs.gov. Faça o seguinte:

**a.** Encontre um terremoto. Cite alguns dos atributos disponíveis sobre o terremoto. Quais são os valores dos atributos de certo terremoto? Quais os tipos de atributos? Descreva um terremoto recente.

**b.** Quais são as informações de recursos hídricos disponíveis para o NORTH FORK EDISTO RIVER AT ORANGEBURG, SC?

**17.11** Acesse o SIG da cidade do Panamá em http://www.pcbaygis.com/. Crie um mapa de zonas de evacuação. Imprima seu mapa.

---

[3]G. B. Korte, "Legal Aspects of GIS Data: Part II", *P.O.B. Magazine*, March 1996, vol. 21, nº 4, pp. 25-27; "Legal Aspects of GIS Data: Part III", *P.O.B. Magazine*, May 1996, vol. 21, nº 6, pp. 50-51 e 80.

**Esse não é um assunto discutido no Brasil, e não existe posição definida a respeito. Cópias de mapas produzidas por agências governamentais são feitas sem sequer mencionar a origem do material.

O Decreto nº 6.666, de 28 de novembro de 2008, instituiu, no âmbito do Poder Executivo federal, a Infraestrutura Nacional de Dados Espaciais (Inde). Como consequência, o compartilhamento e a disseminação dos dados geoespaciais e seus metadados são obrigatórios para todos os órgãos e entidades do Poder Executivo federal e voluntários para os órgãos e entidades dos Poderes Executivos estadual, distrital e municipal, exceto as informações cujo sigilo seja imprescindível à segurança da sociedade e do Estado. (N.T.)

# Capítulo 18

# SIG, Continuação

## 18.1 ELEMENTOS ESSENCIAIS DE UM SIG

Existem três elementos essenciais em qualquer sistema de informações geográficas (SIG). São eles: 1) dados selecionados referentes a posições geográficas; 2) *software* para manipular e gerenciar esses dados; e 3) *hardware* no qual dados e *softwares* são armazenados, introduzidos e exibidos. Cada um desses três elementos desempenha um papel essencial no funcionamento de um SIG, e deve ser completamente entendido antes de uma aplicação poder ser projetada e implementada. Cada um desses elementos é examinado nas seções que se seguem.

## 18.2 DADOS SELECIONADOS POR POSIÇÕES GEOGRÁFICAS

Os dados usados em um SIG são de dois tipos: espaciais ou atributos. Os dados *espaciais* descrevem a localização geográfica de várias entidades tais como as áreas de código de endereçamento postal, limites municipais e estradas em termos de latitude e longitude ou outro formato apropriado. Um *atributo* é uma propriedade ou característica que pode ser usada para descrever certa coisa ou feição. Ele pode ser numérico (censo populacional, unidades habitacionais etc.) ou pode ser textual (o nome de uma zona postal, da unidade residencial etc.).

Existem duas abordagens para a representação de dados espaciais em um sistema de informação geográfica: o modelo matricial (ou *raster*) e o modelo vetorial. A parte (a) da Figura 18-1 mostra a representação real de uma área contendo um prédio de escritórios e uma estrada. Em um modelo matricial, a área é subdividida em pequenas células e os objetos são representados nas células correspondentes. Como mostrado na parte (b) da Figura 18-1, todas as células que contêm a letra O (de *office building*) representam o prédio que foi mostrado na parte (a), enquanto as células que contêm a letra R (de *road*) representam a estrada. Essas letras (O e R) foram escolhidas pelo autor na esperança de que o leitor seja capaz de imaginar claramente o conceito matricial. Com toda a certeza, serão utilizados números em uma situação real, em vez de letras.

No modelo vetorial, os objetos do mundo real são representados por pontos e linhas que definem seus limites. Cada um dos pontos é definido por um par de coordenadas. A parte (c) da Figura 18-1 mostra a representação da mesma área utilizando o modelo vetorial.

A maioria das implementações anteriores de SIG e mapeamento temático (mapas com um ou mais temas) utilizava o modelo matricial. Nos anos posteriores, foram desenvolvidos modelos vetoriais mais eficazes. O modelo matricial é mais comumente usado quando se trabalha com dados de sensoriamento remoto, tais como imagens de satélite (já coletados em formato matricial). Sistemas matriciais são comumente usados para silvicultura, hidrologia, análise de terreno e análise ambiental. Uma abordagem mais aprofundada sobre modelos matriciais será apresentada na Seção 18.12.

Os modelos vetoriais são, de longe, os mais populares em SIG para aplicações de engenharia civil. Um dos principais benefícios do SIG vetorial é que pode ser atribuído um número infinito de atributos para as feições do mapa, o que é fundamental para aplicações de gerenciamento de infraestruturas. Assim, um trecho de rodovia, uma ponte ou um lote podem ter atributos individualizados. As aplicações *web* apresentadas no capítulo anterior são todas de aplicações SIG vetoriais.

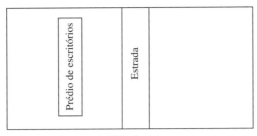
(a) Mundo real

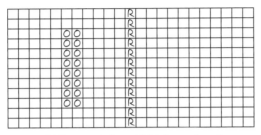
(b) Representação matricial do mundo real mostrado na parte (a)

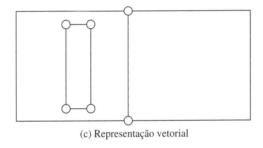
(c) Representação vetorial

**Figura 18-1** Modelos vetorial e matricial, usados para representar dados.

## Modelos Vetoriais

Dados espaciais em um SIG vetorial podem ser reduzidos a seus conceitos topológicos básicos: ponto, linha e área (a palavra *topologia* refere-se à descrição de relações entre as várias características geográficas, como sua conectividade, proximidade e adjacência). Teoricamente, cada fenômeno geográfico pode ser representado por um desses itens, mais um rótulo que nomeia o item. Várias ilustrações são dadas a seguir:

1. Um hidrante pode ser representado por um único par de coordenadas $X$ e $Y$, mais o rótulo "hidrante".
2. A seção reta de uma estrada de ferro pode ser exibida com um par de coordenadas em cada extremidade da seção reta, mais o rótulo "estrada de ferro".
3. Uma fazenda pertencente ao Sr. Smith pode ser representada como uma entidade de área, com as coordenadas apropriadas, mais o rótulo "fazenda do Smith".

### Dados Pontuais

Dados pontuais aplicam-se a observações que ocorrem apenas em pontos ou, pelo menos, em áreas extremamente pequenas em relação à dimensão da base de dados. Feições tais como cabines telefônicas, hidrantes e paradas de ônibus ilustram dados que ocupam um simples ponto.

Em um banco de dados vetorial, os dados pontuais podem ser precisamente posicionados com um par de coordenadas geográficas $X$, $Y$. Se for utilizado um sistema matricial, no entanto, os dados pontuais podem ser descritos apenas no nível de pormenor de uma única célula.

**Dados Lineares**

Rodovias, ferrovias, rios, oleodutos e linhas de energia exemplificam os dados lineares. Sistemas vetoriais podem mostrar esses dados com detalhes, mas um sistema matricial só pode retratar tais feições lineares com cadeias de células.

As geometrias das linhas são determinadas por uma série de pares de coordenadas. Para uma única linha reta são necessários apenas dois pares de coordenadas para a sua descrição. Para as linhas curvas, é necessário fornecer pares adicionais de coordenadas. Esses pontos extras são geralmente chamados de *pontos de forma*.

**Dados de Área**

Itens contínuos bidimensionais, tais como lagos, áreas agrícolas e estacionamentos, são representados por dados de área. Elementos tais como estradas, rios, canais e assim por diante, também podem ser incluídos em dados de área, dependendo do nível de dados de um SIG.

Com o sistema vetorial, as áreas desses itens podem ser claramente representadas, mas elas não podem ser definidas com precisão num sistema matricial. Quando é utilizado um sistema vetorial, o centro de gravidade (centroide) de uma área em particular pode ser claramente definido por um par de coordenadas. A Figura 18-2 mostra como pontos, linhas e polígonos são representados por coordenadas.

Em um SIG, os pontos são especificados com coordenadas, as linhas são construídas pela ligação de uma série ordenada de pontos, e, conectadas, as linhas podem formar polígonos.

Essas operações estão ilustradas na Figura 18-2. Lá o leitor pode ver como feições geográficas são digitalmente codificadas usando coordenadas $XY$. A posição do ponto $A$ é representada por um único par de coordenadas $(X_1, Y_1)$. Para definir uma linha reta, são necessários apenas dois pares de coordenadas. Essas são as coordenadas que representam os pontos de início e de término da linha. Na Figura 18-3, uma série de linhas retas é representada por uma lista ordenada de pares de coordenadas $(X_1, Y_1)$, $(X_2, Y_2)$, $(X_3, Y_3)$, $(X_4, Y_4)$ e $(X_5, Y_5)$. Um polígono é representado por uma lista ordenada de coordenadas, que começam e terminam com o mesmo par de coordenadas. Em um SIG, as posições são normalmente armazenadas em um sistema de coordenadas geográficas padrão como latitude e longitude.

Com vetores, um esboço de mapa de uma área bastante grande pode ser representado com apenas alguns milhares de pontos. Fazer a mesma coisa com um modelo matricial exigiria muito mais células do que o número de pontos exigido pelo modelo vetorial.

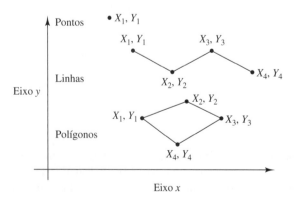

**Figura 18-2** Pontos, linhas e polígonos.

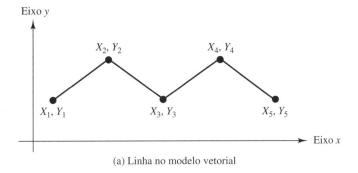

(a) Linha no modelo vetorial

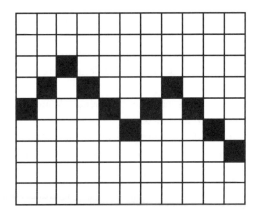

(b) Linha no modelo matricial

**Figura 18-3** Representação de uma linha.

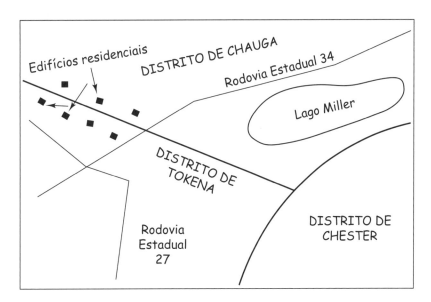

**Figura 18-4** Representação de feições geográficas.

Modelos vetoriais são construídos com a criação de um conjunto de tabelas em que os pontos, linhas e polígonos são identificados espacialmente com coordenadas cartesianas. A Figura 18-3(a) mostra como uma linha pode ser representada com o método vetorial. Na parte (b), é mostrado como a mesma linha seria representada com o método matricial.

Mapas transmitem informações através da representação de feições geográficas com componentes gráficos ou convenções. A Figura 18-4 ilustra a utilização desses elementos de mapa para representar várias feições geográficas diferentes. Nessa figura, os apartamentos são representados por pontos, as estradas e os limites do município, por linhas, e o lago, por um polígono.

## 18.3 *SOFTWARE* SIG

*Software* é um conjunto de instruções que dizem ao *hardware* do computador como executar uma tarefa. Em um SIG, essas tarefas podem ser divididas em cinco grandes áreas. São elas:

1. Uma interface que permite ao usuário interagir com todos os recursos do *software*.
2. Recursos de gerenciamento de banco de dados para o armazenamento, recuperação e atualização eficientes de dados, tanto espaciais como de atributos.
3. *Software* de recuperação de dados, que definem os procedimentos de acesso e uso de dados espaciais e de atributos.
4. Manipulação de dados espaciais e ferramentas de análise que processam e analisam os dados recuperados do banco de dados.
5. Funções de geração de produtos e visualização para a exibição de mapas, gráficos e tabelas com a informação processada, em diversos formatos de mídia.

Existem inúmeros fornecedores de pacotes de *software* de SIG disponíveis para compra. Os autores recomendam aos compradores de *software* de SIG pesquisar o pacote de *software* para ter certeza de que o *software* escolhido é o mais adequado às suas necessidades específicas. Há várias coisas a considerar, como custo, tipo de SIG (vetorial ou matricial) e funcionalidades. Embora todos os *softwares* de SIG tenham as funcionalidades básicas, alguns dos recursos mais sofisticados podem variar de acordo com fornecedor. Por exemplo, alguns *softwares* de SIG especializados oferecem uma extensa biblioteca de ferramentas de análise de rede, tais como operações de logística e roteamento. A funcionalidade dos SIG será discutida de forma mais detalhada mais adiante neste capítulo.

## 18.4 *HARDWARE* DE SIG

Os componentes de *hardware* de um SIG são em sua maioria computadores genéricos e equipamentos periféricos associados que atendem às necessidades computacionais de uso geral. Computadores usados em SIG podem ser PCs, estações de trabalho UNIX ou *mainframes* centralizados com acesso por terminal. PCs e estações de trabalho UNIX podem ser unidades autônomas ou podem ser ligados em um ambiente de rede. É possível que vários usuários compartilhem dados em um ambiente de rede. As únicas funções de SIG que necessitam de equipamentos especializados são relacionadas com a entrada de dados. Podemos citar exemplos de dispositivos como mesas digitalizadoras e escâneres. Uma mesa digitalizadora é um dispositivo que pode ser usado para "desenhar" mapas impressos em um SIG. O escaneamento (ou digitalização matricial) é um método pelo qual um mapa completo pode ser digitalizado de forma automatizada. Um escâner de tambor é comumente usado para mapas. Ele usa tecnologia semelhante ao escâner de mesa, mas em uma escala muito maior. Inicialmente, quando o mapa é digitalizado, a imagem está em um formato matricial. Isso pode ser adequado se está sendo utilizado um SIG matricial ou se a finalidade da imagem é de servir como um "pano de fundo" para uma exibição de vetores. Caso contrário, será necessário um *software* especial para vetorizar a imagem matricial. Mesmo com o *software* de vetorização mais sofisticado pode haver necessidade de uma quantidade significativa de ajustes manuais, dependendo da qualidade e do conteúdo dos mapas a serem digitalizados.

Para ajudar a coleta de dados no campo, muitas empresas estão empregando tecnologias portáteis em forma de PDA combinado a unidades de GPS. Essa configuração permite a coleta de dados espaciais e atributos associados ao mesmo tempo. Alguns fornecedores de *software* de SIG vendem versões para PDA e tablet dos seus *softwares* para facilitar o trabalho de campo de SIG.

Os dispositivos de saída para SIG são as impressoras e plotters. Impressoras são usadas para criar mapas de pequena escala, bem como dados de atributos relacionados. Plotters a jato de tinta de grandes formatos são mais comuns para impressão de mapas maiores.

## 18.5 FONTES DE DADOS SIG

Quando um projeto de SIG é iniciado para certa área, provavelmente já estará disponível, ou será facilmente obtenível, uma grande quantidade de informação que pode ser utilizada no sistema. O usuário final do SIG será, provavelmente, o mais bem informado sobre quais as fontes de dados espaciais e de atributos que estão disponíveis em uma área em particular. De modo geral, normalmente haverá mapas e, talvez, fotos aéreas da área em questão, disponíveis em várias agências do governo, juntamente com dados não espaciais. A maior parte desses dados está disponível pronta para uso em formato digital. Na verdade, a maioria dos usuários compra seus dados — mapas USGS, dados censitários e os arquivos do TIGER.* Tais dados pertencem ao público, a menos que sejam de importância para a segurança nacional. Entre as agências americanas que podem ser úteis nesse sentido estão o U.S. Geological Survey, a National Oceanic and Atmospheric Administration, o U.S. Bureau of Census e o Soil Conservation Service. No Apêndice A estão listados alguns dos principais produtores de dados no Brasil.

Quando as informações disponíveis nas fontes listadas forem insuficientes, será necessário reunir mais dados por conta própria. Se for necessária a precisão espacial máxima, o primeiro passo desse processo envolve a localização de um ponto de controle do USGS (marco de referência) ou, talvez, a utilização de equipamento GPS para estabelecer uma posição. Uma vez feito isso, podem ser usados dois receptores de GPS, operando em modo relativo, para estabelecer outros pontos de controle com precisão submétrica. Esses pontos podem, então, ser usados para estender a rede de controle medindo novos pontos bem como usando os pontos previamente estabelecidos. Finalmente, outros pontos podem ser locados em relação aos pontos de controle pela medição de ângulos e distâncias com teodolitos, MEDs, estações totais etc.

Outra fonte de informação para SIG são os chamados dados de imageamento. Normalmente estes são fotos aéreas, como as ortofotos do USGS, mas podem incluir imagens de satélite. O National Airphoto Program pode fornecer fotografias em várias escalas para grande parte dos Estados Unidos.** Além disso, as empresas privadas vendem imagens. Muitos *softwares* de SIG são capazes de importar imagens do Google Earth.

A coleta de dados de campo para um SIG pode ser realizada por mapeamento topográfico. Nesses levantamentos, a informação a ser obtida inclui a localização de casas, ruas, rios, árvores e assim por diante. Esses dados podem ser obtidos com técnicas convencionais de topografia, receptores GPS ou aerofotogrametria. Caso seja utilizado o levantamento topográfico convencional, realizado conforme descrito no Capítulo 14 deste livro, o topógrafo executará poligonais entre os pontos de controle mencionados anteriormente. Será, portanto, necessário compensar as distâncias e direções entre as coordenadas conhecidas desses pontos.

---

*São extratos espaciais da base de dados do departamento censitário americano, contendo rodovias, ferrovias e outros dados de interesse estatístico e legal (http://www.census.gov/geo/maps-data/data/tiger.html). (N.R.T.)

**No Brasil, é possível encontrar, em alguns estados, ortofotocartas na escala 1:10.000. No caso de fotografias, as empresas de aerofotogrametria que executaram algum voo na área de interesse mantêm os originais e podem vender cópias para qualquer interessado, além daquele que contratou o voo. (N.T.)

## 18.6 INSERINDO DADOS NO COMPUTADOR

Como mencionado anteriormente, muitos dados de SIG podem ser adquiridos já prontos para uso. Além disso, muitos fornecedores de *software* incluem grandes quantidades de dados, tais como ruas, e outros dados típicos de mapas, como estados, municípios e cidades. Caso sejam desenvolvidos novos dados, eles terão de ser inseridos no computador.

Existem várias maneiras de inserir dados em computadores. Os dados espaciais são tipicamente geocodificados. Geocodificação é o processo de atribuição de coordenadas de localização de entidades espaciais. Esse processo pode ser feito de forma manual ou automática, ou por meio de um processamento em lote (geocodificação em massa).

Aqui estão algumas maneiras de inserir dados em um SIG:

1. *Entrada pelo teclado*. Com esse método, a informação é inserida manualmente no computador. A maioria dos dados de atributos é inserida dessa forma, mas uma grande quantidade de dados espaciais é georreferenciada de outras maneiras.
2. *Geometrias de coordenadas*. Com as geometrias de coordenadas, geralmente chamadas COGO (de *coordinate geometries*), as medições do levantamento são inseridas manualmente pelo teclado. Esse é um método muito preciso, mas lento, para inserção de dados espaciais. Usando dados COGO, as coordenadas das feições espaciais envolvidas são determinadas pelo computador. Descrições legais de parcelas podem ser geocodificadas manualmente usando COGO.
3. *Geocodificação por correspondência de endereço*. Um dos principais métodos para inserir pontos em um SIG de dados espaciais contendo endereços é através de um processo chamado correspondência de endereço. Esse processo envolve a interpolação da posição de um ponto, combinando o endereço e nome da rua de uma feição pontual com o intervalo do endereço e nome da rua de um segmento em uma camada de ruas em um SIG. Uma vez encontrada a correspondência, as coordenadas são atribuídas interpolando-se a localização do endereço do ponto ao longo do segmento. A Figura 18-5 ilustra a geocodificação por correspondência de endereço. Nesse exemplo, o objetivo é geocodificar o endereço rua Principal, 930. O SIG procura a rua Principal na camada de ruas e identifica o segmento cujo intervalo de endereços contenha o número 930. Intervalos de endereços são tipicamente ímpares de um lado da rua e pares no outro. Assim, o número 930 da rua Principal estaria no lado par da rua. A localização de 930 é aproximadamente de 30% do comprimento do segmento. A correspondência de endereço pode ser feita manualmente ou em lote (*batch*). Na geocodificação em lote, um banco de dados ou arquivo digital de dados, que inclui informações sobre endereços, é processado pelo SIG. Exemplos de dados que são comumente geocodificados em lotes incluem empresas, clientes de serviços de utilidade pública, estudantes de uma escola e assim por diante.
4. *Digitalização*. Esse método manual de geocodificação é usado para transferir para o computador os dados de um mapa existente. O mapa é fixado sobre uma mesa digitalizadora. Então, a superfície do mapa é percorrida com um dispositivo manual chamado *cursor*. As várias posi-

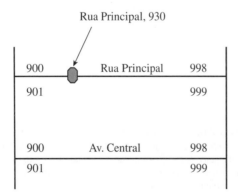

**Figura 18-5** Locando um endereço usando o recurso de correspondência de endereço.

**Figura 18-6** Digitalização de um mapa de curvas de nível.

ções são acuradamente medidas com o cursor e os dados são transferidos para o computador na forma digital (Figura 18-6).

5. *Digitalização matricial.* Existem vários tipos de escâneres no mercado. Escâneres utilizam ou um *laser* óptico ou algum outro tipo de dispositivo eletrônico para fazer a varredura de mapas, convertendo-os para o formato matricial. É necessário algum processamento para melhorar a qualidade do trabalho e convertê-lo para o formato vetorial. O tipo de escâner mais comum usado para converter mapas para uso em SIG é o escâner de tambor. Os mapas são fixados a um tambor rotativo, o mapa é varrido com avanços muito estreitos, e então é medida a luz refletida pelo mapa. Esses dispositivos são sensíveis a 100 ou mais tonalidades de cor ou de brilho nos mapas.
6. *Inserção de arquivos digitais existentes.* Tanto nos Estados Unidos quanto no Canadá, dados de mapas estão sendo preparados mais frequentemente na forma digital, podendo ser inseridos diretamente no computador. Não somente os novos mapas estão sendo preparados dessa forma, mas muitos outros antigos vêm sendo convertidos para o formato digital por várias agências governamentais. É altamente provável que os arquivos digitais existentes possam precisar de pré-processamento antes que possam ser usados em um SIG. Pré-processamento é discutido na próxima seção.
7. *GPS e sensoriamento remoto.* Um dos métodos mais comuns de coleta de dados de campo é usando GPS. O GPS pode ser usado para coletar dados de pontos, linhas e polígonos. Uma variedade de abordagens como fotogrametria, imageamento por satélite e métodos baseados em *laser* pode ser usada para coletar dados para SIG.

## 18.7 PRÉ-PROCESSAMENTO DE DADOS EXISTENTES

O pré-processamento envolve a manipulação de dados de diversas formas para que sejam convertidos em um formato que possa ser usado por um SIG. Elementos importantes do pré-processamento incluem a conversão do formato de dados e a identificação da posição dos objetos nos dados originais de modo sistemático. A conversão de formato do dado original frequentemente envolve a extração de informações de mapas ou cartas, fotografias e registros impressos (tais como relatórios demográficos) e a gravação dessa informação em uma base de dados. Eis alguns dos itens de pré-processamento:

**302**  Capítulo 18

1. Ligação de pontas soltas entre mapas digitais adjacentes.
2. Eliminação de linhas, polígonos ou pontos desnecessários.
3. Estabelecimento de padrões para manutenção de dados espaciais, em termos de sistema de projeção, sistema geodésico etc.
4. Conversão de dados em um formato que possa ser usado pelo *software* de SIG.
5. Estabelecimento de um sistema estável para registro e especificação da localização de objetos nos conjuntos de dados. Quando a tarefa estiver completa, é possível determinar as características de qualquer local especificado em termos do conteúdo de qualquer camada de dados no sistema.

## 18.8  GERENCIAMENTO DOS DADOS E CONSULTAS

As funções de gerenciamento dos dados governam a criação e o acesso ao próprio banco de dados. Essas funções fornecem métodos estáveis de entrada de dados, atualização, eliminação e recuperação. Em função da importância de manter os dados atualizados, eles devem ser constantemente monitorados e conferidos para verificar se estão obsoletos. Caso estejam, deve-se tomar muito cuidado ao substituí-los por dados atuais, pois dados errados levarão a conclusões erradas e, assim, a decisões de trabalho deficientes.

As preocupações com a questão de segurança também estão incluídas no gerenciamento dos dados. Devem ser adotados procedimentos adequados para proporcionar a diferentes usuários diversos tipos de acesso ao sistema e ao banco de dados. Por exemplo, a atualização do banco de dados pode ser permitida somente após as autoridades de controle verificarem se as alterações são apropriadas e corretas.

A capacidade de recuperação de dados permite ao SIG realizar consultas de dados espaciais e de atributos com base nas necessidades do usuário. As consultas SIG são classificadas em duas categorias: consultas espaciais e consultas não espaciais. Segue uma discussão sobre o assunto.

### Consultas Espaciais

São, essencialmente, consultas que envolvem os componentes geográficos de um SIG, ou seja, as linhas, polígonos e pontos. A consulta espacial mais simples consiste em usar o mouse para clicar em um local e descobrir quais são os atributos da feição naquele local. Às vezes, é necessário selecionar feições situados a uma distância menor que determinado raio a partir de um ponto, ou dentro de um limite especificado pelo usuário. São consultas espaciais que têm um nível de análise espacial envolvido, para resolver a consulta. Um exemplo seria selecionar todas as paradas de ônibus a 250 m de um marco.

### Consultas Não Espaciais

Consultas não espaciais são aquelas que envolvem apenas dados de atributos, ou seja, as respostas não necessitam de informações espaciais armazenadas, como latitude e longitude. Dados de atributos relacionadas com componentes espaciais de um SIG são consultados e os resultados são então mostrados em formato textual ou nas componentes espaciais. Consultas não espaciais tipicamente buscam atender a dada condição. A seguir, são dados alguns exemplos de consultas não espaciais.

(a) Selecione todos os polígonos do município em que a renda média dos residentes é superior a US$ 50.000.
(b) Selecione todos os segmentos da estrada que não foram pavimentados nos últimos cinco anos.
(c) Selecione todas as áreas de CEP com velocidade média do vento superior a 12 nós.
(d) Encontre uma feição como o estado da Califórnia.

Encontrar uma feição pode parecer uma consulta espacial, mas é apenas a solução a uma consulta condicional, ou seja, selecionar uma feição da camada de estados cujo atributo "nome" tenha valor igual a "Califórnia".

## 18.9 MANIPULAÇÃO E ANÁLISE

A definição de SIG dada no Capítulo 17 é "sistema de *software*, *hardware* e pessoas necessários para a entrada, armazenamento, recuperação, análise e visualização de dados espaciais e atributos relacionados". Existe um consenso generalizado entre a comunidade SIG quanto à natureza de entrada, armazenamento e exposição de componentes da presente definição. Algumas diferenças surgem quando se tenta classificar as atividades de SIG como "recuperação" ou "análise". Consultas típicas à base de dados, como a seleção de todas as rodovias que são autoestradas interestaduais, são claramente atividades de recuperação. Consultas espaciais, no entanto, em que são selecionadas entidades espaciais, dependem de condições dos limites. Para completar essa consulta, a localização de cada entidade espacial é comparada a coordenadas dos limites para determinar se a entidade atende à condição da consulta espacial. Alguns usuários podem considerar que essa seja uma atividade de análise espacial, por causa do cálculo *ad hoc* envolvido em determinar se uma entidade atende à condição do limite.

Nesta seção, identificamos as atividades de análise espacial de SIG que têm um nível de sofisticação além das consultas espaciais discutidas anteriormente.

1. *Sobreposição (overlaying)*. Esse é o processo de sobreposição de uma camada de dados espaciais a outra para obter informações sobre o seu impacto combinado. Aqui estão alguns exemplos práticos do uso de sobreposições:
   - Um topógrafo criou uma camada SIG que representa o limite de um lago formado pelo represamento de um rio. A camada com o polígono resultante é sobreposta à camada de rodovia para determinar os quilômetros de estradas que seriam afetados. A camada de polígono do lago também é sobreposta aos dados de lotes que possuam residências para determinar o número de casas que terão de ser removidas.
   - Análise de adequação do terreno é uma aplicação muito comum de sobreposição. Por exemplo, onde seria o melhor lugar para construir um aeroporto regional? Na análise da adequação dos terrenos, as diferentes camadas que impactariam a decisão de determinar o local adequado para um aeroporto seriam sobrepostas e o resultado seria uma nova camada de polígonos de locais candidatos.
   - Outro exemplo de sobreposição é a atribuição de atributos de uma camada a outra camada. Por exemplo, para uma camada de estradas, queremos adicionar o nome do município como um atributo para cada estrada. Assim, podemos sobrepor uma camada de estradas a uma camada município e o nome do município será automaticamente incluído em cada segmento rodoviário. Essa situação é ilustrada na Figura 18-7. Nesse exemplo, uma nova camada de estradas é criada após o processo de sobreposição. A nova camada divide os segmentos de estrada a partir da camada original nos limites do município. É criada uma nova tabela de atributos, que inclui o nome do município como um atributo para cada segmento na nova camada de estradas.
2. *Áreas de impacto* ou *zona de influência*. Zonas de influência (*buffer zones*) representam linhas de igual distância em torno de pontos, linhas ou polígonos. A entidade que é criada usando uma operação de *buffer* é sempre um polígono. A análise de faixas de influência é geralmente realizada para estudar áreas nas proximidades de uma feição de interesse do mapa. Um exemplo poderia ser o estudo de um local em potencial para a construção de uma usina nuclear. A zona de influência pode ser criada em um SIG para investigar as propriedades (número de domicílios, tipos de árvores, corpos d'água etc.) da área circunvizinha.
3. *Roteamento de caminho/custo mínimos*. Isso é usado para encontrar a menor distância entre dois pontos sobre uma rede, com base em vários critérios. Um bom exemplo é a definição

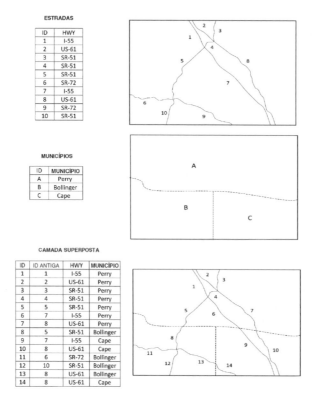

**Figura 18-7** Sobreposição de uma camada de estradas a uma camada de limites municipais para atribuir o nome do município a cada trecho de estrada.

do roteiro de veículos de emergência. Durante o planejamento do roteiro de um veículo, é necessário conhecer o menor tempo necessário para atingir o destino desejado. Essa poderia ser uma função não somente das distâncias, mas também da hora do dia relacionada com o tráfego (as horas de pico do tráfego podem requerer mais tempo), limite de velocidade (você teria que programar veículos indo a uma velocidade menor) etc. Isso pode implicar uma viagem com uma distância maior em estradas menos movimentadas. O roteamento de custo mínimo é crítico para a resolução de um grande número de aplicações em análises de redes. Aqui estão alguns exemplos:

- Um inspetor de pontes tem seis pontes para inspecionar em um dia. É necessário determinar o caminho mais eficiente para chegar a cada ponte e, após passar por todas, retornar à origem. Esse exemplo é conhecido como o problema do caixeiro-viajante.
- Um município está considerando construir um novo posto policial. Onde seria o melhor local para construí-lo de modo a otimizar o tempo de viagem entre o posto e a área que servirá?
- Espera-se que, devido a um furacão, se formem ondas de 4 m na cidade de Charleston, Carolina do Sul. Qual seria o plano de evacuação mais eficiente? Esse exemplo é muito complexo porque existem diversas considerações. A primeira é quem necessita ser evacuado. A evacuação de toda a cidade certamente causaria um colapso no sistema de transportes. Usando as funções de sobreposição, o SIG pode determinar quem deve ser evacuado. Com base em onde os que serão evacuados moram, as rotas de evacuação podem ser determinadas considerando as capacidades das estradas e destinos potenciais capazes de prover abrigo.

4. *Análise estatística espacial.* Existe um conjunto consagrado de técnicas de estatística espacial – muitas das quais vão além da capacidade da maioria dos SIGs. A autocorrelação

**Figura 18-8** Símbolos temáticos com graduação referentes à produção de petróleo dos Estados Unidos, 1859-1920.

espacial é, talvez, a técnica estatística de análise espacial mais desenvolvida com relação a SIG. A autocorrelação espacial mede o quanto a ocorrência de uma feição é influenciada (negativa ou positivamente) pela distribuição de feições similares nas áreas adjacentes. Empresas podem usar esse tipo de análise para determinar o melhor local para abrir sua próxima filial. Elas necessitam considerar que "aves de uma mesma espécie tendem a reunir-se" e

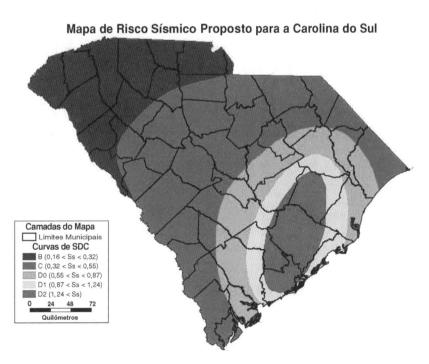

**Figura 18-9** Mapa temático de risco sísmico para a Carolina do Sul, Estados Unidos. Diferentes tonalidades representam diferentes categorias de concepção de sismos (SDC — *seismic design categories*).

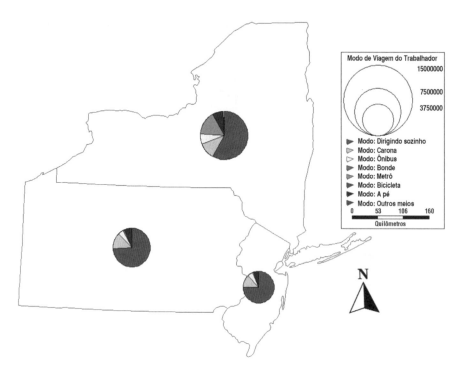

**Figura 18-10** Modos de deslocamento para o trabalho (Nova York, Pensilvânia e Nova Jersey).

"um é companhia, dois ou três não". As ferramentas de autocorrelação espacial de SIG podem ajudar a determinar a probabilidade de sucesso de certo negócio. Existem ferramentas de estatística espacial adicionais, para determinar a caracterização de fenômenos espaciais a partir de amostras discretas. Um exemplo disso é a predição de minerais contidos em um terreno.

## 18.10 VISUALIZAÇÃO E GERAÇÃO DE PRODUTOS

O elemento final de um SIG é a geração e visualização de produtos, em que é apresentado o resultado de várias análises. Vários tipos de produtos gerados em um SIG são relatórios estatísticos, tabelas, mapas, gráficos e texto correspondente. Mapas temáticos podem mostrar dados de atributos associados, usando outros métodos além dos rótulos convencionais. O tema do mapa pode ser apresentado usando códigos de cores, pontos agrupados, figuras, símbolos graduados ou mesmo gráficos de barras ou pizza. Alguns exemplos de mapas temáticos são mostrados nas Figuras 18-8, 18-9 e 18-10.

Embora os relatórios estatísticos possam ser impressos em papel de tamanho comum, mapas e gráficos podem ser impressos tanto em impressora comum como em plotters, em papel de formatos muitas vezes maiores que a impressora normal.

## 18.11 COORDENADAS E PROJEÇÕES CARTOGRÁFICAS

As coordenadas em sistemas de informações geográficas são geralmente armazenadas com sistema cartesiano, ou coordenadas $x$ e $y$. Há, contudo, um problema em usar essas coordenadas para descrever as posições horizontais. O problema é que estamos usando um mapa plano para representar uma parte da superfície curva da Terra. Para remover a curvatura da Terra e desenvolver um mapa plano, algumas coisas, como distâncias, áreas e direções, têm de ser distorcidas.

Os mapas são planos, mas as superfícies que representam são encurvadas. A transformação do espaço tridimensional em um mapa bidimensional é chamada de *projeção*. As fórmulas de projeção são equações matemáticas que convertem os dados do sistema geográfico (latitude e longitude) sobre uma esfera ou elipsoide para uma posição representativa sobre uma superfície plana. Esse processo inevitavelmente distorce pelo menos uma das seguintes propriedades: forma, área, distância ou direção. Uma vez que medições de uma ou mais dessas propriedades possivelmente distorcidas são frequentemente usadas em tomadas de decisões, qualquer um que use os mapas como ferramenta analítica necessita conhecer os tipos de projeções cartográficas e quais propriedades cada uma delas distorce. Os vários tipos de projeções cartográficas e as propriedades que elas preservam são as seguintes:

1. *Projeções conformes* preservam a forma local. Esses mapas usados para apresentações usam projeções conformes.
2. *Projeções equivalentes* preservam as áreas sem distorções. Esses tipos de projeções são normalmente usados para mapas temáticos e de distribuição.
3. *Projeções equidistantes* são aquelas que preservam as distâncias sob determinadas condições. Mapas de navegação são bons exemplos desses tipos de projeção.

Vários métodos têm sido desenvolvidos para projetar áreas curvas em mapas planos. Um método usado nos Estados Unidos é o *sistema de coordenadas planas estadual*. A National Geodetic Survey desenvolveu um sistema para cada estado, no qual as coordenadas planas, ou de quadrículas, são fornecidas em várias estações de controle. O topógrafo pode meramente implantar linhas de poligonais (comprimentos e rumos) a partir desses pontos para outros pontos cujas coordenadas são desejadas. É necessário ajustar as distâncias medidas para o nível médio dos mares e aplicar uma correção de escala, dependendo do método usado pelo NGS naquele estado. As componentes $x$ e $y$ dos lados da poligonal (latitudes e longitudes) podem então ser calculadas, e as coordenadas planas, ou de quadrícula, dos pontos em questão são determinadas. Embora o trabalho da NGS seja muito complicado, o uso das coordenadas planas na prática da topografia é bastante simples.

A finalidade do sistema de coordenadas planas estadual é tirar vantagem do trabalho muito preciso da National Geodetic Survey e usá-lo de uma forma simples para controle de trabalhos de levantamentos comuns. Em outras palavras, é desejável usar o modelo matemático do levantamento plano em vez de levar em conta a curvatura da Terra.

A ideia é projetar pontos do elipsoide da Terra para alguma superfície imaginária que possa ser desenvolvida como plana, sem substancialmente destruir sua forma ou tamanho. Um sistema formado por quadrículas planas retangulares então é superposto àquela superfície plana, e a posição dos pontos passa a ser definida com as componentes $x$ e $y$. Diversas dessas conhecidas projeções cartográficas têm sido divulgadas através dos anos. Existem a projeção plana tangente, a projeção de Lambert e a projeção **UTM** (Universal Transverse Mercator).[1]

Para um centro urbano de tamanho médio, um SIG provavelmente será referenciado a um sistema cartesiano local, baseado nas coordenadas do sistema plano estadual. Para áreas maiores e para as áreas que envolvem mais de um sistema plano estadual, latitudes e longitudes devem ser usadas para manter a consistência em toda a área.

A projeção UTM* é normalmente usada em SIG porque é o sistema usado na maioria dos mapas topográficos da USGS. Nesse sistema, a Terra é dividida em 60 zonas, cada uma com extensão de 6 graus em longitude e desenvolvendo-se entre as latitudes 84° N a 80° S. As zonas são numeradas de 1 a 60, começando na longitude 180° oeste. As zonas 10 até 20 cobrem os estados da costa oeste à costa leste dos Estados Unidos. A projeção transversa de Mercator é centrada em cada uma

---

[1]J. C. McCormac, *Surveying Fundamentals.* 2nd ed. (Englewood Cliffs, NJ: Prentice-Hall, Inc., 1991), pp. 444-466.
*A projeção UTM é a mais comumente usada no Brasil, embora a NBR 14.166 recomende o plano topográfico local para os mapas cadastrais urbanos. (N.T.)

**308** Capítulo 18

das zonas de 6° de largura. O meridiano central da zona 1, que vai de 180° oeste até 174° oeste, está a 177° oeste. Para as regiões polares da Terra (acima de 84° norte e abaixo de 80° sul) as distorções da projeção plana são tão grandes em relação à Terra real que outra projeção é usada: o sistema de coordenadas estereográfico polar universal.

Embora as posições no sistema de informações geográficas sejam geralmente armazenadas em três dimensões com as coordenadas $x$, $y$ e $z$,* há uma quarta dimensão frequentemente incluída: o *tempo*. Por exemplo, uma nova estrada foi construída há seis anos, certa área foi inundada no ano passado, há 17 anos uma barragem rompeu etc. Obviamente, tais itens podem afetar as decisões que estão sendo tomadas.

## 18.12 SIG TIPO MATRICIAL

Para cada célula em um arquivo matricial, ou *raster*, é atribuído somente um valor. Por exemplo, tipos de vegetação e solo de certa área serão armazenados em arquivos separados. Com o procedimento matricial, é formada sobre o mapa uma grade de células, que podem ser retangulares ou quadradas; as quadradas são as mais comuns.

Cada uma das células representa uma unidade no mapa, que é escolhida para ser mostrada no mapa como uma unidade na tela ou *pixel*. (A palavra *pixel* é uma contração de *picture element*.) No terreno, cada célula da grade representa um incremento numérico para toda a área, no sistema de coordenadas. O comprimento de uma célula mais comumente usado é de 1/3 a 1/4 do comprimento da menor feição desejada.[2] Os arquivos matriciais são, frequentemente, compostos de alguns milhões de células. Quanto menor a área do terreno correspondente a cada célula, maior a resolução.

As linhas da matriz são normalmente dispostas paralelas na direção leste-oeste, e as colunas, na direção norte-sul. A origem é, provavelmente, o canto superior esquerdo, e as células são, então, numeradas na direção vertical do topo para baixo, e na horizontal, da esquerda para a direita.

Na Figura 18-11(a) é exibido um mapa de uma área cujos dados estão para ser digitalizados para um arquivo no computador. Na parte (b) da mesma figura, o mapa é superposto a um sistema de quadrículas, enquanto na parte (c) é atribuído um número para cada célula para descrever a situação (1 para florestas, 2 para pastos e 3 para lagos). Finalmente, na parte (d) da Figura 18-11 a informação matricial da parte (c) é mostrada como apareceria se o computador fosse usado para imprimir o mapa.

Você pode ver uma desvantagem do sistema matricial nessa última parte da figura. A cada célula é dado somente um número, e ele é baseado no critério da maior ocorrência. Ao longo da borda entre as áreas de floresta e as áreas de pasto existem muitas células que têm alguma parte de floresta e alguma parte de pasto. Se a floresta cobrir percentagem maior da célula, atribui-se o valor 1. Se o pasto cobrir a maior parte da área, atribui-se o número 2. (É possível subdividir a célula e fazer uma descrição mais exata, porém serão necessários mais tempo e maior capacidade de disco.)

O método matricial tem diversas vantagens. Como ilustração, ele é fácil de entender e pode ser rapidamente recuperado do computador. Os sistemas matriciais são normalmente considerados os melhores para silvicultura, hidrologia, análises de uso do solo e fotogrametria.

Em outras palavras, os modelos matriciais são preferíveis para representação de dados contínuos, tais como feições naturais e ambientais.

---

*Deve-se lembrar que a terceira coordenada $z$ na maioria das vezes não forma um sistema cartesiano tridimensional verdadeiro; $z$ é quase sempre a altitude ou cota do ponto em relação a uma superfície curva equipotencial. (N.T.)

[2] J. Star e J. Estes, *Geographic Information Systems* (Englewood Cliffs, NJ: Prentice-Hall, Inc., 1990), pp. 33-42.

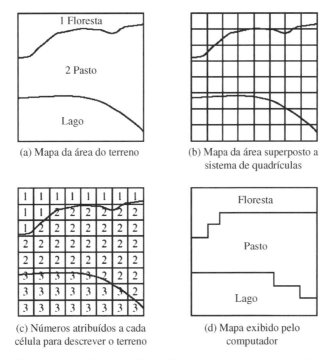

**Figura 18-11** Exemplo de um sistema de representação matricial.

## 18.13 CONCLUSÃO DAS DISCUSSÕES SOBRE SIG

Finalizando esta discussão introdutória sobre o SIG, apresentamos outro exemplo do grande número de situações que podem ser estudadas com os recursos de SIG. As ruas principais e outras feições (um lago, um hospital, um campo de golfe etc.) de uma cidade imaginária foram desenhadas pelos autores como poderiam ser impressas no caso de uma cidade real usando um SIG. Veja a Figura 18-12.

A cidade e as companhias de seguro contra incêndio estão muito preocupadas com os tempos necessários para os caminhões de combate a incêndios chegarem a várias regiões da cidade a partir do quartel central dos bombeiros. Para essa situação, considera-se que os caminhões de incêndio podem trafegar, em média, a 50 km/h dentro da cidade. Considerando que as distâncias são medidas ao longo das ruas, desde o quartel central até o percurso estimado que os caminhões podem chegar em 5 minutos, isto é, $5/60 \times 50$ km = 4,1 km. Então esses pontos são conectados com uma linha como os pontos de mesma cota são conectados para formar as curvas de níveis. Essas linhas são rotuladas como 5 MINUTOS na Figura 18-12.

Exatamente da mesma forma, são preparadas as isolinhas para 10 minutos e 15 minutos de distâncias de viagem, rotuladas como 10 MINUTOS e 15 MINUTOS, respectivamente. Você pode ver que a informação resultante não é apenas muito importante para a cidade fazer seu plano de proteção contra incêndios, mas é também muito importante para as companhias de seguro definirem suas taxas de risco.

Concluindo, o leitor pode claramente imaginar que todas as aplicações de SIG podem ser executadas (muito embora com tempo impraticavelmente grande) por um desenhista gastando, talvez, centenas de horas de trabalho para áreas pequenas. Caso esses dados sejam digitalmente armazenados em um computador, a mesma informação, tal como aquela mostrada na Figura 18-12, pode ser obtida em poucos segundos.

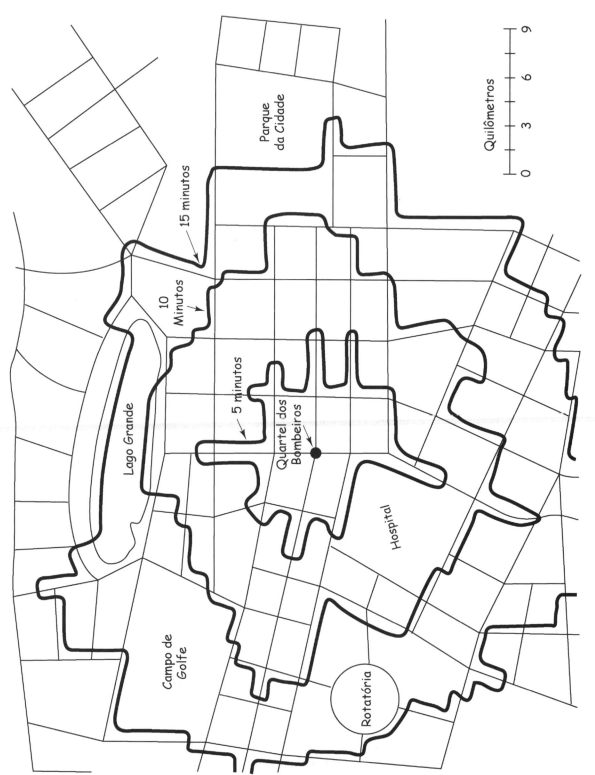

**Figura 18-12** Distâncias estimadas que caminhões de bombeiros podem percorrer em 5, 10 e 15 minutos.

# PROBLEMAS

**18.1** Descreva como as feições geográficas do terreno são representadas em um SIG.

**18.2** Qual a diferença entre dados espaciais e dados de atributos?

**18.3** Com relação aos dados geográficos, qual o significado do termo *topologia*?

**18.4** O que é um *pixel*?

**18.5** Use um dos aplicativos de mapeamento baseados na *web*, como o Mapquest (www.mapquest.com), para encontrar o endereço de uma casa nos Estados Unidos. O resultado foi correto? Tente outros endereços com que você está familiarizado. Discuta os resultados. Tenha em mente que as aplicações Mapquest e similares encontram endereços com base nos conceitos de correspondência discutidos neste capítulo.

**18.6** Acesse o Mapquest (www.mapquest.com). Imprima um mapa que mostre o caminho mais curto da sua casa para o shopping mais próximo. Realce no mapa a rota real que você tomaria. Discuta as diferenças (se houver) e dê uma indicação de por que existem diferenças, tendo em mente que no Mapquest a suposição é fornecer a rota que minimiza o tempo de viagem.

**18.7** Crie um mapa desenhado à mão mostrando placas de trânsito da rua onde você mora. Se você mora em um alojamento ou um quarto, escolha uma rua nas proximidades. Se encontrar apenas algumas placas, você pode querer incluir mais de uma rua. Crie uma tabela de atributos que descrevam as placas. Inclua alguns dados básicos. Classifique os seus atributos (p. ex., nominais, ordinais). Você pode usar uma planilha para ilustrar sua tabela.

**18.8** Crie um mapa temático, desenhado à mão, da rota desde onde você mora até um marco aonde se pode chegar em até 20 minutos, de carro. Mostre tematicamente a localização das placas de trânsito. Colore as vias no seu mapa temático com base nos seguintes tipos: autoestrada, arterial, coletora ou local. Você pode decidir o tipo que você acha que elas são. Usando símbolos com graduação, mostre tematicamente o número de pistas das vias do seu percurso. Note que para uma feição linear um símbolo com graduação seria simplesmente uma linha mais larga. Não se esqueça de incluir uma legenda no seu mapa.

**18.9** Prepare o mapa mostrado a seguir em formato matricial, utilizando 10 células na vertical e 10 células na horizontal.

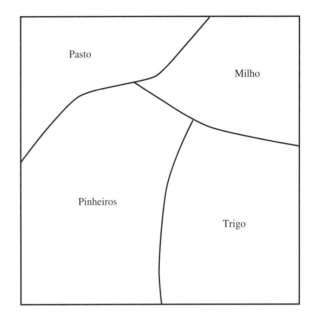

**18.10** Prepare o mapa mostrado a seguir em formato matricial, utilizando 10 células na vertical e 10 células na horizontal.

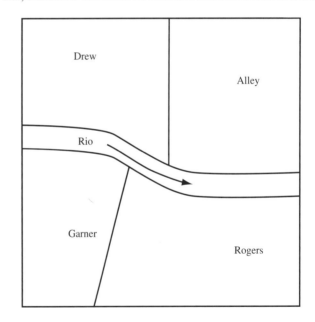

**18.11** Por que o sistema UTM é o tipo mais comum de projeção cartográfica usado nos Estados Unidos?

# Capítulo 19

# Levantamentos de Obras

## 19.1 INTRODUÇÃO

A indústria da construção civil é a maior dos Estados Unidos, e os levantamentos topográficos são uma parte essencial dessa indústria. De fato, mais da metade de todos os levantamentos se relaciona com a indústria da construção. Para dar ao leitor a noção da grande quantidade de projetos de construção que necessitam apreciavelmente dos serviços de levantamentos, apresentamos a seguinte lista parcial:

1. Loteamentos residenciais
2. Desenvolvimento local
3. Estradas
4. Valas de drenagem
5. Canalização sanitária e pluvial
6. Bueiros
7. Pontes
8. Aterros
9. Oleodutos
10. Ferrovias
11. Canais
12. Aeroportos
13. Linhas de transmissão
14. Prédios
15. Plantas industriais
16. Reservatórios
17. Estações de tratamento de esgoto e água
18. Barragens
19. Minas subterrâneas
20. Minas a céu aberto

## 19.2 O TRABALHO DO TOPÓGRAFO DE OBRAS

Um levantamento dos limites e a preparação dos mapas topográficos necessários são, normalmente, os primeiros passos num processo de construção. A partir desses mapas, são estabelecidas as posições das estruturas. Quando as plantas finais para os projetos estão disponíveis, é tarefa do topógrafo locar as posições horizontais e verticais das estruturas. Em outras palavras, o levantamento de obra envolve a transferência de um desenho para o terreno, de forma que o trabalho seja executado em sua posição correta. Esse tipo de levantamento é, algumas vezes, chamado de *locação de alinhamento e greides*. O trabalho do topógrafo em projetos de construção é frequentemente conhecido como *trabalho de locação*, e o termo *engenheiro de locação* pode ser usado no lugar de *topógrafo*.

**Figura 19-1** Topografia em local de construção. (Cortesia da Leica Geosystems.)

Inevitavelmente, levantamentos de construção começam antes da construção real e continuam até o projeto estar completo. Levantamento é uma parte essencial do processo de construção e deve ser executado em coordenação com outras operações, a fim de reduzir os custos e prevenir sérios erros. O leitor pode entender os gastos e a inconveniência causados se uma fundação em concreto armado para um prédio for colocada em posição errada. Outro exemplo: apenas imagine o problema que pode ocorrer se algumas centenas de metros de uma tubulação de esgoto forem assentadas com uma inclinação errada.

Os projetos de construção mostram os tamanhos e as posições das estruturas que devem ser erguidas, tais como prédios, estradas, estacionamentos, tanques de armazenamento, oleodutos etc. O trabalho do topógrafo de obras é estabelecer uma superfície de referência que permita aos empreiteiros locar as feições planejadas em suas posições corretas sobre o terreno (Figura 19-1). Isso é realizado colocando marcos de referência (como piquetes de construção) suficientemente próximos ao local do trabalho planejado, de forma a permitir que os pedreiros, carpinteiros e outros profissionais da obra identifiquem suas tarefas apropriadamente, usando seus próprios equipamentos (metros dobráveis, níveis e linhas de pedreiro etc.).

Topógrafos de obras constatarão que seu trabalho é bastante variado. Um dia eles podem fazer um trabalho topográfico para determinado prédio, enquanto, em outro, podem locar piquetes para a escavação de um oleoduto. Normalmente, é necessário que façam medições antes e depois de alguns tipos de trabalho (por exemplo, o cálculo da quantidade de terra transportada por um empreiteiro). Em outras ocasiões, eles estarão locando piquetes para guiar a construção de fundações, alinhando as colunas de uma estrutura de aço de um prédio, verificando uma estrutura já completa para ver se ela está corretamente posicionada etc.

Um projeto de construção requer quatro tipos de levantamentos em sua execução:

1. O levantamento da propriedade ou dos limites por um topógrafo devidamente registrado* para estabelecer a localização e as dimensões da propriedade.

---

*No Brasil, não existe o topógrafo registrado específico para levantamentos de terrenos urbanos. É necessário apenas que seja registrado no Conselho Regional de Engenharia e Agronomia (Crea). Para os imóveis rurais, a Lei nº 10.267 prevê que o topógrafo seja registrado também no Instituto Nacional de Colonização e Reforma Agrária (Incra). (N.T.)

**314** Capítulo 19

2. Um levantamento do local para determinar as condições existentes, como curvas de nível, feições naturais e artificiais, canais, rios, riachos, linhas de transmissão, estradas e estruturas próximas. Esse trabalho também pode ser feito ao mesmo tempo em que se faz o levantamento dos limites.

3. Os levantamentos da obra, que determinam as posições e cotas das feições envolvidas no trabalho de construção. Esses levantamentos incluem a locação de piquetes para greides e para alinhamentos e outros pontos de controle da locação. Esse trabalho é normalmente executado pela empreiteira.

4. Finalmente, existem os levantamentos que determinam as posições das estruturas já concluídas. Esses são os levantamentos como construídos (*as-built*) e são usados para verificar os serviços contratados e para mostrar as localizações das estruturas e das benfeitorias associadas (tubulações de água, esgoto etc.) que serão necessárias para futuras manutenção, alterações e novas construções.

## 19.3   SINDICATOS TRABALHISTAS

Na maioria dos estados norte-americanos, os sindicatos trabalhistas não reivindicam jurisdições sobre os levantamentos de construções. Apesar disso, os topógrafos envolvidos em trabalhos de locação podem se ver encontrar em disputas em que os sindicatos reivindicam que os trabalhos de levantamento devam ser feitos por membros do próprio sindicato. Por exemplo, os sindicatos acham que seus carpinteiros devem montar as bancadas de obra e fazer a distribuição das várias partições dos prédios. Além disso, eles argumentam que os armadores encarregados devem verificar o posicionamento e o alinhamento das estruturas de aço e que seus profissionais de acabamentos em concreto devem nivelar lajes. Em certas áreas dos Estados Unidos, o sindicato dos engenheiros ligados ao sindicato tem jurisdição sobre o trabalho de levantamento de campo conduzido pelo empreiteiro. Se, contudo, o topógrafo for contratado como engenheiro de escritório e parte do trabalho destinar-se a levantamentos de campo, somente esses podem ser feitos sob a jurisdição dos engenheiros operacionais.[1]

## 19.4   LEVANTAMENTOS PRELIMINARES

Ao preparar o projeto para um prédio, os arquitetos necessitam de uma planta topográfica do local de modo que a construção e as benfeitorias associadas possam ser locadas cuidadosamente. Essas plantas são normalmente desenhadas em escalas grandes, como 1:100, 1:200 ou 1:500, dependendo das dimensões e da complexidade do projeto. As informações a serem incluídas são os limites da propriedade, cotas para a preparação de curvas de nível, locais e tamanhos de prédios existentes no local ou nas adjacências, assim como os materiais com os quais foram construídos; localização de qualquer objeto imóvel; localização de ruas, meios-fios e calçadas existentes; localização de hidrantes; dimensões e localização das tubulações de gás, água e esgoto, incluindo localização de bocas de lobo e *cotas invertidas* (ou seja, pontos inferiores no lado interno das circunferências das tubulações); localização de linhas de força; linhas telefônicas, postes de iluminação, árvores e outros itens.

Antes que o projeto da estrutura possa começar, a lista mencionada de informações necessárias deve ser fornecida para os arquitetos. Os dados, normalmente, serão apresentados sobre a planta do local.

O posicionamento do prédio no terreno será baseado na informação apresentada na planta topográfica, e o projeto do prédio proposto será sobreposto a ela. O desenho final mostrará a localização do prédio com relação aos limites da propriedade, ruas, serviços públicos etc. Provavelmente, também mostrará como ficarão as curvas de nível finais após concluída a construção.

---

[1]K. Royer, *Applied Field Surveying* (New York: John Wiley & Sons, Inc., 1970), p. 124.

Um levantamento preliminar pode incluir o levantamento das estruturas existentes no local e talvez estruturas adjacentes à propriedade que podem ser afetadas pela nova construção. Tais levantamentos devem ser realizados antes de começar a obra. Eles devem incluir medições das coordenadas horizontais e verticais das fundações desses prédios de forma que seja possível determinar posteriormente se ocorreu qualquer movimento lateral ou vertical durante a construção. A esse respeito, deve ser notado que as acomodações continuam por alguns anos após o término da construção do prédio e, se os prédios existentes no local, ou nas adjacências, são relativamente novos, eles podem ainda estar em acomodação. Como consequência, a acomodação que ocorre em um prédio existente quando um novo está sendo erguido pode ou não ser devida somente à nova construção.

O levantamento de prédios existentes deve também incluir exames do interior e do exterior dos prédios a fim de registrar as suas condições. Por exemplo, itens como a localização e o tamanho de rachaduras nas paredes devem ser notados.

## 19.5  PIQUETEAMENTO DE GREIDES

Se um projeto é dimensionado para ser construído em cotas específicas, é necessário colocar piquetes para guiar o construtor. Uma vez que um greide aproximado tenha sido completado, é necessário posicionar piquetes a fim de controlar o movimento de terra final. Um *piquete de greide* é uma pequena estaca de madeira cravada no terreno até que o seu topo esteja na cota desejada para o trabalho final ou até que a cota do topo tenha uma relação definida com a cota desejada. Os piquetes de greide são necessários para a canalização de esgotos, a pavimentação de ruas, ferrovias, prédios e assim por diante.

Quando são realizados cortes de dimensões apreciáveis, pode não ser possível cravar piquetes no terreno até que seus topos estejam na cota final desejada, porque eles teriam de ser cravados abaixo do terreno ou enterrados. Se são previstos aterros de dimensões consideráveis, o topo dos piquetes do greide também pode ter que ser colocado muito acima do nível do terreno. Nesses casos, o costume é cravar estacas, chamadas de *estacas testemunhas*, em cotas convenientes acima do terreno e pintá-las então com os cortes ou aterros necessários para obter as cotas desejadas. É muito útil para o empreiteiro quando as estacas são colocadas em alturas tais que os cortes e aterros sejam dados em números cheios.

Para certo ponto, o topógrafo determina a cota requerida e subtrai da altura AI do nível. Isso indica qual deve ser a leitura da mira quando o topo do piquete estiver na cota desejada. Então, mais ou menos por tentativa e erro, o piquete é cravado até que a leitura exigida na mira seja obtida quando estiver posicionada no topo do piquete.

Quando os levantamentos de greide estão próximos dos seus valores finais, é possível cravar piquetes até que seus topos estejam nas cotas finais especificadas. Os piquetes são comumente usados para levantamentos de greides ao longo de trechos de rodovias, ferrovias e assim por diante. Algumas vezes, os piquetes de greide são colocados no eixo central das rodovias em vez de no acostamento.

## 19.6  PONTOS DE REFERÊNCIA PARA CONSTRUÇÃO

Todos os piquetes de levantamento, mesmo os mais firmes, são vulneráveis a distúrbios durante a construção. Como consequência, é necessário referenciá-los a outros pontos, de forma que possam ser restabelecidos no caso de serem deslocados. Em construção ou em locação, os termos *piquetes* e *estacas* são muito usados. Uma *estaca* é usualmente uma peça de madeira de mais ou menos $3 \times 6 \times 45$ cm (ou mais comprida) afiada em uma das pontas para facilitar seu cravamento no terreno. Um *piquete* é uma peça de madeira $5 \times 5$ cm de comprimento variável, fixada no solo até que se nivele com o terreno, sobre o qual é cravada uma tacha para marcar a posição precisa de um ponto no topo do piquete. Normalmente, uma ou mais estacas (testemunhas), nas quais são marcadas as identificações de um piquete, são fincadas parcialmente no solo, ao lado dos piquetes. As estacas podem também ser sinalizadas com bandeirolas.

Na construção de estradas, é comum referenciar uma amarração a cada 10 estacas (ou 200 m), em tangentes longas, assim como os pontos iniciais e finais de curvas e os pontos de interseção das retas tangentes às curvas. Para a construção de prédios, é convencional referenciar os vértices dos prédios e até os vértices das propriedades, se eles correrem risco de ser removidos.

As referências usadas devem ser, em geral, permanentes. As marcações podem consistir em cruzes ou pontos gravados em pisos de concreto, meios-fios, calçadas, ou em pregos cravados no asfalto. Outros tipos são piquetes de madeira com seção maior, pregos em árvores ou feições existentes, tais como vértices de prédios. Uma desvantagem dos últimos dois tipos de ponto é que não se pode instalar tripés sobre eles. Algumas vezes, as referências podem ser demarcadas sobre um meio-fio, pavimento ou parede com tinta vermelha. Além disso, as direções são frequentemente escritas sobre o pavimento, descrevendo como encontrar as marcas, estejam elas sobre o pavimento, parede ou em qualquer outro local.

É conveniente colocar um número suficiente de pontos de referência de forma que, se alguns deles forem perdidos, o ponto referenciado possa ainda ser reposicionado. Aconselha-se registrar pontos importantes e descrevê-los em anotações de campo, caso as marcações sejam apagadas ou os próprios pontos de referência sejam danificados.

Se as distâncias entre os pontos levantados e suas amarrações podem ser mantidas a menos de 2 m, os pontos podem ser restabelecidos rápida e facilmente com metro articulado e um fio de prumo. Caso os pontos de referência sejam colocados a distâncias maiores, será necessário usar uma trena e talvez uma estação total para verificar e reposicionar os pontos da construção. Provavelmente, quase todos os pontos de construção serão danificados pelo menos uma vez (talvez muitas vezes) durante o processo de construção. Por isso, o topógrafo precisa posicionar os pontos de referência cuidadosamente, de forma que, se forem danificados, possam ser facilmente restabelecidos. É sempre desejável colocar estacas testemunhas e bandeirolas em torno de pontos importantes das construções. Além dessas precauções, é ainda necessário fazer verificação contínua de alinhamento e de posições. Caso contrário, alguns dos trabalhos de construção podem ser posicionados incorretamente, resultando em possível remoção e reposicionamento de edificações já construídas a custo potencialmente elevado.

Um método muito comum de levantar pontos de referência é ilustrado na Figura 19-2. Nessa figura, são usados três pontos de referência; se o ponto levantado for danificado ou removido, ele pode ser restabelecido fazendo um arco com uma trena de aço (na horizontal) com centro em cada um dos pontos de referência. A vantagem de manter os pontos de referência e os pontos levantados distantes de, no máximo, um comprimento de uma trena é óbvia (2 m é até melhor, como descrito previamente). Para proteger os piquetes e tornar mais fácil a sua localização, é desejável cravar estacas inclinadas sobre seus topos.

Um método conveniente e frequentemente usado para referenciar vértices de prédios é mostrado na Figura 19-3. É desejável, sempre que possível, instalar pontos de referência afastados a distâncias iguais do ponto levantado que está sendo referenciado, de modo que não tenha que ser usada nenhuma anotação para reposicioná-lo.

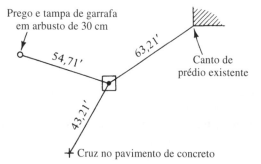

**Figura 19-2**  Três pontos de referência.

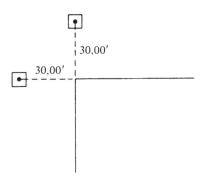

**Figura 19-3** Dois pontos de referência a distâncias iguais.

É mais rápido instalar pontos de referência aleatórios, como mostrado na Figura 19-4, para fazer uso de objetos relativamente permanentes como árvores, prédios, pavimentos ou postes nas proximidades. Para restabelecer pontos de levantamento a partir dessas referências, é recomendável usar três ajudantes, de forma que as medidas possam ser feitas simultaneamente de ambos os pontos de referência.

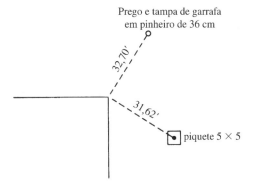

**Figura 19-4** Pontos de referência com definição aleatória.

## 19.7 LOCAÇÃO DE PRÉDIOS

O primeiro passo para locar um prédio é identificar os limites da construção sobre o terreno. Muitas cidades têm normas de construção que especificam certas distâncias mínimas permissíveis dos limites do terreno às fachadas dos prédios. As finalidades dessas normas são promover o crescimento organizado, melhorar a estética e reforçar a proteção contra incêndio. A equipe de topografia instala os piquetes de alinhamento, com direções e distâncias medidas a partir dos prédios existentes, ruas ou meios-fios, de maneira que a estrutura seja erguida na posição planejada.

Depois de posicionar apropriadamente o prédio, é necessário demarcar o local da edificação com as dimensões corretas. Isso é importante, particularmente mais ainda quando algum ou todos os componentes dos prédios são pré-fabricados e montados posteriormente *in loco*. Na maioria dos levantamentos de edificações residenciais, a locação pode consistir apenas no levantamento das fundações, porque o empreiteiro da obra será capaz de obter todas as outras medições a partir dessas fundações. As construções comerciais e industriais requerem uma locação detalhada e estacas de controle, devido à duração do projeto de construção e ao tamanho do projeto.

É obviamente crítico para um trabalho de construção que todas as partes da estrutura sejam posicionadas nas cotas projetadas. Para atingir esse objetivo, o topógrafo estabelecerá uma ou mais referências de nível nas proximidades gerais do projeto. Essas referências de nível são posicionadas fora das proximidades imediatas do prédio, de modo que não sejam destruídas pelas operações de construção, sendo usadas para viabilizar o controle vertical para o projeto. Uma vez instaladas, o topógrafo estabelecerá um bom número de referências de nível menos permanentes e mais acessíveis, mais próximas ao projeto (na ordem de 30 a 60 m). A posição desses pontos menos permanentes deve ser cuidadosamente selecionada, de forma que não sejam necessários pontos de mudança quando tiverem que ser locadas as cotas do projeto. Essa seleção cuidadosa dos pontos pode resultar em economia crítica de tempo, o que é importante nos projetos de construção.

Para grandes projetos de construção, é desejável estabelecer as cotas com base nos valores do nível médio do mar (nos Estados Unidos, o North American Vertical Datum de 1988).* Esse datum é particularmente importante para obras subterrâneas. Caso seja usado um datum de cotas arbitrário, suas cotas deverão ser suficientemente grandes para que não ocorra nenhuma cota negativa no projeto.

Outra ideia que pode poupar um tempo considerável consiste em estabelecer uma posição permanente para instalação do nível, de forma que o instrumento possa ser instalado na mesma posição todos os dias. Um modo de fazer isso é ter encaixes fixos para os pés do tripé, construídos sobre uma calçada de concreto, pavimento ou uma base plana de concreto especialmente posicionada. Assim, a AI do nível sempre será a mesma se forem usados os mesmos instrumento e tripé, e a leitura da mira, para qualquer posição desejada (por exemplo, o nível de um pavimento), será constante.

Algumas vezes, um pilar especial de concreto para instalação do nível pode ser justificável para um trabalho grande. Também aconselha-se uma plataforma quando é necessário verificar constantemente prédios existentes nas proximidades quanto a possíveis acomodações do solo (recalques) durante o progresso da nova construção. Isso é importante durante escavações, especialmente se houver muita vibração ou explosões. Um conjunto de alvos pode ser fixado nos prédios próximos, o nível é instalado em um ponto fixo, e a luneta é usada para checar rapidamente se houve qualquer recalque por meio de visadas aos alvos. Desse modo, é necessário usar o mesmo instrumento e o mesmo tripé (pernas rígidas, não ajustáveis) todos os dias. É necessário, também, verificar frequentemente as cotas das RNs permanentes, comparando-as com as RNs em volta, que estão fora da influência das atividades da construção.

Mais tarde, durante a construção, pode ser conveniente estabelecer uma RN em um ponto nas paredes ou em outra parte do prédio e usar esse ponto para medir ou atribuir cotas na estrutura. Além disso, outros pontos de referência podem ser instalados dentro do prédio nos quais maquinarias ou outros itens podem ser apropriadamente posicionados quando o prédio estiver fechado. Isso é feito instalando pontos de referência feitos de latão ou discos fixados no piso ou em outros pontos no prédio. Uma vez levantadas as paredes, o topógrafo não conseguirá realizar longas visadas de pontos de referência do lado de fora do prédio.

## 19.8 LINHAS DE REFERÊNCIA (LOCAÇÃO REALIZADA POR TOPÓGRAFOS)

Antes que as medições efetivas de locação comecem, é necessário estabelecer cuidadosamente linhas de referência ou linhas de base. Para grandes projetos de construção, o procedimento usual é instalar uma linha de base principal sobre a linha central da estrutura e assentar estacas ou piquetes (preferencialmente, de 5 × 5 cm ou maiores) com tachas, a intervalos que não excedam 30 m. Espera-se que esses piquetes permaneçam nessas posições por algum tempo durante a construção. Se forem atribuídos números de estações aos pontos, eles devem ser preferencialmente números grandes, de modo que não seja necessária nenhuma estação negativa nas extremidades do sistema de controle do levantamento.

---

*A altura relativa ao nível médio dos mares é chamada de altitude, e o sistema de referência oficial do Brasil é a Rede Altimétrica do Instituto Brasileiro de Geografia e Estatística (IBGE). (N.T.)

Além disso, são instalados marcos permanentes sobre a linha central, após as extremidades da área do trabalho de construção. As extremidades da linha são materializadas com marcos de concreto pesados, moldados no local, com chapas de metal embutidas em seus topos. Os marcos das extremidades da linha podem ser ocupados pelo topógrafo, permitindo-lhe verificar e reposicionar, se necessário, pontos dentro da área de construção.

Uma linha de base central será afetada tão frequentemente durante a construção que é comum estabelecer uma linha de base secundária, paralela à linha central, mas a alguma distância dela. Na verdade, algumas vezes podem ser estabelecidas duas linhas de referências adicionais, uma na frente da construção e outra atrás.

A Figura 19-5 mostra uma linha de referência estabelecida em um lado do prédio. Ao longo dessa linha são instalados os piquetes necessários para permitir ao topógrafo locar ou alinhar os cantos ou outras feições importantes do prédio. Uma vez definidos os cantos de um prédio, é essencial que sua localização seja cuidadosamente verificada. Uma forma de fazê-lo em prédios retangulares é medir suas diagonais para ver se são iguais (mostrada por linhas tracejadas na Figura 19-5).

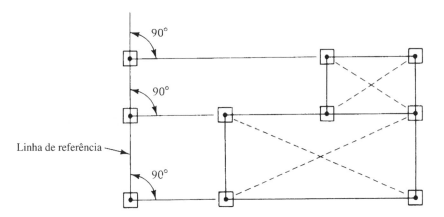

**Figura 19-5** Locação de um prédio simples.

Quando é necessário fornecer constantemente alinhamento para pontos em uma construção cujas marcas de referências tenham sido alteradas (uma situação típica durante a construção da maioria dos prédios), o procedimento descrito nos parágrafos precedentes e ilustrado na Figura 19-5 tem a desvantagem de necessitar da instalação do instrumento e girá-lo em ângulos de 90° todas as vezes que um ponto é necessário. É preferível usar um sistema em que os pontos importantes da construção possam ser conferidos ou restabelecidos meramente pela visada entre dois pontos ou esticando um fio ou uma linha entre eles. Tal sistema é ilustrado na Figura 19-6. Para esse prédio, uma linha de referência e uma linha auxiliar foram estabelecidas juntamente com os pontos auxiliares mostrados. Quando possível, é desejável fixar ou pintar alvos sobre as paredes dos prédios existentes, em vez de materializar pontos auxiliares no solo. Tais alvos são bem menos propensos a ser destruídos do que os piquetes no solo.[2]

---

[2] B. A. Barry, *Construction Measurements* (New York: John Wiley & Sons, Inc., 1973), pp. 149-155.

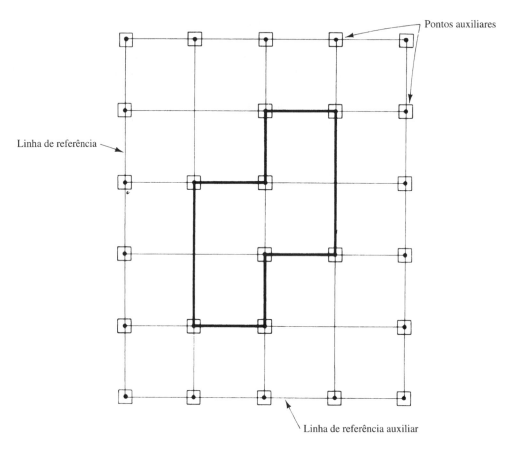

**Figura 19-6** Locação de um prédio com linha de base, uma linha auxiliar e pontos auxiliares.

## 19.9 MÉTODOS DE ESTAQUEAMENTO RADIAL

Muitos projetos de construção hoje são preparados com base em sistemas de controle radial. Com esse tipo de sistema, os pontos de controle são instalados em locais adequados, em torno do local de trabalho e usados para locar pontos importantes da estrutura. Esses últimos pontos são locados pela medição de ângulos e distâncias a partir dos pontos de controle previamente instalados.

O método radial é muito eficiente para locar um grande número de pontos, particularmente quando são usadas estações totais. Para locar um projeto de construção, um ou mais pontos de controle são estabelecidos no local de trabalho ou nas proximidades. Então, as coordenadas dos vários pontos desejados são determinadas a partir das plantas do projeto. Finalmente, os ângulos e distâncias dos pontos de controle são calculados e locados no campo. As estações totais podem ser usadas para fazer esses últimos cálculos. Esse método de controle de levantamento é particularmente útil em edificações de formato circular ou curvilíneos como tanques, silos, domos, arenas, ou estruturas cilíndricas para contenção industrial.

## 19.10 GABARITOS

Após instalados nos vértices de um prédio, os piquetes podem ser protegidos por meio de referências colocadas do lado de fora da área de trabalho na forma de *gabaritos* ou *tabeiras*. Se os piquetes forem colocados somente nos vértices propostos de um prédio, estariam no caminho das escavações e das operações de construção, e não durariam muito tempo. Por essa razão os gabaritos são comumente usados. Eles consistem em armações de madeira que têm pregos cravados em seus topos (ou têm entalhes feitos sobre eles), nos quais são esticados fios ou arames para definir as posições dos contornos de um prédio e talvez o lado externo das paredes de fundações.

Os gabaritos são usados não somente para cantos de prédios, mas também para a construção de galerias e tubulação de esgotos, para alvenaria e para muitos outros trabalhos da construção. Exemplos de gabaritos são mostrados nas Figuras 19-7 e 19-8. Eles devem ser fixados firmemente no solo e devem ser bem reforçados. Além disso, devem ficar distantes o bastante da escavação, de forma que sejam bem localizados em terreno inalterado, mas próximos o suficiente, de modo que os fios possam ser convenientemente esticados entre eles.

A finalidade principal dos gabaritos é permitir que os trabalhadores meçam valores a partir de pontos de referência prontamente acessíveis sem a necessidade de ter sempre um topógrafo sobre o ponto. Como esses gabaritos são usados para fornecer tanto alinhamento como cotas, eles devem ser montados com muito cuidado. É comum instalá-los a uma altura predefinida acima da fundação ou do nível final do pavimento. Uma cota de controle como o nível do primeiro pavimento deve ser marcada claramente sobre o gabarito, como ilustrado na Figura 19-8.

Para construir os gabaritos, várias tábuas robustas de construção são encravadas no terreno à distância de 1,2 a 1,8 m da escavação planejada. Como os fios de náilon são frequentemente usados entre os sarrafos do gabarito, eles devem ser fortes o bastante para aguentar o esforço. Os postes verticais podem ser de madeira serrada ou roliça, e as tábuas (ou sarrafos) são pregadas

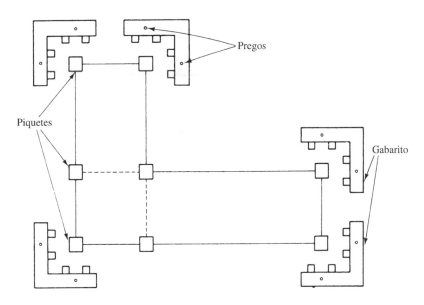

**Figura 19-7** Gabarito.

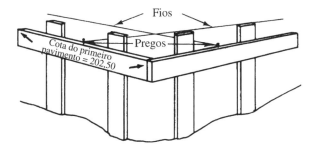

**Figura 19-8** Gabarito mostrando os fios e a cota do primeiro pavimento.

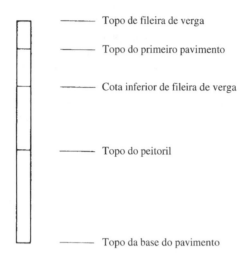

**Figura 19-9** Régua de transferência de nível.

transversalmente. Os sarrafos transversais são fixados nos suportes verticais com o auxílio de uma mira e ajustados à cota desejada com um nível. Para fixar os pregos, cravados verticalmente sobre os sarrafos transversais para segurar os fios de alinhamento, é usada uma estação total ou então são esticados fios que se cruzam sobre os pontos dos cantos, utilizando fio de prumo, se necessário.

Uma vez que o gabarito esteja montado e verificado, os fios ou linhas podem ser esticados entre os pregos (ou entalhes), como mostrado na Figura 19-8. Os fios podem ser retirados e recolocados quantas vezes forem necessárias durante a construção. Por exemplo, eles podem ser postos no local e o canto da estrutura reposicionado a qualquer momento, usando um fio de prumo na interseção dos fios. A quantidade de escavação necessária em certo ponto da fundação pode ser determinada pela medição do nível do fio para baixo. Os fios podem ser retirados quando os trabalhadores ou máquinas tiverem que escavar a fundação, e recolocados para o uso pelos marceneiros ou outros trabalhadores. Em estruturas de alvenaria, uma *régua de transferência de nível* é frequentemente usada para dar as cotas de vários pontos ou as fileiras de tijolos das paredes. Uma dessas estacas é mostrada na Figura 19-9.

Os gabaritos são usados satisfatoriamente para construção de casas e de pequenos prédios. Para estruturas maiores, envolvendo equipamento pesado, os gabaritos são bastante vulneráveis, e os alinhamentos das fundações e cotas são estabelecidos e restabelecidos, quando necessário, usando pontos de controle afastados.

## 19.11 LOCAÇÃO DA OBRA: MÉTODO DO EMPREITEIRO SUBCONTRATADO*

Para construções residenciais e algumas pequenas construções comerciais, é possível que a fundação seja subcontratada a um empreiteiro especializado em fundações. Os encargos desses subcontratados são a locação, a escavação, a colocação da armação, o assentamento dos piquetes de níveis, a inspeção e a aplicação do concreto. Esses subcontratados não são topógrafos, mas usam alguns métodos de locação muito antigos mas comprovados. Níveis, *lasers* e estações totais são usados somente para determinação de cotas. Ângulos normalmente não são tomados com estações totais, mas estabelecidos com trenas e triangulação.

---
*Também não existe esse costume no Brasil. (N.T.)

Esses subcontratados seguem um procedimento típico, mostrado a seguir:

1. Os vértices da propriedade são locados.
2. Um piquete de 2 × 10 cm é colocado em cada vértice, e linhas de náilon são esticadas ao longo dos limites da propriedade.
3. Distâncias reversas são obtidas do lugar e os planos dos pavimentos são locados, sendo assim estabelecidos um dos vértices do prédio e dois de seus lados.
4. Do vértice e lados estabelecidos no passo 3, o prédio é locado como uma caixa grande retangular. Os vértices de 90° dessa caixa são obtidos com uma trena.
5. Os vértices do prédio são marcados no terreno, e os gabaritos são montados com afastamentos de cerca de 2 a 3 m.
6. Os pregos são cravados sobre as tábuas do gabarito, e fios de náilon são colocados sobre os vértices previamente marcados sobre o terreno, fazendo uso de fio de prumo.
7. São usadas trenas para medir as linhas exteriores, e as diagonais são verificadas cuidadosamente. Os afastamentos são medidos a partir das linhas do prédio.
8. Os fios de náilon são cuidadosamente posicionados para o lado de fora das paredes das fundações (não o lado de fora da base). O solo abaixo dos fios é riscado com algum bastão ou barra de reforço.
9. Os gabaritos são instalados conforme as cotas finais desejadas dos pavimentos.
10. Os fios de náilon são removidos e são feitas as escavações para a base.
11. A colocação da armação é seguida pela inspeção, e após a aplicação do concreto termina o trabalho do empreiteiro de fundação.

## 19.12 LEVANTAMENTO *AS-BUILT*\*

Os levantamentos *as-built* (como construídos) são realizados após o término do projeto de construção para fornecer as posições e as dimensões dos objetos do projeto, do modo como eles realmente foram construídos. Esses levantamentos não somente oferecem um registro do que foi construído, mas, também, permitem uma verificação da qualidade, para ver se o trabalho foi feito de acordo com a concepção do projeto. Os marcos de controle para o projeto são verificados e reajustados ou recolocados, se necessário. É essencial proteger esse sistema de controle tanto quanto possível, caso haja futura modificação ou expansão do projeto.

A partir dos pontos de controle horizontais e verticais, é preparado um mapa detalhado mostrando todas as mudanças realizadas durante a construção. Um projeto de construção usual é sujeito a inúmeras modificações dos planos originais, em função de modificações do projeto e de problemas encontrados no campo, tais como tubulações subterrâneas, condições inesperadas para fundações e outras situações não previstas.

Níveis a *laser* são particularmente úteis para conduzir levantamentos *as-built*. Um exemplo é a verificação das cotas e declividades para drenagem. Após instalar um nível a *laser*, uma pessoa pode andar ao longo da obra com uma caderneta de campo e conferir as cotas.

O leitor deve notar que isso é necessário para levantamento de oleodutos, redes de esgoto e outras estruturas subterrâneas, antes de elas serem aterradas, de forma que suas posições corretas sejam determinadas, tanto horizontal quanto verticalmente. Além disso, esses levantamentos devem mostrar as localizações de tubulações existentes não previstas, estruturas e outras feições que são encontradas na escavação. Levantamentos *as-built* são documentos muito importantes e devem ser preservados para uso em reparos, modificações e ampliações futuros.

---

\*A ABNT tem uma norma para elaboração de como construído (*as-built*) para edificações, a NBR 14645.1. (N.T.)

## PROBLEMAS

**19.1** Quais são os quatro tipos de levantamentos necessários para um projeto de construção?

**19.2** O que são piquetes de greide?

**19.3** O que é a cota invertida de tubulação?

**19.4** Diferencie piquete de estaca.

**19.5** Qual é a finalidade principal de um gabarito?

**19.6** Discuta a importância de fazer o levantamento *as-built* para um trabalho de construção.

# Capítulo 20

# Cálculo de Volumes de Terra

## 20.1 INTRODUÇÃO

É normal que um grande volume de terra seja movimentado em projetos de construção de estradas, ferrovias, canais, fundações de grandes prédios, oleodutos e outras obras. O topógrafo está diretamente envolvido na determinação das quantidades de terra movimentadas. Ele está comprometido não somente com a determinação dessas quantidades, mas também com a locação das estacas de greide necessárias para se executar o movimento de terra requerido para moldar o terreno às inclinações e cotas especificadas em projeto.*

Antes de começar um projeto de construção que envolva movimentos de terra, o topógrafo necessita determinar a forma original da superfície do terreno. Isso é necessário para que os volumes de materiais a serem adicionados ou removidos possam ser determinados. Ao se falar em movimento de terra, é costume se referir às escavações como *cortes* e às deposições de terra como *aterros*. As quantidades de cortes e aterros nos tipos de projetos de construção descritos são, frequentemente, de tal magnitude que correspondam a uma percentagem apreciável do custo total do projeto.

Os princípios envolvidos nos cálculos volumétricos são aplicados não somente para movimentos de terra, mas também para outros materiais, tais como volumes de reservatórios ou estoques de areia, carvão e outros materiais. Os volumes das estruturas de alvenaria podem ser calculados diretamente a partir das dimensões presentes nas plantas, mas é também bastante comum verificar as quantidades pagas, calculando o volume das medições, realizadas pelo topógrafo no campo, das estruturas já completadas. É importante ressaltar que os mapas produzidos por métodos fotogramétricos permitem que o topógrafo estime cuidadosamente a quantidade de movimento de terra. Mapas topográficos preparados a partir de modelos estereoscópicos (fotogramétricos) também podem ser usados.

## 20.2 INCLINAÇÕES E ESTACAS DOS TALUDES (OU DE *OFFSETS*)

Ao trabalhar com cortes e aterros para projetos de estradas, as inclinações das rampas laterais (ou seja, dos taludes) são geralmente baseadas nos tipos dos materiais utilizados. A inclinação é dada como uma razão de tantas unidades horizontais para tantas unidades verticais. Por exemplo, inclinação 2 para 1, ou 2:1, significa que o aterro em questão avança 2 metros na horizontal para cada avanço de 1 metro na vertical (ver Figura 20-1). Talvez o melhor modo de indicar a inclinação com menos chance de erros ou má interpretação é dizer 2 para 1. Inclinações de 3:1, ou mais suaves, são preferíveis no ponto de vista da segurança, uma vez que os veículos ainda conseguem trafegar no caso de saírem da estrada. Inclinações mais acentuadas podem implicar instabilidades no talude, muito embora, se

---

*Embora sempre se fale em "estaca" do eixo do projeto da estaca, canal etc., na verdade em campo são cravados piquetes nas posições indicadas pelo projeto, e a certa distância lateral são cravadas as estacas (chamadas de testemunhas) de madeira de boa qualidade, provida de entalhe no qual se pinta com tinta a óleo o número de identificação. (N.T.)

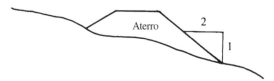

**Figura 20-1** Aterro com talude de inclinação 2:1.

o material consiste em rochas sólidas, as inclinações possam ser de 1:1 ou mais acentuadas. Para material muito solto, como areia, os taludes devem ser muito menos inclinados (talvez 8, 10 ou até 12 para 1 nos casos extremos).

Após o greide de uma estrada ter sido estabelecido e as inclinações dos taludes, conforme o material, sejam decididas para cortes e aterros, é necessário que o topógrafo estaqueie o trabalho. O corte ou o aterro a serem feitos em certa seção transversal ao longo do eixo da estrada são iguais à diferença entre a cota do terreno existente e a cota final da linha do greide. O topógrafo necessitará estaquear o eixo da estrada e colocar as *estacas de taludes* (ou de *offset*) na interseção da linha de terreno natural com o talude, seja de corte ou de aterro, como mostrado na Figura 20-2.

Alguns comentários descritivos são feitos aqui em relação ao problema de tentativa e erro de locação das estacas dos taludes, para que o estudante não fique em dúvida. Se a superfície do terreno é horizontal, a distância do eixo da estrada até a interseção da superfície do terreno com a superfície de corte ou aterro pode facilmente ser calculada como mostrado na Figura 20-3.

Se a superfície do terreno for inclinada, como é o caso na Figura 20-4, o problema se torna uma questão de tentativa e erro, porque a quantidade de corte ou aterro, medida a partir das posições das estacas dos taludes, é desconhecida, assim como as distâncias horizontais do eixo à estaca do talude.*

Uma prática comum é locar as estacas do talude com trenas de 20 m e um nível.

A extremidade zero da trena é colocada no eixo da via. O operador estima, grosseiramente, a distância até a estaca do *offset* e manda o porta-mira à posição estimada. O operador, então, realiza

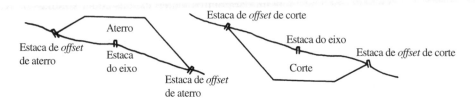

**Figura 20-2** Exemplos de locação de estacas de *offsets*.

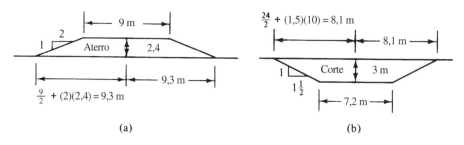

**Figura 20-3** Cálculo da distância do eixo da estrada à interseção da superfície do terreno com o corte ou aterro.

---

*Na prática, as posições das estacas de talude (ou de *offset,* como são mais conhecidas) são calculadas por programas de computador e são informadas nas notas de serviço de terraplanagem. (N.T.)

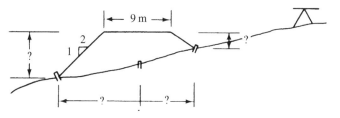

**Figura 20-4** O cálculo da distância horizontal do eixo para as estacas de *offset* requer procedimento de tentativa e erro, se o terreno for inclinado.

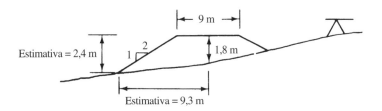

**Figura 20-5** Usando estimativas para determinar as posições das estacas de *offset*.

uma leitura sobre a mira e calcula se o porta-mira está no ponto desejado. Para esta discussão, veja a Figura 20-5, na qual o operador estima o aterro na estaca de *offset* mais baixa como 2,4 m e, então, calcula a distância horizontal para o eixo como sendo (9/2) + (2)(2,4) = 9,3 m.

O porta-mira posicionou-se a 9,3 m do eixo, e a leitura na mira foi realizada. Encontrou-se um desnível de 3 m da crista (topo) do aterro ao ponto em questão. A distância horizontal a partir do eixo, para esse desnível, deveria ter sido (9/2) + (2)(3) = 10,5 m, e assim o porta-mira não estava no ponto correto.

Em seguida, o porta-mira foi mandado para o ponto a 12 m, e desnível medido foi de 3,6 m. Para esse ponto, a distância horizontal deveria ser (9/2) + (2)(3,6) = 11,7 m. O porta-mira se move para o ponto de 11,7 m, no qual o desnível era de 3,63 m. A distância horizontal calculada é igual a (9/2) + (2)(3,63) = 11,8 m, que estava agora próxima da correta.

Uma vez que a distância horizontal por tentativas esteja dentro de 3 cm ou 6 cm da distância horizontal calculada, a estaca de talude é cravada. Uma pessoa experiente normalmente posiciona a estaca após duas ou três tentativas, no máximo, mas os iniciantes podem precisar de algumas tentativas a mais.

As estacas de *offset* são normalmente cravadas, para fora da estrada nos aterros e para dentro, nos cortes. Os números das estacas são normalmente escritos no lado de fora das estacas, e os cortes e os aterros são dados no lado interno, frequentemente com a distância ao eixo da estrada. Algumas vezes, após ser determinada a posição correta da estaca de talude, elas são afastadas de 0,5 a 1,5 m na tentativa de preservá-la durante as operações de terraplanagem.

## 20.3 EMPRÉSTIMOS

Durante a construção de estradas, aeroportos, barragens e outros projetos que envolvam movimento de terra, quase sempre é necessário obter terra por meio de escavações em áreas próximas, a fim de construir os aterros. Essas escavações são normalmente chamadas de *empréstimos*. A quantidade de material de empréstimo é muito importante porque o pagamento da empreiteira normalmente é calculado com base no número de quilômetros percorridos do empréstimo até o local da obra. Além disso, as áreas adjacentes, das quais os empréstimos são retirados, frequentemente pertencem a outras pessoas, que são também pagas de acordo com a quantidade de material removido. Os volumes armazenados de materiais tais como areia, brita, cascalho, entre outros, também podem ser calculados usando o método dos empréstimos.

**328** Capítulo 20

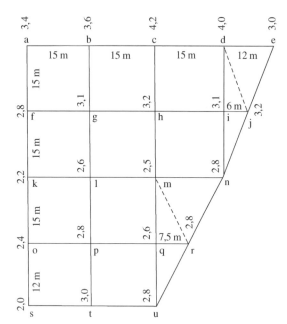

**Figura 20-6** Exemplo de área de empréstimo com as alturas de cortes indicadas.

Para determinar os dados necessários para os cálculos do volume, devem ser obtidas as cotas em certos pontos, antes e após a remoção do material. São estabelecidas uma ou mais linhas de base e duas ou mais referências de nível em localizações convenientes e protegidas. Algum tipo de sistema de grades regulares é normalmente estabelecido (digamos, quadrados de 50 m), e as cotas são determinadas em cada um dos vértices. Isso pode ser feito rapidamente com uma estação total. Quando a escavação terminar, são nivelados novamente os mesmos pontos e calculadas as diferenças entre as leituras originais e finais, a partir das quais se determina o corte feito em cada ponto. Os volumes podem ser aproximadamente calculados, multiplicando o corte médio em certo quadrado (ou outro polígono) pela respectiva área.

A Figura 20-6 mostra a vista em planta de um empréstimo típico dividido em quadrados, retângulos e também em alguns triângulos, devido à forma irregular da área. Os números mostrados na figura representam as dimensões da figura e os cortes em metros nos vértices. O valor do movimento de terra sobre uma das áreas pode ser estimado como igual à média dos cortes nos seus vértices vezes a área dessa figura. Por exemplo, o corte estimado ao retângulo *opts* é igual a

$$(12)(15)\left(\frac{2,4 + 2,8 + 2,0 + 3,0}{4}\right) = 459 \text{ m}^3$$

Um cálculo similar para ao retângulo *pqut* resulta em:

$$(12)(15)\left(\frac{2,8 + 2,6 + 3,0 + 2,8}{4}\right) = 504 \text{ m}^3$$

O volume total para as duas figuras é de 963 m³.

Suponha que, desde que esses dois retângulos tenham a mesma dimensão horizontal (12 m × 15 m), desejaríamos combinar seus cálculos de uma só vez. Verificando o cálculo precedente, e também a Figura 20-6, podemos ver que, para determinar a soma dos cortes nos vértices para as duas figuras, os valores dos vértices *o*, *q*, *u* e *s* aparecem uma vez, enquanto os valores em *p* e *t* (2,8 m e 3,0 m, respectivamente) aparecem, cada um, duas vezes. Então, os cálculos para as duas figuras podem ser executados em um só passo, como se segue:

$$(12)(15)\left(\frac{2,4 + (2)(2,8) + 2,6 + 2,0 + (2)(3,0) + 2,8}{4}\right) = 963 \text{ m}^3$$

**Tabela 20-1** Cálculos de um empréstimo (Figura 20-6)

| Figura | Soma dos cortes nos cantos | Área da figura | Multiplicador | Volume |
|---|---|---|---|---|
| *oqsu* | 21,4 | 180 | × 1/4 | 963 |
| *adnmqo* | 95,7 | 225 | × 1/4 | 5.383 |
| *uqr* | 8,2 | 45 | × 1/3 | 123 |
| *qrm* | 7,9 | 56 | × 1/3 | 148 |
| *rmn* | 8,1 | 113 | × 1/3 | 305 |
| *nij* | 9,1 | 45 | × 1/3 | 136 |
| *ijd* | 10,3 | 45 | × 1/3 | 154 |
| *jed* | 10,2 | 90 | × 1/3 | 306 |
| | | | Volume total | $= 7.518 \ m^3$ |

De forma similar, todas as oito figuras dentro de *adnmqo* são quadrados (15 m × 15 m). Para somar os cortes nos vértices para todas essas figuras, o vértice em *a* aparece em um quadrado, os vértices *b* e *c* aparecem em dois quadrados, *g* e *h* aparecem em quatro quadrados e assim por diante.

$$(15)(15)\left[\frac{3,4 + (2)(3,6) + (2)(4,2) + 4,0 + (2)(2,8) + (4)(3,1)}{4} \ \text{etc.}\right]$$
$$= 5383 \ m^3$$

Os cálculos para todo o empréstimo podem ser registrados muito compactamente, como mostrado na Tabela 20-1. Grupos de polígonos que tenham a mesma dimensão horizontal são combinados. Alguns dos volumes calculados mostrados foram arredondados um pouco, em dimensões razoáveis para os cálculos de movimento de terra.

Um comentário especial deve ser feito acerca das áreas das laterais do empréstimo, como, por exemplo, o trapézio *deji*. O volume desse prisma pode ser determinado tomando a soma dos quatro cortes nos vértices dividida por quatro e multiplicando pela área do trapézio. Notar-se-á que esse cálculo não fornece o mesmo valor que aquele obtido dividindo-o em duas figuras triangulares *ijd* e *jed*. Se a superfície do terreno através do trapézio não possui inclinação constante (talvez haja uma depressão ou um montículo), um volume mais exato pode ser obtido dividindo a figura em triângulos. Nesses casos, o topógrafo deve mostrar linhas tracejadas no desenho (tais como *dj* e *mr* na Figura 20-6) para indicar que devem ser usados triângulos.

### Programas de Computador

Os cálculos de volume de terraplanagem utilizando o método dos empréstimos podem ser demorados para grandes áreas. Há uma tentação de usar células maiores para agilizar o processo. No entanto, isso pode levar a erros grosseiros de cálculo da terraplenagem real. Alguns programas de computador replicam a metodologia descrita aqui anteriormente, mas podem fazê-lo com maior resolução (p. ex., células da grade com poucos metros quadrados). Tais cálculos de terraplanagem são ideais para aplicações de computador. Existem disponíveis vários programas "caixas-pretas" que realizam esses cálculos rapidamente. Além disso, são capazes de determinar volumes de terraplanagem, incluindo as quantidades de corte, aterro, bota-fora e empréstimos. No entanto, o topógrafo deve estar familiarizado com a teoria por trás dos cálculos descritos neste capítulo.

## 20.4 SEÇÕES TRANSVERSAIS

Para esta discussão, será considerada a construção de uma estrada. Suponha que uma linha de greide longitudinal tenha sido selecionada, assim como a seção transversal da estrada. Suponha, ainda, que

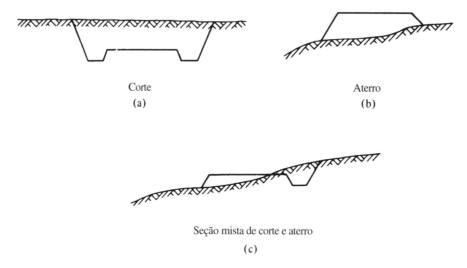

**Figura 20.7** Seções transversais típicas.

as seções transversais da superfície do terreno foram medidas em cada estaca, ao longo do eixo, pelo método descrito na Seção 8.5.

Uma seção transversal é uma seção normal ao eixo de uma estrada projetada, canal, barragem ou outro projeto de construção. As seções transversais da superfície do terreno são desenhadas para cada estaca, e o traçado da estrada projetada é sobreposto às primeiras com as cotas do eixo obtidas da linha do greide longitudinal. Exemplos das seções transversais são mostrados na Figura 20-7.

## 20.5 ÁREAS DE SEÇÕES TRANSVERSAIS

Para determinar os volumes de movimento de terra, primeiramente é necessário calcular as áreas das seções transversais. Isso pode ser feito com computador ou com planímetros, como descrito nos parágrafos a seguir.

### Programas de Computador

Os cálculos de áreas de seções transversais e volumes de terraplanagem de estradas podem ser acelerados com aplicações computacionais. A maioria dos escritórios de projetos de estradas hoje usa computadores para determinar áreas e volumes para cálculo de movimento de terras. Apesar disso, o topógrafo deve familiarizar-se com a teoria por trás dos cálculos descritos no restante deste capítulo.

### Área das Seções Transversais em Nível

As áreas das seções transversais em nível, como a que é mostrada na Figura 20-8, podem ser calculadas multiplicando a média das larguras do topo e da base da seção transversal por sua altura, como mostrado na figura. As seções transversais em nível são bastante comuns e encontradas em estradas, ferrovias, canais, entre outros.

### Áreas de Seções com Três Níveis

Quando ocorre uma seção com três níveis, tal como a mostrada na Figura 20-9, sua área pode ser determinada dividindo a figura em triângulos e somando suas áreas.

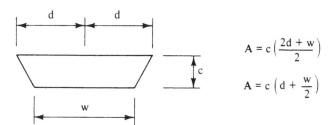

**Figura 20.8** Cálculo de área de seção transversal em nível.

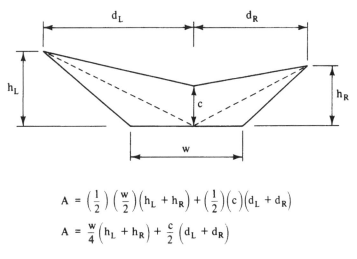

$$A = \left(\frac{1}{2}\right)\left(\frac{w}{2}\right)\left(h_L + h_R\right) + \left(\frac{1}{2}\right)(c)\left(d_L + d_R\right)$$

$$A = \frac{w}{4}\left(h_L + h_R\right) + \frac{c}{2}\left(d_L + d_R\right)$$

**Figura 20-9** Cálculo de área de seção com três níveis.

## Áreas de Seções com Cinco Níveis ou Mais

Quando é encontrada uma seção com cinco níveis ou mais, é possível calcular sua área somando as áreas dos triângulos, ou dos trapézios, que formam a figura, usando a regra das coordenadas ou usando planímetros, como descrito nos próximos parágrafos.

## Medição de Área de Seções Transversais Irregulares com um Planímetro

Uma seção transversal irregular é definida como aquela em que a superfície do terreno é tão irregular que nem uma seção transversal de três níveis nem uma de cinco níveis fornecerão informação suficiente para descrever a área com precisão. São necessárias cotas intermediárias, em intervalos irregulares, entre o eixo da rodovia e as estacas de *offset*, para especificar a seção transversal adequadamente.

Quando estão envolvidas seções transversais irregulares, pode ser possível dividi-las em formas convenientes, tais como triângulos e trapézios, e calcular suas áreas. Algumas vezes o método de coordenadas pode ser usado. A aplicação desses métodos, no entanto, é bastante tediosa, sendo mais comum empregar programas de computador ou traçar as seções transversais em papel milimetrado (particularmente se as seções são muito irregulares e também quando possuem lados curvos). Nesses casos, as áreas são determinadas com o auxílio de um planímetro. Em quase todos os casos, a área de uma seção transversal pode ser determinada por planímetro, com uma precisão compatível à do levantamento de campo empregado para gerar a seção transversal. Naturalmente, na era da informática, o uso desse método tem diminuído bastante.

## 20.6 CÁLCULO DO VOLUME DO MOVIMENTO DE TERRA

Os volumes de movimentos de terra podem ser calculados a partir das áreas das seções transversais por dois métodos, como descrito nesta seção. A distância entre as seções transversais depende da precisão exigida para o cálculo do volume. Evidentemente, conforme sobe o preço por metro cúbico, torna-se mais desejável ter as seções transversais mais próximas umas das outras. Por exemplo, para escavações de rochas ou para escavações subaquáticas, os custos são tão altos que são necessárias seções transversais em intervalos muito próximos, talvez não maiores que 3 m. Para movimentos de terra em rodovias ou ferrovias, as seções são medidas a intervalos de 20 a 50 m.* Além das seções transversais definidas em estacas regulares, é também necessário tomá-las nos pontos de início e fim de curvas, em locais onde ocorrem alterações atípicas das cotas e para os pontos nos quais as cotas do terreno coincidem com a do perfil longitudinal, passando de corte para aterro. Esses pontos são chamados de *pontos de passagem*.

A terra entre duas seções transversais forma aproximadamente um *prismoide*. Um prismoide é uma figura sólida que tem as duas faces extremas (ou bases) planas e paralelas e cujos lados são superfícies planas. Nesta seção, são apresentados dois métodos para estimar o volume desses prismoides: o método da área média e o método que usa a fórmula prismoidal.

### Método da Área Média

Uma técnica muito comum para calcular volumes em movimentos de terra é o método da área média. Com esse método, o volume de terra entre duas seções transversais é considerado igual à área média das seções transversais das duas extremidades vezes a distância entre elas (ver Figura 20-10). O volume, em metros cúbicos, é calculado como

$$V = \left(\frac{A_1 + A_2}{2}\right)\left(\frac{L}{27}\right)$$

em que $A_1$ e $A_2$ são as áreas das extremidades, em metros quadrados, e $L$ é a distância entre as seções transversais, em metros.

Sendo as estacas tomadas a cada 20 m, a expressão pode ser reduzida para a seguinte forma

$$V = 10\,(A_1 + A_2)$$

O método da área média é comumente usado no cálculo da quantidade de movimento de terra devido à sua simplicidade. Ele não é um método teórico exato, a menos que as duas extremidades sejam iguais, mas os erros normalmente não são significativos. Caso uma das áreas se aproxime de zero, como em um declive em que a seção transversal está mudando de corte para aterro, o erro será bastante significativo. Para esse caso, pode ser melhor calcular o volume como uma pirâmide, ou seja, um terço do produto da área da base pela altura.

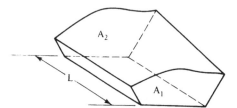

**Figura 20-10**  Método da área média.

---

*No Brasil, o intervalo usado é normalmente de 20 m para projetos finais e de 50 m para projetos preliminares. (N.T.)

Embora o método da área média seja aproximado, a precisão obtida é bastante consistente com a precisão alcançada nas medições de campo feitas para as seções transversais. Os custos por metro cúbico para movimento de terra são normalmente baixos, e, portanto, não é justificável economicamente fazer refinamentos dos cálculos dos volumes. Também, na maioria dos casos, o método fornece volumes para mais — o que favorece o empreiteiro. Para melhorar a exatidão do método da área média, é necessário diminuir a distância entre as seções medidas. Isso é particularmente recomendado se a superfície do terreno for muito irregular. Algumas vezes, quando uma estrada tem uma curva muito fechada e grandes cortes ou aterros, podem ser realizados ajustes à curvatura, ao se fazer o cálculo de volume. Na prática, tais ajustamentos não são considerados significativos.

O Exemplo 20.1 ilustra os cálculos de volume entre duas estações, usando o método da área média.

---

**EXEMPLO 20.1**  Determine o volume de movimento de terra entre as estacas 100 e 101, distantes 10 m entre si, usando o método da área média e considerando a largura da estrada de 9 m. A proporção dos taludes de cortes é de 2 na horizontal para 1 na vertical. A Figura 20-11 mostra o esquema da seção transversal na estaca 100 + 00.

| Estaca   | Esquerda    | Centro     | Direita    |
|----------|-------------|------------|------------|
| 100 + 00 | $C2,5$      | $C2,0$     | $C1,5$     |
|          | 9,5         | 0,0        | 7,5        |
| 101 + 00 | $C2,0$      | $C1,0$     | $C0,5$     |
|          | 8,0         | 0,0        | 6,0        |

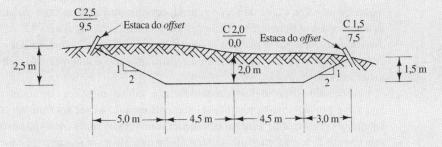

**Figura 20-11**  Seção transversal na estaca 100 + 00.

**SOLUÇÃO**

$$\text{Área de estaca } 100 + 00 = \frac{w}{4}(h_L + h_R) + \frac{c}{2}(d_L + d_R)$$

$$= \left(\frac{9}{4}\right)(2,5 + 1,5) + \left(\frac{2,0}{2}\right)(9,5 + 7,5)$$

$$= 26 \text{ m}^3$$

$$\text{Área de estaca } 101 + 00 = \left(\frac{9}{4}\right)(2,0 + 0,5) + \left(\frac{1,0}{2}\right)(8,0 + 6,0)$$

$$= 12,6 \text{ m}^3$$

$$V = 10(A_1 + A_2) = (10)(26 + 12,6) = \mathbf{386 \text{ m}^3}$$

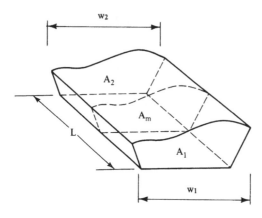

**Figura 20-12** Exemplo de prismoide.

## Volume pela Fórmula Prismoidal

Caso a superfície do terreno seja tal que as duas seções transversais adjacentes estejam bastante diferentes uma da outra, ou se for necessário um alto grau de precisão nos cálculos, como ocorre quando estão sendo determinados volumes de rochas ou de concreto, o método da área média pode não ser suficientemente exato.

A maioria dos volumes de terra com os quais o topógrafo trabalha é de formato prismoidal. A expressão a seguir foi desenvolvida (usando a regra de Simpson) para determinar o volume de tais formas e é chamada de *fórmula prismoidal*.

$$V = L\left(\frac{A_1 + 4A_c + A_2}{6}\right)$$

Nessa expressão, $A_1$ e $A_2$ são as áreas das seções transversais nas extremidades ou bases do prisma, enquanto $A_c$ é a área da seção central, equidistante às duas extremidades, e $L$ é a distância entre as duas seções extremas. Esses valores são mostrados na Figura 20-12. *A área da seção central $A_c$ é determinada medindo a própria seção transversal ali ou pela média das medidas das seções transversais extremas para calcular a área central. Ela não é determinada simplesmente pela média das áreas extremas.*

A fórmula prismoidal geralmente fornece valores menores que aqueles obtidos pela área média. Seu uso é provavelmente justificável somente quando as seções transversais são tomadas a intervalos muito curtos e onde as áreas das seções transversais sucessivas são bastante diferentes. Quando o movimento de terra está sendo contratado, o método a ser usado para cálculo dos volumes deve ser claramente indicado no contrato. Se não for feita nenhuma menção ao método a ser usado, o contratante provavelmente desejará que o proprietário use o método da área média, independentemente da intenção do proprietário.

O Exemplo 20.2 ilustra a aplicação da fórmula prismoidal.

| | |
|---|---|
| **EXEMPLO 20.2** | Usando a fórmula prismoidal, calcule o volume do movimento de terra entre as estacas 100 e 101 (espaçadas de 10 m) usando os dados do Exemplo 20.1. |
| *SOLUÇÃO* | Determinamos as dimensões da seção transversal na estaca 101 + 10 pela média das dimensões nas estacas 100 e 101: |

| Estaca | Esquerda | Centro | Direita | Área pela fórmula de seção de três níveis (m²) |
|--------|----------|--------|---------|-----------------------------------------------|
| $100 + 00$ | $\dfrac{C2,5}{9,5}$ | $\dfrac{C2,0}{0,0}$ | $\dfrac{C1,5}{7,5}$ | 26 |
| $100 + 50$ | $\dfrac{C2,1}{8,8}$ | $\dfrac{C1,5}{0,0}$ | $\dfrac{C1,0}{6,8}$ | 18,7 |
| $101 + 00$ | $\dfrac{C2,0}{8,0}$ | $\dfrac{C1,0}{0,0}$ | $\dfrac{C0,5}{6,0}$ | 12,6 |

$$V = L\left(\frac{A_1 + 4A_c + A_2}{6}\right) = (20)\left(\frac{26,0 + 4 \times 18,7 + 12,6}{6}\right)$$

$$= \mathbf{378\ m^3}$$

Embora a fórmula prismoidal forneça a melhor estimativa dos volumes de prismoides, o método da área média é mais comumente usado, porque a diferença entre os métodos é quase sempre bastante pequena, exceto onde existem mudanças abruptas nas seções transversais. Além do mais, é bastante tedioso aplicar a fórmula prismoidal, devido ao trabalho extra envolvido para calcular as dimensões médias das áreas extremas e a área de seção transversal central. A menos que estejam sendo calculados volumes de escavação de rocha ou de concreto, o uso da fórmula prismoidal não é justificado de forma alguma devido à baixa precisão do trabalho no levantamento das seções. Finalmente, se for necessário determinar o volume prismoidal, é mais fácil usar o método das médias e corrigir os resultados obtidos com a *fórmula de correção prismoidal*. A expressão dessa correção é exata para seções de três níveis e razoavelmente exata para a maioria das outras seções transversais.

Na expressão que se segue para $C_v$, a correção prismoidal, $C_1$ e $C_2$ são os cortes ou aterros no eixo das seções extremas $A_1$ e $A_2$, enquanto $w_1$ e $w_2$ são as distâncias entre as estacas de *offset* (ver Figura 20-12) dessas seções. A correção em metros cúbicos é:

$$C_v = \frac{L}{12}(C_1 - C_2)(w_1 - w_2)$$

A correção calculada é subtraída do volume obtido pelo método da área média, a menos que a fórmula forneça uma resposta com sinal negativo, quando, nesse caso, a correção é adicionada. O Exemplo 20.3 mostra a aplicação da correção prismoidal para os cálculos do Exemplo 20.1, que emprega o método da área média.

---

**EXEMPLO 20.3**

Corrija a solução da área média do Exemplo 20.1 para o volume prismoidal, usando a fórmula de correção prismoidal.

**SOLUÇÃO**

$$C_v = \frac{L}{12}(C_1 - C_2)(w_1 - w_2)$$

$$= \frac{20}{(12)}(2,0 - 1,0)(17,0 - 14,0) = 5\ m^3$$

Volume prismoidal $= 386 - 5 = 381\ m^3$

## 20.7 DIAGRAMA DE MASSAS

Para a construção de estradas e ferrovias é desejável fazer um gráfico acumulativo das quantidades de movimento de terra (designando cortes com sinal positivo e aterros com sinal negativo) de um ponto para outro (talvez os pontos inicial e final). Tal gráfico, ilustrado na Figura 20-13, é chamado *diagrama de massas* (ou *de Brückner*). Ele é normalmente traçado diretamente abaixo do perfil longitudinal da estrada. A ordenada em qualquer ponto sobre o diagrama é o volume acumulado dos cortes e aterros naquele ponto, enquanto a abscissa de qualquer ponto é a distância em estacas ao longo da linha levantada desde o ponto inicial.

Em um diagrama de massas, pode-se ver rapidamente se cortes e aterros se compensam ao longo do projeto e a qual distância a terra terá que ser transportada. Se há maior necessidade de aterro além das quantidades de corte, será necessário obter terra de outras fontes, como os empréstimos. Se houver mais volume de corte do que de aterro, pode ser necessário eliminar o material extra como um bota-fora, talvez alargar os aterros ou tornar os vales mais rasos.

Observando a Figura 20-13, o perfil original do terreno é traçado e uma linha de greide de ensaio (mostrada na figura) é lançada. Ao desenhar essa linha de greide, é feito um esforço para compensar as quantidades de corte e aterro visualmente. São calculados os volumes de movimentos de terra, como descrito nas seções anteriores deste capítulo, e é desenhado o diagrama de massas. Se os cortes e aterros não se compensam bem ou se a terra tem que ser transportada ou removida por longa distância, a linha de greide terá que ser ajustada e o processo repetido.

Contratos de terraplanagem referem-se à chamada *distância livre de transporte*, que pode ser especificada como 150 m, 300 m, 600 m ou algum outro valor. Se a terra não for movida mais do que essa distância, o empreiteiro será pago pelo preço padrão por metro cúbico de acordo com o contrato. Se for transportada mais do que essa distância, o empreiteiro receberá preço extra, como especificado no contrato. O preço cobrado pelo transporte é baseado no *momento de transporte unitário*, que corresponde ao transporte de 1 m³ por 1 km. Para o pagamento do transporte calcula-se o momento de transporte total, considerando o volume total compensado e a distância média de transporte, ambos calculados com base no diagrama de massas.

Na figura, se notará que os picos do diagrama mostram onde há uma mudança de corte para aterro, enquanto as partes baixas mostram uma mudança de aterro para corte. Se uma linha horizon-

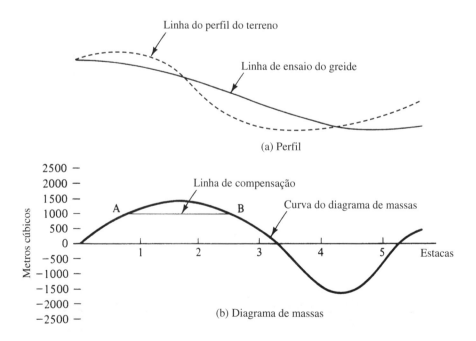

**Figura 20-13** Diagrama de massas.

tal *AB* é desenhada como mostrado na figura, os cortes e aterros entre os dois pontos se compensam exatamente. Essa linha é conhecida como *linha de compensação* ou *linha de terra*.

## 20.8 ACRÉSCIMO DO FATOR DE CONTRAÇÃO E EMPOLAMENTO

Ao ser escavado e colocado nos caminhões, caçambas ou outros equipamentos de movimento de terra, o material normalmente ocupará um volume maior do que tinha na sua situação original. Quando rochas sólidas são quebradas, elas podem ocupar até duas vezes o seu volume original. Quando o material escavado está sendo compactado em camadas finas em um aterro, a uma umidade ótima de modo que seja obtida a maior compactação, o volume do aterro resultante será apreciavelmente menor do que a quantidade do corte. Então, para a maioria dos aterros (outros além daqueles consistindo em rocha), é necessário volume de corte maior que o volume de aterro. Esse excesso pode variar de 5% a 20%, dependendo das características do material envolvido. Se um aterro é feito em uma área pantanosa, o material original aterrado será diminuído significativamente, requerendo assim mais aterro. Como consequência, é necessário empregar o chamado *fator de contração* ao configurar as quantidades de corte e aterro. A aplicação do empolamento é sempre para aterros. A razão é porque é preciso expandir material de corte suficiente para compensar a acomodação no aterro. Não há razão para calcular empolamento em material de corte que não seja utilizado em aterro. Para calcular a quantidade de material cortado para acomodar no aterro, divide-se o volume do aterro por 1 menos o fator de contração. Para escavação em rocha o fator de contração será negativo para permitir a expansão do corte para o aterro. O fator de contração precisa ser levado em conta na construção do diagrama de massas. Isso é feito pelo ajuste de cada um dos volumes de aterro entre as estacas pelo fator de contração e, em seguida, são calculadas as ordenadas acumuladas.

| **EXEMPLO 20.4** | Quanto material de corte é necessário se o material de aterro projetado para um trecho de estrada é $1620 \text{ m}^3$? Assumir que o fator de contração é 8%. |
|---|---|
| *SOLUÇÃO* | $$\text{Aterro ajustado} = \text{Aterro}/(1 - \text{contração})$$ $$= 1620/(1 - 0,08)$$ $$= 1761 \text{ m}^3 \text{ de material de corte}$$ |

## 20.9 VOLUMES USANDO CURVAS DE NÍVEL

Caso um mapa acurado com curvas de nível esteja disponível para uma área em estudo, ele pode ser usado para calcular volumes de movimento de terra como descrito a seguir. É bastante prático estimar o movimento de terra com esses mapas. Para esta discussão, considere o mapa da Figura 20-14, com equidistância de 5 m. Considera-se que o morro mostrado será terraplanado para a cota 515. As áreas delimitadas pelas curvas de nível de 525, 520 e 515 metros podem ser facilmente determinadas com o planímetro. Desses valores, o volume de terra a ser movido pode ser calculado usando a expressão de cálculo da área média.

$$V = (5)\left(\frac{A_{525} + A_{520}}{2}\right) + (5)\left(\frac{A_{520} + A_{515}}{2}\right) + \text{terra}$$

volume de terra acima da curva de nível 525

## 20.10 FÓRMULAS DE VOLUME PARA FIGURAS GEOMÉTRICAS

Além dos volumes de movimentos de terra, é frequentemente necessário calcular o volume de vários itens de obras, tais como concreto, líquidos e depósitos de material. Tais itens podem ser divididos em figuras geométricas padrão, tais como cones, cubos, cilindros, pirâmides e esferas. As fórmulas do volume para alguns desses itens são apresentadas na Figura 20-15.

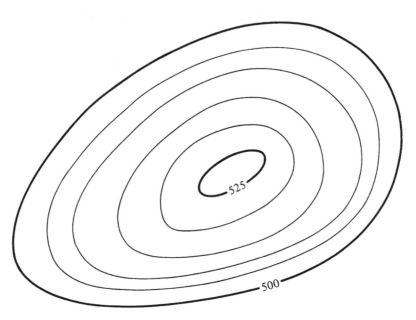

**Figura 20-14** Mapa de curvas de nível de um morro.

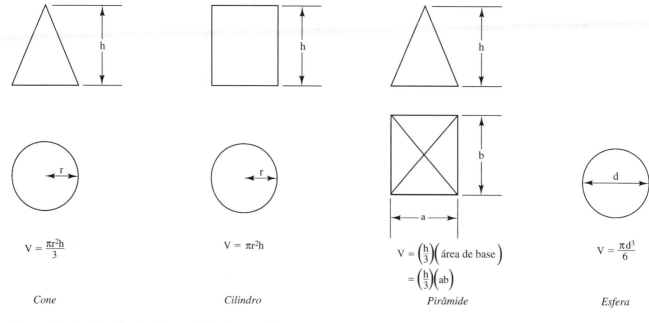

**Figura 20-15** Fórmulas de volumes de figuras geométricas.

# PROBLEMAS

**20.1** Para a figura que se segue e as leituras realizadas com o nível posicionado no eixo da estrada, qual a localização correta da estaca do *offset*: 1, 2 ou 3?

(Resp.: nº 2)

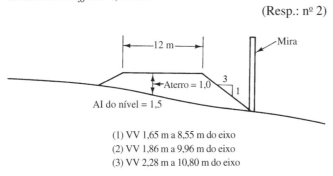

(1) VV 1,65 m a 8,55 m do eixo
(2) VV 1,86 m a 9,96 m do eixo
(3) VV 2,28 m a 10,80 m do eixo

Nos Problemas 20.2 a 20.5, encontre o volume em metros cúbicos da escavação para a área de empréstimo mostrada. Os números nos vértices representam os cortes em metros.

**20.2**

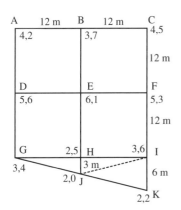

**20.3**

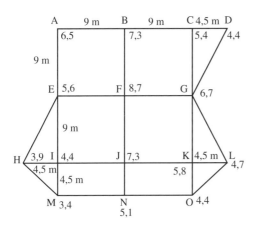

(Resp.: 2873 m³)

**20.4**

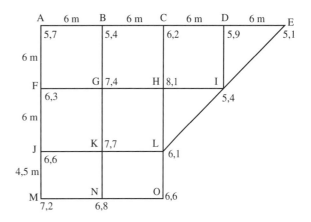

**20.5**

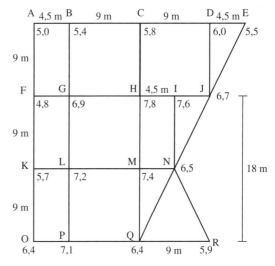

(Resp.: 3674,4 m³)

**20.6** Uma área está sendo locada com quadrados de 12 m, como mostrado na ilustração a seguir, e as cotas do terreno são como indicadas no esquema. Quantos metros cúbicos de corte são exigidos para nivelar a área para a cota de 40,0, desprezando o fator de contração?

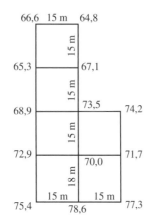

**20.7** Uma área foi locada como mostrado na ilustração a seguir. As cotas nos vértices são indicadas no esquema. Quantos metros cúbicos de corte são exigidos para nivelar a área para uma cota de 90,0, desprezando o fator de contração?

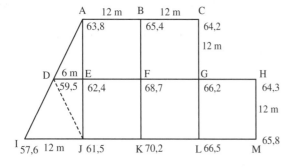

(Resp.: 27.351 m³)

**20.8** Uma área foi locada como mostrado na figura a seguir, e as cotas dos vértices são mostradas no esquema. Quantos metros cúbicos de corte são necessários para nivelar a área para a cota 60,0, desprezando o fator de contração?

**20.9** As seguintes anotações referem-se às seções transversais das estacas 67 e 68. Se a largura do leito da estrada é 9 m, calcule a área das duas seções transversais.

| Estaca | Seções transversais |  |  |
|---|---|---|---|
| 67 | $\underline{C1,6}$ | $\underline{C1,3}$ | $\underline{C0,6}$ |
|  | 8,1 | 0,0 | 7,0 |
| 68 | $\underline{C4,1}$ | $\underline{C2,6}$ | $\underline{C0,9}$ |
|  | 12,6 | 0,0 | 6,2 |

(Resp.: 14,8 m², 35,7 m²)

**20.10** Calcule o volume de escavação entre as estacas 67 e 68 do Problema 20.9 usando:
**(a)** O método da área média.
**(b)** A fórmula prismoidal.

**20.11** As seguintes áreas de seções transversais, espaçadas de 20 m, ao longo de um dique projetado, foram obtidas com um planímetro.

| Estaca | Área da extremidade (m²) |
|---|---|
| 46 | 60 |
| 47 | 138 |
| 48 | 71 |

Considerando o fator de contração de 10%, calcule o volume total de aterro em metros cúbicos entre as estações 46 e 48, usando o método da área média. (Resp.: 4070 m³)

**20.12** Repita o Problema 20.11 usando as seguintes áreas:

| Estaca | Área da extremidade (m²) |
|---|---|
| 46 | 112 |
| 47 | 185 |
| 48 | 130 |

**20.13** Para uma estrada projetada, foram obtidas as seguintes áreas, em metros quadrados, com o uso de um planímetro. Usando o método da área média, determine o volume total de corte e aterro entre as estacas 84 e 87. Considere o fator de contração de 10% para as seções de aterro.

| Estaca | Corte | Aterro |
|---|---|---|
| 84 | 89 |  |
| 85 | 81 |  |
| 85 + 10 m | 0 | 0 |
| 86 |  | 64 |
| 87 |  | 77 |

(Resp.: 2105 m³ para corte, 1922,2 m³ para aterro)

**20.14** Repita o Problema 20.13 usando os seguintes dados de corte e aterro.

| Estaca | Corte | Aterro |
|--------|-------|--------|
| 65 | | 54 |
| 66 | | 36 |
| 66 + 50 | 0 | 0 |
| 67 | 42 | |
| 68 | 79 | |

| Cota da curva de nível (m) | Área medida com planímero (m²) |
|----------------------------|--------------------------------|
| 525 | 394 |
| 520 | 1176 |
| 515 | 2861 |
| 510 | 5073 |

**20.15** Deseja-se cortar o morro da Figura 20-14 até a cota 510 m. As áreas de cada uma das curvas de nível foram medidas com planímetro com os seguintes resultados:

Qual será a escavação total em metros cúbicos, desprezando o movimento de terra acima da cota 525?

(Resp.: 33.853 m³)

# Capítulo 21

# Levantamentos de Propriedades ou Levantamentos Cadastrais

## 21.1 INTRODUÇÃO

O levantamento cadastral ou levantamentos de propriedade destina-se à locação dos limites de propriedades e à preparação dos desenhos (ou plantas) que mostram esses limites. Além disso, envolve a redação e interpretação das descrições de terras constantes em documentos legais para vendas de terra ou arrendamentos. Mais precisamente, levantamentos cadastrais são feitos para atender a uma ou mais das seguintes finalidades:

1. Restabelecer limites de uma parte de terra que foi previamente levantada
2. Subdividir um pedaço de terra em partes menores
3. Obter os dados necessários para a redação das descrições legais de um pedaço de terra

A locação dos limites de propriedades começou antes da história registrada, e em todas as épocas subsequentes tem sido necessário o topógrafo para restabelecer limites de terras perdidos, estabelecer novos limites e preparar as descrições dos limites. A necessidade que os proprietários têm de locar, dividir, medir e verificar as dimensões de suas propriedades levaram ao desenvolvimento da profissão do topógrafo especializado no levantamento cadastral.* Hoje, a expansão da população, a demanda para uma segunda casa e o crescimento das indústrias têm criado uma procura por mais e mais levantamentos de propriedades.

De modo geral, o valor da terra continua a aumentar e a delimitação exata das propriedade é de crucial importância para venda, revenda, interesses financeiros e desenvolvimento. Antigamente, quando as reservas fundiárias norte-americanas eram abundantes, as distâncias eram descritas em termos como "tanto quanto um cavalo veloz pode correr em 15 minutos". Mais recentemente na história, há várias décadas, a bússola e a corrente de agrimensor eram consideradas satisfatórias para fazer levantamentos de propriedade, mas isso não é mais o caso. Hoje, mesmo que uma trena de aço e um teodolito possam ocasionalmente ser usados, avanços técnicos, como as estações totais, são comumente utilizados em levantamento cadastral em todos os Estados Unidos com limites, plantas de propriedades, descrições legais (em alguns casos, pode-se encontrar o termo *memorial descritivo*, com a mesma finalidade) e desenhos, todos de acordos com as normas de maiores precisão e acurácia.

---

*No Brasil, atualmente, não existe um termo específico para o profissional de levantamentos de propriedades urbanas e rurais. Elas podem ser levantadas por qualquer topógrafo, engenheiro cartógrafo ou agrimensor que seja registrado no Crea, e apenas no caso de imóveis rurais é exigido que tenha curso de georreferenciamento e também seja registrado no Incra. Mas, como o livro faz bastantes referências a esse tipo específico de profissional que existe nos Estados Unidos e outros países, no texto traduzido será usada a expressão "especialista em cadastro". (N.T.)

## 21.2 TRANSFERÊNCIA DE TÍTULOS E REGISTRO DAS TERRAS

A titularidade de uma propriedade pode ser transferida por escritura, testamento, herança sem testamento ou por usucapião (*adverse possession*) (discutido na Seção 21.8). Uma escritura contém uma descrição dos limites e dos marcos, além de informações importantes relativas às propriedades circunvizinhas.

Para ser legalmente efetiva, uma escritura deve ser registrada no escritório do agente público oficial. Normalmente, esse escritório está localizado no fórum da cidade e é chamado de Cartório de Registro de Imóveis.* Nesses escritórios, a informação é registrada e fica disponível para qualquer um que desejar ver. Legalmente, qualquer um pode ir ao cartório e ver o registro que mostra a descrição de qualquer propriedade no município e, além disso, pode determinar quanto foi pago por ela.

Esses cartórios mantêm índices, de forma que é razoavelmente fácil encontrar os registros desejados. Os índices são mantidos em ordem cronológica e indexados no nome de ambos, vendedor e comprador. Quando o topógrafo vai a esse cartório, normalmente busca a descrição legal de certas partes de terra. Lá, o topógrafo encontrará cópia das descrições de terra, plantas de levantamentos, histórico de proprietários e outras informações arquivadas no escritório.

Qualquer um que se veja envolvido na compra de imóveis desejará estar seguro de obter um título completo do imóvel. Vários advogados da área imobiliária e imobiliárias privadas são mais bem preparados que um indivíduo comum para pesquisar, nesses arquivos, informações relativas a um título. Por uma taxa, eles pesquisarão os registros e fornecerão informações relativas à titularidade. O leitor pode, rapidamente, entender a importância de uma verificação cuidadosa como essa simplesmente imaginando os problemas legais que podem acontecer se uma pessoa constrói uma casa em um lote acreditando que possui sua titularidade sem a ter de fato. Antes de adquirir uma propriedade, o comprador pode exigir que o vendedor forneça certidão de ônus reais e a escritura definitiva, garantindo o título da propriedade. As companhias de títulos normalmente oferecem ou podem indicar ambos os serviços (a verificação e as certidões).

## 21.3 LEI COMUM

A maioria das legislações pertinentes ao levantamento de propriedades é lei comum, isto é, está baseada em jurisprudências em vez de em estatutos de lei definidos pelo poder legislativo. A lei comum, ou direito consuetudinário, é aquele conjunto de regras e princípios que tem sido adotado pelo uso desde os tempos imemoriais. Ela é resultado da transformação de costumes em regras de lei. Quando surgiam disputas entre duas ou mais partes nos tempos antigos na Inglaterra, os tribunais decidiam o que fazer a partir dos costumes estabelecidos. Se ocorriam situações que não pareciam estar adequadamente enquadradas pelo costume, os juízes baseavam suas decisões em suas próprias ideias de certo e errado.

Como ilustração do tipo de problema resolvido por essas cortes, considere o caso em que uma pessoa cavou uma fundação para um prédio em sua terra e um prédio vizinho, pertencente a outra pessoa, afundou devido à acomodação do solo. A parte prejudicada foi à corte pedir compensação pelas suas perdas. Por causa de casos como esse, o princípio evoluiu de modo que cada proprietário tem o dever de escorar as laterais aos limites vizinhos.

Em 1272, os tribunais ingleses começaram a manter o registro de suas decisões e as têm mantido continuamente a partir de então. Desde o começo desses registros, os juízes têm procurado a ocorrência de casos particulares já julgados e sentenciados em outras épocas, estabelecendo uma precedência.

A lei comum inglesa é a base da jurisprudência em 49 estados nos Estados Unidos. A Louisiana era originalmente francesa, e seu fundamento legal é baseado na lei comum romana. Embora os ro-

---

*No Brasil, a escritura pode ser preparada em qualquer cartório, mas para ser efetiva precisa ser registrada no Cartório de Registro de Imóveis do município onde fica localizado o imóvel. (N.T.)

**344** Capítulo 21

manos tenham ocupado a maioria das ilhas britânicas por seis séculos, a Inglaterra foi o único país europeu que desenvolveu um sistema independente de lei comum (a lei comum inglesa, contudo, deriva em grande parte da lei comum romana).

## 21.4 MARCOS

*Vértices* são pontos estabelecidos pelo topógrafo ou pela concordância entre donos de propriedades adjacentes. A prática comum é marcar esses vértices com objetos relativamente permanentes chamados *marcos*, *monumentos* ou *referenciais*. Os marcos podem ser feições naturais como rochas, árvores e assim por diante, ou objetos artificiais, tais como tubos de ferro* cravados no solo, postes de concreto ou de rocha, montes de rochas, estacas de madeira, talvez com um material mais permanente enterrado em suas bases, como carvão, vidro ou (em áreas de pouca chuva) montes de terra. Embora estacas de madeira por si sós pareçam ser inadequadas como marcos devido à sua natureza temporária, alguns tribunais têm considerado que estacas de madeira reforçadas podem ser classificadas como tal.

O topógrafo deve ter bom senso nos métodos de materialização dos vértices usados em memoriais descritivos e para registros públicos. Ele deve descrever um vértice particular de forma perfeitamente clara para qualquer um, no momento da marcação, por exemplo, o vértice nordeste da fazenda de Smith. Poucas décadas mais tarde, por qualquer motivo, o celeiro do senhor Smith pode ser completamente destruído, e não haverá ninguém em volta que possa provar onde ele estava localizado. Há escrituras de terras registradas que descrevem um vértice como aquele ponto no qual alguém matou um urso em tal data. É desnecessário dizer que será um desafio identificar aquele ponto 5 ou 50 anos depois. Evidentemente, esse tipo de descrição é um bom começo para futuros litígios.

Praticamente qualquer coisa pode ser usada para estabelecer um marco de levantamento, mas tubos de ferro ou monumentos de concreto são geralmente mais satisfatórios e podem até mesmo ser exigidos por lei em alguns estados. Independentemente do tipo de marco usado, ele deve ser descrito cuidadosamente nas anotações do engenheiro nas plantas.

O trabalho de um topógrafo e os problemas dos proprietários (pequenos ou grandes) seriam muito simplificados se ambos compreendessem e seguissem essa regra importante: *implantar os marcos da propriedade de modo que sua destruição seja íimprovável mas referenciá-los de modo que possam ser reimplantados de forma fácil e econômica, caso sejam destruídos.*

Infelizmente, os marcos são destruídos com frequência e são necessários levantamentos para locar e implantar corretamente os marcos substitutos (procedimento conhecido como *aviventação de marcos*). É importante salientar que destruir ou danificar marcos deliberadamente é proibido por lei. Naqueles locais onde os marcos podem facilmente ser destruídos sem intenção (próximo a estradas movimentadas ou em áreas de construção), é uma boa prática usar *marcos testemunhos*. Estes podem ser tubos de ferro (ou outro tipo de marco), colocados a uma distância conveniente, ao longo do limite da propriedade, ou nas proximidades, em locais mais protegidos. Esses marcos são também bém descritos nas anotações dos topógrafos e são mostrados na planta. Outra situação comum em que são usados marcos testemunhos é quando os vértices reais estão em locais de difícil acesso, por exemplo em rios, córregos ou lagos.

Se a localização de um vértice da propriedade pode ser fixada sem nenhuma dúvida razoável, ele é considerado *existente*. Se sua posição não pode ser encontrada, ele é denominado *perdido*. Quando os marcos usados para materializar o vértice não podem ser encontrados, diz-se que o vértice está *destruído* ou *removido*. Isso, necessariamente, não significa que o vértice está perdido porque é perfeitamente possível restabelecer sua posição original.

Os vértices podem, com frequência, parecer perdidos quando de fato não estão. Por exemplo, se os vértices foram marcados com estacas de madeira, a remoção da terra com uma pá pode revelar

---

*Marcos de tubos de ferro, ou tarugos (*iron pipes*), com discos de latão dotados de encaixe apropriado para a cabeça do tubo, assim como os pinos de ferro (*iron pins*), não são comuns por aqui, mas são bastante usados nos Estados Unidos e Canadá. (N.T.)

mudança na coloração do solo onde as estacas se deterioraram muitos anos antes. Se um tubo de ferro ou marco de concreto foi removido, o espaço vazio preenchido pelo terreno em volta pode mostrar uma pequena mudança na coloração. Entre diversos outros métodos que podem ser usados para encontrar vértices antigos pode-se mencionar a locação de vértices de antigas cercas, relatos de vizinhos e o uso de detectores de metais para revelar os tubos de ferro e assim por diante.

## 21.5 MARCAÇÃO DE ÁRVORES

Outro recurso para a locação de limites de propriedades e marcos de vértices em áreas de floresta são as marcações em árvores. Essa prática era muito comum entre os topógrafos no passado, mas não hoje porque a maioria das pessoas não aprova ter suas árvores marcadas. Uma marca em árvore (*blaze*) é um corte raso horizontal feito com machado em uma árvore, aproximadamente à altura do peito. A casca e uma pequena quantidade de madeira são removidas, e a árvore é marcada de forma que possa ser identificada por diversas décadas. O *entalhe* em forma de "V" é feito no tronco da árvore.

Um método comum de marcar árvore é descrito nesta seção, mas o leitor deve considerar que os topógrafos marcam árvores de diferentes modos de acordo com o local. No sudeste dos Estados Unidos, era comum, ao longo das linhas de limites, colocar dois entalhes em cada lado de árvores próximas dos limites. Os dois entalhes eram utilizados para distingui-los de marcos acidentais feitos por outras causas. As árvores com entalhes eram aquelas que o topógrafo poderia usar como referência enquanto andava ao longo da linha. Se uma árvore estava exatamente sobre o limite (algumas vezes chamada de árvore de *linha*), ela era assinalada com um corte com dois entalhes embaixo. Esses marcos eram colocados em ambos os lados da árvore, alinhados com o limite.

Era também costume colocar três entalhes nas árvores próximas aos vértices das propriedades. Esses entalhes eram feitos sobre a face das árvores voltada para o vértice e a uma distância acima do terreno igual à distância dessa árvore para o vértice. Se uma árvore era o marco do vértice, ela era marcada com um x e três entalhes embaixo. A verdade, no entanto, é que em muitos casos, como operações de serragem de madeira, incêndios, entre outras causas, as árvores marcadas podem ter sido destruídas.

## 21.6 O TOPÓGRAFO ESPECIALISTA EM CADASTRO

Disputas sobre limites de propriedades são ocorrências diárias, como pode ser verificado nos registros dos tribunais. Embora o topógrafo especialista em cadastro possa estar envolvido, provavelmente, em levantamentos originais ou em subdivisão de áreas de terra em pedaços menores (desmembramentos ou loteamentos), grande parte do seu trabalho é dedicada à aviventação, em que ele deve restabelecer limites antigos que foram previamente levantados.

O topógrafo depara-se com muitos problemas ao relocar antigos limites de propriedades. Dados incompletos nas plantas e escrituras, marcos perdidos no terreno, dados conflitantes apresentados pelos donos das propriedades vizinhas e medições originais imprecisas aumentam muito os problemas de um topógrafo. Essas são somente algumas das questões que afetam o topógrafo, mas elas mostram que, para se fazer bem esse trabalho, é preciso ser um especialista investigativo. Portanto, o levantamento cadastral é uma atividade que se aprende, em grande parte, somente após considerável experiência em certa localidade.

O levantamento cadastral pode ser aprendido pela combinação de estudo formal e experiência de campo e pelo profundo estudo das leis relativas ao objeto. Para tornar-se familiarizado com as condições de uma área em particular, um topógrafo deve ter um grande cabedal de experiência naquela localidade com relação aos métodos de levantamento usados pelos topógrafos antecessores, à interpretação do tribunal a respeito dos problemas da terra etc. Como um exemplo, o peso dado para diferentes documentos, dados e referências, nos Estados Unidos, varia de estado para estado, no que diz respeito à posição dos marcos quando eles não concordam com os valores registrados.

**346** Capítulo 21

Uma finalidade frequente da aviventação é tentar resolver disputas entre os proprietários de terras vizinhas a respeito de onde as linhas deveriam realmente estar. *Em aviventações, o objetivo do topógrafo especialista em cadastro é restabelecer linhas e vértices em suas posições originais sobre o terreno, estejam ou não aquelas localizações em exata concordância com as descrições da antiga terra. O dever do topógrafo não é corrigir o levantamento antigo, mas colocar os vértices de volta em suas posições originais.*

Muito frequentemente, um topógrafo inexperiente pensa que o levantamento cadastral envolve meramente a medição cuidadosa de ângulos e distâncias. Essas medições são somente um meio de restabelecer os limites antigos. Esse comentário não significa que a medição cuidadosa não é importante, mas apenas relembra ao topógrafo que é seu dever descobrir onde os vértices originais de limites estavam, independentemente da precisão com que o levantamento original foi conduzido.

A locação de vértices e limites de propriedades é determinada a partir da *intenção* das partes no estabelecimento original dos limites. A lei não está preocupada com suas intenções secretas, mas com o objetivo expresso pela ação de seus topógrafos como evidenciado em plantas, escritura, marcos existentes etc. À medida que o tempo passa, vai-se tornando mais e mais difícil determinar o propósito original das partes.

Deve ser claramente entendido que o topógrafo não tem autoridade legal para estabelecer limites. Em muitas ocasiões, contudo, ele é chamado para relocar linhas tão difíceis de encontrar que os resultados são duvidosos. Em tais casos, um acordo entre as partes envolvidas é provavelmente a solução mais sensata e econômica.

Na maioria das ações judiciais envolvendo limites de terras, mesmo o vencedor da disputa perde, a menos que a terra seja extremamente valiosa, por causa dos custos e da hostilidade inerentes a tais ações. Se o topógrafo for capaz de conseguir um acordo amigável entre as duas partes, provavelmente contribuiu do ponto de vista econômico e, talvez, até mais para preservar a amizade. Um topógrafo especialista em cadastro experiente está, seguramente, em melhor posição para sugerir um acordo justo nesse tipo de problema do que um tribunal de justiça. Se o topógrafo for capaz de persuadir os proprietários de terra a concordarem sobre uma disputa de limites, convém levantar a nova linha e os proprietários devem, então, partir para uma accitação formal da nova linha levantada.[1]

## 21.7 MARCOS, RUMOS, DISTÂNCIAS E ÁREAS

Entre os fatores envolvidos em relocação de limites estão marcos existentes, limites adjacentes, rumos, distâncias e áreas. Ao considerar a importância relativa desses itens no restabelecimento dos limites de propriedades, a maior preferência é dada aos marcos naturais. Os marcos artificiais são a próxima preferência mais alta. Imagina-se que as feições naturais (nascentes, rios, linhas de cumeadas, lagos e praias) oferecem um grau de permanência maior (elas são menos propensas a ser destruídas ou realocadas) que os marcos artificiais, tais como tubos de ferro encravados, marca de concreto ou pedras. Naturalmente, algumas pessoas, deliberadamente, moverão um desses marcos a fim de melhorar sua posição de terra. Outras pessoas, não imaginando a importância desse marco, arrancam-no e levam-no, então, para casa para o seu próprio uso. Ocasionalmente, marcos de concreto são encontrados sendo usados como degraus em casa nas proximidades. Uma pessoa que, intencionalmente, arranca um marco de uma propriedade está desobedecendo à lei e pode ser multada e/ou presa.

Os tribunais consideram que, devido ao fato de os proprietários originais poderem *ver* os marcos, eles expressam mais claramente o intento original das partes em concordarem sobre as terras do que as medidas de direções e distâncias, as quais são sujeitas a tantos erros e equívocos. Após os marcos naturais e artificiais, definem-se os limites adjacentes e, então, rumos e distâncias, geralmente nessa ordem. Deve-se notar, nitidamente, que rumos e distâncias não podem controlar o restabelecimento

---

[1]A. H. Holt, "The Surveyor and His Legal Equipment", *Transactions of the ASCE*, 1934, vol. 99, pp. 1155-1169.

dos limites de propriedade se os marcos que estão no local realmente definem os limites originais. No entanto, rumos e distâncias podem monitorar o resultado, no caso de existirem erros na implantação dos marcos ou se os marcos estiverem perdidos.

A área do imóvel é considerada o menos importante dos fatores listados, a menos que a área seja a própria essência da escritura, por exemplo, quando uma quantidade exata de terra é evidentemente transferida. Um leigo pode ser confundido pela seguinte descrição comumente usada em escrituras que mencionam áreas: "26 acres mais ou menos". A finalidade do termo "mais ou menos" é indicar que toda a terra dentro dos limites especificados está sendo transferida, mesmo considerando que a área atestada possa variar bastante da área real. *Isso não significa que o topógrafo possa fazer um trabalho ruim e usar um termo "mais ou menos" como paliativo. O topógrafo é responsável pela qualidade do trabalho e, se não for executado dentro dos padrões esperados por um membro de sua profissão, será responsável por eventuais danos acarretados pelo seu erro.*

## 21.8 TERMOS DIVERSOS RELATIVOS A LEVANTAMENTOS CADASTRAIS

Nesta seção são definidos diversos termos que frequentemente são mencionados ao se tratar com a transferência de propriedade de terra.*

### Usucapião

Caso uma pessoa ocupe e use abertamente a terra que não lhe pertence por um período específico de tempo e sob as condições descritas pela lei do estado, pode adquirir o título da terra com base na doutrina do *usucapião* ou *posse adversa* (*adverse possesssion*). A posse deve ser aberta e hostil (isto é, sem permissão expressa de alguém), usualmente, por um período de 20 anos, podendo ser menos sob certas condições como, por exemplo, quando o título original da terra não for claro.

Mesmo considerando que um topógrafo seja capaz de restabelecer facilmente os limites originais de um pedaço de terra, é possível que, por causa das posses adversas, as linhas originais não sejam mais aplicáveis. Se o proprietário não tomar as providências cabíveis durante o tempo designado, perderá o direito de fazê-lo. Considera-se, geralmente, que o cidadão privado não tem o direito de adquirir terra do governo por usucapião. Se o proprietário da terra permitir que outra pessoa ocupe a terra, essa pessoa nunca poderá adquirir o título da terra por essa doutrina, não importando há quanto tempo use a terra após a permissão ter sido dada.

### Direitos Ribeirinhos

Os direitos de pessoas que possuem propriedade ao longo de corpos d'água são considerados direitos ribeirinhos.** A seguir são feitos alguns comentários relativos a esses direitos e como são aplicados aos limites das propriedades. Córregos, rios, lagos são limites naturais e muito convenientes entre várias porções de terras porque são facilmente descritos e identificáveis. Para pequenos rios não navegáveis, os limites de propriedades usualmente correspondem ao centro do rio ou talvegue. O talvegue é, geralmente, considerado a linha central do canal principal, onde ocorrem as maiores profundidades.

A Suprema Corte dos Estados Unidos decidiu que cabe aos estados atestar onde as linhas de propriedades privadas passam ao longo de rios navegáveis. Certos estados têm decidido que é a linha central do rio; alguns, que é a linha de maior profundidade do rio, e outros têm selecionado as marcas mais altas da água (aquelas marcas que a água atingiu tão comumente que o solo está marcado com a característica definitiva em relação à vegetação e assim por diante).

---

*Alguns termos estão sendo traduzidos para os mais próximos usados no Brasil, porém o sentido estrito e as particularidades de uso e interpretação do texto, que se referem aos Estados Unidos, devem ser confrontados com o Código Civil brasileiro e legislação específica. (N.T.)

**Corresponde mais ou menos ao conceito de terrenos de Marinha ao longo de cursos d'água navegáveis. (N.T.)

**348** Capítulo 21

## Erosão e Avulsão

Embora um curso de água ou rio seja um limite excelente, ele não pode ser dependente da permanência no mesmo local. Sua posição pode mudar muito vagarosa ou imperceptivelmente, como resultado de erosão, corrente ou da força de ondas, de forma que os proprietários podem não reconhecer as mudanças de posição a curto prazo. Quando os corpos de água mudam por esses motivos, os limites de propriedade se movem com a mudança. No entanto, se a mudança for brusca e perceptível, como, por exemplo, quando uma quantidade de solo é subitamente movida de um proprietário de terra para outro ou quando um curso de água muda seu leito completamente, é chamada de *avulsão*. Quando ocorre a avulsão, as linhas de propriedade são mantidas em suas posições originais. Essa descrição parece bastante simples, mas, infelizmente, passados muitos anos após o fato, é difícil dizer se a mudança foi causada lenta ou rapidamente. Em algumas ocasiões, não se pode nem mesmo encontrar o curso d'água. Tais casos ocorreriam se castores tivessem construído uma série de barragens,

## Acessão e Acreção

Quando a água, lenta e imperceptivelmente, deposita materiais no banco de um rio ou outro corpo de água, chama-se *acreção*. Caso um corpo de água retroceda, como quando ele seca parcial ou totalmente, a área de terra seca acrescida é chamada de *acessão*.*

Quando as áreas de terra mudam por acessão ou acreção, os juízes tentam estabelecer novos limites das terras ajuntadas de uma maneira equitativa. Se a divisa frontal de água está envolvida, ela pode ser da maior importância nas decisões tomadas. Nesses casos, essa terra que faz frente com as águas será dividida em alguma proporção com a frente dos antigos limites.

## Comentários Adicionais sobre os Direitos Ribeirinhos

Tantos problemas podem surgir devido aos direitos ribeirinhos que uma parte especial do Direito tem-se desenvolvido sobre o assunto. Alguns dos principais problemas encontrados são relacionados com limites das propriedades, navegação, docas, suprimento de água, direito de pesca, campos de ostras, cortes ou aterros artificiais, erosão, acreção e muitos outros. Nos Estados Unidos, a legislação pertinente a essas situações varia bastante de estado para estado, e as decisões nos tribunais em diferentes estados têm sido inteiramente diferentes para casos similares.

Uma ilustração é apresentada aqui para mostrar como são envolvidas as situações legais que podem se tornar relativas ao direito ribeirinho. Para esse debate, remete-se à Figura 21-1, na qual tanto a erosão quanto a acreção estão envolvidas. A discussão apresentada aqui pode se aplicar a uma situação legal em alguns estados e não se aplicar em outros.

A finalidade dessa discussão é mostrar quão complicado pode ser o problema legal. Na parte (a) da Figura 21-1, são mostrados seis lotes. Os lotes numerados de 4 a 6 são limitados pelo rio e têm os direitos de terras ribeirinhas. Durante os 10 anos seguintes, os lotes 4, 5 e 6 foram erodidos, deixando a situação mostrada na parte (b) da figura. Dessa vez, os lotes 1, 2 e parte dos lotes 3 e 6 margeiam o rio e têm os direitos da água. Nos outros 10 anos seguintes, considera-se que o rio gradualmente se move de volta para a sua posição original, e a terra reposta agora pertenceria aos lotes 1, 2, 3 e 6, como mostrado na parte (c) da figura (ou ela vai retornar para 4, 5, 6?). Uma situação similar se aplica às propriedades próximo a linhas de costas de alguns estados.[2]

---

*No Brasil, vigora o Decreto nº 24.643, de 10 de julho de 1934, referente ao Código das Águas, que normatiza esses temas. (N.R.T.)

[2]P. Kissam, *Surveying for Civil Engineers*, 2nd ed. (New York: McGraw-Hill Book Company, 1981), pp. 327-328.

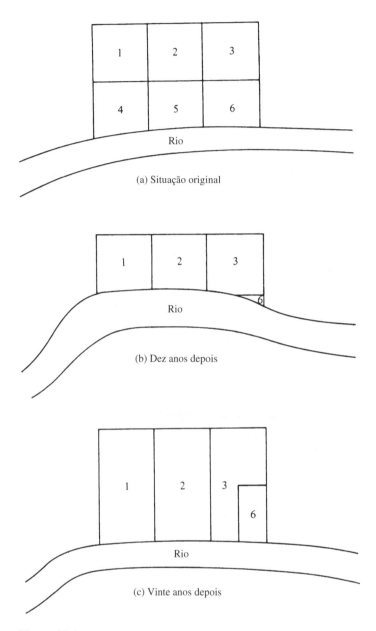

**Figura 21-1**  Possíveis mudanças de titularidades conforme alterações nos limites de águas (dependem do estado).

## 21.9  AVIVENTAÇÃO

A maioria dos clientes de um topógrafo não tem ideia do tempo e trabalho demandados em um processo de aviventação. Idealmente, o topógrafo original mediu meticulosamente as distâncias e direções, instalou cuidadosamente marcos e os referenciou com igual cuidado. Infelizmente, a verdade é que, com frequência, os marcos eram estacas de madeira implantadas em pontos locados por distâncias e rumos determinados precariamente. O resultado é que não há problema tão difícil e que exija tanta paciência, experiência e persistência do que a aviventação de linhas antigas de propriedades.

Se, como mostrado na Seção 21.6, as antigas linhas e marcos podem ser restabelecidos, eles ainda definem os limites, apesar de o antigo levantamento ter sido feito de forma precária. Para o

**350** Capítulo 21

topógrafo restabelecer as linhas antigas de propriedade, deve seguir passo a passo o levantamento original, e esses passos podem, muitas vezes, ter 50, 100 ou mais anos de idade. Para ser capaz de fazer isso, deve-se ter uma boa ideia de como o levantamento original foi realizado. Que bússola ou trânsito foram usados para medir os ângulos? Foram medidas distâncias horizontais ou inclinadas?

Quando os limites não podem ser relocados com exatidão, o topógrafo não tem nenhum poder para restabelecê-los. Se existir disputa entre proprietários de terra adjacentes sobre os limites e se o topógrafo não puder persuadi-los a se entenderem, os tribunais terão que resolver o problema. No tribunal, o topógrafo pode somente servir como um perito e apresentar as evidências que encontrou. Uma vez resolvida a disputa, seja por concordância mútua ou por ação no tribunal, o topógrafo deve envidar esforços para que seja executado um levantamento preciso para definir os limites e estabelecer marcos apropriados.

Para começar uma avivantação, o topógrafo estuda cuidadosamente as plantas disponíveis e escrituras da propriedade e dos imóveis adjacentes. Como uma parte desse estudo, ele, normalmente, calcula por latitudes e longitudes (veja cálculo de poligonais) a precisão obtida no levantamento original da parte da terra em questão. Surpreendentemente, o topógrafo pode, com frequência, gastar mais que a metade do seu tempo estudando e planejando, enquanto, realmente, o trabalho de campo pode não levar tanto tempo.

É comum os clientes não entenderem a quantidade de pesquisa necessária para conduzir o levantamento de uma propriedade de maneira adequada. Nessa questão, o topógrafo é aconselhado a informar aos clientes o tempo médio e os custos resultantes necessários para tal pesquisa, para que se possa executar um levantamento exato. Pode ser necessário estudar registros municipais, entrevistar os proprietários das propriedades vizinhas, contatar outros topógrafos e assim por diante. Sobre esse assunto, diversos levantamentos de terra feitos nos Estados Unidos foram monumentados, locados e descritos, mas nunca adequadamente registrados. Esses levantamentos podem fornecer informações importantes, assim como a locação exata de terrenos, assim como podem constituir uma fonte de problemas, se forem negligenciados ou omitidos.

Em seguida, o topógrafo inicia um cuidadoso exame de campo na área em questão. Se o levantamento original foi feito precisamente e se um ou mais dos vértices originais puderem ser encontrados, o levantamento pode ser executado como foi a poligonal de cinco lados usada para um exemplo nos Capítulos 4 e 10, na qual foram medidos distâncias e ângulos.

O problema, entretanto, é que muitos levantamentos originais contêm erros grosseiros e sistemáticos, e, com frequência, vários ou todos os marcos já não existem. Uma causa comum de medições de baixa precisão eram os equipamentos usados, frequentemente bússola e corrente de agrimensor. Se o levantamento original foi feito com bússola, o topógrafo pode tentar percorrer novamente as linhas, usando uma bússola e fazendo as correspondências apropriadas para estimar mudanças na declinação magnética desde o tempo do levantamento original.

Se o topógrafo puder estabelecer com precisão os vértices das extremidades de pelo menos uma linha, terá um bom ponto de partida para a relocação completa. Ele pode medir essa linha e comparar com a distância medida originalmente para, então, ter uma ideia de como o valor original foi obtido. A distância foi medida horizontalmente ou inclinada? Pelo cálculo da proporção adequada, ele pode determinar comprimentos proporcionais dos outros lados. O topógrafo pode definir o rumo verdadeiro do lado conhecido e, a partir desse valor, calcular a declinação magnética estimada da época do levantamento original. Com essa declinação magnética, é possível calcular os rumos verdadeiros dos outros lados.

Tendo as distâncias e os rumos calculados, o topógrafo começa a locar e determinar os lados. A cada locação de vértice estimada, ele cuidadosamente procura por evidências do marco original. Se o topógrafo encontra um desses marcos antigos, implanta um novo (se for necessário) e, cuidadosamente, o referencia. Se não for capaz de encontrar um marco, o topógrafo instala um ponto temporário e move-se para o próximo alinhamento. Se for encontrado um marco mais adiante, ele deve tentar reconsiderar as posições daqueles que não puderam ser encontrados, usando novas proporções baseadas nos marcos encontrados. O topógrafo continua dessa forma até localizar todos os marcos antigos ou instalar marcos temporários em todos os vértices. Diversas ideias ajudarão o topógrafo quando procurar por antigos vértices: árvores entalhadas, linhas de antigas cercas, leitos de estradas, lugares onde a vegetação seja diferente e assim por diante. Após estudar cuidadosamente a informação obtida, o topógrafo pode muito bem retornar para o campo para mais medições.

Em uma aviventação, o topógrafo pode, inicialmente, encontrar somente um vértice ou talvez, como é frequentemente o caso, nenhum deles. Se somente um vértice está evidente e o levantamento original foi realizado com uma bússola, ele pode estimar a declinação magnética à época do levantamento, converter o rumo para rumo verdadeiro estimado e tentar percorrer as linhas como descrito no parágrafo precedente.

Se nenhum dos vértices é evidente, o topógrafo provavelmente começará a trabalhar estudando os registros das propriedades vizinhas e tentará identificar as suas linhas, a fim de tentar localizar alguns de seus marcos.

Quando o topógrafo terminar o trabalho em qualquer um dos casos mencionados, ele dará ao cliente o seu melhor julgamento sobre a locação dos alinhamentos e vértices, assim como sobre a verdadeira intenção dos vizinhos no levantamento original.

## 21.10 MEDIDAS E DIVISAS

O método mais antigo de levantamento de terras é o sistema de medidas (*mensuradas* ou *atribuídas*) e divisas. Então, uma descrição de medidas e divisas fornece as extensões e as fronteiras externas da porção de terra em questão. O comprimento e a direção de cada lado da parcela são determinados e então são implantados marcos em cada vértice da propriedade. Córregos, lagos e outros pontos de referência naturais são ocasionalmente utilizados para definir vértices ou limites de propriedades. A maioria dos levantamentos de terra nos 13 estados originais dos Estados Unidos, no Kentucky e no Tennessee e alguns levantamentos em outros lugares foram executados pelo método de medidas e divisas.

Uma *planta** é um desenho em escala que fornece dados relativos ao levantamento cadastral e é, principalmente, um instrumento legal que se tornou uma questão de registro público. Ela fornece a informação necessária para encontrar, descrever e preparar uma descrição de terra.

A Figura 21-2 apresenta parte de uma planta. Além da informação mostrada, uma planta contém título, a escala, uma legenda ou quaisquer outras anotações especiais necessárias. Qualquer símbolo não padronizado usado no desenho e outras informações especiais serão incluídos. O topógrafo fornecerá uma declaração quanto à precisão do levantamento de campo, e ao método usado para determinar a área do imóvel. Além disso, em áreas onde houver casas construídas ou por construir, deve-se anotar se a terra é abaixo ou acima do nível de inundação. Finalmente, os números do livro de escrituras e o número das páginas do cartório são frequentemente informados, onde assim os proprietários anteriores do imóvel são identificados e antigas descrições da propriedade são apresentadas.

As descrições de propriedade são, usualmente, escritas por advogados, especialistas imobiliários ou topógrafos. A exatidão da descrição é da maior importância, porque um simples erro na sua redação pode levar a disputas de propriedade entre vizinhos por diversas gerações. Uma pessoa que redige as descrições de terras deve tentar se colocar no lugar de alguém que 5, 10 ou 100 anos mais tarde vai tentar interpretar a descrição para localizar o imóvel. Segue um exemplo de descrição em escritura, usando o método de medidas e divisas (ver também a Figura 21-2).

Todas as partes, parcelas ou tratos de terra situados, dispostos e existentes no estado e país supracitado a cerca de 800 metros a oeste da cidade de Tamassee, e situados do lado norte da rodovia Mountainview Lane. Iniciando em um tubo de ferro no vértice sudoeste da propriedade do outorgante, localizada a

---

*O Brasil, não existe o equivalente a *plat* para esse tipo de desenho com fins legais e que tem apenas os limites, ângulos, distâncias e confrontantes. (N.T.)

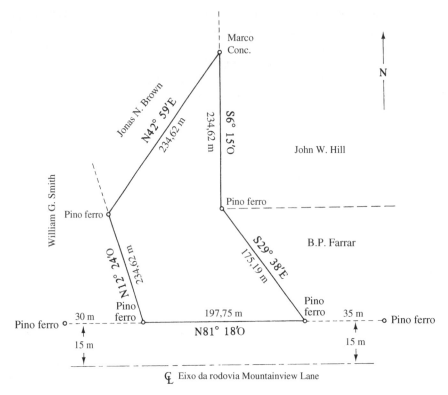

**Figura 21-2** Parte de uma planta.

15,24 m do eixo da rodovia Mountainview Lane e seguindo dali _____ ao longo do limite a leste da propriedade de William G. Smith N12°24′O, 43,40 m até um tubo de ferro; dali, com o limite sul da propriedade de Jonas N. Brown N42°59′E 71,51 m até um marco de concreto; dali até o ponto inicial. Todos os rumos são referenciados ao norte verdadeiro, a área da propriedade é de 0,34 ha, mais ou menos, e é mostrada na planta datada de 16 de outubro de 1981, desenhada por Arthur B. McCleod, topógrafo registrado com o número 1635, estado de _____.

## 21.11 O SISTEMA DE LEVANTAMENTO DE TERRAS PÚBLICAS DOS ESTADOS UNIDOS

Na América colonial, o modo de obter a propriedade da terra de governos imperialistas (como holandeses, espanhóis, ingleses, alemães, franceses etc.) era sob a forma de concessões, mas os métodos de descrever e delimitar a terra variavam enormemente. Os limites dessas partes de terra normalmente eram rios, estradas, cercas, árvores, rochas e outras feições naturais. Os terrenos eram de forma irregular, exceto por algumas subdivisões em cidades e centros urbanos. Além disso, não havia nenhum método de controle geral para os levantamentos. As descrições legais dessas terras eram normalmente vagas, e as medidas envolvidas continham muitos erros. Devido a esses fatores, quando os limites eram perdidos, tornava-se difícil, se não impossível, restaurar suas posições originais.

Devido a esses problemas envolvidos nas primeiras colônias, o Congresso Continental estabeleceu em 1785 o sistema de levantamento de terras públicas dos Estados Unidos, com o objetivo de fazer com que os mesmos erros não fossem repetidos para as terras restantes que o governo federal possuísse. Essa terra, chamada de *domínio público*, era a terra mantida em custódia para o povo pelo governo federal. Cerca de 75% das terras dos Estados Unidos eram, no início, parte do domínio público. O Congresso acreditava que a venda dessa terra renderia verbas suficientes para saldar a dívida pública.

O primeiro levantamento de terras públicas começou em 30 de setembro de 1785, perto de East Liverpool, Ohio, sob a direção de Thomas Hutchins, que era o geógrafo oficial dos Estados Unidos. Esse ponto inicial é marcado como um referencial histórico nacional. Hoje, aproximadamente 30% das terras do país estão ainda no domínio público. De aproximadamente 2,13 bilhões de acres de terra nos 50 estados, mais de 1,35 bilhão foi levantado pelo sistema de levantamento de terras públicas. Há cerca de 350 milhões de acres no Alasca não levantados. O Havaí não está incluído no sistema de levantamento de terras públicas.

O Sistema de Levantamento de Terras Públicas dos Estados Unidos, que é um sistema retangular, foi usado para subdividir os estados do Alabama, Alasca, Flórida e Mississippi, assim como todos os estados a oeste e ao norte dos rios Mississippi e Ohio, exceto para o Texas. Na verdade, o Texas tem um sistema similar ao do levantamento de terras públicas dos Estados Unidos, mas ele foi apreciavelmente afetado pelos colonizadores espanhóis, antes de sua anexação aos Estados Unidos. A Figura 21-3 mostra as partes do país cobertas pelo Sistema de Levantamento de Terras Públicas americano.

Certamente, o ideal seria que todas as terras dos Estados Unidos tivessem sido obtidas de uma só vez e estabelecidas sob um único sistema de levantamento. Embora isso não fosse possível, o país é, na verdade, afortunado por ter a maioria do seu território no sistema de levantamento de terras públicas. Embora o sistema tenha os seus problemas, ainda assim ele tem sido um recurso extraordinário para o país. O sucesso do sistema pode ser verificado pelo fato de os procedimentos originais não terem mudado muito até os dias atuais.

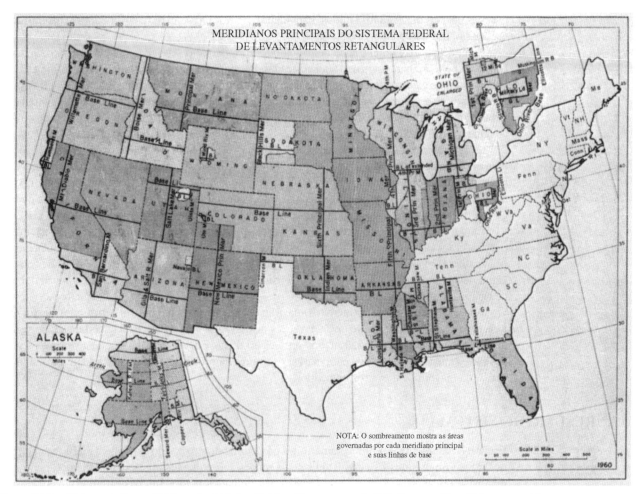

**Figura 21-3** Sistema de Terras Públicas dos Estados Unidos. (De um mapa do U.S. Bureau of Land Management.)

No sistema de levantamento de terras públicas, cada parcela de terra, seja de 2,5, 5, 10, 40 ou 160 acres, é descrita de maneira que seu conteúdo não se aplique a nenhuma outra parcela de terra no sistema inteiro. Essa simplicidade na descrição de terras tem tornado o sistema um dos métodos mais práticos já desenvolvidos para a identificação e descrição de terras. Quando foi introduzido, o sistema retangular não foi aplicado nos 13 estados originais, nem no Kentucky e no Tennessee, devido aos enormes problemas implicados na alteração das descrições já existentes das milhares de propriedades envolvidas.

A maioria dos levantamentos de propriedade dos 13 estados originais, como também do Kentucky e do Tennessee, foi feita por poligonais fechadas separadas, isto é, pelo sistema de medidas e divisas descrito na Seção 21.10. Não há sistema de controle geral definitivo naquelas áreas, e muito frequentemente alguns limites, tais como margens de lagos ou rios, não foram medidos, mas apenas declarados como limites.

## 21.12  PRIMÓRDIOS DO SISTEMA

A finalidade do sistema de levantamento de terras públicas era planejar um sistema retangular e implantá-lo no terreno, de forma que ele fornecesse uma base permanente para a descrição das parcelas de terra. Em 1796, foi estabelecido o posto de topógrafo-geral com salário anual de US$ 2.000. A primeira designação foi dada ao General Rufus Putman, um experiente topógrafo e ajudante de George Washington durante a Revolução. Em 1812, o Escritório Geral de Terra (atualmente, Departamento de Gerenciamento de Terras) foi estabelecido para gerenciar, arrendar e vender as terras públicas ociosas dos Estados Unidos. Para identificar e descrever a terra envolvida, era naturalmente necessário, primeiramente, levantá-la.

Na época, houve uma grande demanda por terra, já que o seu preço era muito baixo (cerca de US$ 1,25 por acre para lotes de 160 acres cada). Por tão baixo preço era impossível justificar levantamentos muito exatos. Os instrumentos de levantamento disponíveis eram bastante grosseiros, comparados aos de hoje, e os pontos de levantamento eram marcados com estacas de madeira, montes de terra colocados sobre peças de carvão ou pedaços de pedra. Muitos desses marcos foram destruídos ao longo dos anos.

Os levantamentos eram realizados sob a forma de contrato e, algumas vezes, pagos de acordo com a importância relativa dos alinhamentos e de suas características (muita vegetação ou muita rampa ou muito íngreme). Os topógrafos recebiam cerca de US$ 2 por milha (aproximadamente 1,6 km) até 1796 e cerca de US$ 3 por milha depois disso. A quantidade de dinheiro que o topógrafo poderia ganhar dependia inteiramente da rapidez com que ele completasse um levantamento.

Embora o erro máximo permissível fosse especificado desde os primeiros dias do sistema, os padrões eram vagos e havia pouca supervisão ou verificação se o trabalho atingia às exigências especificadas até os anos 1880. Outra razão para os grandes erros no sistema era a velocidade com que alguns levantamentos eram realizados em territórios indígenas (onde frequentemente pouco trabalho de campo era realmente executado).

Apesar de todos esses problemas, uma grande parte do levantamento de terras públicas foi muito bem executada. Geralmente, as incorreções dos levantamentos antigos não podem ser corrigidas quando há evidência da localização dos vértices originais. Em outras palavras, uma vez que os vértices são estabelecidos e usados para marcar os limites da propriedade, eles não podem ser mudados, apesar da magnitude dos erros cometidos.

## 21.13  RESUMO DO SISTEMA

Esta seção apresenta um breve sumário do procedimento envolvido no Sistema de Levantamento de Terras Públicas dos Estados Unidos, e as seções subsequentes apresentam uma descrição mais detalhada do sistema. Pontos de referência denominados pontos iniciais foram estabelecidos em cada área. Eles foram selecionados com a intenção de controlar grandes áreas agrícolas dentro de

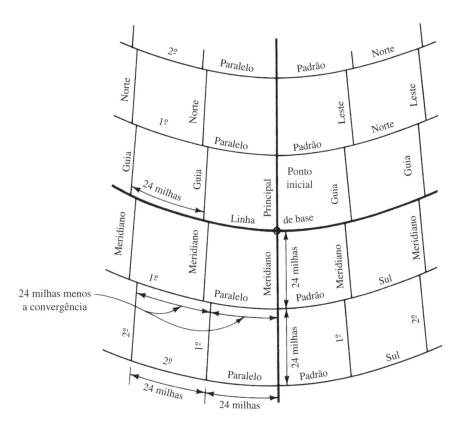

**Figura 21-4** Subdivisões da terra em quadrângulos de 24 milhas de lado.

limitações geográficas razoáveis. Suas localizações foram determinadas com base em observações astronômicas. Eles são 37 pontos iniciais, cinco dos quais estão no Alasca.

Meridianos verdadeiros, chamados de *meridianos principais,* foram transportados através de cada ponto inicial e estendidos tanto quanto necessário para cobrir a área envolvida. Eles eram identificados por números ou nomes, como o Sexto Meridiano Principal, que está em Nebraska e Kansas, ou o Meridiano Willamette, que está em Washington e Oregon. As divisões meridianas são mostradas na Figura 21-3. Cada área é dividida em quadrados menores como se segue:

1. A terra é dividida em *quadrângulos* de aproximadamente 24 milhas\* em cada lado (ver Figura 21-4).
2. Os quadrângulos são divididos cada um em 16 *distritos* (*townships*) com lados de aproximadamente 6 milhas (ver Figura 21-5). Uma série de distritos, estendendo-se do norte a sul, é chamada de *tier,* e uma série estendida de leste a oeste é chamada de *range*. A Figura 21-5 mostra essa organização em detalhe. Observe o sistema de numeração para o distrito em hachuras (*Tier* 3 sul, *Range* 3 oeste).
3. Os distritos são divididos em 36 *setores*, cada um de aproximadamente uma milha quadrada e contendo 640 acres (ver Figura 21-6). Os setores são numerados como mostrado na figura. Além disso, os topógrafos governamentais também locam marcos de setor quadrante, com intervalos de 1/2 milha, e os topógrafos locais (estaduais, municipais ou privados) realizam outras subdivisões.

---

\*Como o sistema é aplicado nos Estados Unidos e não no Brasil, mantiveram-se os valores originais das unidades em milhas no texto e nas figuras correspondentes. (N.T.)

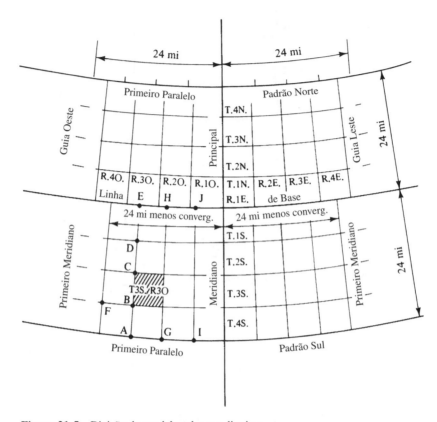

**Figura 21-5** Divisão de quadrângulos em distritos.

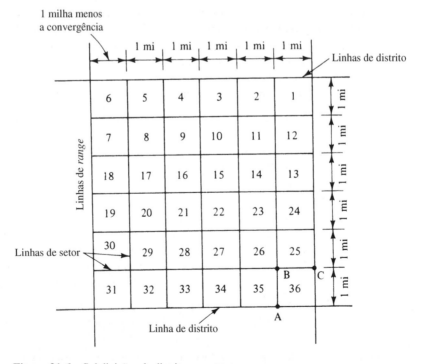

**Figura 21-6** Subdivisões de distrito em setores.

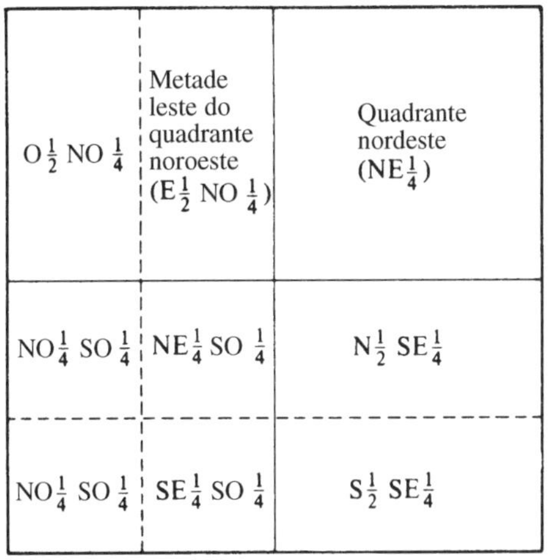

**Figura 21-7** Subdivisão do Setor 22 da Figura 21-6.

Uma vez que os meridianos convergem para o norte, é impossível que todos os distritos, setores etc. tenham a forma de quadrados exatos. Nas subdivisões dos distritos é, contudo, desejável traçar tantos setores quanto possível com quadrados de 1 milha. Para fazer isso, os erros de convergência são lançados para oeste tanto quanto necessário, fazendo as linhas paralelas ao limite leste. De maneira similar, os erros de medição de distâncias são lançados para o norte tanto quanto possível, pela locação de marcos a cada intervalo de 40 correntes de agrimensor (ou 1/2 milha), ao longo de linhas paralelas ao limite leste, de forma que todo erro acumulado ocorrerá na metade de milha mais ao norte.

4. O sistema público estabeleceu a disposição da terra em unidades iguais a setores quadrante a quadrante, com 40 acres cada. Essa divisão, por exemplo, é vista na Figura 21-7. Observa-se que esse procedimento pode ser continuado porque os setores quadrante a quadrante podem ser divididos novamente por quatro em áreas contendo 10 acres cada.

Na Figura 21-7, um quadrante qualquer ou metade de um setor de quadrante é prontamente identificado. Na descrição completa de uma dessas partes de 40 acres, é listado o quadrante do setor quadrante, depois o setor quadrante, depois o número do setor, depois o distrito (*tier* e *range*) e o meridiano principal. Dessa maneira, um pedaço de terra pode ser descrito como NE 1/4 SO 1/4, Setor 22, T2S R2E, do terceiro meridiano principal.

## 21.14 LINHAS DE MEANDROS

Vias navegáveis e rios com 60 m ou mais de largura, assim como os lagos cobrindo 25 acres ou mais (exceto aqueles formados depois de o estado em questão ter sido admitido para a união dos Estados Unidos), não são parte do domínio público e, assim, não foram levantados nem disputados pelas agências federais. Os estados, individualmente, têm soberania sobre tais corpos de água.

As poligonais das margens desses corpos de água são chamadas de *linhas de meandros*. Essas poligonais consistem em linhas retas que contornam tão próximo quanto possível a média das marcas das águas mais altas, ao longo das margens envolvidas. As linhas de meandros não eram seguidas como linhas de limite e quando o leito do lago ou rio muda a altura das marcas de água e as linhas de propriedade mudam também.

**358** Capítulo 21

## 21.15 MARCOS TESTEMUNHOS

Caso a locação de um vértice caia no meio de um lago ou rio sem meandro ou sobre uma subida íngreme ou pântano ou outro local inacessível, um marco testemunho é estabelecido, sendo normalmente colocado em uma das linhas de levantamento regular da propriedade. No entanto, se um ponto satisfatório para tal vértice não pode ser ocupado dentro de 200 m ao longo de uma linha de levantamento, é permitido locar um vértice testemunho em qualquer direção dentro de 100 m desde a posição do vértice.

## 21.16 DESCRIÇÕES DE TERRA EM ESCRITURAS

Descrever pedaços regulares de terra dentro do sistema de terras públicas com finalidades legais é bastante simples. Uma descrição aceitável de um setor de quadrante de 40 acres foi dada na Seção 21.13. Quando, no entanto, está envolvida uma parte de terra irregular ou uma que não é uma parte regular do sistema de terras públicas, é necessário primeiramente, amarrar cuidadosamente a descrição dentro do sistema retangular. Então, é feita uma descrição de distâncias e rumos ou medidas e divisas de cada lado da porção de terra. Uma descrição de tal parte de terra pode ser como se segue: "Iniciando em um ponto marcado por um tubo de ferro 90 m ao norte do vértice NE do SE1/4 do SO1/4 do Setor 28, T3S, RIE, terceiro meridiano principal; dali para Norte 304,19 m até um tubo de ferro; dali para leste 263,35 m para um tubo de ferro etc., de volta para o ponto inicial."

## PROBLEMAS

**21.1** Distinga entre vértice e marco.

**21.2** O que é um vértice destruído e o que é um vértice perdido?

**21.3** O que é um marco testemunho?

**21.4** O que é usucapião?

**21.5** O que é uma avulsão? Quando ela ocorre, e o que acontece com as linhas das propriedades?

**21.6** Defina os termos *acreção* e *acessão*.

**21.7** Descreva o método de levantamento de medidas e divisas.

**21.8** O que é uma planta?

**21.9** Defina os termos *quadrângulos*, *distritos* e *setores* como relacionados com o Sistema de Terras Públicas dos Estados Unidos.

**21.10** Referindo-se aos distritos, o que são *tiers* e *ranges*?

**21.11** Qual é a menor unidade de terra que os topógrafos do governo marcam no Sistema de Terras Públicas dos Estados Unidos?

**21.12** O que é uma linha de meandro?

# Capítulo 22

# Curvas Horizontais

## 22.1 INTRODUÇÃO

Os eixos de rodovias e ferrovias consistem em uma série de linhas retas, chamadas tangentes, conectadas por curvas. As curvas para tráfego rápido são normalmente circulares, embora curvas espirais possam ser usadas para fornecer transições graduais tanto para entrar quanto para sair de curvas circulares em vias de alta velocidade. Três tipos de curvas circulares são mostrados na Figura 22-1(a). A *curva simples* consiste em um simples arco; a *curva composta*, em dois ou mais arcos com raios diferentes. A *curva reversa* compõe-se de dois arcos com curvatura em direções diferentes. A *curva espiral* (ou curva de transição) tem um raio variável, de forma que ela começa muito suave e aumenta sua curvatura à medida que progride em direção ao início da curva circular. Curvas espirais são ilustradas na Figura 22-1(b).

Diversas definições relacionadas com as curvas circulares são apresentadas nos próximos parágrafos e ilustradas na Figura 22-2. Uma curva é, inicialmente, definida com duas linhas retas, ou tangentes. Essas linhas se estendem até que se interceptem no *ponto de interseção*, que é chamado de PI. A primeira tangente encontrada é chamada de *tangente de ré*, e a segunda é chamada de *tangente de vante*. (Ou, genericamente, tangentes externas.)

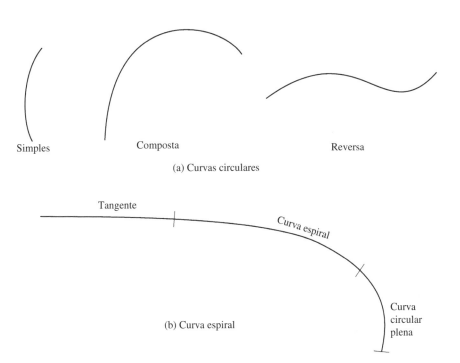

**Figura 22-1** Alguns tipos de curvas horizontais.

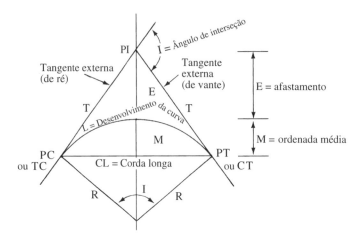

**Figura 22-2** Elementos de uma curva.

A curva circular é planejada de forma que una essas tangentes. Os *pontos de tangentes* (PTs) são aqueles nos quais as curvas concordam com as tangentes. O primeiro desses pontos, no começo da curva, é chamado de *ponto de curva* (PC). O segundo ponto está no fim da curva, sobre a tangente de vante, e é chamado de *ponto de tangente* (PT). Em outra notação, o ponto de curva pode ser escrito como TC, indicando que o percurso muda de tangente para curva, e o ponto de tangência pode ser escrito como CT, indicando que o percurso vai da curva para a tangente.

O ângulo entre as tangentes é chamado de *ângulo de interseção* e também *I*.* O *raio da curva* é *R*, enquanto *T* é a *tangente externa*, igual ao comprimento das tangentes de ré ou de vante. A distância do PI para o ponto médio da curva é chamada de *afastamento* e denotada como *E*. Finalmente, a corda do arco entre o PC e o PT é denominada *corda longa* (CL), e a distância do meio da curva para o meio da corda longa é chamada de *M*, a *ordenada média* (ou *flecha*), e *L* é o *desenvolvimento*, ou seja, o comprimento real da curva.

A discussão das curvas circulares horizontais deste capítulo faz uso da unidade metros. Contudo, todas as equações usadas aqui são perfeitamente válidas para o sistema inglês, desde que a distância entre duas estacas cheias, inteiras, seja considerada 20 m.** Diversas curvas horizontais são mostradas na Figura 22-3.

## 22.2 GRAU E RAIO DE CURVATURA

As características de uma curva podem ser descritas de diversos modos:

1. *Raio de curvatura*. Esse método é usado nos trabalhos com estradas, em que o raio da curva é quase sempre selecionado como um múltiplo de 20 m. Quanto menor o raio, mais fechada é a curva. Caso o grau de curvatura (definido nos próximos dois parágrafos) seja especificado em vez do raio de curvatura, este pode ser calculado. Ele será, com toda probabilidade, um número fracionário de metros.

2. *Grau de curvatura (ou apenas curvatura), com base na corda*. Nesse método, o grau de curvatura é definido como o ângulo central, subtendido por uma corda de 20 m, como ilustrado

---

*O ângulo de interseção *I* é igual ao ângulo central AC, formado pelas normais que saem do PC e PT, e é mais usado aqui quando são dados os elementos de uma curva. (N.T.)

**No Brasil, adotam-se, normalmente, estacas espaçadas de 20 m. (N.T.)

**Figura 22-3** Curvas horizontais numa interseção de rodovias em Atlanta, Geórgia. (Cortesia do Departamento de Transportes da Geórgia.)

na Figura 22-4. O raio de tal curva pode ser calculado com a seguinte equação, em que $G$ é o ângulo central em unidades de grau:

$$R = \frac{10}{\operatorname{sen}\frac{1}{2}G}$$

3. *Curvatura, com base no arco*. Como mostrado na Figura 22-5, o grau de curvatura é o ângulo central de um círculo correspondente a um arco de 20 m. Notar-se-á que uma curva fechada tem uma grande curvatura, e que uma curva suave tem uma pequena curvatura. Para certa curva de grau $G$ (em graus), o raio $R$ pode ser calculado como se segue:

$$\text{Perímetro da circunferência} = \left(\frac{360°}{G}\right)(20) = 2\pi R$$

$$R = \left(\frac{360°}{G}\right)\left(\frac{20}{2\pi}\right) = \frac{1145{,}92}{G}$$

*A curvatura com base no arco é usada para os cálculos apresentados neste capítulo*. Na verdade, tanto o método da corda quanto o do arco são usados extensamente nos Estados Unidos. A escolha do método

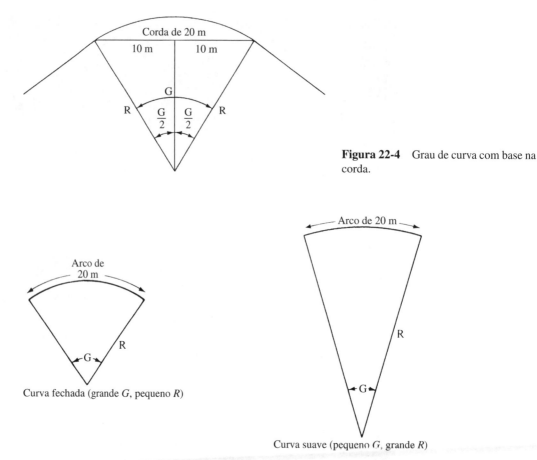

**Figura 22-4** Grau de curva com base na corda.

**Figura 22-5** Grau de curva com base no arco.

depende da experiência do topógrafo. Para curvas graduais longas, comuns em ferrovias, é normalmente usado o método da corda (em que os comprimentos dos arcos são considerados os mesmos das cordas). Para curvas de rodovias e limites curvos de propriedades, o método com base no arco é mais comum.*

Observar-se-á que a diferença entre a corda e o arco normalmente não é significativa. Por exemplo, para uma curva de 1°, o comprimento do raio com base no arco é 1145,92 m, e com base na corda é 1145,93 m. Os valores correspondentes para uma curva de 4° são 286,48 m e 286,54 m, respectivamente. *De um ponto de vista prático, uma curva horizontal definida com base no arco deveria ser idêntica à curva horizontal definida com base na corda. No entanto, os parâmetros para as duas curvas podem ser significativamente diferentes quando calculados com aproximação do centímetro.*

## 22.3 EQUAÇÕES DAS CURVAS

As fórmulas necessárias para os cálculos de curvas circulares são apresentadas nesta seção, com referência à Figura 22-2. O raio da curva foi dado previamente como

$$R = \frac{1145,92}{G}$$

---

*Adota-se, no Brasil, o cálculo com base no arco. O grau da curva é tabelado de 5' em 5' para facilitar a locação (leitura do instrumento) junto com o raio correspondente. (N.T.)

A tangente externa $T$ é a distância do PI para o PC ou PT e pode ser calculada por

$$T = R \tan \frac{1}{2} I$$

O comprimento da corda longa é

$$\mathrm{CL} = 2R \operatorname{sen} \frac{1}{2} I$$

O afastamento $E$ é

$$E = R\left(\sec \frac{I}{2} - 1\right) = R \text{ secante externa } \frac{I}{2}$$

em que

$$\text{secante externa} = 1 - \text{secante}$$

Uma forma mais conveniente com as calculadoras eletrônicas é

$$E = R\left[\frac{1}{\cos \dfrac{I}{2}} - 1\right]$$

A ordenada média $M$ é igual a

$$M = R - R \cos \frac{1}{2} I = R \text{ seno verso } \frac{I}{2}$$

em que

$$\text{seno verso} = 1 - \cos$$

ou, mais convenientemente,

$$M = R\left(1 - \cos \frac{I}{2}\right)$$

O desenvolvimento da curva é

$$L = \frac{20I}{G}$$

A definição da corda de $G$,

$$L = \frac{RI\pi}{180}$$

em que $I$ é medido em graus.

As curvas são estaqueadas usando comprimentos de cordas retas. Se o grau de certa curva for 3° ou menor, a curva pode ser estaqueada usando cordas de 20 m, como mostrado na Figura 22-6, ainda mantendo os valores do comprimento do arco e da corda suficientemente próximos entre si, de forma que estejam dentro da precisão da medição com trena. Como as curvas usuais terão um comprimento fracionário (isto é, não é um número inteiro de dezenas de metros), haverá certamente comprimentos fracionários de cordas nas extremidades da curva como indicado na figura. Para curvas de 3 a 7°, é necessário usar cordas de 10 m, e/ou para aquelas de 7 a 14°, usar cordas de 5 m para manter a precisão satisfatória.*

---

*Para ter uma diferença entre a corda e o arco de 0,001 m, recomenda-se usar corda de 20 m para R > 180 m; corda de 10 m para 180 > R > 65 m e corda de 5 m para 65 > R > 25. (N.T.)

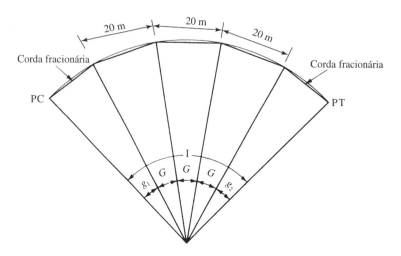

**Figura 22-6** Desenvolvimento da curva com base na corda.

Para curvas suaves, digamos de 2° ou 3°, os comprimentos das cordas são quase os mesmos até duas casas decimais, enquanto para curvas mais fechadas a diferença é mais pronunciada. Para uma curva de 2° de comprimento de 20 m, a corda é 19,999 m, e para uma curva de 3° e 20 m é 19,998 m. Para uma curva de 6°, a corda é 19,991 m, e para uma curva de 10° é de 19,975 m.

*Um procedimento melhor que esse que foi descrito é estaquear o comprimento real da corda como sendo 19,999 m para uma curva de 2° etc.*

## 22.4 ÂNGULOS DE DEFLEXÃO

O ângulo entre a tangente de ré e a corda desenhada do PC para certo ponto sobre a curva é chamado de *deflexão* daquele ponto. As curvas circulares são locadas quase que inteiramente usando esses ângulos. Da geometria de um círculo, o ângulo entre a tangente de uma curva circular e uma corda a partir daquele ponto de tangência para qualquer outro ponto sobre a curva é igual à metade do ângulo subtendido pela corda. Assim, para uma corda de 20 m, a deflexão é $G/2$, e para uma corda de 10 m é $10/20 \times G/2$. Esses valores são ilustrados na Figura 22-7, em que $G$ é 3°. Deve-se notar que

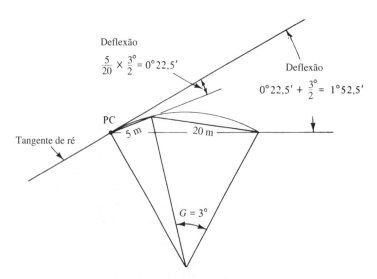

**Figura 22-7** Locação de uma curva horizontal.

a deflexão do PC para cada estaca de 20 m subsequente pode ser calculada adicionando $G/2$ para a última deflexão ou, para cada estaca subsequente de 10 m, adicionando $G/4$ à última deflexão.

## 22.5  SELEÇÃO DE ESTAQUEAMENTO DAS CURVAS

Antes que uma curva horizontal seja selecionada, é necessário estender as tangentes até que se interceptem, medir o ângulo de interseção $I$ e selecionar o grau de curvatura $G$. Para qualquer par de tangentes que se interceptem, um número infinito de curvas pode ser selecionado, mas as condições de campo restringirão consideravelmente a escolha. Para rodovias de alta velocidade, a curvatura é geralmente mantida abaixo de certos limites máximos, enquanto para estradas com muitas curvas, como nas montanhas, o comprimento das tangentes pode ser bastante limitado pela topografia. Caso uma estrada se desenvolva ao longo de uma margem de rio, o afastamento $E$ pode ser bem restrito.

Na verdade, a curva a ser usada pode ser selecionada considerando um valor para $G$, $R$, $T$, $E$ ou $I$. Isso permite os cálculos dos outros quatro elementos, pois são dependentes uns dos outros. Normalmente, ou o raio da curva ou a curvatura é o valor considerado. Os cálculos necessários podem ser feitos como ilustrado no Exemplo 22.1. Adicionalmente à determinação de $R$, $T$, CL, $E$, $M$ e $L$, são necessários os cálculos das deflexões e o preparo das informações para o estaqueamento da curva, lançadas na caderneta de campo.

As posições do PC e do PT são determinadas pela locação das tangentes externas calculadas $T$ a partir do PI para ambas as direções (ré e vante). O leitor deve notar que a estaca do PC é igual à estaca do PI menos a distância $T$, e que *a estaca de PT é igual ao PC mais o desenvolvimento da curva L (não o PI mais T)*. Essa informação pode ser expressa como se segue:

$$PC = PI - T$$
$$PT = PC + L$$

O instrumento é instalado no PC ou PT, e a curva é estaqueada. À medida que o trabalho prossegue, o instrumento pode ser instalado em pontos intermediários. Esse último procedimento será descrito posteriormente, no Exemplo 22.1.

O Exemplo 22.1 ilustra os cálculos e as informações das notas de serviço necessárias para o estaqueamento de uma curva circular horizontal. Notar-se-á que essas anotações são organizadas e as estacas numeradas de baixo para cima na página. Essa prática, que é comum para levantamento de percursos, permite que o topógrafo olhe para adiante ao longo do percurso e siga suas anotações, enquanto vai na mesma direção. Da mesma maneira, quando o topógrafo olha a página do croqui e segue adiante ao longo da rota, os itens à direita do eixo do projeto sobre o terreno estão à direita na página do croqui e vice-versa.

Independentemente das posições, o leitor deverá relembrar que, se dizemos que $T$ é 68,32 m, é o mesmo que 3 estacas + 8,32 m , ou se $L$ é 182,36 m, corresponde a 9 estacas + 2,36 m.*

| | |
|---|---|
| **EXEMPLO 22.1** | Para uma curva circular horizontal, o PI está na estaca 64 + 6,4; $I$ é 24°20′, e $G$ de 4°00′ foi selecionada. Calcule os dados necessários e as anotações de locação para estacas de 10 m. |
| *SOLUÇÃO* | Os valores de $R$, $T$, CL, $E$, $M$ e $L$ são calculados pelas fórmulas apresentadas previamente, embora as tabelas sejam dadas em muitos livros para simplificar os cálculos.[1] Para curvas horizontais, é comum fazer os cálculos com aproximação de ± 0,01 m. |

---

\* Lembrar que uma estaca corresponde a 20 m. Assim, $(3 + 8,32) = (3 \times 20) + 8,32 = 60 + 8,32 = 68,32$ m.

[1] T. F. Hickerson, *Route Location and Design*, 5th ed. (New York: McGraw-Hill Book Company, 1967), pp. 396-458.

$$R = \frac{1145,92}{4} = 286,48 \text{ m}$$

$$T = (286,48)(0,21560) = 61,76 \text{ m}$$

$$LC = (2)(286,48)(0,21076) = 120,75 \text{ m}$$

$$E = 286,48 \left[ \frac{1}{\cos 12°10'} - 1 \right] = 6,58 \text{ m}$$

$$M = 286,48 - (286,48)(\cos 12°10') = 6,43 \text{ m}$$

$$L = \frac{(20)(24,333333)}{4} = 121,67 \text{ m}$$

Desses dados, as estacas do PC e PT podem ser calculadas como se segue:

$$PI = 64 + 6,4$$
$$-T = -(3 + 1,76)$$
$$\overline{PC = 61 + 4,69}$$
$$+L = 6 + 1,67$$
$$\overline{PT = 67 + 6,36}$$

Como o grau da curva está entre 3° e 7°, a curva será estaqueada com cordas de 10 m. A distância do PC (61 + 4,69) para a primeira estaca de 10 m inteira (61 + 10 m) é 5,31 m e a deflexão a ser usada para aquele ponto é $(5,31/20) \times (G/2) = (5,31/20) \times (4°/2) = 0°31'55''$. Para cada uma das estacas de 10 m subsequentes a 61 + 10 m a 67 + 00, os ângulos de deflexão aumentarão em $G/4$, ou seja, $1°00'00''$. E, finalmente, para PT na estaca 67 + 6,36, o ângulo de deflexão será $11°32'$ + $(6,4/20) \times (4°/2) = 12°10'00''$. Esse valor é igual a $I/2$, como deveria ser.

A caderneta de campo correspondente é mostrada na Figura 22-8.

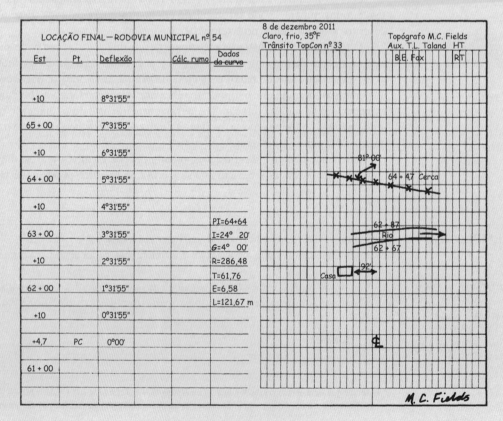

**Figura 22-8** Notas de serviço para uma curva horizontal.

Curvas Horizontais **367**

## 22.6 EXEMPLO COM COMPUTADOR NO SISTEMA INGLÊS DE UNIDADES

Para aplicar o programa SURVEY para um problema de curva horizontal, o usuário necessita somente mover o cursor para o Programa 5 *Horizontal Curves* (ou Curvas Horizontais), pressionar a tecla ENTER e fornecer os dados requisitados. Os dados incluirão a estaca do PI, o ângulo de interseção $I$ e o grau de curva $G$ ou o raio $R$.

## 22.7 PROCEDIMENTOS DE CAMPO PARA ESTAQUEAMENTO DE CURVAS

As tangentes externas são medidas a partir do PI nas direções de ré e de vante, para locar o PC e o PT. Para esta discussão, o instrumento é considerado como estando instalado no PC, e são usados os números do Exemplo 22.1. Deve ser notado, contudo, que se a curva inteira pode ser vista do PT, deve-se fazer a instalação do instrumento lá porque, após a curva estar completa, o topógrafo pode prosseguir para a tangente de vante a partir da mesma instalação.

O instrumento é instalado no PC com a graduação do limbo em zero, enquanto visa o PI. O instrumento é girado para o ângulo da primeira deflexão ($0°31'55''$), e a distância da corda de 5,31 m é marcada para localizar a estaca 61 + 10. O instrumento é girado para a próxima deflexão ($1°31'55''$) e são medidos 10 m com uma trena a partir da estaca 61 + 10 para chegar à estaca 62 + 00. *Uma vez mais, um procedimento melhor e mais acurado é calcular o comprimento da corda para esses arcos de 10 m e usar esses valores no campo.* Esse procedimento se repete até atingir o PT. Esses pontos devem ser verificados cuidadosamente. Para curvas longas, é melhor percorrer a primeira metade da curva a partir do PC e a segunda metade a partir do PT (no sentido oposto), de forma que pequenos erros que ocorram possam ser ajustados no meio da curva, em que uma pequena variação não é tão importante quanto seria próximo aos pontos de tangência da curva. A medição com trena é bastante prática para as distâncias curtas envolvidas aqui, mas estações totais estão sendo usadas cada vez mais frequentemente.

Muitas vezes pode não ser possível locar todos os pontos sobre a curva a partir de uma única posição. O instrumento deve, então, ser movido para uma das estacas intermediárias sobre a curva, para continuidade do trabalho. Para fazer isso, o instrumento é instalado sobre uma estaca intermediária, é feita uma visada de ré para o PC, com a luneta invertida, e a leitura da escala configurada em $0°00'$. A luneta é revertida, girada até registrar a deflexão que deve ser usada para a próxima estaca, e o processo continua.

Considere o Exemplo 22.1 novamente. Aqui, assume-se que o instrumento é movido para a estaca 64 + 00 e realizada a visada de ré para o PC, com a luneta invertida. A luneta é revertida e girada para o ângulo de $6°31'55''$, a distância de 10 m é medida com a trena e a estaca 64 + 10 é locada.

Outra situação de curva horizontal é considerada no Exemplo 22.3. Um topógrafo está trabalhando ao longo do limite de uma propriedade privada que é vizinha à seção curva de uma estrada estadual. Ele gostaria de determinar as informações necessárias para descrever corretamente o limite curvo da propriedade.

O topógrafo que está locando novos lotes ou levantando alguns antigos ao longo de uma estrada frequentemente perceberá que partes dos limites dos lotes adjacentes às faixas de domínio de estradas serão curvilíneas. Seu trabalho deve reproduzir essas linhas de propriedade curvas.

Das equações dadas neste capítulo, é evidente que somente dois elementos ($R$, $T$, CL, $E$, $M$ ou $L$) são necessários para definir a curva. Frequentemente, é desejável fornecer para o topógrafo três ou mais desses elementos. Se são fornecidos mais de dois elementos, eles devem ser compatíveis uns com os outros. Entre os elementos de curva mais comumente fornecidos estão o raio, o ângulo de interseção, o desenvolvimento, e algumas vezes o comprimento e rumo da corda.

O Exemplo 22.4 ilustra a informação necessária para estaquear lotes de 20 m ao longo da faixa de domínio da curva de uma estrada.

**EXEMPLO 22.2**  Repita o Exemplo 22.1 usando o programa SURVEY.
*Observação*: O programa só funciona em unidades do Sistema Inglês.

| Título do projeto | Estr. Municipal nº 64 | | | Raio da curva, R | 1.432,39 ft |
|---|---|---|---|---|---|
| Estaca do PI (em ft) | 64+32,2 | | | Comprim. da tangente, T | 308,82 ft |
| | Grau | Min | Seg | Corda longa, CL | 603,77 ft |
| Ângulo de interseção | 24 | 20 | 0 | Afastamento, E | 32,91 ft |
| Grau da curva | 4 | 0 | 0 | Ordenada média, M | 32,17 ft |
| Raio da curva | 1.432,39 | | | Desenv. da curva, L | 608,33 ft |

Calcular    Retornar    Imprimir

| Estaca | Ponto | Deflexão Grau | Min | Seg. | Comprim. da corda |
|---|---|---|---|---|---|
| 61 + 23,38 | PC | | | | |
| 61 + 50 | | 0 | 31 | 56,8 | 26,62 |
| 62 + 00 | | 1 | 31 | 56,8 | 76,61 |
| 62 + 50 | | 2 | 31 | 56,8 | 126,58 |
| 63 + 00 | | 3 | 31 | 56,8 | 176,51 |
| 63 + 50 | | 4 | 31 | 56,8 | 226,39 |
| 64 + 00 | | 5 | 31 | 56,8 | 276,19 |
| 64 + 50 | | 6 | 31 | 56,8 | 325,91 |
| 65 + 00 | | 7 | 31 | 56,8 | 375,54 |
| 65 + 50 | | 8 | 31 | 56,8 | 425,05 |
| 66 + 00 | | 9 | 31 | 56,8 | 474,43 |
| 66 + 50 | | 10 | 31 | 56,8 | 523,66 |
| 67 + 00 | | 11 | 31 | 56,8 | 572,74 |
| 67 + 31,71 | PT | 12 | 10 | 0 | 603,77 |

**Figura 22-9**  Tela do programa SURVEY para solução da curva horizontal.

---

**EXEMPLO 22.3**  Como mostrado na Figura 22-10, um topógrafo determinou que o ângulo de interseção de certa curva de estrada é 28°00′. Além disso, foi medido o afastamento E do PI para o eixo da rodovia, sendo encontrados 22,4 m.

(a) Determine o valor G, R e T do eixo da rodovia.
(b) Se a faixa de domínio da rodovia está a 50 m do eixo da rodovia, como mostrado na figura, determine os valores de R e G da propriedade ao longo do lado interno da curva.

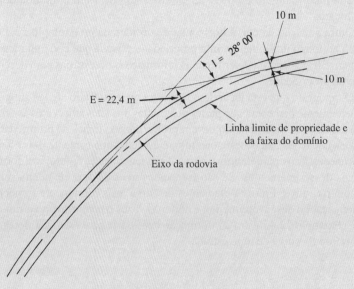

**Figura 22-10**  Cálculo de dados de curva horizontal para o eixo de rodovia e faixa de domínio.

**SOLUÇÃO** (a)
$$R = \frac{E}{\left[\dfrac{1}{\cos\dfrac{I}{2}} - 1\right]} = \frac{22,4}{0,03061} = \mathbf{731,7\ m}$$

$$G = \frac{1145,92}{731,7} = 1,5661° = \mathbf{1°33'}$$

$$T = (731,7)(0,24933) = \mathbf{182,4\ m}$$

(b) $R$ do limite da propriedade ou da faixa de domínio = 731,7 − 10 = **721,7 m**

$$G \text{ da curva do limite da propriedade} = \frac{1145,92}{721,7} = 1,5878° = \mathbf{1°35'}$$

---

**EXEMPLO 22.4** Considera-se que a curva mencionada no Exemplo 22.1 representa o eixo de uma rodovia com uma faixa de domínio de 10 m de cada lado. Deseja-se estaquear lotes de 20 m no lado interno da curva para as faixas de domínio, como mostrado na Figura 22-11. Calcule os dados necessários para locação dos lotes, considerando que o último vértice sobre a tangente anterior do limite da faixa de domínio é 10,8 m, contados a partir do PC.

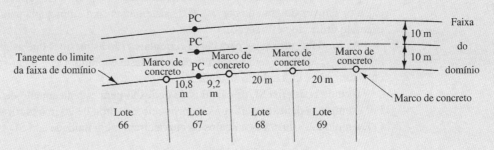

**Figura 22-11** Locação de lotes ao longo de uma curva circular.

**SOLUÇÃO** O raio da curva da faixa de domínio é 10 m menor que o raio do eixo da rodovia. Portanto,

$$R = 286,48 - 10 = 276,48\ m$$

$$G = \frac{1145,92}{R} = \frac{1145,92}{276,48} = 4,1446914° = 4°08'41''$$

$$L = \frac{20I}{G} = \frac{(20)(24,333333)}{4,1446914} = 117,42\ m$$

## 370 Capítulo 22

Instalando o instrumento sobre o PC sobre a curva da faixa de domínio, a deflexão para o primeiro vértice do lote sobre a curva (distância igual a 20,0 − 10,8 = 9,2 m) é

$$\left(\frac{9,2}{20}\right)\left(\frac{4,1446914}{2}\right) = 0,953279° = 0°57'12''$$

Da mesma posição do instrumento, a deflexão para o próximo vértice de lote é

$$\left(\frac{29,2}{20}\right)\left(\frac{4,1446914}{2}\right) = 3,0256247° = 3°01'32''$$

ou ela pode ser calculada como

$$0°57'12'' + \frac{G}{2} = 0,953279° + \frac{4,1446914}{2} = 3,0256247° = 3°01'92''$$

A deflexão do PT pode ser determinada tomando a deflexão inicial (0°57,2′) e adicionando $G/2$ a cada 20 m, mais o valor do ângulo para o comprimento parcial do lote antes do PT; tem-se

$$\left(\frac{117,42}{20}\right)\left(\frac{4,1446914}{2}\right) = 12,166742° = 12°10'00''$$

que é metade de $I$ de 24°20′.

*Observação*: Dado que a curvatura está entre 3° e 7°, a curva deve ser locada com cordas de 10 m e devem ser instalados vértices com pinos de ferro sobre pontos de 20 m.

## 22.8 CURVAS CIRCULARES USANDO O SISTEMA SI

O uso do sistema SI de medição para projetos e construção de estradas estipula o uso de estacas completas de 1000 m (isto é, 1 + 000 m). Além disso, é prática comum usar apenas o raio para seus cálculos em vez do grau da curva.* Essa sistemática será empregada para o problema usado como exemplo utilizado nesta seção.

As fórmulas utilizadas para curvas circulares são as mesmas que as utilizadas com as unidades americanas, conforme anteriormente descrito neste capítulo. Deve notar-se, contudo, que o grau de curvatura não é utilizada no sistema SI.

Usando o sistema SI, os cálculos de deflexão para estaqueamento de curva se baseiam em $I/2$. Por exemplo, a deflexão para um comprimento de corda de 20 m a partir do PC será $(20/L) \times (I/2)$. O Exemplo 22.5 ilustra os cálculos da curva circular em unidades do SI.

---

**EXEMPLO 22.5**

Duas tangentes de estrada se interceptam com um ângulo de interseção à direita $I = 12°30'00''$ na estaca 0 + 152,204 m. Se um raio de 300 m deve ser usado para a curva circular, prepare as notas de serviço com aproximação do minuto, necessárias para estaquear a curva a intervalos de 20 m.

---

*São definidos os raios (sempre fracionários) e os graus da curva (múltiplos de 5′) ao mesmo tempo, utilizando tabelas. É usada, ainda, a deflexão por metro (dm), empregada no cálculo das deflexões de cordas fracionárias, menores que os 20 m das estacas inteiras. A dm é obtida por aproximação: dm = G/2C, sendo C o comprimento da corda usada para obter o G do numerador, 5, 10 ou 20 m. (N.T.)

| | |
|---|---|
| **SOLUÇÃO** | $T = R \tan \dfrac{I}{2} = (300)(\tan 6°15') = 32,855 \text{ m}$ |
| | $L = \dfrac{RI\pi}{180} = \dfrac{(300)(12,50)(\pi)}{180} = 65,450 \text{ m}$ |

$$\text{Estaca de PI} = 0 + 152,204$$
$$- T = -(0 + 32,855)$$
$$\text{Estaca de PC} = 0 + 119,349$$
$$+ L = +(0 + 65,450)$$
$$\text{Estaca de PT} = 0 + 184,799 \text{ m}$$

As notas de serviço estão preparadas como mostrado na Tabela 22-1, com as estacas a serem colocadas em intervalos de 22 m.

## 22.9 CURVAS HORIZONTAIS PASSANDO ATRAVÉS DE CERTOS PONTOS

Algumas vezes, é necessário locar uma curva horizontal que passe por determinado ponto. Por exemplo, pode ser necessário estabelecer uma curva que passe a uma distância mínima de algum prédio ou rio. Então, tanto a distância do PI para o ponto em questão como o ângulo de uma das tangentes podem ser medidos. Essa situação é considerada no Exemplo 22.6 e ilustrada na Figura 22-12, em que se deseja locar a curva que passa pelo ponto $A$.

Para resolver o problema, as distâncias $x$ e $y$ mostradas na Figura 22-12 podem ser calculadas por trigonometria. Observando a figura, pode-se ver que o raio $R$ pode ser determinado considerando o triângulo retângulo $ABC$. Para esse triângulo, aplica-se a seguinte equação quadrática:

$$R^2 = (R - y)^2 + (T - x)^2$$

O valor de $T$ pode ser expresso em termos de $R$, como $R \tan I/2$, e substituído na equação anterior, deixando somente $R$ como incógnita. Então, $R$ pode ser determinado com a equação quadrática, por tentativa e erro com calculadora, ou completando os quadrados. Usando equação quadrática, a solução fornecerá duas respostas, mas somente uma delas parecerá ser razoável. Hickerson[2] fornece uma solução para esse problema sem envolver o uso de uma equação quadrática.

**Tabela 22-1** Nota de Serviço de Curva Circular em Unidades SI

| Estaca | Comprimento da corda desde o PC | Ponto | Deflexão |
|---|---|---|---|
| 0 + 184,799 m | 65,450 m | PT | 6°15'00'' |
| 0 + 180 m | 60,651 m | | 5°47'30'' |
| 0 + 160 m | 40,651 m | | 3°52'55'' |
| 0 + 140 m | 20,651 m | | 1°58'19'' |
| 0 + 120 m | 0,651 | | 00°03'44'' |
| 0 + 119,349 m | 0 | PC | 0°00'00'' |

---

[2]T. F. Hickerson, *Route Location and Design*, 5th ed. (New York: McGraw-Hill Book Company, 1967), pp. 90-91.

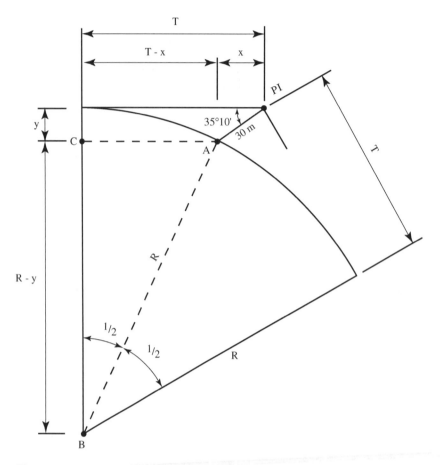

**Figura 22-12** Cálculo de raio de uma curva por trigonometria.

| EXEMPLO 22.6 | Uma curva horizontal deve ser locada passando pelo ponto A como mostrado na Figura 22-12. A distância do PI para o ponto A é 30 m, e o ângulo da tangente de ré para linha do PI ao ponto A é 35°10′. Se I é 65°00′, determine o valor de R, G, T e L. |
|---|---|
| SOLUÇÃO | $y = (30 \text{ m})(\operatorname{sen} 35°10') = 17{,}279 \text{ m}$ |

$$x = (100{,}00)(\cos 35°10') = 24{,}524 \text{ m}$$

$$T = (R)\left(\tan \frac{65°}{2}\right) = 0{,}63707R$$

$$R^2 = (R - y)^2 + (T - x)^2$$

$$= (R - 17{,}279)^2 + (0{,}63707R - 24{,}524)^2$$

Levando ao quadrado os termos e simplificando, tem-se

$$R^2 - 162{,}14R + 2217{,}52 = 0$$

Usando equação quadrática com $a = 1,00$; $b = -162,14$ e $c = 2217,52$:

$$R = \frac{162,14 \pm \sqrt{(-162,14)^2 - (4)(1,00)(2217,52)}}{(2)(1,00)}$$

$$= 147,06 \text{ m ou } 15,08 \text{ m (não é possível)}$$

$$G = \frac{1145,92}{147,06} = 7,792194°$$

$$T = (147,06)(\tan)\left(\frac{65°00'}{2}\right) = 93,69 \text{ m}$$

$$L = \frac{(30)(65,00)}{7,792194} = 250,25 \text{ m}$$

## 22.10 CURVAS ESPIRAIS

Uma curva espiral é usada para fornecer uma transição gradual de uma linha reta ou tangente para a curva circular plena. Ela começa muito suave, com raio infinito, e aumenta sua curvatura à medida que se aproxima da curva circular. Quando a curva circular é atingida, a curva espiral terá a curvatura igual àquela da curva circular. Embora as espirais não sejam usadas universalmente em rodovias, elas o são, extensamente, em ferrovias. Existem outras curvas de transição que podem ser usadas, tais como aquelas descritas na Seção 22.1.

Quando espirais não são adotadas numa estrada e se chega a uma curva circular, o motorista de um veículo terá que virar rapidamente o volante para a curva plena. Quando isso é feito, haverá um movimento brusco lateral devido à força centrífuga aplicada ao veículo, que poderá desviá-lo do seu caminho. Alguns acidentes ferroviários no século XIX foram atribuídos à omissão de curvas espirais pelos projetistas. Se uma espiral for projetada corretamente, ela fornecerá uma transição mais fácil para os veículos de forma que a força centrífuga aumentará ou diminuirá gradualmente à medida que o veículo entrar ou sair de uma curva circular.

Para muitas rodovias expressas com curvaturas muito pequenas, as curvas espirais não são usadas porque seus projetistas consideram que as mudanças de direções são tão suaves que se tornam desprezíveis. Pode-se perceber que a superelevação pode ser introduzida nos trechos das tangentes antes de chegar à curva circular, permitindo aos veículos entrar mais facilmente nas curvas circulares.

Quando as curvas de transição não são usadas e a largura da pista na rodovia é suficiente, os motoristas, com frequência, criam a sua própria espiral "cortando as curvas". Isto é, eles podem gradualmente começar a girar seus veículos enquanto ainda estão na parte reta da estrada, e assim vão cortando os bordos e formando seu caminho gradualmente até a curva circular completa. Em estradas de concreto, o óleo derramado sobre as curvas mostra que muitos motoristas seguem essa prática.

Na Figura 22-13, são indicadas as curvas espirais iguais que unem uma curva circular às tangentes principais. Nessa figura, são usadas as seguintes abreviações:

TS = ponto inicial da primeira espiral (ponto de tangente para espiral)

$L_S$ = o comprimento da curva espiral

SC = o ponto final da primeira espiral ou ponto inicial da curva circular (ponto de espiral para circular)

CS = ponto final da curva circular ou ponto inicial da segunda espiral (ponto de curva para espiral)

ST = ponto final da segunda espiral (ponto de espiral para tangente)

$T_S$ = tangente externa do TS ou ST para o PI

$R$ = raio de curva circular

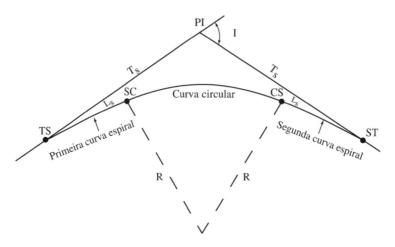

**Figura 22-13** Curvas espirais.

A curva espiral mostrada no lado esquerdo da Figura 22-13 é ampliada na Figura 22-14. Os símbolos necessários para calcular as propriedades da espiral e para locação no campo são mostrados na figura.

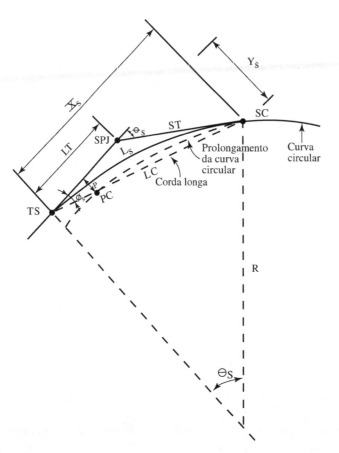

**Figura 22-14** Elementos da primeira curva espiral da Figura 22-13.

A equação para cálculo do raio da curva circular $R$ foi dada previamente na Seção 22.3.

$$R = \frac{1145,92}{G}$$

As abreviações adicionais mostradas na Figura 22-14 são definidas a seguir, e as equações necessárias para seus cálculos também são fornecidas. Embora as expressões para $X_S$ e $Y_S$ sejam, de alguma forma, simplificadas dos seus valores teóricos, elas são satisfatórias para as finalidades práticas.

Se uma tangente (ST na figura) para a curva em SC retorna até interceptar a tangente LT, que avança desde o TS, o ponto de interseção é chamado PIS (ponto de interseção de espiral).

O ângulo de interseção em graus entre as tangentes mencionadas é chamado de $\theta_S$ (ângulo da espiral). Ele é igual a

$$\frac{L_s G_c}{60}$$

em que $G_c$ é o grau da curva circular.

$X_S$ = distância medida desde o TS ao longo da tangente (e seu prolongamento) até um ponto em que uma linha perpendicular à tangente atinge o SC =

$$L_s\left(1 - \frac{\theta_s^2}{10} + \frac{\theta_s^4}{216}\right)$$

em que $\theta$ está em radianos.

$$\text{Um radiano} = \frac{180°}{\pi}$$

$Y_S$ = a distância perpendicular medida da coordenada $X_S$ para o SC.

$$= L_s\left(\frac{\theta_s}{3} - \frac{\theta_s^3}{42}\right)$$

CL = ao comprimento da corda desde o TS para o SC = $\sqrt{X_s^2 + Y_s^2}$.

ST = a tangente curta ou a distância do PIS ao SC = $Y_s/\text{sen}\,\theta_s$ com $\theta_s$ em graus

LT = a tangente longa desde TS até o PIS = $X_s - \text{ST}\cos\theta_s$, com $\theta_s$ em graus.

$\phi_s$ = a deflexão de TS para o SC = $\theta_s/3 - C_s$.

(O termo $C_s$ é um fator de correção que é desprezível quando o grau da curva de concordância circular é menor que 15°.)

Caso uma curva circular se estenda para ré desde seu SC, ela cairá dentro da espiral. No ponto em que a curva circular se torna paralela à espiral (chamado PC) a curva estará afastada a uma distância $p$, como mostrado na Figura 22-14. Essa distância, perpendicular à tangente de ré, é chamada o *afastamento* e pode ser calculada pela seguinte equação:

$$p = Y_s - R(1 - \cos\theta_s)$$

Com o valor de $p$ disponível é possível calcular $T_s$, o comprimento da tangente de TS para o PI.

$$T_s = X_s - R\,\text{sen}\,\theta_s + (R + p)\tan\frac{1}{2}$$

Para locar uma curva espiral no campo, são necessários os seguintes passos:

**1.** Um comprimento ($L_S$) é selecionado para uma espiral considerando o esquema do tráfego, a velocidade, o número de faixas, o grau da curva circular e o comprimento necessário para

376 Capítulo 22

a superelevação. Uma equação empírica é fornecida pela AASHTO para calcular o comprimento mínimo de espirais.[3]

**2.** Os valores de $R$, $\theta_S$, $X_S$, $Y_S$, CL, ST, LT, $\phi_S$, $p$ e $T_S$ são calculados com as equações dadas anteriormente.

**3.** Os comprimentos das cordas a serem usados ao locar a curva são definidos e a deflexão ($\phi$) a ser usada em cada ponto é determinada pela expressão que se segue:

$$\langle \Delta M \rangle \phi = \left( \frac{L}{L_s} \right)^2 \phi_s$$

**4.** A curva será locada de maneira quase idêntica àquela usada para as curvas circulares, com a diferença de que as deflexões mudarão à medida que cada comprimento de corda é locado. No campo a distância da tangente calculada ($T_S$) é locada desde o PI na direção do ponto em que a espiral começa. Com referência à Figura 22-14, as distâncias $X_S$ e $Y_S$ podem ser locadas para estabelecer a posição do SC. Então com instrumento em TS a espiral é locada a partir da tangente principal usando as cordas e as deflexões calculadas até chegar ao ponto inicial da curva circular (SC). Caso seja necessário mudar sobre a espiral devido a problemas de distância de visada, os procedimentos serão executados da mesma maneira que aqueles usados para as curvas circulares. A posição do SC, determinado com as cordas e deflexões, deve concordar com os valores $X_S$ e $Y_S$. Caso contrário, o trabalho tem que ser repetido.

Em seguida, o instrumento é posicionado sobre o SC e a curva circular é locada até sua extremidade no CS. Finalmente, a distância TS é medida do PI para o ST e a segunda espiral é locada a partir do ST na direção do CS. Os pontos obviamente devem ser checados.

O Exemplo 22.7, que se segue, apresenta os cálculos necessários para locação de uma curva espiral no campo.

---

**EXEMPLO 22.7**

Deseja-se locar uma curva espiral de 90 m para transição de uma curva circular de 4°00′00″ (com base no arco). O PI está na estaca 70 + 00 e o ângulo de interseção $I$ medido é de 50°00′00″. Calcule as deflexões e as cordas necessárias para locar a curva com estacas de 10 m, em transição para a curva circular.

**SOLUÇÃO**

$$R = \frac{1145{,}92}{G} = \frac{1145{,}92}{G} = 286{,}48 \text{ m}$$

$$\theta_s = \frac{L_s G_c}{60} = \frac{(90)(4°00′)}{60} = 6°00′ = 0{,}10472 \text{ radiano}$$

$$X_s = L_s \left( 1 - \frac{\theta_s^2}{10} + \frac{\theta_s^4}{216} \right) = 90 \left( 1 - \frac{0{,}10472^2}{10} + \frac{0{,}10472^4}{216} \right) = 89{,}90 \text{ m}$$

$$Y_s = L_s \left( \frac{\theta_s}{3} - \frac{\theta_s^3}{42} \right) = 90 \left( \frac{0{,}10472}{3} - \frac{0{,}10472^3}{42} \right) = 3{,}14 \text{ m}$$

$$\text{CL} = \sqrt{X_s^2 + Y_s^2} = \sqrt{(89{,}90)^2 + (3{,}14)^2} = 89{,}96 \text{ m}$$

$$\text{ST} = \frac{Y_s}{\operatorname{sen} \theta_s} = \frac{3{,}14}{\operatorname{sen} 6°00′} = 30{,}03 \text{ m}$$

---

[3]A Policy on Geometric Design of Highways and Streets (Washington, D.C.: AASHTO, 2004).

$$\mathrm{LT} = X_s - \mathrm{ST}\ \cos\theta_s = 89{,}90 - (30{,}03)(\cos 6°00') = 60{,}03\ \mathrm{m}$$

$$\O_s = \frac{\theta_s}{3} = \frac{6°00'}{3} = 2°00'00''$$

$$p = Y_s - R(1 - \cos\theta_s) = 3{,}14 - 286{,}48(1 - 0{,}994521895) = 1{,}57\ \mathrm{m}$$

$$T_s = X_s - R\,\mathrm{sen}\,\theta_s + (R + p)\tan\frac{1}{2}$$

$$= 89{,}90\ -(286{,}48)(\mathrm{sen}\,6° + (286{,}48 + 1{,}57))\left(\mathrm{tg}\,\frac{50°00'00''}{2}\right)$$

$$= 194{,}275$$

Calculando as estacas do TS e TC desses dados:

$$
\begin{aligned}
\mathrm{PI} &= 70 + 00 \\
-T_s &= -(9 + 14{,}275) \\
\mathrm{TS} &= 60 + 5{,}725 \\
+L_s &= 4 + 10 \\
\mathrm{SC} &= 64 + 15{,}725
\end{aligned}
$$

As notas de serviço são mostradas na Tabela 22-2.

**Tabela 22-2** Notas de Serviço para Curva Espiral

| Estaca | PT | Comprimento total da corda | Deflexão $\O = \left(\dfrac{L}{L_s}\right)^2 \O_s$ |
|---|---|---|---|
| 64 + 15,725 | SC | 90,000 | 2°00'00'' |
| 64 + 10 | | 85,275 | 1°45'13'' |
| 64 + 00 | | 75,275 | 1°21'44'' |
| 63 + 10 | | 65,275 | 0°01'12'' |
| 63 + 00 | | 55,275 | 0°43'38'' |
| 62 + 10 | | 45,275 | 0°29'02'' |
| 62 + 00 | | 35,275 | 0°17'24'' |
| 61 + 10 | | 0,00 | 0°00'00'' |
| 61 + 00 | | 4,275 | 0°00'16'' |
| 60 + 10 | | 14,275 | 0°03'01'' |
| 60 + 5,725 | TS | 24,275 | 0°08'44'' |

# PROBLEMAS

Todos os problemas listados aqui devem ser resolvidos com base no arco.

**22.1** Para certa curva horizontal, o grau de curvatura é $3°30'$. Calcule seu raio. (Resp.: 199,29 m)

**22.2** Repita o Problema 22-1, para a curvatura de $7°30'$.

Nos Problemas 22.3 a 22.5, uma série de curvas horizontais será selecionada com base nos dados informados. Determine as estacas de PCs e PTs para cada uma dessas curvas, considerando a distância entre estacas como 100 m.

| | P I | Ângulo de interseção, $I$ | Grau de curvatura $G$ | |
|---|---|---|---|---|
| **22.3** | 10 + 16,56 | 9°20' | 4°00' | Resp.: 8 + 99,64; 11 + 32,97 |
| **22.4** | 32 + 54,92 | 18°30' | 4°30' | |
| **22.5** | 87 + 09,20 | 14°24' | 3°20' | Resp.: 84 + 92,06; 89 + 24,06 |

**378** Capítulo 22

**22.6** Se $I$ é $50°00'40''$ e o máximo valor de $E$ é 25,5 m, determine a curvatura $G$, com aproximação de minutos, relativa ao valor obtido de $E$.

**22.7** Duas tangentes de estradas se interceptam com um ângulo de interseção à direita de $32°20'$ na estaca $62 + 46,4$. Se uma curva circular horizontal de $3°00'$ deve ser usada para conectar as tangentes, calcule $R$, $T$, $L$ e $E$ para a curva.

(Resp.: 381,97 m; 110,73 m; 215,56 m; 15,73 m)

**22.8** Uma curva circular horizontal de raio igual a 195 m deve conectar duas tangentes de estradas. Se o comprimento de corda CL é 240 m, calcule $E$, $L$, $M$ e o ângulo de interseção $I$.

Nos Problemas 22.9 a 22.11, prepare as notas de serviço, com aproximação de minutos, para locação das curvas com piquetes nas estacas completas (espaçadas de 20 m), a partir das informações dadas.

**22.9** PI em $56 + 18,60$, $I = 18°00'$, e $G = 4°00'$
(Resp.: $R = 286,48$ m; ângulo de interseção em $58 + 00 = 6°41'$)

**22.10** PI em $53 + 61,80$, $I = 26°20'$ e $G = 5°00'$.

**22.11** PI em $117 + 16,60$, $I = 16°16'$ e $G = 4°30'$.
(Resp.: $L = 72,30$ m; deflexão em $117 + 00 = 2°14'$)

Para os Problemas 22.12 a 22.16, repita os problemas dados usando o programa SURVEY fornecido com este livro (considere o espaçamento de 100 pés).

| | PI | Ângulo de interseção, $I$ | Grau de curvatura $G$ | |
|---|---|---|---|---|
| **22.12** | $15 + 25,82$ | $13°34'$ | $6°30'$ | Resp.: $14 + 20,97$; $16 + 29,69$ |
| **22.13** | $56 + 77,21$ | $16°41'$ | $5°40'$ | |
| **22.14** | $86 + 12,84$ | $23°37'$ | $7°20'$ | Resp.: $84 + 49,50$; $87 + 71,55$ |

**22.15** Duas tangentes de estradas se interceptam com um ângulo de interseção à direita de $23°40'$ na estaca $73 + 61,28$. Se uma curva circular horizontal de $5°00'$ deve ser usada para conectar as tangentes, calcule $R$, $T$, $L$ e $E$ para a curva. (Resp.: 1145,92 ft; 240,09 ft; 473,33 ft; 24,89 ft)

**22.16** Prepare as notas de serviço, com aproximação de minutos, para locação das curvas com piquetes nas estacas completas (espaçadas de 100 ft), considerando PI em $83 + 31,45$ ft, $I = 22°40'$ e $G = 5°00'$.

Para os Problemas 22.17 e 22.18, prepare as notas de serviço, com aproximação de minutos, para a locação de curvas com intervalos de estacas de 20 m usando as informações dadas.

**22.17** PI em $1 + 320,26$ m; $I = 16°30'$; $R = 400$ m.
(Resp.: $L = 115,192$ m, deflexão em $1 + 320 = 4°08'$)

**22.18** PI em $2 + 644,53$ m; $I = 14°40'$; $R = 350$ m.

**22.19** É necessário que uma curva horizontal passe por um ponto específico. O ponto foi locado por distância e ângulo a partir do PI da curva (45 m e $32°00'$ à esquerda da tangente de ré, com o instrumento posicionado no PI). Se o ângulo de interseção entre a tangente de ré e de vante é $50°00'$ para a direita, determine o raio da curva necessário.

(Resp.: $R = 420,67$ m)

Para os Problemas 22.20 a 22.22, calcule as deflexões e as cordas para a locação da curva espiral de transição para as curvas circulares dadas.

| Para as curvas circulares | | | $L_S$ para curva espiral | |
|---|---|---|---|---|
| $G$ | PI | $I$ | | |
| **22.20** $3°00'$ | $122 + 00$ | $40°00'$ | 250 m | (Resp.: Deflexão |
| **22.21** $3°30'$ | $62 + 50$ | $46°30'$ | 300 m | na estaca $55 + 50 =$ |
| **22.22** $5°00'$ | $37 + 11,2$ | $52°00'$ | 350 m | $0°27,8'$) |

# Capítulo 23

# Curvas Verticais

## 23.1 INTRODUÇÃO

As curvas usadas no plano vertical para fornecer uma transição suave entre as linhas retas do greide das estradas ou ferrovias são chamadas de *curvas verticais*. Essas curvas são parabólicas em vez de circulares, podendo ser simétricas ou assimétricas (diferentes comprimentos de tangente). A Figura 23-1 mostra a nomenclatura usada para as curvas verticais. Ao se movimentar ao longo de uma estrada, no sentido crescente da contagem das estacas, a primeira das linhas do greide que será encontrada é chamada de *tangente de ré* ou *anterior*. A outra é chamada de *tangente de vante* ou *posterior*. Para distinguir os pontos de tangência e sua interseção dos termos similares usados para as curvas horizontais, a letra *V* (de vertical) é adicionada às suas abreviações. Por exemplo, o ponto de interseção das tangentes é chamado de PIV (ponto de interseção vertical), e os pontos de tangência são chamados de PCV (ponto de curva vertical ou ponto de início da curva) e PTV (ponto de tangência vertical ou ponto de fim da curva). As *flechas da parábola* são as distâncias medidas das tangentes na direção vertical à curva.

O processo de desenvolvimento de um alinhamento de perfil e das curvas verticais exige uma série de etapas. Estacas do eixo central são utilizadas para locar o alinhamento horizontal da estrada, os dados de altura ao longo da linha central são coletados, e é desenhada uma vista em perfil com uma escala vertical exagerada, tal como descrito no Capítulo 8. Para determinar as dimensões apropriadas das curvas verticais e conexões com o greide, tangentes preliminares ou linhas de greide são selecionadas com o objetivo de estabelecer um projeto com ótimo balanceamento entre cortes, aterros e custos de transporte, declividades razoáveis de greide, e com distâncias de visibilidade satisfatórias nos topos de morros. Os ajustes para as curvas verticais são feitos alterando o comprimento da curva *L*, ou ajustando os greides.

Diversos métodos estão disponíveis para fazer os cálculos necessários. Um método muito satisfatório envolve o uso das flechas da parábola a partir das linhas do greide; esse método é o primeiro

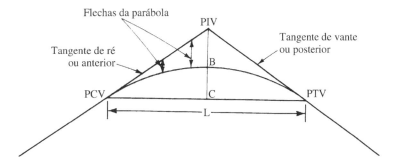

**Figura 23-1** Elementos da curva vertical.

a ser descrito. Um método alternativo, apresentado na Seção 23.6, abrange a equação da parábola. A parábola tem três propriedades matemáticas que tornam sua aplicação muito conveniente para as curvas verticais. Elas são as seguintes:

1. A cota da curva no seu ponto médio será a média entre a cota do PIV e a cota do ponto médio da reta que liga o PCV ao PTV.
2. As flechas da parábola variam com o quadrado da distância aos pontos de tangência.
3. Para pontos espaçados em distâncias horizontais iguais, as segundas diferenças são iguais. Essa propriedade é útil para verificar os cálculos das curvas verticais, como ilustrado no Exemplo 23.1. As diferenças entre as cotas de estacas igualmente espaçadas são chamadas de *primeiras diferenças*. As diferenças entre as primeiras diferenças são chamadas de *segundas diferenças*.

## 23.2 CÁLCULO DAS CURVAS VERTICAIS

A estaca de um vértice ou um PIV pode ser determinada a partir das linhas do greide. Então, o comprimento da curva é selecionado — usualmente como algum número inteiro de estacas. O comprimento de uma curva vertical é definido como a distância horizontal do PCV para o PTV. Esse comprimento é normalmente controlado pela especificação que está sendo usada. Por exemplo, o comprimento necessário para uma curva vertical de estrada deve ser adequado para fornecer uma curva suficientemente suave sobre o topo de um morro, de forma que haja certa distância mínima de visibilidade entre veículos sobre a estrada. A AASHTO (American Association of State Highway and Transportation Officials) fornece esses parâmetros de projeto, dependendo da velocidade de projeto definida para a estrada.[1] Esse assunto terá continuidade na Seção 23.3.

O Exemplo 23.1 ilustra os cálculos necessários para determinar as cotas ao longo de uma curva vertical. Para esse exemplo, as linhas do greide dadas se interceptam na estaca 65 + 00, com a cota de 79,20 m, e a curva é considerada como tendo 160 m de comprimento.* A partir dessa informação, as estacas do PCV e PTV podem ser determinadas como se segue:

$$PCV = PIV - \frac{L}{2}$$

$$PTV = PIV + \frac{L}{2} \text{ ou } PCV + L$$

Então, são calculadas as cotas das estacas intermediárias ao longo das linhas do greide ou das tangentes. A cota do ponto médio da corda longa, $C$ na Figura 23-3, é igual à cota média do PCV e do PTV.

Em seguida, a cota do ponto médio da curva (ponto $B$ nas Figuras 23-1 e 23-3) é determinada pela média das cotas dos pontos $C$ e do PIV. Finalmente, as flechas da parábola são calculadas, dando assim as cotas das estacas intermediárias sobre as curvas.

---

**EXEMPLO 23.1** A Figura 23-2 mostra os dados conhecidos para uma curva vertical. Considere o comprimento da curva de 160 m e calcule as cotas da curva para cada estaca, usando o método das flechas da parábola.

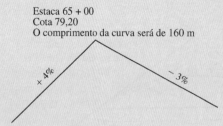

**Figura 23-2** Dados necessários para uma curva vertical.

---

[1]*A Policy on Geometric Design of Highways and Streets* (Washington, DC: AASHTO, 2004), pp. 231-241, 265-280.
*O espaçamento comum das estacas é de 20 metros. (N.T.)

**SOLUÇÃO**  Com o comprimento da curva, as estacas do PCV e PTV são determinadas (61 + 00 e 69 + 00, respectivamente), e as cotas das estacas ao longo das tangentes são obtidas das declividades dos greides, como mostrado na Figura 23-3. Então, a cota do ponto B, que é o ponto médio da curva, é calculada como se segue:

$$\text{Cota do PIV} = 79{,}20 \text{ m}$$

$$\text{Cota de } C = \frac{76{,}00 + 76{,}80}{2} = 76{,}40 \text{ m}$$

$$\text{Cota de } B = \frac{79{,}20 + 76{,}40}{2} = 77{,}80 \text{ m}$$

Os valores das flechas da parábola são calculados como se segue:*

$$\text{Flecha da parábola na estaca } 62 + 00 = \frac{(20)^2}{(80)^2}(1{,}40) = 0{,}09 \text{ m}$$

$$\text{Flecha da parábola na estaca } 63 + 00 = \frac{(40)^2}{(80)^2}(1{,}40) = 0{,}35 \text{ m}$$

As cotas das estacas são calculadas subtraindo as flechas da parábola das cotas do greide reto. Esses valores são mostrados na Figura 23-3.

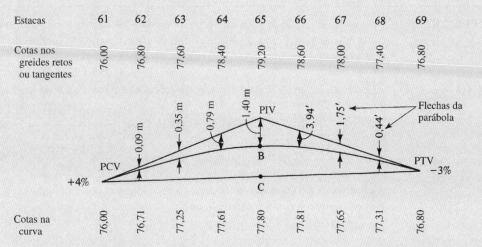

**Figura 23-3** Cálculo de cotas de curva vertical convexa.

Na Tabela 23-1 estão registradas todas as informações precedentes e, além disso, estão calculadas as primeiras e segundas diferenças como verificação dos cálculos.

---

*A fórmula usada é $f = [X^2/(L/2)^2] \cdot F$, em que X é a distância horizontal do ponto ao PCV; L/2 é a metade do comprimento da curva vertical e F é a flecha máxima da parábola ou a distância do PIV ao ponto B. (N.T.)

**Tabela 23-1** Cálculo de Curva Vertical Usando Flechas da Parábola

| Estaca | Ponto | Cotas no greide reto | Flecha da parábola | Cota na curva | Primeira diferença | Segunda diferença |
|---|---|---|---|---|---|---|
| 61 | PCV | 76,00 | 0,00 | 76,00 | +0,71 | |
| 62 | | 76,80 | 0,09 | 76,71 | +0,54 | 0,17 |
| 63 | | 77,60 | 0,35 | 77,25 | +0,36 | 0,18 |
| 64 | | 78,40 | 0,79 | 77,61 | +0,19 | 0,17 |
| 65 | PIV | 79,20 | 1,40 | 77,80 | +0,01 | 0,18 |
| 66 | | 78,60 | 0,79 | 77,81 | −0,16 | 0,17 |
| 67 | | 78,00 | 0,35 | 77,65 | −0,34 | 0,18 |
| 68 | | 77,40 | 0,09 | 77,31 | −0,51 | 0,17 |
| 69 | PTV | 76,80 | 0,00 | 76,80 | | |

O Exemplo 23.2 fornece um caso de curva vertical côncava. Os cálculos são feitos exatamente como para a curva convexa no Exemplo 23.1. Para todos os problemas de curvas verticais, é necessário que a pessoa, ao fazer os cálculos, seja muito cuidadosa ao usar os sinais corretos para determinar as cotas das tangentes; ela deve ser igualmente cautelosa com os sinais das flechas da parábola, que são utilizados para determinar as cotas da curva. Nesse caso particular, as flechas são medidas acima da tangente ou linha de greide. Não será apresentada a verificação das segundas diferenças, que é, apesar de tudo, sempre desejável.

**EXEMPLO 23.2**

Uma linha de greide de +3% intercepta outra de +5% na estaca 62 + 00, em que a cota é 862,30 m, como mostrado na Figura 23-4. Determine as cotas nas estacas inteiras de 100 m ao longo da curva se uma curva de comprimento 600 m deve ser usada.

**SOLUÇÃO**

As cotas ao longo da linha de greide são calculadas e mostradas na figura.

$$\text{Cota do ponto } C = \frac{853,30 + 877,30}{2} = 865,30 \text{ m}$$

$$\text{Cota do ponto médio da curva} = \frac{862,30 + 865,30}{2} = 863,80 \text{ m}$$

As flechas da parábola são calculadas e subtraídas das cotas na linha do greide, dando as cotas finais na curva como mostrado na figura.

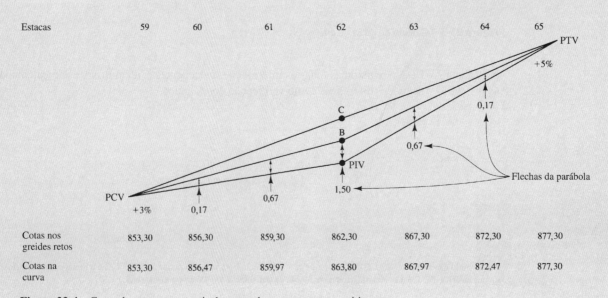

**Figura 23-4** Cotas de uma curva vertical com ambas as tangentes positivas.

## 23.3  DIVERSOS ITENS RELATIVOS ÀS CURVAS VERTICAIS

### Cotas de Pontos Intermediários nas Curvas

É frequentemente necessário calcular as cotas dos pontos nas curvas verticais em intervalos fracionários de estacas inteiras, por exemplo, em estacas de 10 m ou de 5 m, assim como os valores para alguns pontos ocasionais intermediários. Para casos como esse, o método das flechas da parábola funciona tão bem quanto para as estacas inteiras, embora os números não sejam tão convenientes. Como ilustração, a cota da estaca 63 + 5,2 para a curva do Exemplo 23.1 é igual a

$$76,00 + (0,04)(55,2) - \frac{(55,2)^2}{(80)^2} \, (1,40) = 77,54 \text{ m}$$

### Ponto Mais Alto ou Mais Baixo da Curva

Quando duas linhas do greide de uma curva vertical têm sinais algébricos opostos, elas terão ou um ponto alto ou um ponto baixo entre o PCV e o PTV. Esse ponto provavelmente não cairá numa estaca inteira, e sua posição frequentemente será de grande importância, como, por exemplo, lugar onde os dispositivos de drenagem devem ser previstos.

Para certa curva vertical, a diferença de rampas ($A$) entre as tangentes é determinada a partir da seguinte equação, em que $g_1$ e $g_2$ são as percentagens de declividade das tangentes anterior e posterior, respectivamente:

$$A = g_2 - g_1$$

A taxa de variação de declividade $r$ é determinada pela seguinte equação, em que $L$ é o comprimento da curva em estacas:

$$r = \frac{A}{L}$$

Para esta discussão, considera-se que o veículo se move sobre a curva que tem a declividade inicial $g_1$. À medida que o veículo se move ao longo da curva, ele rotacionará verticalmente até atingir a extremidade oposta com declividade $g_2$. Durante a rotação do veículo ele terminará por ficar em nível ($g = 0$). Se ele rotaciona a uma taxa de $r$ por cento por estaca, o número de estacas para o ponto nivelado (que é o ponto mais alto ou mais baixo) é calculado dividindo $g$ por $r$:

$$X = \frac{-g_1}{r}$$

Para a curva do Exemplo 23.1 a estaca e cota do ponto mais alto são determinadas como se segue:

$$r = \frac{g_2 - g_1}{L} = \frac{-3 - 4}{8} = -\frac{7}{8}$$

$$X = -\frac{g_1}{r} = -\frac{4}{-7/8} = +4,57 \text{ estacas} = (61 + 00) + (4 + 11,4) = 65 + 11,4$$

$$\text{Cota na estaca } 65 + 11,4 = 264,20 - (0,03)(11,4) - \frac{(3,43)^2}{(4)^2}(1,40) = 77,83 \text{ m}$$

(Lembrar que 0,57 de estaca de 20 m corresponde a 11,4 m, além da estaca de referência.)

### Comprimento da Curva e Distância de Visibilidade

Como mencionado previamente, é necessário que as curvas verticais sejam construídas de forma que o motorista tenha uma distância mínima de visibilidade para perceber carros ou outros objetos na estrada. O motorista deve ser capaz de ver um objeto de uma dada altura a uma distância estimada maior que ele poderia percorrer enquanto reage até acionar o pedal de freio mais a distância requerida para parar o carro.

As especificações da AASHTO dão diversos detalhes para descrever os comprimentos mínimos necessários para as curvas verticais côncavas e convexas e a mínima distância de visibilidade. O comprimento das curvas verticais é geralmente definido a partir da distância de visibilidade mínima, que é medida com base em uma altura do olho, considerada como 1,00 m acima da estrada, visando um objeto com altura de 60 cm sobre a estrada.

Existem três critérios principais que são utilizados para estabelecer o comprimento das curvas verticais côncavas. São eles (1) a distância de visibilidade do farol, (2) o conforto do piloto e (3) o controle de drenagem. Os comprimentos selecionados para curvas verticais convexas são baseados em critérios de segurança e distância de visibilidade. Diretrizes e critérios adicionais em matéria de alinhamento e curvas verticais estão previstos em documentos de referência da AASHTO.

## 23.4 CURVAS VERTICAIS COM PARÁBOLAS COMPOSTAS

Quase todas as curvas verticais têm tangentes de igual comprimento, definidas como parábolas simples. Todas aquelas consideradas até agora neste capítulo caem nessa classe. Algumas vezes, contudo, é necessário usar parábolas compostas para que combinem com situações topográficas incomuns. Uma curva vertical de parábola composta consiste em duas parábolas simples, cada uma com um valor de *r* diferente (a taxa de variação de declividade). O fim da primeira curva (seu PTV) coincide com o ponto inicial da segunda curva (seu PCV). Esse ponto pode ser chamado de *ponto de curvatura vertical composta* (CVC), e é mostrado na Figura 23-5.

O CVC é facilmente localizado desenhando uma linha reta do ponto médio da tangente anterior para o ponto médio da tangente posterior (apresentado pela linha tracejada *DE* na Figura 23-5). O CVC é localizado sobre a linha tracejada diretamente abaixo ou acima do PIV. As duas parábolas simples serão tangentes à linha *DE* no ponto CVC. Como consequência, haverá uma transição suave da primeira curva para a segunda.

A cota do CVC pode ser determinada por proporções ou pela declividade de *DE*, como mostrado a seguir, notando a cota do PIV e as declividades das rampas dadas na Figura 23-5. Aqui, a tangente anterior tem 600 m de comprimento, enquanto a posterior tem 400 m.

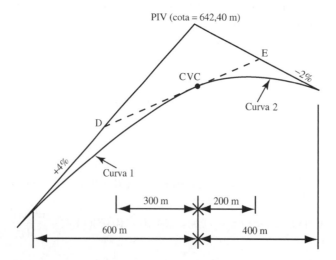

**Figura 23-5** Ponto de curva vertical composta (CVC) de uma parábola composta.

$$\text{Cota de } D = 642{,}40 - (0{,}04)(300) = 630{,}40 \text{ m}$$

$$\text{Cota de } E = 642{,}40 - (0{,}02)(200) = 638{,}40 \text{ m}$$

$$\text{Greide da linha } DE = \frac{638{,}40 - 630{,}40}{500} = +0{,}016 = +1{,}60\%$$

$$\text{Cota do CVC} = 630{,}40 + (0{,}016)(300) = 635{,}20 \text{ m}$$

Agora é possível proceder com os cálculos para as duas curvas, notando que o comprimento da primeira curva é de 600 m, $g_1 = +4\%$ e $g_2 = +1{,}6\%$. Para a segunda curva, de 400 m de comprimento, $g_1 = 1{,}6\%$ e $g_2 = -2\%$. No Exemplo 23.3, que se segue, as cotas são determinadas ao longo dessa parábola composta.

---

**EXEMPLO 23.3**

Um greide reto de +4% intercepta outro greide de –2% na estaca 68 + 00; em que a cota é 642,40 m, como mostrado na Figura 23-5. Determine as cotas das estacas de 100 m para essa parábola composta de 1000 m.

*SOLUÇÃO*

A cota do CVC e a percentagem de declividade da linha DE determinada antes para esse exemplo são, na verdade, a primeira parte da solução. As cotas ao longo dos greides retos são calculadas e mostradas na Tabela 23-2. Ao realizar os cálculos, as cotas das tangentes das estacas 62 a 65 estão mudando em +4%, enquanto para as estacas 65 a 70 elas estão mudando em +1,60%, e das estacas 70 para 72 a mudança é de –2%.

---

**Tabela 23-2** Solução da Curva Vertical para Exemplo Usando Flechas da Parábola

| | Estaca | Ponto | Cota no greide reto | Flecha da parábola | Cota da curva | Primeira diferença | Segunda diferença |
|---|---|---|---|---|---|---|---|
| | 62 | PCV$_1$ | 618,40 | 0,00 | 618,40 | | |
| | 63 | | 622,40 | 0,20 | 622,20 | +3,80 | 0,40 |
| | 64 | | 626,40 | 0,80 | 625,60 | +3,40 | 0,40 |
| Curva 1 | 65 | PIV$_1$(D) | 630,40 | 1,80 | 628,60 | +3,00 | 0,40 |
| | 66 | | 632,00 | 0,80 | 631,20 | +2,60 | 0,40 |
| | 67 | | 633,60 | 0,20 | 633,40 | +2,20 | |
| | 68 | PTV$_1$ e PCV$_2$ | | | | | |
| | | CVC | 635,20 | 0,00 | 635,20 | | |
| | 69 | | 636,80 | 0,45 | 636,35 | +1,15 | 0,90 |
| Curva 2 | 70 | PIV$_2$(E) | 638,40 | 1,80 | 636,60 | +0,25 | 0,90 |
| | 71 | | 636,40 | 0,45 | 635,95 | −0,65 | 0,90 |
| | 72 | PTV$_2$ | 634,40 | 0,00 | 634,40 | −1,15 | |

Curva 1:

Cota do PIV = cota de $D$ = 630,40 m

Cota do ponto central da linha reta da estaca 62 para o CVC

$$= \frac{618{,}40 + 635{,}20}{2} = 626{,}80 \text{ m}$$

$$\text{Cota do ponto médio da curva} = \frac{630{,}40 + 626{,}80}{2} = 626{,}60 \text{ m}$$

Diferença em cota do PIV para o ponto médio da curva = 630,40 − 628,60 = 1,80 m

Ordenada da parábola na estaca 63 = $\dfrac{(1)^2}{(3)^2}(1,80) = 0,20$ m

Curva 2:
Cota do PIV = cota de $E$ = 638,40 m
Cota do ponto médio da linha reta da estaca 68 à estaca 72

$$= \dfrac{635,20 + 634,40}{2} = 634,80 \text{ m}$$

Cota do ponto médio da curva = $\dfrac{638,40 + 634,80}{2} = 636,60$ m

Diferença de cota do PIV para o ponto médio da curva = 638,40 − 636,60 = 1,80 m

Ordenada da parábola na estaca 69 = $\dfrac{(1)^2}{(2)^2}(1,80) = 0,45$ m

## 23.5 CURVA VERTICAL PASSANDO POR CERTO PONTO

Um problema normalmente encontrado ao se trabalhar com curvas verticais é a passagem de uma curva por um ponto definido. Por exemplo, como mostrado na parte (a) da Figura 23-6, pode ser necessário ter uma curva vertical que passe a certa distância acima do topo de uma galeria de drenagem. O problema é determinar o comprimento correto da curva que percorrerá o ponto em questão. De modo similar, pode ser necessário que uma curva vertical sobre uma ponte atravesse certa distância para deixar vão livre sobre uma estrada existente, ferrovia ou rio navegável, como mostrado na parte (b) da figura. Para resolver esse problema, a equação de ordenada de parábola é escrita para ambos os lados da curva, usando o comprimento $L$ como uma incógnita e a ordenada da parábola no ponto PIV como a outra. As duas equações podem ser resolvidas simultaneamente para os valores incógnitos, como mostrado no Exemplo 23.4.

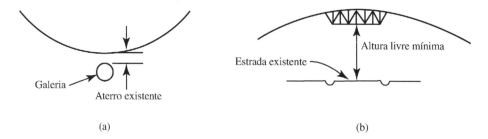

**Figura 23-6** Curvas verticais passando por pontos obrigatórios.

| EXEMPLO 23.4 | Um greide reto de −6% intercepta outro greide reto de +5% na estaca* 11 + 00 (cota 43,00 m). O topo de uma galeria de drenagem de 4 m de diâmetro, normal ao eixo da rodovia na estaca 10 + 00, deve ser locado na cota de 53,00 m. Determine o comprimento da curva vertical, em estacas inteiras, de modo que deve haver de 1,0 a 3,0 m de material de cobertura acima do topo da galeria. |
|---|---|

*Neste exemplo, considerando o intervalo de 100 m entre estacas. (N.R.T.)

**SOLUÇÃO**   Considere que o material cobrindo o topo da galeria tem 2 m de espessura e determine o comprimento da curva teórica requerido. Assim, a cota desejada da curva naquela estaca (10 + 00) é 53,00 + 2,00 = 55,00 m.

Com referência à Figura 23-7, as equações para as flechas da parábola na estaca 10 + 00 são escritas com relação a ambas as tangentes e chamadas $y_{10}$.

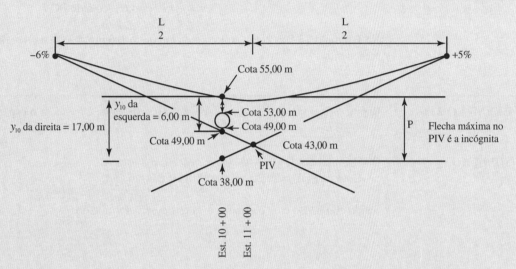

**Figura 23-7**   Curva vertical projetada para fornecer 2 m de aterro acima de uma galeria existente.

1. A distância vertical da tangente anterior à cota da curva desejada é igual 55,00 − 49,00 = 6,00 m = $y_{10}$.
2. A distância da tangente posterior (estendida para a estaca 10 + 00) à cota desejada da curva = 55,00 − 38,00 = 17,00 m = $y_{10}$.

Nas duas equações de flechas de parábola seguintes, $P$ é a ordenada da parábola no PIV e $L$ é o comprimento da curva que se procura.

Para a tangente anterior:

$$\frac{6,00}{P} = \frac{\left(\frac{L}{2} - 1,00\right)^2}{\left(\frac{L}{2}\right)^2} \quad P = \frac{6,00\left(\frac{L}{2}\right)^2}{\left(\frac{L}{2} - 1,00\right)^2} \quad (1)$$

Para a tangente posterior:

$$\frac{17,00}{P} = \frac{\left(\frac{L}{2} + 1,00\right)^2}{\left(\frac{L}{2}\right)^2} \quad P = \frac{17,00\left(\frac{L}{2}\right)^2}{\left(\frac{L}{2} + 1,00\right)^2} \quad (2)$$

Igualando os valores para $P$ [equações (1) e (2)] e resolvendo $L$, resulta

$$L = 4,83 \text{ estacas}$$

Use $L$ = 5 estacas (500 m) e calcule as cotas ao longo da curva para verificar se a cobertura da galeria está entre 1 e 3 m.

**388** Capítulo 23

## 23.6 EQUAÇÃO DA PARÁBOLA

As cotas de pontos ao longo de curvas verticais podem ser determinadas usando diretamente a equação da parábola em vez do método das flechas. Para utilizar a equação parabólica que se segue, é definido um sistema de coordenadas com $x$ sendo a distância horizontal do PCV para um ponto, $y$ a cota do ponto em questão em metros, e $r$ = taxa da variação de declividade = $(g_2 - g_1)/L$:

$$y = \frac{1}{2}rx^2 + g_1x + \text{cota do PCV}$$

No Exemplo 23.5 as cotas ao longo da curva do Exemplo 23.1 são recalculadas usando a equação precedente.

---

**EXEMPLO 23.5**

Repita o Exemplo 23.1 usando a equação da parábola. Considere o espaçamento entre as estacas como 20 m.

**SOLUÇÃO**

Do Exemplo 23.1, $g_1 = +4\%$, $g_2 = -3\%$ e $L = 8$ estacas
Cota de PCV = 79,20 − (0,04)(80) = 76,00 m

Sendo cuidadoso com os sinais, o valor de $r$ é determinado.

$$r = \frac{-3 - (+4)}{8} = -\frac{7}{8}$$

As cotas das estacas inteiras são calculadas e mostradas na Tabela 23-3.

**Tabela 23-3** Cálculo de Curva Vertical Usando a Equação da Parábola

| Estaca | $x$ (estacas) | $1/2\,rx^2$ | $g_1x$ | $y$ = Cota no PCV + 0,2* ($1/2\,rx^2 + g_1x$) |
|--------|--------------|-------------|--------|------------------------------------------------|
| 61 | 0 | 0,000 | 0,0000 | 248,20 |
| 62 | 1 | −0,4375 | 4,0000 | 251,76 |
| 63 | 2 | −1,7500 | 8,0000 | 254,45 |
| 64 | 3 | −3,9375 | 12,0000 | 256,26 |
| 65 | 4 | −7,0000 | 16,0000 | 257,20 |
| 66 | 5 | −10,9370 | 20,0000 | 257,26 |
| 67 | 6 | −15,7500 | 24,0000 | 256,45 |
| 68 | 7 | −21,4380 | 28,0000 | 254,76 |
| 69 | 8 | −28,0000 | 32,0000 | 252,20 |

*Coeficiente obtido pela divisão do comprimento da estaca, 20 metros, por 100, uma vez que as rampas foram calculadas como porcentagem. (N.R.T.)

## 23.7 EXEMPLO PELO COMPUTADOR

**EXEMPLO 23.6**  Repita o Exemplo 23.2 usando o programa SURVEY disponível no site da LTC Editora.*

*SOLUÇÃO*

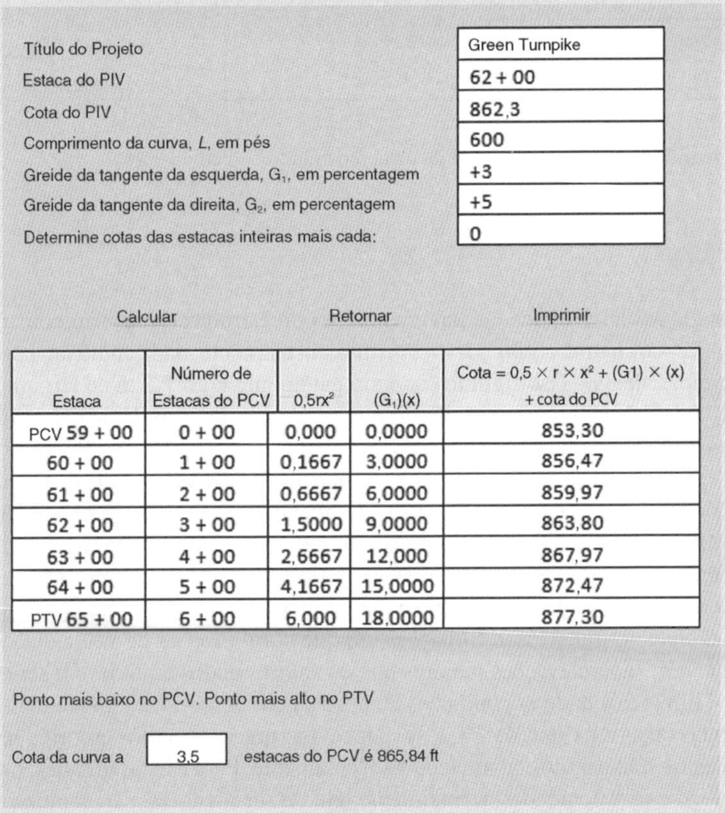

| | | |
|---|---|---|
| Título do Projeto | | Green Turnpike |
| Estaca do PIV | | 62 + 00 |
| Cota do PIV | | 862,3 |
| Comprimento da curva, $L$, em pés | | 600 |
| Greide da tangente da esquerda, $G_1$, em percentagem | | +3 |
| Greide da tangente da direita, $G_2$, em percentagem | | +5 |
| Determine cotas das estacas inteiras mais cada: | | 0 |

Calcular          Retornar          Imprimir

| Estaca | Número de Estacas do PCV | $0,5rx^2$ | $(G_1)(x)$ | Cota $= 0,5 \times r \times x^2 + (G1) \times (x)$ + cota do PCV |
|---|---|---|---|---|
| PCV 59 + 00 | 0 + 00 | 0,000 | 0,0000 | 853,30 |
| 60 + 00 | 1 + 00 | 0,1667 | 3,0000 | 856,47 |
| 61 + 00 | 2 + 00 | 0,6667 | 6,0000 | 859,97 |
| 62 + 00 | 3 + 00 | 1,5000 | 9,0000 | 863,80 |
| 63 + 00 | 4 + 00 | 2,6667 | 12,000 | 867,97 |
| 64 + 00 | 5 + 00 | 4,1667 | 15,0000 | 872,47 |
| PTV 65 + 00 | 6 + 00 | 6,000 | 18,0000 | 877,30 |

Ponto mais baixo no PCV. Ponto mais alto no PTV

Cota da curva a ⎡ 3,5 ⎤ estacas do PCV é 865,84 ft

**Figura 23-8**  Tela do programa SURVEY com solução para curva vertical.

## 23.8 ABAULAMENTO

Ao estabelecer as cotas para construção de estradas e ruas, dois fatores além dos valores das curvas verticais podem afetar as cotas em certos pontos. Esses fatores, que são discutidos nesta seção e na próxima, são os *abaulamentos* e *superelevações*.

Para fornecer drenagem adequada para a superfície do pavimento, é necessário elevar o centro do pavimento com relação aos bordos. Abaulamentos ou inclinações transversais normalmente vão de cerca de 1,5 a 2,0% para pavimentos firmes. Para pavimentos menos firmes, as declividades podem ser um pouco maiores.

O abaulamento pode ser formado por dois planos, mas é comum ter uma forma circular ou parabólica.** Como a largura do pavimento é larga, comparada com a altura do abaulamento, quase não haverá diferença entre um círculo ou uma parábola. A fórmula da curva vertical parabólica pode ser usada para calcular a quantidade de abaulamento em certo ponto com relação ao bordo do pavimento, como mostrado na Figura 23-9. Se esse método for usado, obviamente o comprimento da curva será muito menor.

---

*Assumir os mesmos valores numéricos, porém considerar que estão no sistema inglês de unidades. Essa opção do programa não permite operar no SI. (N.R.T.)

**As formas circulares e parabólicas de abaulamento são mais usadas para pavimentos com paralelepípedo ou blocos de cimento. (N.T.)

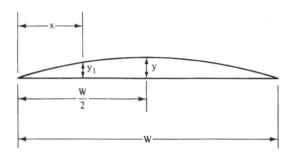

**Figura 23-9** Seção transversal da pista mostrando o abaulamento.

## 23.9 SUPERELEVAÇÃO

Nas curvas horizontais, as pavimentações de estradas e ruas são construídas com uma inclinação transversal chamada *superelevação*, que é, usualmente, dada como uma percentagem. Um valor muito comum é de 8%. Isso significa que um pavimento com 7,2 m de largura deverá ter, o bordo externo = (0,08)(7,2) = 0,6 m mais alto do que seu bordo interno. Uma curva superelevada é normalmente mencionada como sendo *fechada*.

A quantidade de superelevação é controlada pela velocidade de projeto da estrada, raio horizontal da curva e o coeficiente de atrito lateral entre pneus e pavimento. O valor máximo usado depende do clima e da classificação da área como urbana ou rural.* O valor máximo usualmente encontrado é de cerca de 10%. Algumas vezes, contudo, ele é um pouco mais alto — talvez até 12% para estradas não sujeitas à neve e ao gelo e também em estradas de cascalho com pouco tráfego, para ajudar na drenagem transversal. Situações em que combinações de velocidade de projeto e raios de curva requerem superelevações maiores que os valores dados aqui devem ser evitadas.

Em locais onde as condições de neve e gelo ocorrem frequentemente durante vários meses, são usadas taxas máximas de 7% a 8% para evitar que os veículos escorreguem transversalmente à pista, quando estão parados ou movendo-se lentamente. Para as vias urbanas, onde pode haver considerável tráfego e as velocidades normalmente têm de ser menores, são comuns as máximas superelevações de 4% a 6%. Em situações em que existem raios longos ou curvas horizontais suaves, com considerável tráfego de retorno ou de cruzamento, as superelevações podem ser omitidas.

Algumas estradas têm tráfegos rápidos e lentos e estão sujeitas a grandes variações climáticas durante as diferentes estações. Esses fatores tornam impossível selecionar superelevações que sejam apropriadas para todas as situações de tráfego e condições de tempo.

Há uma área de transição entre a seção transversal abaulada e a superelevação completa, na qual o tráfego está numa seção tangente da estrada e se aproximando de uma curva horizontal. Nessa seção reta, começaremos gradualmente a progredir na superelevação e continuaremos nosso caminho até o valor máximo da superelevação, como mostrado na Figura 23-10. De forma similar, ao final da curva, continuaremos o caminho sobre a superelevação completa até a seção transversal normal. Note, nessa figura, como a seção transversal do pavimento gira em torno do eixo do pavimento. (Algumas vezes, para rodovias com pistas separadas com canteiros centrais estreitos, o pavimento pode ser girado ao longo de outros eixos de rotação.)

A transição da seção transversal abaulada normal numa tangente até a seção transversal completamente superelevada é conhecida como *distribuição da superelevação*. A finalidade da distribuição da superelevação é realizar a transição entre as duas seções transversais diferentes numa distância suficiente para fornecer um projeto seguro. Os comprimentos de distribuição estendem-se entre 150

---

*O clima é importante nas regiões sujeitas a neve, em que as estradas ficam escorregadias, mas os parâmetros iniciais do projeto da estrada levam em conta a classe da mesma, que é definida, entre outras coisas, em função do volume de tráfego e da topografia dominante, se plana, ondulada ou montanhosa. (N.T.)

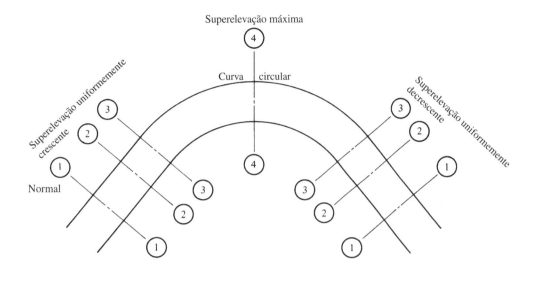

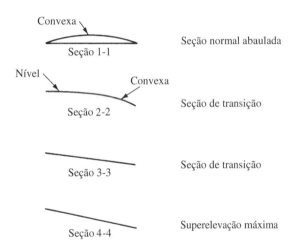

**Figura 23-10** Superelevação para uma curva de estrada.

ou 180 m. Valores mínimos de distribuição variam de 30 a 75 m, independentemente dos valores da superelevação ou das larguras dos pavimentos. Esses valores mínimos são usados para melhorar a dirigibilidade da estrada e suavizar o perfil dos bordos da pavimentação.

## PROBLEMAS

**23.1** Uma curva vertical de 1000 m é usada para unir um greide de +4% a um greide de –3%. O vértice ou interseção desses é na estaca 62 + 00, com cota de 462,75 m. Calcule as cotas nas estacas múltiplas de 100 m ao longo da curva. (Resp.: Cotas da curva nas estacas 42, 52 e 72 = 446,40 m; 451,60 m; 453,60 m)

**23.2** Repita o Problema 23.1 se a curva tem 240 m de comprimento e o primeiro greide é +3,6% em vez de +4%.

**23.3** Um greide reto de +4% encontra outro de –2,2% na estaca 46 + 10, onde a cota é 469,88 m. Calcule as cotas nas estacas inteiras se a curva deve ter 240 m de comprimento. (Resp.: Cotas da curva nas estacas 43, 45 e 49: 466,76 m, 467,63 m e 468,15 m)

**23.4** Repita o Problema 23.3 com o primeiro greide igual a 4% e o segundo igual a +1,8%.

**392**  Capítulo 23

**23.5**  Um greide de –3,2% encontra outro de +4,10% na estaca 103 + 00. A cota é 1424,44 m. Determine as cotas nas estacas inteiras e nas estacas médias se for selecionada uma curva de 220 m.  (Resp.: Cotas da curva nas estacas 102 e 105 = 1426,60 m e 1427,05 m)

**23.6**  Calcule a posição e cota do ponto mais alto da curva do Problema 23.1.

**23.7**  Em qual estaca a cota da curva do Problema 23.1 é igual a 446,80 m?  (Resp.: 42 + 12,4 m)

**23.8**  Um greide de +4% passa pela estaca 36 + 00 com cota de 622,80 m. Outro greide de –5% passa na estaca 52 + 00 com cota 623,40 m. Calcule a estaca e a cota do PIV desses greides.

Nos Problemas 23.9 a 23.14, calcule as cotas nas estacas múltiplas de 100 m através das curvas dadas.

| | Greide inicial (%) | Greide final (%) | Estaca do PIV | Cota do PIV (m) | Comprimento da curva (m) |
|---|---|---|---|---|---|
| **23.9** | –4 | +3 | 53 + 00 | 713,58 | 900 |
| **23.10** | –5 | +4 | 128 + 00 | 457,25 | 1000 |
| **23.11** | –3 | –5 | 72 + 00 | 920,42 | 700 |
| **23.12** | –4 | –3 | 92 + 00 | 328,85 | 600 |
| **23.13** | +2 | +4 | 31 + 00 | 142,84 | 600 |
| **23.14** | +2 | +4 | 60 + 50 | 426,77 | 800 |

(Resp.: 23.9. Cotas da curva nas estacas
50 e 70 = 721,90 m e 724,25 m)
(Resp.: 23.11. Cotas da curva nas estacas
60 e 80 = 927,45 m e 911,90 m)
(Resp.: 23.13. Cotas da curva nas estacas
85 e 100 = 1440,98 m e 1450,28 m)

**23.15**  Um greide de +3% intercepta outro de –2% na estaca 85 + 5,50 m com cota 322,200 m. Calcule as cotas das estacas inteiras para uma curva de 280 m. (Resp.: Cotas da curva nas estacas 82 e 89 = 319,74 m e 320,33 m)

**23.16**  Um greide de +4% intercepta outro de +2% na estaca 51 + 3,20 m com cota 264,44 m. Determine as cotas nas estacas de 20 m para uma curva de 160 m de comprimento.

**23.17**  Um greide de declividade de –6% encontra um greide de +2% na cota 436,66 m na estaca 61 + 00. Considerando uma curva vertical de 220 m, determine as cotas na curva em cada estaca de 20 m e encontre a estaca e a cota do ponto mais baixo. (Resp.: Ponto mais baixo em 63 + 15 e cota 438,310 m)

**23.18**  Um greide de –2,4% intercepta outro de +3,2% na estaca 103 + 00 com a cota 153,20 m. Se uma curva vertical de 420 m de comprimento é usada para ligá-los, determine a cota na estaca 99 + 00 e 104 + 00.

**23.19**  Um greide de +4% (comprimento de 180 m) intercepta um greide reto de –2% (comprimento de 120 m) na estaca 52 + 00 que tem cota 459,54 m. Determine as cotas das estacas inteiras (20 metros) para essa curva composta de 300 m. (Resp.: Cota na estaca 49 = 639,04 m; cota na estaca 54 = 461,14 m)

**23.20**  Um greide reto de –4% (comprimento de 400 m) intercepta um greide reto de –2% (comprimento 200 m) na estaca 63 + 00, em que a cota é 949,50 m. Determine as cotas nas estacas inteiras (20 m) para essa curva composta de 600 m.

**23.21**  Um greide descendente de –4% intercepta uma tangente ascendente de +3% na cota 120,00 m, na estaca 67 + 00. Deseja-se passar uma curva vertical pelo ponto de cota 128,00 m na estaca 68 + 00. Determine o comprimento da curva necessária. Considere o intervalo de 100 metros entre estacas.
(Resp.: $L$ = 928,3 m)

**23.22**  Um greide de –4% intercepta outro de +3% na estaca 62 + 00 (cota = 642,70 m). Determine as cotas nas estacas de 100 m para uma curva de 800 m usando a equação da parábola.

**23.23**  Repita o Problema 23.11 usando a equação da parábola.
(Resp.: Cota na estaca 75 + 00 = 928,23 m)

Para os Problemas 23.24 a 23.26, resolva os problemas dados usando o programa SURVEY fornecido com este livro.

**23.24**  Uma curva vertical de 700 ft é usada para unir um greide de +4,2% a um greide de –4%. O vértice ou interseção desses é na estaca 57 + 00, com cota de 583,25 pés. Calcule as cotas nas estacas de 100 pés ao longo da curva.

**23.25**  Um greide reto de +3% encontra outro de –4,1% na estaca 59 + 50, em que a cota é 723,94 ft. Calcule as cotas nas estacas inteiras se a curva deve ter 900 pés de comprimento.
(Resp.: Cota na estaca 60 + 00 = 715,58 ft)

**23.26**  Calcule as cotas nas estacas de 100 pés através da curva definida pelos parâmetros:

| Greide inicial (%) | Greide final (%) | Estaca do PIV | Cota do PIV (ft) | Comprimento da curva (ft) |
|---|---|---|---|---|
| +4 | +6 | 23 + 00 | 209,43 | 600 |

# Capítulo 24

# Topógrafo — A Profissão

## 24.1 LICENÇAS DE TOPÓGRAFO

A finalidade dos conselhos de engenharia, conselhos de medicina, exigência de registros de topógrafos etc. é proteger o público de pessoas desqualificadas e/ou inescrupulosas nesses campos. Talvez as primeiras regulamentações desse tipo estivessem contidas no código de leis de Hamurabi, rei da Babilônia no século XVIII a.C. Seu código cobria muitos assuntos diferentes (incluindo proibição), mas somente o de construção é mencionado aqui. Ficou famoso por sua seção "olho por olho, dente por dente". Em geral, o código dizia que, se um construtor erigiu uma casa que desmoronou e matou o proprietário, ele deveria ser morto. Se o desmoronamento causou a morte do filho do proprietário, o filho do construtor deveria ser morto também e assim por diante. Essas leis eram presumivelmente muito eficazes para fazer com que os construtores tivessem o máximo de zelo nos trabalhos.

Através dos séculos, desde o tempo de Hamurabi, muitos códigos e leis foram estabelecidos para orientar as várias profissões, mas somente em 1883 as exigências de registros chegaram aos Estados Unidos. Naquele momento, começou o registro de dentistas, e, à medida que os anos se passaram, médicos, advogados, farmacêuticos e outros necessitaram de licença antes que pudessem exercer suas profissões.

As licenças de topógrafo não são novas. George Washington e Abraham Lincoln tiveram suas licenças de topógrafos, mas o licenciamento como é conhecido hoje para engenheiros e topógrafos começou em Wyoming, em 1907. Hoje, as leis em todos os 50 estados norte-americanos, assim como no distrito de Colúmbia, Canadá, Porto Rico e Guam, exigem que a pessoa cumpra certas exigências para obter o licenciamento antes de praticar o levantamento de terras. Para obter tal licenciamento, estão incluídos como atividades relacionadas com o levantamento de terras: a determinação de áreas de terras, o levantamento necessário para preparar o memorial descritivo da terra para transferência de propriedade, o levantamento necessário para estabelecer ou restabelecer os limites de propriedades e a preparação de plantas de terras e subdivisões. *A licença normalmente não é exigida para os levantamentos de obras e para os levantamentos de percursos (estradas, ferrovias, oleodutos etc.), a menos que estejam sendo estabelecidos vértices de delimitação de propriedades.*

## 24.2 EXIGÊNCIAS PARA O REGISTRO

Para obter uma licença de topógrafo especialista em cadastro* é necessário que a pessoa satisfaça às exigências do conselho de examinadores do estado. Os registros para engenheiros e topógrafos nos Estados Unidos são controlados, na maioria dos estados, por um único conselho, mas alguns estados norte-americanos possuem um conselho de topógrafos separado. Embora as exigências possam variar consideravelmente de um estado para o outro, elas, em geral, preveem: (1) graduação por uma escola ou faculdade aprovada pelo conselho do estado, incluindo a aprovação em diversos cursos

---

*O topógrafo licenciado especificamente para levantamentos de terras não existe aqui no Brasil, como já comentado no Capítulo 21, mas obrigatoriamente tem que ser registrado no Crea. (N.T.)

em levantamentos; (2) dois ou mais anos de experiência em levantamentos com características afins ao conselho; e (3) conclusão, com sucesso, de exame escrito sob a supervisão do conselho do estado. Se o candidato não está capacitado a satisfazer o requisito acadêmico formal listado em (1), será exigida uma experiência adicional (talvez quatro ou mais anos) antes da realização do exame escrito. O leitor deve perceber que a maioria dos estados está aumentando gradualmente suas exigências de educação formal. Como consequência, a porta para o registro por meio apenas da experiência e exames está quase fechada.

Em 1973, o National Council of Examiners for Engineering and Surveying (NCEES) começou a oferecer exames semestrais nacionais para os topógrafos. Hoje, eles fornecem um exame de oito horas sobre Fundamentos de Topografia. Depois que uma pessoa é aprovada e trabalha, sob supervisão prática de um topógrafo registrado, por um período de anos especificado em cada estado, ela pode fazer o exame adicional para se tornar licenciada. Esse exame de seis horas, sobre Princípios e Prática de Levantamentos de Terras, é oferecido pelo NCEES. Alguns estados exigem um exame adicional, normalmente focando a legislação referente à descrição de terras em vigor nesses estados. Mais informação sobre os exames para os topógrafos no NCEES pode ser encontrada em www.ncees.org.

Quase todos os estados americanos usam os exames nacionais, facilitando à pessoa registrada em um estado tornar-se registrada em outro. Em alguns casos, espera-se que o topógrafo que tenha sido aprovado no exame nacional em um estado obtenha, com poucas exigências adicionais, uma licença em qualquer outro estado. Tal reciprocidade é uma realidade para o registro profissional de engenheiros, devido aos exames nacionais oferecidos pelo NCEES, dos quais todos os estados participam.

Todos os estados exigem que os topógrafos registrados obtenham certo número de créditos de educação continuada a cada ano para manter suas licenças. Esses créditos podem ser conseguidos de várias formas, incluindo as seguintes:

1. Conclusão, com sucesso, de cursos de educação continuada aplicada.
2. Comparecimento a *workshops* e seminários profissionais ou técnicos.
3. Conclusão de cursos universitários relacionados com levantamentos.
4. Docência nos itens 1 a 3 aqui descritos.
5. Publicação de *papers*, artigos ou livros relacionados com topografia.

## 24.3 PUNIÇÃO PARA A PRÁTICA DE LEVANTAMENTO SEM LICENÇA

Os vários estados americanos têm leis que proíbem uma pessoa de praticar levantamentos de terras sem uma licença, usar uma licença ou número de registro falso ou forjado ou utilizar uma licença vencida. Essas leis, normalmente, preveem multas, prisões, ou ambas, por tais violações. Naturalmente, uma pessoa comum pode medir terra, mas sem apresentar-se como topógrafo nem usar ou permitir que a medição seja empregada para descrição de terras ou outras finalidades legais formais.

De um topógrafo se espera que seja competente em seu trabalho, prezando pela exatidão e pela precisão dos resultados obtidos. Ele pode não ser perfeito, naturalmente, mas, se é claramente negligente, incompetente ou acusado de má conduta, pode perder a sua licença. Além disso, o conselho do estado pode revogar a licença do topógrafo se descobrir que foi cometida alguma fraude ou falsidade envolvendo a obtenção da licença. A maioria dos conselhos de engenharia e topografia possui uma divisão de fiscalização para descobrir atividades não coerentes com a legislação do conselho, no que tange ao exercício da profissão.

## 24.4 RAZÕES PARA TORNAR-SE REGISTRADO

Existem diversas razões para que uma pessoa interessada em topografia se torne licenciada o mais breve possível. Elas incluem o seguinte:

1. O desejo de obter uma licença estimula a pessoa a estudar e aperfeiçoar sua habilidade técnica, ajudando-a no seu desenvolvimento profissional.

**2.** Pode ser oferecido ao topógrafo um trabalho que requeira o registro.

**3.** Os registros aumentam o conceito da profissão como um todo.

**4.** Se um topógrafo é registrado, pode ser capaz de realizar levantamentos profissionais em tempo integral ou abrir seu próprio negócio.

**5.** O registro confere a uma pessoa o conceito de profissional na sua comunidade.

## 24.5 A PROFISSÃO

O termo *profissão* tem muitas definições. Em um sentido restrito, as profissões são limitadas a médicos, advogados, engenheiros e clérigos, mas, numa visão mais abrangente, incluem quase toda ocupação. *Em geral, um profissional é uma pessoa que adquiriu algum conhecimento específico usado para instruir, ajudar, aconselhar ou guiar outros.*

O principal objetivo de uma profissão é servir à humanidade, sem se importar com o retorno financeiro. Isso significa que um profissional tem uma responsabilidade para com a sociedade, acima da mera compensação monetária, e também tem a responsabilidade de prestar serviço voluntário para a comunidade quando necessário. O topógrafo deve, claramente, entender que um profissional que realize serviços gratuitamente (ou aja como um agente comunitário) está, legalmente, exercendo-os com o mesmo cuidado, atenção e bom senso que teria se estivesse sendo pago.

Um verdadeiro profissional possui quatro características básicas: *organização, educação, experiência* e *exclusão*. Organização significa envolvimento e participação em uma organização profissional. Para os topógrafos norte-americanos, essa organização pode ser o Congresso Americano de Topografia e Mapeamento (American Congress on Surveying and Mapping — ASCM)\* e/ou a sociedade de levantamento do seu estado. O jovem topógrafo pode achar que as mensalidades dessas organizações são muito altas, mas ser membro delas é o primeiro passo para obter o reconhecimento e o conceito de um verdadeiro profissional. Como diz o antigo ditado, "você ganha de uma organização o que coloca nela", e tal participação o levará ao senso de pertinência e admiração no contexto profissional. Além disso, sociedades profissionais podem monitorar e participar em leis, estatutos e padrões de conduta que afetam a profissão de topógrafo.

Geralmente, educação refere-se à conclusão de cursos relacionados com levantamento e à obtenção de títulos acadêmicos diferenciados. Porém, ela pode ser também uma educação autodidata. Além disso, a educação deve ser continuada através de atividades de desenvolvimento profissional, cursos rápidos, *workshops*, seminários e, talvez, mais estudo formal. A experiência é obtida com o passar dos anos e é uma transformação gradual obtida pelo empreendimento de tarefas específicas, algumas vezes como resultado da orientação de outros profissionais mais experientes.

Uma profissão séria como a de topógrafos, engenheiros cartógrafos e agrimensores requer uma vigilância estrita às práticas inadequadas que possam surgir e excluir aqueles que são inadequados ou indignos de abraçar os ideais e padrões da prática de levantamentos. Quando necessário, a exclusão pode ser a conduta profissional a ser adotada pelos conselhos, com base nos códigos de conduta ou de ética vigentes. Felizmente, a necessidade de adotar os passos e procedimentos legais para expulsar profissionais registrados por incompetência ou comportamento antiético não costuma acontecer.

## 24.6 CÓDIGO DE ÉTICA

*O bem mais importante que uma pessoa tem é a sua reputação impecável.* Nenhum dinheiro, fama ou conhecimento é um substituto adequado. Uma pessoa confiável que trabalha de forma prudente é consciente e busca enfaticamente conhecimento acerca de uma profissão ela caminhará para o sucesso.

---

\*No Brasil, existem a Associação Brasileira de Engenheiros Cartógrafos e a Associação Nacional de Engenheiros Agrimensores, e as filiações são voluntárias. (N.T.)

*Ética* pode ser definida como uma filosofia moral e os princípios correspondentes que direcionam as obrigações que um profissional tem para com o público e os colegas profissionais. Tal código é uma base fundamental para os membros de uma profissão, a fim de ajudá-los a conhecer que padrões eles deveriam atingir e o que podem esperar de seus colegas.

O primeiro código de ética conhecido é o juramento hipocrático da profissão de médico, atribuído a Hipócrates, um médico grego (460-377 a.C.). A forma atual do juramento de Hipócrates data de aproximadamente 300 d.C., mas um código detalhado de ética da profissão médica surgiu nos Estados Unidos apenas em 1912. O código de ética da Sociedade Americana de Engenheiros Civis foi adotado em 1914.*

Um código de ética não pretende ser uma longa declaração detalhada do "não deves", mas sim declarações gerais de princípios e causas nobres relativas ao cuidado para o bem-estar dos outros e esclarecimentos sobre a reputação da profissão como um todo.

Talvez a finalidade e o cerne de um código de ética possam ser resumidos em poucas sentenças: o topógrafo deve, leal e imparcialmente, realizar o trabalho com fidelidade para os clientes, empregadores e o público. (Por exemplo, quando locar um vértice de propriedade, sua conduta deverá ser a mesma, independentemente de qual dono de propriedade o esteja pagando.) Deverá interessar-se pela reputação da profissão aos olhos do público e não somente se esforçar para viver e trabalhar de acordo com um alto padrão de conduta; mas, além disso, evitará associação com pessoas ou empresas questionáveis. Em outras palavras, o profissional deverá se preocupar não somente com o mau procedimento, mas com qualquer possibilidade de mau procedimento. Ainda, o profissional estará atento não apenas às condutas erradas, mas também àquelas que levantam algum tipo de suspeita. Além disso, ele deverá interessar-se pelo bem-estar público, estando sempre pronto a aplicar seu conhecimento para o benefício da humanidade.

Em vez de meramente reproduzir um dos códigos de ética, o restante desta seção apresenta as seguintes declarações gerais, que resumem um código de ética e a aplicação desses princípios no dia a dia:

1. O topógrafo não deve colocar os valores monetários acima dos outros. Embora possa parecer difícil aplicar isso em casos específicos, significa que o topógrafo nunca deve recomendar para um cliente uma solução técnica baseada no montante de dinheiro que poderá receber.

2. Na execução de um trabalho, um topógrafo pode adquirir informações que podem ser prejudiciais para o cliente se reveladas a outros. A responsabilidade do topógrafo para com o cliente vai além do trabalho imediato e requer confidencialidade, não devendo ele revelar informações privadas relativas aos negócios do cliente sem a sua devida permissão.

3. A respeito da reputação da profissão, o topógrafo deve evitar falar mal de outros topógrafos, uma vez que estará rebaixando a profissão aos olhos do público. Isso não significa que não haja um momento e um lugar para uma avaliação honesta de outros topógrafos e de seus trabalhos. Um topógrafo é, de longe, mais capaz de julgar o trabalho de um colega topógrafo que qualquer outro, seja advogado, juiz ou leigo.

4. Além de se interessar pela reputação da profissão, o topógrafo não deve associar-se profissionalmente a topógrafos que não se adaptam aos padrões de ética discutidos nesta seção. Além disso, o topógrafo não deve envolver-se em nenhuma sociedade, corporação ou outro grupo de negócios que seja um disfarce de práticas não éticas. O topógrafo deve assumir completa responsabilidade pelo seu trabalho.

5. O topógrafo não deve ser tão orgulhoso para admitir que necessita de ajuda externa a fim de resolver determinado problema.

6. Um topógrafo admitirá e aceitará seus próprios erros.

---

*O Conselho Federal de Engenharia e Agronomia (Confea) adotou o Código de Ética do Engenheiro e Agrônomo desde 24 de dezembro de 1966 e encontra-se em sua oitava edição. (N.T.)

7. Ao exercer um trabalho em uma empresa, o profissional não deve executar trabalhos fora, em detrimento de sua atribuição de trabalho regular. Além disso, o profissional não deve usar sua função de trabalho ou cargos de modo a concorrer de forma desleal com os profissionais autônomos.

8. O topógrafo não deve concordar em realizar levantamentos gratuitos (exceto para serviços comunitários) porque ele pode estar tirando mercado da profissão.

9. O topógrafo não chamará a atenção para si mesmo por modos de autoexaltação ou ostensivos ou por qualquer outro meio que possa denegrir a dignidade da profissão.

10. O topógrafo tem a obrigação de aumentar a efetividade da profissão, cooperando com a troca de informação e experiência com outros topógrafos e estudantes, pela contribuição ao trabalho das sociedades técnicas, e fazer tudo que possa promover o conhecimento público da topografia.

11. O topógrafo encorajará os empregados a aperfeiçoar sua educação, a se filiar e participar de encontros profissionais e tornar-se registrado. Ele fará tudo o que puder para promover o desenvolvimento profissional de outros topógrafos sob sua supervisão.

12. O topógrafo não revisará o trabalho de outro topógrafo sem o conhecimento ou consentimento dele, a menos que o trabalho tenha sido concluído e outro topógrafo tenha sido pago por ele.

13. O topógrafo estará sempre preocupado com a segurança e o bem-estar do público e dos seus empregados.

14. O topógrafo agirá de acordo com as leis de registro do estado.

## 24.7 CONCLUSÃO

Este livro fornece uma introdução às técnicas de levatamentos topográficos e oferece uma visão geral da profissão de topógrafo, engenheiros cartógrafos e agrimensores. Muitas pessoas gostam de levantamentos porque é um trabalho com muita variedade e que pode oferecer trabalhos externos. Embora a topografia tenha evoluído para uma profissão de alta tecnologia, que envolve equipamentos especializados e computadores, é uma área que ainda parece ter uma base de "senso comum", desenvolvida através da educação prática e anos de experiência.

A demanda por profissionais de levantamentos é grande. Para aqueles que pretendem seguir a prática de levantamento como uma carreira, serão necessários estudos ainda mais rigorosos, extensa experiência de campo e de aprendizagem e uma busca contínua por oportunidades de desenvolvimento profissional para cumprir o chamado da profissão.

## PROBLEMAS

**24.1** Liste quatro razões para tornar-se um topógrafo registrado.

**24.2** Qual é o objetivo principal de uma profissão?

**24.3** Quais são as quatro características básicas de uma profissão?

**24.4** Qual a finalidade de um código de ética?

**24.5** Digamos que, quando se graduou na escola, você recebeu uma oferta para trabalhar para a ACX Ltda., tendo concordado em aceitar o trabalho. Dois dias depois, você recebe uma oferta de emprego da Surveying Unlimited, que prefere aceitar. Discuta os passos que você pode, eticamente, tomar (se há algum) na tentativa de obter o segundo trabalho.

**24.6** Suponha que você tenha um trabalho com uma companhia de levantamento durante as horas de trabalho regulares. Outra empresa de levantamento o convida para trabalhar para ela durante o tempo livre. Discuta as condições sob as quais você pode eticamente fazer esse trabalho extra.

**24.7** Você é convidado para examinar o trabalho de um colega topógrafo. Que procedimento você deve seguir?

**24.8** Suponha que você esteja trabalhando para um departamento estadual de estradas de rodagem, medindo o movimento de terras, pavimento etc., para pagamento a um empreiteiro, e ele dá a você um presente de Natal de milhares de dólares. O que você deve fazer?

# Apêndice A

# Alguns Endereços Úteis

**No Brasil**

Associação Brasileira de Engenheiros Cartógrafos, Regional São Paulo (Abec/SP)
Rua Roberto Simonsen, 305, Centro Educacional, Presidente Prudente/SP
CEP: 19060-900
Telefone: (17) 9128-0704
www.abecsp.org.br

Centro de Imagens e Informações Geográficas do Exército (Cigex)
Rodovia DF 001 km 4,5, Sobradinho, Brasília/DF
CEP: 73001-970
Telefone: (61) 3415-5900
www.cigex.eb.mil.br

Diretoria de Hidrografia e Navegação (DHN/RJ)
Rua Barão de Jaceguai, s/nº, Ponta da Armação, Niterói/RJ
CEP:24048-900
Telefone: (21) 2189-3387
www.dhn.mar.mil.br

Diretoria de Serviço Geográfico (DSG)
Quartel-general do Exército, bloco F, 2º pavimento
Setor Militar Urbano, Brasília/DF
CEP: 70630-901
Telefones: (61) 3415-5217 e (61) 3415-5649
www.dsg.eb.mil.br

Federação Nacional dos Engenheiros Agrimensores (Fenea)
Rua Barros Falcão, 37, Salvador/BA
CEP: 40255-370
Tel.: (71) 3244-7413
http://www.fenea.eng.br

Instituto Brasileiro de Geografia e Estatística (IBGE), Diretoria de Geociências (DGC)
Av. Brasil, 15.671, bloco III-B, 3º andar, Parada de Lucas, Rio de Janeiro/RJ
CEP: 21241-051
Telefone: (21) 2142-4998
www.ibge.gov.br

Instituto de Cartografia Aeronáutica (ICA)
Avenida General Justo, 160, Centro, Rio de Janeiro/RJ
CEP: 20021-130
Telefone: (21) 2101-6456
http://www.decea.gov.br/unidades/ica/

Observatório Nacional (ON), Coordenação de Geofísica
Rua General José Cristino, 77, São Cristóvão, Rio de Janeiro/RJ
CEP: 20921-400
Telefone: (21) 3504-9142
www.on.br

Sociedade Brasileira de Cartografia, Geodésia, Fotogrametria e Sensoriamento Remoto (SBC)
Avenida Presidente Wilson, 210, 7º andar, Centro, Rio de Janeiro/RJ
CEP: 20030-021
Telefones: (21) 2532-2786 e (21) 2283-5266
www.cartografia.org.br

**No Exterior**
American Congress of Surveying and Mapping
6 Montgomery Village Avenue, Suite #403
Gaithersburg MD 20879
240-632-9716
http://www.survmap.com

American Society of Civil Engineers
Geomatics Division
1801 Alexander Bell Drive
Reston VA 20191
1-800-548-ASCE
http://www.asce.org

American Society for Photogrammetry and Remote Sensing
5410 Grosvenor Lane
Suite 210
Bethesda MD 20814-2122
301-483-0290
http://www.asprs.org

Geospatial Information Center
U.S. Bureau of Land Management
1849 C Street, Room 406-LS
Washington, DC 20240
202-452-5125
http://www.blm.gov/gis

National Council of Examiners for Engineering and Surveying
280 Seneca Creek Road
Clemson SC 29633-1686
800-250-3196
http://www.ncees.org

National Geodetic Survey
Communications and Outreach Branch, NOAA NNGS12
1315 East-West Highway
Silver Spring MD 20910-3282
301-713-4172
http://www.ngs.noaa.gov

National Geospatial Management Center
Fort Worth Federal Center
501 West Felix Street, Building 23
Fort Worth, TX 76115
1-800-672-5559
http://www.ncgc.nrcs.usda.gov/

Official U.S. Government Information about GPS
http://www.gps.gov
U.S. Geological Survey
507 National Center
Reston VA 22092
1-888-ASK-USGS
http://www.usgs.gov

# Apêndice **B**

## Cursos de Graduação em Engenharia Cartográfica e Agrimensura

Os cursos de engenharia cartográfica e engenharia de agrimensura estão sendo unificados segundo determinação do Ministério de Educação e Cultura (MEC). Eles oferecem a formação superior mais completa em todas as formas de levantamentos, incluindo topografia, geodésia, fotogrametria e sensoriamento remoto. São os seguintes:

**ENGENHARIA CARTOGRÁFICA**
Instituto Militar de Engenharia (IME)
Praça General Tibúrcio, 80, Praia Vermelha, Rio de Janeiro/RJ
CEP: 22290-270
Telefone: (21) 2546-7061
http://www.ime.eb.br/eng-cartografica.html

Universidade Estadual do Rio de Janeiro (Uerj)
Rua São Francisco Xavier, 524, Maracanã, Rio de Janeiro/RJ
CEP: 20550-900
Telefone: (21) 2587-7100
http://www.carto.eng.uerj.br/

Universidade Estadual Paulista (Unesp/FCT), Departamento de Cartografia
Rua Roberto Simonsen, 305, caixa postal 468, Presidente Prudente/SP
CEP: 19060-900
Telefone: (18) 3229-5500
http://www.fct.unesp.br/#!/departamentos/cartografia/Universidade Federal de Pernambuco

Universidade Federal de Pernambuco (UFPE), Departamento de Engenharia Cartográfica
Rua Acadêmico Hélio Ramos s/nº, 2º andar, Cidade Universitária, Recife/PE
CEP: 50740-530
Telefone: (81) 2126-8235
http://www.ufpe.br/decart/

Universidade Federal do Paraná (UFPR), Centro Politécnico
Jardim das Américas, caixa postal 19001, Curitiba/PR
CEP: 81531-980
Fax: (41) 3361-3038
http://www.cartografica.ufpr.br/home/

Universidade Federal do Rio Grande do Sul (UFRGS)
Instituto de Geociências no *Campus* do Vale
Av. Bento Gonçalves, 9.500, prédio 43.113, sala 201, Porto Alegre/RS
CEP: 91501-970
Telefone: (51) 3308-7398
http://www.ufrgs.br/engcart/

## ENGENHARIA DE AGRIMENSURA
Escola de Engenharia Eletromecânica da Bahia (EEEMBA)
Av. Joana Angélica, 1.381, Nazaré, Salvador/BA
CEP: 40050-003
Telefone: (71) 2103-5922
http://www.eeemba.br/index.php/engenharia-de-agrimensura

Faculdade de Engenharia de Agrimensura de Araraquara (Faculdades Integradas Logatti)
Avenida Brasil, 782, Centro, Araraquara/SP
CEP: 14801-050
Telefone: (16) 3301-2410
http://www.logatti.edu.br/?cat=22

Faculdade de Engenharia de Agrimensura de Pirassununga (Feap)
Avenida Germano Dix, 3.706, Posto de Monta, Pirassununga/SP
CEP: 13633-010
Telefones: (19) 3561-3845 e (19) 3562-6654
http://www.feap.com.br/?page_id=2330

Faculdade de Engenharia de Minas Gerais (Feamig)
Rua Aquiles Lobo, 524, Belo Horizonte/MG
CEP: 30150-160
Telefone: (31) 3274-1974
http://www.feamig.br/engenharia-de-agrimensura

Universidade Federal de Alagoas (Ufal)
*Campus* A. C. Simões, Av. Lourival Melo Mota, s/nº, Cidade Universitária, Maceió/AL
CEP: 57072-900
http://www.ufal.edu.br/unidadeacademica/igdema/graduacao/engenharia-de-agrimensura

Universidade Federal de Viçosa (UFV), Departamento de Engenharia Civil
Avenida P. H. Rolfs, s/nº, Viçosa/MG
CEP: 36570-000
Telefone: (31) 3899-2740
http://www.eam.ufv.br/

Universidade do Extremo Sul Catarinense (Unesc)
Avenida Universitária, 1105, Bairro Universitário, Criciúma/SC
CEP: 88806-000
Telefone: (48) 431-2500
http://www.unesc.net/

Universidade Federal do Piauí (UFPI)
*Campus* Universitário Ministro Petrônio Portella, Ininga, Teresina/PI
CEP: 64049-550
Telefone: (86) 3215-5708
http://www.ufpi.br/ct/index/pagina/id/1741

Universidade Federal Rural do Rio de Janeiro (UFRRJ)
BR-465, km 7, Seropédica/RJ
CEP: 23890-000
Telefone: (21) 2682-1864
http://r1.ufrrj.br/agricart/

Vários outros cursos de graduação incluem topografia nos seus programas, como Engenharia Civil e Agronomia. Entre os Centros Federais de Educação Tecnológica (Cefets), alguns oferecem cursos de tecnólogos em Geomática, que incluem a modalidade Agrimensura, e vários oferecem cursos técnicos.

# Apêndice C

# Algumas Fórmulas

**Tabela C-1** Fórmulas Trigonométricas para a Solução de Triângulos Retângulos

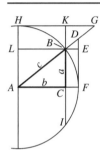

Seja $A$ = ângulo $BAC$ = arco $BF$, e seja o raio $AF = AB = AH = 1$. Então,

sen $A = BC$   csc $A = AG$

cos $A = AC$   seg $A = AD$

tan $A = DF$   cot $A = HG$

senv* $A = CF = BE$   sencv** $A = BK = LH$

secex*** $A = BD$   cossecex**** $A = BG$

corda $A = BF$   corda $2A = BI = 2BC$

No triângulo retângulo $ABC$, seja $AB = c$, $BC = a$, $CA = b$. Então,

1. sen $A = \dfrac{a}{c}$

2. cos $A = \dfrac{b}{c}$

3. tan $A = \dfrac{a}{b}$

4. cot $A = \dfrac{b}{a}$

5. seg $A = \dfrac{c}{b}$

6. seg $A = \dfrac{c}{a}$

7. senv $A = 1 - \cos A = \dfrac{c-b}{c} =$ sencv $B$

8. secex $A =$ seg $A - 1 = \dfrac{c-b}{b} =$ cossecex $B$

9. sencv $A = \dfrac{c-b}{c} =$ senv $B$

10. cossecex $A = \dfrac{c-b}{a} =$ secex $B$

11. $a = c$ sen $A = b \tan A$

12. $b = c \cos A = a \cot A$

13. $c = \dfrac{a}{\text{sen } A} = \dfrac{b}{\cos A}$

14. $a = c \cos B = b \cot B$

15. $b = c$ sen $B = a \tan B$

16. $c = \dfrac{a}{\cos B} = \dfrac{b}{\text{sen } B}$

17. $a = \sqrt{c^2 - b^2} = \sqrt{(c-b) - (c+b)}$

18. $b = \sqrt{c^2 - a^2} = \sqrt{(c-a) - (c+a)}$

19. $c = \sqrt{a^2 + b^2}$

20. $C = 90° = A + B$

21. Área $= \dfrac{1}{2} ab$

---

*Seno verso. (N.T.)
**Seno coverso. (N.T.)
***Secante externa. (N.T.)
****Cossecante externa. (N.T.)

**Tabela C-2** Fórmulas Trigonométricas para a Solução de Triângulos Oblíquos

Triângulos oblíquos

| Dados | Procurar | Fórmula |
|---|---|---|
| A, B, a | C, b, c | $C = 180° - (A + B)$<br>$b = \dfrac{a}{\operatorname{sen} A} \times \operatorname{sen} B$<br>$c = \dfrac{a}{\operatorname{sen} A} \times \operatorname{sen}(B) = \dfrac{a}{\operatorname{sen} A} \times \operatorname{sen} C$ |
|  | Área | Área $= \tfrac{1}{2}ab \operatorname{sen} C = \dfrac{a^2 \operatorname{sen} B \operatorname{sen} C}{2 \operatorname{sen} A}$ |
| A, a, b | B, C, c | $\operatorname{sen} B = \dfrac{\operatorname{sen} A}{a} \times b$<br>$C = 180° - (A + B)$<br>$c = \dfrac{a}{\operatorname{sen} A} \times \operatorname{sen} C$ |
|  | Área | Área $= \tfrac{1}{2}ab \operatorname{sen} C$ |
| C, a, b | c | $C = \sqrt{a^2 + b^2 - 2ab \cos C}$ |
|  | $\tfrac{1}{2}(A+B)$ | $\tfrac{1}{2}(A+B) = 90° - \tfrac{1}{2}C$ |
|  | $\tfrac{1}{2}(A-B)$ | $\tan \tfrac{1}{2}(A-B) = \dfrac{a-b}{a+b} \times \tan \tfrac{1}{2}(A+B)$ |
|  | A, B | $A = \tfrac{1}{2}(A+B) + \tfrac{1}{2}(A-B)$<br>$B = \tfrac{1}{2}(A+B) - \tfrac{1}{2}(A-B)$ |
|  | c | $c = (a+b) \times \dfrac{\cos \tfrac{1}{2}(A+B)}{\cos \tfrac{1}{2}(A-B)} = (a-b) \dfrac{\operatorname{sen} \tfrac{1}{2}(A+B)}{\operatorname{sen} \tfrac{1}{2}(A-B)}$ |
|  | Área | Área $= \tfrac{1}{2}ab \operatorname{sen} C$ |
| a, b, c | A | Seja $s = \dfrac{a+b+c}{2}$<br>$\operatorname{sen} \tfrac{1}{2}A = \sqrt{\dfrac{(s-b)(s-c)}{bc}}$<br>$\cos \tfrac{1}{2}A = \sqrt{\dfrac{s(s-a)}{bc}}$<br>$\tan \tfrac{1}{2}A = \sqrt{\dfrac{(s-b)(s-c)}{s(s-a)}}$<br>$\operatorname{sen} A = \dfrac{2\sqrt{s(s-a)(s-b)(s-c)}}{bc}$<br>$\cos A = \dfrac{b^2 + c^2 - a^2}{2bc}$ |
|  | Área | Área $= \sqrt{s(s-a)(s-b)(s-c)}$ |

# Glossário

**AASHTO**  American Association of State Highway and Transportation Officials.

**ACSM**  American Congress on Surveying and Mapping.

**Acurácia**  Grau de perfeição obtida nas medições. Ela denota o quão próximo uma dada medição está do seu valor verdadeiro (exatidão).

**Acurácia aparente**  Veja **Precisão**.

**Algarismo significativo**  Número de dígitos em um valor medido que pode ser usado com razoável certeza.

**Alidade**  A parte superior da estação total que inclui a luneta, escalas e outros componentes envolvidos na medição de ângulos e distâncias.

**Ângulo de máscara**  Um ângulo de corte em relação ao horizonte (especificado a cerca de 10 a 20° pelo observador), abaixo do qual as observações de satélites GPS são deliberadamente bloqueadas, devido aos grandes erros atmosféricos que podem ocorrer em tais observações.

**Ângulo zenital**  O ângulo medido verticalmente a partir de uma linha vertical ou de prumo.

**Aterro**  Enchimento com terra.

**Avulsão**  A remoção brusca de uma porção de terra pertencente a uma pessoa e sua adição para o terreno de outra, por exemplo, em razão de mudança súbita na posição de um curso de água ou rio.

**Azimute**  Ângulo medido no sentido horário a partir do norte, ou do sul, até uma direção de referência (ou meridiano) para um alinhamento em questão.

**Base nivelante**  Base de um teodolito. Ela tem como característica a possibilidade de o topógrafo intercambiar o instrumento com MED, alvos, miras e assim por diante.

**CAD**  Sigla de programas de desenhos por computador (*computer aided design*).

**Calibração**  Comparação de equipamentos com um padrão (por exemplo, comparação do comprimento nominal de uma trena de 30 m com um padrão de 30 m de distância).

**Cartografia**  Arte ou ciência de fazer mapas.

**Centragem forçada**  O intercâmbio de teodolitos, prismas, MEDs e alvos sobrebases nivelantes instaladas sobre as estações.

**Centroide**  Centro de massa de um objeto ou área que tenha densidade.

**Colimação**  Ajuste da linha de visada de um instrumento.

**Correntes de agrimensor**  Uma corrente com seis elos totalizando 600 pés de comprimento, usada antigamente para medir distâncias.

**CORS**  (*continuously operating reference system*) É uma rede de transmissores que fornece informações posicionais que podem ser usadas para pós-processamento no posicionamento relativo.

**Corte**  Escavação.

**Cota**  Distância vertical de certo ponto a uma superfície de nível (acima ou abaixo dela), normalmente o nível médio dos mares.

**Cota invertida**  A parte inferior interna a uma tubulação (bueiros ou de esgoto).

**Curva de nível**  Linha no terreno composta por pontos de mesma cota.

**Curva espiral**  Uma curva que fornece uma transição gradual de uma reta tangente à curvatura plena de uma curva circular.

**Declinação magnética**  Ângulo entre o norte verdadeiro e o norte magnético em certa posição.

**Diagrama de massas**  Gráfico cumulativo das quantidades de movimento de terra (designando cortes com o sinal positivo e aterro com sinal negativo) de um ponto para outro, em projetos tais como de uma estrada ou de um canal.

**Direito ribeirinho**  "Direito das águas" ou direitos legais ao longo de corpos d'água (lagos, rios etc.) pertencendo à pessoa que tem a propriedade da terra.

**Distância meridiana**  Distância (paralela à direção leste-oeste) do ponto médio de uma linha ao meridiano de referência.

**DOP**  (*dilution of precision*) É uma medida da geometria dos satélites GPS que afeta a precisão.

**ECEF**  (*Earth-centered, Earth fixed*) Sistema de coordenadas quando é usado o centro na massa da Terra com coordenadas zero para $x$, $y$ e $z$.

**Efemérides**  É um almanaque astronômico que fornece as posições de vários corpos no espaço, tais como o Sol, a Lua, as estrelas e os satélites.

**Elipsoide**  Uma figura formada pela rotação de uma elipse em torno do seu eixo menor. O elipsoide a que se refere este texto aproxima-se da forma e do tamanho da Terra.

**Empolamento**  Quando material é escavado e movido, ele normalmente ocupa um volume maior do que tinha na origem. A diferença em volume é chamada de empolamento.

**408**   Glossário

**Empréstimo**   Local de extração de terra em áreas próximas dos projetos. A terra será usada para construção de aterros.

**Erro grosseiro**   Diferença entre uma quantidade medida e seu valor verdadeiro, causada por falta de cuidado do topógrafo.

**Erros**   Diferença entre uma quantidade medida e o seu valor verdadeiro, causada pelas imperfeições nos sentidos do topógrafo, por imperfeições do equipamento ou por efeitos das condições atmosféricas.

**Espacial**   Refere-se a posições particulares sobre a superfície da Terra.

**Estaca de greide**   Estaca fincada no solo cujo topo possui a cota desejada para aquele ponto, em determinado projeto de construção (ou cujo topo esteja a certa distância vertical da cota desejada).

**Estaca de talude**   Estaca fincada na interseção da linha do terreno natural com as rampas laterais de um corte ou de um aterro para as operações de terraplanagem (também podem ser empregadas estacas de *offset*, fincadas a distância segura do ponto projetado).

**Estação total**   Instrumento que combina um teodolito e um MED (tendo assim as capacidades de medição tanto de distância quanto de ângulo). Também chamado taqueômetro ou taquímetro.

**Estacas**   Distâncias de 20 ou 50 m ao longo dos eixos de rodovias, ferrovias ou outras obras lineares. As estacas são numeradas a partir de algum ponto inicial arbitrário.

**Estadimetria**   Método usado para medir distâncias rapidamente, usando uma configuração especial dos fios de retículos da luneta.

**Ética**   Regras que um profissional segue para com o público e para com os colegas profissionais.

**Fator de contração**   Quando material de corte é escavado, ele normalmente ocupa um volume maior que o original e ocupa um valor menor ao ser compactado. O fator de contração é usado para dimensionar a diferença em volume quando o material cortado for usado para um aterro.

**Fio de prumo**   Peso suspenso por um fio ou arame, usado para estabelecer uma linha vertical. A parte de baixo do peso é pontiaguda.

**Fotogrametria**   Ciência e técnica de executar medições a partir de fotografias (normalmente aéreas).

**Ft (pé) do levantamento americano**   Definição de um pé (1 metro = 3,280833 pés).

**Gabarito**   Molduras de madeiras sobre as quais são fixadas linhas ou fios para definir posições de elementos de uma obra.

**Geodésia**   A ciência que estuda a forma e as dimensões da Terra.

**Geoide**   Uma figura hipotética que representa a superfície da Terra que coincide com o NMN (nível médio dos mares). A superfície do geoide é dita equipotencial, ou seja, o potencial devido à gravidade é igual em todos os pontos de sua superfície.

**Geomática**   Termo aplicado ao trabalho de pessoas envolvidas em topografia, mapeamento, SIG e sensoriamento remoto. Ela inclui a medição, representação e exibição das informações relativas às feições naturais e artificiais da superfície da Terra.

**Giz de cera**   (*keel*) Lápis colorido frequentemente usado em topografia sobre o pavimento ou outra superfície.

**GNSS**   (*global navigation satellite system*) Sistema de posicionamento por satélite como o americano GPS e outros, de outros países.

**GPS**   *Global Positioning System*: Sistema de Posicionamento Global, satélites artificiais e vários equipamentos de controle no solo, usados para obter sinais emitidos pelos satélites em coordenadas tridimensionais sobre a superfície da Terra.

**GPS relativo**   Um levantamento GPS em que um receptor está localizado sobre um ponto de posição conhecida enquanto receptores móveis são levados para outros pontos cujas posições serão determinadas. A acurácia dos pontos dos receptores móveis é melhorada usando correções da estação base durante o pós-processamento.

**Greide**   Número de unidades de variação vertical de uma linha por 100 unidades de distância na horizontal (expresso como uma percentagem).

**Hachuras**   Linhas curtas de espessuras variadas em um desenho, para indicar a topografia (quanto mais largas forem as linhas, mais íngremes serão as declividades).

**HARN**   (*high accuracy reference network*) Rede geodésica de referência distribuída nos Estados Unidos. A acurácia dessa rede tem sido melhorada com métodos baseados em GPS.

**Hectare**   Uma área igual a 10.000 $m^2$ ou 2,47104 acres.

**Irradiamento**   Determinação de uma série de pontos pela medição de distâncias e direções a partir de um ponto conveniente.

**Laser**   Dispositivo com ondas de luz de baixa intensidade que são geradas e amplificadas em um feixe muito intenso e fino. (A palavra *laser* é um acrônimo para "*light amplification by stimulated emission of radiation*".)

**Latitude (geográfica)**   Distância angular (0 a 90°) a que um ponto está acima ou abaixo do equador.

**Latitude de uma linha**   Projeção de um lado de uma poligonal na direção de referência norte-sul. É igual ao seu comprimento vezes o cosseno do seu ângulo de rumo.

**Levantamento *as-built*** (como construído) Levantamento, feito após o projeto estar completo, para fornecer as posições e as feições do projeto como elas realmente foram construídas.

**Levantamento geodésico** Levantamento ajustado à superfície curva da Terra.

**Limites** Uma descrição da terra na qual são dados os comprimentos e as direções dos limites.

**Linha isogônica** Linha definida por pontos com mesmo valor de declinação magnética (a diferença entre o norte astronômico, ou verdadeiro, e o norte magnético).

**Longitude** Distância angular (0 a 180°) que um ponto está a leste ou a oeste do meridiano que passa por Greenwich, na Inglaterra.

**Longitude de uma linha** Projeção de um lado de uma poligonal sobre a direção de referência leste-oeste. Ela é igual ao comprimento do lado vezes o seno do ângulo do rumo.

**MED** Instrumento de medição eletrônica de distâncias.

**Medição dinâmica a trena** Distâncias são medidas sobre uma encosta com uma trena, os ângulos verticais são medidos e as distâncias horizontais são calculadas posteriormente.

**Meridiano** Direção de referência (pode ser astronômico, magnético ou arbitrário).

**Metro** Desde 1960, é igual a 3,280840 pés. Antes de 1960 era 39,37 polegadas ou 3,280833 pés nos Estados Unidos.

**NGS** (*National Geodetic Survey*) Entidade encarregada de levantamentos geodésicos dos Estados Unidos.

**Nível automático** Um nível óptico em que a linha de visada é automaticamente mantida na posição horizontal uma vez que o instrumento esteja aproximadamente nivelado.

**Nível de luneta (ou de Gurley)** Antigo equipamento topográfico usado para nivelamento. Em um nível de luneta, a luneta, suportes verticais, a barra horizontal e o eixo vertical são feitos em uma só peça.

**Nivelamento** Determinação de cotas ou diferenças de alturas.

**Nivelamento geométrico** A medição de distâncias verticais (desníveis) em relação a uma linha horizontal com a finalidade de determinar as cotas.

**NMM** Nível Médio do Mar.

**NSRS** (*National Spatial Reference System*) Sistema americano de referência que inclui o CORS e outros conjuntos de modelos acurados que descrevem processos geofísicos dinâmicos que afetam as medições espaciais.

**OPUS** Serviço disponibilizado pelo NGS para posicionamento *online* de usuários, que pode ser usado por topógra-

fos para corrigir a acurácia de posições GPS coletadas com receptores de duas frequências.

**Paralaxe** Movimento aparente dos fios de retículos sobre um objeto visado devido a focagem incorreta.

**Perfil** Interseção gráfica de um plano vertical, ao longo de certo percurso, com a superfície da Terra.

**Planímetro** Um instrumento usado para medir áreas desenhadas percorrendo os limites da figura (o planímetro integra mecanicamente a área).

**Planta** Um desenho com certa dimensão que permite mostrar a vista plana dos dados pertencentes aos levantamentos de uma área de terra.

**Poligonação** Processo de medição de direções e comprimentos de lados de uma poligonal (aberta ou fechada).

**Precisão** Grau de refinamento com que uma medição é realizada. É a aproximação de uma medida para outra de uma mesma quantidade. Também é chamada de *acurácia aparente*.

**Prismoide** Figura sólida com faces paralelas unidas por superfícies planas ou continuamente curvas.

**Prumo óptico** Dispositivo com luneta especial que permite que o topógrafo possa visar verticalmente do centro do instrumento para o solo abaixo.

**Radar** Qualquer dos diversos sistemas que usam ondas de rádio transmitidas e refletidas para localizar objetos. (A palavra *radar* foi tomada das primeiras letras das palavras "<u>ra</u>dio <u>d</u>etecting <u>a</u>nd <u>r</u>anging".)

**Radiano** Medida angular frequentemente usada para fins de cálculos; 360° equivalem a 2 radianos.

**Referência de nível** Ponto de cota conhecida materializado no terreno.

**Refração atmosférica** A curvatura, para baixo, dos raios de luz à medida que eles passam através das camadas de ar de diversas densidades (desviando então para baixo as linhas de visadas da luneta).

**RTK** (*Real-Time Kinematic*) Levantamento que envolve um receptor GPS instalado sobre uma base, dotado de um rádio transmissor, enquanto um ou mais receptores móveis são usados para determinar pontos, usando medições da fase da portadora e correções simultâneas recebidas da base.

**Rumo** Menor ângulo entre uma direção observada e a extremidade norte ou sul de uma direção de referência (ou meridiano).

**Sensoriamento remoto** Uma ampla área do conhecimento na qual são estudadas imagens produzidas por dispositivos de sensoriamento eletrônico ou fotografias aéreas ou espaciais.

**SI** Sistema Internacional de unidades (da expressão francesa *Le Système International d'Unités*).

**SIG** Sistema de Informações Geográficas: um sistema para armazenar, recuperar e mostrar informações detalhadas relativas às feições naturais e artificiais de certa parte da Terra.

**Superelevação** Inclinação transversal de ruas e estradas numa curva horizontal.

**Taquimetria ou taqueometria** Medições rápidas realizadas usando principalmente o método estadimétrico.

**Teodolito** Neste livro, é um instrumento de medição de ângulos com três parafusos calantes e círculos verticais e horizontais que podem ser lidos diretamente ou com um micrômetro óptico. Também são considerados os instrumentos que fornecem mostrador digital das leituras dos ângulos.

**Topografia** (*surveying*) Ciência de determinação de dimensões e de características da superfície da Terra a partir da medição de distâncias, direções e cotas.

**Topografia** (*topography*) Forma ou configuração do relevo ou qualidades tridimensionais da superfície da Terra.

**Trânsito** Neste livro, um instrumento de medição de ângulo tipo americano com quatro parafusos calantes e escalas de metal para os ângulos horizontais e verticais.

**Trenas de Invar** Trenas de aço compostas de 65% de níquel e 35% de aço. Essas trenas apresentam variação de comprimento muito pequena devido à variação de temperatura.

**Troposfera** A parte da atmosfera da Terra que se estende até cerca de 80 km acima da superfície da Terra. Sua parte externa é conhecida como estratosfera.

**Vernier** Dispositivo acessório usado para fazer leituras sobre uma escala, dividido em espaçamentos menores que a menor divisão dessa escala.

**Visada intermediária** Leitura ou medição, a partir de uma estação de uma poligonal, usada para determinar pontos fora da poligonal e que não serão usados para estender o levantamento.

**Visadas conjugadas** Medição de direções realizadas com a luneta na sua posição normal e invertida.

**VRS** (*Virtual Reference Station*) Um sistema composto de software e hardware destinado a facilitar o posicionamento GPS/GNSS em tempo real, baseado em uma série de estações de referência.

**VVI** Visada a vante intermediária.

**WAAS** (*Wide Area Augmentation System*) Sistema desenvolvido para calcular correções relativas para melhorar a acurácia de GPS para uso na aviação civil.

# Índice

## A

Abaulamento, 388, 389
Abet, 12
Acessão, 348, 356
Aclive, 122, 124
Acreção, 34, 358
Acurácia(s), 14-16, 69, 72
Adjacentes, 68, 72, 166, 264
Aerofotogrametria, 8, 299
Agrimensores, 260, 280, 395, 396
Algarismos, 25
    significativos, 25, 26
Algébricas, equações, 22
Alidade, 238
Alongamento, 67, 68
Altimétrica, 94, 113, 238
Altímetros, 97
Altitudes, 1, 6, 86, 89, 92, 292
Alvos, 103, 117, 118, 170, 318, 319
Ancoragem, 206, 208, 214, 215
Aneroides, 97
Ângulo(s), 15, 144
    à direita, 152, 183
    externo, 152
    interno(s), 15, 152, 183
    poligonal, 152
        cálculo de, 153
    unidades de medição de, 145
    zenital, 172
Aquedutos, 247
*As-built*, 164
Atrações magnéticas, 152
Atributo, 294
Autocad, 29
Autocorrelação, 305
Aviventação, 344, 346, 349, 350
Avulsão, 348
Azimute(s), 146, 169, 183, 185, 245

## B

Balizas, 42, 44
Bandeirolas, 315, 316
Barrote, 106
*Bosch*, 130
*Bowditch*, 198, 217
Braçadeira, 46, 72,
Braças, 33
Bússola, 147-152
    de topógrafo, 149
    declinatória, 147

## C

Cadastrais
    levantamentos, 342, 348
    mapas, 307
Calantes, 83, 109
Cálculo de linha omitida, 221
Calibração, 87
*Cânions*, 37
Cartógrafos, 261, 395, 396
Cartograma, 290
Catenária, 59, 64, 66, 168
Centroide, 278, 296
Cinemático
    restreio, 162
    levantamento, 260
    posicionamento, 267
Circunvizinha(s), 303, 343
Climatologia, 228
Clinômetro, 52, 53, 266
*Coast and Geodetic Survey*, 5, 6, 92
Cogo, 300
Colimação, 98
Colineares, locação de pontos, entre dois pontos dados, 189
Colo, 230
Confiabilidade, das empresas que fornecem informações para
    SIG, 292
Consultas, 302
    espaciais, 302
    não espaciais, 302
Conectividade, 295
Contração, fator de, 337, 339
Convergência
    lateral, 189, 191
    meridiana, 4
*Coróbato*, 3, 4
Cotangente, 38, 39
Croquis, 26, 27, 243
Cúbitos, 38
Cumeadas, 246
Cumes, 230
Curva, 19
    de distribuição, 19
    de graus, 19
    de probabilidade, 21
    teórica, 19
Curvatura, 4, 6, 89, 90, 98, 108

## D

Dados
    censitários, 282
    espaciais, 1
        análise de, 1

**412** Índice

armazenamento de, 1
gerenciamento de, 1
lineares, 296
medição de, 1
pontuais, 295
*Datum*, 92, 138, 292
Declinação magnética, 147
Declive, 122, 125, 332
Declividade, 37, 65, 138, 231, 246, 381
Deflexão, 183, 364, 384, 388, 392
Deformação, 67
Demografia, ciência da, 281
Desvio, 18, 20
Diagrama, 1, 85, 336, 337
de distribuição de frequência, 18
Dilatação, coeficiente de, 63
Diluição de precisão (DOP), 269
Direções, 144-157
Drenagem, projeto de, 92, 202, 237, 312, 384
Durabilidade, qualidade de, 108

## E

Efemérides, 258, 259
Elasticidade, 67
Eletro-óptico, instrumento, 78
Elipsoide, 167, 264
Empolamento, 337
Equidistância, 135, 229, 230, 231, 248
Equipamento(s), 8, 9, 108
manutenção de, 10
medidores eletrônicos de distância, 8, 34, 36, 59, 64, 85, 89
topográficos, 8
antigos, 10
modernos, 10
Erosão, 93, 348
Erro(s), 17
acidental, 17, 22
aleatórios, 17, 18, 22
cumulativo, 17
da média, 24
de centragem, 179
instrumentais, 17
naturais, 17
operacionais, 17
percentual, 21
provável, 20
sistemático, 17
Esférico, nível, 120
Esferoide, 264, 276
Espacial, 277
Espaço geográfico, 1
Estacas, 136
fracionárias, 136
inteiras, 136
Estação total robótica, 169
Estádia, 37, 42
Estadimétrico, 37, 38, 97, 106, 135, 170, 238, 240, 244
Estaqueamento, 136, 320, 365, 367
Estáticos, 267
levantamento, 266, 267
procedimentos, 266, 267

Estereográfico(s), 308, 325
Everest, George, 2
Exatidão, 15

## F

Fechamento, erro de, 184
Fichas, 44
Focagem, 98, 123, 180, 241
Forquilha, 98
Fotogrametria, 8, 238, 244, 285
*Frost line*, 112
*Furlong*, 34

## G

Galileu, Galilei, 251
*Gammon reel*, 45
*Geocaching*, 252
Geocodificação, 300
Geodésicos, 34, 42, 64
*Geodetic*, 249
Geodímetro, 76
Geoestacionária, órbita, 251
Geoide, 167, 264
Geologia, 228
*Geological Survey*, 95
Geomática, 1, 2
Geometria, 2
plana, 5
Glonass, 251
Grande Pirâmide de Gizé, 3
Greide, 138, 140, 141, 213
Groma, 3, 4
Gurley, luneta tipo, 98

## H

*Harpedonapata*, 3
Hamurabi, leis de, 393
Hectares, 14, 217
Heródoto, 2
Hidrologia, 294
Histograma, 18, 19
Hodômetros, 36

## I

Inacessíveis, medição de ângulo de posições, 187-189
Inclinação, nível de, 102
Inflexão, pontos de, 20
Infravermelha, luz, 77, 78
Interpolação, 231, 276
Interseção de duas linhas, 187-189
Intervisíveis, pontos, 189
Ionosfera, 257, 262
Irradiamento, 152, 184, 185, 222

## J

Jurisprudência, 343

## L

Lance, 51
Latitudes, 41, 185, 195, 196, 198, 199, 203, 206, 213, 220
Levantamento(s), 5, 6, 10, 12
  *as built*, 8
  de controle, 8
  de estruturas, 6, 7
  de limites ou cadastrais, 6
  de minas, 7
  de propriedades, 6
  de rotas, 6
  de terras, 6
    públicas, 6
  fotogramétricos, 8
  geodésicos, 6
  geológicos e florestais, 8
  hidrográficos, 7
  marinhos, 7
  municipais ou de cidades, 6
  tipos de, 6
  topográfico(s), 6, 7
    plano(s), 5, 6
Licenças de topógrafo, 393, 394
Locação de alinhamento e greides, 317
Longitudes, 41, 194, 195, 196, 198, 199, 203
Luneta, 3, 11, 37, 47, 135
Luz
  infravermelha, 77
  monocromática, 78
  visível, 77

## M

Magnitudes, 16, 68, 260
Manual de Dispositivos de Controle de Tráfego Uniformes, 11
Medições, 14, 135
  a passos, 35
  acuradas, 15
  de seções transversais, 140
  introdução às, 14
Medidor, 3
  de ré, 47, 48
  de vante, 48
  eletrônico de distância (MED), 3, 76, 78, 79, 80, 81
Meridiano, 144
  arbitrário, 144
  de quadrícula, 144
  magnético, 144
  norte-sul, 195
  verdadeiro, 144
Método(s), 199
  bússola, 199
  *Crandall*, 199
  das quadrículas, 246
  de compensação, 199
  de estaqueamento radial, 320-323
  do trânsito, 199
  estimativa, 199
  Gauss, 204
  mínimos quadrados, 199
  modernos, 238

  obsoletos, 238
  Simpson, 207
  trapézio, 207
Micrômetro, 99, 135
Micro-ondas, 86
Microscópico, 162
*Microstation*, 29
Mira(s), 105, 135
  Chicago, 105
  de precisão, 135
  Flórida, 105
  leituras da, 138, 139
  Philadelphia, 105
  San Francisco, 105
Monocromática, luz, 78
Multicaminhamento, 257, 258, 276

## N

Nathaniel Bowditch, 198
*National Geodetic Vertical Datum* (NGVD), 93
*National Geodetic Survey* (NGS), 5, 42, 60, 64, 135
*National Institute of Standards and Technology* (NIST), 60
Navstar, 251
Níveis de mão, 46
Nivelamento, 92, 135
  a três fios, 135
  barométrico, 96
  circuitos
    abertos de, 141
    fechados de, 141
  com duas miras, 135, 136
  comum, 135
  de perfil, 135, 136, 137
  geométrico, 97, 135, 136
  trigonométrico, 96
Norte, 144
  geodésico, 144
  verdadeiro, 144

## O

Obsoletos, métodos, 238
*Oceanic and Atmospheric Administration* (NOAA), 5
*Occupational Safety and Health Administration* (OSHA), 12
*Offset*, 326
*Omitted-line-computation*, 221
Órbitas, 249, 258, 269, 271

## P

Paralaxe, 123, 180
Passos, medições a, 35
*Perch*, 33
Perfil, nivelamento de, 137, 138
Piquete, 36, 72, 82, 103, 112, 161, 171, 313, 315, 325
Piqueteamento de greide, 315-317
Pixel, 308
Planejamento, 270, 271
Planímetro(s), 192, 207, 330, 331
  digital, 208
  polar, 207
*Plats*, 29

**414** Índice

*Pole*, 33
Poligonação, 182, 183
Porta, 13
    -mira, 13, 120
    -instrumento, 13
Posicionamento global, 41
Prancheta, 27, 238, 243, 271
Precisão, 15, 16
    centimétrica, 267
Primário, controle, 94
Prisma, 9, 78, 81, 164, 165, 167, 171, 334
Prismoidal, fórmula, 335
Propagações, 17, 22
Prumos, 44, 73
Pseudoaleatório, ruído, 255
Pseudodistância, 253, 256
*Pseudorandom noise*, 255

## Q

Quadrículas, método das, 246

## R

Radial, método de estaqueamento, 320-323
*Raster*, 308
Refração, 114, 134, 181
    horizontal, 181
    vertical, 181
Resseção, 224, 225
Reverberação, 123
Ribeirinhos, direitos, 347
*Rod,* 33
Roelof, prisma de, 167
Rotativo, feixe, 102
Rumo(s), 146, 183, 221

## S

Seções, 138
    transversais, 138, 139, 140, 141
Segurança, 11
Sela, 230
Seletiva, disponibilidade, 259
Sistema(s), 1
    centesimal, 145
    de Informações
        Geográficas (SIG), 1
        Territoriais, 1
    de irrigação, 3
    de Posicionamento Global (GPS), 1, 3, 9
    de Sensoriamento Remoto, 1
    matricial, 296
    sexagesimal, 145
Sistemáticos, erros, 17, 23
Sombreamento do nível, 134
Superelevações, 390, 391
Superfícies, 6
    geodésicas, 6

planas, 6
*Survey*, 217

## T

Tabeiras, 320
Taludes, 325, 326, 333
Taqueômetro, 162
Taquímetro, 162
Telescópica, mira, 104
Temático, mapa, 278
Tensiômetro, 46, 67
Tensão, 67
    normal, 67
Teodolito, 1, 3, 36, 66, 86, 89, 104, 161-163, 170
Terra(s), 1
    medições de, 2
    superfície
        cálculo da, 5
        curva da, 6
        física da, 4, 5
        plana da, 1
Terraplanagem, 98, 192
Topografia, 1, 2, 5, 9, 10
    história do início da, 2
    oportunidades em, 12
Topógrafo, 1-3, 8, 10-12
Topológicos, 295
Trânsitos, 118
*Tribrach*, 168
Trigonometria, 5, 53
    plana, 5

## U

Unidade de posicionamento remoto (RPU), 167

## V

Variação(ões), 147, 148
    anuais, 148
    da bússola, 147
    diárias, 148
    na declinação magnética, 148
    secular, 148
Vernier, 3, 104
Verticalização da baliza, 180
Vértices, 29, 183, 185, 198, 204, 206, 224, 270, 316, 320, 323, 328
Visada(s), 111, 124
    conjugada, 188
    de ré, 111
    de vante, 111
Volumes, cálculo de, 29, 325

## Z

Zona de influência, 303

Pré-impressão, impressão e acabamento

grafica@editorasantuario.com.br
www.graficasantuario.com.br
Aparecida-SP